처음 만나는 전자기학

곽동주 지음

한빛아카데미
Hanbit Academy, Inc.

지은이 **곽동주** djkwak58@naver.com

건국대학교 전기공학과를 졸업하고, 일본 큐슈대학교에서 공학박사 학위를 취득하였다. 한국전기연구원에서 선임연구원(1989년)으로, 미국 텍사스 테크 대학교(Texas Tech University)에서 객원교수(1997년)로 활동하였다. 1990년부터 2023년까지 경성대학교 전기공학과 교수로 재직하며 전자기학, 물리전자공학, 방전플라즈마공학 등을 강의하였다. 플라즈마 물성과 응용에 관한 연구를 수행하였으며, 특히 디스플레이 공정에 적용되는 투명 반도체 박막의 제작에 관한 연구에 종사하였다.

처음 만나는 전자기학 2판

초판발행 2025년 1월 10일

지은이 곽동주 / **펴낸이** 전태호
펴낸곳 한빛아카데미(주) / **주소** 서울시 서대문구 연희로2길 62 한빛아카데미(주) 2층
전화 02-336-7112 / **팩스** 02-336-7199
등록 2013년 1월 14일 제 2017-000063호 / **ISBN** 979-11-7340-017-9 93560

총괄 박현진 / **책임편집** 김평화 / **기획 · 편집** 송유림
디자인 박정우 / **전산편집** 임희남 / **제작** 박성우, 김정우
영업 김태진, 김성삼, 이정훈, 임현기, 이성훈, 김주성 / **마케팅** 김호철, 심지연

이 책에 대한 의견이나 오탈자 및 잘못된 내용은 출판사 홈페이지나 아래 이메일로 알려주십시오.
파본은 구매처에서 교환하실 수 있습니다. 책값은 뒤표지에 표시되어 있습니다.

홈페이지 www.hanbit.co.kr / **이메일** question@hanbit.co.kr

Published by HANBIT Academy, Inc. Printed in Korea

전자기학의 핵심을 이해하고 응용하는 능력을 기르자!

전자기학은 전기 및 자기적 현상을 학문적으로 체계화한 교과목으로, 전기 및 전자, 정보통신 등 IT 계열의 학문을 공부할 때 기초가 된다. 전자기학에는 전기 및 자기적 현상을 설명하기 위한 많은 이론과 법칙이 등장한다. 그러므로 학생들과 IT 분야의 엔지니어는 이러한 이론과 법칙의 핵심을 정확히 이해하고 응용하는 능력을 길러야 한다.

전자기학은 정전계와 정자계, 시가변 전자계, 그리고 전자계의 파동현상 등의 기초 분야와 전송선로 및 안테나에서의 전자파 해석 등의 응용 분야로 구성된다. 이 책은 전자기학을 처음 접하는 학생들을 위한 입문서로서 전자기학의 기초에 역점을 두고 기술하였다. 전자기학을 이해하는 데 꼭 필요한 전기 및 자기적 현상은 빠짐없이 다루었으며, 이를 가급적 쉽고 상세히 설명하였다. 특히 전계와 자계, 전속밀도와 자속밀도, 정전에너지와 정자기에너지, 그리고 커패시턴스와 인덕턴스 등 전기 및 자기적 현상을 나타내는 물리량을 지속적으로 비교하여 설명함으로써 학생들의 이해를 돕고자 하였다.

이 책의 특징

전자기학은 IT 계열 학생들이 가장 어렵게 생각하는 교과목 중 하나이다. 이는 전자기학의 핵심 내용에 대한 물리적 의미를 터득하는 것이 어렵고, 이에 수반되는 수학적 과정에 대한 부담이 크기 때문이다. 따라서 이번 개정판에는 다음의 사항을 중점으로 집필하였다.

- 이론 및 수식을 전개함에 있어 과정보다는 이를 통해 도출된 결과의 의미를 파악하고 활용하는 것에 집중하였다. 특히 결과에 대한 심층적 이해와 응용을 위해 그 결과의 물리적 의미를 설명하기 위해 노력하였다.
- 수학적 전개가 다소 어려운 학생을 위해 수학적 유도과정은 매우 쉽고 상세히 다루었다.
- 이론적 학습뿐만 아니라 실용적 가치가 있는 분야에 대한 설명도 과감히 추가하였다.
- 각 장과 절의 도입부에 학습목표를 명확히 제시하였으며, 예제와 연습문제를 충분히 배치하여 학습목표를 달성할 수 있도록 하였다.
- 예제와 연습문제를 포함한 모든 논의의 범위와 수준은 각종 자격시험을 준비하는 데 부족함이 없도록 하였다.

끝으로 이 책이 전자기학을 공부하는 독자에게 소중한 지침서가 되길 바라며, 이 책을 만드는 데 도움을 주신 많은 분들과 한빛아카데미㈜ 관계자분들께 감사의 마음을 전한다.

지은이 **곽 동 주**

미 리 보 기

CHAPTER 01

벡터 해석

| 장 도입글 |

해당 장의 내용을 왜 배우는지, 무엇을 배우는지 설명한다.

이 장에서는 전자기학을 공부하는 데 필요한 벡터를 소개한다. 먼저 벡터에 대한 기초적인 연산과 전자기학에서 접하게 될 벡터양들을 표현하기 위한 직각, 원통, 구좌표계를 배운다. 좌표계에서는 변수의 성질을 정확히 이해하고 각 좌표계의 단위벡터를 이용하여 벡터양을 표현한다. 또한 좌표계의 변수의 미소증분과 미소증분으로 발생하는 미소체적, 미소면적, 미소길이를 표현하고 활용할 수 있어야 한다. 마지막으로 좌표변환의 과정을 학습하여 좌표계를 심층적으로 이해한다.

CONTENTS

SECTION 1.2 **직각좌표계**

전자기학에 대해 배우려면 세 가지 직교좌표계를 반드시 이해해야 한다. 이 절에서는 직각좌표계의 변수와 미소증분, 그리고 미소증분의 결과로 형성되는 미소길이, 미소면적, 미소체적을 구한다.

Keywords | 직각좌표계 | 좌표계의 변수 |

| 학습목표 / Keywords |

핵심 내용을 키워드로 정리하여 소개한다.

벡터는 크기(length)를 비롯하여 방향(direction), 투영(projection)[2], 성분(component), 그리고 각(angle) 등을 정의하여 표현하고 일반적으로 좌표계를 이용하여 나타낸다. 3차원 좌표계에는 직각좌표계와 원통좌표계, 구좌표계가 있으며 공학계열의 학생들은 이 세 가지의 좌표계를 기본적으로 이해해야 한다. 먼저 직각좌표계와 벡터의 표현에 필요한 사항들을 공부해보자.

직각좌표계(Cartesian/Rectangular Coordinate System)는 서로 직각인 세 개의 좌표축을 가지며, 변수 x, y, z로 나타낸다.[3] 즉 어떤 점 P를 P(x, y, z)로 표현한다. 이때 x, y, z 방향의 축은 서로 직교하며, 반드시 오른손법칙(right-hand rule)을 따른다. 즉 [그림 1-4(a)]와 같이 x축 방향에서 y축 방향으로 오른나사를 돌릴 때 나사가 진행하는 방향이 z축이 된다. 만약 x축과 y축을 서로 바꾸면 z축은 [그림 1-4(b)]와 같이 반대 방향으로 설정됨을 유의해야 한다.

| 본문 |

전자기학을 이해하는 데 필요한 내용을 간결하게 설명한다.

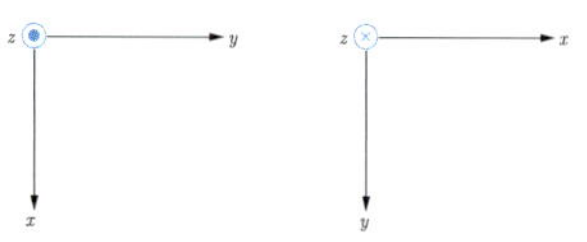

[그림 1-4] 오른손법칙에 의한 직각좌표계

(a)의 ⊙는 지면에서 나오는 방향을 나타내며, (b)의 ⊗는 지면으로 들어가는 방향을 나타낸다.

직각좌표계에서 원점은 [그림 1-5(a)]와 같이 $x=0$인 yz 평면과 $y=0$인 zx 평면, 그리고 $z=0$인 xy 평면이 교차하는 점으로 정의할 수 있다. 또한 점 P$(1, 2, 3)$은 원점으로부터 x, y, z가 증가하는 방향으로 각각 1, 2, 3만큼 진행한 세 면의 교차점이다. 즉 [그림 1-5(b)]와 같이 $x=1$의 위치에서 yz 평면에 평행한 면(앞면)과 $y=2$의 위치에서 zx 평면에 평행한 면(오른쪽 면), 그리고

2 투영은 어떤 벡터의 특정 방향에 대한 수직 성분을 의미하며, 이는 그 방향으로의 성분스칼라 값과 같다.

3 일반적으로 위치함수인 물리량의 공간적 위치와 방향을 나타내기 위해 3차원 좌표계를 이용한다. 물론 좌표축이 서로 수직하지 않는 비 직교좌표계도 있지만 앞으로 다룰 문제들은 직교좌표계로도 충분히 이해할 수 있다.

| 각주 |

본문에 대한 보충 설명이나 기반이 되는 자료를 제시한다.

한편 어떤 벡터 $\mathbf{B} = B_x\mathbf{a}_x + B_y\mathbf{a}_y + B_z\mathbf{a}_z$에서 이 벡터의 크기는

$$|\mathbf{B}| = \sqrt{B_x^2 + B_y^2 + B_z^2} \quad (1.5)$$

가 되며, 벡터 B 방향의 단위벡터는 다음과 같이 표현한다.

★ B 방향의 단위벡터 ★

$$\mathbf{a}_B = \frac{\mathbf{B}}{|\mathbf{B}|} = \frac{\mathbf{B}}{\sqrt{B_x^2 + B_y^2 + B_z^2}} \quad (1.6)$$

| 별표 박스 |

본문 중 주요 수식과 내용을 강조하여 소개한다.

예제 1-1

직각좌표계에서의 한 점 $P_1(-2, 4, 3)$에서 점 $P_2(1, 2, -1)$로 향하는 벡터를 R이라고 할 때 벡터 R을 직각좌표계로 나타내고 단위벡터 $\mathbf{a}_R$을 구하라.

풀이

벡터 R의 x, y, z 방향으로의 성분의 크기를 각각 R_x, R_y, R_z라고 하면 벡터 R은 다음과 같다.

$$\mathbf{R} = R_x\mathbf{a}_x + R_y\mathbf{a}_y + R_z\mathbf{a}_z$$

x, y, z 방향으로의 성분의 크기 R_x, R_y, R_z는 각각 x 방향으로 −2에서 1, y 방향으로 4에서 2, z 방향으로 3에서 −1로 증분한 결과이므로 다음과 같다.

$$\mathbf{R} = [1-(-2)]\mathbf{a}_x + (2-4)\mathbf{a}_y + (-1-3)\mathbf{a}_z = 3\mathbf{a}_x - 2\mathbf{a}_y - 4\mathbf{a}_z$$

한편 벡터 R의 크기는 $|\mathbf{R}| = \sqrt{3^2+(-2)^2+(-4)^2} = \sqrt{29}$이므로 단위벡터는 식 (1.6)에 의해 다음과 같이 계산할 수 있다.

$$\mathbf{a}_R = \frac{\mathbf{R}}{|\mathbf{R}|} = \frac{3}{\sqrt{29}}\mathbf{a}_x - \frac{2}{\sqrt{29}}\mathbf{a}_y - \frac{4}{\sqrt{29}}\mathbf{a}_z$$

| 예제 |

본문에서 다룬 개념을 적용한 문제와 상세한 풀이를 제공한다.

2 벡터계

지금부터 많이 접하게 될 **계**(界, field)라는 표현은 종종 **장**(場)으로 표현하기도 한다. 예를 들어 전계 또는 자계는 종종 전장 또는 자장이라 부르기도 한다.

| 연습문제 |

해당 장에서 학습한 내용을 문제를 통해 확인한다.

CHAPTER 01 연습문제

1.1 벡터 $\mathbf{A} = 4\mathbf{a}_x + 3\mathbf{a}_y - 5\mathbf{a}_z$와 벡터 $\mathbf{B} = -\mathbf{a}_x + 2\mathbf{a}_y - 3\mathbf{a}_z$가 있다. 벡터 $\mathbf{C} = 2\mathbf{A} - \mathbf{B}$일 때 벡터 C를 구하라.

1.2 점 $P_1(3, -1, 4)$에서 점 $P_2(5, 3, -1)$로 향하는 벡터 $\mathbf{R}_{12}$를 구하고 $\mathbf{R}_{12}$를 z축에 투영할 때의 투영의 크기를 구하라.

1.3 점 P(3, 4, 3)[m]에서 x, y, z의 값이 증가하는 방향으로 각각 2[m]만큼 증분하였다. 그 결과 형성되는 점 P′을 구하고 점 P에서 점 P′까지의 거리 L과 체적 V를 구하라.

1.4 어떤 삼각형의 꼭짓점이 점 $P_1(3, 2, 4)$, $P_2(-3, 2, 2)$, $P_3(1, 4, -1)$[m]에 있을 때 삼각형 둘레의 길이를 구하라.

1.5 점 $P_1(x', y', z')$에서 점 $P_2(x, y, z)$로 향하는 벡터를 G라고 할 때 벡터 G와 벡터 G의 단위벡터를 구하라.

1.6 벡터계 $\mathbf{K} = 2x^2y\mathbf{a}_x + 2zx\mathbf{a}_y$에 대해 점 P(1, 2, 2)에서의 벡터 K를 구하고 벡터 $\mathbf{B} = \mathbf{a}_x + 2\mathbf{a}_y + 2\mathbf{a}_z$에 대한 벡터 K의 투영을 구하라.

1.7 벡터 $\mathbf{A} = 2\mathbf{a}_x + 3\mathbf{a}_y - 2\mathbf{a}_z$와 벡터 $\mathbf{B} = -\mathbf{a}_x + 2\mathbf{a}_y + 2\mathbf{a}_z$가 서로 수직임을 보여라.

1.8 두 벡터 A, B가 각각 $\mathbf{A} = \mathbf{a}_x - \mathbf{a}_z$, $\mathbf{B} = \mathbf{a}_x + \mathbf{a}_y - \mathbf{a}_z$일 때 크기가 $2\sqrt{2}$이고 두 벡터 A, B에 수직인 벡터 C를 구하라.

1.9 점 A(2, 3, −1), B(3, −2, 3), C(3, 2, 1)에 대해 다음을 구하라.

(a) $\mathbf{R}_{AB} \cdot \mathbf{R}_{AC}$

(b) $\mathbf{R}_{AB}$와 $\mathbf{R}_{AC}$의 사잇각

강의 보조 자료

한빛아카데미 홈페이지에서 '교수회원'으로 가입하신 분은 인증 후 교수용 강의 보조 자료를 제공받을 수 있습니다. 한빛아카데미 홈페이지 상단의 〈교수전용공간〉 메뉴를 클릭하세요.

http://www.hanbit.co.kr/academy

연습문제 해답

이 책의 연습문제 답안은 다음 경로에서 다운로드할 수 있습니다.

한빛아카데미 홈페이지 접속 → [도서명] 검색 → 도서 상세 페이지의 [부록 / 예제소스]

참고 문헌

- Fawwaz T. Ulaby, 『Fundamentals of Applied Electromagnetics, 5th Ed.』, Pearson, 2006
- David K. Cheng, 『Field and Wave Electromagnetics, 2nd Ed.』, Addison-Wesley, 1989
- Matthew Sadiku, 『Elements of Electromagnetics, 7th Ed.』, Oxford University Press, 2018

Contents

Contents

CHAPTER 02 전계 및 전속밀도

CHAPTER 03 전위와 정전에너지

CHAPTER 04 도체, 반도체, 유전체 및 정전용량

Contents

Contents

CHAPTER 05 정자계

Contents

CHAPTER 06 자기력, 자성체 및 인덕턴스

Contents

CHAPTER 07 시가변 전자계와 맥스웰 방정식

CHAPTER 08 균일평면파

Contents

CHAPTER 09 전송선로

CHAPTER

01

벡터 해석

이 장에서는 전자기학을 공부하는 데 필요한 벡터를 소개한다. 먼저 벡터에 대한 기초적인 연산과 전자기학에서 접하게 될 벡터양들을 표현하기 위한 직각, 원통, 구좌표계를 배운다. 좌표계에서는 변수의 성질을 정확히 이해하고 각 좌표계의 단위벡터를 이용하여 벡터양을 표현한다. 또한 좌표계의 변수의 미소증분과 미소증분으로 발생하는 미소체적, 미소면적, 미소길이를 표현하고 활용할 수 있어야 한다. 마지막으로 좌표변환의 과정을 학습하여 좌표계를 심층적으로 이해한다.

CONTENTS

SECTION 1.1

벡터 대수

벡터는 각종 전기적 물리량을 이해하고 표현하기 위한 수학적 도구이다. 이 절에서는 벡터양과 스칼라양을 구분하고 기초적인 벡터 연산을 공부한다.

Keywords | 벡터(양) | 스칼라(양) | 벡터 연산 |

1 스칼라와 벡터

스칼라와 벡터는 물리량의 방향성 유무에 따라 분류된다. 먼저 **스칼라**(scalar)는 크기만을 나타내는 양으로, 양(+) 혹은 음(−)의 실수로 표현하며, 단위를 포함하기도 한다. 시간, 질량, 밀도, 거리, 온도, 엔트로피, 저항, 전위 및 에너지 등을 스칼라양의 예로 들 수 있다. 반면에 **벡터**(vector)는 주어진 공간에서 크기와 방향을 같이 나타낸다. 전자기학에서 다룰 전하량이나 전하밀도, 전위(전압) 등은 방향을 갖지 않으므로 스칼라양이지만 방향을 가지는 전계, 자계, 전속밀도, 자속밀도, 속도, 힘, 변위, 토크 등은 벡터양으로 취급해야 한다.

면적의 크기는 스칼라양이지만 면적은 벡터양이다. 이때 면벡터는 크기가 같더라도 방향이 다르면 완전히 다른 물리량이 된다. [그림 1-1]은 크기가 같은 여섯 개의 면으로 구성된 정육면체이다. 그림에서 벡터 $\mathbf{A}$, $\mathbf{B}$, $\mathbf{C}$는 면적을 나타내는 면벡터로, 크기는 같지만 방향이 다르므로 서로 다른 양으로 취급된다. 면벡터는 그 면에 수직인 방향을 자신의 방향으로 정한다. 일반적으로 스칼라양은 A, B와 같이 이탤릭 문자로 표현하며, 벡터양은 $\overrightarrow{A}$, $\overrightarrow{B}$나 $\mathbf{A}$, $\mathbf{B}$ 등 다양한 방법으로 표현할 수 있다. 이 책에서는 $\mathbf{A}$, $\mathbf{B}$와 같이 굵은 로만체로 표현하기로 한다.

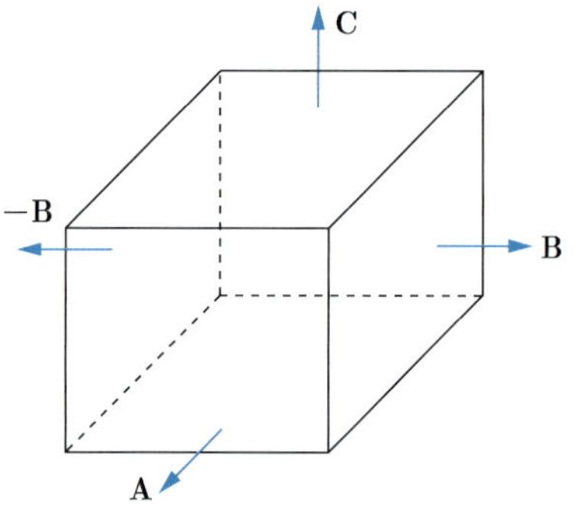

[그림 1-1] 정육면체에서의 서로 다른 면벡터
정육면체의 오른쪽과 왼쪽 면은 크기가 같지만 방향이 반대이므로 $\mathbf{B} = -\mathbf{B}$이다.

2 벡터 연산

스칼라양과 마찬가지로 벡터양도 덧셈과 뺄셈, 곱셈 등의 연산이 가능하며, 교환법칙, 분배법칙, 그리고 결합법칙 등을 논할 수 있다. 즉 $\mathbf{A}$, $\mathbf{B}$, $\mathbf{C}$를 임의의 벡터, r을 스칼라라고 하면 다음의 관계가 성립한다.

$$
\begin{aligned}
&(\text{교환법칙}) \quad \mathbf{A}+\mathbf{B}=\mathbf{B}+\mathbf{A} \\
&(\text{분배법칙}) \quad r(\mathbf{A}+\mathbf{B})=r\mathbf{A}+r\mathbf{B} \\
&(\text{결합법칙}) \quad (\mathbf{A}+\mathbf{B})+\mathbf{C}=\mathbf{A}+(\mathbf{B}+\mathbf{C})
\end{aligned}
\tag{1.1}
$$

또한 벡터 A와 스칼라 r 및 s의 곱셈에도 다음과 같이 교환법칙과 결합법칙이 성립한다.

$$
\begin{aligned}
&(\text{교환법칙}) \quad r\mathbf{A}=\mathbf{A}r \\
&(\text{결합법칙}) \quad r(s\mathbf{A})=(rs)\mathbf{A}
\end{aligned}
\tag{1.2}
$$

벡터 A와 B의 합은 [그림 1-2(a)]와 같이 평행사변형의 법칙에 따라 벡터 A, B를 두 변으로 하는 평행사변형의 대각선으로 나타낸다. 이때 두 벡터의 합 A+B는 [그림 1-2(b)]와 같이 벡터 A의 끝에 벡터 B를 놓을 때 벡터 A의 시작점에서 벡터 B의 종점으로 향하는 벡터와 같다. 만약 두 벡터 A와 B가 [그림 1-3(a)]와 같이 서로 다른 위치에 있지만 크기와 방향이 같으면 두 벡터는 **동치관계**에 있으며, [그림 1-3(b)]와 같이 크기는 같지만 서로 반대 방향이라면 두 벡터 사이에는 $\mathbf{A}=-\mathbf{B}$의 관계가 성립한다.[1] [그림 1-2(a)]와 [그림 1-2(b)]의 벡터 B도 서로 다른 위치에 있지만 크기와 방향이 같으므로 동치관계에 있다.

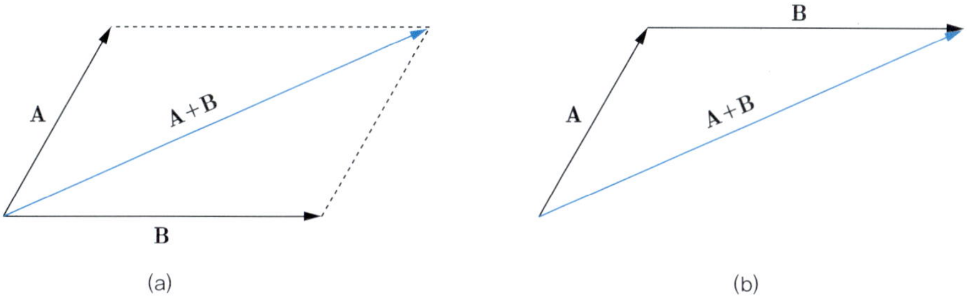

[그림 1-2] 벡터 A와 B의 합
(a)의 벡터 B와 (b)의 벡터 B는 서로 다른 위치에 있지만 크기와 방향이 같으므로 동치관계에 있다.

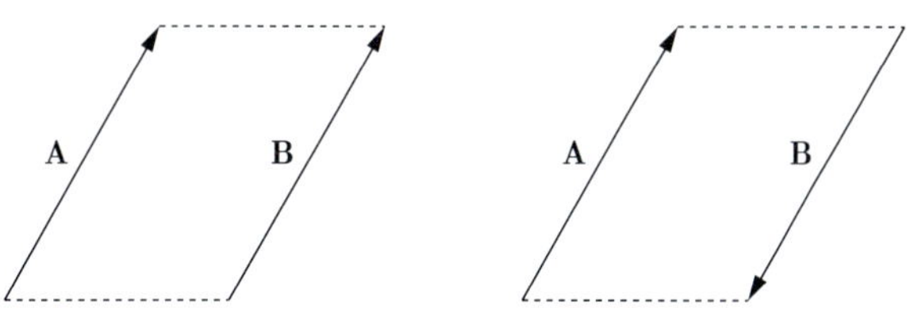

(a) $\mathbf{A}=\mathbf{B}$ (b) $\mathbf{A}=-\mathbf{B}$

[그림 1-3] 동치인 벡터와 크기는 같고 방향이 다른 두 벡터

1 벡터는 덧셈, 뺄셈, 곱셈이 가능하며, 벡터양에 스칼라양을 곱하거나 벡터양을 스칼라양으로 나눌 수 있다. 그러나 벡터양에 스칼라양을 더하거나 뺄 수는 없으며, 특히 벡터양을 다른 벡터양으로 나누는 연산은 불가능하다.

SECTION
1.2 직각좌표계

전자기학에 대해 배우려면 세 가지 직교좌표계를 반드시 이해해야 한다. 이 절에서는 직각좌표계의 변수와 미소증분, 그리고 미소증분의 결과로 형성되는 미소길이, 미소면적, 미소체적을 구한다.

Keywords | 직각좌표계 | 좌표계의 변수 |

벡터는 크기(length)를 비롯하여 방향(direction), 투영(projection)[2], 성분(component), 그리고 각(angle) 등을 정의하여 표현하고 일반적으로 좌표계를 이용하여 나타낸다. 3차원 좌표계에는 직각좌표계와 원통좌표계, 구좌표계가 있으며, 공학계열의 학생들은 이 세 가지의 좌표계를 기본적으로 이해해야 한다. 먼저 직각좌표계와 벡터의 표현에 필요한 사항들을 공부해보자.

직각좌표계(Cartesian/Rectangular Coordinate System)는 서로 직각인 세 개의 좌표축을 가지며, 변수 x, y, z로 나타낸다.[3] 즉 어떤 점 P를 $\mathrm{P}(x,\ y,\ z)$로 표현한다. 이때 x, y, z 방향의 축은 서로 직교하며, 반드시 오른손법칙(right-hand rule)을 따른다. 즉 [그림 1-4(a)]와 같이 x축 방향에서 y축 방향으로 오른나사를 돌릴 때 나사가 진행하는 방향이 z축이 된다. 만약 x축과 y축을 서로 바꾸면 z축은 [그림 1-4(b)]와 같이 반대 방향으로 설정됨을 유의해야 한다.

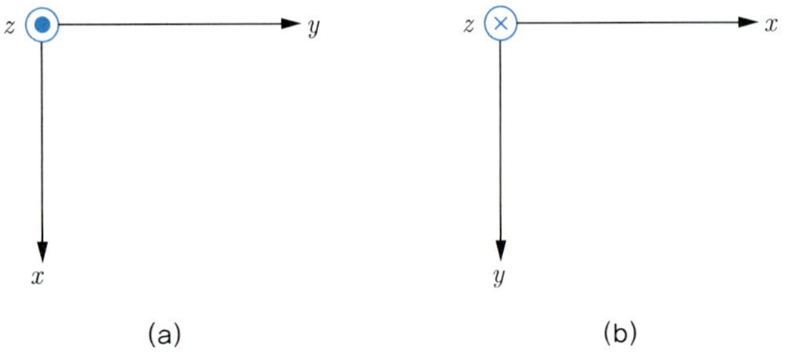

[그림 1-4] 오른손법칙에 의한 직각좌표계
(a)의 ⊙는 지면에서 나오는 방향을 나타내며, (b)의 ⊗는 지면으로 들어가는 방향을 나타낸다.

직각좌표계에서 원점은 [그림 1-5(a)]와 같이 $x=0$인 yz 평면과 $y=0$인 zx 평면, 그리고 $z=0$인 xy 평면이 교차하는 점으로 정의할 수 있다. 또한 점 $\mathrm{P}(1,\ 2,\ 3)$은 원점으로부터 x, y, z가 증가하는 방향으로 각각 1, 2, 3만큼 진행한 세 면의 교차점이다. 즉 [그림 1-5(b)]와 같이 $x=1$의

2 투영은 어떤 벡터의 특정 방향에 대한 수직 성분을 의미하며, 이는 그 방향으로의 성분스칼라 값과 같다.

3 일반적으로 위치함수인 물리량의 공간적 위치와 방향을 나타내기 위해 3차원 좌표계를 이용한다. 물론 좌표축이 서로 수직하지 않는 비 직교좌표계도 있지만 앞으로 다룰 문제들은 직교좌표계로도 충분히 이해할 수 있다.

위치에서 yz 평면에 평행한 면(앞면)과 $y=2$의 위치에서 zx 평면에 평행한 면(오른쪽 면), 그리고 $z=3$의 위치에서 xy 평면에 평행한 면(윗면) 등 세 면이 교차하는 점이 된다.

한편 [그림 1–5(c)]와 같이 점 $\mathrm{P}(x,\ y,\ z)$에서 좌표계의 변수가 증가하는 방향으로 각각 dx, dy, dz만큼 미소증분하면 점 $\mathrm{P}'(x+dx,\ y+dy,\ z+dz)$가 만들어지며, 그 결과 세 개의 서로 다른 미소면적 $dS_x = dydz$, $dS_y = dzdx$, $dS_z = dxdy$와 미소체적 $dv = dxdydz$를 얻을 수 있다. 또한 미소증분 이전의 점 P에서 증분하여 형성된 점 P′으로의 미소길이 $dL = \sqrt{(dx)^2 + (dy)^2 + (dz)^2}$이 된다.

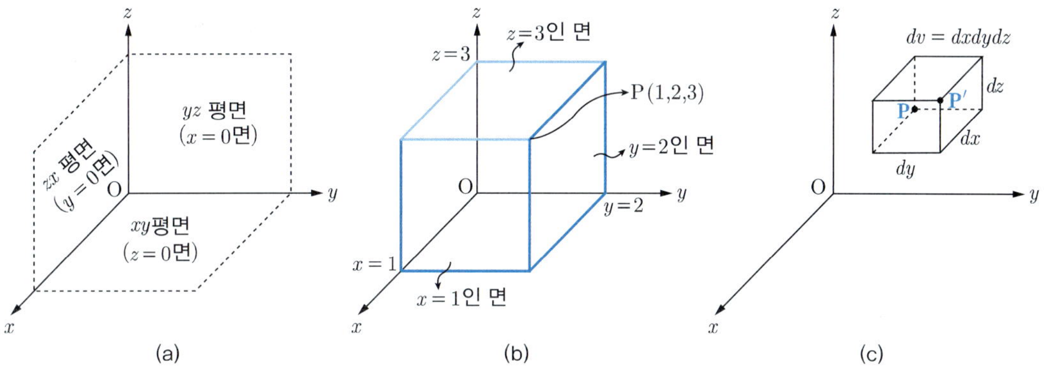

[그림 1–5] 직각좌표계와 직각좌표계에서의 미소증분

원점은 $x=y=z=0$인 세 면이 교차하는 점이며, 점 $\mathrm{P}(1,\ 2,\ 3)$은 $x=1$, $y=2$, $z=3$으로 일정한 세 면이 교차하는 점이다. 미소증분을 통해 미소길이와 미소면적, 미소체적에 대한 표현을 얻을 수 있다.

SECTION 1.3

단위벡터

벡터양을 표현할 때 단위벡터를 이용하면 매우 편리하다. 이 절에서는 단위벡터를 정의하고 임의의 벡터는 성분벡터와 성분스칼라로 구성됨을 이해한다. 또한 위치함수로 정의되는 벡터계에 대한 개념을 이해한다.

Keywords | 단위벡터 | 성분벡터 | 성분스칼라 | 미소길이 | 미소면적 | 벡터계 |

1 단위벡터를 이용한 벡터양의 표현

벡터는 단위벡터를 이용하면 좀 더 편리하게 표현할 수 있다. **크기가 1이고 방향만을 나타내는 벡터를 단위벡터**(unit vector)라고 한다. 단위벡터를 나타내는 방법에는 여러 가지가 있지만 이 책에서는 문자 $\mathbf{a}$로 표현하며, 특정한 방향으로의 단위벡터는 아래첨자로 표현하기로 한다. 예를 들어 벡터 A, B의 방향을 나타내는 단위벡터는 각각 $\mathbf{a}_A$, $\mathbf{a}_B$가 된다. 직각좌표계에서는 [그림 1-6]과 같이 좌표축을 따라 그 값이 증가하는 방향으로 단위벡터 $\mathbf{a}_x$, $\mathbf{a}_y$, $\mathbf{a}_z$를 이용할 수 있다.

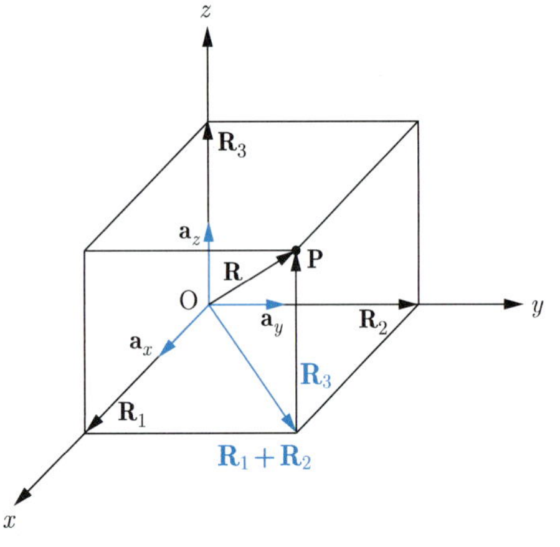

[그림 1-6] 직각좌표계의 단위벡터 및 성분벡터
단위벡터는 크기가 1이고 좌표계의 각 성분이 증가하는 방향으로 향한다.

[그림 1-6]과 같이 원점에서 점 P(R_1, R_2, R_3)로 향하는 벡터 $\mathbf{R}$을 생각해보자. x, y, z축 위의 어떤 벡터 $\mathbf{R}_1$, $\mathbf{R}_2$, $\mathbf{R}_3$에 대해 원점에서 점 P로 향하는 선분벡터는 $\mathbf{R} = \mathbf{R}_1 + \mathbf{R}_2 + \mathbf{R}_3$가 된다. 이때 벡터 $\mathbf{R}_1$, $\mathbf{R}_2$, $\mathbf{R}_3$를 벡터 $\mathbf{R}$의 **성분벡터**(component vector)라고 하며, 벡터 $\mathbf{R}$은 벡터 $\mathbf{R}_1$, $\mathbf{R}_2$, $\mathbf{R}_3$의 합성벡터가 된다.

이 벡터 $\mathbf{R}$을 단위벡터를 이용하여 표현해보자. 벡터 $\mathbf{R}_1$, $\mathbf{R}_2$, $\mathbf{R}_3$는 x, y, z 방향으로 그 크기가 각각 R_1, R_2, R_3이므로 $\mathbf{R}_1 = R_1\mathbf{a}_x$, $\mathbf{R}_2 = R_2\mathbf{a}_y$, $\mathbf{R}_3 = R_3\mathbf{a}_z$이다. 따라서 $\mathbf{R} = R_1\mathbf{a}_x + R_2\mathbf{a}_y + R_3\mathbf{a}_z$가 된다. 즉 벡터 $\mathbf{R}$은 $R_1\mathbf{a}_x$, $R_2\mathbf{a}_y$, $R_3\mathbf{a}_z$의 합성벡터로, 이때 크기 R_1, R_2, R_3를 x, y, z 방향으로의 **성분스칼라**(component scalar)라고 한다. **성분스칼라는 벡터 $\mathbf{R}$을 x, y, z축에 직각으로 투영하였을 때의 투영의 크기와 같다.**

벡터 $\mathbf{A}$와 $\mathbf{B}$는 단위벡터를 이용하면 $\mathbf{A} = A_x\mathbf{a}_x + A_y\mathbf{a}_y + A_z\mathbf{a}_z$와 $\mathbf{B} = B_x\mathbf{a}_x + B_y\mathbf{a}_y + B_z\mathbf{a}_z$로 표현할 수 있다. 벡터 $\mathbf{A}$는 x, y, z 방향으로 각각 A_x, A_y, A_z의 성분스칼라 및 투영의 크기를 가진다고 볼 수 있다. 만약 벡터 $\mathbf{C}$, $\mathbf{D}$를 각각 $\mathbf{C} = \mathbf{A} + \mathbf{B}$, $\mathbf{D} = \mathbf{A} - \mathbf{B}$라고 하면 단위벡터를 이용하여 다음과 같이 표현할 수 있다.

$$\mathbf{C} = (A_x + B_x)\mathbf{a}_x + (A_y + B_y)\mathbf{a}_y + (A_z + B_z)\mathbf{a}_z$$

$$\mathbf{D} = (A_x - B_x)\mathbf{a}_x + (A_y - B_y)\mathbf{a}_y + (A_z - B_z)\mathbf{a}_z$$

단위벡터를 이용하여 앞에서 설명한 미소증분을 다시 생각해보자. 점 $\mathrm{P}(x, y, z)$에서 x, y, z를 각각 dx, dy, dz만큼 미소증분하여 점 $\mathrm{P}'(x + dx, y + dy, z + dz)$를 얻었고 점 P에서 점 P′까지의 길이 $dL = \sqrt{(dx)^2 + (dy)^2 + (dz)^2}$이었다. 점 P에서 점 P′로 향하는 매우 작은 선분벡터 $d\mathbf{L}$은 변수 x, y, z를 각각 dx, dy, dz만큼 증분하였으므로 $\mathbf{a}_x$, $\mathbf{a}_y$, $\mathbf{a}_z$ 방향으로 dx, dy, dz만큼의 성분을 가지며, 다음과 같이 표현할 수 있다.

★ 직각좌표계에서의 미소길이 ★

$$d\mathbf{L} = dx\,\mathbf{a}_x + dy\,\mathbf{a}_y + dz\,\mathbf{a}_z \tag{1.3}$$

또한 1.2절(직각좌표계)에서 논의한 미소증분의 결과인 세 개의 미소면적 $dS_x = dydz$, $dS_y = dzdx$, $dS_z = dxdy$를 면벡터로 표현하면 다음과 같다. 이 식에서 $\mathbf{a}_x$, $\mathbf{a}_y$, $\mathbf{a}_z$는 각 면에 수직인 단위벡터이다.

★ 직각좌표계에서의 미소면적 ★

$$\begin{aligned} d\mathbf{S}_x &= dydz\,\mathbf{a}_x \\ d\mathbf{S}_y &= dzdx\,\mathbf{a}_y \\ d\mathbf{S}_z &= dxdy\,\mathbf{a}_z \end{aligned} \tag{1.4}$$

한편 어떤 벡터 $\mathbf{B} = B_x \mathbf{a}_x + B_y \mathbf{a}_y + B_z \mathbf{a}_z$ 에서 이 벡터의 크기는

$$|\mathbf{B}| = \sqrt{B_x^2 + B_y^2 + B_z^2} \tag{1.5}$$

가 되며, 벡터 $\mathbf{B}$ 방향의 단위벡터는 다음과 같이 표현한다.

★ B 방향의 단위벡터 ★

$$\mathbf{a}_B = \frac{\mathbf{B}}{|\mathbf{B}|} = \frac{\mathbf{B}}{\sqrt{B_x^2 + B_y^2 + B_z^2}} \tag{1.6}$$

예제 1-1

직각좌표계에서의 한 점 $P_1(-2, 4, 3)$에서 점 $P_2(1, 2, -1)$로 향하는 벡터를 $\mathbf{R}$이라고 할 때 벡터 $\mathbf{R}$을 직각좌표계로 나타내고 단위벡터 $\mathbf{a}_R$을 구하라.

풀이

벡터 $\mathbf{R}$의 x, y, z 방향으로의 성분의 크기를 각각 R_x, R_y, R_z라고 하면 벡터 $\mathbf{R}$은 다음과 같다.

$$\mathbf{R} = R_x \mathbf{a}_x + R_y \mathbf{a}_y + R_z \mathbf{a}_z$$

x, y, z 방향으로의 성분의 크기 R_x, R_y, R_z는 각각 x 방향으로 −2에서 1, y 방향으로 4에서 2, z 방향으로 3에서 −1로 증분한 결과이므로 다음과 같다.

$$\mathbf{R} = [1-(-2)]\mathbf{a}_x + (2-4)\mathbf{a}_y + (-1-3)\mathbf{a}_z = 3\mathbf{a}_x - 2\mathbf{a}_y - 4\mathbf{a}_z$$

한편 벡터 $\mathbf{R}$의 크기는 $|\mathbf{R}| = \sqrt{3^2 + (-2)^2 + (-4)^2} = \sqrt{29}$ 이므로 단위벡터는 식 (1.6)에 의해 다음과 같이 계산할 수 있다.

$$\mathbf{a}_R = \frac{\mathbf{R}}{|\mathbf{R}|} = \frac{3}{\sqrt{29}}\mathbf{a}_x - \frac{2}{\sqrt{29}}\mathbf{a}_y - \frac{4}{\sqrt{29}}\mathbf{a}_z$$

2 벡터계

지금부터 많이 접하게 될 **계**(界, field)라는 표현은 종종 **장**(場)으로 표현하기도 한다. 예를 들어 전계 또는 자계는 종종 전장 또는 자장이라 부르기도 한다.

계나 장 모두 어떤 공간을 의미하며, 함수로 정의된다. 이 함수는 어떤 영역 내의 특별한 위치에서의 양(quantity)을 규정하며, 스칼라계도 이러한 계에 포함된다. 길이나 시간과 같이 하나의 수에 의해 표현되는 것이 스칼라양이라면 **스칼라계는 위치에 따라 변화하는 값들을 표시한 것이다**. 즉 지도상에서 한 점의 높이는 스칼라양, 등고선은 위도의 스칼라계이다.

마찬가지로 임의의 한 점에서 다른 한 점까지의 크기 및 방향을 나타내는 물리량이 벡터라면 **벡터계는 원하는 모든 점 및 선분을 포함하는 공간이다**. 즉 위치함수로써 벡터계는 변수를 포함하는 벡터함수로 정의할 수 있으며, 직각좌표계에서는 좌표계의 변수인 x, y, z의 함수로 그 물리량이 표현될 때 **벡터계**라고 부른다.

예를 들어 생각해보자. 원점에서 점 P(2, 2, 2)로 향하는 벡터 $\mathbf{R} = 2\mathbf{a}_x + 2\mathbf{a}_y + 2\mathbf{a}_z$는 하나의 선분벡터이지만 $\mathbf{R} = 2x^2y\,\mathbf{a}_x + 2xyz\,\mathbf{a}_y + 2yz^3\,\mathbf{a}_z$로 표현되는 벡터계는 변수 x, y, z의 변화에 의해 일정한 공간을 표시할 수 있음을 알 수 있다.

예제 1-2

$\mathbf{F} = 3x^2\mathbf{a}_x - 2y^2z\,\mathbf{a}_y + 3xyz\,\mathbf{a}_z$의 벡터계에서 점 P(1, 1, 1)에서의 $\mathbf{F}_1$과 P(2, −2, 2)에서의 $\mathbf{F}_2$를 구하라.

풀이

주어진 벡터계에 점 $\mathrm{P}_1(1, 1, 1)$을 대입하면 벡터 $\mathbf{F}_1$은 다음과 같다.

$$\begin{aligned}\mathbf{F}_1 &= (3\times 1^2)\,\mathbf{a}_x - (2\times 1^2\times 1)\,\mathbf{a}_y + (3\times 1\times 1\times 1)\,\mathbf{a}_z \\ &= 3\mathbf{a}_x - 2\mathbf{a}_y + 3\mathbf{a}_z\end{aligned}$$

같은 방법으로 $\mathbf{F}_2$를 구하면 다음과 같다.

$$\mathbf{F}_2 = 12\mathbf{a}_x - 16\mathbf{a}_y - 24\mathbf{a}_z$$

SECTION 1.4

벡터의 곱셈

이 절에서 살펴볼 벡터의 내적과 외적 연산은 전자기학에서 다룰 많은 문제를 해결하는 데 매우 중요하므로 반드시 익숙해져야 한다.

Keywords | 내적 | 외적 | 삼중적 |

1 벡터의 내적

벡터의 곱셈 연산 중 내적(스칼라 곱 또는 dot product)은 그 결과가 항상 스칼라양으로, 두 벡터 A와 B의 내적은 A · B라고 표기하고 'A 도트(dot) B'라고 읽는다. 또한 **두 벡터 A와 B의 내적은 두 벡터의 크기와 사잇각의 코사인(cosine) 값을 곱한 것으로, 다음과 같이 정의한다.**

★ 벡터의 내적 ★

$$\mathrm{A} \cdot \mathrm{B} = |A||B|\cos\theta \tag{1.7}$$

식 (1.7)에서 각의 부호가 반대가 되어도 그 각의 코사인 값은 변하지 않으며, 내적의 결과가 스칼라양이므로 다음과 같이 교환법칙 및 분배법칙이 성립한다.

$$\begin{aligned} &(\text{교환법칙}) \qquad \mathrm{A} \cdot \mathrm{B} = \mathrm{B} \cdot \mathrm{A} \\ &(\text{분배법칙}) \qquad \mathrm{A} \cdot (\mathrm{B} + \mathrm{C}) = \mathrm{A} \cdot \mathrm{B} + \mathrm{A} \cdot \mathrm{C} \end{aligned} \tag{1.8}$$

이제 $\mathrm{A} = A_x \mathbf{a}_x + A_y \mathbf{a}_y + A_z \mathbf{a}_z$, $\mathrm{B} = B_x \mathbf{a}_x + B_y \mathbf{a}_y + B_z \mathbf{a}_z$로 표현되는 두 벡터의 내적을 구해보자. 먼저 단위벡터들의 내적의 관계를 생각해보면 직각좌표계에서 서로 다른 두 단위벡터들은 서로 수직이고 같은 방향의 단위벡터들 사이의 각은 0°이므로 $\mathbf{a}_x \cdot \mathbf{a}_y = |\mathbf{a}_x||\mathbf{a}_y|\cos\frac{\pi}{2} = 0$이 되고 $\mathbf{a}_x \cdot \mathbf{a}_x = |\mathbf{a}_x||\mathbf{a}_x|\cos 0 = 1$이 된다. 나머지 연산의 관계를 정리하면

$$\mathbf{a}_x \cdot \mathbf{a}_y = \mathbf{a}_y \cdot \mathbf{a}_z = \mathbf{a}_z \cdot \mathbf{a}_x = 0$$

$$\mathbf{a}_x \cdot \mathbf{a}_x = \mathbf{a}_y \cdot \mathbf{a}_y = \mathbf{a}_z \cdot \mathbf{a}_z = 1$$

이 된다. 따라서 벡터 A와 B의 내적은 다음과 같다.

★ 벡터 A와 B의 내적 ★

$$\mathbf{A} \cdot \mathbf{B} = A_x B_x + A_y B_y + A_z B_z \tag{1.9}$$

물론 동일한 두 벡터의 내적은 다음과 같다.

$$\mathbf{A} \cdot \mathbf{A} = A^2 \tag{1.10}$$

벡터의 내적은 어떤 벡터의 특정 방향으로의 성분의 크기를 아는 데 중요하게 사용된다. 예를 들어 어떤 벡터 $\mathbf{A} = 3\mathbf{a}_x + 4\mathbf{a}_y + 5\mathbf{a}_z$의 z 방향으로의 성분의 크기는 5이다. 벡터의 내적을 이용하면 z 방향으로의 성분의 크기를 알고 싶을 때 $\mathbf{A} \cdot \mathbf{a}_z = (3\mathbf{a}_x + 4\mathbf{a}_y + 5\mathbf{a}_z) \cdot \mathbf{a}_z = 5$로 구할 수 있다.

즉 [그림 1-7]과 같이 어떤 벡터 $\mathbf{F}$의 단위벡터 $\mathbf{a}$ 방향으로의 성분의 크기 또는 성분스칼라 F_a를 알고 싶다면 벡터 $\mathbf{F}$와 단위벡터 $\mathbf{a}$의 내적을 이용하여 다음과 같이 구한다.

$$F_a = \mathbf{F} \cdot \mathbf{a} = F\cos\theta$$

이 방향으로의 성분벡터 $\mathbf{F}_a$는 다음과 같다.[4]

$$\mathbf{F}_a = (\mathbf{F} \cdot \mathbf{a})\mathbf{a}$$

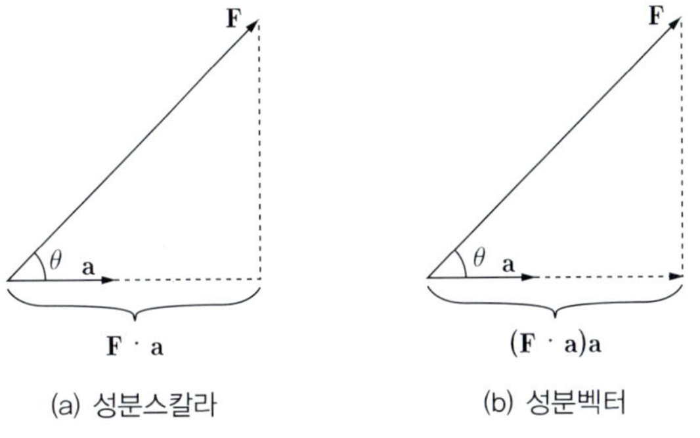

[그림 1-7] 벡터 F의 성분스칼라와 성분벡터

4 $(\mathbf{F} \cdot \mathbf{a})$는 $\mathbf{F}$의 $\mathbf{a}$ 방향으로의 성분스칼라 또는 투영의 크기이며, $(\mathbf{F} \cdot \mathbf{a})\mathbf{a}$는 같은 $\mathbf{a}$ 방향으로의 성분벡터이다. 이때 벡터의 내적을 표현하는 $\mathbf{F} \cdot \mathbf{a}$는 두 벡터 사이에 부호 " · "가 있어야 한다. 그러나 $(\mathbf{F} \cdot \mathbf{a})\mathbf{a}$는 $(\mathbf{F} \cdot \mathbf{a})$가 스칼라양이므로 $(\mathbf{F} \cdot \mathbf{a})$와 단위벡터 $\mathbf{a}$ 사이에 어떠한 연산 기호도 필요하지 않다.

예제 1-3

원점에서 점 $P_1(-3, 2, 1)$로 향하는 벡터 $\mathbf{R}_1$과 원점에서 점 $P_2(-2, -2, 4)$로 향하는 벡터 $\mathbf{R}_2$가 있다. 다음을 구하라.

(a) 두 벡터의 내적

(b) 점 P_1에서 점 P_2로 향하는 벡터 $\mathbf{R}_{12}$ 및 $\mathbf{R}_{12}$의 단위벡터 $\mathbf{a}_{R12}$

(c) 벡터 $\mathbf{R}_{12}$의 벡터 $\mathbf{C} = 2\mathbf{a}_x - 2\mathbf{a}_y$ 방향으로의 성분의 크기

(d) 두 벡터 사이의 각

풀이

(a) 두 벡터 $\mathbf{R}_1$, $\mathbf{R}_2$는 각각 $\mathbf{R}_1 = -3\mathbf{a}_x + 2\mathbf{a}_y + \mathbf{a}_z$, $\mathbf{R}_2 = -2\mathbf{a}_x - 2\mathbf{a}_y + 4\mathbf{a}_z$이므로 벡터의 내적은 식 (1.9)를 이용하여 다음과 같이 계산할 수 있다.

$$\mathbf{R}_1 \cdot \mathbf{R}_2 = (-3)\times(-2) + 2\times(-2) + 1\times 4 = 6$$

(b) 벡터 $\mathbf{R}_{12}$는 점 P_1에서 점 P_2로 증분한 벡터이므로 다음과 같이 계산할 수 있다.

$$\mathbf{R}_{12} = [-2-(-3)]\mathbf{a}_x + (-2-2)\mathbf{a}_y + (4-1)\mathbf{a}_z = \mathbf{a}_x - 4\mathbf{a}_y + 3\mathbf{a}_z$$

또한 $|\mathbf{R}_{12}| = \sqrt{1^2 + (-4)^2 + 3^2} = 5.1$이므로 $\mathbf{a}_{R12}$는 다음과 같이 계산된다.

$$\mathbf{a}_{R12} = \frac{\mathbf{R}_{AB}}{|\mathbf{R}_{AB}|} = \frac{1}{5.1}\mathbf{a}_x - \frac{4}{5.1}\mathbf{a}_y + \frac{3}{5.1}\mathbf{a}_z$$

(c) 벡터 $\mathbf{C} = 2\mathbf{a}_x - 2\mathbf{a}_y$의 단위벡터 $\mathbf{a}_C = \dfrac{\mathbf{C}}{|\mathbf{C}|} = \dfrac{2}{\sqrt{8}}\mathbf{a}_x - \dfrac{2}{\sqrt{8}}\mathbf{a}_y$이다. 따라서 벡터 $\mathbf{R}_{12}$의 벡터 $\mathbf{C}$ 방향으로의 성분의 크기는 $\mathbf{R}_{12}$와 $\mathbf{a}_C$의 내적으로 다음과 같이 계산할 수 있다.

$$\mathbf{R}_{12} \cdot \mathbf{a}_C = (\mathbf{a}_x - 4\mathbf{a}_y + 3\mathbf{a}_z) \cdot \left(\frac{2}{\sqrt{8}}\mathbf{a}_x - \frac{2}{\sqrt{8}}\mathbf{a}_y\right)$$
$$= \frac{2}{\sqrt{8}} + \frac{8}{\sqrt{8}} = \frac{10}{\sqrt{8}} = \frac{5}{\sqrt{2}}$$

(d) 두 벡터 사이의 각은 식 (1.7)을 이용하여 계산하면 $\mathbf{A} \cdot \mathbf{B} = |\mathrm{A}||\mathrm{B}|\cos\theta$이므로 다음과 같다.

$$\cos\theta = \frac{\mathbf{R}_1 \cdot \mathbf{R}_2}{|\mathbf{R}_1||\mathbf{R}_2|} = \frac{6}{\sqrt{14}\sqrt{24}} \doteq 0.33$$

따라서 구하고자 하는 두 벡터 사이의 각은 다음과 같다.

$$\theta = \cos^{-1}0.33 \doteq 70.9^\circ$$

예제 1-4

원점에서 점 A$(x, 3, 1)$로 향하는 벡터 **A**와 원점에서 점 B$(2, -4, -2)$로 향하는 벡터 **B**가 수직이 되기 위한 x를 구하라.

풀이

우선 두 벡터를 구하면 $\mathbf{A} = x\mathbf{a}_x + 3\mathbf{a}_y + \mathbf{a}_z$, $\mathbf{B} = 2\mathbf{a}_x - 4\mathbf{a}_y - 2\mathbf{a}_z$이다. 두 벡터가 서로 수직이려면 내적이 0이 되어야 하므로

$$\mathbf{A} \cdot \mathbf{B} = 2x - 14 = 0$$

이 되어 구하고자 하는 $x = 7$이다.

2 벡터의 외적

벡터의 곱셈 연산 중 **외적**(벡터 곱 또는 cross product)은 그 결과가 항상 벡터양인 연산으로, 두 벡터 **A**와 **B**의 외적은 $\mathbf{A} \times \mathbf{B}$라고 표기하고 다음과 같이 정의한다.

★ 벡터 A와 B의 외적 ★

$$\mathbf{A} \times \mathbf{B} = \mathbf{a}_N |\mathbf{A}||\mathbf{B}| \sin\theta \tag{1.11}$$

즉 두 **벡터 A와 B의 외적 $\mathbf{A} \times \mathbf{B}$는** 'A 크로스 B'**라고 읽으며, 두 벡터의 크기와 사잇각의 사인**(sine) **값에 비례한다.** 또한 **$\mathbf{A} \times \mathbf{B}$의 방향을 나타내는 단위벡터 $\mathbf{a}_N$**은 [그림 1-8]과 같이 **A와 B에 수직이고 A에서 B로 오른나사를 돌릴 때 나사가 진행하는 방향을 나타낸다.**

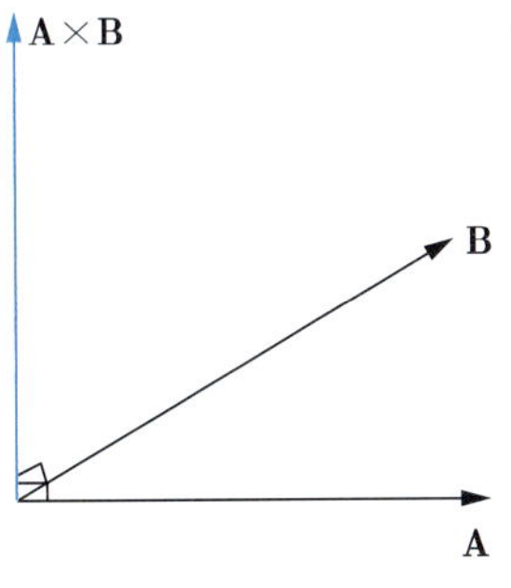

[그림 1-8] 두 벡터 A와 B의 외적 A×B의 방향

외적의 방향은 두 벡터가 놓인 면에 수직이며, A에서 B로 오른나사를 돌릴 때 나사가 진행하는 방향을 양(+)의 방향으로 한다.

따라서 $\mathbf{A}\times\mathbf{B}$와 $\mathbf{B}\times\mathbf{A}$는 서로 반대 방향이 되며, 벡터 외적에서는 분배법칙은 성립하지만 교환법칙은 성립하지 않는다.

$$\begin{aligned}\mathbf{A}\times\mathbf{B} &= -\mathbf{B}\times\mathbf{A}\\ \mathbf{A}\times(\mathbf{B}+\mathbf{C}) &= \mathbf{A}\times\mathbf{B}+\mathbf{A}\times\mathbf{C}\end{aligned} \tag{1.12}$$

두 벡터의 외적에 대한 연산을 위해 단위벡터들의 외적을 먼저 알아보자. 직각좌표계의 변수 x, y, z축은 서로 직교하고 오른손법칙(right-hand rule)을 따르며, 같은 방향의 단위벡터들 사이의 각은 $0°$이다. 따라서 식 (1.11)에 의해 $\mathbf{a}_x\times\mathbf{a}_y=\mathbf{a}_N|\mathbf{a}_x||\mathbf{a}_y|\sin 0°=0$이 되며, $\mathbf{a}_x\times\mathbf{a}_y$의 연산은 $\mathbf{a}_x$에서 $\mathbf{a}_y$로 오른나사를 돌릴 때 나사의 진행 방향이 $\mathbf{a}_z$이므로 $\mathbf{a}_x\times\mathbf{a}_y=\mathbf{a}_N|\mathbf{a}_x||\mathbf{a}_y|\sin\frac{\pi}{2}$에 의해 $\mathbf{a}_x\times\mathbf{a}_y=\mathbf{a}_z$가 된다. 이를 정리하면 다음과 같다.

$$\begin{aligned}&\mathbf{a}_x\times\mathbf{a}_y=\mathbf{a}_z,\ \mathbf{a}_y\times\mathbf{a}_z=\mathbf{a}_x,\ \mathbf{a}_z\times\mathbf{a}_x=\mathbf{a}_y\\ &\mathbf{a}_x\times\mathbf{a}_x=\mathbf{a}_y\times\mathbf{a}_y=\mathbf{a}_z\times\mathbf{a}_z=0\end{aligned}$$

즉 [그림 1-9(a)]처럼 두 단위벡터를 반시계 방향으로 연산하면 $\mathbf{a}_x\times\mathbf{a}_y=\mathbf{a}_z$가 되며, [그림 1-9(b)]처럼 시계 방향으로 연산하면 $\mathbf{a}_y\times\mathbf{a}_x=-\mathbf{a}_z$가 된다.

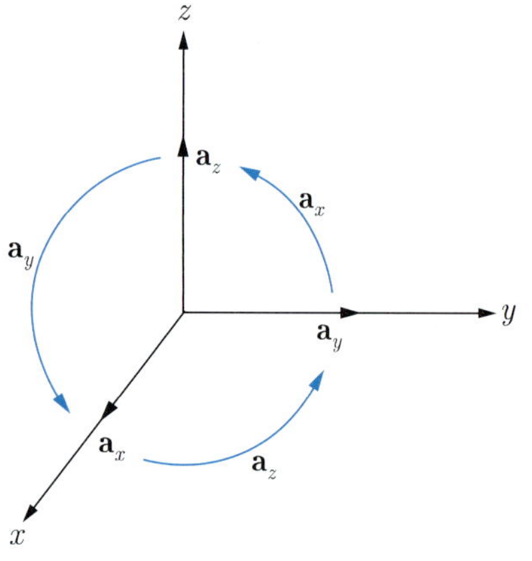

(a) 반시계 방향 연산

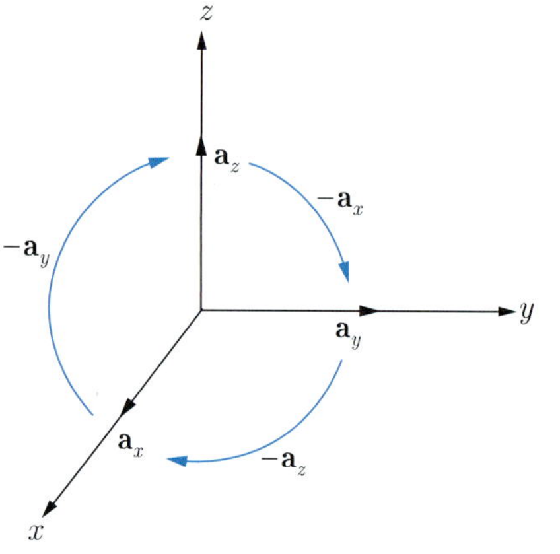

(b) 시계 방향 연산

[그림 1-9] 직각좌표계에서 단위벡터들의 연산

이제 두 벡터 $\mathbf{A}=A_x\mathbf{a}_x+A_y\mathbf{a}_y+A_z\mathbf{a}_z$ 및 $\mathbf{B}=B_x\mathbf{a}_x+B_y\mathbf{a}_y+B_z\mathbf{a}_z$의 외적을 연산하면

$$\begin{aligned}\mathbf{A}\times\mathbf{B}=&\ A_xB_x\mathbf{a}_x\times\mathbf{a}_x+A_xB_y\mathbf{a}_x\times\mathbf{a}_y+A_xB_z\mathbf{a}_x\times\mathbf{a}_z\\ &+A_yB_x\mathbf{a}_y\times\mathbf{a}_x+A_yB_y\mathbf{a}_y\times\mathbf{a}_y+A_yB_z\mathbf{a}_y\times\mathbf{a}_z\\ &+A_zB_x\mathbf{a}_z\times\mathbf{a}_x+A_zB_y\mathbf{a}_z\times\mathbf{a}_y+A_zB_z\mathbf{a}_z\times\mathbf{a}_z\end{aligned}$$

이며, 단위벡터들의 외적에 대한 연산 결과를 반영하여 정리하면

$$\mathbf{A} \times \mathbf{B} = (A_y B_z - A_z B_y)\mathbf{a}_x + (A_z B_x - A_x B_z)\mathbf{a}_y + (A_x B_y - A_y B_x)\mathbf{a}_z \tag{1.13}$$

가 된다. 이를 행렬식으로 정리하면 다음과 같이 간단하게 나타낼 수 있다.

★ 벡터 A와 B의 외적 행렬식 ★

$$\mathbf{A} \times \mathbf{B} = \begin{vmatrix} \mathbf{a}_x & \mathbf{a}_y & \mathbf{a}_z \\ A_x & A_y & A_z \\ B_x & B_y & B_z \end{vmatrix} \tag{1.14}$$

물론 동일한 두 벡터의 외적은 같은 방향이므로 다음과 같이 연산된다.

$$\mathbf{A} \times \mathbf{A} = 0 \tag{1.15}$$

벡터 외적은 평행사변형이나 삼각형의 면적을 구하는 데 응용할 수 있다. [그림 1-10]에서 평행사변형의 면적을 구해보자. 우선 그림에서 색칠된 부분의 면적이 서로 같으므로 평행사변형의 면적은 한 변의 길이가 각각 A와 $B\sin\theta$인 직사각형의 면적과 같다. 그런데 외적의 정의에 의해 $\mathbf{A} \times \mathbf{B}$의 크기는 $|\mathbf{A} \times \mathbf{B}| = |\mathbf{A}||\mathbf{B}|\sin\theta$가 되는데, 이는 길이가 각각 A와 $B\sin\theta$인 직사각형의 면적이 되므로 $|\mathbf{A} \times \mathbf{B}|$를 평행사변형의 면적으로 볼 수 있다.

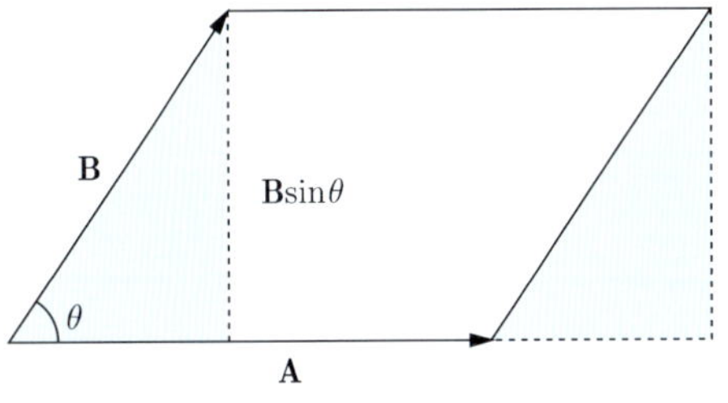

[그림 1-10] 벡터 외적과 평행사변형의 면적

평행사변형의 면적은 벡터의 외적의 절댓값과 같고 두 변의 길이가 A, B인 삼각형의 면적은 평행사변형 면적의 절반이 된다.

예제 1-5

어떤 공간에 점 A(1, −3, 2), 점 B(−3, 1, 4), 점 C(0, 2, 2)가 있다. 다음을 구하라.

(a) 두 벡터 $\mathbf{R}_{BC}$와 $\mathbf{R}_{BA}$의 외적

(b) 세 점으로 구성된 삼각형의 면적

(c) $\mathbf{R}_{BC}$와 $\mathbf{R}_{BA}$의 사잇각

풀이

(a) 벡터 $\mathbf{R}_{BC}$는 점 B에서 점 C로 증분한 벡터이고 $\mathbf{R}_{BA}$는 점 B에서 점 A로 향하는 선분벡터이다. 따라서

$$\mathbf{R}_{BC} = [0-(-3)]\mathbf{a}_x + (2-1)\mathbf{a}_y + (2-4)\mathbf{a}_z = 3\mathbf{a}_x + \mathbf{a}_y - 2\mathbf{a}_z$$

$$\mathbf{R}_{BA} = [1-(-3)]\mathbf{a}_x + (-3-1)\mathbf{a}_y + (2-4)\mathbf{a}_z = 4\mathbf{a}_x - 4\mathbf{a}_y - 2\mathbf{a}_z$$

이고 두 벡터의 외적은 식 (1.14)를 이용하여 다음과 같이 계산할 수 있다.

$$\mathbf{R}_{BC} \times \mathbf{R}_{BA} = \begin{vmatrix} \mathbf{a}_x & \mathbf{a}_y & \mathbf{a}_z \\ 3 & 1 & -2 \\ 4 & -4 & -2 \end{vmatrix} = [1\times(-2)-(-2)\times(-4)]\mathbf{a}_x$$

$$+[(-2)\times 4 - 3\times(-2)]\mathbf{a}_y + [3\times(-4) - 1\times 4]\mathbf{a}_z$$

$$= -10\mathbf{a}_x - 2\mathbf{a}_y - 16\mathbf{a}_z$$

(b) 세 점으로 이루어지는 삼각형의 면적은 평행사변형 면적의 절반이므로 다음과 같다.

$$S = \frac{1}{2}|\mathbf{R}_{BC} \times \mathbf{R}_{BA}| = \frac{1}{2} \times \sqrt{(-10)^2 + (-2)^2 + (-16)^2} \doteq 9.5$$

(c) $\mathbf{A} \times \mathbf{B} = \mathbf{a}_N |\mathbf{A}||\mathbf{B}| \sin\theta$에서 $\sin\theta = \dfrac{\mathbf{A} \times \mathbf{B}}{|\mathbf{A}||\mathbf{B}|}$이므로 두 벡터의 사잇각은 다음과 같다.

$$\theta = \sin^{-1}\frac{|\mathbf{R}_{BC} \times \mathbf{R}_{BA}|}{|\mathbf{R}_{BC}||\mathbf{R}_{BA}|} = \sin^{-1}\frac{18.9}{\sqrt{14} \times \sqrt{36}}$$

$$= \sin^{-1} 0.845 \doteq 57.7^\circ$$

3 벡터의 삼중적

세 벡터의 곱셈 연산에는 스칼라 삼중적과 벡터 삼중적이 있다. 먼저 벡터 A, B, C 사이의 연산 A · (B × C)는 연산의 결과가 스칼라양이므로 **스칼라 삼중적**(scalar triple product)이라고 하며, 다음의 관계가 성립한다.

★ 스칼라 삼중적 ★

$$\mathbf{A} \cdot (\mathbf{B} \times \mathbf{C}) = \mathbf{B} \cdot (\mathbf{C} \times \mathbf{A}) = \mathbf{C} \cdot (\mathbf{A} \times \mathbf{B}) \tag{1.16}$$

앞선 식의 좌변 $\mathbf{A}\cdot(\mathbf{B}\times\mathbf{C})$에서 $(\mathbf{B}\times\mathbf{C})$는 벡터양이고 벡터 $\mathbf{A}$와 내적한 것이므로 그 결과는 반드시 스칼라양이 된다. 벡터 $\mathbf{A}$, $\mathbf{B}$, $\mathbf{C}$를 각각 $\mathbf{A}=A_x\mathbf{a}_x+A_y\mathbf{a}_y+A_z\mathbf{a}_z$, $\mathbf{B}=B_x\mathbf{a}_x+B_y\mathbf{a}_y+B_z\mathbf{a}_z$, $\mathbf{C}=C_x\mathbf{a}_x+C_y\mathbf{a}_y+C_z\mathbf{a}_z$라고 할 때 이 연산의 결과는 다음과 같다.

$$\mathbf{A}\cdot(\mathbf{B}\times\mathbf{C})=\begin{vmatrix} A_x & A_y & A_z \\ B_x & B_y & B_z \\ C_x & C_y & C_z \end{vmatrix} \tag{1.17}$$

한편 벡터 $\mathbf{A}$, $\mathbf{B}$, $\mathbf{C}$에 대해 $\mathbf{A}\times(\mathbf{B}\times\mathbf{C})$는 연산의 결과가 벡터양이므로 **벡터 삼중적**(vector triple product)이라고 한다.[5] 벡터 삼중적은 다음과 같은 관계가 성립하며, 향후 논리 전개에 유용하게 사용된다.

★ 벡터 삼중적 ★

$$\mathbf{A}\times(\mathbf{B}\times\mathbf{C})=\mathbf{B}(\mathbf{A}\cdot\mathbf{C})-\mathbf{C}(\mathbf{A}\cdot\mathbf{B}) \tag{1.18}$$

예제 1-6

벡터 $\mathbf{A}$, $\mathbf{B}$, $\mathbf{C}$가 각각 $\mathbf{A}=2\mathbf{a}_x-\mathbf{a}_z$, $\mathbf{B}=\mathbf{a}_x+2\mathbf{a}_y$, $\mathbf{C}=\mathbf{a}_y+2\mathbf{a}_z$일 때 스칼라 삼중적 $\mathbf{A}\cdot(\mathbf{B}\times\mathbf{C})$와 벡터 삼중적 $\mathbf{A}\times(\mathbf{B}\times\mathbf{C})$를 구하라.

풀이

먼저 스칼라 삼중적 $\mathbf{A}\cdot(\mathbf{B}\times\mathbf{C})$를 다음과 같이 구한다.

$$\mathbf{A}\cdot(\mathbf{B}\times\mathbf{C})=\begin{vmatrix} A_x & A_y & A_z \\ B_x & B_y & B_z \\ C_x & C_y & C_z \end{vmatrix}=A_x\begin{vmatrix} B_y & B_z \\ C_y & C_z \end{vmatrix}-A_y\begin{vmatrix} B_x & B_z \\ C_x & C_z \end{vmatrix}+A_z\begin{vmatrix} B_x & B_y \\ C_x & C_y \end{vmatrix}$$

$$=2\begin{vmatrix} 2 & 0 \\ 1 & 2 \end{vmatrix}-0\begin{vmatrix} 1 & 0 \\ 0 & 2 \end{vmatrix}+(-1)\begin{vmatrix} 1 & 2 \\ 0 & 1 \end{vmatrix}=7$$

다음으로 벡터 삼중적 $\mathbf{A}\times(\mathbf{B}\times\mathbf{C})$를 구하면 다음과 같다.

$$\begin{aligned}\mathbf{A}\times(\mathbf{B}\times\mathbf{C})&=\mathbf{B}(\mathbf{A}\cdot\mathbf{C})-\mathbf{C}(\mathbf{A}\cdot\mathbf{B})\\&=-2(\mathbf{a}_x+2\mathbf{a}_y)-2(\mathbf{a}_y+2\mathbf{a}_z)\\&=-2\mathbf{a}_x-6\mathbf{a}_y-4\mathbf{a}_z\end{aligned}$$

5 내적과 외적, 그리고 벡터의 삼중적 외에도 벡터의 미분과 적분 등의 다양한 연산이 있다. 이 연산들은 다음 장부터 필요에 따라 다룰 것이다.

SECTION
1.5 원통좌표계

원통좌표계는 매우 긴 도선 주위에 발생하는 전계나 자계의 표현에 필수적으로 이용된다. 이 절에서는 원통좌표계의 변수를 깊이 이해하고 단위벡터와 미소증분을 충분히 숙지해야 한다.

Keywords | 원통좌표계 | 미소증분 | 좌표변환 |

1 원통좌표계의 변수

원통좌표계(Cylindrical Coordinate System)**는 길이와 각으로 표현되는 좌표계이다.** 원통좌표계는 직각좌표계와 달리 좌표축이 존재하지 않으며, 좌표계의 변수에 각이 포함되어 있어 직각좌표계에 비해 더 많은 공간적인 상상력이 요구된다.

원통좌표계에서의 점 P는 P$(\rho, \ \phi, \ z)$로 지정되며, 편의상 직각좌표계의 z축이 중심축이 되는 직원통을 가정할 때 원통 표면의 한 점이라고 생각하면 된다. ρ는 z축으로부터 원통 표면의 점 P까지의 수직거리이며, ϕ는 $\phi = 0$으로 정한 면(직각좌표계의 zx 평면)과 $\phi = \phi$로 일정한 평면 사이의 각이고 z는 $z = 0$으로 정한 면(xy 평면)에서 점 P까지의 길이이다. 다시 말해 [그림 1-11]에서 보는 바와 같이 ρ는 원통의 반지름이며, z는 원통의 높이, 그리고 ϕ는 점 P를 xy 평면에 투영하였을 때 원점과 투영점을 연결한 선과 x축이 만드는 각이라고 생각하면 편리하다.

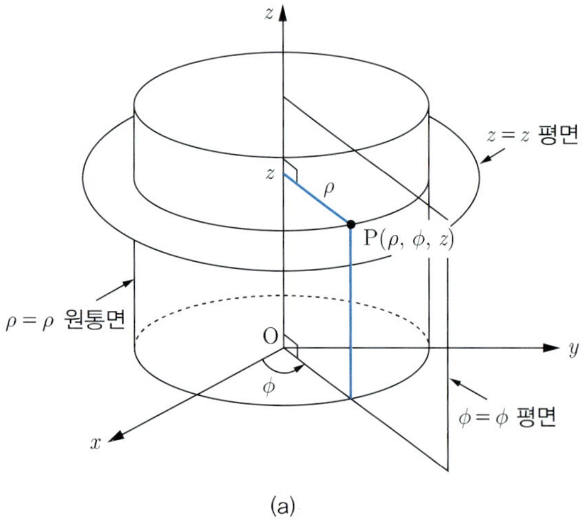

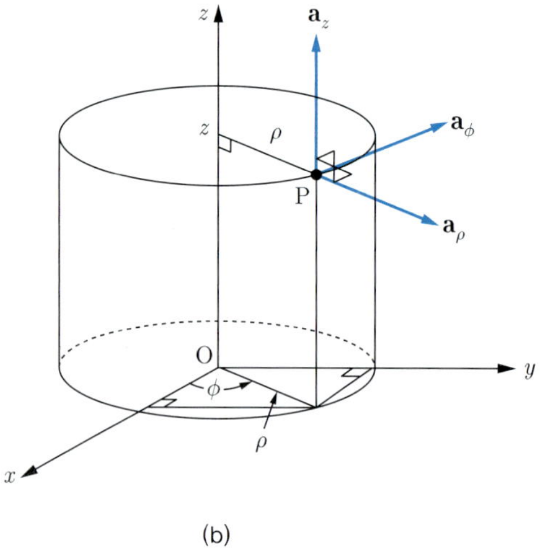

[그림 1-11] 원통좌표계의 변수 및 단위벡터

조금 더 정확한 이해를 위해 [그림 1-12]의 벽면에 붙어 있는 문의 운동 궤적을 생각해보자. 벽면과 문이 접하는 축이 z축, 문이 열리기 전의 벽면이 zx 평면($\phi = 0$인 면)이며, 문이 열릴 때 문의 운동 궤적 바깥의 둥근면이 원통의 측면이다. 즉 **문이 임의의 위치에 정지해 있을 때 문의 가로 길이는** ρ, **문의 높이**는 z, **그리고 벽면**(zx 평면)**과 문 사이의 각은** ϕ**가 된다.**

문의 가로 길이가 길수록 좌표계의 변수 ρ가 증가하고 문을 많이 열수록 변수 ϕ가 증가하며, 문의 높이가 길수록 변수 z가 증가한다. 따라서 원통좌표계에서의 점 P 또한 세 개의 면이 만나는 한 점으로 정의할 수 있다. 즉 [그림 1-11]과 같이 점 P는 ρ**가 항상 일정한 원통의 둥근 측면과** ϕ**가 일정한 평면, 그리고** z**가 일정한 원통의 윗면**(평면)**이 교차하는 점**임을 쉽게 이해할 수 있다.

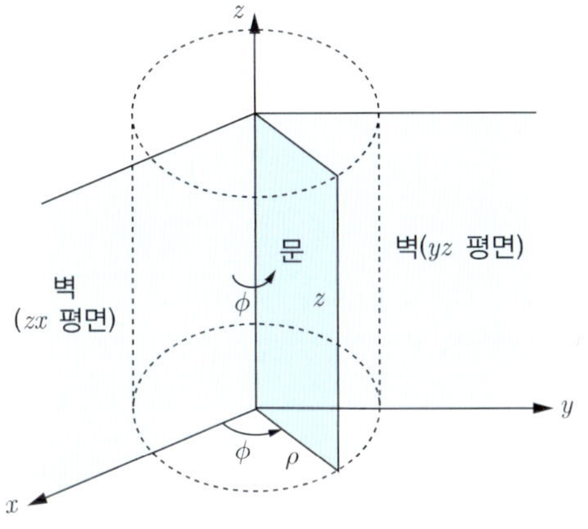

[그림 1-12] 원통좌표계의 변수에 대한 이해

2 단위벡터

원통좌표계에는 좌표계의 축이 없다. 그러나 **크기가 1이고 좌표계의 변수가 증가하는 방향이라는 단위벡터의 정의**를 통해 **점 P에서 단위벡터를 정의할 수 있다.** [그림 1-11(b)]에서와 같이 단위벡터 $\mathbf{a}_\rho$는 ρ가 일정한 원통의 측면에는 항상 수직이고 ϕ 및 z가 일정한 평면에 접하고 있으며, $\mathbf{a}_\phi$ 또한 ϕ가 일정한 평면에 수직이고 z 및 ρ가 일정한 평면에 접하고 있다. 마찬가지로 $\mathbf{a}_z$도 z가 일정한 면에는 수직이고 다른 변수 ρ 및 ϕ가 일정한 평면에 접하고 있으므로 직각좌표계처럼 원통좌표계 역시 단위벡터들 사이의 각은 정확히 $90°$이다.[6] 따라서 다음과 같은 관계가 성립한다.

$$\mathbf{a}_\rho \times \mathbf{a}_\phi = \mathbf{a}_z$$

$$\mathbf{a}_\phi \times \mathbf{a}_z = \mathbf{a}_\rho$$

$$\mathbf{a}_z \times \mathbf{a}_\rho = \mathbf{a}_\phi$$

6 단위벡터는 모든 방향으로 정의될 수 있으며, 좌표계의 축 방향으로의 단위벡터만 존재하는 것은 아니다. 원통좌표계는 비록 좌표축이 존재하지 않지만 주어진 공간상에서 단위벡터의 정의에 따라 좌표계의 변수가 증가하는 방향으로 크기가 1인 벡터를 설정하면 된다.

3 미소증분

이제 미소증분에 대해 생각해보자. [그림 1-13]과 같이 점 $P(\rho, \phi, z)$에서 원통좌표계의 변수 ρ, ϕ, z를 그 변수가 증가하는 방향으로 각각 $d\rho$, $d\phi$, dz만큼 미소증분하면 점 $P'(\rho + d\rho, \phi + d\phi, z + dz)$와 쐐기 모양의 작은 체적을 얻을 수 있다.

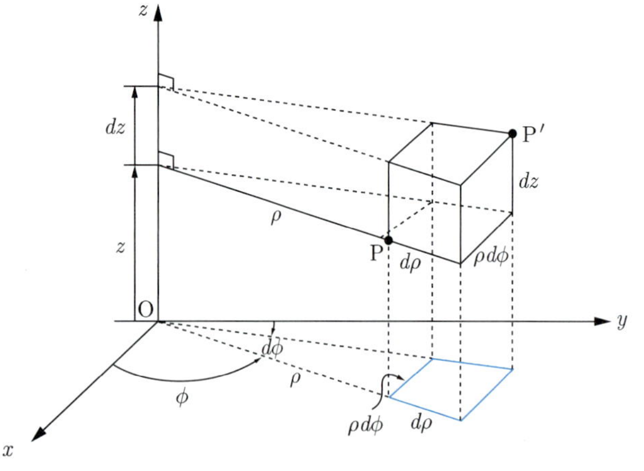

[그림 1-13] 원통좌표계에서의 미소증분

미소체적은 $d\rho$, $\rho d\phi$, dz의 세 변으로 구성된다. $d\phi$만큼 각을 증분해 얻어지는 길이가 $\rho d\phi$임을 유의해야 한다.

이 체적은 매우 작은 증분의 결과이므로 직육면체로 가정하여 생각해보자. 육면체는 길이가 각각 ρ와 $\rho + d\rho$로 일정한 두 평면과 각이 ϕ와 $\phi + d\phi$로 일정한 방사상의 두 평면, 그리고 높이가 z와 $z + dz$로 일정한 두 개의 평면 등 모두 여섯 개의 평면으로 구성된다. 또한 각을 $d\phi$만큼 증분하면 길이가 $\rho d\phi$가 됨을 유의하고 변의 길이가 매우 작다고 가정하면 육면체는 길이가 각각 $d\rho$, $\rho d\phi$, dz의 세 변으로 구성된다고 생각할 수 있다. 따라서 미소증분의 결과 점 P에서 점 P′으로 향하는 미소길이벡터 $d\mathbf{L}$은 다음과 같다.

★ 원통좌표계에서의 미소길이 ★

$$d\mathbf{L} = d\rho \mathbf{a}_\rho + \rho d\phi \mathbf{a}_\phi + dz \mathbf{a}_z \tag{1.19}$$

또한 세 개의 다른 미소면적과 미소체적은 다음과 같이 표현할 수 있다.

★ 원통좌표계에서의 미소면적 ★

$$\begin{aligned} d\mathbf{S}_\rho &= \rho d\phi dz \mathbf{a}_\rho \\ d\mathbf{S}_\phi &= dz d\rho \mathbf{a}_\phi \\ d\mathbf{S}_z &= \rho d\rho d\phi \mathbf{a}_z \end{aligned} \tag{1.20}$$

★ 원통좌표계에서의 미소체적 ★

$$dv = \rho d\rho d\phi dz \tag{1.21}$$

4 좌표변환

마지막으로 직각좌표계와 원통좌표계 사이의 좌표변환의 관계를 고찰해보자. 먼저 [그림 1-14]로부터

$$\begin{aligned} x &= \rho\cos\phi \\ y &= \rho\sin\phi \\ z &= z \end{aligned} \tag{1.22}$$

의 관계가 성립함을 알 수 있으며, 이들의 관계로부터 역변환의 관계도 다음과 같이 성립함을 알 수 있다.

$$\begin{aligned} \rho &= \sqrt{x^2 + y^2} \\ \phi &= \tan^{-1}\frac{y}{x} \\ z &= z \end{aligned} \tag{1.23}$$

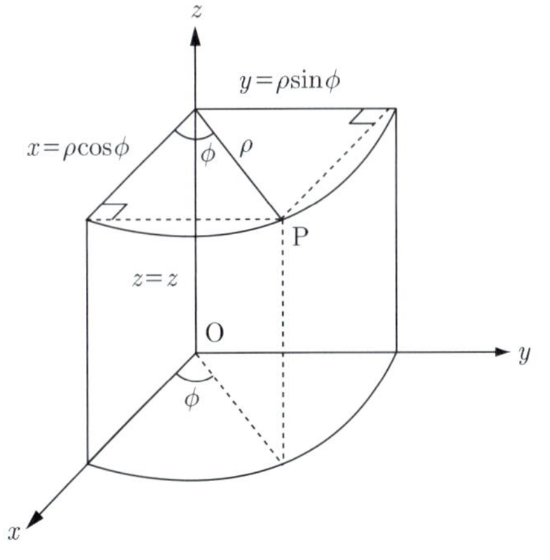

[그림 1-14] 원통좌표계와 직각좌표계의 변수들의 상호관계

한편 단위벡터들의 연산에 대해 고찰해보면 단위벡터의 크기는 1이므로 [그림 1-15]와 같은 각의 관계로부터 다음과 같이 나타낼 수 있다.

$$\mathbf{a}_x \cdot \mathbf{a}_\rho = \cos\phi$$

$$\mathbf{a}_x \cdot \mathbf{a}_\phi = \cos\left(\frac{\pi}{2} + \phi\right) = -\sin\phi \tag{1.24}$$

$$\mathbf{a}_x \cdot \mathbf{a}_z = 0$$

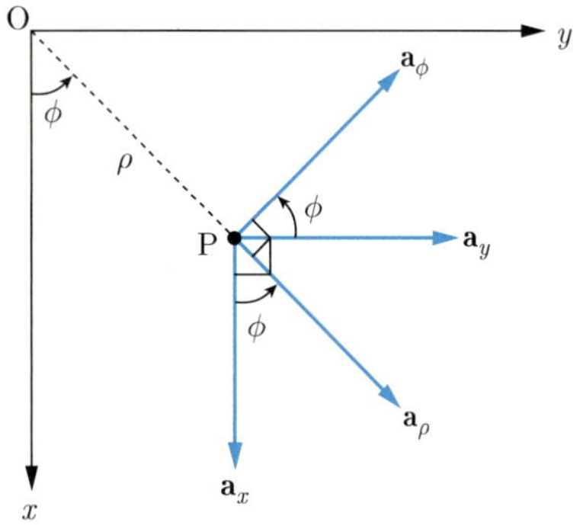

[그림 1-15] 직각좌표계와 원통좌표계의 단위벡터 간 상호관계

단위벡터 $\mathbf{a}_\phi$는 $\mathbf{a}_\rho$와 수직이므로 $\mathbf{a}_\phi$와 $\mathbf{a}_x$ 사이의 각은 $\left(\frac{\pi}{2}+\phi\right)$이고 $\mathbf{a}_\phi$와 $\mathbf{a}_y$ 사이의 각은 ϕ가 된다.

같은 방법으로 $\mathbf{a}_y$와 원통좌표계의 단위벡터를 내적하면 다음과 같다.

$$\mathbf{a}_y \cdot \mathbf{a}_\rho = \cos\left(\frac{\pi}{2} - \phi\right) = \sin\phi$$

$$\mathbf{a}_y \cdot \mathbf{a}_\phi = \cos\phi \tag{1.25}$$

$$\mathbf{a}_y \cdot \mathbf{a}_z = 0$$

직각좌표계와 원통좌표계의 단위벡터들을 내적 연산한 결과를 정리하면 [표 1-1]과 같다.

[표 1-1] 직각좌표계와 원통좌표계의 단위벡터들의 내적 연산 결과

구분	$\mathbf{a}_\rho$	$\mathbf{a}_\phi$	$\mathbf{a}_z$
$\mathbf{a}_x \cdot$	$\cos\phi$	$-\sin\phi$	0
$\mathbf{a}_y \cdot$	$\sin\phi$	$\cos\phi$	0
$\mathbf{a}_z \cdot$	0	0	1

이제 [표 1-1]을 이용하여 직각좌표계로 표현된 벡터 $\mathbf{B} = x\mathbf{a}_x + y\mathbf{a}_y + z\mathbf{a}_z$를 원통좌표계로 변환해보자. 먼저 원통좌표계로 변환된 벡터 $\mathbf{B} = B_\rho \mathbf{a}_\rho + B_\phi \mathbf{a}_\phi + B_z \mathbf{a}_z$라고 하자. 이 벡터 $\mathbf{B}$의 ρ, ϕ, z 방향의 성분의 크기인 B_ρ, B_ϕ, B_z를 구하기 위해 벡터 내적을 이용하여 계산하면 다음과 같다.

$$
\begin{aligned}
B_\rho = \mathbf{B}\cdot\mathbf{a}_\rho &= (x\,\mathbf{a}_x + y\,\mathbf{a}_y + z\,\mathbf{a}_z)\cdot\mathbf{a}_\rho \\
&= x\,\mathbf{a}_x\cdot\mathbf{a}_\rho + y\,\mathbf{a}_y\cdot\mathbf{a}_\rho + z\,\mathbf{a}_z\cdot\mathbf{a}_\rho \\
&= x\cos\phi + y\sin\phi \\
&= \rho\cos^2\phi + \rho\sin^2\phi = \rho
\end{aligned}
$$

같은 방법으로 B_ϕ, B_z를 다음과 같이 구한다.

$$
\begin{aligned}
B_\phi &= \mathbf{B}\cdot\mathbf{a}_\phi = x\,\mathbf{a}_x\cdot\mathbf{a}_\phi + y\,\mathbf{a}_y\cdot\mathbf{a}_\phi + z\,\mathbf{a}_z\cdot\mathbf{a}_\phi \\
&= x(-\sin\phi) + y(\cos\phi)
\end{aligned}
$$

$$
B_z = \mathbf{B}\cdot\mathbf{a}_z = x\,\mathbf{a}_x\cdot\mathbf{a}_z + y\,\mathbf{a}_y\cdot\mathbf{a}_z + z\,\mathbf{a}_z\cdot\mathbf{a}_z = z
$$

따라서 원통좌표계로 변환된 벡터 $\mathbf{B}$는 다음과 같다.

$$
\mathbf{B} = \rho\mathbf{a}_\rho + z\,\mathbf{a}_z
$$

예제 1-7

반지름이 a이고 높이가 L인 원통의 전체 면적과 체적을 구하라.

풀이

원통은 윗면, 아랫면, 측면의 세 개의 면으로 구성된다. 원통 측면의 미소면적 $dS_\rho = \rho d\phi dz = a d\phi dz$이고 윗면과 아랫면의 미소면적 $dS_z = \rho d\rho d\phi$이므로 각 면적을 계산하면 다음과 같다.

$$
S_\rho = \int_{z=0}^{L}\int_{\phi=0}^{2\pi} a\,d\phi dz = 2\pi a L
$$

$$
S_z = \int_{\phi=0}^{2\pi}\int_{\rho=0}^{a} \rho d\rho d\phi = \left[\frac{\rho^2}{2}\right]_0^a [\phi]_0^{2\pi} = \pi a^2
$$

따라서 면적 S는 다음과 같다.

$$
S = S_\rho + 2S_z = 2\pi a L + 2\pi a^2 = 2\pi a(a+L)
$$

또한 미소체적 $dv = \rho d\rho d\phi dz$를 이용하여 체적 V를 구하면 다음과 같다.

$$
V = \int_0^L\int_0^{2\pi}\int_0^a \rho d\rho d\phi dz = \frac{a^2}{2}\cdot 2\pi\cdot L = \pi a^2 L
$$

예제 1-8

벡터계 $\mathbf{A} = \frac{1}{\rho}\mathbf{a}_\rho$를 직각좌표계로 변환하라.

풀이

직각좌표계로서의 벡터 $\mathbf{A} = A_\rho \mathbf{a}_\rho + A_\phi \mathbf{a}_\phi + A_z \mathbf{a}_z$에서

$$A_x = \mathbf{A} \cdot \mathbf{a}_x = \frac{1}{\rho}\mathbf{a}_\rho \cdot \mathbf{a}_x = \frac{1}{\rho}\cos\phi = \frac{1}{\sqrt{x^2+y^2}}\frac{x}{\rho} = \frac{x}{x^2+y^2}$$

$$A_y = \mathbf{A} \cdot \mathbf{a}_y = \frac{1}{\rho}\mathbf{a}_\rho \cdot \mathbf{a}_y = \frac{1}{\rho}\sin\phi = \frac{1}{\sqrt{x^2+y^2}}\frac{y}{\rho} = \frac{y}{x^2+y^2}$$

$$A_z = \mathbf{A} \cdot \mathbf{a}_z = \frac{1}{\rho}\mathbf{a}_\rho \cdot \mathbf{a}_z = 0$$

이다. 따라서 직각좌표계로 변환한 벡터는 다음과 같다.

$$\mathbf{A} = \frac{x}{x^2+y^2}\mathbf{a}_x + \frac{y}{x^2+y^2}\mathbf{a}_y$$

SECTION
1.6 구좌표계

두 개의 각의 변수를 가지고 있는 구좌표계에서 좌표계의 변수를 이해하고 각 좌표계에서의 단위벡터와 미소증분의 관계를 공부해야 한다.

Keywords | 구좌표계 | 미소증분 | 좌표변환 |

1 구좌표계의 변수

구좌표계(Spherical Coordinate System)는 위도와 경도로 표현되는 지구 위의 한 점을 높낮이(고도)까지 표현하여 3차원으로 확장시킨 좌표계라고 생각하면 된다. 즉 구좌표계의 한 점은 위도와 경도, 그리고 위도와 경도로 지정되는 지표면에 수직 방향인 높이로 지정된다. 따라서 구좌표계도 변수인 위도와 경도, 높이가 서로 직각인 직교좌표계이다. 구좌표계 역시 원통좌표계처럼 세 개의 축이 존재하지 않으며, 좌표계의 변수 중 두 개가 각이므로 정확한 이해를 위해 많은 상상력이 필요하다.

구좌표계를 좀 더 정확히 이해하기 위해 [그림 1-16(a)]와 같이 직각좌표계 위에 구를 그려보자. 이때 직각좌표계의 원점이 구의 중심이라 생각하면 된다. 즉 구를 수평으로 절반을 자른 후 나타나는 평면을 직각좌표계의 xy 평면이라고 하고 이 평면의 중심을 z축이 수직으로 관통한다고 생각하자. 구좌표계의 변수는 r, θ, ϕ로, 어떤 한 점은 $\mathrm{P}(r,\ \theta,\ \phi)$로 나타낸다.

우선 좌표계의 변수 r은 구의 중심에서부터 구 표면의 점 P까지의 거리를 나타낸다. 즉 변수 r은 구의 반지름이며, r이 증가하면 구가 탁구공에서 축구공, 축구공에서 다시 농구공으로 크기가 커진다. 따라서 **r이 일정한 면은 구의 표면**이 된다. 다음으로 θ는 구의 중심에서부터 구 표면의 점 P를 잇는 선과 z축 사이의 각이다. 구의 맨 위쪽 정점에서 아래쪽으로 내려올수록 θ는 증가하며, **θ가 일정한 면은 [그림 1-16(a)]에서 보는 바와 같이 원추(cone) 모양**이 된다. 마지막으로 변수 ϕ는 원통좌표계의 ϕ와 같다. 즉 원통좌표계와 마찬가지로 구 표면상의 한 점 P를 xy 평면에 투영할 때 원점에서 투영점을 잇는 선과 x축 사이의 각을 ϕ라고 생각하면 된다.[7] 따라서 **ϕ가 일정한 면은 평면**이 된다.

결국 **구좌표계의 점 $\mathrm{P}(r,\ \theta,\ \phi)$는 r이 일정한 구면과 θ가 일정한 원추면, 그리고 ϕ가 일정한 평면 등 세 면의 교차점이 된다.**

---

7 구좌표계에서 변수 ϕ의 범위는 $0 \leq \phi \leq 2\pi$이지만 변수 θ의 범위는 $0 \leq \theta \leq \pi$가 됨을 유의해야 한다.

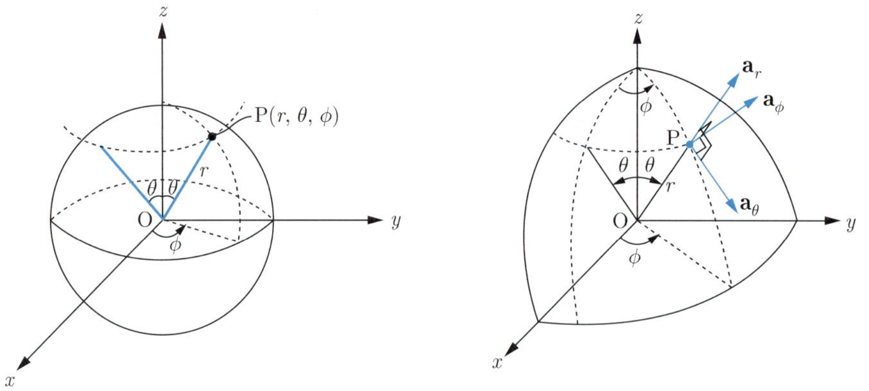

(a) (b)

[그림 1-16] 구좌표계의 변수 r, θ, ϕ와 단위벡터

(a) 이상적인 구처럼 표면이 둥근 수박을 절반으로 자를 때 생기는 빨간 평면이 xy 평면이다. 그 평면의 정중앙에 원점이 있으며, 원점과 xy 평면에 수직인 방향으로 z축이 관통한다. 점 P는 수박 표면의 한 점이다.

(b) 구좌표계에서의 단위벡터는 크기가 1이고 좌표계의 변수가 증가하는 방향으로 정의할 수 있다.

2 단위벡터

구좌표계도 원통좌표계처럼 좌표축이 존재하지 않는다. 우선 단위벡터를 [그림 1-16(b)]와 같이 구 표면의 한 점 P에 그려보자. 단위벡터 $\mathbf{a}_r$은 r이 증가하는 방향이므로 θ 또는 ϕ의 변화에 관계없이 **r이 일정한 구의 표면에 수직**이며, θ가 일정한 원추면과 ϕ가 일정한 점선의 평면에 접한다. $\mathbf{a}_\theta$와 $\mathbf{a}_\phi$ 역시 θ, **ϕ가 일정한 원추면과 평면에 각각 수직**이며, $\mathbf{a}_\theta$는 r, ϕ가 일정한 구면과 평면에 접하고 $\mathbf{a}_\phi$도 r과 θ가 일정한 면에 접한다. 즉 직각좌표계와 원통좌표계처럼 구좌표계에서도 어떤 변수가 자신의 값이 일정한 면에는 수직이고 다른 변수의 값이 일정한 면에는 접한다. 따라서 $\mathbf{a}_r$, $\mathbf{a}_\theta$, $\mathbf{a}_\phi$는 서로 수직이며, 오른손법칙에 의해 다음과 같은 관계가 성립한다.

$$\mathbf{a}_r \times \mathbf{a}_\theta = \mathbf{a}_\phi$$

$$\mathbf{a}_\theta \times \mathbf{a}_\phi = \mathbf{a}_r$$

$$\mathbf{a}_\phi \times \mathbf{a}_r = \mathbf{a}_\theta$$

3 미소증분

이제 미소증분에 대해 생각해보자. 점 P(ρ, ϕ, z)에서 구좌표계의 변수 r, θ, ϕ를 그 변수가 증가하는 방향으로 각각 dr, $d\theta$, $d\phi$만큼 미소증분하면 [그림 1-17]과 같이 점 P$'(r+dr, \theta+d\theta, \phi+d\phi)$와 쐐기 모양의 체적을 얻을 수 있다.

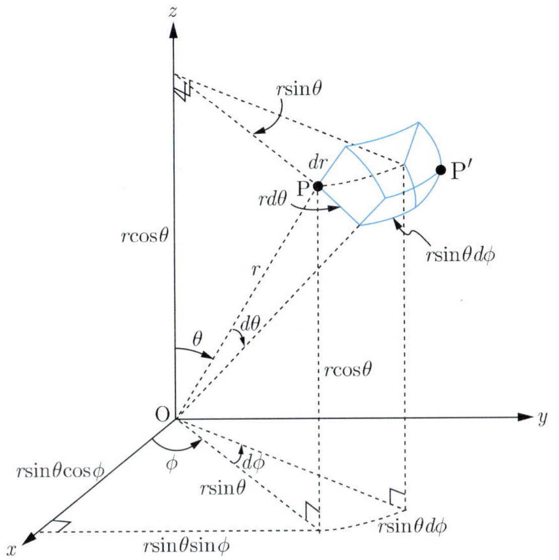

[그림 1-17] 구좌표계에서의 미소증분 및 직각좌표계의 변수와의 상호관계
변수 θ를 $d\theta$ 만큼 증분하면 길이는 $rd\theta$가 되며, ϕ를 $d\phi$만큼 증분하면 길이는 $r\sin\theta d\phi$가 된다.

원통좌표계에서 설명한 것처럼 이 체적은 매우 작은 증분의 결과이므로 직육면체로 가정하여 생각해 보자. 육면체는 길이가 각각 r과 $r+dr$로 일정한 두 평면과 θ와 $\theta+d\theta$로 일정한 두 평면, 그리고 ϕ와 $\phi+d\phi$로 일정한 방사상의 두 평면, 즉 총 여섯 개의 평면으로 구성된다. 구좌표계에서 r은 길이를 나타내므로 dr만큼 증분하면 그 크기 또한 dr이 된다. 그러나 θ와 ϕ는 $d\theta$와 $d\phi$만큼 미소증분하면 길이가 각각 $rd\theta$와 $r\sin\theta d\phi$가 됨을 유의하자.

변의 길이가 매우 작다고 가정했을 때 점 $\mathrm{P}(r,\ \theta,\ \phi)$에서 미소증분의 결과로 형성되는 점 $\mathrm{P}'(r+dr,\ \theta+d\theta,\ \phi+d\phi)$로 향하는 미소길이벡터 $d\mathbf{L}$은 다음과 같다.

★ 구좌표계에서의 미소길이 ★

$$d\mathbf{L} = dr\,\mathbf{a}_r + rd\theta\mathbf{a}_\theta + r\sin\theta d\phi\mathbf{a}_\phi \tag{1.26}$$

또한 방향이 서로 다른 세 개의 미소면적은 다음과 같이 표현할 수 있다. 구 표면에서의 미소면적은 $d\theta$ 증분에 의한 $rd\theta$와 $d\phi$ 증분에 의한 $r\sin\theta d\phi$의 곱이 되어 $d\mathbf{S}_r = r^2\sin\theta d\theta d\phi\mathbf{a}_r$이 된다.[8]

8 미소면적은 증분된 두 변의 곱이고 면벡터의 방향은 그 면에 수직인 방향이다. 구 표면에서의 미소면적은 구 표면에 수직인 방향이 $\mathbf{a}_r$이므로 미소면적을 구성하는 두 변에는 r의 증분 dr이 있을 수 없다. 따라서 구 표면에서의 미소면적 $d\mathbf{S}_r = r^2\sin\theta d\theta d\phi\mathbf{a}_r$이 된다. 같은 방법으로 직각좌표계의 xy 평면에서의 미소면적은 xy 평면에 수직인 방향이 $\mathbf{a}_z$이고 z의 증분이 없으므로 x와 y 방향으로의 증분 dx와 dy의 곱, 즉 $d\mathbf{S}_z = dxdy\mathbf{a}_z$가 된다. 원통의 측면에서도 수직 방향은 $\mathbf{a}_\rho$이므로 변수 ϕ의 증분에 의한 $\rho d\phi$와 z 증분에 의한 dz의 곱으로 $d\mathbf{S}_\rho = \rho d\phi dz\mathbf{a}_\rho$가 된다. 따라서 앞으로 미소면적을 생각할 때는 그 면에 수직인 방향을 먼저 생각하면 면적을 쉽게 알 수 있다.

★ 구좌표계에서의 미소면적 ★

$$d\mathbf{S}_r = r^2 \sin\theta d\theta d\phi \mathbf{a}_r$$
$$d\mathbf{S}_\theta = r\sin\theta dr d\phi \mathbf{a}_\theta \quad (1.27)$$
$$d\mathbf{S}_\phi = r dr d\theta \mathbf{a}_\phi$$

미소체적의 크기는 이들 세 선분의 곱으로 다음과 같이 주어진다.

★ 구좌표계에서의 미소체적 ★

$$dv = r^2 \sin\theta dr d\theta d\phi \quad (1.28)$$

4 좌표변환

마지막으로 **직각좌표계와 구좌표계 사이의 좌표변환의 관계**를 생각해보면 [그림 1-17]로부터

$$x = r\sin\theta\cos\phi$$
$$y = r\sin\theta\sin\phi \quad (1.29)$$
$$z = r\cos\theta$$

의 관계가 성립함을 알 수 있으며, 이들의 관계를 이용하면 다음과 같이 직각좌표계의 변수를 구좌표계로 변환할 수 있다.

$$r = \sqrt{x^2 + y^2 + z^2}$$
$$\theta = \cos^{-1}\frac{z}{\sqrt{x^2 + y^2 + z^2}} \quad (1.30)$$
$$\phi = \tan^{-1}\frac{y}{x}$$

이제 좌표변환을 위해 두 좌표계의 단위벡터의 연산관계를 고찰해보자. [그림 1-18]과 같이 단위벡터 $\mathbf{a}_r = \mathbf{A}_{r1} + \mathbf{A}_{r2}$로 나눠 생각할 수 있고 $\mathbf{A}_{r1} = \mathbf{a}_r \sin\theta$, $\mathbf{A}_{r2} = \mathbf{a}_r \cos\theta$이므로[9] 다음과 같다.

$$\mathbf{a}_x \cdot \mathbf{a}_r = \mathbf{a}_x \cdot (\mathbf{A}_{r1} + \mathbf{A}_{r2}) = \mathbf{a}_x \cdot \mathbf{A}_{r1} = \sin\theta\cos\phi$$
$$\mathbf{a}_y \cdot \mathbf{a}_r = \mathbf{a}_y \cdot (\mathbf{A}_{r1} + \mathbf{A}_{r2}) = \mathbf{a}_y \cdot \mathbf{A}_{r1} = \sin\theta\sin\phi \quad (1.31)$$
$$\mathbf{a}_z \cdot \mathbf{a}_r = \mathbf{a}_z \cdot (\mathbf{A}_{r1} + \mathbf{A}_{r2}) = \mathbf{a}_z \cdot \mathbf{A}_{r2} = \cos\theta$$

9 [그림 1-18(a)]에서 $\mathbf{a}_r$은 단위벡터이지만 이를 분해한 $\mathbf{A}_{r1}$과 $\mathbf{A}_{r2}$는 크기가 1이 아님을 유의하라.

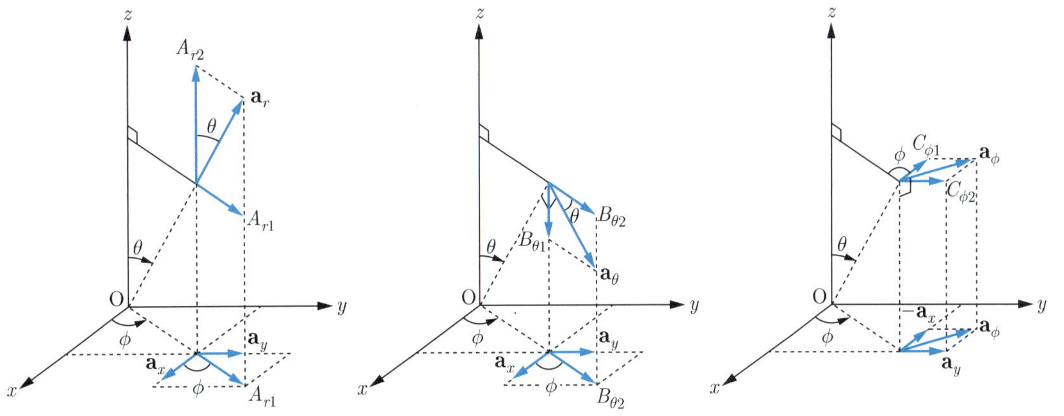

(a) $\mathbf{a}_r$의 분해　(b) $\mathbf{a}_\theta$의 분해　(c) $\mathbf{a}_\phi$의 분해

[그림 1-18] 직각좌표계와 구좌표계의 단위벡터들의 연산관계

같은 방법으로 $\mathbf{a}_\theta$와 $\mathbf{a}_\phi$ 와의 연산도 가능하다. 이러한 연산의 결과를 정리하면 [표 1-2]와 같다.

[표 1-2] 직각좌표계와 구좌표계의 단위벡터 간 내적 연산의 결과

구분	$\mathbf{a}_r$	$\mathbf{a}_\theta$	$\mathbf{a}_\phi$
$\mathbf{a}_x\ \cdot$	$\sin\theta\cos\phi$	$\cos\theta\cos\phi$	$-\sin\phi$
$\mathbf{a}_y\ \cdot$	$\sin\theta\sin\phi$	$\cos\theta\sin\phi$	$\cos\phi$
$\mathbf{a}_z\ \cdot$	$\cos\theta$	$-\sin\theta$	0

예제 1-9

구좌표계에서 미소면적 및 미소체적을 이용하여 반경 $r=a$인 구의 표면적과 체적을 구하라.

풀이

구 표면의 미소면적 dS는 좌표계의 변수 θ 및 ϕ를 $d\theta$와 $d\phi$만큼 증분한 결과이므로 식 (1.27)에 의해 $dS = r^2\sin\theta\, d\theta\, d\phi$이다. 따라서 구의 표면적 S는 다음과 같다.

$$S = \int_{\phi=0}^{2\pi}\int_{\theta=0}^{\pi} r^2\sin\theta\, d\theta\, d\phi$$

$$= a^2[-\cos\theta]_0^{\pi}[\phi]_0^{2\pi} = 4\pi a^2$$

또한 미소체적은 식 (1.28)로부터 $dv = r^2\sin\theta\, dr\, d\theta\, d\phi$이므로 구의 체적 V는 다음과 같다.

$$V = \int_0^{2\pi}\int_0^{\pi}\int_0^{a} r^2\sin\theta\, dr\, d\theta\, d\phi$$

$$= \left[\frac{r^3}{3}\right]_0^a [-\cos\theta]_0^{\pi}\cdot[\phi]_0^{2\pi} = \frac{4}{3}\pi a^3$$

예제 1-10

구좌표계로 표현된 벡터 $\mathbf{F} = -\dfrac{1}{r}\sin\theta\,\mathbf{a}_\phi$를 직각좌표계로 변환하라.

풀이

식 (1.29)의 $x = r\sin\theta\cos\phi$, $y = r\sin\theta\sin\phi$와 [표 1-2]의 단위벡터 간 연산의 결과를 이용하면

$$F_x = \mathbf{F}\cdot\mathbf{a}_x = -\frac{1}{r}\sin\theta\,\mathbf{a}_\phi\cdot\mathbf{a}_x = -\frac{\sin\theta}{r}(-\sin\phi) = \frac{y}{r^2}$$

$$F_y = \mathbf{F}\cdot\mathbf{a}_y = -\frac{1}{r}\sin\theta\,\mathbf{a}_\phi\cdot\mathbf{a}_y = -\frac{1}{r}\sin\theta\cos\phi = -\frac{x}{r^2}$$

$$F_z = \mathbf{F}\cdot\mathbf{a}_z = -\frac{1}{r}\sin\theta\,\mathbf{a}_\phi\cdot\mathbf{a}_z = 0$$

이고 $r = \sqrt{x^2+y^2+z^2}$이므로 직각좌표계로 변환된 벡터 $\mathbf{F}$는 다음과 같다.

$$\mathbf{F} = \frac{1}{x^2+y^2+z^2}(y\mathbf{a}_x - x\mathbf{a}_y)$$

CHAPTER

01 연습문제

1.1 벡터 $\mathbf{A} = 4\mathbf{a}_x + 3\mathbf{a}_y - 5\mathbf{a}_z$와 벡터 $\mathbf{B} = -\mathbf{a}_x + 2\mathbf{a}_y - 3\mathbf{a}_z$가 있다. 벡터 $\mathbf{C} = 2\mathbf{A} - \mathbf{B}$일 때 벡터 $\mathbf{C}$를 구하라.

1.2 점 $P_1(3, -1, 4)$에서 점 $P_2(5, 3, -1)$로 향하는 벡터 $\mathbf{R}_{12}$를 구하고 $\mathbf{R}_{12}$를 z축에 투영할 때의 투영의 크기를 구하라.

1.3 점 $P(3, 4, 3)$[m]에서 x, y, z의 값이 증가하는 방향으로 각각 2[m]만큼 증분하였다. 그 결과 형성되는 점 P'을 구하고 점 P에서 점 P'까지의 거리 L과 체적 V를 구하라.

1.4 어떤 삼각형의 꼭짓점이 점 $P_1(3, 2, 4)$, 점 $P_2(-3, 2, 2)$, 점 $P_3(1, 4, -1)$[m]에 있을 때 삼각형 둘레의 길이를 구하라.

1.5 점 $P_1(x', y', z')$에서 점 $P_2(x, y, z)$로 향하는 벡터를 $\mathbf{G}$라고 할 때 벡터 $\mathbf{G}$와 벡터 $\mathbf{G}$의 단위 벡터를 구하라.

1.6 벡터계 $\mathbf{K} = 2x^2y\,\mathbf{a}_x + 2zx\,\mathbf{a}_y$에 대해 점 $P(1, 2, 2)$에서의 벡터 $\mathbf{K}$를 구하고 벡터 $\mathbf{B} = \mathbf{a}_x + 2\mathbf{a}_y + 2\mathbf{a}_z$에 대한 벡터 $\mathbf{K}$의 투영을 구하라.

1.7 벡터 $\mathbf{A} = 2\mathbf{a}_x + 3\mathbf{a}_y - 2\mathbf{a}_z$와 벡터 $\mathbf{B} = -\mathbf{a}_x + 2\mathbf{a}_y + 2\mathbf{a}_z$가 서로 수직임을 보여라.

1.8 두 벡터 $\mathbf{A}$, $\mathbf{B}$가 각각 $\mathbf{A} = \mathbf{a}_x - \mathbf{a}_z$, $\mathbf{B} = \mathbf{a}_x + \mathbf{a}_y - \mathbf{a}_z$일 때 크기가 $2\sqrt{2}$이고 두 벡터 $\mathbf{A}$, $\mathbf{B}$에 수직인 벡터 $\mathbf{C}$를 구하라.

1.9 점 $A(2, 3, -1)$, 점 $B(3, -2, 3)$, 점 $C(3, 2, 1)$에 대해 다음을 구하라.

(a) $\mathbf{R}_{AB} \cdot \mathbf{R}_{AC}$

(b) $\mathbf{R}_{AB}$와 $\mathbf{R}_{AC}$의 사잇각

1.10 [연습문제 1.9]에서 $\mathbf{R}_{AB}$의 $\mathbf{R}_{AC}$에 대한 성분스칼라와 성분벡터를 구하라.

1.11 두 벡터 $\mathbf{A} = 3\mathbf{a}_x + 2\mathbf{a}_y - 4\mathbf{a}_z$와 $\mathbf{B} = A_x\mathbf{a}_x + A_y\mathbf{a}_y + 2\mathbf{a}_z$가 서로 평행할 때 A_x와 A_y를 구하라.

1.12 점 A(2, 4, 1), 점 B(3, −2, 3), 점 C(0, 2, 1)에 대해 다음을 구하라.

(a) $\mathbf{R}_{AB} \times \mathbf{R}_{AC}$
(b) 세 점으로 형성되는 평행사변형의 면적
(c) 평행사변형이 놓인 평면에 수직인 단위벡터

1.13 벡터 A, B, C가 각각 $\mathbf{A} = 2\mathbf{a}_x + 2\mathbf{a}_y$, $\mathbf{B} = \mathbf{a}_x + \mathbf{a}_z$, $\mathbf{C} = 2\mathbf{a}_y - 2\mathbf{a}_z$일 때 $(\mathbf{A} \times \mathbf{B}) \times \mathbf{C}$와 $\mathbf{A} \times (\mathbf{B} \times \mathbf{C})$를 구하여 그 결과를 비교하라.

1.14 [연습문제 1.13]에서 $\mathbf{A} \cdot (\mathbf{B} \times \mathbf{C})$와 $(\mathbf{A} \times \mathbf{B}) \cdot \mathbf{C}$를 구하라.

1.15 $\mathbf{A} \cdot (\mathbf{A} \times \mathbf{B}) = 0$임을 설명하라.

1.16 점 P(0.6, 0.8, 1)을 원통좌표계와 구좌표계로 표시하라.

1.17 점 P($\sqrt{3}$, 60°, 3)을 직각좌표계로 표시하라.

1.18 점 P(5, 36°, 25°)를 직각좌표계로 표시하라.

1.19 $\rho = 3[\text{m}]$, $45° \leq \phi \leq 90°$, $0 \leq z \leq 4[\text{m}]$인 원통이 있다. 다음을 구하라.

(a) 폐곡면의 체적
(b) 폐곡면 전체의 면적

1.20 [연습문제 1.19]의 원통 내에서 최대 직선거리를 구하라.

1.21 반지름이 $\rho = 3[\text{cm}]$이고 높이가 $L = 5[\text{cm}]$인 원통에서 $\phi = \pi/2$로 일정한 면의 면적을 구하라.

1.22 $\mathrm{R} = \rho\sin\phi\,\mathbf{a}_\rho + 3\rho^2\cos\phi\,\mathbf{a}_\phi + 2\rho z\,\mathbf{a}_z$인 벡터계가 있다. 점 $\mathrm{P}(1,\ \pi/2,\ 2)$에서 원통의 측면에 수직인 성분벡터와 평행한 성분벡터를 구하라.

1.23 원통좌표계로 표현된 $\mathrm{B} = \rho\,\mathbf{a}_\rho + z\,\mathbf{a}_z$를 직각좌표계로 표현하라.

1.24 $\mathrm{B} = 6\mathbf{a}_x + 8\mathbf{a}_y + 5\mathbf{a}_z$를 원통좌표계로 변환하라.

1.25 $r = a,\ 0 < \phi < \pi/2$인 구의 체적과 구 전체의 체적을 비교하라.

1.26 $r = 2\sqrt{2}[\text{m}],\ 45° < \theta < 90°,\ 0° < \phi < 30°$인 구면이 있다. 전체의 면적과 체적을 구하라.

1.27 $\mathrm{A} = 2\mathbf{a}_x + 2\mathbf{a}_y + \mathbf{a}_z$를 구좌표계로 변환하라.

1.28 벡터 $\mathbf{F} = \frac{1}{r}\mathbf{a}_r$을 직각좌표계로 변환하라.

1.29 구좌표계로 표현된 벡터 $\mathbf{A} = r\cos\phi\,\mathbf{a}_r$을 직각좌표계로 변환하라.

CHAPTER 02

전계 및 전속밀도

전계와 전속밀도는 전자기학에서 가장 기초적이고 중요한 물리량이다. 이 장에서는 쿨롱의 법칙을 이용하여 전계와 전속밀도를 정의하고 가우스의 법칙을 통해 각종 전하분포에 의한 전계와 전속밀도를 구하는 방법을 비중 있게 다룬다. 또한 벡터의 발산의 개념을 도입하고 맥스웰 방정식을 유도하여 전계와 전하 사이의 관계를 명확히 한다. 이 장에서는 자유공간과 정전계로 그 논의의 범위를 제한한다. 물질에서의 전기적 현상과 시가변 전자계에 대해서는 각각 4장과 7장에서 다룰 것이다.

CONTENTS

SECTION
2.1 쿨롱의 법칙

이 절에서는 자유공간과 정전계[1]에서 전하 사이에 발생하는 전기적 힘을 소개한다. 즉 쿨롱의 법칙을 통해 이 힘에 대한 정성적 · 정량적 성질을 공부한다.

Keywords | 전하 | 쿨롱의 법칙 | 전기적 힘 |

두 물체가 충돌하거나 물체들 사이에 마찰이 일어나면 전기가 발생한다. 이는 충돌 및 마찰에 의해 그 물체에 전하(electric charge)가 발생한다는 의미이다. 이 전하 또는 하전입자(charged particle)는 전하량을 가진 입자로, 이들이 어떤 힘에 의해 이동하면 전류가 흐르게 된다. 전하에는 동극성의 전하(homo charge)와 이극성의 전하(hetero charge)가 존재하며, 같은 극성의 전하 사이에는 밀치는 힘(척력)이, 서로 다른 극성의 전하 사이에는 당기는 힘(인력)이 발생한다.

이러한 힘의 기본적 성질은 쿨롱(Charles A. Coulomb)에 의해 정량화되었으며, 힘의 크기는 **두 전하 사이의 떨어진 거리 R의 제곱에 역비례하고 두 전하량 Q_1, Q_2의 곱에 비례한다**고 알려져 있다. 이를 **쿨롱의 법칙**(Coulomb's Law)이라고 하며, 힘 F는 다음과 같이 표현한다.

★ 쿨롱의 법칙 ★

$$F = k\frac{Q_1 Q_2}{R^2} \tag{2.1}$$

- 쿨롱의 힘은 두 전하를 연결한 연장선상에 존재하며, 같은 부호의 전하들 사이에는 척력이, 반대 부호의 전하들 사이에는 인력이 작용한다.
- 힘의 크기는 두 전하의 곱에 비례하고 떨어진 거리의 제곱에 반비례한다.

물론 이 결과는 이론적으로 증명할 수는 없으며, 단지 실험의 결과를 표현한 실험식일 뿐이다. 식 (2.1)의 k는 비례상수로, SI단위계[2]를 이용하면

1 전하(원인)에 의해 쿨롱의 힘(결과)이 발생하는데, 이들의 인과관계에 미치는 다른 원인을 완전히 배제한 공간을 자유공간(free space) 또는 진공(vacuum)이라고 한다. 또한 정전계(electrostatic field)란 그 원인 및 결과가 시간에 따라 변화하지 않는 계를 의미한다. 따라서 정전계에서의 모든 물리량은 시간함수가 아닌 위치함수로만 표현될 것이다.

2 SI단위계는 미터법에 따른 측정 단위를 국제적으로 통일한 체계이다. 즉 길이, 질량, 시간, 전류, 온도, 물질량, 광도 등 물상상태의 양을 결정할 때 적용해야 할 기준이다. 일반적으로 전기적 물리량을 논의할 때 사용하는 SI 단위계는 길이, 질량, 시간, 온도, 전류, 물질량, 그리고 광도와 같이 일곱 개의 기본 **차원**을 가지고 있으며, 각각 미터(meter), 킬로그램(kilogram), 초(second), 켈빈(kelvin), 암페어(ampere), 몰(mole), 칸델라(candela) 단위를 사용한다.

$$k = \frac{1}{4\pi\epsilon_0}$$

이 되며, ϵ_0는 자유공간의 유전율(electrical permittivity)이라고 한다. 유전율은 유전체의 성질을 나타내는 중요한 물질상수로, 단위로 패럿/미터(farad/meter, [F/m])를 사용한다.[3] 이러한 유전율 ϵ_0의 값은 다음과 같다.

$$\epsilon_0 = 8.854 \times 10^{-12} \simeq \frac{1}{36\pi} 10^{-9} [\mathrm{F/m}] \tag{2.2}$$

한편 이러한 쿨롱의 힘은 반드시 방향을 가지므로 벡터로 표현할 수 있다. [그림 2-1]과 같이 점전하 Q_1, Q_2가 거리 R만큼 떨어져 있고 Q_1에서 Q_2로 향하는 벡터를 $\mathbf{R}_{12}$라고 하면 Q_1에 의해 Q_2가 받는 힘 $\mathbf{F}_2$는 다음과 같다.

★ Q_1에 의해 Q_2가 받는 힘 F_2 ★

$$\mathbf{F}_2 = \frac{Q_1 Q_2}{4\pi\epsilon_0 R_{12}^2} \mathbf{a}_{R12} \tag{2.3}$$

[그림 2-1]과 같이 Q_1, Q_2가 원점에서 각각 r_1, r_2만큼 떨어져 있으면 두 전하 사이의 거리를 나타내는 벡터 $\mathbf{R}_{12}$는 $\mathbf{R}_{12} = \mathbf{r}_2 - \mathbf{r}_1$이 되며, 단위벡터 $\mathbf{a}_{R12}$는

$$\mathbf{a}_{R12} = \frac{\mathbf{R}_{12}}{|\mathbf{R}_{12}|} = \frac{\mathbf{r}_2 - \mathbf{r}_1}{|\mathbf{r}_2 - \mathbf{r}_1|} \tag{2.4}$$

이므로 힘 $\mathbf{F}_2$는 다음과 같이 표현된다.

$$\mathbf{F}_2 = \frac{Q_1 Q_2}{4\pi\epsilon_0 |\mathbf{r}_2 - \mathbf{r}_1|^2} \frac{\mathbf{r}_2 - \mathbf{r}_1}{|\mathbf{r}_2 - \mathbf{r}_1|} \tag{2.5}$$

또한 식 (2.3)에서 거리의 제곱항은 $R_{12}^2 = R_{21}^2$으로 방향과는 무관하다. 따라서 전하 Q_2에 의해 전하 Q_1이 받는 힘을 구할 때는 단위벡터를 $\mathbf{a}_{R12}$에서 $\mathbf{a}_{R21}$로 바꾸면 된다. 이때 $\mathbf{a}_{R12} = -\mathbf{a}_{R21}$이므로 힘의 크기 또한 $\mathbf{F}_1 = -\mathbf{F}_2$의 관계가 성립한다.

3 물질의 3대 정수에는 유전율(ϵ), 투자율(μ), 그리고 도전율(σ)이 있다. 도전율 및 투자율은 각각 물질의 전기전도현상 및 자계현상을 이해하는 데 필요하며, 각각 4장과 6장에서 배울 것이다.

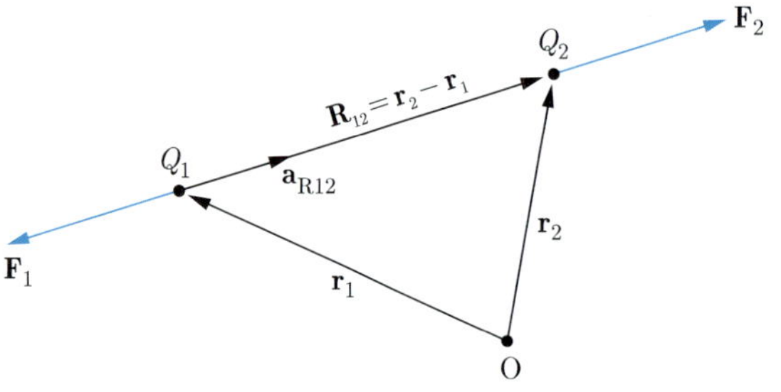

[그림 2-1] 두 전하 사이에 작용하는 쿨롱의 힘

쿨롱의 힘은 동극성의 전하 사이에는 척력으로, 이극성의 전하에는 인력으로 작용한다. 즉 두 힘은 크기가 같고 방향은 반대이다.

예제 2-1

자유공간의 점 $P_1(1,\ 1,\ 0)$ [m]에 점전하 $Q_1 = 5\,[\mu C]$ 이, 점 $P_2(2,\ -1,\ 0)$ [m] 에 $Q_2 = \sqrt{5}\,[mC]$ 의 점전하가 있다. Q_2의 점전하가 받는 힘 $\mathbf{F}_2$를 구하라.

풀이

Q_1의 전하에 의해 Q_2의 전하가 받는 힘 $\mathbf{F}_2$는 식 (2.3)을 이용하여 구할 수 있다.

$$\mathbf{F}_2 = \frac{Q_1 Q_2}{4\pi\epsilon_0 R_{12}^2}\mathbf{a}_{R12}$$

거리 $\mathbf{R}_{12}$는 점 P_1에서 P_2로 향하는 선분벡터이므로

$$\mathbf{R}_{12} = (2-1)\mathbf{a}_x + [(-1)-1]\mathbf{a}_y = \mathbf{a}_x - 2\mathbf{a}_y$$

이고 $|\mathbf{R}_{12}| = \sqrt{5}$ 이므로 단위벡터 $\mathbf{a}_{R12} = \frac{1}{\sqrt{5}}(\mathbf{a}_x - 2\mathbf{a}_y)$ 이다. 따라서 힘 $\mathbf{F}_2$는 다음과 같다.

$$\mathbf{F}_2 = \frac{Q_1 Q_2}{4\pi\epsilon_0 R_{12}^2}\mathbf{a}_{R12} = \frac{(5\times 10^{-6})\times(\sqrt{5}\times 10^{-3})}{4\pi\times 8.854\times 10^{-12}\times(\sqrt{5})^2}\left(\frac{1}{\sqrt{5}}\mathbf{a}_x - \frac{2}{\sqrt{5}}\mathbf{a}_y\right)$$

$$= 9\mathbf{a}_x - 18\mathbf{a}_y\,[\mathrm{N}]$$

추가로 Q_2의 전하에 의해 Q_1이 받는 힘 $\mathbf{F}_1$은 $\mathbf{F}_2$와 크기가 같고 방향이 반대이므로 다음과 같다.

$$\mathbf{F}_1 = -9\mathbf{a}_x + 18\mathbf{a}_y\,[\mathrm{N}]$$

다수의 전하에 의해 특정 전하가 받는 힘은 각 전하에 의한 힘의 합으로 계산할 수 있다. 만약 [그림 2-2]와 같이 Q_1에서 점전하 Q로 향하는 벡터를 $\mathbf{R}_1$, Q_2에서 Q로 향하는 벡터를 $\mathbf{R}_2$라고 하면 Q_1과 Q_2에 의해 Q가 받는 힘 $\mathbf{F}$는 Q_1에 의한 힘 $\mathbf{F}_1$과 Q_2에 의한 힘 $\mathbf{F}_2$의 선형적 합과 같다.

$$\mathbf{F} = \mathbf{F}_1 + \mathbf{F}_2 = \frac{Q_1 Q}{4\pi\epsilon_0 R_1^2}\mathbf{a}_{R1} + \frac{Q_2 Q}{4\pi\epsilon_0 R_2^2}\mathbf{a}_{R2} \tag{2.6}$$

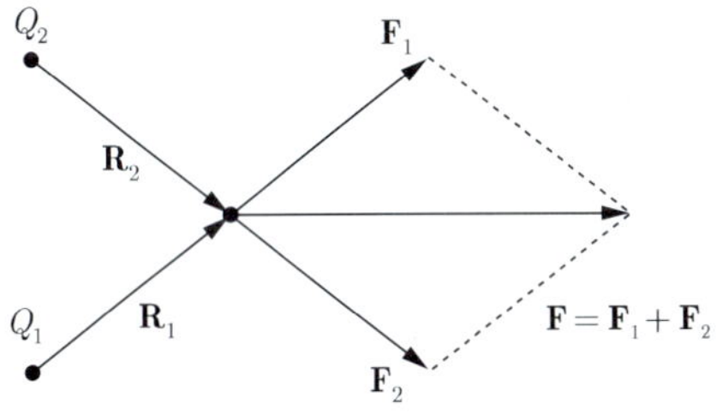

[그림 2-2] 두 전하에 의한 쿨롱의 힘
점전하의 선형적 성질에 의해 쿨롱의 힘은 두 힘의 합으로 계산된다.

Note 전하와 전하량

전기를 띠는 입자를 **전하** 또는 **하전입자**라고 하고 전하가 가지는 전기량을 **전하량**이라고 한다. 전자는 $e = -1.602 \times 10^{-19}$[C]의 전하량을 가지므로 -1.602×10^{-19}[C]$\times n$[개]$= -1$[C]의 관계에서 약 6.24×10^{18}개의 전자가 모이면 -1[C]의 전하량이 된다. 전하량 e[C]는 전하가 가질 수 있는 전하량의 최소량으로, 모든 전하는 이 양의 정수배의 전하량을 갖는다. 예를 들어 원자번호가 2인 헬륨(He) 원자는 궤도전자가 두 개이므로 각 전자의 전하량을 $-e$[C]이라고 할 때 전자의 총 전하량은 $-2e$[C]가 된다. 따라서 중성 원자인 헬륨 원자핵의 전하량은 $+2e$[C]이다.

만약 어떤 방법으로 전자 한 개를 떼어내면 헬륨 원자의 원자핵은 $+2e$[C]으로 변화가 없지만 전자는 하나만 남게 되므로 (+) 전하가 우세해져 헬륨 원자의 전하량은 $+e$[C]이 된다. 이때 헬륨 원자는 더 이상 중성 원자가 아니라 $+1$가의 양(+)이온이 된다. 반대로 적절한 상황이 되어 중성의 헬륨 원자에 $-e$[C]의 전자가 부착(attachment)되면 헬륨 원자는 $-e$[C]의 음(−)이온이 된다. 따라서 전하에는 **전자**를 비롯해 **양이온**과 **음이온**이 있으며, 앞으로 등장하게 될 모든 종류의 전하는 이러한 개념으로 이해하면 된다. 이때 점전하는 매우 좁은 공간에 분포하는 하전입자를 의미한다.

SECTION
2.2 전계의 세기

이 절에서는 쿨롱의 법칙을 이용하여 자유공간에서 전계의 세기를 정의하고 점전하에 의한 전계의 정성적 · 정량적 성질을 공부한다.

Keywords | 쿨롱의 법칙 | 단위양전하 | 전계의 세기 |

앞서 쿨롱의 법칙에서 전하 Q_1에 의해 전하 Q_2가 받는 쿨롱의 힘을 다음과 같이 정의한 바 있다.

$$\mathbf{F}_2 = \frac{Q_1 Q_2}{4\pi\epsilon_0 R_{12}^2}\mathbf{a}_{R12}$$

이 식의 양변을 Q_2로 나누면 다음과 같다.

$$\frac{\mathbf{F}_2}{Q_2} = \frac{Q_1}{4\pi\epsilon_0 R_{12}^2}\mathbf{a}_{R12} \tag{2.7}$$

양변을 Q_2로 나눈 것은 단위전하(unit charge)가 받는 힘을 의미한다. 예를 들어 사과 12개를 세 명의 학생에게 나누어 주면 $12/3 = 4$가 되어 1인당 사과 네 개를 가질 수 있는 것과 같은 의미이다. 즉 식 (2.3)의 쿨롱의 힘이 Q_1에 의해 Q_2가 받는 힘이라면 식 (2.7)은 Q_1에 의해 1 [C]의 양(+)전하가 받는 힘을 나타낸다. 이는 앞선 식의 분자에 +1 [C]이 곱해져 있다고 생각하면 쉽게 이해할 수 있을 것이다.

이를 **전계의 세기**(electric field intensity)로 정의한다. **전계의 세기란 단위양전하에 미치는 쿨롱의 힘이다.** 만약 어떤 전하에 의한 다른 한 점의 전계를 구하고자 한다면 전계를 구하고자 하는 그 위치에 단위양전하, 즉 +1 [C]이 있다고 가정하고 두 전하 사이의 쿨롱의 힘을 구하면 된다. 따라서 전하 Q로부터 R만큼 떨어진 위치에서 점전하 Q에 의한 전계의 세기 $\mathbf{E}$를 표현하면 다음과 같다.

★ 전계의 세기 ★

$$\mathbf{E} = \frac{Q}{4\pi\epsilon_0 R^2}\mathbf{a}_R \tag{2.8}$$

결국 전계의 세기란 기본적인 성질이 쿨롱의 법칙에서 기인하므로 앞선 식의 거리 R과 단위벡터 $\mathbf{a}_R$은 쿨롱의 법칙에서의 R 및 $\mathbf{a}_R$과 같다. 즉 앞선 식에서 R은 전하가 존재하는 점(전하점 또는 원천점)에서 전계를 구하려고 하는 점(전계점)으로 향하는 벡터 $\mathbf{R}$의 크기를 나타낸다. 전계는 단위 전하에 미치는 힘으로 정의되므로 [N/C] (Newton/Coulomb, 뉴턴/쿨롱) 단위를 사용하며, 실용 단위로는 [V/m] (Volt/meter, 볼트/미터)를 사용한다.

전계에 대한 기본적인 성질을 정리하면 우선 전기적 힘인 전계는 원천 전하점과 전계점을 연결하는 직선상에 있으며, 전계의 세기는 원천전하의 크기에 비례하고 떨어진 거리의 제곱에 반비례한다. 또한 점전하에 의한 전계의 방향은 방사상의 방향으로 발생하며, 원천전하가 양(+)전하라면 바깥 방향으로, 음(−)전하라면 이와 반대 방향으로 발생한다.

예제 2-2

점 $P_1(1, -1, 3)$ [m]에 9[nC]의 점전하가 있다. 점 $P(3, 1, 2)$ [m]에서의 전계의 세기를 구하라.

풀이

점전하에 의한 전계는 식 (2.8)의 $\mathbf{E} = \dfrac{Q}{4\pi\epsilon_0 R^2}\mathbf{a}_R$로 구할 수 있다. 벡터 $\mathbf{R}$은 전하점에서 전계점으로 향하는 선분벡터로, 다음과 같다.

$$\begin{aligned}\mathbf{R} &= (3-1)\mathbf{a}_x + [1-(-1)]\mathbf{a}_y + (2-3)\mathbf{a}_z \\ &= 2\mathbf{a}_x + 2\mathbf{a}_y - \mathbf{a}_z\end{aligned}$$

또한 식 (2.8)의 계수는 $\dfrac{1}{4\pi\epsilon_0} = \dfrac{1}{4\pi \times \dfrac{1}{36\pi} \times 10^{-9}} = 9 \times 10^9$의 결과를 이용하며, 벡터 $\mathbf{R}$의 크기 $R = \sqrt{(2)^2 + (2)^2 + (-1)^2} = 3$이므로 단위벡터 $\mathbf{a}_R = \dfrac{\mathbf{R}}{|\mathbf{R}|} = \dfrac{2}{3}\mathbf{a}_x + \dfrac{2}{3}\mathbf{a}_y - \dfrac{1}{3}\mathbf{a}_z$이다. 따라서 전계를 계산하면 다음과 같다.

$$\begin{aligned}\mathbf{E} &= \frac{Q}{4\pi\epsilon_0 R^2}\mathbf{a}_R \\ &= 9 \times 10^9 \times 9 \times 10^{-9} \times \frac{1}{9}\left(\frac{2}{3}\mathbf{a}_x + \frac{2}{3}\mathbf{a}_y - \frac{1}{3}\mathbf{a}_z\right) \\ &= 6\mathbf{a}_x + 6\mathbf{a}_y - 3\mathbf{a}_z \,[\text{V/m}]\end{aligned}$$

점전하의 선형적 성질로 인해 여러 개의 점전하가 있을 때 임의의 한 점의 전계의 세기는 각 전하가 만든 전계의 합과 같다. 즉 어떤 공간에 $Q_1, Q_2, \cdots, Q_{n-1}, Q_n$의 전하가 있을 때 이로부터 각각 $R_1, R_2, \cdots, R_{n-1}, R_n$만큼 떨어진 점에서의 전계는 다음과 같은 식으로 표현할 수 있다.[4]

---

4 다수의 점전하에 의한 전계와 다음에 등장할 연속적인 전하분포에 의한 전계를 구하는 방법론의 차이점을 고찰해보자.

$$\mathbf{E} = \frac{Q_1}{4\pi\epsilon_0 R_1^2}\mathbf{a}_{R1} + \frac{Q_2}{4\pi\epsilon_0 R_2^2}\mathbf{a}_{R2} + \cdots + \frac{Q_n}{4\pi\epsilon_0 R_n^2}\mathbf{a}_{Rn}$$

$$= \sum_{i=1}^{n} \frac{Q_i}{4\pi\epsilon_0 R_i^2}\mathbf{a}_{Ri} \qquad (2.9)$$

예제 2-3

점 $P_1(1, 1, 0)$과 점 $P_2(-1, -1, 0)$[m]에 $Q_1 = 1$[nC], $Q_2 = 27$[nC]의 전하가 놓여 있다. 점 $P(1, 1, 1)$[m]에서의 전계의 세기를 구하라.

풀이

전하점 P_1과 P_2에서 전계점 P까지의 거리벡터를 각각 $\mathbf{R}_1$ 및 $\mathbf{R}_2$라고 하면 다음과 같이 나타낼 수 있다.

$$\mathbf{R}_1 = (1-1)\mathbf{a}_x + (1-1)\mathbf{a}_y + (1-0)\mathbf{a}_z = \mathbf{a}_z$$

$$\mathbf{R}_2 = 2\mathbf{a}_x + 2\mathbf{a}_y + \mathbf{a}_z$$

또한 $|\mathbf{R}_1| = 1$이고, $|\mathbf{R}_2| = \sqrt{2^2 + 2^2 + 1^2} = 3$이다. 따라서 전계는 점 P_1 및 점 P_2에 위치한 전하에 의한 전계의 합이므로 식 (2.9)를 이용하여 다음과 같이 계산한다.

$$\mathbf{E} = \frac{Q_1}{4\pi\epsilon_0|\mathbf{R}_1|^2}\mathbf{a}_{R1} + \frac{Q_2}{4\pi\epsilon_0|\mathbf{R}_2|^2}\mathbf{a}_{R2}$$

$$= \frac{Q_1}{4\pi\epsilon_0|\mathbf{R}_1|^3}\mathbf{R}_1 + \frac{Q_2}{4\pi\epsilon_0|\mathbf{R}_2|^3}\mathbf{R}_2$$

$$= 9\times10^9\times10^{-9}\times\frac{\mathbf{a}_z}{1^3} + 9\times10^9\times27\times10^{-9}\times\frac{2\mathbf{a}_x + 2\mathbf{a}_y + \mathbf{a}_z}{3^3}$$

$$= 18\mathbf{a}_x + 18\mathbf{a}_y + 18\mathbf{a}_z\,[\mathrm{V/m}]$$

SECTION
2.3 연속적인 전하분포에 의한 전계

이 절에서는 선전하밀도, 표면전하밀도, 체적전하밀도 등의 연속적인 전하분포를 이해하고 쿨롱의 법칙을 이용하여 이러한 전하분포들에 의한 전계를 구한다.

Keywords | 연속적인 전하분포 | 선전하밀도 | 표면전하밀도 | 체적전하밀도 |

1 전하분포와 전하밀도

전극을 통해 전압을 인가하면 전극에는 수많은 전하가 축적된다. 일반적으로 금속 물질인 전극에 전압을 인가하면 전하는 전극의 모든 공간에 매우 균일하게 분포한다. 어떤 원인에 의해 특정 위치에 더 많은 전하가 일시적으로 분포하더라도 극히 짧은 시간 내에 다시 공간적으로 균일하게 분포하게 된다. 이때 이 많은 양의 전하를 개개의 점전하로 취급해 전계의 세기를 구하는 것은 비효율적인데, 만약 전하분포가 균일하다면 **전하밀도**의 개념을 활용하여 이러한 문제를 쉽게 해결할 수 있다. 전하분포는 도체의 형상에 따라 선전하밀도, 표면전하밀도, 그리고 체적전하밀도로 나누어 생각할 수 있다.

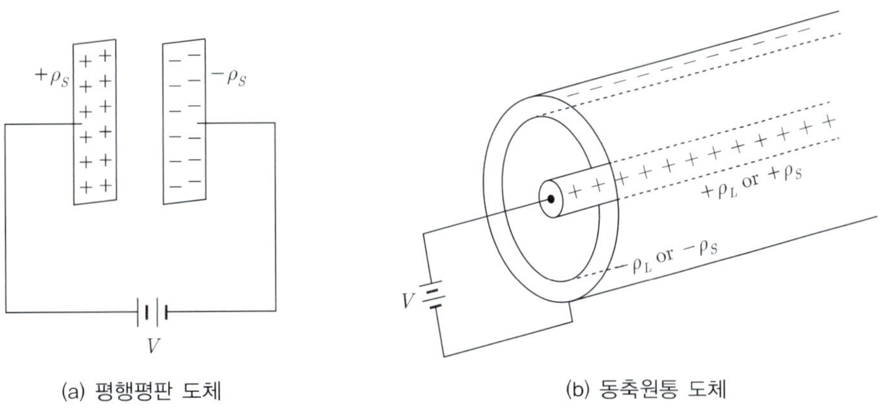

(a) 평행평판 도체　　　　(b) 동축원통 도체

[그림 2-3] 전하분포의 예

(a)의 평판 도체에 축적된 전하를 면적으로 나누면 $\rho_S[\mathrm{C/m^2}]$ 의 면전하가 되고, (b)의 내부 도체의 반지름이 매우 작으면 $\rho_L[\mathrm{C/m}]$ 의 선전하가 된다.

2 선전하분포에 의한 전계

선전하밀도

매우 가늘고 긴 도선에 전하가 균일하게 분포할 때는 **선전하밀도**(line charge density) $\rho_L[\mathrm{C/m}]$를 이용하여 전계를 구하면 편리하다. 선전하밀도는 총 전하량을 길이로 나눈 값으로, 길이가 $L[\mathrm{m}]$인 매우 긴 도선에 균일하게 분포하는 총 전하량이 $Q[\mathrm{C}]$이라면 미소길이 $\Delta L[\mathrm{m}]$에 분포하는 미소전하량 $\Delta Q[\mathrm{C}]$는 다음과 같다.

$$\Delta Q = \rho_L \Delta L \tag{2.10}$$

이를 이용하여 선전하밀도 ρ_L은 다음과 같이 정의한다.

$$\rho_L = \lim_{\Delta L \to 0} \frac{\Delta Q}{\Delta L} \tag{2.11}$$

따라서 식 (2.10)으로부터 길이가 L인 도선에 축적되는 총 전하량은 다음과 같다.

$$Q = \int_L \rho_L dL \tag{2.12}$$

한편 ΔQ(전원점)에서 전계점까지의 거리를 R이라고 하고 벡터 $\mathbf{R}$의 단위벡터를 $\mathbf{a}_R$이라고 하면 ΔQ에 의한 미소전계 $\Delta\mathbf{E}$는 식 (2.10)의 $\Delta Q = \rho_L \Delta L$ 관계를 이용하여 다음과 같이 쓸 수 있다.

$$\Delta\mathbf{E} = \frac{\Delta Q}{4\pi\epsilon_0 R^2}\mathbf{a}_R = \frac{\rho_L \Delta L}{4\pi\epsilon_0 R^2}\mathbf{a}_R$$

따라서 길이가 L인 도선에 분포된 선전하밀도 ρ_L에 의한 이 식을 적분해 다음과 같이 표현할 수 있다.

★ 선전하밀도 ρ_L에 의한 전계 ★

$$\mathbf{E} = \int_L \frac{\rho_L \mathbf{a}_R}{4\pi\epsilon_0 R^2} d\mathbf{L} \tag{2.13}$$

무한 선전하에 의한 전계

이제 무한히 길고 가는 도선에 균일하게 분포된 $\rho_L[\mathrm{C/m}]$의 선전하에 의한 전계의 세기에 대해 고찰해보자. 쿨롱의 법칙에서 전계의 세기는 전하량에 비례하므로 무한히 긴 도선에 무한한 전하량이 존재하면 전계 또한 무한대의 세기가 될 것이라고 생각하기 쉽다. 그러나 이 문제는 대칭성의 관계를 고찰해보면 매우 흥미로운 결과를 얻을 수 있다.

[그림 2-4(a)]와 같이 전하가 z축의 $-\infty$에서 $+\infty$까지 모든 위치에서 균일하게 분포하고 있을 때 y축의 한 점 $P(\rho, \pi/2, 0)$에서 전계를 구하기로 한다. 이를 위해 먼저 사용할 좌표계를 생각해보자. 전계의 원인인 무한 선전하가 z축에 분포하고 있고 전계의 세기를 구하려는 점 P가 원통 표면의 한 점이라면 **원통좌표계**를 이용하는 것이 편리하다. 문제를 풀기 전에 대칭성과 관련해 다음의 두 가지 질문을 고려해보자.

❶ **전계는 어느 방향으로 발생하는가?**
❷ **이 전계는 어떤 변수의 함수인가?**

첫 번째 질문에 대한 답은 쿨롱의 법칙을 생각하면 쉽게 해결할 수 있다. 무한 선전하를 점전하로 생각될 정도로 작은 미소전하로 분할한 뒤 [그림 2-4]에 표시된 미소전하 ΔQ에 의한 미소전계 $\Delta\mathbf{E}$ 또는 $d\mathbf{E}$를 생각해보자. 미소전계 $\Delta\mathbf{E}$는 쿨롱의 법칙에 의해 미소전하 ΔQ와 전계를 구하는 점 P를 연결하는 연장선상에 있으므로 방위각 방향의 dE_ϕ 성분은 존재하지 않음을 쉽게 알 수 있다.

또한 미소전계 $d\mathbf{E}$는 dE_ρ과 dE_z 성분으로 나눌 수 있으며, 미소전계의 z성분인 dE_z도 [그림 2-4(b)]와 같이 z축의 상대 위치에 있는 두 미소전하에 의한 전계를 고려하면 크기가 같고 방향이 반대이므로 서로 상쇄되어 없어진다. 따라서 dE_ρ 성분의 전계만 발생한다.

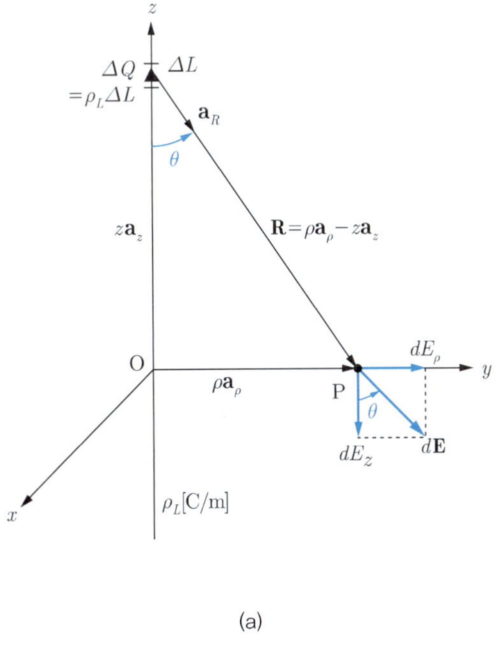

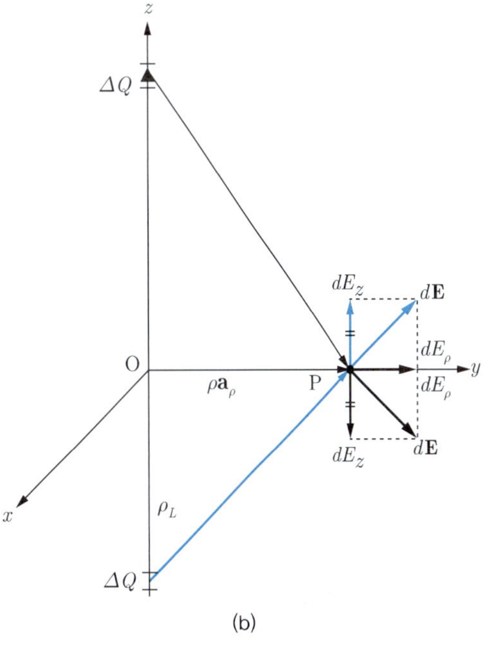

[그림 2-4] 무한 선전하밀도 ρ_L에 의한 전계

z축의 상대 위치에 있는 두 미소전하에 의한 전계의 z성분은 크기가 같고 방향이 반대이므로 상쇄된다.

이제 두 번째 질문에 대해 생각해보자. 전하는 z축에 무한대로 존재하므로 점 P의 변수 ρ와 ϕ가 일정할 때 z 값을 변화시켜도 발생하는 전계는 변하지 않으며,[5] ρ와 z가 일정할 때 ϕ를 변화시켜도 전계는 항상 일정하다. 이는 **쿨롱의 법칙에 의해 전계는 전하로부터 떨어진 거리의 제곱에 반비례한다**는 사실에서 쉽게 이해할 수 있다. 결국 전하가 분포하고 있는 z축으로부터 떨어진 거리, 즉 ρ의 변화에 따라 전계가 변화하고 있음을 알 수 있다. 따라서 미소전계는 변수 ρ만의 함수이며, $d\mathbf{E} = dE_\rho(\rho)\mathbf{a}_\rho$이다.

이제 다음과 같이 수학적인 계산을 통해 전계를 구해보자. 우선 미소전하 $dQ = \rho_L dL = \rho_L dz$에 의한 미소전계 $d\mathbf{E}$는 다음과 같다.

$$d\mathbf{E} = \frac{dQ}{4\pi\epsilon_0 R^2}\mathbf{a}_R = \frac{\rho_L \mathbf{a}_R}{4\pi\epsilon_0 R^2}dz$$

이 식에서 $\mathbf{R} = \rho\mathbf{a}_\rho - z\mathbf{a}_z$이고 $\mathbf{a}_R = \dfrac{\rho\mathbf{a}_\rho - z\mathbf{a}_z}{\sqrt{\rho^2 + (-z)^2}}$이므로 이를 대입하면 다음과 같다.

$$d\mathbf{E} = \frac{\rho_L(\rho\mathbf{a}_\rho - z\mathbf{a}_z)}{4\pi\epsilon_0(\rho^2 + z^2)^{3/2}}dz$$

그러나 이미 고찰한 바와 같이 대칭성의 원리에 따라 전계의 z 성분은 상쇄되어 존재하지 않으므로 전계는 다음과 같이 dE_ρ 성분만 존재하게 된다.

$$d\mathbf{E} = \frac{\rho_L \rho\mathbf{a}_\rho}{4\pi\epsilon_0(\rho^2 + z^2)^{3/2}}dz \quad \text{또는} \quad dE_\rho = \frac{\rho_L \rho}{4\pi\epsilon_0(\rho^2 + z^2)^{3/2}}dz$$

따라서 z축의 $-\infty$에서 $+\infty$까지 분포하는 모든 전하의 기여를 고려하면 전계의 세기는

$$E_\rho = \int_{-\infty}^{+\infty}\frac{\rho_L \rho}{4\pi\epsilon_0(\rho^2 + z^2)^{3/2}}dz$$

가 되며, 이 식을 적분하면 다음과 같은 결과를 얻을 수 있다.

$$E_\rho = \frac{\rho_L}{2\pi\epsilon_0\rho} \tag{2.14}$$

한편 식 (2.14)의 결과를 도출하는 과정에서 적분의 편의를 위해 피적분 변수 z를 θ 변수로 바꿔 계산해보자. [그림 2-4]에서 $\dfrac{\rho}{z} = \tan\theta$로부터 $z = \rho\cot\theta$이며, 이를 미분하면 $dz = -\rho\,\text{cosec}^2\theta\, d\theta$가

---

5 z축에 선전하가 $-\infty$에서 $+\infty$까지 분포한다는 것은 점 P에서 직각으로 z축을 나눌 때 z축의 윗부분과 아랫부분의 전하량이 같음을 의미한다. 따라서 변수 z가 어느 위치에 있어도 위·아래의 같은 양의 전하량이 만드는 전계의 세기는 변하지 않는다.

된다. 또한 $R = \sqrt{\rho^2 + z^2} = \rho\,\text{cosec}\,\theta$[6]이고 $dE_\rho = dE\sin\theta$이므로 이 조건을 대입하면 다음과 같이 나타낼 수 있다.

$$dE_\rho = dE\sin\theta = \frac{dQ}{4\pi\epsilon_0 R^2}\sin\theta = \frac{\rho_L \sin\theta}{4\pi\epsilon_0 R^2}dz$$

$$= \frac{\rho_L \sin\theta\left(-\rho\,\text{cosec}^2\theta\, d\theta\right)}{4\pi\epsilon_0\left(\rho^2\,\text{cosec}^2\theta\right)} = -\frac{\rho_L \sin\theta}{4\pi\epsilon_0 \rho}d\theta$$

그리고 $E_\rho = \int_{-\infty}^{\infty} dE_\rho = 2 \times \int_0^{\infty} dE_\rho$이며, 변수 z를 대신하여 θ에 대한 적분 구간[7]을 생각해 보면

$$E_\rho = -\frac{\rho_L}{2\pi\epsilon_0\rho}\int_{\frac{\pi}{2}}^{0}\sin\theta\, d\theta = \frac{\rho_L}{2\pi\epsilon_0\rho}$$

이 된다. 결국 **무한 선전하에 의한 전계**는 다음과 같이 정리할 수 있다.[8]

★ 무한 선전하에 의한 전계 ★

$$\mathbf{E} = \frac{\rho_L}{2\pi\epsilon_0\rho}\mathbf{a}_\rho \qquad (2.15)$$

이 결과를 점전하에 의한 전계의 결과와 비교해보자. 점전하에 의한 전계는 전하로부터 방사상 방향으로 형성되며, 전하량에 비례하고 전하와의 거리의 제곱에 반비례한다. 반면에 무한 선전하에 의한 전계의 세기는 **전하와의 수직거리의 1승에 반비례**한다. 즉 전하로부터 멀어질수록 점전하에 의한 전계가 더욱 급격하게 약해진다. 식 (2.15)에서 **변수 ρ는 전하로부터 떨어진 수직거리**를 나타내므로 **무한 선전하에 의한 전계는 반드시 전하분포로부터 수직인 $\mathbf{a}_\rho$ 방향으로 형성**됨에 유의해야 한다.

전송선로는 무한 선전하분포의 예로, [그림 2-5]와 같이 평행한 두 도선에 전류가 서로 반대 방향으로 흐름으로써 전력을 전송하는 시스템이다. 이는 서로 반대 방향으로 흐르는 두 전류 $+I\,[\text{A}]$, $-I\,[\text{A}]$에 대응하여 $+\rho_L\,[\text{C/m}]$, $-\rho_L\,[\text{C/m}]$의 매우 긴 선전하가 분포한다고 생각하면 된다. 이제 두 도체 사이에서의 한 점 $\rho = \rho$에서의 전계를 구해보자. 전계는 $+\rho_L\,[\text{C/m}]$에 의한 $\mathbf{E}_+$와 $-\rho_L\,[\text{C/m}]$에 의한 $\mathbf{E}_-$의 합으로 생각하면 되므로 다음과 같다.

6 $\tan\theta$의 역수는 $\cot\theta$이며, $\cot\theta$의 θ에 대한 미분은 $-\text{cosec}^2\theta\, d\theta$임을 이용하였다. 또한 $R = \sqrt{\rho^2 + z^2} = \sqrt{\rho^2 + \rho^2\cot^2\theta} = \sqrt{\rho^2(1+\cot^2\theta)}$에서 $1 + \cot^2\theta = \text{cosec}^2\theta$이므로 $R = \rho\,\text{cosec}\,\theta$가 된다.

7 $\tan\theta = \frac{\rho}{z}$에서 z의 범위가 $0 \sim \infty$일 때 이에 대응하는 $\tan\theta$의 범위는 $\infty \sim 0$이다. 따라서 θ의 적분 구간은 $\frac{\pi}{2} \sim 0$이 된다.

8 사실 무한히 긴 직선 도체란 있을 수 없고 일정한 유한 길이의 도체라 하더라도 매우 가까운 위치에서 보면 양 끝을 볼 수 없는 무한한 길이가 될 수 있다는 점을 생각해보자. 따라서 이러한 전계에 대한 해는 직선 도체의 가까운 부근에서 성립하는 결과로 생각해야 한다.

$$\mathbf{E} = \frac{\rho_L}{2\pi\epsilon_0 \rho}\mathbf{a}_\rho + \frac{-\rho_L}{2\pi\epsilon_0(d-\rho)}(-\mathbf{a}_\rho)$$

$$= \frac{\rho_L}{2\pi\epsilon_0}\left(\frac{1}{\rho} + \frac{1}{d-\rho}\right)\mathbf{a}_\rho$$

이 결과는 4장의 정전용량에서 다시 논의할 것이다.

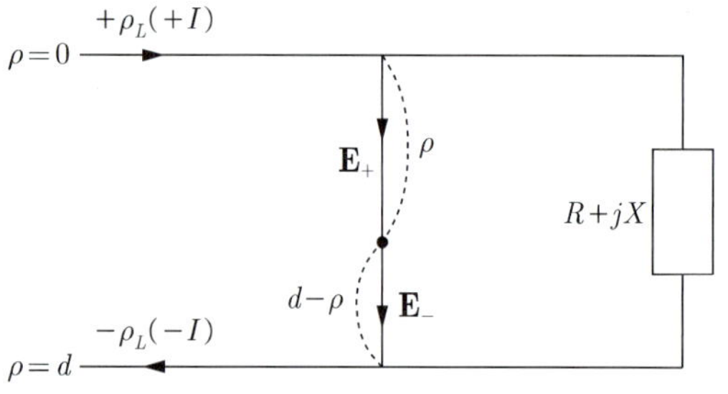

[그림 2-5] 평행한 왕복 도체에서의 전하분포 및 전계

예제 2-4

z축에 25[nC/m]의 무한 선전하가 균일하게 분포하고 있다. 점 P(3, 4, 5)[m]에서의 전계의 세기를 구하라.

풀이

무한 선전하에 의한 전계는 식 (2.15)의 $\mathbf{E} = \frac{\rho_L}{2\pi\epsilon_0 \rho}\mathbf{a}_\rho$에서 ρ와 단위벡터 $\mathbf{a}_\rho$를 정확히 구하면 된다. **ρ는 전하점에서 전계점으로 향하는 수직거리**로, 벡터 $\mathbf{R}$이라고 한다. 전하점은 전하가 z축에 분포하므로 $x=y=0$이다. 또한 z축의 모든 점에 전하가 존재하지만 전계점 P(3, 4, 5)에 수직하기 위해 $z=5$가 되어야 한다. 따라서 전하점은 점 P′(0, 0, 5)가 된다. 이제 벡터 $\mathbf{R}$과 단위벡터 $\mathbf{a}_R$을 계산하면 다음과 같다.

$$\mathbf{R} = (3-0)\mathbf{a}_x + (4-0)\mathbf{a}_y + (5-5)\mathbf{a}_z = 3\mathbf{a}_x + 4\mathbf{a}_y$$

$$\mathbf{a}_R = \frac{\mathbf{R}}{|\mathbf{R}|} = \frac{3\mathbf{a}_x + 4\mathbf{a}_y}{\sqrt{3^2+4^2}} = \frac{3}{5}\mathbf{a}_x + \frac{4}{5}\mathbf{a}_y$$

이제 식 (2.15)에서 $\frac{1}{2\pi\epsilon_0} = 2\times 9\times 10^9$을 이용하여 전계의 세기를 계산하면 다음과 같다.

$$\mathbf{E} = \frac{\rho_L}{2\pi\epsilon_0 R}\mathbf{a}_R = 2\times 9\times 10^9 \times \frac{25\times 10^{-9}}{5} \times \left(\frac{3}{5}\mathbf{a}_x + \frac{4}{5}\mathbf{a}_y\right)$$

$$= 54\mathbf{a}_x + 72\mathbf{a}_y \text{ [V/m]}$$

예제 2-5

$x=-2$, $z=4$[m]인 점을 통과하며, y축에 평행한 30[nC/m]의 무한 선전하가 있다. 원점에서의 전계의 세기를 구하라.

풀이

전계점은 원점 O(0, 0, 0)이다. 전하는 $x=-2$, $z=4$[m]인 점을 통과하고 y축에 무한대로 존재하지만 전계점에 수직하려면 그 위치가 $y=0$으로 같아야 하므로 전원점은 P′(−2, 0, 4)가 된다. 따라서 전하점에서 전계점으로 향하는 수직거리 ρ를 벡터 $\mathbf{R}$로 표현하면

$$\mathbf{R}=[0-(-2)]\mathbf{a}_x+(0-0)\mathbf{a}_y+(0-4)\mathbf{a}_z=2\mathbf{a}_x-4\mathbf{a}_z$$

이 된다. 이로부터 단위벡터 $\mathbf{a}_R$은 다음과 같이 계산할 수 있다.

$$\mathbf{a}_R=\frac{\mathbf{R}}{|\mathbf{R}|}=\frac{\mathbf{R}}{\sqrt{2^2+(-4)^2}}=\frac{1}{\sqrt{20}}(2\mathbf{a}_x-4\mathbf{a}_z)=\frac{2}{\sqrt{20}}\mathbf{a}_x-\frac{4}{\sqrt{20}}\mathbf{a}_z$$

이제 식 (2.15)를 이용하여 전계를 계산하면 다음과 같다.

$$\begin{aligned}\mathbf{E}&=\frac{\rho_L}{2\pi\epsilon_0 R}\mathbf{a}_R=2\times 9\times 10^9\times\frac{30\times 10^{-9}}{\sqrt{20}}\left(\frac{2}{\sqrt{20}}\mathbf{a}_x-\frac{4}{\sqrt{20}}\mathbf{a}_z\right)\\&=54\mathbf{a}_x-108\mathbf{a}_z\,[\mathrm{V/m}]\end{aligned}$$

예제 2-6

xy 평면에 반지름이 $\rho=a$[m]인 매우 가는 원형 도체가 있다. 이 도체에 ρ_L[C/m²]의 선전하가 분포할 때 점 P(0, 0, h)[m]에서의 전계의 세기를 구하라.

풀이

이번에는 식 (2.13)의 $\mathbf{E}=\int d\mathbf{E}=\int_L\frac{\rho_L\mathbf{a}_R}{4\pi\epsilon_0 R^2}d\mathbf{L}$을 이용하여 전계를 구해보자. [그림 2-6]과 같이 원형의 선전하를 수많은 미소한 점전하 dQ들로 나누고 $z=h$에서 dQ에 의한 미소전계 $d\mathbf{E}$를 구한 뒤 식 (2.13)을 적용하면 된다. 먼저 식 (2.10)에서 $dQ=\rho_L dL=\rho_L a d\phi$이고

$$\mathbf{R}=h\mathbf{a}_z-a\mathbf{a}_\rho,\quad \mathbf{a}_R=\frac{h\mathbf{a}_z-a\mathbf{a}_\rho}{\sqrt{h^2+a^2}}$$

이므로 미소전계는 다음과 같다.

$$d\mathbf{E} = \frac{dQ}{4\pi\epsilon_0 R^2}\mathbf{a}_R = \frac{\rho_L a d\phi(h\mathbf{a}_z - a\mathbf{a}_\rho)}{4\pi\epsilon_0(h^2+a^2)^{3/2}}$$

이 전계는 z 방향과 ρ 방향의 전계의 합이다. 그러나 [그림 2-6]에서와 같이 dQ의 대칭 지점에 존재하는 또 다른 미소전하 dQ에 의한 전계의 방향을 생각해보면 ρ 방향의 전계성분은 서로 상쇄되어 전계는 z 방향으로만 발생함을 알 수 있다. 즉

$$d\mathbf{E} = dE_z\mathbf{a}_z = \frac{\rho_L ahd\phi}{4\pi\epsilon_0(h^2+a^2)^{3/2}}\mathbf{a}_z$$

이다. 이를 전하가 존재하는 전 영역을 고려하여 적분하면 다음과 같다.

$$\mathbf{E} = \int_0^{2\pi}\frac{\rho_L ah\,\mathbf{a}_z}{4\pi\epsilon_0(h^2+a^2)^{3/2}}d\phi = \frac{\rho_L ah}{2\epsilon_0(h^2+a^2)^{3/2}}\mathbf{a}_z$$

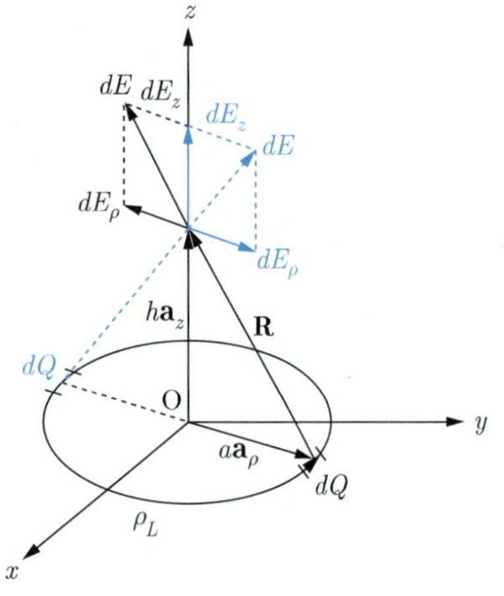

[그림 2-6] 원형 도체의 선전하분포에 의한 전계

3 면전하분포에 의한 전계

표면전하밀도

다음으로 표면전하밀도에 대해 고찰해보자. 평행평판 콘덴서나 동축케이블 또는 매우 넓은 표면적을 가지는 구 도체와 같은 도체계에서의 전하분포는 **표면전하밀도**(surface charge density) $\rho_S\,[\mathrm{C/m^2}]$를 정의하여 해석할 수 있다. 즉 넓이가 $S\,[\mathrm{m^2}]$인 도체판의 총 전하량이 $Q\,[\mathrm{C}]$이라면 미소면적 $\Delta S\,[\mathrm{m^2}]$에 분포하고 있는 미소전하량 $\Delta Q\,[\mathrm{C}]$은 다음과 같다.

$$\Delta Q = \rho_S \Delta S \qquad (2.16)$$

이를 이용하여 표면전하밀도 ρ_S는 다음과 같이 정의할 수 있다.

$$\rho_S = \lim_{\Delta S \to 0} \frac{Q}{\Delta S} \qquad (2.17)$$

따라서 면적 S에 축적되는 총 전하량은 다음과 같다.

$$Q = \int_S \rho_S \, dS \qquad (2.18)$$

한편 ΔQ에 의한 미소전계 $\Delta \mathbf{E}$는 ΔQ에서 전계점으로 향하는 거리벡터를 $\mathbf{R}$, 단위벡터를 $\mathbf{a}_R$이라고 할 때 다음과 같이 정의한다.

$$\Delta \mathbf{E} = \frac{\rho_S \Delta S}{4\pi\epsilon_0 R^2} \mathbf{a}_R$$

따라서 ρ_S 분포를 가지는 총 전하 Q에 의한 전계는 이 식을 적분하여 다음과 같이 표현할 수 있다.

★ 표면전하밀도 ρ_S에 의한 전계 ★

$$\mathbf{E} = \int_S \frac{\rho_S \, \mathbf{a}_R}{4\pi\epsilon_0 R^2} dS \qquad (2.19)$$

무한 면전하에 의한 전계

이제 [그림 2-7]과 같이 yz 평면에 존재하는 무한히 넓은 표면전하에 의한 전계를 x축의 한 점에서 구해보자. 우선 대칭성의 문제를 고찰하기 위해 무한히 넓은 표면전하를 매우 많은 무한 선전하로 분할하여 $y = y_1$에 있는 선전하에 의한 전계를 구해보자. 전계는 전하점에서 전계점으로 향하므로 [그림 2-7]에 표현된 바와 같은 $d\mathbf{E}$ 방향이 되며, 이는 dE_x와 dE_y 성분으로 나눌 수 있다. 그러나 이 선전하와 대칭되는 위치인 $y = -y_1$의 선전하에 의한 전계를 고려하면 dE_y 성분은 상쇄되어 dE_x 성분의 전계만 발생한다.

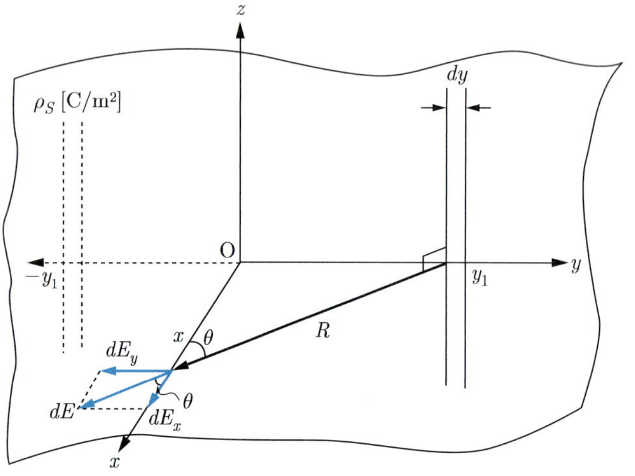

[그림 2-7] 무한 면전하밀도 ρ_S에 의한 전계

이제 무한 선전하에 의한 전계의 식 (2.15)를 이용하여 무한히 넓은 표면전하에 의한 전계를 구해보자. 선전하로 분할된 무한 선전하의 폭을 dy라고 하면 선전하밀도 ρ_L과 표면전하밀도 ρ_S 사이에는 $\rho_L = \rho_S\, dy$의 관계가 성립한다. 또한 편의상 선전하의 위치를 $y = y$라고 하면 전하점에서 x축의 한 점 P 까지의 직선거리는 $R = \sqrt{x^2 + y^2}$ 이다. 따라서 이 선전하에 의한 점 P 에서의 전계 dE_x는

$$dE_x = dE\cos\theta = \frac{\rho_L}{2\pi\epsilon_0\rho}\cos\theta = \frac{\rho_S dy}{2\pi\epsilon_0 R}\cos\theta$$

이며, 이 식에 거리 $R = \sqrt{x^2 + y^2}$ 과 $\cos\theta = \frac{x}{R} = \frac{x}{\sqrt{x^2 + y^2}}$ 를 대입하면 다음과 같다.

$$dE_x = \frac{\rho_S}{2\pi\epsilon_0}\frac{x\,dy}{x^2 + y^2}$$

이제 분할된 모든 선전하의 전계에 대한 기여분을 고려하여 적분하면 전계의 세기는 다음과 같다.

$$E_x = \frac{\rho_S}{2\pi\epsilon_0}\int_{-\infty}^{+\infty}\frac{x}{x^2 + y^2}dy = \frac{\rho_S}{2\epsilon_0}$$

이때 전하는 yz 평면에 있으며, 전계는 yz 평면에 수직인 x 방향으로만 형성되므로 전계의 방향을 고려하여 정리하면 다음과 같다.

★ 무한 면전하에 의한 전계 ★

$$\mathbf{E} = \frac{\rho_S}{2\epsilon_0}\mathbf{a}_N \tag{2.20}$$

이 식에서 $\mathbf{a}_N$은 **전하가 존재하는 면에서 전계를 구하고자 하는 점으로 향하는 법선 단위벡터**이다. 식 (2.20)에서 알 수 있듯 무한히 넓은 표면전하에 의한 전계는 위치함수가 아니라 어떤 변수에도 의존하지 않는 평등전계(uniform electric field)이다. 점전하에 의한 전계는 거리가 증가함에 따라 거리의 제곱에 반비례하여 약해지며, 무한 선전하에 의한 전계는 거리의 1승에 반비례하여 약해진다. 그러나 **무한히 넓은 표면전하에 의한 전계는 위치에 관계없이 어느 곳에서나 일정하다.**[9] 물론 무한히 넓은 표면전하는 있을 수 없고 전원으로부터 매우 멀리 떨어진 위치에서 보면 하나의 점으로 보일 수도 있다. 그러나 표면전하의 가까운 위치에서는 이러한 전계의 성질이 유효하다고 생각해도 무방하다.

이러한 결과는 평행평판 콘덴서의 전계를 구할 때 매우 유용하다. 평행평판 콘덴서는 [그림 2-8]과 같이 서로 마주한 두 개의 평판전극 사이에 매우 얇은 유전체를 삽입해 사용하므로 전극 사이의 한 점, 즉 유전체 내부에서 보면 전극에 무한히 넓은 면전하가 분포한다고 생각할 수 있다. 즉 [그림 2-8]과 같이 전극을 배치하고 전압을 인가하면 평행평판 콘덴서는 각 전극에 $+Q$[C]과 $-Q$[C]의 전하량이 축적되며, 이를 유한한 전극의 면적 S로 나눈 값인 밀도 $+\rho_S$ [C/m^2], $-\rho_S$ [C/m^2]의 면전하가 분포하는 전극계가 된다. 따라서 전계의 세기는 $+\rho_S$와 $-\rho_S$에 의한 전계의 합이 된다. 이를 각각 $\mathbf{E}_1$, $\mathbf{E}_2$라고 하고 전극 사이의 거리를 d라고 할 때 각 영역에서의 전계는 다음과 같다.

★ 평행평판 콘덴서의 각 영역에서의 전계 ★

- $x > d$: $\mathbf{E} = \mathbf{E}_1 + \mathbf{E}_2 = \dfrac{\rho_S}{2\epsilon_0}\mathbf{a}_x + \dfrac{-\rho_S}{2\epsilon_0}\mathbf{a}_x = 0$
- $x < 0$: $\mathbf{E} = \mathbf{E}_1 + \mathbf{E}_2 = \dfrac{\rho_S}{2\epsilon_0}(-\mathbf{a}_x) + \dfrac{-\rho_S}{2\epsilon_0}(-\mathbf{a}_x) = 0$
- $0 < x < d$: $\mathbf{E} = \mathbf{E}_1 + \mathbf{E}_2 = \dfrac{\rho_S}{2\epsilon_0}\mathbf{a}_x + \dfrac{-\rho_S}{2\epsilon_0}(-\mathbf{a}_x) = \dfrac{\rho_S}{\epsilon_0}\mathbf{a}_x$ (2.21)

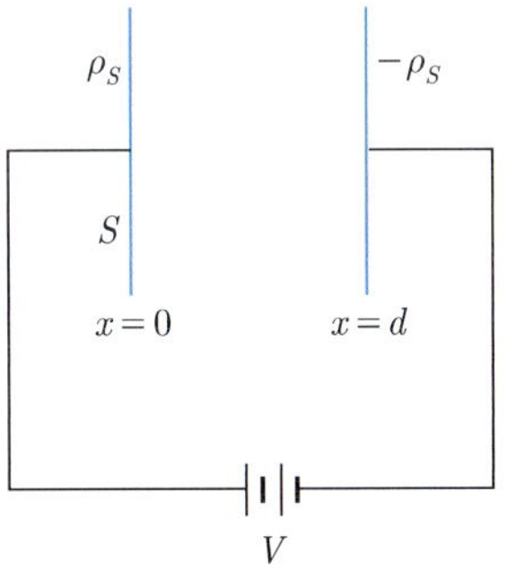

[그림 2-8] 평행평판 콘덴서

9 평행평판 콘덴서도 전극의 가장자리 부분에서의 전계분포는 다를 수 있지만 이 부분을 제외하면 평등전계의 전형적인 예로 생각할 수 있다.

이러한 논의로부터 평행평판 도체계의 전계는 전하가 분포된 두 전극 사이에만 존재하고 전극의 바깥에는 존재하지 않음을 알았다. 이는 향후 많은 논의가 이루어지겠지만 **전계는 양(+)전하에서 시작하여 음(−)전하에서 끝나는 발산의 특성**을 나타내는 전형적인 예를 보여준다. 또한 전계는 도체면에 항상 수직인 방향으로 형성됨을 알 수 있다. 이 또한 도체와 자유공간의 경계조건과 등전위면에서의 전계와 전위차의 논의에서 다시 다룰 것이다.

예제 2-7

xy 평면에 평행하고 점 $P_1(0,\ 0,\ 4)$, 점 $P_2(0,\ 0,\ 1)$, 점 $P_3(0,\ 0,\ -2)\,[\mathrm{m}]$를 통과하는 무한 평면에 각각 표면전하밀도 $\rho_{S1}=4$, $\rho_{S2}=2$, $\rho_{S3}=5\,[\mathrm{C/m^2}]$인 면전하가 있다. 점 $P(2,\ 2,\ 2)\,[\mathrm{m}]$에서의 전계 $\mathbf{E}$를 구하라.

풀이

표면전하에 의한 전계는 식 (2.20)의 $\mathbf{E}=\dfrac{\rho_S}{2\epsilon_0}\mathbf{a}_N$으로 구한다. 이때 전계의 방향은 표면전하가 xy 평면에 존재하므로 이 면에 수직인 $+\mathbf{a}_z$ 또는 $-\mathbf{a}_z$가 된다. 이 중에서 ρ_{S1}의 전하점은 $z=4$이고 전계점은 $z=2$이므로 법선 단위벡터는 z의 값이 감소하는 $-\mathbf{a}_z$ 방향이 된다. 따라서 각각의 전하밀도에 의한 전계의 방향에 유의하여 전계를 계산하면 다음과 같다.

$$\begin{aligned}\mathbf{E}&=\mathbf{E}_1+\mathbf{E}_2+\mathbf{E}_3\\&=\frac{4}{2\epsilon_0}(-\mathbf{a}_z)+\frac{2}{2\epsilon_0}\mathbf{a}_z+\frac{5}{2\epsilon_0}\mathbf{a}_z=\frac{3}{2\epsilon_0}\mathbf{a}_z\,[\mathrm{V/m}]\end{aligned}$$

4 체적전하분포에 의한 전계

마지막으로 **체적전하밀도**에 대해 고찰해보자. 일반적으로 도체에 전압을 인가하면 전하는 도체 내부보다는 도체 표면에 주로 존재한다. 도체 내부에 발생한 전하는 쿨롱의 힘에 의해 도체 표면까지 밀려나기 때문이다. 따라서 전하의 분포를 체적전하밀도로 해석하는 경우는 매우 제한적이며, 응용 사례도 찾아보기 힘들다. 그러나 아무리 균일한 표면전하분포를 가진 도체계라도 표면에 수직 방향으로 약간의 전하층이 생긴다고 생각하면 이 전하분포는 **체적전하밀도**(volume charge density) $\rho_v\,[\mathrm{C/m^3}]$로 정의할 수 있다. 즉 체적 $V\,[\mathrm{m^3}]$에 총 전하량 $Q\,[\mathrm{C}]$이 있고 미소체적 Δv에 들어 있는 미소전하량을 $\Delta Q\,[\mathrm{C}]$이라고 하면 다음과 같다.

$$\Delta Q=\rho_v\,\Delta v \tag{2.22}$$

이를 이용하여 체적전하밀도 ρ_v는 다음과 같이 정의한다.

$$\rho_v = \lim_{\Delta v \to 0} \frac{Q}{\Delta v} \tag{2.23}$$

또한 주어진 체적 내에서 균일하고 연속적인 전하분포를 생각하면 총 전하량 Q는

$$Q = \int_v \rho_v dv \tag{2.24}$$

이다. 따라서 체적전하밀도 ρ_v에 의한 전계는 다음과 같이 표현할 수 있다.[10]

★ 체적전하밀도 ρ_v에 의한 전계 ★

$$\mathbf{E} = \int_v \frac{\rho_v \mathbf{a}_R}{4\pi\epsilon_0 R^2} dv \tag{2.25}$$

예제 2-8

$0 \leq x \leq 2,\ 0 \leq y \leq 2,\ 0 \leq z \leq 2\,[\mathrm{m}]$로 이루어진 정육면체 내에 $\rho_v = 3\rho^2 z\,[\mathrm{C/m^3}]$의 체적전하가 분포되어 있다. 이때 정육면체 내의 총 전하량 Q를 구하라.

풀이

우선 체적전하밀도를 직각좌표계로 표현하면 $\rho = \sqrt{x^2 + y^2}$ 이므로

$$\rho_v = 3\rho^2 z = 3(x^2 + y^2)z$$

이다. 따라서 원통 내의 미소체적은 $dv = dxdydz$이므로 총 전하량 Q는 식 (2.24)의 $Q = \int_v \rho_v dv$로부터 다음과 같이 구할 수 있다.

$$Q = \int_v \rho_v dv = \int_0^2 \int_0^2 \int_0^2 3(x^2 + y^2) z dxdydz$$

$$= 3\left[\frac{x^3}{3}\right]_0^2 [y]_0^2 \left[\frac{z^2}{2}\right]_0^2 + 3[x]_0^2 \left[\frac{y^3}{3}\right]_0^2 \left[\frac{z^2}{2}\right]_0^2$$

$$= 64\,[\mathrm{C}]$$

10 점전하와 선전하, 면전하, 체적전하의 단위를 계산해보면 이 전하분포들의 상관관계에 대한 이해가 분명해진다. 즉 $Q = \rho_L L = = \rho_S S = \rho_v V$가 모두 [C] 단위를 가지게 된다.

SECTION
2.4 전기력선

전기력선은 전계를 나타내는 가상의 선이다. 전기력선을 이용하여 전계의 공간적 분포를 이해하고 전기력선의 방정식을 도출하여 전계를 표현해보자.

Keywords | 전기력선 | 전기력선의 방정식 |

점전하, 무한 선전하, 무한 면전하와 같이 매우 균일한 전하가 분포되어 있다면 주어진 위치에서 전계의 크기와 방향을 예측할 수 있다. 그러나 임의의 도체계에서 공학적으로 해석이 필요한 전계의 분포는 전하분포와 전계의 관계를 예측할 수 있다고 한정할 수 없는 경우가 많다. 실제 상황에서는 전극 표면에 발생하는 상처나 돌기 등으로 인해 전하의 분포는 매우 불균일하며, 항상 전계의 분포를 상상하기 쉬운 것은 아니다. 따라서 이러한 전계의 분포에 대한 많은 연구를 통해 전계를 예측할 수 있는 프로그램들도 많이 개발되어 사용되고 있다. 이 절에서는 이러한 전계분포를 가늠할 수 있는 전기력선을 간단히 소개하고 활용해보고자 한다.

전계의 방향이나 크기를 그려 놓은 가상의 선을 **전기력선**(electric streamline, line of electric force)이라고 한다. 따라서 전기력선의 방향은 전계의 방향과 같으며, 반드시 양(+)전하에서 시작해 음(−)전하에서 끝난다. [그림 2-9]는 전기력선의 한 예시를 나타낸 것이다.

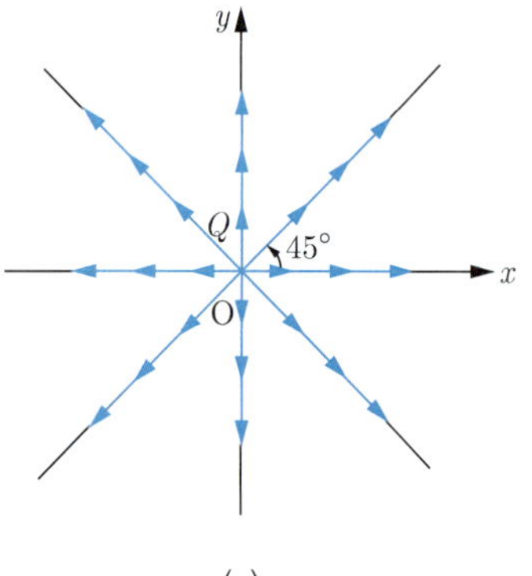

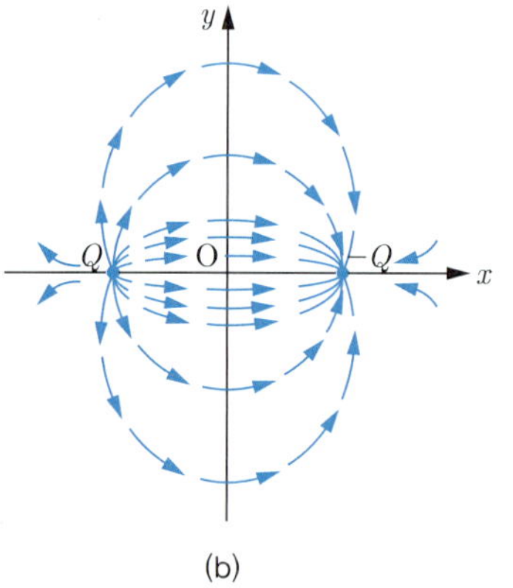

[그림 2-9] 전기력선의 예

한편 **전계의 세기는 단위면적당의 전기력선의 수로 정의한다.** 즉 주어진 전계분포에서 미소면적 ΔS 당 전기력선의 수가 ΔN 이라면 전계의 세기 E 는 다음과 같다.

$$E = \lim_{\Delta S \to 0} \frac{\Delta N}{\Delta S} \tag{2.26}$$

[그림 2-9(a)]는 중앙에 점전하 Q가 있을 때 주변의 전기력선을 나타낸다. 그림으로부터 전계는 방사상의 바깥 방향으로 향하며, 식 (2.26)에 의하면 점전하에 가까울수록 단위면적당 전기력선의 수가 많아지므로 전계가 강하다고 볼 수 있다. 또한 전계는 점전하로부터 떨어진 거리 r에만 의존하며, 방위각이 $\phi = 45°$씩 바뀌어도 전기력선의 분포는 동일하므로 방위각 대칭성이 성립한다고 볼 수 있다.

한편 전기력선을 표현할 때는 전기력선의 방정식을 이용하면 편리하다. [그림 2-10]과 같이 $z = 0$인 평면에 전계가 형성되어 있을 때 전계의 x 성분과 y 성분을 각각 E_x, E_y라고 하면 다음과 같은 관계가 성립한다. 이를 **전기력선의 방정식**이라고 한다.

★ 전기력선의 방정식 ★

$$\frac{E_y}{E_x} = \frac{\Delta y}{\Delta x} = \frac{dy}{dx} \tag{2.27}$$

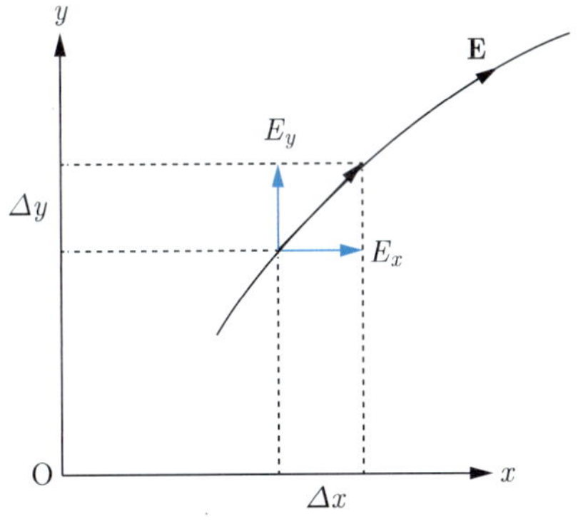

[그림 2-10] 전기력선의 방정식 개념도
전기력선의 방정식은 $E_y/E_x = dy/dx$의 관계를 해석하여 구한다.

예제 2-9

전계 $\mathbf{E} = \frac{x}{x^2+y^2}\mathbf{a}_x + \frac{y}{x^2+y^2}\mathbf{a}_y$가 점 $\mathrm{P}(1,\ 3,\ 3)\,[\mathrm{m}]$을 통과한다. 이때 전기력선의 방정식을 구하라.

풀이

주어진 전계에서 $E_x = \frac{x}{x^2+y^2}$, $E_y = \frac{y}{x^2+y^2}$이므로 식 (2.27)의 전기력선의 방정식은 다음과 같다.

$$\frac{E_y}{E_x} = \frac{dy}{dx} = \frac{y}{x} \quad \text{또는} \quad \frac{1}{y}dy = \frac{1}{x}dx$$

따라서

$$\ln y = \ln x + C_1 \quad 또는 \quad \ln y = \ln x + \ln C$$

가 되어 $y = Cx$가 된다. 전계가 점 P(1, 3, 3)을 통과하므로 이를 앞선 식에 대입하면 $C = 3$이다. 따라서 전기력선의 방정식은 다음과 같다.

$$y = 3x$$

예제 2-10

단위양전하로부터 발생하는 전기력선의 수를 계산하라.

풀이

점전하 Q로부터 거리 r만큼 떨어진 점의 전계의 세기 $E = \dfrac{Q}{4\pi\epsilon_0 r^2}$이며, 반지름이 r인 구 도체의 표면적 $S = 4\pi r^2$이다. 따라서 점전하 Q에서 발생하는 전기력선의 수 $N = ES = \dfrac{Q}{\epsilon_0}$ [개]이다. 단위양전하 $Q = 1$ [C]이므로 $\dfrac{1}{\epsilon_0}$ [개]의 전기력선이 발생한다.

SECTION 2.5

전속밀도와 가우스 법칙

이 절에서는 패러데이의 실험을 통해 전속과 전속밀도의 개념을 소개하고 가우스 법칙을 유도한다. 또한 가우스 법칙을 이용하여 각종 전하분포에서의 전속밀도와 전계를 구한다.

Keywords | 패러데이의 실험 | 전속 | 전속밀도 | 가우스 법칙 |

1 전속과 전속밀도

19세기 영국의 마이클 패러데이(Michael Faraday)는 [그림 2-11]과 같이 동심 구 도체 사이에 어떤 절연물을 삽입하고 내구에 전하량 Q [C]을 주었을 때 외구에 $-Q$ [C]이 유도된다는 사실을 알게 되었다. 또한 외구에는 내구의 전하량과 항상 크기가 같고 극성이 반대인 전하가 유도되며, 이는 두 구 도체 사이에 삽입한 절연물의 종류에 상관없이 일정하게 나타나는 현상임을 발견했다.

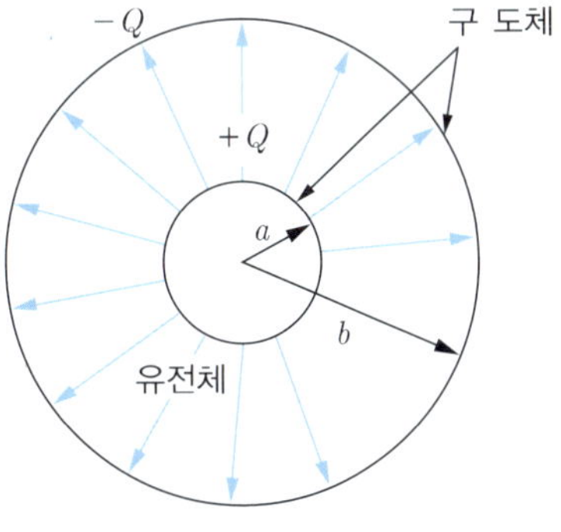

[그림 2-11] 패러데이의 실험
외구에는 내구의 전하량과 크기가 같고 극성이 반대인 전하가 유도된다.

한편 절연체는 전기가 통하지 않는 물질로, 통상의 사용전압 조건에서는 절연체에 전하가 발생하지 않음에도 이러한 현상이 발생한다. 이는 내구에서 외구로 어떤 전기적 물리량의 위치변화, 즉 **전기적 변위**(electric displacement)가 있음을 의미하는 것으로, **전속**(electric flux)이라고 한다. 패러데이의 실험 결과 전속은 전하량만큼 발생하여 어떤 면을 통과하므로 전속 Ψ [C]은 다음과 같다.

★ 전속 ★

$$\Psi = Q \tag{2.28}$$

전속은 동심 구 도체에서만 발생하는 현상이 아니다. 지금까지 공부해 온 평행평판 도체, 평행한 왕복 도체 등 두 도체 사이에 전기가 통하지 않는 절연체(자유공간)가 삽입된 도체계에서 항상 발생하는 중요한 현상이다.[11]

한편 반지름이 a 인 구 도체의 모든 표면에 전하가 균일하게 분포되어 있다면 전속도 내구의 모든 표면을 통해 균일하게 발생한다. 따라서 전속의 면적밀도를 **전속밀도**(electric flux density)라고 정의하면 내구 및 외구 표면에서의 전속밀도 D는 각각 다음과 같다.

$$\mathbf{D} = \frac{Q}{4\pi a^2}\mathbf{a}_r \quad (r = a)$$

$$\mathbf{D} = \frac{Q}{4\pi b^2}\mathbf{a}_r \quad (r = b)$$

따라서 매우 작은 구 도체에 점전하 Q가 분포할 때 거리 r만큼 떨어진 곳에서의 전속밀도는 Q[개]의 전속선이 $4\pi r^2$인 구 표면을 통과하게 되므로 다음과 같다.

$$\mathbf{D} = \frac{Q}{4\pi r^2}\mathbf{a}_r \tag{2.29}$$

이때 점전하 Q에 의한 전계의 세기가

$$\mathbf{E} = \frac{Q}{4\pi\epsilon_0 r^2}\mathbf{a}_r$$

이므로 자유공간에서 다음과 같은 중요한 관계가 성립한다.

★ 전계와 전속밀도의 관계 ★

$$\mathbf{D} = \epsilon_0\mathbf{E} \tag{2.30}$$

이 관계를 이용하여 선전하밀도와 표면전하밀도에 의한 전속밀도를 표현하면 다음과 같다. 결국 전계와 전속밀도는 그 크기에 있어 차이가 있을 뿐 방향과 변수 의존성 등 성질이 동일하다.

$$\mathbf{D} = \frac{\rho_L}{2\pi\rho}\mathbf{a}_\rho \tag{2.31}$$

$$\mathbf{D} = \frac{\rho_S}{2}\mathbf{a}_N \tag{2.32}$$

11 패러데이의 실험에서 사용된 동심 구 도체를 비롯해 평행평판 콘덴서, 평행한 왕복 도체, 그리고 앞으로 배우게 될 동축케이블 등이 모두 도체-절연체-도체 구조이다. 이를 커패시터(콘덴서)라고 하며, 전기절연의 관점에서는 절연계라고 부르기도 한다.

예제 2-11

다음과 같은 전하분포에 대해 $\rho = 2\,[\mathrm{m}]$, $0 < \phi < 2\pi$, $-5 < z < 5\,[\mathrm{m}]$인 원통의 표면을 통과하는 총 전속을 구하라.

(a) y축에 분포하는 $\rho_L = 3y^2\,[\mathrm{C/m}]$의 선전하

(b) $z = 0$인 평면에 분포하는 $\rho_S = \dfrac{1}{2}\rho\,[\mathrm{C/m^2}]$의 면전하

풀이

(a) 주어진 범위의 원통을 통과하는 총 전속은 그 원통 내부의 총 전하량과 같다. 따라서 식 (2.12)에서 $Q = \int_L \rho_L dL$이므로 원통 내에 존재하는 전하량은 다음과 같이 계산한다.

$$\Psi = Q = \int \rho_L dL = \int_{-2}^{2} 3y^2 dy = 3\left[\frac{y^3}{3}\right]_{-2}^{2} = 16\,[\mathrm{C}]$$

(b) 면전하밀도에 대한 총 전하량을 구하려면 식 (2.18)의 $Q = \int_S \rho_S dS$ 관계를 이용하면 된다. $z = 0$인 평면에서의 미소면적 $dS = \rho d\rho d\phi$이므로 전속은 다음과 같다.

$$\Psi = \int \rho_S dS = \int_0^{2\pi}\int_0^2 \frac{\rho}{2}\rho d\rho d\phi = \frac{1}{2}\cdot\left[\frac{\rho^3}{3}\right]_0^2 [\phi]_0^{2\pi} = 8.37\,[\mathrm{C}]$$

예제 2-12

다음의 경우에 대해 점 $\mathrm{P}(4, -3, 2)\,[\mathrm{m}]$에서의 전속밀도를 구하라.

(a) 점 $\mathrm{P}'(1, 1, 1)\,[\mathrm{m}]$에 분포하는 $Q = 500\pi\,[\mathrm{C}]$의 점전하

(b) z축에 균일하게 분포하는 $30\,[\mathrm{nC/m}]$의 무한 선전하

(c) 점 $\mathrm{P}'(3, 0, 0)\,[\mathrm{m}]$를 통과하며, yz 평면에 평행한 $30\,[\mathrm{nC/m^2}]$의 무한 면전하

풀이

(a) 전원점에서 전계점으로 향하는 벡터 $\mathbf{R}$과 단위벡터 $\mathbf{a}_R$은 다음과 같다.

$$\mathbf{R} = 3\mathbf{a}_x - 4\mathbf{a}_y + \mathbf{a}_z, \quad \mathbf{a}_R = \frac{3}{5.1}\mathbf{a}_x - \frac{4}{5.1}\mathbf{a}_y + \frac{1}{5.1}\mathbf{a}_z$$

따라서 전속밀도는 다음과 같다.

$$\mathbf{D} = \frac{Q}{4\pi R^2}\mathbf{a}_R = \frac{500\pi}{4\pi\times(5.1)^2}\left(\frac{3}{5.1}\mathbf{a}_x - \frac{4}{5.1}\mathbf{a}_y + \frac{1}{5.1}\mathbf{a}_z\right)$$

$$= 2.8\mathbf{a}_x - 3.8\mathbf{a}_y + 0.9\mathbf{a}_z\,[\mathrm{C/m^2}]$$

(b) 전하가 z축에 존재하므로 전원점은 $x=y=0$이며, 수직거리가 되려면 z의 값이 점 $\mathrm{P}(4, -3, 2)$의 z값과 같아야 한다. 따라서 전원점은 $\mathrm{P}'(0, 0, 2)$이므로 수직거리를 $\mathbf{R}$이라고 하면

$$\mathrm{R} = (4-0)\mathbf{a}_x + (-3-0)\mathbf{a}_y + (2-2)\mathbf{a}_z = 4\mathbf{a}_x - 3\mathbf{a}_y$$

이다. 따라서 전속밀도는 다음과 같다.

$$\begin{aligned}\mathrm{D} &= \frac{\rho_L}{2\pi\rho}\mathbf{a}_\rho = \frac{\rho_L}{2\pi R}\mathbf{a}_R = \frac{30\times 10^{-9}}{2\pi\times 5}\left(\frac{4}{5}\mathbf{a}_x - \frac{3}{5}\mathbf{a}_y\right) \\ &= 0.76\mathbf{a}_x - 0.57\mathbf{a}_y\,[\mathrm{nC/m^2}]\end{aligned}$$

(c) yz 평면에 수직인 법선 단위벡터는 $\pm\mathbf{a}_x$로, 전하점은 $x=3$이고 전계점은 $x=4$이므로 x가 증가하는 방향이다. 따라서 법선 단위벡터는 $\mathbf{a}_x$가 되므로 전속밀도는 다음과 같다.

$$\mathrm{D} = \frac{\rho_S}{2}\mathbf{a}_N = \frac{30\times 10^{-9}}{2}\mathbf{a}_x = 15\mathbf{a}_x\,[\mathrm{nC/m^2}]$$

2 가우스 법칙

패러데이의 실험 결과를 통해 어떤 도체에 분포되어 있는 $Q\,[\mathrm{C}]$의 전하가 주위의 도체에 $-Q\,[\mathrm{C}]$의 전하를 유도할 수 있으며, $Q\,[\mathrm{C}]$의 전하로부터 전속 Ψ가 발생함을 알았다. 이는 두 도체 사이에 존재하는 절연체의 종류와 도체의 형상과 관계없이 항상 일정하게 발생하는 현상으로, 만약 두 도체 사이에 임의의 닫힌 면(closed surface)이 있다고 가정하면 도체에 존재하는 $Q\,[\mathrm{C}]$의 전하로부터 이 닫힌 면의 넓이나 모양에 상관없이 $\Psi = Q$만큼의 전속이 이 면을 통과하여 인접한 도체로 향할 것이다. 이는 "**어떤 닫힌 면[12]을 통과하는 전속은 그 닫힌 면 안에 존재하는 총 전하량과 같다**"는 의미로, 유명한 **가우스 법칙**(Gauss's Law)의 정의이다.

이제 어떤 닫힌 면 내부의 전하량 $Q\,[\mathrm{C}]$에 의한 표면에서의 전속밀도를 생각해보자. [그림 2-12]와 같이 주어진 전하분포에 의해 표면의 한 점 P에는 전속밀도가 발생할 것이다. 이때 넓은 곡면에서의 한 점 P를 중심으로 미소면적 $\Delta\mathrm{S}$를 통과하는 전속을 $\Delta\Psi$라 하고 $\Delta\mathrm{S}$에서의 전속밀도를 D_S라고 하자. 전속밀도 D_S와 면벡터 $\Delta\mathrm{S}$ 사이의 내적을 구하기 위해 D_S를 $\Delta\mathrm{S}$에 대해 수직(법선) 방향의 성분 $D_{S\,nor}$와 접선 방향의 성분 $D_{S\,tan}$으로 나누어 생각하면 D_S와 $\Delta\mathrm{S}$의 내적은 다음과 같다.

$$\mathrm{D}_S\cdot\Delta\mathrm{S} = (\mathrm{D}_{S\,nor} + \mathrm{D}_{S\,tan})\cdot\Delta\mathrm{S}$$

12 닫힌 면은 주어진 공간을 완전히 내포하고 있으며, 경계가 없는 유한한 면이다. 따라서 닫힌 면은 항상 임의의 체적을 둘러싸고 있다.

이때 [그림 2-12]에 표현된 바와 같이 접선성분은 $\Delta\mathbf{S}$와 수직이므로 $\mathbf{D}_{S\,tan} \cdot \Delta\mathbf{S} = 0$이며, $\Delta\mathbf{S}$를 통과하는 전속 $\Delta\Psi$는 $\mathbf{D}_S$의 수직성분만 유효하므로 이를 정리하면 다음과 같다.

$$\Delta\Psi = D_{S\,normal}\,\Delta S = D_S \cos\theta\,\Delta S = \mathbf{D}_S \cdot \Delta\mathbf{S}$$

이제 닫힌 면을 통과하는 모든 전속을 고려하면 전속 Ψ는

$$\Psi = \int d\Psi = \oint \mathbf{D}_S \cdot d\mathbf{S}$$

가 된다. 이때 전속 Ψ는 닫힌 면 내에 존재하는 총 전하량 Q와 같으므로 다음과 같은 결과를 얻는다.

★ 가우스 법칙 ★

$$\oint_S \mathbf{D} \cdot d\mathbf{S} = Q \tag{2.33}$$

어떤 닫힌 면을 통과하는 전속은 그 닫힌 면 내에 존재하는 총 전하량과 같다.

이때 적분은 닫힌 면에서 수행되어야 하며, 전하 Q는 전하분포에 따라 다음과 같이 정의된다.

$$Q = \sum Q_i = \int \rho_L dL = \int \rho_S\,dS = \int \rho_v\,dv$$

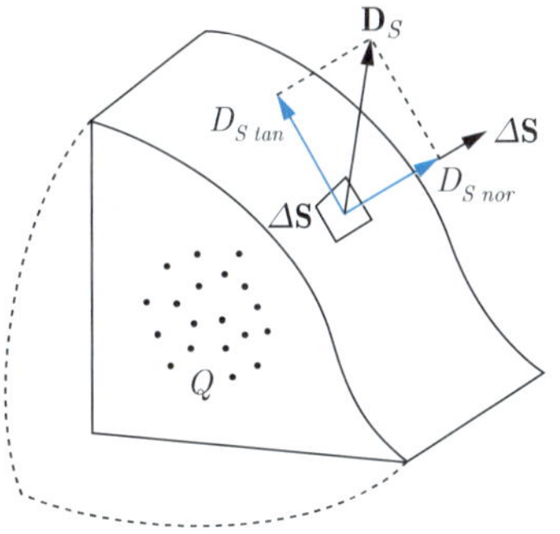

[그림 2-12] 닫힌 면 내의 전하 Q에 의한 전속 및 전속밀도의 발생

이제 가우스 법칙을 이용하여 전하량을 구할 수 있는 예로 [그림 2-13]과 같이 z축에서 직각거리 ρ만큼 떨어진 곳의 전속밀도 $\mathbf{D} = \dfrac{\rho_L}{2\pi\rho}\mathbf{a}_\rho$일 때 이 전속밀도의 원인이 되는 z축에서의 전하분포를 구해보자. 우선 반지름이 ρ이고 길이가 L인 매우 긴 원통에 가우스 법칙을 적용해보자. 가우스 법칙에서 적분은 반드시 닫힌 면에서 수행되어야 하며, 원통은 윗면과 아랫면, 측면으로 이루어지므로 가우스 법칙의 좌변은 세 면에 대한 적분으로 다음과 같이 나타낸다.

$$\oint \mathbf{D} \cdot d\mathbf{S} = \int_{\text{측면}} + \int_{\text{윗면}} + \int_{\text{아랫면}}$$

그러나 윗면과 아랫면에서 전속밀도는 $\mathbf{a}_\rho$ 방향이지만 면벡터는 각각 $\mathbf{a}_z$와 $-\mathbf{a}_z$ 방향이므로 이들의 내적은 0이 된다. 따라서 측면에 대한 적분만 수행하면 된다. 원통 측면의 미소면적은 $d\phi$ 증분에 의한 길이 $\rho d\phi$와 z 방향으로의 증분 dz의 곱, 즉 $d\mathbf{S} = \rho d\phi dz\, \mathbf{a}_\rho$이다. 따라서 가우스 법칙을 이용하여 원통 내의 총 전하량을 구하면 다음과 같다.

$$\oint \mathbf{D} \cdot d\mathbf{S} = \oint \frac{\rho_L}{2\pi\rho}\mathbf{a}_\rho \cdot \rho d\phi dz \mathbf{a}_\rho = \frac{\rho_L}{2\pi}\int_0^L \int_0^{2\pi} d\phi dz = \rho_L L$$

한편 이 결과는 원통 내의 총 전하량 Q와 같으므로 식 (2.12)의 $Q = \int_L \rho_L dL = \rho_L L$에 의해 z축에 ρ_L $[\mathrm{C/m^2}]$의 선전하가 분포되어 있음을 알 수 있다. 이처럼 **가우스 법칙은 임의의 전계 및 전속밀도의 원인이 되는 전하를 구하는 데 활용할 수 있다.**

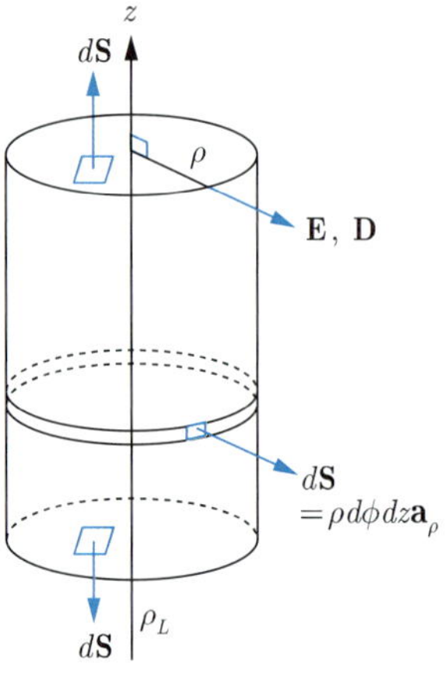

[그림 2-13] 선전하분포에 의한 원통면에서의 전계 및 전속밀도

예제 2-13

원점에서 r [m] 떨어진 곳의 전속밀도 $\mathbf{D} = \frac{Q}{r^2}\mathbf{a}_r$이다. 가우스 법칙을 이용하여 원점에 있는 전하를 구하라.

풀이

구 표면의 한 점에서의 전속밀도 $\mathbf{D} = \frac{Q}{r^2}\mathbf{a}_r$이고 구 표면의 미소면적 $d\mathbf{S} = r^2 \sin\theta\, d\theta d\phi \mathbf{a}_r$이므로 가우스 법칙을 이용하여 계산하면 다음과 같다.

$$\oint \mathbf{D} \cdot d\mathbf{S} = \int \frac{Q}{r^2}\mathbf{a}_r \cdot r^2 \sin\theta\, d\theta d\phi \mathbf{a}_r = Q\int_{\phi=0}^{2\pi}\int_{\theta=0}^{\pi} \sin\theta d\theta d\phi$$ [13]

$$= Q[-\cos\theta]_0^\pi \cdot [\phi]_0^{2\pi} = 4\pi Q\,[\mathrm{C}]$$

13 구좌표계에서 변수 ϕ의 범위는 $0 \le \phi \le 2\pi$이지만 변수 θ의 범위는 $0 \le \theta \le \pi$가 됨을 유의해야 한다.

SECTION 2.6

가우스 법칙의 응용

이 절에서는 가우스 법칙을 이용하여 점전하, 선전하밀도 및 면전하밀도가 분포되어 있는 각 도체의 전계와 전속밀도를 구하는 방법을 공부해보자.

Keywords | 가우스 법칙 | 가우스 면 | 동축케이블 | 동심 구 도체 |

1 가우스 법칙과 전속밀도

지금까지 가우스 법칙은 전계 및 전속밀도를 알고 있을 때 이들의 원인이 되는 전하량을 구하는 데 활용되었다. 이제 이와는 반대로 주어진 전하분포를 이용하여 전계 및 전속밀도를 구하는 경우를 생각해보자. 즉 가우스 법칙 $\oint \mathbf{D} \cdot d\mathbf{S} = Q$에서 미지수인 전속밀도 $\mathbf{D}$를 구해보자. 이는 $\mathbf{D}$가 적분기호 내에 있고 가우스 면 $d\mathbf{S}$와 내적 연산의 관계에 있어 해를 구하기가 매우 어려워 보이지만 적절한 $d\mathbf{S}$를 선택하면 쉽게 해결할 수 있다. 우선 가우스 법칙에서 $\mathbf{D}$와 $d\mathbf{S}$의 내적 관계를 풀어 정리하면 다음과 같다.

$$\oint \mathbf{D} \cdot d\mathbf{S} = \oint D\,dS\cos\theta = Q$$

이때 다음의 두 가지 질문을 고려하여 적절한 가우스면 $d\mathbf{S}$를 선택해야 한다.

❶ **주어진 전하분포로부터 전계와 전속밀도는 어느 방향으로 발생하는가?**

❷ **이 전계와 전속밀도는 어떤 변수의 함수인가?**

만약 전속밀도의 방향을 알고 있다면 이와 같은 방향 또는 수직 방향의 $d\mathbf{S}$를 선택하면 된다.[14] 그러면 $\cos\theta = 1$ 혹은 0이 될 수 있다.[15] 만약 $\cos\theta = 0$이면 그 항은 0이 되지만 $\cos\theta = 1$이면 앞선 식은 다음과 같이 간단해진다.

$$\oint \mathbf{D} \cdot d\mathbf{S} = \oint D\,dS$$

또한 두 번째 질문에 대한 고찰의 결과로 선택한 $d\mathbf{S}$에서 $\mathbf{D}$가 항상 일정하다면

---

14 가우스 법칙의 적분은 반드시 닫힌 면에서 수행되어야 하며, 만약 선택한 가우스 면이 원통이거나 육면체라면 예상되는 전속밀도와 같은 방향의 면과 수직인 면이 같이 있을 수 있다.

15 만약 $\cos\theta = 1$, 즉 $\theta = 0$이라면 주어진 전하분포로부터 예상되는 전속밀도의 방향과 같은 방향의 $d\mathbf{S}$를 선택한다는 뜻이며, $\cos\theta = 0$, 즉 $\theta = \frac{\pi}{2}$라면 예상되는 전속밀도의 방향에 수직인 $d\mathbf{S}$를 선택한다는 뜻이다. 가우스 면 $d\mathbf{S}$는 주어진 전하분포로부터 전속밀도의 방향을 쿨롱의 법칙에서 예상하여 선택하면 된다.

$$\oint \mathbf{D} \cdot d\mathbf{S} = \oint D dS = D \oint dS = Q$$

가 되므로 구하고자 하는 전속밀도는 다음과 같이 계산할 수 있다.

$$D = \frac{Q}{\oint dS}$$

결국 이 문제의 관건은 미지수 D에 대해 $\cos\theta = 1$ 또는 0이 될 수 있는 미소면적, 즉 '가우스 면 $d\mathbf{S}$를 어떻게 선택하느냐'에 있다. 이는 **주어진 전하분포에 의한 D의 방향과 성질(변수 의존성)을 쿨롱의 법칙으로부터 예상함으로써 해결**된다.[16]

2 점전하

이제부터 가우스 법칙을 이용하여 각종 전하분포에서의 전계 및 전속밀도를 구해보자. 우선 우리에게 가장 친숙한 점전하에 의한 전속밀도 또는 전계를 구해보자. 원점에 점전하 Q가 있을 때의 전계 및 전속밀도의 결과는 이미 잘 알고 있지만 가우스 법칙의 응용에 대한 숙련을 위해 앞서 설명한 대로 문제에 접근해보자.

먼저 점전하 Q에 의한 전속밀도는 쿨롱의 법칙으로부터 방사상 방향, 즉 $\mathbf{a}_r$ 방향이며, 전속밀도의 크기는 θ와 ϕ가 변화하여도 Q로부터의 거리 r만 일정하면 항상 일정하다. 즉 전계와 전속밀도는 r만의 함수이므로 **가우스 면 $d\mathbf{S}$는 r이 일정한 구의 표면이 적합할 것이다.** 이는 [그림 2-14]와 같이 구의 표면의 방향이 $\mathbf{a}_r$ 방향이며, 반경 r이 일정한 구의 모든 점에서 전속밀도가 일정하기 때문이다.[17] 구 표면상의 미소면적 $d\mathbf{S} = r^2 \sin\theta\, d\theta d\phi \mathbf{a}_r$이며, D는 $\mathbf{a}_r$ 방향, 즉 D_r 성분만을 가지므로 가우스 법칙의 좌변은 다음과 같이 계산한다.

$$\oint \mathbf{D} \cdot d\mathbf{S} = \oint D_r \mathbf{a}_r \cdot r^2 \sin\theta\, d\theta d\phi \mathbf{a}_r = \oint D_r r^2 \sin\theta\, d\theta d\phi$$

D_r은 r만의 함수로, 변수 θ와 ϕ에 의존하지 않으므로

$$\oint \mathbf{D} \cdot d\mathbf{S} = D_r \oint r^2 \sin\theta\, d\theta d\phi = D_r \int_0^{2\pi} \int_0^{\pi} r^2 \sin\theta\, d\theta d\phi = 4\pi r^2 D_r$$

이 된다. 이는 가우스 법칙에 의해 가우스 면(r이 일정한 구면) 내에 있는 총 전하량과 같으며, 전하는 원점에 점전하 Q[C]이 있으므로 다음과 같다.

---

16 D의 크기가 일정한 $d\mathbf{S}$를 선택할 때는 주어진 전하분포로부터 구하고자 하는 전속밀도 D가 어떤 변수의 함수인지를 고찰함으로써 쉽게 해결할 수 있다.

17 만약 가우스 면으로 반경 r이 일정하지 않은 면을 선택하면 변수 θ 또는 ϕ의 변화, 즉 위치에 따라 전속밀도의 크기가 달라짐에 유의해야 한다.

$$4\pi r^2 D_r = Q$$

따라서 구하고자 하는 전속밀도와 전계는 다음과 같다.

$$\mathbf{D} = \frac{Q}{4\pi r^2}\mathbf{a}_r \quad \text{또는} \quad \mathbf{E} = \frac{Q}{4\pi\epsilon_0 r^2}\mathbf{a}_r$$

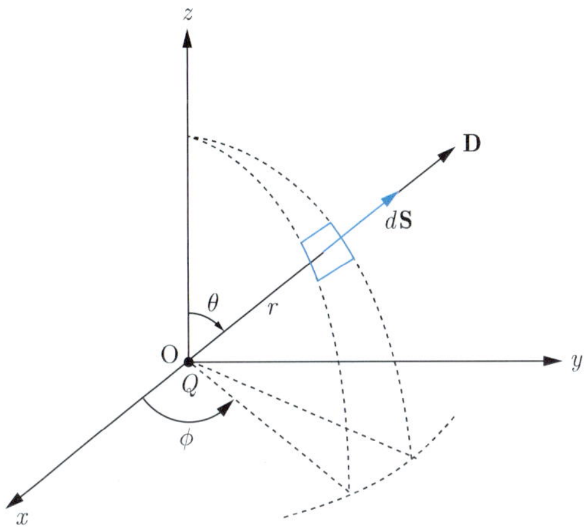

[그림 2-14] 점전하에 의한 전계와 전속밀도를 구하기 위한 가우스 법칙의 응용 예

3 무한 선전하

다음으로 z축에 균일하게 분포하는 ρ_L[C/m]의 무한 선전하에 의한 전계 및 전속밀도를 가우스 법칙을 이용하여 구해보자. 이 문제는 이미 쿨롱의 법칙을 이용하여 매우 복잡한 계산 과정을 거쳐 해결한 바 있다(2.3절 참고). 그러나 가우스 법칙을 이용하면 몇 가지의 고찰을 통해 적절한 가우스 면 $d\mathbf{S}$만 선택하여 간단하게 결과를 얻을 수 있다.

가우스 면을 선택하려면 우선 대칭성에 대한 고찰, 즉 '**전속밀도는 어떤 성분을 가지며, 그 성분은 어떤 변수의 함수인가**?'에 대한 고찰이 선행되어야 한다. 무한 선전하는 이미 쿨롱의 법칙에서 고찰해 본 바와 같이 전계의 세기나 전속밀도가 D_ρ 성분만을 가지며, 전계는 변수 z 및 ϕ의 변화에 무관함을 알고 있다. 즉 z축 및 ϕ 방향의 방위각 대칭성이 성립하여 D_ρ 성분 역시 ρ만의 함수임을 알 수 있으므로 전속밀도는 다음과 같다.

$$\mathbf{D} = D_\rho(\rho)\mathbf{a}_\rho$$

따라서 **가우스 면은 반경이 ρ로 일정한 원통을 선택하면 된다.**[18] 만약 가우스 면을 [그림 2-15(b)]

---

18 만약 가우스 면으로 반경이 일정한 면을 선택하지 않으면 변수 ϕ의 변화에 따라 전속밀도의 크기가 달라짐을 유의해야 한다.

와 같이 선택하면 ρ_A와 ρ_B의 길이가 달라지므로 변수 ϕ의 위치에 따라 전속밀도의 크기가 달라진다. 즉 전속밀도 및 전계는 변수 ϕ의 함수가 되어 다음으로 논의할 적분이 불가능해진다. 또한 **가우스 법칙에서의 선적분은 닫힌 면에 대한 적분으로, 선택한 원통은 윗면과 아랫면, 원통의 측면으로 이루어진다.** 따라서 가우스 법칙의 좌변은 세 면에 대한 적분으로 다음과 같이 나타낸다.

$$\oint \mathbf{D} \cdot d\mathbf{S} = \int_{\text{측면}} + \int_{\text{윗면}} + \int_{\text{아랫면}}$$

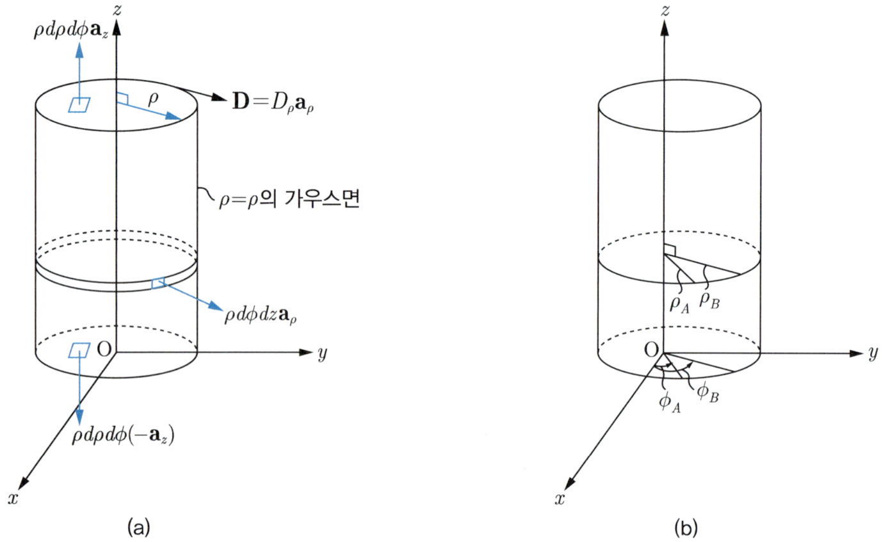

[그림 2-15] 무한 선전하분포에서 가우스 면으로 선택된 원통 (a)와 방위각 대칭이 되지 않는 가우스 원통 (b)

[그림 2-15]의 윗면과 아랫면에서 면벡터의 방향은 각각 $\mathbf{a}_z$와 $-\mathbf{a}_z$이므로 $\mathbf{a}_\rho$ 방향인 전속밀도와의 내적은 0이 된다. 따라서 측면에 대한 적분만을 수행하면 되며, 측면에서의 미소면적은 $d\mathbf{S} = \rho d\phi dz \mathbf{a}_\rho$이므로

$$\oint \mathbf{D} \cdot d\mathbf{S} = \int D_\rho \mathbf{a}_\rho \cdot \rho d\phi dz\, \mathbf{a}_\rho = D_\rho \int_0^L \int_0^{2\pi} \rho d\phi dz = 2\pi\rho L D_\rho$$

가 된다. 가우스 법칙에 의해 이 결과는 선택한 가우스 면 내의 전하량 Q와 같으므로 다음과 같이 나타낼 수 있다.

$$D_\rho = \frac{Q}{2\pi\rho L}$$

한편 선전하밀도 ρ_L과 총 전하량 Q의 관계, 즉 $Q = \rho_L L$을 이 식에 대입하면 전속밀도와 전계는 다음과 같다.

$$\mathbf{D} = \frac{\rho_L}{2\pi\rho}\mathbf{a}_\rho \quad \text{또는} \quad \mathbf{E} = \frac{\rho_L}{2\pi\epsilon_0\rho}\mathbf{a}_\rho$$

4 무한 면전하

다음으로 yz 평면에 균일하게 분포하고 있는 $\rho_S\,[\mathrm{C/m^2}]$의 무한 면전하에 의한 전계 및 전속밀도를 가우스 법칙을 이용하여 구해보자. 이때 전속밀도 및 전계는 전하가 존재하는 평면에 수직인 $\mathbf{a}_x$ 방향이며, 가우스 법칙의 선적분은 닫힌 면에 대해 수행되어야 하므로 가우스 면 $d\mathrm{S}$는 [그림 2-16]과 같이 $\mathbf{a}_x$ 방향의 면을 포함한 육면체를 선택해 다음과 같이 적용한다.

$$\oint \mathrm{D}\cdot d\mathrm{S} = \int_{\text{앞면}} + \int_{\text{뒷면}} + \int_{\text{좌면}} + \int_{\text{우면}} + \int_{\text{윗면}} + \int_{\text{아랫면}}$$

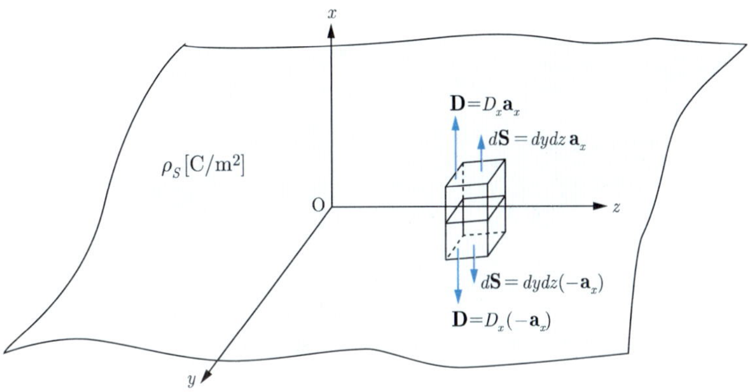

[그림 2-16] 무한 면전하분포의 경우 가우스 면으로 선택된 육면체

전계의 방향은 전하가 분포하고 있는 yz 평면에 수직이므로 윗면과 아랫면을 제외한 나머지 면에서는 $\mathrm{D}\cdot d\mathrm{S}=0$이 된다. 따라서 가우스 법칙의 좌변은

$$\oint \mathrm{D}\cdot d\mathrm{S} = \int_{\text{윗면}} D_x\mathbf{a}_x\cdot dydz\mathbf{a}_x + \int_{\text{아랫면}} D_x(-\mathbf{a}_x)\cdot dydz(-\mathbf{a}_x)$$

가 되며, 선택한 가우스 면의 면적을 S, 즉 $\int_S dydz = S$라고 하면

$$\oint \mathrm{D}\cdot d\mathrm{S} = D_x\left[\int_{\text{윗면}} dydz + \int_{\text{아랫면}} dydz\right] = 2D_xS = Q = \rho_S S$$

가 된다. 따라서 구하고자 하는 전속밀도 및 전계는 다음과 같다.

$$\mathrm{D} = \frac{\rho_S}{2}\mathbf{a}_x \quad \text{또는} \quad \mathrm{E} = \frac{\rho_S}{2\epsilon_0}\mathbf{a}_x$$

5 동축케이블

가장 많이 사용하는 도체 중 하나인 **동축케이블**(coaxial cable)에 가우스 법칙을 적용하여 전계를 구해보자. 동축케이블은 [그림 2-17]과 같이 반지름이 각각 a, b이고 길이가 L로 매우 긴 내·외부 도체가 같은 축을 가지는 도체계로, 두 도체 사이는 공기로 절연되어 있다. 내·외부 도체에 각각 $\rho_{S\,in}$ 및 $-\rho_{S\,out}$의 표면전하가 분포된 동축케이블의 위치별 전속밀도를 구해보자.[19]

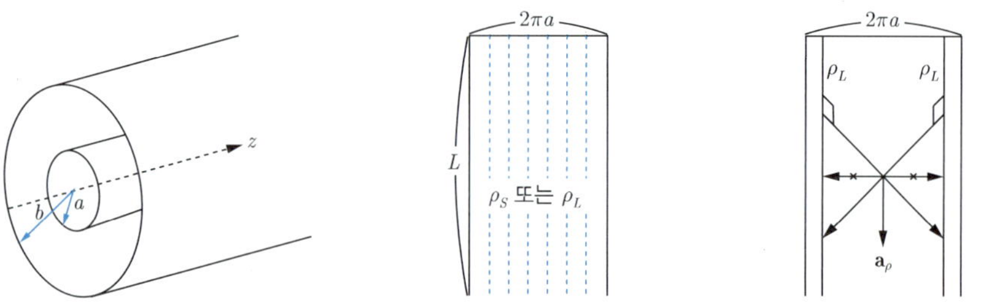

(a) 동축케이블　　(b) 내부 도체의 전하분포　　(c) 두 무한 선전하에 의한 전계

[그림 2-17] 동축케이블과 $\rho = a$인 내부 도체의 전하분포
동축케이블은 대칭성을 고려하면 매우 긴 선전하분포에 의한 전계와 같다.

❶ $a < \rho < b$

전하가 분포된 $\rho = a$의 한 점에서 z축을 따라 동축케이블을 잘라서 펼쳐 보면 내부 도체는 [그림 2-17(b)]와 같이 가로는 $2\pi a$, 세로는 매우 긴 길이 L의 도체가 된다. 만약 전속밀도를 구하는 점 ρ까지의 거리에 비해 $2\pi a$가 매우 작다고 가정하거나 [그림 2-17(c)]와 같이 ρ_S의 전하분포를 매우 많은 ρ_L의 분포로 나눈 후 각 선전하가 한 점의 전속밀도의 형성에 기여하는 부분을 고찰해보면 이 전하분포에 의한 전계는 무한 선전하의 문제와 동일하다는 사실을 쉽게 알 수 있다. 즉 전속밀도는 무한 선전하에 의한 전속밀도와 같이 D_ρ 성분만을 가지며, ρ만의 함수이므로 다음과 같이 표현한다.

$$\mathbf{D} = D_\rho(\rho)\mathbf{a}_\rho$$

따라서 **가우스 면은 내부 도체와 외부 도체 사이의 한 점을 중심으로 반경이 ρ로 일정한 직원통을 선택하면 된다.** 원통의 윗면과 아랫면에서는 전속밀도와 면벡터의 방향이 서로 수직하여 $\mathbf{D} \cdot d\mathbf{S} = 0$이 되므로 측면에 대한 계산 결과만 고려한다.

$$\oint \mathbf{D} \cdot d\mathbf{S} = \int D_\rho \mathbf{a}_\rho \cdot \rho d\phi dz\,\mathbf{a}_\rho = D_\rho \int_0^L \int_0^{2\pi} \rho d\phi dz = 2\pi\rho L D_\rho$$

---

19 평행평판 전극계는 두 전극의 면적이 같으므로 전극에 분포된 전하를 면적으로 나누면 두 전극에는 각각 ρ_S와 $-\rho_S$ [C/m^2]의 표면전하밀도가 축적된다고 할 수 있다. 그러나 동축케이블과 동심 구 도체는 두 도체의 면적이 다르므로 표면전하밀도를 $\rho_{S\,in}$과 $\rho_{S\,out}$로 구분해야 한다. 내부 도체의 총 전하량 Q에 의해 외부 도체에 크기가 같고 부호가 다른 전하량 $-Q$가 유도되는 것이지, 같은 크기의 전하밀도가 유도되는 것은 아니다.

이 결과는 가우스 면 내의 총 전하량과 같고 전하는 $\rho = a$의 내부 도체 표면에 존재하므로 전하량 Q는

$$Q = \int \rho_S \, dS = \int_{z=0}^{z=L} \int_{\phi=0}^{\phi=2\pi} \rho_S \, a d\phi dz = 2\pi a L \rho_S$$

가 된다. 따라서 앞선 두 식으로부터 구하고자 하는 전속밀도와 전계는 다음과 같다.

$$\mathbf{D} = \frac{a\rho_S}{\rho}\mathbf{a}_\rho \tag{2.34}$$

$$\mathbf{E} = \frac{a\rho_S}{\epsilon_0 \rho}\mathbf{a}_\rho \tag{2.35}$$

이 결과는 다소 생소해 보이지만 표면전하밀도 ρ_S와 선전하밀도 ρ_L 사이의 관계 $\rho_S = \dfrac{\rho_L}{2\pi a}$을 이용하여 다시 표현하면 다음과 같다.

$$\mathbf{D} = \frac{\rho_L}{2\pi\rho}\mathbf{a}_\rho \quad \text{또는} \quad \mathbf{E} = \frac{\rho_L}{2\pi\epsilon_0\rho}\mathbf{a}_\rho$$

❷ $\rho < a$

[그림 2-18]과 같이 반지름이 $\rho = \rho \, (\rho < a)$로 일정한 원통을 가우스 면으로 선택하면 된다. 내부 도체의 내부에는 전하가 없으므로 전계는

$$\oint \mathbf{D} \cdot d\mathbf{S} = 2\pi\rho L D_\rho = Q = 0$$

이 된다. 따라서 좌변의 계산 결과에 관계없이 $\mathbf{D} = 0$이 되며, 전계의 세기도 $\mathbf{E} = 0$이 된다.

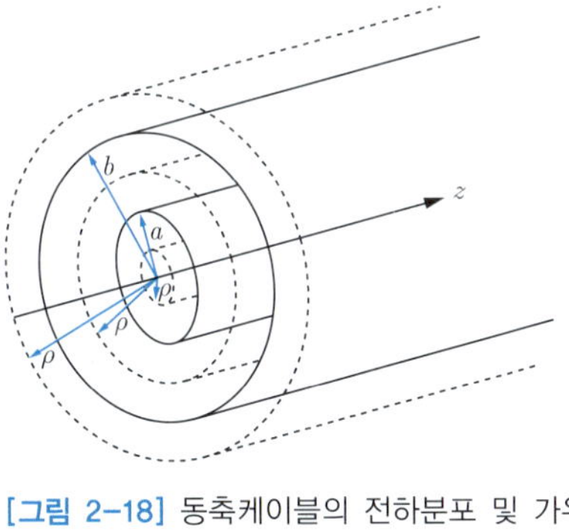

[그림 2-18] 동축케이블의 전하분포 및 가우스 면의 선택
그림에서 점선은 각각의 위치에서 선택된 가우스 면이다.

❸ $\rho > b$

외부 도체의 바깥에서의 전속밀도 역시 외부 도체의 바깥에서의 한 점 $\rho = \rho \, (\rho > b)$를 중심으로 반경이 ρ, 길이가 L인 직원통을 가우스 면으로 선택하면 전계는

$$\oint \mathbf{D} \cdot d\mathbf{S} = 2\pi\rho L D_\rho = Q + (-Q) = 0$$

이 되므로 전속밀도 및 전계는 모두 0이 된다. 이를 통해 2.3절에서 언급한 바와 같이 **전계는 항상 한 점에서 시작되어 다른 한 점에서 끝나는 성질이 있음**을 알 수 있다.

6 동심 구 도체

[그림 2-19]와 같이 반지름이 각각 a, b $(a < b)$인 두 도체가 같은 중심을 가지는 도체계를 **동심 구 도체**라고 한다. 동심 구 도체의 내부 도체의 표면에는 $\rho_{S\,in}$ $[\mathrm{C/m^2}]$의 표면전하가, 외부 도체의 표면에는 $\rho_{S\,out}$ $[\mathrm{C/m^2}]$의 표면전하가 분포한다. 먼저 $a < r < b$에서 가우스의 법칙을 이용하여 전속밀도 또는 전계를 구해보자. 이때 전하가 구의 표면에 균일하게 분포하므로 전계는 $\mathbf{a}_r$ 방향이며, θ, ϕ의 변화와 관계없이 전계의 세기는 전하로부터의 거리 r에만 의존함을 알 수 있다. 따라서 **가우스 면은 $r = r$로 일정한 구면이면 된다.** 이 구면에서 미소면적은 $d\mathbf{S} = r^2 \sin\theta\, d\theta d\phi \mathbf{a}_r$이므로 전계는

$$\oint \mathbf{D} \cdot d\mathbf{S} = \oint D_r \mathbf{a}_r \cdot r^2 \sin\theta d\theta d\phi \mathbf{a}_r = D_r \int_0^{2\pi} \int_0^{\pi} r^2 \sin\theta d\theta d\phi = 4\pi r^2 D_r$$

이다. 이 결과가 가우스 면 내부의 총 전하량과 같고 전하는 $r = a$에 존재함을 고려하면 전하량 Q는

$$Q = \int \rho_{S\,in} dS = \int_0^{2\pi} \int_0^{\pi} \rho_{S\,in} a^2 \sin\theta\, d\theta d\phi = 4\pi a^2 \rho_{S\,in}$$

과 같다. 따라서 전속밀도와 전계는 다음과 같다.

$$\mathbf{D} = \frac{a^2}{r^2}\rho_{S\,in}\mathbf{a}_r \quad \text{또는} \quad \mathbf{E} = \frac{a^2}{\epsilon_0 r^2}\rho_{S\,in}\mathbf{a}_r$$

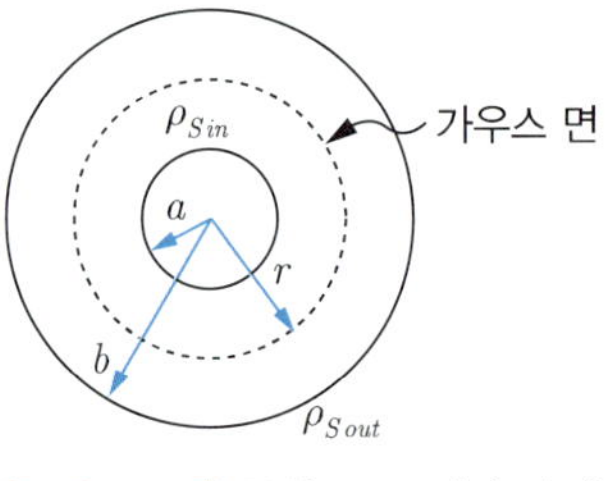

[그림 2-19] 동심 구 도체의 전하분포 및 가우스 면의 선택
점선은 선택된 가우스 면이다.

한편 $r < a$의 내부 도체 안에는 전하가 존재하지 않으므로 $\oint \mathbf{D} \cdot d\mathbf{S} = 4\pi r^2 D_r = 0$에서 $D_r = 0$이며, $r > b$의 외부 도체 바깥에서는 외부 도체 바깥의 한 점을 중심으로 $r = r$의 구면을 가우스 면으로 생각하면 $\oint \mathbf{D} \cdot d\mathbf{S} = 4\pi r^2 D_r = Q + (-Q) = 0$이 되어 전속밀도와 전계는 존재하지 않는다.

예제 2-14

$r=1$[m]과 $r=3$[m]의 동심 구 도체의 표면에 각각 $\rho_{S1}=18[\mu C/m^2]$와 $\rho_{S2}=-2[\mu C/m^2]$의 표면전하가 분포하고 있다. 다음을 구하라.

(a) $r=2$[m]에서의 전속밀도

(b) $r=4$[m]에서의 전속밀도

풀이

(a) 전속밀도의 방향이 $\mathbf{a}_r$ 이므로 가우스 면은 $r=2$인 구면이 적합하다. 구의 표면에서 미소면적은 $d\mathbf{S}=r^2\sin\theta\, d\theta d\phi\,\mathbf{a}_r$ 이므로 가우스 법칙을 적용하면 전계는 다음과 같다.

$$\oint \mathbf{D}\cdot d\mathbf{S}=\int\int D_r\mathbf{a}_r\cdot r^2\sin\theta d\theta d\phi\mathbf{a}_r=D_r\int_0^{2\pi}\int_0^{\pi}2^2\sin\theta d\theta d\phi$$
$$=2^2\times 4\pi D_r=16\pi D_r$$

이는 선택한 가우스 면 내의 총 전하량과 같아야 하는데, 전하는 $r=1$[m]인 구의 표면에 있으므로 전하량 Q는

$$Q=\int\rho_S dS=\int\int\rho_{S1}r^2\sin\theta d\theta d\phi=\int_0^{2\pi}\int_0^{\pi}18\times 10^{-6}\times 1^2\sin\theta d\theta d\phi=72\pi\times 10^{-6}$$

이 된다. 따라서 전속밀도는 다음과 같다.

$$D_r=4.5\times 10^{-6}\,[\mathrm{C/m^2}] \quad \text{또는} \quad \mathbf{D}=4.5\mathbf{a}_r\,[\mu\mathrm{C/m^2}]$$

(b) 같은 방법으로 가우스 법칙을 적용하면 전계는 다음과 같다.

$$\oint \mathbf{D}\cdot d\mathbf{S}=\int_0^{2\pi}\int_0^{\pi}D_r r^2\sin\theta d\theta d\phi=D_r\int_0^{2\pi}\int_0^{\pi}16\sin\theta d\theta d\phi=64\pi D_r$$

가우스 면 내에는 $r=1$[m]에 $\rho_{S1}=18\,[\mu C/m^2]$인 면전하와 $r=3$[m]에 $\rho_{S2}=-2\,[\mu C/m^2]$인 면전하가 있으므로 전하량 Q는

$$Q=\int\rho_{S1}r^2\sin\theta d\theta d\phi+\int\rho_{S2}r^2\sin\theta d\theta d\phi$$
$$=\int_0^{2\pi}\int_0^{\pi}18\times 10^{-6}\times 1^2\sin\theta d\theta d\phi+\int_0^{2\pi}\int_0^{\pi}(-2\times 10^{-6})\times 3^2\sin\theta d\theta d\phi$$
$$=72\pi+(-72\pi)=0$$

이 되어 전속밀도는 발생하지 않는다. 즉 $\mathbf{D}=0$이다.

SECTION 2.7

벡터의 발산

벡터의 발산의 개념을 도입하여 발산하는 전계의 성질을 이해하고 맥스웰의 제1방정식으로 전속밀도와 체적전하밀도와의 관계를 도출한다. 또한 발산의 정리를 통해 관련된 문제를 해결한다.

Keywords | 전속밀도의 발산 | 맥스웰의 제1방정식 | 발산의 정리 |

1 전속밀도의 발산

지금까지는 가우스 법칙을 이용하여 전속밀도와 전계를 구했다. 가우스 법칙을 이용하면 쿨롱의 법칙에서와 같은 복잡한 수학적 과정 없이 간단하게 전계를 구할 수 있었다. 그러나 가우스 법칙을 이용하는 것은 전하분포로부터 전계나 전속밀도의 방향과 변수 의존성 등 기본적인 성질에 대한 이해 없이는 불가능했으며, 이는 전적으로 쿨롱의 법칙이 제공하였다. 또한 항상 균일한 전하분포일 때만 적용이 가능하였다.

만약 전하분포가 불균일하여 전하분포로부터 전계 및 전속밀도에 대한 예측이 불가능하다면 어떻게 될까? 이때는 가우스 법칙을 이용하여 전계를 구할 수 없다. 전하분포가 불균일하면 전계의 방향과 변수 의존성을 예측할 수 없어 적절한 가우스 면을 선택할 수 없기 때문이다. 그러나 이 절에서는 **미소체적에 가우스 법칙을 적용하여 전속밀도와 관련된 새로운 발산의 개념을 얻고자** 한다. 이러한 발산의 개념을 도입하면 우리는 또 많은 문제를 해결할 수 있게 된다.

특별한 경우를 제외하면 전속밀도는 위치함수이다. 지금까지 공부한 것 중 무한히 넓은 표면전하밀도에 의한 전계를 제외하면 전계는 위치에 따라 달라지는 것이 분명하다. 즉 위치에 따라 전계의 세기와 전속밀도는 변한다. 따라서 매우 작은 미소체적이라 하더라도 앞·뒷면, 위·아랫면, 좌·우면에서의 전속밀도의 값은 다를 수 있다. 다만 전하분포가 불균일하여 어떤 변수에 어느 정도로 의존하여 달라지는지 모를 뿐이다.

이제 [그림 2-20]과 같이 각 변의 길이가 Δx, Δy, Δz인 미소체적에 가우스 법칙을 적용해보자. 적분은 닫힌 면에 대해 수행되어야 하므로 가우스 법칙의 좌변은 다음 여섯 개의 면에 대한 적분의 합이다.

$$\oint \mathbf{D} \cdot d\mathbf{S} = \int_{\text{앞면}} + \int_{\text{뒷면}} + \int_{\text{좌면}} + \int_{\text{우면}} + \int_{\text{윗면}} + \int_{\text{아랫면}}$$

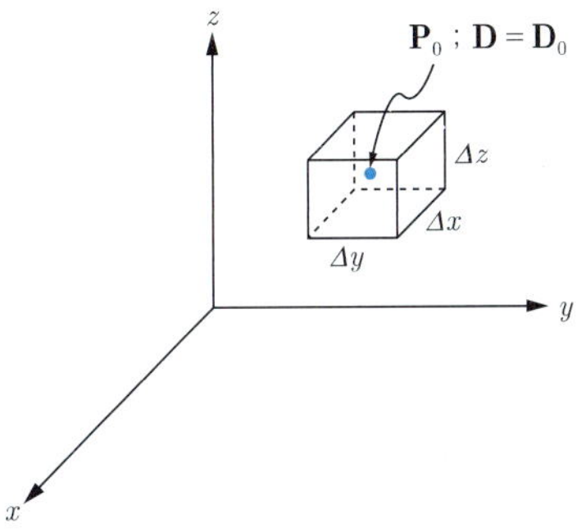

[그림 2-20] 가우스 법칙의 적용을 위한 미소체적

이미 강조한 바와 같이 전속밀도는 위치함수이므로 각 면에서의 전속밀도의 값은 서로 다를 수 있다. 따라서 미소체적의 중앙 점 $\mathrm{P}_0(x_0,\ y_0,\ z_0)$에서의 전속밀도 $\mathbf{D}_0 = D_{0x}\mathbf{a}_x + D_{0y}\mathbf{a}_y + D_{0z}\mathbf{a}_z$로 표현하여 각 면에서의 전속밀도와 비교해보자. 우선 앞면에서의 $\mathbf{D}$를 $\mathbf{D}_f$라고 하면 $\mathbf{D}_f = D_{fx}\mathbf{a}_x + D_{fy}\mathbf{a}_y + D_{fz}\mathbf{a}_z$이고 미소면적 $\Delta\mathbf{S}_f = \Delta y\,\Delta z\mathbf{a}_x$이므로 앞면의 적분은 다음과 같다.

$$\begin{aligned}\int_{\text{앞면}} &= \mathbf{D}_f \cdot \Delta\mathbf{S}_f = (D_{fx}\mathbf{a}_x + D_{fy}\mathbf{a}_y + D_{fz}\mathbf{a}_z)\cdot \Delta y\Delta z\,\mathbf{a}_x \\ &= D_{fx}\,\Delta y\Delta z\end{aligned}$$

앞면에서의 전속밀도의 x 성분의 크기 D_{fx}를 육면체의 중앙점에서의 x 성분의 크기인 D_{x0}와 비교해보면 다음과 같다. 이때 앞면에서의 D_x는 중앙점에서의 D_x와 비교하여 변수 x의 변화에 따라 D_x가 증가한다고 가정한다.

$$\begin{aligned}D_{fx} &\doteq D_{0x} + \frac{\Delta x}{2}\times(x\text{의 변화에 대한 } D_x\text{의 변화율}) \\ &\doteq D_{0x} + \frac{\Delta x}{2}\frac{\partial D_x}{\partial x}\end{aligned}$$

따라서 앞면에서의 적분의 결과는 다음과 같다.

$$\int_{\text{앞면}} \doteq \left(D_{0x} + \frac{\Delta x}{2}\frac{\partial D_x}{\partial x}\right)\Delta y\,\Delta z$$

이제 뒷면에 대해 생각해보자. 뒷면에서의 면적 $\Delta\mathbf{S}_b = \Delta y\,\Delta z(-\mathbf{a}_x)$이고 뒷면에서의 전속밀도 $\mathbf{D}_b = D_{bx}\mathbf{a}_x + D_{by}\mathbf{a}_y + D_{bz}\mathbf{a}_z$라고 하면 뒷면의 적분은 다음과 같다.

$$\begin{aligned}\int_{\text{뒷면}} &= \mathbf{D}_b \cdot \Delta\mathbf{S}_b = (D_{bx}\mathbf{a}_x + D_{by}\mathbf{a}_y + D_{bz}\mathbf{a}_z)\cdot(-\Delta y\Delta z)\mathbf{a}_x \\ &= -D_{bx}\,\Delta y\Delta z\end{aligned}$$

또한 뒷면에서 전속밀도의 x 성분의 크기 D_{bx} 를 육면체의 중앙점에서의 x 성분의 크기인 D_{0x} 와 비교하면 다음과 같다.

$$D_{bx} \doteq D_{0x} - \frac{\Delta x}{2} \times \frac{\partial D_x}{\partial x}$$

물론 중앙점에서의 D_x 의 크기와 비교하여 뒷면에서는 변수 x 의 변화에 따라 D_x 가 감소한다고 가정하였다. 따라서 적분은 다음과 같이 나타낼 수 있다.

$$\int_{\text{뒷면}} \doteq \left(-D_{0x} + \frac{\Delta x}{2}\frac{\partial D_x}{\partial x}\right)\Delta y\,\Delta z$$

두 적분의 결과를 더하면 다음과 같다.

$$\int_{\text{앞면}} + \int_{\text{뒷면}} \doteq \frac{\partial D_x}{\partial x}\Delta x\,\Delta y\,\Delta z$$

같은 방법으로 좌면과 우면, 윗면과 아랫면에 대한 적분을 구하면 그 결과는

$$\int_{\text{좌면}} + \int_{\text{우면}} \doteq \frac{\partial D_y}{\partial y}\Delta x\,\Delta y\,\Delta z$$

$$\int_{\text{윗면}} + \int_{\text{아랫면}} \doteq \frac{\partial D_z}{\partial z}\Delta x\,\Delta y\,\Delta z$$

와 같고, 이들의 적분을 모두 더하면 가우스 법칙의 좌변은 다음과 같다.

$$\oint \mathbf{D}\cdot d\mathbf{S} \doteq \left(\frac{\partial D_x}{\partial x} + \frac{\partial D_y}{\partial y} + \frac{\partial D_z}{\partial z}\right)\Delta x\,\Delta y\,\Delta z$$

이 식에서 $\Delta x\,\Delta y\,\Delta z$ 는 Δv 이므로 가우스 법칙은

$$\oint \mathbf{D}\cdot d\mathbf{S} = Q \doteq \left(\frac{\partial D_x}{\partial x} + \frac{\partial D_y}{\partial y} + \frac{\partial D_z}{\partial z}\right)\Delta v \qquad (2.36)$$

가 된다. 이제 양변을 Δv 로 나누고 극한을 취하면 다음과 같은 관계가 성립한다.

$$\left(\frac{\partial D_x}{\partial x} + \frac{\partial D_y}{\partial y} + \frac{\partial D_z}{\partial z}\right) = \lim_{\Delta v \to 0}\frac{\oint \mathbf{D}\cdot d\mathbf{S}}{\Delta v} = \lim_{\Delta v \to 0}\frac{Q}{\Delta v}$$

이 식의 세 번째 항은 체적전하밀도를 나타내므로 다음과 같다.

$$\left(\frac{\partial D_x}{\partial x} + \frac{\partial D_y}{\partial y} + \frac{\partial D_z}{\partial z}\right) = \lim_{\Delta v \to 0}\frac{\oint \mathbf{D}\cdot d\mathbf{S}}{\Delta v} = \rho_v \qquad (2.37)$$

또한 두 번째 항은 어떤 **벡터의 발산**(divergence)을 나타내는 식으로 알려져 있다. 즉 벡터 $\mathbf{A}$ 의 발산은 다음과 같이 정의한다.

★ 벡터의 발산 ★

$$\mathbf{A}\text{ 의 발산} = div\,\mathbf{A} = \lim_{\Delta v \to 0} \frac{\oint \mathbf{A} \cdot d\mathbf{S}}{\Delta v} \tag{2.38}$$

이는 속도나 힘 등 어떤 벡터양의 여러 가지 물리적 성질을 규명하는 데 유용하게 활용된다. 벡터의 발산의 개념을 우리가 관심을 가지고 있는 전속밀도를 이용하여 설명하면 식 (2.37)에서 $\oint \mathbf{D} \cdot d\mathbf{S}$ 는 폐곡면 내의 총 전하량이고 이에 비례하여 선속 $\Psi(=Q)$가 면 바깥으로 나오므로 전속밀도의 발산을 다음과 같이 설명할 수 있다.

"전속밀도를 나타내는 벡터 D 의 발산은 미소체적의 크기가 무한히 작을 때 폐곡면 밖으로 나오는 단위체적당 전속의 수와 같다."

이러한 발산의 개념을 이용하여 전속밀도의 발산을 표현하면 다음과 같다.

★ 전속밀도의 발산 ★

$$div\,\mathbf{D} = \left(\frac{\partial D_x}{\partial x} + \frac{\partial D_y}{\partial y} + \frac{\partial D_z}{\partial z}\right) = \lim_{\Delta v \to 0} \frac{\oint \mathbf{D} \cdot d\mathbf{S}}{\Delta v} \tag{2.39}$$

어떤 벡터의 발산을 계산하였을 때 결과가 양(+)이면 그 점에 이 물리량의 원천(source)이 있다고 하며, 음(−)이면 음의 원천 또는 흡수(sink)가 있다고 한다.[20] 앞선 식으로부터 분명히 알 수 있듯 전속밀도의 발산의 결과는 그 점의 체적전하밀도를 나타낸다. 직각좌표계 및 원통좌표계, 그리고 구좌표계에 대한 발산의 표현식은 다음과 같다.

★ 발산의 표현식 ★

$$div\,\mathbf{D} = \frac{\partial D_x}{\partial x} + \frac{\partial D_y}{\partial y} + \frac{\partial D_z}{\partial z} \quad \text{(직각좌표계)} \tag{2.40}$$

$$div\,\mathbf{D} = \frac{1}{\rho}\frac{\partial}{\partial \rho}(\rho D_\rho) + \frac{1}{\rho}\frac{\partial D_\phi}{\partial \phi} + \frac{\partial D_z}{\partial z} \quad \text{(원통좌표계)} \tag{2.41}$$

$$div\,\mathbf{D} = \frac{1}{r^2}\frac{\partial}{\partial r}(r^2 D_r) + \frac{1}{r\sin\theta}\frac{\partial}{\partial \theta}(\sin\theta D_\theta) + \frac{1}{r\sin\theta}\frac{\partial D_\phi}{\partial \phi} \quad \text{(구좌표계)} \tag{2.42}$$

---

20 어떤 물리량의 발산은 반드시 스칼라값이 된다는 사실에 유의하자. 이는 다음 장에서 배울 어떤 물리량의 경도(gradient)의 결과가 벡터양이 된다는 사실과 대비된다.

예제 2-15

전속밀도 $\mathbf{D} = 2x^3y\,\mathbf{a}_x + 3x^2y^2\,\mathbf{a}_y + 6x^2yz\,\mathbf{a}_z$ [C/m²]에 대해 점 P(1, 2, 1)[m]에서의 체적전하밀도와 2×10^{-3}[m³]의 체적 내 전하량을 구하라.

풀이

먼저 식 (2.40)을 이용하여 전속밀도의 발산을 계산하면 다음과 같다.

$$\begin{aligned} div\mathbf{D} &= \frac{\partial D_x}{\partial x} + \frac{\partial D_y}{\partial y} + \frac{\partial D_z}{\partial z} = \frac{\partial}{\partial x}(2x^3y) + \frac{\partial}{\partial y}(3x^2y^2) + \frac{\partial}{\partial z}(6x^2yz) \\ &= 6x^2y + 6x^2y + 6x^2y = 18x^2y \end{aligned}$$

따라서 점 P(1, 2, 1)에서의 전속밀도의 발산은 그 점에서의 체적전하밀도와 같으므로

$$\rho_v = div\mathbf{D}_\mathrm{P} = 18 \times 1^2 \times 2 = 36\,[\mathrm{C/m^3}]$$

이 된다. 따라서 구하고자 하는 2×10^{-3}[m³]의 체적 내 총 전하량 Q는 다음과 같다.

$$\Delta v \text{ 내의 전하량 } Q = \left(\frac{\partial D_x}{\partial x} + \frac{\partial D_y}{\partial y} + \frac{\partial D_z}{\partial z}\right) \times \Delta v = 36 \times 2 \times 10^{-3} = 72\,[\mathrm{mC}]$$

2 맥스웰 방정식과 발산의 정리

맥스웰의 제1방정식

가우스 법칙 $\oint \mathbf{D} \cdot d\mathbf{S} = Q$ 의 양변을 Δv로 나누고 극한을 취하면 다음과 같다.

$$\lim_{\Delta v \to 0} \frac{\oint \mathbf{D} \cdot d\mathbf{S}}{\Delta v} = \lim_{\Delta v \to 0} \frac{Q}{\Delta v}$$

이 식에서 좌변은 정의에 의해 벡터 D의 발산을, 우변은 체적전하밀도를 의미한다. 즉 다음과 같은 관계가 성립하는데, 이를 **맥스웰의 제1방정식**(Maxwell's first equation)이라고 한다.

★ 맥스웰의 제1방정식 ★

$$div\mathbf{D} = \rho_v \tag{2.43}$$

물론 이 관계는 가우스 법칙으로부터 비롯되었으므로 가우스 법칙과 식 (2.43)은 사실상 동일한 의미를 갖는다. 따라서 **가우스 법칙을 맥스웰의 제1방정식의 적분형**, 그리고 $div\,\mathbf{D} = \rho_v$ **를 맥스웰의 제1방정식의 미분형이라고 부른다.**

가우스 법칙의 양변을 Δv로 나누고 극한값을 취하면 우변은 분명 체적전하밀도를 나타낸다. 더욱이 미소체적을 무한히 작게 하였으므로 바로 한 점의 체적전하밀도가 된다. 중요한 사실은 z축에 ρ_L의 무한 선전하가 있을 때 z축으로부터 수직거리 ρ만큼 떨어진 곳에는 분명 전계와 $D = \dfrac{\rho_L}{2\pi\rho}$의 전속밀도가 존재하지만 그 점에서 전속밀도의 발산은 0이라는 것이다. 전속밀도의 발산은 바로 그 점에서의 원천(체적전하밀도)을 의미하며, 원천이 되는 전하는 z축에 존재하고 이로부터 ρ만큼 떨어진 곳에는 존재하지 않기 때문이다. 구체적인 계산으로 이 사실을 입증할 수 있다.

즉 전속밀도 $\mathbf{D} = \dfrac{\rho_L}{2\pi\rho}\mathbf{a}_\rho$이므로 발산을 구해보면

$$div\,\mathbf{D} = \frac{1}{\rho}\frac{\partial}{\partial\rho}(\rho D_\rho) + \frac{1}{\rho}\frac{\partial D_\phi}{\partial\phi} + \frac{\partial D_z}{\partial z} = \frac{1}{\rho}\frac{\partial}{\partial\rho}\left(\rho\frac{\rho_L}{2\pi\rho}\right) = 0$$

이 된다. 즉 전하는 z축에만 존재하며, z축을 벗어난 그 어떤 위치에도 전계 및 전속밀도의 원천은 존재할 수 없다.

그러나 전하가 존재하는 곳에서 전속밀도의 발산을 구하면 그 결과는 반드시 체적전하밀도가 된다. 이에 대한 예로 **무한 선전하가 분포하는 매우 가늘고 예리한 직선 도체 내의 한 점에서 전속밀도의 발산을 구해보자.** 편의상 이를 [그림 2-21]과 같이 반지름이 a인 원주형 도체로 크게 그려보자.

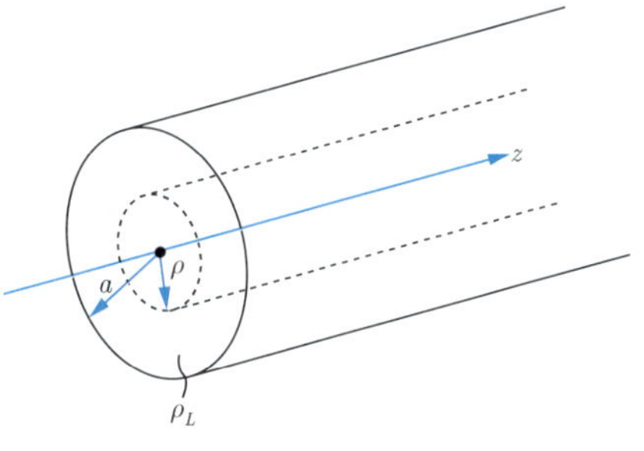

[그림 2-21] 전하가 균일하게 분포한 원주형 도체

점선은 ρ가 일정한 가우스 면이다. 반지름이 a인 원주형 도체에는 무한 선전하밀도 ρ_L이 균일하게 분포하며, 도체 내의 한 점에서 전속밀도를 이용하여 발산을 구하면 그 결과는 그 점의 체적전하밀도가 된다.

실제로 a는 매우 작으므로 도체 단면의 모든 점에서 전하가 균일하게 분포한다고 가정하고 원주형 도체 내부의 한 점에서 전속밀도를 구한 뒤 그 점에서 발산을 구해보기로 한다. [그림 2-21]에서 Q[C]의 전하가 원주형 도체 내부에 분포하면 체적전하밀도는 총 전하량을 도체의 전체 체적으로 나눈 값이므로 $\rho_v = \dfrac{Q}{\pi a^2 L}$ [C/m³]이고 선전하밀도 $\rho_L = \dfrac{Q}{L}$ [C/m]이므로 두 전하밀도 사이에는 $\rho_v = \dfrac{\rho_L}{\pi a^2}$의 관계가 성립한다. 이를 이용하여 가우스 법칙의 좌변과 우변을 다음과 같이 계산한다.

$$\oint \mathbf{D} \cdot d\mathbf{S} = D_\rho \int_0^L \int_0^{2\pi} \rho d\phi dz = 2\pi\rho L D_\rho$$

$$Q = \int \rho_v dv = \int_0^L \int_0^{2\pi} \int_0^\rho \frac{\rho_L}{\pi a^2} \rho d\rho d\phi dz = \frac{\rho_L \rho^2 L}{a^2}$$

이 식으로부터 전속밀도 $D_\rho = \dfrac{\rho_L \rho}{2\pi a^2}$ 이며, 발산을 취하면 다음과 같다.

$$\begin{aligned} div\,\mathbf{D} &= \frac{1}{\rho}\frac{\partial}{\partial \rho}(\rho D_\rho) + \frac{1}{\rho}\frac{\partial D_\phi}{\partial \phi} + \frac{\partial D_z}{\partial z} \\ &= \frac{1}{\rho}\frac{\partial}{\partial \rho}\left(\rho \frac{\rho_L \rho}{2\pi a^2}\right) = \frac{\rho_L}{\pi a^2} = \rho_v \end{aligned}$$

즉 z축의 한 점 또는 도체 내부의 한 점에는 발산하는 전속밀도의 원천이 체적전하밀도 ρ_v로 존재하고 있음을 알 수 있다.

예제 2-16

전속밀도 $\mathbf{D} = 2\rho^2 \mathbf{a}_\rho + \rho \sin\phi \boldsymbol{a}_\phi - z\cos\phi \mathbf{a}_z$ [C/m²]일 때 점 $\mathrm{P}\left(2, \dfrac{\pi}{2}, 3\right)$에서의 체적전하밀도와 $\rho = 1$[m], $0 \le \phi \le \dfrac{\pi}{3}$, $0 \le z \le 3$[m]인 원통 내의 총 전하량을 구하라.

풀이

체적전하밀도는 식 (2.41)의 전속밀도의 발산을 구하면 된다.

$$\begin{aligned} div\,\mathbf{D} &= \frac{1}{\rho}\frac{\partial}{\partial \rho}(\rho D_\rho) + \frac{1}{\rho}\frac{\partial D_\phi}{\partial \phi} + \frac{\partial D_z}{\partial z} \\ &= \frac{1}{\rho}\frac{\partial}{\partial \rho}(\rho \cdot 2\rho^2) + \frac{1}{\rho}\frac{\partial}{\partial \phi}(\rho \sin\phi) + \frac{\partial}{\partial z}(-z\cos\phi) = 6\rho \end{aligned}$$

따라서 점 P에서의 체적전하밀도는 다음과 같다.

$$\rho_v = 6 \times 2 = 12\,[\mathrm{C/m^3}]$$

한편 전하량은 체적전하밀도를 체적적분하면 되므로 총 전하량 Q는 다음과 같다.

$$\begin{aligned} Q &= \int \rho_v dv = \int_0^3 \int_0^{\pi/3} \int_0^1 6\rho \cdot \rho d\rho d\phi dz \\ &= 6\left[\frac{\rho^3}{3}\right]_0^1 [\phi]_0^{\pi/3} [z]_0^3 = 2\pi\,[\mathrm{C}] \end{aligned}$$

벡터 연산자

이제 계산 및 표현의 편의를 위해 벡터 연산자 ∇을 활용해보자. ∇은 다음과 같이 표현되는 벡터 미분 연산자로, 'del'이라고 읽는다.

★ 벡터 연산자 ★

$$\nabla = \frac{\partial}{\partial x}\mathbf{a}_x + \frac{\partial}{\partial y}\mathbf{a}_y + \frac{\partial}{\partial z}\mathbf{a}_z \tag{2.44}$$

이 연산자와 벡터 $\mathbf{D} = D_x\mathbf{a}_x + D_y\mathbf{a}_y + D_z\mathbf{a}_z$의 내적을 구하면

$$\begin{aligned}\nabla \cdot \mathbf{D} &= \left(\frac{\partial}{\partial x}\mathbf{a}_x + \frac{\partial}{\partial y}\mathbf{a}_y + \frac{\partial}{\partial z}\mathbf{a}_z\right) \cdot (D_x\mathbf{a}_x + D_y\mathbf{a}_y + D_z\mathbf{a}_z) \\ &= \frac{\partial D_x}{\partial x} + \frac{\partial D_y}{\partial y} + \frac{\partial D_z}{\partial z}\end{aligned}$$

가 되며, 이는 곧 발산의 결과와 같다. 따라서

$$div\,\mathbf{D} = \nabla \cdot \mathbf{D} = \frac{\partial D_x}{\partial x} + \frac{\partial D_y}{\partial y} + \frac{\partial D_z}{\partial z}$$

의 관계가 성립한다. 따라서 벡터의 발산을 표현할 때는 $div\,\mathbf{D}$ 또는 $\nabla \cdot \mathbf{D}$를 혼용해서 사용할 수 있지만 물리적 개념을 설명할 때는 $div\,\mathbf{D}$를, 수학적 표현의 편의성을 추구할 때는 $\nabla \cdot \mathbf{D}$를 사용하는 것이 편리하다.

발산의 정리

마지막으로 우리가 이미 알고 있는 가우스 법칙과 맥스웰의 제1방정식[21]을 조합하면

$$\oint \mathbf{D} \cdot d\mathbf{S} = Q = \int \rho_v dv = \int \nabla \cdot \mathbf{D} dv$$

를 얻는다. 여기에서 면적적분과 체적적분과의 관계를 **발산의 정리**(divergence theorem)라고 한다.

★ 발산의 정리 ★

$$\oint \mathbf{D} \cdot d\mathbf{S} = \int \nabla \cdot \mathbf{D}\, dv \tag{2.45}$$

---

21 정전계 및 정자계에서 네 개의 맥스웰 방정식이 등장한다. 이들은 전계와 전속밀도, 그리고 자계와 자속밀도의 기본적 성질을 정의한 것으로, 매우 중요한 식이다.

발산의 정리는 '**어떤 벡터의 닫힌 면에 대한 면적적분은 그 벡터의 발산의 체적적분과 같다**'는 사실을 나타낸다. 이때 닫힌 면에 대한 면적적분은 반드시 체적을 둘러싸고 있는 바깥의 닫힌 면을 의미한다. 발산의 정리는 전속밀도가 아닌 다른 벡터계에도 적용할 수 있지만 그 결과는 전속밀도에서 전하량이 된다. 이는 주어진 벡터계에서 면적적분과 체적적분 중 유리한 것을 선택하여 문제를 해결할 수 있어 편리하며, 앞으로 많은 전기 및 자기적 현상을 이해하기 위한 논법의 전개에도 유용하게 활용될 것이다.

예제 2-17

$\mathbf{A} = 3\rho^2\mathbf{a}_\rho$의 벡터계에 대해 반지름이 $\rho = a$, 길이가 $z = L$이고 $0 \leq \phi \leq \frac{\pi}{2}$인 원통에서 발산의 정리가 성립함을 보여라.

풀이

식 (2.45)의 발산의 정리 $\oint \mathbf{A} \cdot d\mathbf{S} = \int \nabla \cdot \mathbf{A} dv$에서 좌변의 면적적분은 원통의 윗면과 아랫면의 면적의 방향이 각각 $\pm\mathbf{a}_z$로, 주어진 벡터 $\mathbf{A}$에 수직이므로 내적은 0이 된다. 따라서 측면만 고려하여 계산하면 원통의 측면에서의 미소면적 $d\mathbf{S} = \rho d\phi dz\,\mathbf{a}_\rho$이므로 다음과 같다.

$$\oint \mathbf{A} \cdot d\mathbf{S} = \int\int 3\rho^2\mathbf{a}_\rho \cdot \rho d\phi dz\,\mathbf{a}_\rho$$

$$= 3a^3 \int_0^L \int_0^{\pi/2} d\phi dz = \frac{3}{2}\pi a^3 L$$

한편 우변의 계산을 위해 벡터 $\mathbf{A}$의 발산을 먼저 구하면

$$\nabla \cdot \mathbf{A} = \frac{1}{\rho}\frac{\partial}{\partial\rho}(\rho \cdot 3\rho^2) = 9\rho$$

이다. 이를 이용하여 식 (2.45)의 우변을 계산하면 다음과 같다.

$$\int \nabla \cdot \mathbf{A}\,dv = \int_0^L \int_0^{\pi/2} \int_0^a 9\rho \cdot \rho d\rho d\phi dz = \frac{3}{2}\pi a^3 L$$

따라서 이 벡터계에 대한 발산의 정리는 성립한다.

예제 2-18

어떤 벡터계 $\mathbf{F} = \frac{1}{r}\mathbf{a}_r$에 대해 반지름 $r = a$의 구 도체에서 발산의 정리가 성립하는지 검증하라.

풀이

우선 구의 표면에서 $r = a$이며, 미소면적 $d\mathbf{S} = r^2 \sin\theta \, d\theta d\phi \, \mathbf{a}_r$이므로

$$\oint \mathbf{F} \cdot d\mathbf{S} = \int \frac{1}{r}\mathbf{a}_r \cdot r^2 \sin\theta \, d\theta d\phi \, \mathbf{a}_r$$

$$= \int_0^{2\pi}\int_0^{\pi} a \sin\theta \, d\theta d\phi = 4\pi a$$

이다. 구의 체적 내에서 벡터 $\mathbf{F}$의 발산을 계산하면 다음과 같다.

$$\nabla \cdot \mathbf{F} = \frac{1}{r^2}\frac{\partial}{\partial r}\left(r^2 F_r\right) = \frac{1}{r^2}\frac{\partial}{\partial r}(r) = \frac{1}{r^2}$$

$$\int \nabla \cdot \mathbf{F} dv = \int_0^{2\pi}\int_0^{\pi}\int_0^{a}\frac{1}{r^2} \cdot r^2 \sin\theta \, dr d\theta d\phi$$

$$= [r]\,[-\cos\theta]\,[\phi] = 4\pi a$$

따라서 이 벡터계에 대한 발산의 정리는 성립한다.

CHAPTER

02 연습문제

2.1 자유공간에서 같은 크기의 전하로 대전된 두 개의 매우 작은 구 도체가 서로 6[m] 떨어져 있을 때 4×10^{-3}[N]의 쿨롱의 힘이 작용하였다. 구 도체에 주어진 전하량을 구하라.

2.2 자유공간의 점 $P_1(3, -2, 1)$[m]에 점전하 $Q_1 = 3$[μC]이, 점 $P_2(-1, 1, 1)$[m]에 점전하 $Q_2 = 5$[μC]이 있다. Q_1에 의해 Q_2가 받는 힘 $\mathbf{F}_2$를 구하라.

2.3 자유공간의 점 $P_1(1, 1, 0)$[m]에 $Q_1 = \sqrt{5}$ [μC]의 점전하가 놓여 있다. 점 $P_2(2, -1, 0)$[m]에서의 전계를 구하라.

2.4 점 $P_1(1, 1, 0)$, 점 $P_2(-1, 1, 0)$, 점 $P_3(-1, -1, 0)$, 점 $P_4(1, -1, 0)$[m]에 각각 $Q = 8\pi\epsilon_0$[C]의 전하가 놓여 있다. 점 P(1, 1, 1)[m]에서의 전계의 세기를 구하라.

2.5 y축에 $4\pi\epsilon_0$[mC/m]의 무한 선전하가 분포하고 있다. 점 P(3, −4, 2)[m]에서 전계의 세기를 구하라.

2.6 $y = 0$, $z = 2$[m]인 점을 통과하며, x축에 평행한 $\rho_L = 3$[nC/m]의 무한 선전하가 있다. 점 P(3, 2, 1)[m]에서의 전계의 세기를 구하라.

2.7 자유공간에서 xy 평면의 원점에 중심이 있고 반지름이 $\rho = 3$[cm]인 코일에 $\rho_L = 25\epsilon_0$ [C/m]의 선전하가 균일하게 분포되어 있다. 점 P(0, 0, 4)[cm]에서의 전계의 세기를 구하라.

2.8 xy 평면에 평행하고 점 $P_1(0, 0, -1)$, 점 $P_2(1, 1, 2)$, 점 $P_3(2, 2, 4)$[m]를 통과하는 무한평면에 각각 $\rho_{S1} = 3$ [C/m^2], $\rho_{S2} = -2$ [C/m^2], $\rho_{S3} = 4$ [C/m^2]의 균일한 면전하가 분포하고 있다. 점 P(3,3, 3)[m]에서의 전계의 세기 $\mathbf{E}$를 구하라.

2.9 $x = 0$인 yz 평면에 있는 무한히 넓은 도체에 $\rho_S = 20$ [nC/m^2]의 면전하가 균일하게 분포하고 있다. $x = 1$[m]와 $x = 3$[m]에 위치한 두 점 사이의 전계의 비를 구하라.

2.10 전계 $\mathbf{E} = y\mathbf{a}_x + x\mathbf{a}_y$일 때 점 P(2, 2, 2)[m]를 통과하는 전기력선의 방정식을 구하라.

2.11 전계 $\mathbf{E} = \frac{a}{y}\mathbf{a}_x + \frac{a}{x}\mathbf{a}_y$[V/m]에서 점 P(1, 2, 0)[m]를 통과하는 전기력선의 방정식을 구하라. (단, a는 상수이다)

2.12 원점에 $Q = 100$[C]인 점전하가 있다. 다음의 두 표면을 통과하는 총 전속을 구하라.

(a) 반지름이 5[m]이고 $\frac{\pi}{2} \leq \theta \leq \pi$, $0 \leq \phi \leq \pi$인 구의 표면

(b) $\rho = 5$[m]이고 $0 \leq \phi \leq 2\pi$, $-2 \leq z \leq 2$[m]인 원통의 표면

2.13 자유공간에서 $\rho_L = 25$[nC/m]의 무한 선전하가 $z = 2$[m]인 점을 지나며, x축과 평행하게 분포하고 있다. 이때 원점에 중심이 있고 xy 평면 위에 반지름 $\rho = 6$[m]인 원통의 표면을 통과하는 전속과 전기력선의 수를 구하라.

2.14 원점에 중심이 있고 xy 평면에 반지름 $\rho = 2$[m]인 원판이 있다. 이 원판에 $\rho_S = \frac{4\rho^2}{\pi}$[C/m^2]의 면전하가 분포되어 있을 때 $0 < \rho < 5$, $0 < \phi < 2\pi$, $0 < z < 5$[m]인 원통 표면을 통과하는 전속을 구하라.

2.15 원점으로부터 r[m] 떨어진 곳에서의 전속밀도 $\mathbf{D} = \frac{Q}{2\pi r^2}\mathbf{a}_r$[C/m^2]이다. 가우스 법칙을 이용하여 원점에 존재하는 전하량을 구하라.

2.16 자유공간에서 x축에 평행하고 $y = 2$, $z = 0$[m]를 통과하는 무한 선전하 $\rho_L = 2\pi$[C/m]가 있다. 점 P(−4, 1, 2)[m]에서의 전속밀도를 구하라.

2.17 내·외부 도체의 반지름이 각각 1[cm]와 3[cm]이고 길이가 10[m]로 충분히 긴 동축케이블의 내부 도체의 표면에 30[C/m^2]의 면전하가 분포되어 있을 때 $\rho = 2$[cm]에서의 전속밀도를 구하라.

2.18 반지름이 각각 $r = 2$[m]와 $r = 4$[m]인 동심 구 도체의 표면에 100[μC/m^2]과 −25[μC/m^2]의 표면전하가 균일하게 분포하고 있다. $r = 3$[m]에서의 전속밀도를 구하라.

2.19 [연습문제 2.18]의 도체계에서 $r = 5$[m]에서의 전속밀도를 구하라.

2.20 z축에 반경이 a, 길이가 L인 매우 가는 도체에 ρ_L[C/m]인 무한 선전하가 균일하게 분포하고 있다. 점 $\mathrm{P}\left(\rho, \frac{\pi}{2}, 0\right)$에서의 체적전하밀도를 구하라.

2.21 원점에 점전하 Q[C]이 있을 때 이로부터 r[m] 떨어진 점 $\mathrm{P}(r, \pi, 0)$에서의 전속밀도를 구하고 그 점에서 체적전하밀도가 0임을 보여라.

2.22 반지름이 a이고 길이가 $L(L \gg a)$로 매우 긴 원주형 도체가 있다. 이 도체의 단면을 따라 전류 I가 균일하게 흐를 때 가우스 법칙을 이용하여 도체 내부 한 점의 전속밀도를 구하라.

2.23 [연습문제 2.22]의 도체에서 전속밀도의 발산이 도체 내부의 한 점의 체적전하밀도가 됨을 보여라.

2.24 전속밀도 $\mathbf{D} = z^2 \sin\phi \mathbf{a}_\rho + z^2 \cos\phi \mathbf{a}_\phi + 4z^3 \mathbf{a}_z$ [C/m^2]일 때 점 $\mathrm{P}(-1, \pi, 2)$에서의 체적전하밀도 ρ_v[C/m^3]와 $0 \le \rho \le 4$, $0 \le \phi \le \frac{\pi}{2}$, $0 \le z \le 3$ 내의 전하량 Q[C]을 구하라.

2.25 자유공간에서 전계 $\mathbf{E} = 2x\mathbf{a}_x + ky\mathbf{a}_y - 7z\mathbf{a}_z$[V/m]일 때 k를 구하라.

2.26 전속밀도 $\mathbf{D} = 3\rho^2 \mathbf{a}_\rho$[C/m^2]일 때 다음을 구하라.

(a) 점 $\mathrm{P}\left(1, \frac{\pi}{3}, 2\right)$에서의 체적전하밀도

(b) 길이가 L[m], 반지름이 a[m]인 원통 내의 총 전하량

(c) 길이가 L[m], 반지름이 a[m]인 원통 표면에서의 발산의 정리

2.27 어떤 벡터계 $\mathbf{A} = 2\rho^2 \mathbf{a}_\rho + \rho\sin\phi \mathbf{a}_\phi - z\cos\phi \mathbf{a}_z$일 때 $0 \le \rho \le 1$, $0 \le \phi \le \frac{\pi}{3}$, $0 \le z \le 3$인 공간에서 이 벡터계의 발산의 정리가 성립함을 보여라.

CHAPTER

03

전위와 정전에너지

자유공간에 전하가 존재하면 그 주변에는 전계와 전위가 동시에 발생한다. 전계가 전기적 힘의 개념으로 하전입자를 운동시켜 전류를 형성한다면 전위는 위치에너지의 개념으로써 또 다른 중요한 공학적 의미를 갖는다. 지금까지는 쿨롱의 법칙에 의해 전하로부터 전계가 생긴다고 강제하였으나 이 장에서는 이 전기적 힘이 두 점 사이의 전기적 위치에너지의 차에 의해 발생함을 알게 될 것이다. 또한 전위와 전위차의 물리적 의미를 공부하고 전위경도의 개념을 도입하여 전위와 전계 사이의 관계를 이해한다. 그리고 정전계에 축적되는 정전에너지의 개념을 파악한다.

CONTENTS

SECTION 3.1

전하를 움직이는 데 필요한 에너지

이 절에서는 전계로부터 속박되어 있는 하전입자를 움직이는 데 필요한 일을 구하고, 이 일의 의미를 고찰한다. 또한 선적분과 전계의 보존적 성질을 논의한다.

Keywords | 하전입자를 옮기는 데 필요한 일 | 힘과 에너지 | 선적분 | 보존계 | 맥스웰의 제2방정식 |

1 전하를 움직이는 데 필요한 일

지금까지 우리는 쿨롱의 법칙과 가우스 법칙을 이용하여 각종 전하분포에 의한 전계와 전속밀도를 구하였다. 그러나 이러한 쿨롱의 힘과 전계 및 전속밀도에 비해 우리에게 좀 더 유용한 형태의 전기적 양은 역시 에너지일 것이다. 이 절에서는 전계로부터 속박되어 있는 하전입자를 움직이는 데 필요한 일(에너지)과 전위에 대해 공부해보자.

정지하고 있는 물체의 속도는 0이므로 운동에너지도 0이다. 그러나 중력계에서 이 물체에 힘을 가해 일정 거리만큼 이동시키면 이 물체는 속도 및 운동에너지를 가지게 되며, 우리는 이 물체에 일을 해준 셈이 된다. 즉 물체는 우리가 해준 일에 상응하는 운동에너지를 가지며, **우리가 해준 일은 힘과 이동 거리에 비례**한다. 중력계와 마찬가지로 전계에서도 정지하고 있는 하전입자에 힘을 가해 하전입자가 움직이면 우리는 이 하전입자에 일을 해준 것이 되며, 하전입자는 이 일에 상응하는 운동에너지를 가지게 된다. 지금부터는 이 일과 전기적 힘, 즉 전계와의 상관관계에 대해 관심을 가지고 다룰 것이다.

2장에서 전계를 단위양전하에 미치는 쿨롱의 힘으로 정의하였다. 즉 점 P_1에 있는 점전하 Q_1에 의해 거리가 R만큼 떨어져 있는 점 P_2에서의 전계 $\mathbf{E}_2$는 다음과 같다.

$$\mathbf{E}_2 = \frac{\mathbf{F}_2}{Q_2} = \frac{Q_1}{4\pi\epsilon_0 R^2}\mathbf{a}_R$$

아래첨자에 유의하여 보면 전계 $\mathbf{E}_2$와 힘 $\mathbf{F}_2$를 만드는 원인은 전하 Q_1임을 알 수 있다. 즉 $Q_1 = 0$이면 전계 $\mathbf{E}_2$와 힘 $\mathbf{F}_2$는 발생하지 않는다. 만약 Q_1에 의해 형성되어 있는 전계의 공간에 또 다른 전하 Q_2가 있다면 Q_2는 전계로부터 $\mathbf{F}_2 = Q_2\mathbf{E}_2$의 힘을 받게 된다. 따라서 두 식으로부터 다음과 같은 중요한 관계가 성립한다.

★ 쿨롱의 힘과 전계와의 관계 ★

$$\mathbf{F} = Q\mathbf{E} \tag{3.1}$$

식 (3.1)에서 전하 Q는 전계의 원인이 되는 전하가 아니라 전계로부터 힘을 받는, 즉 속박당하고 있는 전하임에 유의하자. 이를 통해 하전입자가 $Q = +e\,[\mathrm{C}]$의 전하량을 가진 양(+)이온이라면 하전입자는 전계로부터 $\mathbf{F} = +e\mathbf{E}$의 힘을 받으며, 전자와 같이 $Q = -e\,[\mathrm{C}]$의 전하량을 가진다면 $\mathbf{F} = -e\mathbf{E}$가 되어 전자는 전계와 반대 방향으로 힘을 받아 이동한다는 것을 알 수 있다.

식 (3.1)에서 전하가 전계로부터 힘을 받는다는 사실은 전하가 전계라는 힘에 속박되어 있음을 의미한다. 이는 마치 어떤 물체가 중력장으로부터 힘을 받고 있는 것과 마찬가지이다. 따라서 이러한 전하를 움직이게 하려면 우선 전하를 전계의 속박에서 자유롭게 해줘야 하며, 이를 위해 $\mathbf{F} = -Q\mathbf{E}$의 힘을 외부에서 가해야 한다. 이러한 힘으로 미소거리 $d\mathbf{L}$ 만큼 전하를 움직이는 데 필요한 일 dW는 다음과 같이 표현할 수 있다.

$$dW = -Q\mathbf{E}\cdot d\mathbf{L} \tag{3.2}$$

즉 주어진 전계 내에서 전하 Q를 어떤 시점에서 종점까지 옮기는 데 필요한 일 W는 다음과 같다.

★ 전계 내의 전하를 옮기는 데 필요한 일 ★

$$W = -Q\int_{\text{시점}}^{\text{종점}} \mathbf{E}\cdot d\mathbf{L} \tag{3.3}$$

식 (3.3)에서 전계에 대항하여 전하를 옮기는 데 필요한 일의 결과가 양(+)의 값이라면 우리가 일을 해줘야 한다는 의미이며, 반대로 결과가 음(−)의 값이라면 전하를 옮기기 위해 음(−)의 일이 수행되었음을 의미한다. 이는 우리가 아닌 전계가 일을 하게 됨을 의미한다. 이때 한 가지 재미있는 사실은 전계 $\mathbf{E}$와 $d\mathbf{L}$이 서로 수직이면 $\mathbf{E}\cdot d\mathbf{L} = EdL\cos 90° = 0$이 되어 전계 내의 전하를 움직이는 데 필요한 일이 0이 된다는 것이다. 즉 전계의 방향에 수직 방향으로 전하를 움직이려 한다면 일은 필요하지 않다.

이러한 유사성은 중력계에서도 찾아볼 수 있다. 예를 들어 어떤 물체를 지상에서 5층 높이까지 옮기려면 일이 필요한데, 이 물체도 중력계로부터 속박당하고 있으므로 이를 극복하고 옮기려면 우리는 양(+)의 일을 해줘야 한다. 반대로 5층 높이에서 이 물체를 땅으로 떨어뜨리려면 음(−)의 일이 수행되어야 하며, 이 일은 우리가 아닌 중력계가 하게 된다. 중력의 방향에 대해 수직, 즉 지표면에 평행한 방향으로 물체를 옮기는 데는 일이 필요하지 않다.[1]

---

1 만약 마찰이 없는 완전한 평면을 구현하여 이 면에 공을 굴리면 공은 정지하지 않고 영원히 굴러갈 것이다. 이는 공이 이동하는 방향과 중력의 방향이 서로 수직이므로 공이 이동하는 데 필요한 일이 0임을 의미한다.

예제 3-1

전계 $\mathbf{E} = 2\mathbf{a}_x - 3\mathbf{a}_y + 4\mathbf{a}_z$[V/m] 내에서 전하 2[μC]을 $\Delta\mathbf{L} = 3\mathbf{a}_x + \mathbf{a}_y - 2\mathbf{a}_z$[μm]만큼 옮기는 데 필요한 일을 구하고 이 일을 수행하는 주체를 판단하라.

풀이

우선 주어진 전계 내의 전하 2[μC]을 $\Delta\mathbf{L}$만큼 옮기는 데 필요한 일은 식 (3.2)를 이용하여 다음과 같이 구할 수 있다.

$$\begin{aligned}\Delta W &= -Q\mathbf{E}\cdot\Delta\mathbf{L}\\ &= -2\times 10^{-6}\times(2\mathbf{a}_x - 3\mathbf{a}_y + 4\mathbf{a}_z)\cdot(3\mathbf{a}_x + \mathbf{a}_y - 2\mathbf{a}_z)\times 10^{-6}\\ &= 10\times 10^{-12} = 10\,[\text{pJ}]\end{aligned}$$

이 일은 양(+)의 값이므로 외부에서 일을 해줘야 한다.

2 선적분과 전계의 보존적 성질

전계 내에서 하전입자를 움직이는 데 필요한 일은 식 (3.3)과 같이 전계에 대한 선적분으로 구할 수 있다. [그림 3-1]과 같이 전계 $\mathbf{E}$ 내의 시점 B에서 종점 A 사이에 적분의 경로를 나타내는 선분벡터 $\mathbf{L}$이 있다고 가정하고 이 선분벡터 $\mathbf{L}$에 대한 벡터 $\mathbf{E}$의 선적분을 구해보자.

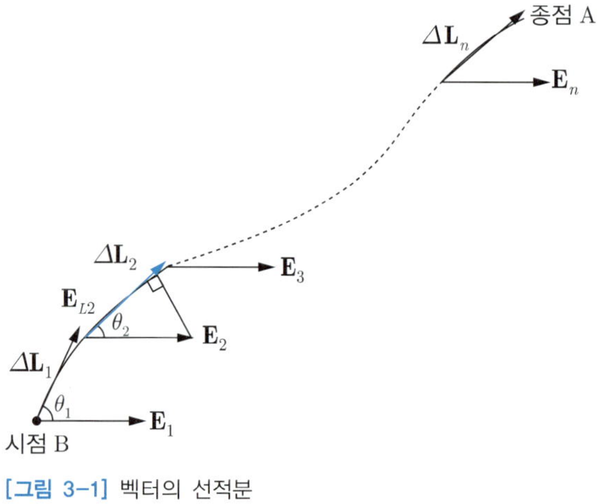

[그림 3-1] 벡터의 선적분
벡터 E의 선적분은 적분경로에 관계없이 일정하다.

우선 벡터 E의 선적분을 구하기 위해 적분경로인 곡선 L을 직선으로 간주할 수 있을 정도로 작은 n개의 미소길이 벡터로 나누고 이를 $\Delta\mathbf{L}_i(i = 1,\ 2,\ 3,\ \cdots,\ n)$라고 하자. [그림 3-1]에서 $\mathbf{E}_2 \cdot \Delta\mathbf{L}_2 = E_2\Delta L_2\cos\theta_2$이며, $E_2\cos\theta_2 = E_{L2}$이므로 $\mathbf{E}_2 \cdot \Delta\mathbf{L}_2 = E_{L2}\Delta L_2$가 된다. 따라서 전하 Q를 점 B에서 점 A로 옮기는 데 필요한 일은

$$W = -Q(E_{L1}\Delta L_1 + E_{L2}\Delta L_2 + E_{L3}\Delta L_3 + \cdots + E_{Ln}\Delta L_n)$$

으로부터 다음과 같이 된다.

$$W = -Q(\mathbf{E}_1 \cdot \Delta\mathbf{L}_1 + \mathbf{E}_2 \cdot \Delta\mathbf{L}_2 + \mathbf{E}_3 \cdot \Delta\mathbf{L}_3 + \cdots + \mathbf{E}_n \cdot \Delta\mathbf{L}_n)$$

만약 전계가 어디에서나 크기가 같은 평등전계라면

$$\mathbf{E}_1 = \mathbf{E}_2 = \mathbf{E}_3 = \cdots = \mathbf{E}_n$$

이므로 일에 대한 식은 다음과 같이 정리된다.

$$\begin{aligned} W &= -Q\mathbf{E} \cdot (\Delta\mathbf{L}_1 + \Delta\mathbf{L}_2 + \Delta\mathbf{L}_3 + \cdots + \Delta\mathbf{L}_n) \\ &= -\mathbf{E} \cdot \mathbf{L}_{BA} \end{aligned} \tag{3.4}$$

이 결과는 주어진 전계 내에서 전하를 옮기는 데 필요한 일이 전계의 세기와 전하량, 그리고 경로의 시점과 종점까지의 선분벡터 $\mathbf{L}_{BA}$에 의해 결정된다는 것을 의미한다. 즉 일은 그 전하를 이동시키기 위해 선택된 경로와는 무관하다. 식 (3.4)에서 알 수 있듯이 점 B에서 점 A까지의 경로가 곡선이든 직선이든 그 결과는 같다. 비록 이 절에서는 논의의 편의상 공간적으로 균일한 전계로 가정했으나 불평등 전계의 경우도 마찬가지이다. 선적분의 이러한 성질을 확장하여 생각해보면 전하를 임의의 닫힌 경로(폐경로)를 따라 일주시키는 데 필요한 일이 0이 된다는 중요한 사실을 알 수 있다. 따라서 다음과 같이 표현할 수 있다.

★ 맥스웰의 제2방정식의 적분형 ★

$$\oint \mathbf{E} \cdot d\mathbf{L} = 0 \tag{3.5}$$

이때 적분기호 중앙의 원은 적분경로가 닫힌 경로임을 의미하며, 이와 같은 방정식을 만족하는 계를 **보존계**(conservative field)라고 한다. 이는 어떤 닫힌 경로를 따라 전하를 옮기는 데 일이 필요하지 않으며, 에너지는 계 내에 보존되기 때문이다. 이러한 보존계는 반드시 전계에 국한되는 개념은 아니며, 중력계에서도 보존계의 성질을 찾아볼 수 있다. 한 물체를 위로 옮기기 위해 일이 필요하지만 원위치로 되돌리기 위해 같은 양의 에너지가 되돌아오기 때문이다.

한편 정전계의 보존적 성질을 나타내는 식 (3.5)는 5장에서 배우게 될 벡터의 회전 연산 및 스토크스의 정리(Stokes' theorem)를 이용하면 다음과 같이 표현된다. 이는 두 번째 맥스웰 방정식으로, 전계의 보존적 성질을 나타내는 매우 중요한 식이다.[2]

★ 맥스웰의 제2방정식의 미분형 ★

$$\nabla \times \mathbf{E} = 0 \tag{3.6}$$

예제 3-2

전계 $\mathbf{E} = 2xy^2\mathbf{a}_x + 3x^2\mathbf{a}_y - 6\mathbf{a}_z$ [V/m] 내에서 $Q = 2$ [C]의 전하가 원점에서 점 P(1, 2, 3) [m]로 $y = 2x$ 의 이동경로를 통해 이동하는 데 필요한 일을 구하라.

풀이

전하를 옮기는 데 필요한 일은 식 (3.3)에 의해 다음과 같이 구한다.

$$\begin{aligned} W &= -Q\int \mathbf{E} \cdot d\mathbf{L} \\ &= -2 \times \int \left(2xy^2\mathbf{a}_x + 3x^2\mathbf{a}_y - 6\mathbf{a}_z\right) \cdot \left(dx\,\mathbf{a}_x + dy\,\mathbf{a}_y + dz\,\mathbf{a}_z\right) \\ &= -\int \left(4xy^2dx + 6x^2dy - 12dz\right) \end{aligned}$$

여기에 $y = 2x$ 또는 $dy = 2dx$ 의 이동경로를 적용하면 다음과 같이 필요한 일을 구할 수 있다.

$$\begin{aligned} W &= -\int_0^1 16x^3dx - \int_0^1 12x^2dx + \int_0^3 12dz \\ &= -16\left[\frac{x^4}{4}\right]_0^1 - 12\left[\frac{x^3}{3}\right]_0^1 + 12[z]_0^3 = 28\ [\mathrm{J}] \end{aligned}$$

2 식 (3.5)와 식 (3.6)은 정전계에서는 성립하지만 7장의 시가변계에서 패러데이 법칙을 배우고 나면 성립하지 않음을 알게 될 것이다. 이때 우리는 맥스웰 방정식을 일부 수정하게 될 것이다.

SECTION 3.2

전위와 전위차

이 절에서는 전위와 전위차를 정의하고 전위의 물리적 개념을 이해한다. 그리고 전계와 각종 전하분포로부터 전위를 구하는 방법에 대해 살펴본다.

Keywords | 전위 | 전위차 |

1 전위와 전위차의 개념

식 (3.3)의 $W = -Q\int_{\text{시점}}^{\text{종점}} \mathbf{E} \cdot d\mathbf{L}$ 은 주어진 전계 내에서 전하 Q 를 시점에서 종점까지 옮기는 데 필요한 에너지였다. 이 식의 양변을 전하 Q 로 나누면

$$\frac{W}{Q} = -\int_{\text{시점}}^{\text{종점}} \mathbf{E} \cdot d\mathbf{L}$$

이 되는데, 이는 주어진 **전계 내에서 단위양전하**($+1\,[\mathrm{C}]$)**를 시점에서 종점까지 옮기는 데 필요한 에너지**라고 설명할 수 있다. 이러한 에너지를 **전위**(electric potential)[3]라고 정의하고 다음과 같이 표현한다.

★ 전위 ★

$$V = -\int_{\text{시점}}^{\text{종점}} \mathbf{E} \cdot d\mathbf{L} \tag{3.7}$$

전위는 [J/C] (Joule/Coulomb, 줄/쿨롱) 단위를 사용하며, 실용단위로 [V] (volt, 볼트)를 사용한다.

전위는 때때로 전위차와 같은 의미로 사용된다. 전위는 이미 정의한 바와 같이 전계 내에서 단위양전하를 점 B에서 점 A까지 옮기는 데 외부에서 해줘야 하는 일(필요한 에너지)이다. 이를 '점 B에 대한 점 A의 전위' 또는 '두 점 사이의 전위차'로 부르기도 한다. 그러므로 **점 A, B 사이의 전위차**(potential difference)를 표현하면 다음과 같다.

$$V_{AB} = -\int_{B}^{A} \mathbf{E} \cdot d\mathbf{L} \tag{3.8}$$

3 전기공학에서는 전위를 비롯해 전압(voltage), 기전력(electromotive force), 전압강하(voltage drop) 등 다양한 용어를 사용하고 있으나 전위가 그 물리적 개념을 가장 잘 나타내는 용어라고 생각된다.

키가 170[cm]인 사람을 생각해보자. 이 값은 발끝의 좌푯값을 0이라고 할 때 머리끝의 좌푯값이 170[cm]임을 의미하며, 170 − 0 = 170[cm]에 따라 키의 실질적 크기를 나타낸다. 만약 그 사람이 30[cm]의 단상 위에 서 있다고 가정하면 머리끝의 좌푯값은 200[cm]가 될 것이다. 그러나 그 사람의 실제 키는 200 − 30 = 170[cm]로, 이전과 변함이 없다. 이때 0과 30[cm]는 결국 사람의 키를 결정하는 기준값이 된다.

전위도 마찬가지이다. 궁극적으로 전위 및 전위차는 '단위양전하를 옮기는 데 필요한 일'로 정의되며, 이는 곧 '전기적으로 어느 정도의 일을 해줘야 단위양전하를 점 B에서 점 A까지 옮길 수 있는가?' 또는 '이 일을 하려면(이 정도의 전류를 형성하려면) 몇 볼트가 필요한가?'와 같은 의미이다. 즉 한 점의 전위가 같은 200[V]여도 200[V]의 전위를 결정하는 기준 전위에 따라 수행되는 일의 양은 달라질 수 있다.

예를 들어 [그림 3-2]와 같이 점 A의 전위는 점 B를 기준으로 하면 110 − (− 110) = 220[V]가 되지만 점 O를 기준 전위로 하면 110 − 0 = 110[V]가 된다. 즉 같은 점이라도 기준 전위에 따라 값이 달라진다. 기준 전위가 명확하지 않으면 전위의 값은 의미가 없어진다. 따라서 전위를 표현할 때는 '점 B에 대한 점 A의 전위'가 분명한 의미를 가지게 된다. 이를 두 점 사이의 **전위차**라고 한다.

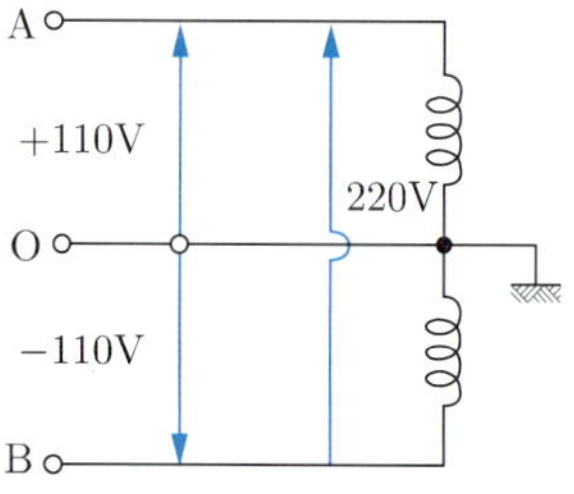

[그림 3-2] 전위차를 설명하는 회로의 예
두 점 사이의 전위차는 기준 전위에 의해 결정된다.

점 A와 점 B의 전위를 각각 V_A, V_B라고 할 때 두 점 사이의 전위차는 다음과 같다.

★ 점 A, B 사이의 전위차 ★

$$V_{AB} = -\int_B^A \mathbf{E} \cdot d\mathbf{L} = V_A - V_B \tag{3.9}$$

점 A와 점 B 사이의 전위차도 전계의 선적분에 의해 결정되므로 전계가 없는 공간에는 전위와 전위차도 존재하지 않는다. 즉 두 점 사이의 전위차는 두 점 사이에 전기적 힘(전계)이 있음을 의미한다.

한편 한 점의 전위를 결정할 때 기준 전위가 0[V]인 점이 있다면 매우 편리할 것이다. 만약 점 A의 전위를 결정할 때 점 B의 전위가 0[V]라면 $V_{AB} = V_A - V_B = V_A - 0 = V_A$로, 0[V]인 기준 전위에 대한 점 A 의 전위는 절대전위가 된다.

전기공학에는 두 개의 분명한 영전위 기준점이 존재한다. 첫 번째 영전위 기준점은 **대지면의 전위**로, 전기회로를 결선할 때나 각종 전기·전자 제품을 사용할 때 활용되는 접지(ground)가 그 예에 해당한다. 전기제품을 사용할 때 접지는 사용자의 안전뿐만 아니라 사용하는 전기 제품의 올바른 동작을 위한 정확한 전압 공급을 위해서도 필요하다. 두 번째 영전위 기준점은 **무한원점의 전위**이다. 쿨롱의 법칙에 따라 점전하에 의한 전계는 전하로부터 떨어진 거리의 제곱에 반비례하며, 전위는 결국 전계를 거리로 한 번 적분한 것이므로 거리의 1승에 반비례한다. 따라서 전위를 구하려는 점에서 무한히 먼 점의 전위를 영전위 기준점으로 볼 수 있다.

예제 3-3

전계 $\mathbf{E} = 4x\mathbf{a}_x + 3y^2\mathbf{a}_y + 2\mathbf{a}_z$ [V/m] 일 때 다음을 구하라.

(a) 점 $P_1(2, -2, 1)$ [m]와 점 $P_2(4, 2, -2)$ [m] 사이의 전위차 V_{12}

(b) 점 $P_2(4, 2, -2)$ [m]를 영전위 기준점이라고 할 때 점 $P_1(2, -2, 1)$ [m]에서의 전위 V_1

(c) 원점을 영전위 기준점이라고 할 때 점 $P_1(2, -2, 1)$ [m]에서의 전위 V_1

풀이

(a) 두 점 사이의 전위차는 식 (3.9)를 이용하여 전계의 선적분을 구하면 된다. 이때 전위차 V_{12}는 점 P_2에 대한 점 P_1의 전위이기도 하다.

$$\begin{aligned}
V_{12} &= -\int \mathbf{E} \cdot d\mathbf{L} \\
&= -\int (4x\,\mathbf{a}_x + 3y^2\mathbf{a}_y + 2\,\mathbf{a}_z) \cdot (dx\,\mathbf{a}_x + dy\,\mathbf{a}_y + dz\,\mathbf{a}_z) \\
&= -\int (4xdx + 3y^2dy + 2dz) \\
&= -\int_4^2 4xdx - \int_2^{-2} 3y^2dy - \int_{-2}^1 2dz = 34\,[\text{V}]
\end{aligned}$$

(b) 점 P_2를 영전위 기준점이라고 하면 $V_2 = 0$이므로 V_1은 다음과 같이 계산한다.

$$V_{12} = V_1 - V_2 = V_1 - 0 = V_1 = 34\,[\text{V}]$$

(c) 원점이 영전위 기준점이므로 $V_{10} = V_1 - V_0 = V_1 - 0 = V_1$이 되어 점 P_1에서의 전위 V_1은 원점 $O(0, 0, 0)$에 대한 점 $P_1(2, -2, 1)$ [m]의 전위와 같다.

$$\begin{aligned}
V_1 &= -\int \mathbf{E} \cdot d\mathbf{L} = -\int (4xdx + 3y^2dy + 2dz) \\
&= -\int_0^2 4xdx - \int_0^{-2} 3y^2dy - \int_0^1 2dz = -2\,[\text{V}]
\end{aligned}$$

예제 3-4

$50[V/m]$의 전계 내에서 단위양전하를 $40[V]$인 점에서 전계 방향의 점 A로 $60[cm]$ 이동할 때 점 A의 전위를 구하라.

풀이

전위 $V_{AB} = -\int_B^A \mathbf{E} \cdot d\mathbf{L}$의 의미는 다음과 같이 정리할 수 있다.

❶ 전계 내에서 점 B에서 점 A까지 ΔL만큼 단위양전하를 옮기는 데 필요한 일

❷ 점 A와 점 B 사이의 전위차 ($V_{AB} = V_A - V_B$)

❸ 점 B에 대한 점 A의 전위

먼저 ❶의 의미로 해석하면 '점 B(40[V])에서 점 A(V_A)로 ΔL(60[cm])만큼 이동'하므로 $V_B = 40[V]$이며, 60[cm] 이동한 점의 전위가 V_A가 된다. 즉 두 점의 전위차는 다음과 같다.

$$V_{AB} = -\int_B^A \mathbf{E} \cdot d\mathbf{L} = -50 \times 0.6 = -30$$

이 결과는 ❷ 두 점 사이의 전위차 $V_{AB} = V_A - V_B$와 같으며, 점 B의 전위가 $V_B = 40[V]$이므로

$$V_{AB} = V_A - V_B = V_A - 40 = -30$$

이 된다. 따라서 점 A의 전위는 다음과 같다.

$$V_A = 10[V]$$

2 각종 전하분포에 의한 전위

점전하

점전하 Q로부터 r_A, r_B만큼 떨어진 두 점 A, B 사이의 전위차를 구해보자. 우선 점전하 Q로부터 거리 r만큼 떨어진 곳의 전계는

$$\mathbf{E} = \frac{Q}{4\pi\epsilon_0 r^2}\mathbf{a}_r$$

이므로 전위차는 다음과 같다.

★ 점전하에 의한 전위 ★

$$V_{AB} = -\int_B^A \mathbf{E} \cdot d\mathbf{L} = -\int_{r_B}^{r_A} \frac{Q}{4\pi\epsilon_0 r^2}\mathbf{a}_r \cdot dr\,\mathbf{a}_r = \frac{Q}{4\pi\epsilon_0}\left(\frac{1}{r_A} - \frac{1}{r_B}\right) \quad (3.10)$$

만약 식 (3.10)에서 $r_A < r_B$라면 $V_{AB} > 0$이 되므로 단위양전하를 점 B에서 점 A까지 옮기려면 외부에서 일을 해줘야 한다. 점전하에 의한 전계는 거리가 증가하면 거리의 제곱에 반비례하여 약해지므로 점 A의 전계가 점 B의 전계보다 강하다. 즉 전계가 약한 점 B에서 강한 점 A로 단위전하를 옮기려면 외부에서의 일이 필요하다. 반대로 전계가 강한 점 A에서 약한 점 B로 단위전하를 옮기려면 외부로부터의 일은 필요하지 않은데, 이는 전계가 일을 수행한다는 의미이다.

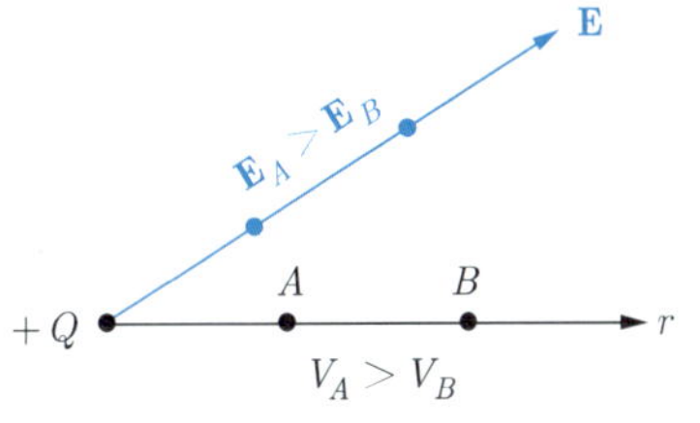

[그림 3-3] 점전하에 의한 두 점 사이의 전위차 V_{AB}
점 A의 전계가 점 B의 전계보다 크므로 전위도 $V_A > V_B$이다.

한편 두 점 사이의 전위차 $V_{AB} = V_A - V_B$이므로 식 (3.10)은 다음과 같이 쓸 수 있다.

$$V_{AB} = V_A - V_B = \frac{Q}{4\pi\epsilon_0 r_A} - \frac{Q}{4\pi\epsilon_0 r_B}$$

여기에서 중요한 사실은 V_{AB}는 두 점 A, B 사이의 전위차 또는 점 B에 대한 점 A의 전위이지만 점 A와 점 B의 전위인 V_A 및 V_B도 영전위 기준점을 가져야 한다는 것이다. 즉 V_A 및 V_B도 영전위 기준점에 대한 점 A와 점 B의 전위로 표현될 수 있다. V_A 및 V_B를 무한원점을 영전위 기준점으로 설정하여 계산해보면 V_{AB}는 앞선 식과 같은 결과를 얻을 수 있다.

$$\begin{aligned} V_{AB} &= V_A - V_B = [V_A - 0] - (V_B - 0) \\ &= \left[-\int_\infty^{r_A} \frac{Q}{4\pi\epsilon_0 r^2}\mathbf{a}_r \cdot dr\mathbf{a}_r\right] - \left(-\int_\infty^{r_B} \frac{Q}{4\pi\epsilon_0 r^2}\mathbf{a}_r \cdot dr\mathbf{a}_r\right) \\ &= \frac{Q}{4\pi\epsilon_0 r_A} - \frac{Q}{4\pi\epsilon_0 r_B} \end{aligned}$$

무한 선전하

z축에 무한히 긴 $\rho_L[\mathrm{C/m^2}]$의 선전하가 균일하게 분포되어 있다. 이때 z축으로부터 각각 ρ_A와 ρ_B 만큼 떨어진 두 점 A, B 사이의 전위차를 구해보자. 선전하밀도 ρ_L에 의한 전계가

$$\mathbf{E} = \frac{\rho_L}{2\pi\epsilon_0\rho}\mathbf{a}_\rho$$

이므로 두 점 사이의 전위차는 다음과 같다.

★ 무한 선전하에 의한 전위 ★

$$V_{AB} = -\int_B^A \mathbf{E}\cdot d\mathbf{L} = -\int_{\rho_B}^{\rho_A}\frac{\rho_L}{2\pi\epsilon_0\rho}\mathbf{a}_\rho\cdot d\rho\mathbf{a}_\rho = \frac{\rho_L}{2\pi\epsilon_0}\ln\frac{\rho_B}{\rho_A} \tag{3.11}$$

이를 통해 다음의 두 가지 사실을 알 수 있다.

- $\rho_A < \rho_B$이면 $V_{AB} > 0$이 되므로 단위양전하를 점 ρ_B에서 점 ρ_A까지 옮기려면 외부에서 일을 해줘야 한다.
- $\rho_A > \rho_B$이면 $V_{AB} < 0$이 되므로 단위양전하를 옮기는 데는 음(−)의 일이 수행되며, 전계가 이 일을 수행하게 된다.

예제 3-5

자유공간에서 무한한 길이의 직선도체에 $\rho_L = 2\pi\,[\mathrm{nC/m}]$의 선전하가 분포되어 있다. 이 도체로부터 수직거리 $2[\mathrm{m}]$와 $4[\mathrm{m}]$만큼 떨어진 두 점 사이의 전위차를 구하라.

풀이

$\rho = 2[\mathrm{m}]$인 점과 $\rho = 4[\mathrm{m}]$인 점을 각각 점 A, B라고 하면 전위차는 식 (3.11)에 의해 다음과 같다.

$$V_{AB} = -\int_B^A \mathbf{E}\cdot d\mathbf{L} = -\int_B^A \frac{\rho_L}{2\pi\epsilon_0\rho}\mathbf{a}_\rho\cdot d\rho\mathbf{a}_\rho = -\frac{\rho_L}{2\pi\epsilon_0}\int_{\rho=4}^{\rho=2}\frac{1}{\rho}d\rho$$

$$= -\frac{2\pi\times10^{-9}}{2\pi\epsilon_0}[\ln\rho]_4^2 = 78.3\,[\mathrm{V}]$$

평행평판 콘덴서

$x = 0$인 면에 $\rho_S\,[\mathrm{C/m^2}]$, $x = d$인 면에 $-\rho_S\,[\mathrm{C/m^2}]$만큼 무한히 넓은 면전하가 분포되어 있는 평행평판 콘덴서의 경우 $0 < x < d$에서 전계의 세기는

$$\mathbf{E} = \frac{\rho_S}{\epsilon_0}\mathbf{a}_x$$

이므로 다음과 같이 전위를 구한다.

★ 평행평판 콘덴서에서의 전위 ★

$$V_{0d} = -\int_d^0 \frac{\rho_S}{\epsilon_0}\mathbf{a}_x \cdot dx\mathbf{a}_x = \frac{\rho_S}{\epsilon_0}d \tag{3.12}$$

동축케이블

내·외부 반경이 a, b인 동축케이블은 내부 도체의 내부($\rho < a$)와 외부 도체의 외부($\rho > b$)에 전계가 없으므로 전위 또는 전위차를 정의할 수 없다. 따라서 $a < \rho < b$에서의 전계를 가우스 법칙을 활용하여 구하면

$$\mathbf{E} = \frac{a\rho_S}{\epsilon_0 \rho}\mathbf{a}_\rho$$

이므로 두 도체의 전위차는 다음과 같다.

★ 동축케이블에서의 전위 ★

$$V_{ab} = -\int_b^a \mathbf{E} \cdot d\mathbf{L} = -\int_b^a \frac{a\rho_S}{\epsilon_0 \rho}\mathbf{a}_\rho \cdot d\rho\mathbf{a}_\rho = \frac{a\rho_S}{\epsilon_0}\ln\frac{b}{a} \tag{3.13}$$

이는 a, b 사이의 전위차이지만 동축케이블은 일반적으로 외부 도체를 접지해 사용하므로 외부 도체가 영전위 기준점이 되며, 내부 도체 표면의 전위가 절대전위의 의미를 가진다.

만약 동축케이블의 내부 도체 $\rho = a$의 전하분포를 선전하밀도 $\rho_L\,[\mathrm{C/m^2}]$라고 하면, 전계는

$$\mathbf{E} = \frac{\rho_L}{2\pi\epsilon_0 \rho}\mathbf{a}_\rho$$

가 되므로 다음과 같이 표현할 수 있다.

$$V_{ab} = -\int_b^a \frac{\rho_L}{2\pi\epsilon_0\rho}\mathbf{a}_\rho \cdot d\rho\mathbf{a}_\rho = \frac{\rho_L}{2\pi\epsilon_0}\ln\frac{b}{a}$$

동심 구 도체

내·외구의 반지름이 각각 a, b[m]인 동심 구 도체의 내구에 점전하 Q[C]이 있을 때 두 도체 사이의 전위차를 구해보자. 동심 구 도체도 내구의 내부($r < a$)에는 전하가 없으므로 전계는 0이며, 이는 외구의 외부($r > b$)에서도 동일하다. 따라서 이 영역에서 전위 및 전위차는 정의될 수 없다. 한편 $a < r < b$인 임의의 한 점에서의 전계는

$$\mathbf{E} = \frac{Q}{4\pi\epsilon_0 r^2}\mathbf{a}_r$$

이므로 두 도체 사이의 전위차는 다음과 같다.

★ 동심 구 도체에서의 전위 ★

$$V_{ab} = -\int_b^a \mathbf{E}\cdot d\mathbf{L} = -\int_b^a \frac{Q}{4\pi\epsilon_0 r^2}\mathbf{a}_r \cdot dr\mathbf{a}_r = \frac{Q}{4\pi\epsilon_0}\left(\frac{1}{a} - \frac{1}{b}\right) \tag{3.14}$$

3 점전하계 및 연속적인 전하분포에 의한 전위

다수의 점전하 Q_1, Q_2, Q_3, $\cdots$이 점 P_1, P_2, P_3, $\cdots$에 있을 때 이에 대한 한 점 P에서의 전계는 각 전하가 만들어주는 전계들의 대수합으로 생각할 수 있다. 그러므로 합성전계 $\mathbf{E} = \mathbf{E}_1 + \mathbf{E}_2 + \mathbf{E}_3 + \cdots$이다. 따라서 이에 대한 점 P에서의 전위는 다음과 같다.

$$\begin{aligned} V &= -\int_\infty^p \mathbf{E}\cdot d\mathbf{L} = -\int_\infty^p (\mathbf{E}_1 + \mathbf{E}_2 + \mathbf{E}_3 + \cdots)\cdot d\mathbf{L} \\ &= \left(-\int \mathbf{E}_1\cdot d\mathbf{L}_1\right) + \left(-\int \mathbf{E}_2\cdot d\mathbf{L}_2\right) + \left(-\int \mathbf{E}_3\cdot d\mathbf{L}_3\right) + \cdots \end{aligned}$$

이 식의 제1항은 점전하 Q_1에 의한 전위 V_1으로, 다른 항들도 나머지 전하들에 의한 전위로 다음과 같이 표현할 수 있다.

$$V = V_1 + V_2 + V_3 + \cdots$$

각 전하들에 의한 전위는

$$V_1 = \frac{Q_1}{4\pi\epsilon_0 r_1},\quad V_2 = \frac{Q_2}{4\pi\epsilon_0 r_2},\quad V_3 = \frac{Q_3}{4\pi\epsilon_0 r_3},\ \cdots$$

이므로 전위는 다음과 같이 쓸 수 있다.

$$V = \frac{Q_1}{4\pi\epsilon_0 r_1} + \frac{Q_2}{4\pi\epsilon_0 r_2} + \frac{Q_3}{4\pi\epsilon_0 r_3} + \cdots = \frac{1}{4\pi\epsilon_0}\sum_{i=1}^{n}\frac{Q_i}{r_i} \tag{3.15}$$

연속적인 전하분포의 경우 체적전하밀도 ρ_v에 의한 전위는 $Q = \rho_v \Delta v$의 관계를 이용하면

$$V = \frac{\rho_v \Delta v_1}{4\pi\epsilon_0 r_1} + \frac{\rho_v \Delta v_2}{4\pi\epsilon_0 r_2} + \frac{\rho_v \Delta v_3}{4\pi\epsilon_0 r_3} + \cdots$$

이므로 체적전하밀도 ρ_v에 의한 전위는 다음과 같다.

★ 체적전하밀도 ρ_v에 의한 전위 ★

$$V = \int_{vol} \frac{\rho_v}{4\pi\epsilon_0 r} dv \tag{3.16}$$

선전하밀도 ρ_L 및 표면전하밀도 ρ_S에 의한 전위의 표현식 역시 다음과 같이 나타낸다.

★ 선전하밀도 ρ_L에 의한 전위 ★

$$V = \int_{L} \frac{\rho_L}{4\pi\epsilon_0 r} dL \tag{3.17}$$

★ 표면전하밀도 ρ_S에 의한 전위 ★

$$V = \int_{S} \frac{\rho_S}{4\pi\epsilon_0 r} dS \tag{3.18}$$

예제 3-6

$z=0$인 xy 평면에 위치한, 반지름이 $3\,[\mathrm{m}]$인 매우 가는 원형의 도선을 따라 $\rho_L = 20\epsilon_0\,[\mathrm{C/m}]$의 선전하가 균일하게 분포되어 있다. 점 $\mathrm{P}(0,\ 0,\ 4)\,[\mathrm{m}]$에서의 전위를 구하라.

풀이

우선 선전하를 매우 작은 점전하로 분할한 뒤 [그림 3-4]의 ΔQ에 의한 전위 ΔV를 생각해보면 다음과 같다.

$$\Delta V = \frac{\Delta Q}{4\pi\epsilon_0 R} = \frac{\rho_L dL}{4\pi\epsilon_0 R}$$

이제 분할된 모든 전하에 의한 전위를 구하면 $\mathbf{R} = 4\mathbf{a}_z - 3\mathbf{a}_\rho$, $dL = \rho d\phi = 3d\phi$이므로 선전하밀도에 의한 전위는 다음과 같다.

$$V = \int_L \frac{\rho_L}{4\pi\epsilon_0 R} dL = \int_0^{2\pi} \frac{20\epsilon_0}{4\pi\epsilon_0\sqrt{4^2 + (-3)^2}} \times 3d\phi = 6\,[\mathrm{V}]$$

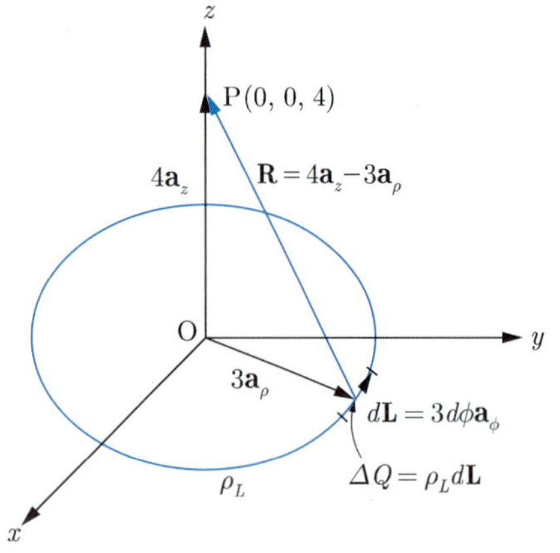

[그림 3-4] 선전하밀도에 의한 z축에서의 전위

예제 3-7

$z = 0$인 xy 평면의 $0 < \rho < 0.6\,[\mathrm{m}]$인 공간에 $\rho_S = 8\epsilon_0\,[\mathrm{C/m^2}]$의 면전하가 균일하게 분포되어 있다. 점 $\mathrm{P}(0,\ 0,\ 0.8)\,[\mathrm{m}]$에서의 전위를 구하라.

풀이

[그림 3-5]와 같이 표면전하가 있는 xy 평면에서의 미소면적 dS와 dS에서 전위점 P로 향하는 거리벡터 $\mathbf{R}$은 다음과 같다.

$$dS = \rho d\rho d\phi$$

$$\mathbf{R} = z\mathbf{a}_z - \rho\mathbf{a}_\rho = 0.8\mathbf{a}_z - \rho\mathbf{a}_\rho$$

따라서 표면전하밀도에 의한 전위 V는 식 (3.18)을 이용하여 다음과 같이 계산한다.

$$V = \int_S \frac{\rho_S}{4\pi\epsilon_0 R} dS = \int_0^{2\pi}\int_0^{0.8} \frac{8\epsilon_0}{4\pi\epsilon_0\sqrt{0.64 + \rho^2}} \rho d\rho d\phi$$

$$= \int_0^{0.6} \frac{16\pi\epsilon_0}{4\pi\epsilon_0\sqrt{0.64 + \rho^2}} \rho d\rho$$

적분을 풀기 위해 $\sqrt{0.64+\rho^2}=t$라고 하고 양변을 제곱하면 $0.64+\rho^2=t^2$이 되며, 양변을 미분하면 $2\rho d\rho=2tdt$, 즉 $\rho d\rho=tdt$가 된다. 따라서

$$dt=\frac{\rho d\rho}{t}=\frac{\rho d\rho}{\sqrt{0.64+\rho^2}}$$

가 된다. 또한 $\sqrt{0.64+\rho^2}=t$에서 $0<\rho<0.6$에 대응하는 변수 t의 범위가 $0.8<t<1$이 됨을 이용하여 전위를 계산하면 다음과 같다.

$$V=\int_{0.8}^{1}\frac{4t}{t}dt=4(1-0.8)=0.8\,[\mathrm{V}]$$

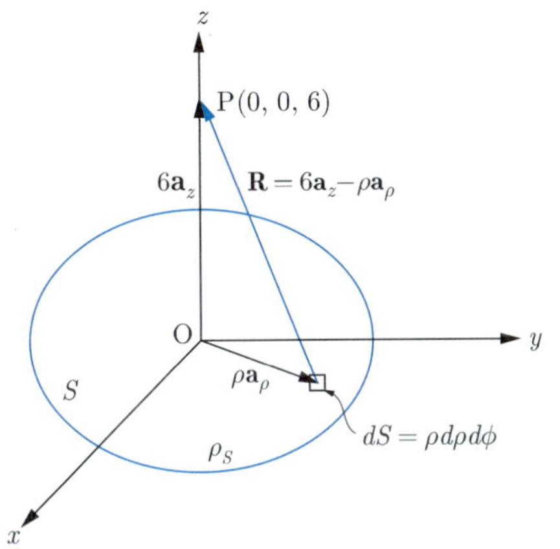

[그림 3-5] 면전하밀도에 의한 z축에서의 전위

예제 3-8

원점에 점전하 $Q=4\,[\mathrm{nC}]$이 있다. 다음 조건에 따른 $r=0.5\,[\mathrm{m}]$에서의 전위를 구하라.

(a) 무한원점에서 $V=0\,[\mathrm{V}]$

(b) $r=1\,[\mathrm{m}]$에서 $V=0\,[\mathrm{V}]$

(c) $r=1\,[\mathrm{m}]$에서 $V=6\,[\mathrm{V}]$

풀이

(a) $r=0.5\,[\mathrm{m}]$에서의 전위를 V_A라고 할 때 무한원점에서의 전위 $V_B=0$이므로 전위 V_A는 다음과 같다.

$$V_A=\frac{Q}{4\pi\epsilon_0 r}=9\times10^9\times4\times10^{-9}\times\frac{1}{0.5}=72\,[\mathrm{V}]$$

(b) $r = 0.5\,[\text{m}]$의 전위를 V_A, $r = 1\,[\text{m}]$에서의 전위를 V_B라고 할 때 전위차 V_{AB}는 식 (3.10)을 이용하여 다음과 같이 구할 수 있다.

$$\begin{aligned} V_{AB} &= \frac{Q}{4\pi\epsilon_0}\left(\frac{1}{r_A} - \frac{1}{r_B}\right) \\ &= 9 \times 10^9 \times 4 \times 10^{-9}\left(\frac{1}{0.5} - \frac{1}{1}\right) = 36\,[\text{V}] \end{aligned}$$

$r = 1\,[\text{m}]$인 점이 영전위 기준점이므로 전위차 $V_{AB} = V_A - V_B = V_A - 0 = V_A$가 된다. 따라서 V_A는 $36\,[\text{V}]$이다.

(c) 영전위 기준점이 없는 경우이다. 우선 $r = 1\,[\text{m}]$일 때의 전위 $V_B = 6\,[\text{V}]$를 기준 전위로 하여 $r = 0.5\,[\text{m}]$에서의 전위 V_A와의 전위차 V_{AB}를 다음과 같이 구한다.

$$V_{AB} = \frac{Q}{4\pi\epsilon_0}\left(\frac{1}{r_A} - \frac{1}{r_B}\right) = 36\,[\text{V}]$$

기준 전위 $V_B = 6\,[\text{V}]$이므로 두 점 사이의 전위차 V_{AB}는

$$V_{AB} = V_A - V_B = V_A - 6 = 36\,[\text{V}]$$

이다. 따라서 전위 V_A는 $42\,[\text{V}]$이다.

SECTION
3.3 전위계수

한 공간에 여러 개의 도체가 존재할 때 특정 도체에 주어진 전하에 의해 다른 도체군에 발생하는 전위분포를 파악한다.

Keywords | 전위계수 | 중첩의 원리 | 엘라스턴스 |

어떤 도체들에 각각 Q_1, Q_2, ⋯ 의 전하를 줬을 때 각 도체의 전위가 V_1, V_2, ⋯ 이고 Q_1', Q_2', ⋯ 의 전하를 줬을 때 전위가 V_1', V_2', ⋯ 라면 Q_1+Q_1', Q_2+Q_2', ⋯ 의 전하를 줬을 때의 전위는 V_1+V_1', V_2+V_2', ⋯ 이 된다. 이를 중첩의 원리라고 하며, **원인이 되는 양을 중첩하면 그 결과도 중첩되는 현상**을 의미한다. 점전하와 전위의 관계에도 중첩의 원리가 성립한다.

도체 1에서 도체 n까지의 도체계를 생각해보자. 우선 모든 도체를 영전하로 한 상태에서 도체 1에만 단위전하를 주었을 때 도체의 전위를 각각 p_{11}, p_{21}, p_{31}, ⋯ , p_{n1}이라고 하면 도체 1에 전하 Q_1을 주고 다른 도체를 영전하로 하였을 때 각 도체의 전위는 다음과 같다.

$$p_{11}Q_1,\ p_{21}Q_1,\ p_{31}Q_1,\ \cdots,\ p_{n1}Q_1$$

다음으로 도체 2에만 단위전하를 주고 다른 도체들을 영전하로 하였을 때 도체의 전위를 각각 p_{12}, p_{22}, p_{32}, ⋯ , p_{n2}라고 하자. 이제 도체 2에 Q_2를 인가하면 각 도체의 전위는

$$p_{12}Q_2,\ p_{22}Q_2,\ p_{32}Q_2,\ \cdots,\ p_{n2}Q_2$$

가 된다. 같은 방법으로 이 도체계의 모든 도체가 각각 Q_1, Q_2, ⋯ , Q_n의 전하를 가질 때 각 도체의 전위 V_1, V_2, ⋯ , V_n은 중첩의 원리를 적용하여 다음과 같이 표현할 수 있다.

$$\begin{aligned}
V_1 &= p_{11}Q_1 + p_{12}Q_2 + p_{13}Q_3 + \cdots + p_{1n}Q_n \\
V_2 &= p_{21}Q_1 + p_{22}Q_2 + p_{23}Q_3 + \cdots + p_{2n}Q_n \\
V_3 &= p_{31}Q_1 + p_{32}Q_2 + p_{33}Q_3 + \cdots + p_{3n}Q_n \\
&\ \vdots \\
V_n &= p_{n1}Q_1 + p_{n2}Q_2 + p_{n3}Q_3 + \cdots + p_{nn}Q_n
\end{aligned} \tag{3.19}$$

여기서 p_{12}, p_{21}, p_{31} 등의 계수는 특정 도체에 단위전하를 주었을 때 인접한 도체들의 전위이다. 이 계수는 도체의 배열이 정해지면 결정되는 상수로 **전위계수**라고 하며, 식 (3.19)로부터 전위계수와 전하의 곱이 전위가 되므로 [V/C](Volt/Coulomb, 볼트/쿨롱) 단위를 사용한다. [C/V](Coulomb/

Volt, 쿨롱/볼트)는 [F](farad, 패럿)이라고 하므로 전위계수의 단위는 [1/F], 즉 1/farad이 된다. 이를 **엘라스턴스**(elastance)라고 한다.

한편 전기력선은 전위가 높은 곳에서 낮은 곳으로 향하므로 **등전위의 도체 사이에는 전기력선의 출입이 있을 수 없다**. 다시 말해 특정 도체에 전기력선의 출입이 있다는 것은 그 도체의 전위가 최고도 아니고 최저도 아니라는 뜻이다. 전기력선이 나간다는 것은 그 도체가 주변의 다른 도체보다 더 높은 전위의 상태에 있음을 의미하며, 반대로 전기력선이 들어온다는 것은 주변에 그 도체보다 더 높은 전위를 가진 도체가 있음을 뜻하기 때문이다.

따라서 도체 1에만 단위양전하를 주고 주변 도체의 전하를 영으로 하면 도체 1의 전위는 주변의 도체에 비해 가장 높은 전위를 갖게 된다. 즉 전위계수 p_{11}은 도체 1에만 단위전하를 주고 주변의 도체들의 전하는 0일 때의 도체 1의 전위이므로 $p_{11} > 0$이 되며, 일반적으로 $p_{11} \geq p_{21}$의 관계가 성립한다. 또한 p_{12}와 p_{21}은 도체 1과 도체 2의 상호작용의 결과이므로 $p_{12} = p_{21}$이며, 무한원점의 전위가 영전위로 가장 낮으므로 $p_{12} = p_{21} \geq 0$이다. 이를 정리하면 $p_{rr} > 0$, $p_{rr} \geq p_{sr} = p_{rs} > 0$이 된다.

예제 3-9

자유공간에 도체 1과 도체 2가 있다. 도체 1에 $Q_1 = 1$[C]의 전하를 줄 때 도체 1과 2의 전위는 각각 $V_1 = 5$[V], $V_2 = 2$[V]였다. 도체 1, 2에 각각 $Q_1 = 3$[C], $Q_2 = 2$[C]의 전하를 주었을 때 도체 1의 전위를 구하라.

풀이

중첩의 원리가 성립하는 전하계에 두 도체가 있을 때 전위는 식 (3.19)를 통해 다음과 같이 정리할 수 있다.

$$V_1 = p_{11}Q_1 + p_{12}Q_2$$

$$V_2 = p_{21}Q_1 + p_{22}Q_2$$

두 식에 각각 $Q_1 = 1$[C], $Q_2 = 0$[C]을 대입하여 전위계수 p_{11}, p_{12}를 계산하면 다음과 같다.

$$p_{11} = V_1 = 5[\mathrm{V/C}],\ \ p_{21} = V_2 = 2[\mathrm{V/C}]$$

이때 $p_{12} = p_{21}$이며, $Q_1 = 3$[C], $Q_2 = 2$[C]을 관계식에 대입하여 V_1을 계산하면 다음과 같다.

$$V_1 = p_{11}Q_1 + p_{12}Q_2 = 5Q_1 + 2Q_2 = 5 \times 3 + 2 \times 2 = 19[\mathrm{V}]$$

SECTION
3.4 전위경도

이 절에서는 전위경도의 개념을 도입하여 전위와 전계 사이의 관계를 다시 고찰하며, 이를 이용하여 각종 전위분포로부터 전계를 구하는 과정을 공부한다.

Keywords | 전위경도 | 전위경도 표현식 | 등전위면 |

1 전위경도의 개념

평면 위에 둥근 구슬을 놓으면 구슬은 움직이지 않지만 면을 기울이면 움직인다. 이는 평면의 기울기가 만드는 두 점 사이의 위치에너지의 차이에 의해 구슬을 움직이는 힘이 발생했기 때문이다. 이와 마찬가지로 두 점 사이의 전위차가 없으면 하전입자를 움직이는 힘인 전계가 형성되지 않으므로 하전입자는 움직이지 않는다. 전계는 전위차가 존재하는 공간에서만 형성된다. 지금까지 전계는 전하분포에 의해 발생한다고 하였으며, 이를 쿨롱의 법칙으로 설명하였다. 이 절에서는 이러한 **전계의 발생 원인을 두 점 사이의 전위(전기적 위치에너지)의 차이의 관점**에서 설명하고자 한다.

지금까지는 쿨롱의 법칙과 가우스의 법칙을 이용하여 다양한 도체에 주어진 전하분포로부터 전계를 구하고 이 전계로부터 두 점 사이의 전위를 도출하였다. 이미 배운 바와 같이 전계와 전위 사이에는 다음과 같은 관계가 성립한다.

$$V = -\int \mathbf{E} \cdot d\mathbf{L}$$

전계 하에서 단위양전하를 미소거리 ΔL 만큼 옮기는 데 필요한 일은 다음과 같다.

$$\Delta V = -\mathbf{E} \cdot \Delta\mathbf{L} = -E\Delta L\cos\theta \tag{3.20}$$

이때 θ는 전계와 거리의 이동 방향 사이의 각으로, 거리에 대한 극한을 생각하면

$$\frac{dV}{dL} = -E\cos\theta$$

가 된다. 이 식을 통해 전위의 위치에 대한 변화와 전계 사이에 매우 중요하고도 명백한 관계가 있음을 알 수 있다. 즉 이 식에서 $\cos\theta = -1$일 때 $\frac{dV}{dL}$는 최댓값이 되므로 다음의 관계가 성립한다.

$$\left.\frac{dV}{dL}\right|_{max} = E$$

이 식은 **거리에 대한 전위 변화율의 최댓값이 전계의 세기**이며, 최댓값은 $\cos\theta = -1$, 즉 $\theta = \pi$일 때 발생함을 의미한다. θ는 거리가 변화하는 방향 ΔL과 전계 $\mathbf{E}$ 사이의 각으로, $\theta = \pi$는 거리가 증가하면 **전위가 가장 급격하게 감소하는 방향**을 나타낸다. 따라서 전계는 항상 전위가 최대로 감소하는 방향으로 발생하며, 위치에 대한 전위 변화율의 최댓값으로 전계의 크기가 결정된다. 예를 들어 우리에게 익숙한 [그림 3-6]과 같은 평행평판 도체 내의 전계를 생각해보자. 이때 전계는 $+\rho_S$와 $-\rho_S$의 두 면전하가 만드는 전계의 합으로, 두 전극 사이에서 다음과 같다.

$$\mathbf{E} = \frac{\rho_S}{\epsilon_0}\mathbf{a}_x$$

이는 쿨롱의 법칙을 이용하여 전계를 구한 결과로, **전계의 방향은 전하가 존재하는 면(전극)에 수직 방향이다**. 즉 [그림 3-6]과 같이 $x = 0\,[\mathrm{cm}]$에서 $V = 100\,[\mathrm{V}]$이고 $x = 10\,[\mathrm{cm}]$에서 $V = 0\,[\mathrm{V}]$이므로 전계는 거리가 $0\,[\mathrm{cm}]$에서 $10\,[\mathrm{cm}]$로 증가함에 따라 전위가 $100\,[\mathrm{V}]$에서 $0\,[\mathrm{V}]$로 가장 급격히 감소하는 방향으로 발생하며, 이를 위해 전계는 전극에 반드시 수직이어야 한다. 수직 방향이 아니면 ΔL이 길어져 $\left(\dfrac{dV}{dL}\right)_{max} = E$에서 거리에 대한 전위의 최대 변화율을 얻을 수 없기 때문이다.

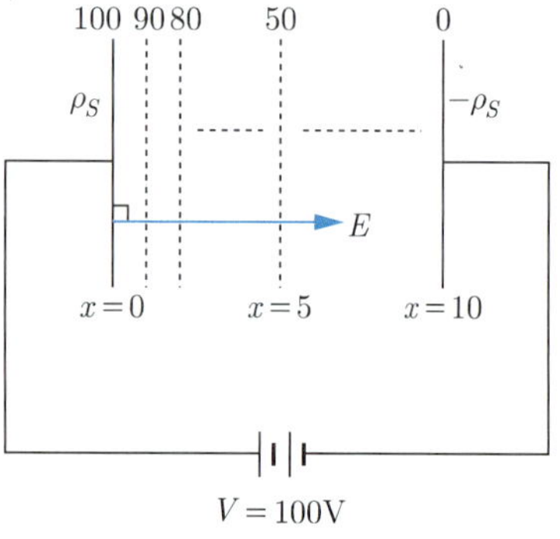

[그림 3-6] 평행평판 콘덴서에서의 전계와 전위와의 관계
평행평판 도체계에서 전계는 항상 평등하므로 위치의 변화에 대한 전위의 변화율도 일정하다.

여기서 $V = 100\,[\mathrm{V}]$로 항상 일정한 $x = 0$의 면을 **등전위면**(equipotential surface)이라고 한다. 등전위면에서는 어떤 두 점 사이의 전위가 항상 같으므로 전위차는 존재하지 않는다. 따라서 등전위면에서 미소거리 ΔL만큼 떨어진 두 점 사이의 전위의 변화 ΔV는 0이므로

$$\Delta V = -\mathbf{E}\cdot\Delta\mathbf{L} = -E\Delta L\cos\theta = 0$$

이 되며, 이를 위해 $\theta = 90°$가 되어 전계는 전극(등전위면)에 대해 수직임을 다시 확인할 수 있다. 따라서 [그림 3-7]과 같이 전위가 분포할 때 점 P에서 전계는 등전위면에 수직이고 전위가 감소하는 방향으로 그리면 된다.[4]

---

4 등전위면에서와 같이 두 점 사이에 전위차가 없으면 하전입자를 움직이게 하는 힘(전계)이 발생하지 않는다. 이는 두 점 사이에 위치 에너지의 차가 없다는 의미이다.

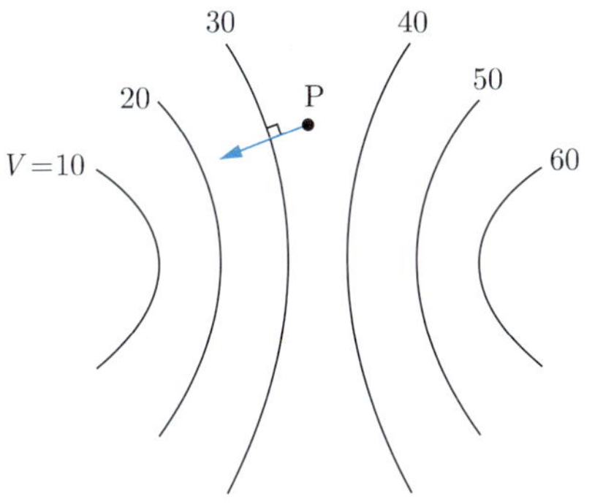

[그림 3-7] 등전위면에 대한 전계의 방향

전계는 등전위면에 수직이며, 방향은 거리가 증가함에 따라 가장 급격히 감소하는 방향이다.

또한 [그림 3-6]의 평행평판 도체계에서 두 전극 사이의 전계 $\mathbf{E} = \frac{\rho_S}{\epsilon_0}\mathbf{a}_x$로 위치함수가 아니며, 전극 사이의 어디에서도 그 크기가 같은 평등전계이다. 이는 전극 사이에서 위치변화에 대한 전위 변화율이 항상 일정함을 의미하며, 그림에 표현된 것처럼 $x = 1\,[\text{cm}]$씩 증가하면 $V = 10\,[\text{V}]$씩 같은 비율로 감소한다. 따라서 $x = 5\,[\text{cm}]$에서는 $V = 50\,[\text{V}]$의 등전위면이 존재한다고 볼 수 있다.

한편 임의의 스칼라계 T에 대한 **경도**(gradient)는 다음과 같이 정의한다.

$$T\text{의 경도} = grad\,T = \frac{dT}{dN}\mathbf{a}_N \tag{3.21}$$

여기서 $\frac{dT}{dN}$는 N의 변화에 대한 T의 변화율로, $\mathbf{a}_N$은 N의 변화에 대한 T의 변화율이 최대가 되는 방향으로의 단위벡터이다. 물론 임의의 스칼라계의 경도는 벡터양이다. 이제 이러한 경도의 개념을 우리가 관심을 가지고 있는 전위계에 적용해보자. 앞서 다룬 $\left(\frac{dV}{dL}\right)_{max} = E$의 관계로부터 전계의 크기는 거리변화에 대한 전위 변화율의 최댓값 $\left(\frac{dV}{dL}\right)_{max}$이며, 그 방향은 거리가 증가하면 전위가 가장 급격하게 감소하는 방향($-\mathbf{a}_N$)이므로 다음과 같이 표현할 수 있다.

$$\mathbf{E} = -\left.\frac{dV}{dL}\right|_{max}\mathbf{a}_N \tag{3.22}$$

이 식에서

$$\left.\frac{dV}{dL}\right|_{max} = \frac{dV}{dN}$$

라고 하면 전계와 전위 사이에는 다음과 같은 관계가 성립한다.

$$\mathbf{E} = -\frac{dV}{dN}\mathbf{a}_N \tag{3.23}$$

이때 $\frac{dV}{dN}\mathbf{a}_N$이 V의 경도($grad\,V$)이므로 전위와 전계 사이의 관계는 다음과 같이 정의한다.

★ 전계와 전위 사이의 관계 ★

$$\mathbf{E} = -\,grad\,V \tag{3.24}$$

지금까지는 전하가 있으면 그 주위에 전계라는 전기적 힘이 발생한다는 사실이 쿨롱의 법칙으로 강제되었다. 이제 전위경도의 개념을 도입함으로써 **전위차는 전계를 발생시키는 또 하나의 원천**이며, 전계라는 **전기적 힘은 두 점 사이의 전기적 위치에너지의 차에 의해 발생**함을 근원적으로 파악할 수 있게 되었다.

2 전위경도의 표현식

이제 전위경도(voltage gradient)**에 대한 표현식을 유도해보자.** 우선 직각좌표계에서는 전위 V가 x, y, z의 함수일 수 있으므로 $V(x,\ y,\ z)$의 전 미분은 다음과 같이 계산한다.

$$dV = \frac{\partial V}{\partial x}dx + \frac{\partial V}{\partial y}dy + \frac{\partial V}{\partial z}dz$$

또한

$$dV = -\mathbf{E}\cdot d\mathbf{L} = -E_x dx - E_y dy - E_z dz$$

이므로 앞선 두 식을 통해

$$E_x = -\frac{\partial V}{\partial x},\quad E_y = -\frac{\partial V}{\partial y},\quad E_z = -\frac{\partial V}{\partial z}$$

의 관계가 있음을 알 수 있다. 이 결과를 정리하면

$$\mathbf{E} = -\left(\frac{\partial V}{\partial x}\mathbf{a}_x + \frac{\partial V}{\partial y}\mathbf{a}_y + \frac{\partial V}{\partial z}\mathbf{a}_z\right) \tag{3.25}$$

가 되며, 식 (3.24)의 $\mathbf{E} = -\,grad\,V$의 관계로부터 다음과 같이 정의한다.

$$grad\,V = \frac{\partial V}{\partial x}\mathbf{a}_x + \frac{\partial V}{\partial y}\mathbf{a}_y + \frac{\partial V}{\partial z}\mathbf{a}_z \tag{3.26}$$

한편 벡터 연산자 ∇은 $\nabla = \frac{\partial}{\partial x}\mathbf{a}_x + \frac{\partial}{\partial y}\mathbf{a}_y + \frac{\partial}{\partial z}\mathbf{a}_z$이므로

$$\nabla V = \frac{\partial V}{\partial x}\mathbf{a}_x + \frac{\partial V}{\partial y}\mathbf{a}_y + \frac{\partial V}{\partial z}\mathbf{a}_z$$

로 표현된다. 따라서 다음의 관계가 성립한다.

$$\mathbf{E} = -\nabla V = -\, grad\, V \tag{3.27}$$

각 좌표계에 대한 전위 V의 경도에 대한 결과를 정리하면 다음과 같다.

★ 각 좌표계에서의 전위경도의 표현식 ★

$$\nabla V = \frac{\partial V}{\partial x}\mathbf{a}_x + \frac{\partial V}{\partial y}\mathbf{a}_y + \frac{\partial V}{\partial z}\mathbf{a}_z \quad \text{(직각좌표계)} \tag{3.28}$$

$$\nabla V = \frac{\partial V}{\partial \rho}\mathbf{a}_\rho + \frac{1}{\rho}\frac{\partial V}{\partial \phi}\mathbf{a}_\phi + \frac{\partial V}{\partial z}\mathbf{a}_z \quad \text{(원통좌표계)} \tag{3.29}$$

$$\nabla V = \frac{\partial V}{\partial r}\mathbf{a}_r + \frac{1}{r}\frac{\partial V}{\partial \theta}\mathbf{a}_\theta + \frac{1}{r\sin\theta}\frac{\partial V}{\partial \phi}\mathbf{a}_\phi \quad \text{(구좌표계)} \tag{3.30}$$

예제 3-10

자유공간에서 $V = 2x^2 - 4y^2$ [V]일 때 점 P(1, 2, 0) [m]에서의 전계와 체적전하밀도를 구하라.

풀이

전계의 세기는 전위경도의 개념을 적용하여 구할 수 있다. 즉 식 (3.28)을 이용하여 전계를 구하면

$$\begin{aligned}\mathbf{E} &= -\nabla V = -\left(\frac{\partial V}{\partial x}\mathbf{a}_x + \frac{\partial V}{\partial y}\mathbf{a}_y + \frac{\partial V}{\partial z}\mathbf{a}_z\right)\\ &= -\frac{\partial}{\partial x}(2x^2 - 4y^2)\,\mathbf{a}_x - \frac{\partial}{\partial y}(2x^2 - 4y^2)\,\mathbf{a}_y - \frac{\partial}{\partial z}(2x^2 - 4y^2)\,\mathbf{a}_z\\ &= -4x\mathbf{a}_x + 8y\mathbf{a}_y \text{ [V/m]}\end{aligned}$$

가 되므로 점 P(1, 2, 0)에서의 전계는 다음과 같다.

$$\mathbf{E}_p = -4\mathbf{a}_x + 16\mathbf{a}_y \text{[V/m]}$$

한편 전속밀도는 전계에 ϵ_0를 곱해 다음과 같이 계산한다.

$$\mathbf{D} = \epsilon_0\mathbf{E} = -4\epsilon_0 x\mathbf{a}_x + 8\epsilon_0 y\,\mathbf{a}_y \text{[C/m}^2\text{]}$$

따라서 체적전하밀도는 식 (2.43)의 관계로부터 다음과 같이 계산한다.

$$\nabla \cdot \mathbf{D} = \rho_v = \frac{\partial}{\partial x}(-4\epsilon_0 x) + \frac{\partial}{\partial y}(8\epsilon_0 y) = 4\epsilon_0 \text{ [C/m}^3\text{]}$$

SECTION 3.5

전기쌍극자

이 절에서는 전기쌍극자의 특수한 전하분포를 이해한다. 또한 이 전하분포에 의한 전위를 구하고 이를 이용하여 전계를 구한다.

Keywords | 분극 | 전기쌍극자 |

물질 내의 원자에 전계를 인가하면 원자핵을 중심으로 궤도운동을 하는 전자는 반전계 방향으로 위치가 약간 변화한다. 즉 원자핵의 양(+)전하와 전자의 음(−)전하의 위치에 약간의 차이가 발생하여 원자는 **분극**(polarization)하게 된다. 원자가 분극하면 크기가 같고 부호가 반대인 두 전하가 매우 가까운 거리에 위치하게 되는데, 이렇게 매우 가까운 거리에 놓여 있는 두 전하 $+Q$와 $-Q$를 **전기쌍극자**(electric dipole)[5]라고 한다.

전기쌍극자에 의한 전위는 크기가 같고 부호가 반대인 두 전하가 형성하는 전위의 합이므로 떨어진 거리가 같은 모든 점에서의 전위는 0이다. 즉 **전기쌍극자의 중심에는 $V=0$의 등전위면이 존재한다.** 또한 등전위면이 아닌 어떤 한 점에서의 전하 $+Q$에 의한 전위도 $-Q$의 전하에 의해 상쇄되므로 쌍극자에 의한 전위는 그렇게 크지 않을 것임을 짐작할 수 있다. 그러나 전계를 인가하여도 전도전자가 쉽게 발생하지 않고 분극을 하는 유전체에서 이 쌍극자에 의한 전위분포와 전계는 매우 유용한 의미를 가질 수 있다.

이제 전기쌍극자에 대한 전위를 구해보자. [그림 3-8]과 같이 $+Q$와 $-Q$의 거리가 d이고 두 전하 사이의 중심점에서 $r(r \gg d)$만큼 떨어진 점에서의 전위를 구할 때 두 전하 사이의 거리가 매우 가깝다면 $\theta_1 = \theta_2 = \theta$로 볼 수 있으므로 R_1과 R_2는

$$R_1 \doteq r - \frac{d}{2}\cos\theta\,, \quad R_2 \doteq r + \frac{d}{2}\cos\theta$$

가 된다. 따라서 점 P에서의 전위는 다음과 같다.

$$\begin{aligned} V &= \frac{Q}{4\pi\epsilon_0 R_1} + \frac{-Q}{4\pi\epsilon_0 R_2} = \frac{Q}{4\pi\epsilon_0}\left(\frac{1}{R_1} - \frac{1}{R_2}\right) \\ &= \frac{Q}{4\pi\epsilon_0}\left(\frac{1}{r-(d\cos\theta/2)} - \frac{1}{r+(d\cos\theta/2)}\right) = \frac{Q}{4\pi\epsilon_0}\frac{d\cos\theta}{r^2-(d^2\cos^2\theta/4)} \end{aligned}$$

5 원자핵의 양(+)전하와 전자의 음(−)전하가 전계에 의해 변위해 극을 분리하는 현상을 **분극**이라고 한다. 원자가 분극을 하게 되면 같은 크기의 양전하와 음전하가 매우 가까운 거리에 위치하는 **전기쌍극자**가 형성된다. 원자의 직경이 약 1[Å] 정도이므로 두 전하의 거리는 매우 가깝다고 할 수 있다.

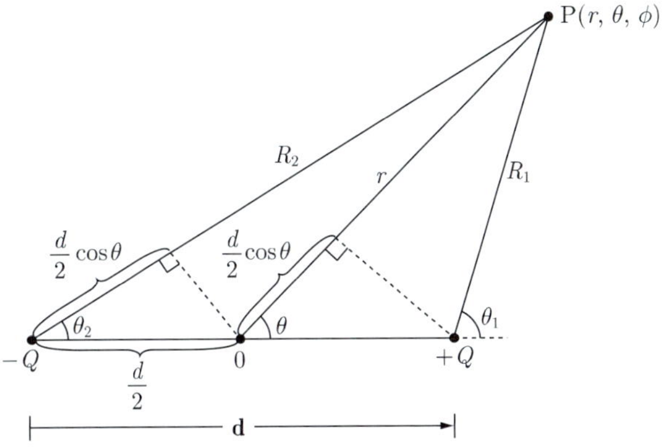

[그림 3-8] 전기쌍극자에 의한 전계

앞선 식에서 $r \gg d$이므로 분모의 $\dfrac{d^2\cos^2\theta}{4}$는 r^2에 비해 매우 작다. 이는 무시할 수 있는 값이므로 쌍극자에 의한 전위는 다음과 같다.

$$V \doteq \frac{Qd\cos\theta}{4\pi\epsilon_0 r^2} \tag{3.31}$$

한편 식 (3.31)을 이용하여 전계를 구하면

$$\begin{aligned}\mathbf{E} &= -\nabla V = -\left(\frac{\partial V}{\partial r}\mathbf{a}_r + \frac{1}{r}\frac{\partial V}{\partial \theta}\mathbf{a}_\theta + \frac{1}{r\sin\theta}\frac{\partial V}{\partial \phi}\mathbf{a}_\phi\right)\\ &= \frac{2Qd\cos\theta}{4\pi\epsilon_0 r^3}\mathbf{a}_r + \frac{Qd\sin\theta}{4\pi\epsilon_0 r^3}\mathbf{a}_\theta\end{aligned}$$

가 되며, 다음과 같이 쌍극자에 의한 전계를 정의할 수 있다.

$$\mathbf{E} = \frac{Qd}{4\pi\epsilon_0 r^3}(2\cos\theta\,\mathbf{a}_r + \sin\theta\,\mathbf{a}_\theta) \tag{3.32}$$

앞선 논의를 통해 점전하에 의한 전위와 전계는 전하로부터 떨어진 거리의 1승과 2승에 반비례하여 감소하지만 쌍극자에 의한 전위와 전계는 거리의 2승과 3승에 반비례하여 감소하므로 전위와 전계는 거리가 멀어지면 급격하게 약해짐을 알 수 있다. 한편 쌍극자모멘트는 다음과 같이 정의한다.

$$\mathbf{p} = Q\mathbf{d}\,[\mathrm{C\cdot m}] \tag{3.33}$$

이때 Q는 쌍극자 중 양(+)전하를, $\mathbf{d}$는 음(−)전하에서 양(+)전하로 향하는 선분벡터를 의미한다. 쌍극자모멘트를 이용하면 전위는 다음과 같다.

$$V = \frac{p\cos\theta}{4\pi\epsilon_0 r^2} \tag{3.34}$$

이때 θ는 $\mathbf{d}$와 $\mathbf{r}$ 사이의 각이므로 다음과 같이 쓸 수 있다.

★ 전기쌍극자에 의한 전위 ★

$$V = \frac{\mathbf{p} \cdot \mathbf{a}_r}{4\pi\epsilon_0 r^2} \tag{3.35}$$

예제 3-11

자유공간에서 점 $P_1(-1,\ 1,\ 0)$, 점 $P_2(3,\ 3,\ 0)$[m]에 각각 -2[nC], 2[nC]의 전하가 있다. 쌍극자 모멘트와 점 $P(4,\ -2,\ 0)$[m]에서의 전위를 구하라.

풀이

식 (3.33)의 $\mathbf{p} = Q\mathbf{d}$에서 $\mathbf{d}$는 음(−)전하에서 양(+)전하로 향하는 선분벡터로,

$$\mathbf{d} = [3-(-1)\mathbf{a}_x] + (3-1)\mathbf{a}_y = 4\mathbf{a}_x + 2\mathbf{a}_y$$

이므로 쌍극자모멘트는 다음과 같다.

$$\mathbf{p} = Q\mathbf{d} = 2 \times 10^{-9}(4\mathbf{a}_x + 2\mathbf{a}_y) = 8\mathbf{a}_x + 4\mathbf{a}_y \,[\mathrm{nC \cdot m}]$$

한편 전기쌍극자에 의한 전위의 식 (3.35)에서 $\mathbf{r}$은 쌍극자의 중심에서 점 P까지의 거리이다. 쌍극자의 중심은 원점 $O(1,\ 2,\ 0)$이므로 점 $P(4,\ -2,\ 0)$까지의 거리벡터 $\mathbf{r}$과 단위벡터 $\mathbf{a}_r$은 다음과 같다.

$$\mathbf{r} = (4-1)\mathbf{a}_x + [(-2)-2]\mathbf{a}_y = 3\mathbf{a}_x - 4\mathbf{a}_y$$

$$\mathbf{a}_r = 0.6\,\mathbf{a}_x - 0.8\,\mathbf{a}_y$$

따라서 전위는 다음과 같다.

$$V = \frac{\mathbf{p} \cdot \mathbf{a}_r}{4\pi\epsilon_0 r^2} = 9 \times 10^9 \times \frac{(8\mathbf{a}_x + 4\mathbf{a}_y) \cdot (0.6\mathbf{a}_x - 0.8\mathbf{a}_y)}{25} \times 10^{-9}$$

$$= 57.6 \times 10^{-2}\,[\mathrm{V}]$$

예제 3-12

자유공간의 점 $P_1(0,\ 0,\ 1)$, 점 $P_2(0,\ 0,\ -1)$ [mm]에 각각 $4[\mu C]$, $-4[\mu C]$의 전하가 있다. 점 $P(2, 45°,\ 90°)$ [m]에서의 전계를 구하라.

풀이

전계를 구하기 위해 쌍극자모멘트를 구하면

$$\mathbf{p} = Q\mathbf{d} = 4 \times 10^{-6}\left[1-(-1)\mathbf{a}_z\right] \times 10^{-3} = 8\mathbf{a}_z\ [\mathrm{nC \cdot m}]$$

가 되므로 전계는 다음과 같다.

$$\begin{aligned}
\mathbf{E} &= \frac{Qd}{4\pi\epsilon_0 r^3}\left(2\cos\theta\,\mathbf{a}_r + \sin\theta\,\mathbf{a}_\theta\right) \\
&= 9\times 10^9 \times 8\times 10^{-9} \times \frac{1}{2^3}\left(2\cos\frac{\pi}{4}\,\mathbf{a}_r + \sin\frac{\pi}{4}\,\mathbf{a}_\theta\right) \\
&= \frac{18}{\sqrt{2}}\,\mathbf{a}_r + \frac{9}{\sqrt{2}}\,\mathbf{a}_\theta\ [\mathrm{V/m}]
\end{aligned}$$

이처럼 무한히 먼 곳에서 어떤 특정 공간으로 모든 전하를 옮겨오려면 우리는 식 (3.39)의 일을 해줘야 한다. 물론 전하는 우리가 해준 일만큼 에너지를 얻게 되며, **전하가 얻은 에너지는 위치에너지로 작용**할 것이다. 그렇지 않다면 전하들 사이에 작용하는 힘에 의해 전하는 이동하게 되어 전하분포의 정적상태를 유지할 수 없고, 앞서 논의한 한 점의 전위의 값도 정의될 수 없기 때문이다. 결국에 우리가 전하를 옮기는 데 해준 일은 전하가 그 위치에 존재하기 위한 위치에너지로 작용하며, 전위는 위치에너지의 개념을 갖는다는 사실을 알 수 있다.

한편 연속적인 전하분포를 갖는 도체계에서는 식 (3.39)에 $Q = \int \rho_v \, dv$의 관계를 적용하여 다음과 같은 관계를 얻을 수 있다.

★ 정전에너지(연속적인 전하분포) ★

$$W_E = \frac{1}{2}\int \rho_v V dv \tag{3.40}$$

정전에너지에 대한 식 (3.39)와 식 (3.40)은 전하분포와 전위의 정보로부터 이용할 수 있다. 이를 다음과 같은 논의를 통해 우리에게 익숙한 전계나 전속밀도를 포함한 식으로 바꾸어 활용해보자. 맥스웰의 제1방정식에서 $\nabla \cdot \mathbf{D} = \rho_v$이므로 식 (3.40)은

$$W_E = \frac{1}{2}\int \rho_v V dv = \frac{1}{2}\int (\nabla \cdot \mathbf{D}) V dv$$

이며, 잘 알려진 벡터 항등식

$$\nabla \cdot (V\mathbf{D}) = V(\nabla \cdot \mathbf{D}) + \mathbf{D} \cdot (\nabla V)$$

를 이용하면 정전에너지를 다음과 같이 정리할 수 있다.

$$W_E = \frac{1}{2}\int (\nabla \cdot \mathbf{D}) V dv = \frac{1}{2}\int [\nabla \cdot (V\mathbf{D}) - \mathbf{D} \cdot (\nabla V)] dv$$

이 식에서 우변의 첫 번째 항에 발산의 정리를 이용하면

$$W_E = \frac{1}{2}\oint (V\mathbf{D}) \cdot d\mathbf{S} - \frac{1}{2}\int \mathbf{D} \cdot (\nabla V) dv$$

가 된다. 우변의 첫 번째 항에서 $V \propto \frac{1}{r}$, $D \propto \frac{1}{r^2}$의 관계와 $d\mathbf{S} \propto r^2$의 관계를 고려하면 첫 번째 항의 피적분함수는 결국 거리에 반비례함을 알 수 있다. 또한 발산의 정리에서 면적적분은 체적을 둘러싸고 있는 바깥의 닫힌 면에서의 적분을 의미하므로 전하가 존재하는 체적 내에서 체적을 둘러싸고 있는 바깥 면까지의 거리를 충분히 크게 생각하면 첫 번째 항은 0으로 처리할 수 있다. 또한

$\mathbf{E} = -\nabla V$의 관계를 이용하여 두 번째 항을 정리하면 정전에너지는 다음과 같이 정의한다.

★ 정전에너지 ★

$$W_E = \frac{1}{2}\int \mathbf{D} \cdot \mathbf{E}\, dv = \frac{1}{2}\int \epsilon_0 E^2\, dv \tag{3.41}$$

이제 식 (3.41)을 이용하여 내·외 반지름이 각각 a, b이고 길이가 L인 동축케이블에서의 정전에너지를 계산해보자. 전계가 없는 곳에는 정전에너지가 축적되지 않으므로 동축케이블은 두 도체 사이, 즉 $a < \rho < b$에서 에너지를 계산하면 된다. 우선 전계 및 전속밀도는 2장의 식 (2.34) 및 식 (2.35)에서와 같이

$$\mathbf{D} = \frac{a\rho_S}{\rho}\mathbf{a}_\rho \quad \text{또는} \quad \mathbf{E} = \frac{a\rho_S}{\epsilon_0\rho}\mathbf{a}_\rho$$

이므로 정전에너지는 다음과 같다.

$$\begin{aligned} W_E &= \frac{1}{2}\int \mathbf{D} \cdot \mathbf{E}\, dv \\ &= \frac{1}{2}\int_0^L\int_0^{2\pi}\int_a^b \frac{a\rho_S}{\rho}\,\frac{a\rho_S}{\epsilon_0\rho}\,\rho d\rho d\phi dz = \frac{a^2\rho_S^2\pi L}{\epsilon_0}\ln\frac{b}{a} \end{aligned}$$

이 문제는 식 (3.40)을 이용하여 구할 수도 있다. 동축케이블은 일반적으로 외부 도체를 접지해 사용하므로 내부 도체 표면상에서의 전위 V_a는 외부 도체에 대한 내부 도체의 전위차 V_{ab}와 같다.

$$V_a = V_{ab} = -\int_b^a E_\rho\, d\rho = -\int_b^a \frac{a\rho_S}{\epsilon_0\rho}\, d\rho = \frac{a\rho_S}{\epsilon_0}\ln\frac{b}{a}$$

또한 체적전하밀도 ρ_v를 표면전하밀도 ρ_S에 대해 t를 $\rho = a$에서 전하가 분포하는 두께라고 하면 $\rho_v = \frac{\rho_S}{t}$의 관계에 있음을 고려하여 다음과 같은 결과를 얻을 수 있다.

$$\begin{aligned} W_E &= \frac{1}{2}\int \rho_v V dv \\ &= \frac{1}{2}\int_0^L\int_0^{2\pi}\int_{a-t/2}^{a+t/2} \frac{\rho_S}{t}\,\frac{a\rho_S}{\epsilon_0}\ln\frac{b}{a}\,\rho d\rho d\phi dz \\ &= \frac{a^2\rho_S^2\pi L}{\epsilon_0}\ln\frac{b}{a} \end{aligned}$$

마지막으로 이 결과를 정전에너지를 구하는 식 (3.39)의 $W = \frac{1}{2}QV$로 확인해보자. $\rho = a$인 내부 도체 표면의 전하량 Q는

$$Q = \int \rho_S \, dS = \int_0^L \int_0^{2\pi} \rho_S a d\phi dz = 2\pi a L \rho_S$$

이며, 전위차는 식 (3.13)에 나타낸 바와 같이

$$V = \frac{a\rho_S}{\epsilon_0} \ln \frac{b}{a}$$

이므로 정전에너지는

$$W = \frac{1}{2}QV = \frac{1}{2} \times 2\pi a L \rho_S \times \frac{a\rho_S}{\epsilon_0} \ln \frac{b}{a} = \frac{a^2 \rho_S^2 \pi L}{\epsilon_0} ln \frac{b}{a}$$

로 앞선 방법과 같은 결과를 얻을 수 있다.

예제 3-13

$Q_1 = 1[\mathrm{mC}]$, $Q_2 = 2[\mathrm{mC}]$, $Q_3 = 2[\mathrm{mC}]$의 점전하를 무한원점으로부터 차례대로 각각 점 $\mathrm{P}_1(0, 0, 0)$, 점 $\mathrm{P}_2(0, 0, 1)$, 점 $\mathrm{P}_3(0, 0, 3)[\mathrm{m}]$에 가져왔다. 이 계에 축적되는 정전에너지를 구하라.

풀이

먼저 Q_1을 무한원점에서 전계가 없는 점 P_1으로 가져오는 데 필요한 일은 0이다. 이제 모든 전하를 가져오는 데 필요한 일은 다음과 같다.

$$W = W_1 + W_2 + W_3 = 0 + Q_2 V_{21} + Q_3 (V_{31} + V_{32})$$

V_{21}은 Q_1에 의해 발생한 점 P_2의 전위이므로 $V_{21} = \frac{Q_1}{4\pi\epsilon_0 R_{21}}$이라고 하면 총 에너지는

$$W = Q_2 \frac{Q_1}{4\pi\epsilon_0 R_{21}} + Q_3 \left(\frac{Q_1}{4\pi\epsilon_0 R_{31}} + \frac{Q_2}{4\pi\epsilon_0 R_{32}} \right)$$

가 되며, $R_{21} = 1$, $R_{31} = 3$, $R_{32} = 2$이므로 대입하여 정리하면 계에 축적되는 총 정전에너지는 다음과 같다.

$$W = 42[\mathrm{kJ}]$$

예제 3-14

자유공간에서 $V = -6x + 8y$[V]의 전위계가 있다. 원점을 중심으로 $\Delta v = 2\,[\mathrm{m}^3]$의 체적 내에 축적되는 정전에너지를 구하라.

풀이

전위로부터 전계를 구하면 식 (3.41)에 의해 정전에너지를 구할 수 있다. 즉 전계는

$$\begin{aligned}\mathbf{E} &= -\nabla V = -\frac{\partial}{\partial x}(-6x+8y)\mathbf{a}_x - \frac{\partial}{\partial y}(-6x+8y)\mathbf{a}_y \\ &= 6\mathbf{a}_x - 8\mathbf{a}_y\end{aligned}$$

가 되고 전계의 크기 $|\mathbf{E}| = \sqrt{6^2+(-8)^2} = 10$이므로 체적 내에 축적되는 정전에너지는 다음과 같다.

$$\begin{aligned}W_E &= \frac{1}{2}\int \mathbf{D}\cdot\mathbf{E}\,dv = \frac{1}{2}\int \epsilon_0 E^2\,dv \\ &= \frac{1}{2}\epsilon_0 \times 10^2 \times 2 = 100\epsilon_0\,[\mathrm{J}]\end{aligned}$$

CHAPTER

03 연습문제

3.1 전계 $\mathbf{E} = 5\mathbf{a}_x - 3\mathbf{a}_z$ [V/m] 내의 전하 $Q = -4$ [μC]을 $\Delta\mathbf{L} = \mathbf{a}_x - \mathbf{a}_y + 3\mathbf{a}_z$ [μm] 만큼 옮기는 데 필요한 일과 이 일을 수행하는 주체를 구하라.

3.2 공간적으로 크기가 일정한 전계 내에서 원점에 있는 $Q = -30$ [C]의 전하를 점 P(0, 3, 4) [m]로 옮기는 데 60 [J]의 일이 필요할 때 전계의 세기 E [V/m]를 구하라.

3.3 20 [V/m]의 전계 내에서 단위양전하를 50 [V]인 점에서 전계 방향의 한 점 A로 80 [cm] 옮겼을 때 점 A의 전위를 구하라.

3.4 전위가 0 [V]인 곳에서 220 [V]인 곳으로 2 [C]의 전하를 옮기는 데 필요한 일을 구하라.

3.5 [연습문제 3.4]에서 같은 전하를 220 [V] 에서 0 [V]인 곳으로 옮기는 데 필요한 일을 구하고, 그 차이를 설명하라.

3.6 전계 $\mathbf{E} = 5$ [V/m] 내의 점 P_1의 전위 $V_1 = 3$ [V]이다. 이 점에서 단위양전하를 전계 방향으로 $d = 10$ [cm] 떨어진 점 P_2로 옮겼을 때 점 P_2의 전위 V_2를 구하라.

3.7 전계 $\mathbf{E} = 2xy\mathbf{a}_x - 3x^2\mathbf{a}_y + 6z\mathbf{a}_z$ [V/m] 내에서 단위양전하를 점 P_1(1, 0, 1) [m]에서 점 P_2(2, 1, 1) [m]로 $y = x - 1$의 경로를 통해 옮기는 데 필요한 일을 구하라.

3.8 전계 $\mathbf{E} = 4x\,\mathbf{a}_x - 3\mathbf{a}_y + 3z^2\mathbf{a}_z$ [V/m]일 때 다음을 구하라.

(a) 점 P_1(2, 2, 2) [m]와 점 P_2(0, 5, 2) [m] 사이의 전위차 V_{12}

(b) 점 P_2(0, 5, 2) [m]를 영전위 기준점이라고 할 때 점 P_1(2, 2, 2) [m]에서의 전위 V_1

(c) 원점을 영전위 기준점이라고 할 때 점 P_1(2, 2, 2) [m]에서의 전위 V_1

3.9 내 · 외 반지름이 각각 a, b인 동축케이블의 내부 도체에 $2\pi\epsilon_0$[C/m]의 무한 선전하가 있다. $a < \rho < b$에서 $\rho = 1$과 $\rho = 3$[m]인 두 점 사이의 전위차를 구하라.

3.10 반지름이 각각 r_1, r_2인 동심 구 도체의 내부 도체에 점전하 $Q = 4\pi\epsilon_0$[C]이 있다. $r_1 < r < r_2$에서 점 $r_A = 4$[m]에 대한 점 $r_B = 2$[m]에서의 전위를 구하라.

3.11 $z = 0$인 면에 반경 $a = 0.6$[m]인 원을 따라 $\frac{1}{12\pi}$[nC/m]의 선전하가 균일하게 분포되어 있다. 점 P(0, 0, 0.8)[m]에서의 전위를 구하라.

3.12 $z = 0$인 xy 평면의 $1 < \rho < 3$[m]인 공간에 $\rho_S = 4$[nC/m^2]의 면전하가 균일하게 분포되어 있다. 점 P(0, 0, 6)[m]에서의 전위를 구하라.

3.13 반지름이 a인 평행한 무한 길이의 두 도체가 $d\,(d \gg a)$만큼 떨어져 있으며, 두 도선에는 각각 $+\rho_L$, $-\rho_L$[C/m]의 선전하가 분포되어 있다. 두 도체 사이의 전위차를 구하라.

3.14 자유공간에서 무한한 길이의 직선 도체에 $\rho_L = 10$[nC/m]의 선전하가 분포되어 있다. 이 도체로부터 수직거리 $\rho_1 = 2$[cm]와 $\rho_2 = 4$[cm]에 위치한 두 점 사이의 전위차 V_{12}를 구하라.

3.15 자유공간에서 xy 평면에 평행하고 $z = 0$, $z = 3$[m]에 각각 $+2\epsilon_0$[μC/m^2], $-2\epsilon_0$[μC/m^2]의 표면전하가 분포되어 있다. 두 점 $z_1 = 0$, $z_2 = 3$[m] 사이의 전위차 V_{12}를 구하라.

3.16 원점에 점전하 $Q = 3$[nC]이 있다. 다음 조건에 따른 $r = 3$[m]에서의 전위를 구하라.

(a) 무한원점에서 $V = 0$[V]
(b) $r = 6$[m]에서 $V = 0$[V]
(c) $r = 6$[m]에서 $V = 2.5$[V]

3.17 진공 중에 서로 떨어져 있는 두 도체 A, B가 있다. 도체 A에만 1[C]의 전하를 줄 때 도체 A, B의 전위가 각각 4[V], 2[V]였다. 도체 A, B에 각각 3[C]의 전하를 줄 때 도체 A의 전위를 구하라.

3.18 자유공간에서 $V = 2x^3 - y^2 + 3z$ [V]의 전위계에 대해 점 P(1, 2, 1)[m]에서의 전계 및 체적전하밀도를 구하라.

3.19 두 점전하 Q_1, Q_2가 전기쌍극자를 형성할 때 두 전하로부터의 거리가 같은 면의 한 점에서의 전계와 전위를 구하라.

3.20 전기쌍극자에 의한 전계의 크기가 최대와 최소가 되기 위한 각의 조건을 구하라.

3.21 자유공간의 점 $P_1(-1, -1, 0)$, 점 $P_2(1, 1, 0)$[m]에 각각 −3[nC], 3[nC]의 전하가 있다. 점 P(6, 8, 0)[m]에서의 쌍극자모멘트와 전위를 구하라.

3.22 [연습문제 3.21]의 전하계에 대해 점 P(2, 30°, 90°)에서의 전계를 구하라.

3.23 점 $P_1(0, 0, 2)$와 점 $P_2(0, 0, -2)$[mm]에 각각 5[μC], −5[μC]의 전하가 있다. 점 $P(1, 2\sqrt{2}, 4)$[m]에서의 전계를 구하라.

3.24 전기쌍극자의 전하분포에서 전기력선의 방정식과 등전위면을 구하라.

3.25 자유공간에 $V = -6x + 8y$[V]의 전위계가 있다. $-1 \le x \le 1$[m], $-1 \le y \le 1$[m], $-1 \le z \le 1$[m]의 체적 내에 축적되는 정전에너지를 구하라.

3.26 동축케이블의 내·외부 도체 사이에 축적되는 정전에너지를 $W_E = \frac{1}{2}\int \rho_v V dv$의 관계를 이용하여 구하라.

3.27 점전하 $Q_1 = 1$[nC], $Q_2 = 2$[nC], $Q_3 = 3$[nC]을 무한원점으로부터 차례대로 각각 점 $P_1(1, 1, 1)$, 점 $P_2(1, 1, 2)$, 점 $P_3(1, 2, 2)$[m]로 옮겼다. 이 계에 축적되는 정전에너지를 구하라.

3.28 수소 원자 내의 전자의 위치에너지 및 운동에너지를 구하라.

CHAPTER

04

도체, 반도체, 유전체 및 정전용량

이 장에서는 물질을 전기전도 특성의 차이에 따라 도체, 반도체, 유전체로 나누어 소개하고 자유공간과의 차이점에 주목하여 각 물질에서의 전기적 현상을 공부한다. 도체에서는 전기전도현상과 도전율, 이동도 등의 물질상수에 관심을 가지고 학습하며, 유전체에서는 전계를 인가할 때 발생하는 유전분극이 물질 내의 전계와 전속밀도에 미치는 영향을 이해한다. 또한 서로 다른 두 물질이 경계를 이루는 특수한 상황에서 전계를 해석하고 전하가 분포되어 있는 각 도체에서 정전용량 및 정전에너지를 구한다. 마지막으로 라플라스 방정식과 영상법을 이용하여 전위와 전계를 해석한다.

CONTENTS

SECTION
4.1 전류

도체의 전기전도현상을 이해하기 위해 전류 및 전류밀도를 정의하고 도체에서 하전입자의 드리프트 속도와 이동도, 그리고 도전율 등의 물질상수를 공부한다.

Keywords | 전류 | 전류밀도 | 드리프트 속도 | 이동도 | 도전율 | 전류의 연속식 |

지금까지는 자유공간에서의 전계 및 전속밀도, 전위, 그리고 정전에너지를 공부하였다. 이 장에서는 자유공간이 아닌 **물질에서의 정전계 현상**을 다룬다. 물질은 전기적 성질의 차이에 따라 도체, 반도체, 그리고 절연체(유전체)로 나뉘며, 모두 매우 중요한 전기재료이다. 물론 전기재료에는 자성체도 있지만 이는 전기전도의 관점에 의한 분류는 아니다(자성체에 대해서는 6장에서 다룰 것이다). 이 절에서는 도체를 논의하기 전에 도체의 전도현상을 나타내는 대표적인 물리량인 전류에 대해 간단히 정리한다. 여기서 전류란 전하의 이동에 의해 발생하지만 이동하는 전하량이 시간에 따라 변하지 않는 정전계로 논의를 한정한다.

1 전류와 전류밀도

전류는 어떤 시간 동안 물체의 한 단면을 통과하는 전하량, 즉 시간에 대해 이동하는 전하량의 비로 결정된다. 예를 들어 Δt[sec] 동안 ΔQ[C]이 어떤 단면 ΔS[m^2]를 통과할 때 발생하는 전류 I[A]는 다음과 같이 정의한다.

$$I = \lim_{\Delta t \to 0} \frac{\Delta Q}{\Delta t} = \frac{dQ}{dt} \text{[A]} \qquad (4.1)$$

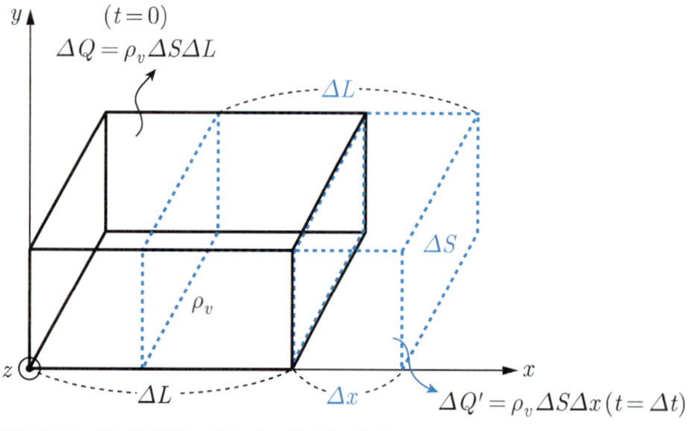

[그림 4-1] 전하의 이동과 전류의 형성
Δt 동안 $\Delta Q'$이 ΔS에 수직인 x 방향으로 Δx만큼 이동하여 전류를 형성한다.

전류가 도체의 한 단면을 흐를 때 **단위면적당 흐르는 전류를 전류밀도**(current density)라고 하며, $\mathbf{J}\,[\mathrm{A/m^2}]$로 나타낸다. 전류밀도 J가 어떤 단면 ΔS를 흐를 때 ΔS를 통과하는 전류 ΔI는

$$\Delta I = J\Delta S$$

이며, 따라서 전 면적을 흐르는 전류 I는 다음과 같이 나타낼 수 있다.

★ 전류와 전류밀도 ★

$$I = \int \mathbf{J} \cdot d\mathbf{S} \tag{4.2}$$

[그림 4-1]에서처럼 어떤 공간에 $\rho_v\,[\mathrm{C/m^3}]$의 체적전하가 분포할 때 미소체적 $\Delta v\,(= \Delta S \Delta L)$ 내의 미소전하량 $\Delta Q = \rho_v \Delta v = \rho_v \Delta S \Delta L\,[\mathrm{C}]$이다. 이 전하가 임의의 시간 Δt 사이에 x 방향으로 Δx 만큼 이동하였다고 하자. 이때 ΔS의 수직 단면을 통과하는 전하량 $\Delta Q'$은 다음과 같다.

$$\Delta Q' = \rho_v \Delta v' = \rho_v \Delta S \Delta x$$

체적전하밀도 ρ_v와 단면 ΔS는 시간에 무관하므로 전류 ΔI는

$$\Delta I = \frac{\Delta Q'}{\Delta t} = \rho_v \frac{\Delta x}{\Delta t} \Delta S$$

가 된다. 이 식에서 시간에 대한 극한을 취해 $\lim_{\Delta t \to 0} \frac{\Delta x}{\Delta t} = v_x$로 두면 전류 ΔI는 다음과 같다.

$$\Delta I = \rho_v v_x \Delta S$$

이제 양변을 ΔS로 나눠 정리하면 다음과 같이 x 방향의 전류밀도에 대한 표현식을 얻을 수 있다.

$$J_x = \frac{\Delta I}{\Delta S} = \rho_v v_x$$

따라서 전류밀도는 다음과 같이 정의한다.

★ 대류전류밀도 ★

$$\mathbf{J} = \rho_v \mathbf{v} \tag{4.3}$$

앞선 식은 체적전하밀도가 속도를 가지면 전류밀도가 형성됨을 나타낸다. 이는 전하의 움직임이 전류를 형성한다는 사실을 의미하는 것으로, **대류전류밀도**(convection current density)[1]라고 한다.

대류전류밀도란 자유공간과 같은 절연공간에서 적절한 조건이 충족되어 다량의 하전입자가 발생하고 이동함으로써 형성되는 전류밀도이다.

반면에 도체 및 반도체와 같은 물질에서 하전입자가 전계로부터 힘을 받아 이동하면 전류가 흐르게 되는데, 이를 **전도전류밀도**(conduction current density)라고 한다. 전하량이 $+e\,[\mathrm{C}]$ 또는 $-e\,[\mathrm{C}]$인 하전입자에 전계를 인가하면 하전입자는 극성에 따라 식 (3.1)의 $\mathbf{F} = Q\mathbf{E}$에 의해 $\mathbf{F} = +e\mathbf{E}$ 또는 $\mathbf{F} = -e\mathbf{E}$의 힘을 받는다. 따라서 정공처럼 양(+)의 전하량을 지닌 하전입자는 전계 방향으로, 전자와 같이 음(−)전하를 띈 하전입자는 전계와 반대 방향으로 움직인다. 이때의 운동속도 $\mathbf{v}_d$를 **드리프트 속도**(drift velocity)라고 하며, 이는 인가해 준 전계에 비례한다.

만약 드리프트 속도와 전계 사이의 비례상수를 **이동도**(mobility) μ라고 하면 드리프트 속도는 다음과 같이 주어진다.

★ 이동도와 드리프트 속도의 관계 ★

$$\mathbf{v}_d = -\mu_e \mathbf{E} \tag{4.4}$$

식 (4.4)에서 (−) 부호는 전계와 반대 방향으로 가속되는 전자를 생각하여 취한 것이다. 결국 이동도는 $\mu = v/E$의 개념으로, '단위 전계를 인가할 때의 드리프트 속도' 또는 '주어진 전계에서 이동할 수 있는 능력의 정도'를 나타내는 중요한 양이다. 이동도의 단위는 식 (4.4)에서 $[\mathrm{m^2/V \cdot sec}]$가 된다. 식 (4.4)를 식 (4.3)에 대입하면 전류밀도 $\mathbf{J}$는 다음과 같이 표현된다.

$$\mathbf{J} = \rho_v \mathbf{v} = -\rho_v \mu_e \mathbf{E} \tag{4.5}$$

한편 **물질의 도전율**(electrical conductivity)을 σ라고 하면 전도전류밀도[2]와 전계 사이에는 다음의 관계가 성립한다.

★ 전도전류밀도 ★

$$\mathbf{J} = \sigma \mathbf{E} \tag{4.6}$$

따라서 식 (4.5)와 식 (4.6)으로부터 도전율은 체적전하밀도와 이동도의 곱으로 표현된다.

---

1 대류전류밀도 $\mathbf{J} = \rho_v \mathbf{v}$의 단위는 $\left[\frac{\mathrm{C}}{\mathrm{m^3}}\right]\left[\frac{\mathrm{m}}{\mathrm{sec}}\right] = \left[\frac{\mathrm{C}}{\mathrm{sec \cdot m^2}}\right] = \left[\frac{\mathrm{A}}{\mathrm{m^2}}\right]$가 되므로 전류밀도의 단위가 됨을 알 수 있다.

2 전도전류밀도를 나타내는 식 (4.6)은 옴의 법칙의 미분형이라고 부르기도 한다. 즉 다음 절에서 배울 옴의 법칙 $V = RI$에서 저항 $R = \rho \frac{d}{S}$ (저항율 ρ는 도전율 σ의 역수이고 d는 도체의 길이이다)이다. 이 식에서 $I = \frac{V}{R} = \frac{V}{\rho(d/S)} = \sigma \frac{V}{d} S$이고 전류밀도는 $\frac{I}{S} = J = \sigma E$가 되므로 $V = RI$와 $J = \sigma E$는 같은 의미의 식이라고 생각할 수 있다.

$$\sigma = \rho_v \mu_e \tag{4.7}$$

만약 단위체적당 n [개/m^3]의 하전입자가 있고 이들의 전하량이 각각 e [C]이라면 체적전하밀도는 $\rho_v = ne$ [C/m^3]가 되므로 도전율은 다음과 같이 표현할 수도 있다.

$$\sigma = ne\mu_e$$

이 식에서 하전입자의 밀도 n은 물질의 종류에 따라 다르므로 물질은 고유의 도전율을 갖는다. 도전율의 단위는 지멘스/미터(siemens/meter, [S/m])이며, 금속 도체의 도전율은 은(Ag), 동(Cu), 금(Au), 알루미늄(Al) 순으로 높다. 전기전도성이 우수한 금속 도체의 도전율은 약 $10^7 \sim 10^8$ [S/m]의 범위에 있다.

한편 도체 내부에서 전계에 의해 가속된 전자가 원자와 충돌하면서 이동할 때 충돌과 충돌 사이의 평균시간을 전자의 평균자유시간 τ라고 하자.[3] 만약 전자가 평균자유시간 동안 전계에 의해 가속되면 운동방정식 $\mathbf{F} = m\mathbf{a} = e\mathbf{E}$에 의해 다음 관계가 성립한다.

$$m\frac{\mathbf{v}}{\tau} = e\mathbf{E}$$

이때 속도 $\mathbf{v} = \dfrac{e\tau}{m}\mathbf{E}$이고 $\rho_v = ne$이므로 식 (4.6)의 전류밀도 $\mathbf{J} = \rho_v \mathbf{v}$는 다음과 같다.

$$\mathbf{J} = \rho_v \mathbf{v} = \frac{ne^2\tau}{m}\mathbf{E} = \sigma\mathbf{E}$$

따라서 도전율은 다음과 같이 계산할 수도 있다.

$$\sigma = \frac{e^2 n\tau}{m}$$

예제 4-1

어떤 도선에 3[A]의 전류가 흐를 때 1.602 [sec] 동안 도선의 단면을 통과하는 전자의 개수를 구하라.

풀이

식 (4.1)과 같이 전류 I[A]는 시간 Δt [sec] 동안 도선의 단면을 통과하는 전하량 ΔQ[C]의 비, 즉 $I = \dfrac{\Delta Q}{\Delta t}$ [A]이고 통과하는 전자의 개수를 ΔN [개]라고 할 때 전하량 ΔQ[C]은 $\Delta Q = \Delta Ne$ [C]이다. 한편 전자의 전하량 $e = -1.602 \times 10^{-19}$ [C]이므로 전자의 개수는 다음과 같다.

$$\Delta N = \frac{\Delta Q}{e} = \frac{I\Delta t}{e} = \frac{3 \times 1.602}{1.602 \times 10^{-19}} = 3 \times 10^{19} \text{ [개]}$$

3 전자가 원자와 한번 충돌한 뒤 다음 충돌할 때까지의 평균이동거리를 평균자유행정(mean free path)이라고 하고 이때의 시간을 평균자유시간(mean free time)이라고 한다.

예제 4-2

전류밀도 $\mathbf{J} = \frac{50}{r}\mathbf{a}_r\,[\mathrm{A/m^2}]$일 때 반지름 $r = 4\,[\mathrm{cm}]$인 구의 표면을 통과하는 총 전류를 구하라.

풀이

구의 표면을 통과하는 전류는 식 (4.2)를 통해 구할 수 있다. 이때 구 표면의 미소면적 $d\mathbf{S} = r^2\sin\theta\, d\theta d\phi\,\mathbf{a}_r$이므로 전류 I는 다음과 같다.

$$I = \int \mathbf{J}\cdot d\mathbf{S} = \int\int \frac{50}{r}\mathbf{a}_r \cdot r^2\sin\theta d\theta d\phi\,\mathbf{a}_r$$

$$= \int_0^{2\pi}\int_0^{\pi} 50\,r\sin\theta d\theta d\phi = 50\times 4\times 10^{-2}\,[-\cos\theta]_0^{\pi}\,[\phi]_0^{2\pi} = 8\pi\,[\mathrm{A}]$$

이 결과를 발산의 정리 $I = \int \mathbf{J}\cdot d\mathbf{S} = \oint \nabla\cdot\mathbf{J}\,dv$를 통해 확인해보자. 전류밀도의 방향은 $\mathbf{a}_r$이며, 이는 r만의 함수이므로 전류밀도의 발산은 다음과 같다.

$$\nabla\cdot\mathbf{J} = \frac{1}{r^2}\frac{\partial}{\partial r}\left(r^2 J_r\right) = \frac{1}{r^2}\frac{\partial}{\partial r}\left(r^2\frac{50}{r}\right) = \frac{50}{r^2}$$

따라서 구하고자 하는 전류는

$$I = \int \nabla\cdot\mathbf{J}\,dv = \int_0^{2\pi}\int_0^{\pi}\int_0^{0.04}\frac{50}{r^2}r^2\sin\theta\,drd\theta d\phi$$

$$= 50\,[r]_0^{0.04}\,[-\cos\theta]_0^{\pi}\,[\phi]_0^{2\pi} = 8\pi\,[\mathrm{A}]$$

로, 앞서 사용한 방법과 같은 결과를 얻을 수 있다.

Note 전자 속도의 종류

전자의 속도는 세 가지 원인에 의해 다음과 같이 분류된다.

❶ **열운동속도**(thermal velocity) v_T : 전자가 존재하는 계의 온도에 의한 운동속도로, 계의 절대온도에 비례한다. 절대온도를 T, 볼츠만 상수를 k라고 하면 $\frac{1}{2}mv_T^2 = \frac{3}{2}kT$의 관계에 의해 전자의 속도가 결정된다. 이때의 속도 v_T를 열운동속도라고 한다.

❷ **확산속도**(diffusion velocity) v_D : 위치에 대한 전자의 밀도차가 발생할 때 이동하는 전자의 속도이다. 전자의 밀도를 n이라고 하면 $v_D \propto -\nabla n$의 관계가 성립한다.

❸ **드리프트 속도**(drift velocity) v_d : 전계에 의한 전자의 이동속도이다. 식 (4.4)에서 설명한 바와 같이 $\mathbf{v}_d = -\mu_e\mathbf{E}$의 관계가 성립한다. 드리프트 속도는 이동도 μ_e와 전계의 세기에 의해 결정된다.

2 전류의 연속식

전기적으로 중성인 원자에서 전자가 분리되면 원자는 전자와 양(+)이온의 하전입자로 나누어진다. 이렇게 발생된 전하들은 적절한 조건이 충족되면 서로 재결합(recombination)하여 소멸하기도 한다.[4] 한편 전하가 이동하여 전류를 형성해도 그 계에 존재하는 전하는 항상 일정하게 유지되는데, 이를 **전하 보존의 법칙**이라고 한다. 즉 전하 보존의 원리는 전기회로를 흐르는 하전입자의 수가 항상 일정하며, 스스로 창조되거나 파괴되어 사라지지 않는다는 의미이다. 전하가 보존되는 계에서 어떤 닫힌 면을 통과하는 전류는 다음과 같다.

$$I = \oint \mathbf{J} \cdot d\mathbf{S}$$

만약 양(+)전하가 이 표면을 통해 밖으로 나가면 닫힌 면 내부에는 양전하가 일정한 시간 비율로 감소하며, 그 결과 전류는 표면의 안에서 밖으로 흐른다. 즉 표면 내부에는 음(−)전하가 일정한 시간 비율로 증가하므로 전류는 다음과 같이 표현할 수 있다.

$$I = \oint \mathbf{J} \cdot d\mathbf{S} = -\frac{dQ_i}{dt} \tag{4.8}$$

물론 식 (4.8)의 $-\frac{dQ_i}{dt}$ 에서 (−) 부호는 닫힌 면 안에서 양(+) 전하의 감소량을 나타내며, **닫힌 면으로부터 바깥으로 흘러 나가는 전류**를 의미한다. 이 식에 발산의 정리를 적용하고 체적전하밀도 ρ_v에 대해 전하 $Q = \int \rho_v \, dv$ 의 관계를 적용하면 다음과 같다.

$$I = \oint \mathbf{J} \cdot d\mathbf{S} = \int \nabla \cdot \mathbf{J} \, dv = -\frac{dQ_i}{dt} = -\frac{d}{dt}\int \rho_v \, dv = \int -\frac{\partial \rho_v}{\partial t} dv$$

따라서 다음의 관계가 성립한다. 이를 **전류의 연속식**(continuity equation)이라고 한다.

★ 전류의 연속식 ★

$$\nabla \cdot \mathbf{J} = -\frac{\partial \rho_v}{\partial t} \tag{4.9}$$

식 (4.9)는 전류밀도의 발산이 바로 그 점에서 체적전하밀도의 시간적 감소율과 같음을 의미한다. 물론 정전계에서는 전하의 이동이 존재하여 전류가 형성될 수 있지만 주어진 시간동안 이동하는 전하(밀도)의 양은 항상 일정하다.

---

4 전하는 전리작용 등 여러 가지 기구(mechanism)에 의해 생성되지만 전자가 원자에 부착(attachment)하거나 이온과의 재결합(recombination) 과정을 통해 소멸되기도 한다.

따라서 체적전하밀도는 시간함수가 될 수 없어 전류의 연속식은 다음과 같이 주어진다.

$$\nabla \cdot \mathbf{J} = 0 \tag{4.10}$$

이는 어떤 체적으로 흘러 들어가는 전류와 흘러나오는 전류가 서로 같다는 사실을 나타내며, 키르히호프의 전류법칙이 여기서 비롯된다고 생각할 수 있다. 반면에 3장에서 논의했던 적분형 맥스웰의 제2방정식 $\oint \mathbf{E} \cdot d\mathbf{L} = 0$은 선적분의 결과가 적분경로에 의존하지 않는 정전계의 보존적 성질을 나타낸다. 이는 닫힌 경로에서 전계의 선적분, 즉 전위(전압강하)의 합이 0이 됨을 의미하는 식으로, 키르히호프의 전압법칙으로 생각할 수 있다.

예제 4-3

$0 \le x \le 1,\ 0 \le y \le 2,\ 0 \le z \le 3\,[\mathrm{cm}]$의 체적에서 전류밀도 $\mathbf{J} = 5y^2\mathbf{a}_y\,[\mathrm{A/m^2}]$가 흐를 때 다음을 구하라.

(a) $y = 2\,[\mathrm{cm}]$에서 직육면체의 zx 평면을 수직으로 통과하는 총 전류

(b) 전하의 이동속도 $\mathbf{v} = 2 \times 10^6\mathbf{a}_y\,[\mathrm{m/s}]$일 때 $y = 2\,[\mathrm{cm}]$에서의 체적전하밀도

풀이

(a) zx 평면에 수직인 y 방향으로 흐르는 전류 I는 미소면적 $d\mathbf{S} = dzdx\,\mathbf{a}_y$이므로 식 (4.2)를 이용하여 다음과 같이 구한다.

$$\begin{aligned} I &= \int \mathbf{J} \cdot d\mathbf{S} = \int_0^1 \int_0^3 5y^2\mathbf{a}_y \cdot dzdx\mathbf{a}_y \\ &= 5 \times (2 \times 10^{-2})^2 \times 3 \times 1 = 6 \times 10^{-3}\,[\mathrm{A}] \\ &= 6\,[\mathrm{mA}] \end{aligned}$$

(b) 체적전하밀도 ρ_v는 식 (4.3)을 이용하여 다음과 같이 계산한다.

$$\begin{aligned} \rho_v &= \frac{\mathbf{J}}{\mathbf{v}} = \frac{5y^2\mathbf{a}_y}{\mathbf{v}} = \frac{5 \times (2 \times 10^{-2})^2}{2 \times 10^6} \\ &= 10^{-9}\,[\mathrm{C/m^3}] = 1\,[\mathrm{nC/m^3}] \end{aligned}$$

SECTION
4.2 도체와 옴의 법칙

도체에서는 전기전도 특성을 중요하게 다룬다. 이를 위해 우선 전기저항의 물성적 의미와 옴의 법칙을 배우고 저항률과 도전율 등의 물질상수에 대해 공부한다.

Keywords | 도체 | 저항률 | 도전율 | 전자의 산란작용 | 옴의 법칙 | 에너지대 |

1 도체

도체는 전류를 잘 흐르게 할 목적으로 사용되며, 도체를 대표하는 대부분의 금속 물질은 풍부한 가전자를 가지고 있다. 금속 결합(metallic bond)을 하는 금속 도체에서 가전자는 원자핵과의 결합력이 약해 특정 원자에 강하게 구속되지 않고 결정 내를 자유롭게 움직일 수 있으므로 결정 격자[5]를 형성하여 움직일 수 없는 원자와 달리 전계를 인가하면 하전입자로 작용한다.[6] 또한 금속 물질의 도전율 $\sigma = \rho_v \mu_e = ne\mu_e$로, 하전입자의 밀도 n에 비례하므로 가전자를 많이 보유한 금속 물질의 전기전도성은 매우 우수한 편이다. 따라서 금속 도체의 경우 도전율의 역수인 체적저항률(volume resistivity)은 약 $10^{-8}[\Omega \cdot \mathrm{cm}]$ 이하로 낮다.

한편 물질을 대표하는 물질상수에는 **도전율** σ와 **유전율** ϵ, 그리고 **투자율** μ가 있으며, 이들을 **3대 물질상수**라고 한다. 도전율은 주로 도체의 전기전도현상을, 유전율은 유전체의 유전현상을 설명할 수 있는 대표적인 물질상수이다. 즉 유전율은 유전체에서 전계와 전속밀도의 관계, 정전에너지, 정전용량 등을 표현하는 데 중요하게 사용된다. 투자율은 자계와 자속밀도와의 관계, 자기에너지, 인덕턴스 등의 물리량을 표현하는 데 사용된다.

2 도체의 전기전도현상

이제 도체의 전기전도현상에 대해 알아보자. [그림 4-2]와 같이 길이가 $d[\mathrm{m}]$인 도체에 전압 $V[\mathrm{V}]$를 인가할 때 질량과 전하량이 각각 $m[\mathrm{kg}]$, $e[\mathrm{C}]$인 하전입자가 전계로부터 가속되어 속도

5 금속 물질의 원자들은 주기적으로 배열하여 결정 구조를 형성한다. 이처럼 물질 내의 모든 공간의 점들이 결정 구조를 한 원자들에 의해 규칙적으로 배열된 형태로 이상화한 것을 격자(lattice)라고 한다. 즉 결정 격자와 전자와의 충돌은 전자가 이동하는 동안 그 물질을 구성하는 원자와 충돌하는 것을 의미한다.

6 전계를 인가하기 전의 전자는 불규칙한 열운동을 하여 특정 방향으로의 평균속도가 $< v > = 0$이지만 전계를 인가하면 전자는 열운동을 극복하고 반 전계 방향으로 이동하여 전류를 형성하게 된다.

v[m/sec]와 가속도 a[m/sec^2]로 이동한다고 하자. 이때 운동방정식 $F = ma = eE$는 $E = V/d$의 관계를 이용하면 다음과 같다.

$$m\frac{dv}{dt} = eE = e\frac{V}{d} \tag{4.11}$$

식 (4.11)로부터 속도 v를 구하면 다음과 같이 주어진다.

$$v = \frac{eV}{md}t \tag{4.12}$$

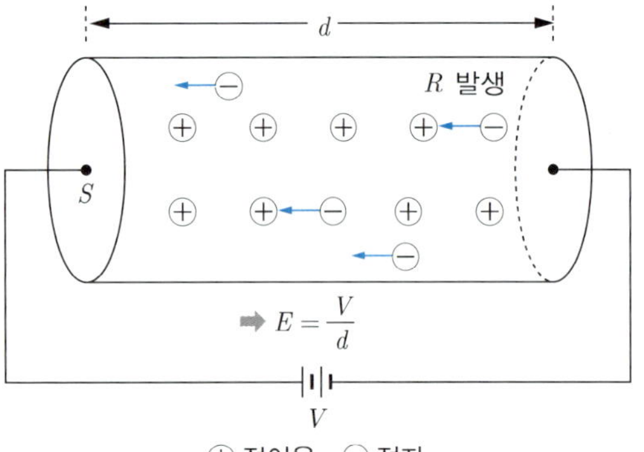

[그림 4-2] 도체에서 발생하는 전자의 산란작용
전자가 등가속도운동을 하는 중 원자와 충돌하면 속도가 감소되고 전기저항이 발생한다.

앞선 식에서 전하량과 인가전압, 질량, 도체의 길이는 모두 상수이므로 이를 k라고 하면 $v = kt$가 되어 **전계 내의 하전입자는 시간이 증가함에 따라 k의 일정한 비율로 속도가 증가하는 등가속도운동**을 한다. 즉 시간이 무한히 증가하면 하전입자의 속도와 형성되는 전류도 무한대가 될 것으로 생각되지만 실제 도체에 전압을 인가하면 전류는 항상 일정한 값을 나타낸다. 이는 하전입자(금속 도체의 경우 전자)의 속도의 지속적인 증가를 방해하는 작용이 금속 도체 내부에서 일어나고 있음을 의미하는 것으로, 전자는 물질 내에서 이동 중 결정 격자와 지속적으로 충돌함으로써 자신의 운동속도를 항상 일정하게 유지한다. 이러한 전자와 결정 격자의 충돌현상을 **전자의 산란작용**이라고 하며, 금속 도체의 경우 일반적으로 약 10^{13}[회/sec] 정도의 충돌이 일어난다.

결국 금속의 저항은 전자의 산란작용에 의해 발생한다. 따라서 금속 도체의 원자밀도가 일정하다면 전자의 이동 방향에 수직인 단면적 S가 클수록 전자와 결정 격자와의 충돌 확률이 낮아지며, 전자의 이동경로, 즉 도체의 길이 d가 길수록 충돌 확률이 높아지므로 전기저항은 다음과 같이 주어진다.

★ 금속의 저항 ★

$$R = \rho\frac{d}{S} \tag{4.13}$$

식 (4.13)에서 ρ는 **체적저항률**(volume resistivity) 또는 고유저항이라고 하며, 단위는 $[\Omega \cdot \mathrm{cm}]$이다. 이러한 저항에 대한 정의는 이미 배운 전자기학의 몇 가지 개념을 가지고 해석할 수 있다. 즉 [그림 4-2]와 같은 단면적이 S, 길이가 d인 원주형 도체에서 전계 및 전류밀도가 공간적으로 균일하다고 하면 전류는

$$I = \int \mathbf{J} \cdot d\mathbf{S} = JS$$

이고 도체 양단의 전위차는 다음과 같다.

$$V_{ab} = -\int_b^a \mathbf{E} \cdot d\mathbf{L} = -\mathbf{E} \cdot \mathbf{d}_{ba} = \mathbf{E} \cdot \mathbf{d}_{ab} \tag{4.14}$$

즉 전위와 전계 사이에는 개념적으로 $V = Ed$ 의 관계가 성립한다. 또한 식 (4.6)의 $\mathbf{J} = \sigma \mathbf{E}$ 관계를 이용하면 전류밀도는

$$J = \frac{I}{S} = \sigma E = \sigma \frac{V}{d}$$

이며, 이를 V에 대해 정리하면 다음과 같다.

$$V = \frac{d}{\sigma S} I = RI$$

따라서 저항은 다음과 같이 표현할 수 있다. 이 식에서 체적저항률 ρ는 도전율 σ의 역수이다.

★ 도전율과 저항의 관계 ★

$$R = \frac{d}{\sigma S} = \rho \frac{d}{S} \tag{4.15}$$

한편 금속의 저항은 전자의 산란작용에 의해 발생하므로 주변의 온도에 매우 민감하다. 만약 금속 내부의 온도가 상승하면 금속 도체의 전기저항이 증가하는데, 이는 온도가 높아지면 결정 격자의 열진동이 활발해져 전자와의 충돌 확률이 높아지기 때문이다. 즉 온도가 높아질수록 자유전자의 이동이 원자의 열진동에 의해 방해받아 저항이 증가하므로 온도가 높을 때보다 낮을 때 전류가 더 잘 흐른다. 만약 임의의 온도에서 저항이 R_0인 어떤 금속 도체에서 온도가 $T\,[^\circ\mathrm{C}]$일 때 저항이 R_T가 되어 이 물체에 ΔT의 온도차가 발생하면 다음과 같은 관계가 성립한다.

$$R_T = R_0(1 + \alpha \Delta T) \tag{4.16}$$

식 (4.16)에서 α는 저항의 온도계수이며, 금속 도체에서는 온도가 상승하면 저항이 증가하므로 $\alpha > 0$이다. 그러나 반도체나 절연체에서는 온도가 상승하면 오히려 하전입자 n이 급증하는 현상이

발생하여 식 (4.3)의 $\mathbf{J} = \rho_v \mathbf{v} (= ne\mathbf{v})$로부터 전류가 증가한다. 이는 저항의 감소를 의미하므로 반도체와 절연체의 저항은 부(−)의 온도계수($\alpha < 0$)를 갖는다.

또한 외부 전계에 의해 도체 내부의 전자가 반 전계 방향으로 이동하는 중에 원자와 충돌하면 전자의 드리프트 속도와 운동에너지가 감소하며, 감소한 만큼의 운동에너지를 원자가 얻게 된다. 그러나 원자는 결정 격자를 형성하여 움직일 수 없고 에너지를 얻은 만큼 자신의 위치에서 진동하여 발열하게 되는데, 이를 줄열(Joule heat)이라고 한다. 따라서 도체에 전류가 흐르면 줄열이 반드시 발생하며, 줄열에 비례하여 전력을 소비하게 된다. 이때 전력 P는 다음과 같다.

★ 전력 ★

$$P = \int \mathbf{E} \cdot \mathbf{J} dv \text{ [W]} \tag{4.17}$$

식 (4.17)에서 단위체적당 전력, 즉 전력의 체적밀도 p는 다음과 같이 구할 수 있다.

$$p = \frac{dP}{dv} = \mathbf{E} \cdot \mathbf{J} = \sigma E^2 \text{ [W/m}^3\text{]} \tag{4.18}$$

전력을 나타낸 식 (4.17)의 체적적분은 면적분과 선적분의 곱으로 생각할 수 있으므로 전계에 선적분을 적용하고 전류밀도에 면적분을 적용하면 다음과 같다.

$$P = \int \mathbf{E} \cdot \mathbf{J} dv = \left[\int \mathbf{E} \cdot d\mathbf{L} \right] \left[\int \mathbf{J} \cdot d\mathbf{S} \right] = VI \tag{4.19}$$

$$P = I^2 R \tag{4.20}$$

이제 내・외부 도체의 반지름이 각각 a, $b(a < b)$인 동축케이블의 두 도체 사이에 유전율과 도전율, 그리고 저항률이 각각 ϵ, σ, ρ인 매질의 저항을 구해보자. 동축케이블에서의 전계는 2장에서 공부한 바와 같이 $\mathbf{E} = \frac{a\rho_S}{\epsilon\rho} \mathbf{a}_\rho$이므로 전위차는 다음과 같다.

$$V_{ab} = -\int_b^a \mathbf{E} \cdot d\mathbf{L} = -\int_b^a \frac{a\rho_S}{\epsilon\rho} d\rho = \frac{a\rho_S}{\epsilon} \ln \frac{b}{a}$$

한편 전류는 식 (4.2)에서 다룬 것처럼 $I = \int \mathbf{J} \cdot d\mathbf{S}$이고 옴의 법칙에 의해 전류밀도와 전계 사이에는 $\mathbf{J} = \sigma \mathbf{E}$의 관계가 성립하므로 전류는 다음과 같이 주어진다.

$$\begin{aligned} I &= \int \sigma \mathbf{E} \cdot d\mathbf{S} = \int \sigma \frac{a\rho_S}{\epsilon\rho} \mathbf{a}_\rho \cdot \rho d\phi dz \, \mathbf{a}_\rho \\ &= \sigma \frac{a\rho_S}{\epsilon} \int_0^L \int_0^{2\pi} d\phi dz = \sigma \frac{a\rho_S}{\epsilon} 2\pi L \end{aligned}$$

따라서 저항은 전위차 V_{ab} 와 전류 I 의 비로, 다음과 같이 주어진다.

$$R = \frac{V_{ab}}{I} = \frac{1}{2\pi\sigma L}\ln\frac{b}{a}$$

한편 저항의 역수인 컨덕턴스를 G 라고 하면 다음과 같다.

$$G = \frac{2\pi\sigma L}{\ln(b/a)}$$

예제 4-4

20[°C]에서 저항이 100[Ω]이고 저항의 온도계수 $\alpha = 4\times10^{-3}$인 구리선이 있다. 이 구리선의 주변 온도가 80[°C]일 때 저항을 구하라.

풀이

금속 도체는 저항의 온도계수가 양(+)이므로 온도가 상승하면 저항도 증가한다. 식 (4.16)에 의해 80[°C]에서의 저항은 다음과 같다.

$$R_T = R_0(1+\alpha\Delta T) = 100[1+4\times10^{-3}(80-20)] = 124[\Omega]$$

예제 4-5

반지름 $a = 3\times10^{-3}$[m], 길이 $d = 6\times10^{3}$[m]인 원통형 도체의 저항 $R = 2$[Ω]이다. 이 도체에 $I = 5$[A]의 전류가 흐를 때 다음을 구하라(단, 이 도체의 전자밀도 $n = 2\times10^{20}$[개/m^3]이다).

(a) 도체의 도전율

(b) 전자의 이동도

(c) 전자의 드리프트 속도

풀이

(a) 도체의 전기저항과 단면적, 길이가 주어져 있으므로 식 (4.15)의 $R = \rho\frac{d}{S} = \frac{d}{\sigma S}$에서 도전율은 다음과 같이 구할 수 있다.

$$\sigma = \frac{d}{RS} = \frac{6\times10^3}{2\times\pi(3\times10^{-3})^2} = 10.6\times10^7\,[\mathrm{S/m}]$$

(b) 도전율과 이동도의 관계는 식 (4.7)과 같이 $\sigma = \rho_v\mu_e$이며, 체적전하밀도 ρ_v는 전자의 체적밀도 n과 전하량 e의 곱이므로 $\rho_v = ne = 2\times10^{20}\times1.602\times10^{-19} = 32\,[\mathrm{C/m^3}]$가 된다. 그러므로

전자의 이동도 μ_e 는 다음과 같다.

$$\mu_e = \frac{\sigma}{\rho_v} = \frac{10.6 \times 10^7}{32} = 3.3 \times 10^6\,[\mathrm{m}^2/\mathrm{V}\cdot\mathrm{s}]$$

(c) 전자의 드리프트 속도는 식 (4.3)의 $\mathbf{J} = \rho_v \mathbf{v}$로부터 다음과 같이 계산한다.

$$v = \frac{J}{\rho_v} = \frac{I}{\rho_v S} = \frac{5}{32 \times \pi(3 \times 10^{-3})^2} = 5.5 \times 10^3\,[\mathrm{m/s}]$$

예제 4-6

내·외부 도체의 반지름이 각각 a, $b(a < b)$인 동심 구 도체에서 두 도체 사이가 유전율이 ϵ, 도전율이 σ, 그리고 저항률은 ρ인 유전체로 채워져 있다. 옴의 법칙을 이용하여 저항을 구하라.

풀이

저항은 전위에 대한 전류의 비이므로 동심 구 도체에서의 전위와 전류를 알면 저항을 구할 수 있다. 우선 $a < r < b$에서 전계 $\mathbf{E} = \dfrac{Q}{4\pi\epsilon r^2}\mathbf{a}_r$ 이므로 전위는 다음과 같다.

$$V_{ab} = -\int_b^a \frac{Q}{4\pi\epsilon r^2}\,dr = \frac{Q}{4\pi\epsilon}\left(\frac{1}{a} - \frac{1}{b}\right)$$

이때 전류 $I = \int \mathbf{J}\cdot d\mathbf{S}$이고 전류밀도 $\mathbf{J} = \sigma\mathbf{E}$이므로 구의 표면을 통과하는 전류는 다음과 같다.

$$I = \int \sigma\mathbf{E}\cdot d\mathbf{S} = \int \sigma \frac{Q}{4\pi\epsilon r^2}\mathbf{a}_r \cdot r^2\sin\theta d\theta d\phi\,\mathbf{a}_r$$

$$= \frac{\sigma Q}{4\pi\epsilon}\int_0^{2\pi}\int_0^{\pi}\sin\theta d\theta d\phi = \frac{\sigma Q}{\epsilon}$$

따라서 저항은 전위차 V_{ab}와 전류 I의 비이므로 다음과 같다.

$$R = \frac{V_{ab}}{I} = \frac{\frac{1}{a} - \frac{1}{b}}{4\pi\sigma}\,[\Omega]$$

3 물질의 대이론

자유공간과 달리 물질 내 전자의 에너지는 연속적(continuous)이지 않고 이산적(discrete)이다. 만약 자유공간에서 계의 에너지를 온도가 지배한다면 $\frac{1}{2}mv_T^2 = \frac{3}{2}kT$ (k는 볼츠만 상수, T는 절대 온도)의 열운동에 의해 전자는 온도의 변화에 대응한 모든 에너지 값을 취할 수 있다. 즉 온도 T가 0.01 [K]만 변화해도 전자의 에너지는 이에 대응한 값을 갖게 된다. 반면 물질 내부에서는 그렇지 않다. 전자는 양자상태에 따라 결정되어 있는 일정 크기의 에너지 값만을 가질 수 있다. 이처럼 물질 내에서 전자가 취할 수 있는 정해진 에너지의 값을 **에너지 준위**(energy level)라고 한다.

모든 물질은 수많은 원자로 구성되어 있으며, 전자들의 에너지 준위는 수많은 원자들의 상호작용으로 일정한 에너지 폭을 갖는 에너지대(energy band)를 형성한다. 각 에너지대는 [그림 4–3]과 같이 간격이 매우 좁은 다수의 이산적인 에너지 준위로 구성된다. 전자들은 양자상태에 의해 가장 낮은 에너지 준위부터 정해진 개수만큼 채워지며, 외부에서 에너지를 얻으면 더 높은 에너지 준위로 천이한다. 이러한 에너지 준위의 대 구조(band structure)는 그 물질의 전기적 성질의 대부분을 지배한다.

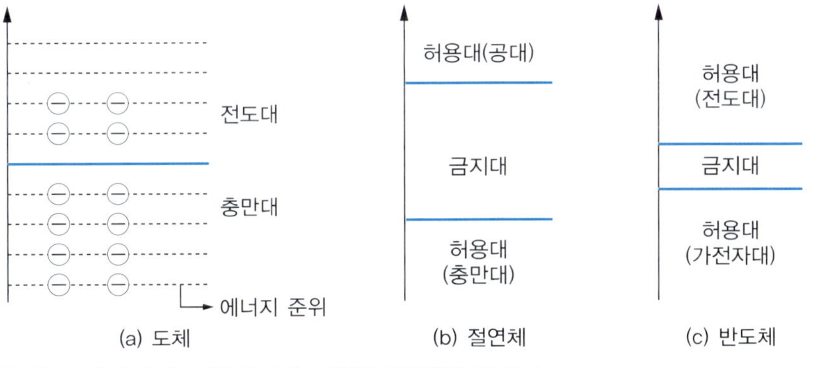

[그림 4–3] 절대 영도에서의 도체, 절연체, 반도체의 대 구조

(a) 충만대에는 허용된 수만큼의 전자가 차 있으며, 전도대에는 비어 있는 준위가 있다.
(b) 절연체는 반도체에 비해 금지대가 매우 크다.
(c) 반도체는 전자가 금지대를 넘어 허용대로 가면 허용대는 전도대가 되고 전자가 이탈한 곳은 가전자대가 된다.

물질의 에너지대에는 전자가 가질 수 있는 에너지의 영역(에너지대)과 그렇지 못한 에너지의 영역이 있고 이를 각각 **허용대**(permitted band)와 **금지대**(forbidden band)라고 한다. 만약 물질의 허용대가 필요한 수만큼의 전자로 완전히 채워져 있다면 **충만대**(filled band), 비어 있다면 **공대**(empty band)라고 부른다. 특정 에너지대에 있는 전자가 전계나 빛, 열 등의 외부 에너지를 얻어 물질 내를 자유롭게 이동하려면, 즉 전기전도를 하기 위해서는 금지대[7] 이상의 에너지를 얻어야 한다.

---

[7] 금지대에 해당하는 에너지란 반도체의 전자가 공유 결합에서 이탈하여 물질 내를 운동하는 데 필요한 에너지라고 생각하면 된다.

그러나 금속에는 이러한 금지대가 없다. 즉 충만대와 그 상부의 에너지대에 **전도대**(conduction band)라는 허용대가 있지만 전도대는 전자로 완전히 채워져 있지 않다. 따라서 매우 작은 에너지를 외부에서 얻어도 더 큰 에너지 준위로 쉽게 이동할 수 있다. 이러한 이유로 금속 도체에 0.01[V]의 전압만 인가해도 이에 상응하는 전류가 흐른다. 그러나 절연체와 반도체에서는 금지대 폭에 해당하는 에너지를 얻어야 전자의 이동이 가능하다. 절연체의 금지대 폭은 반도체에 비해 매우 큰 편이다. 원소 반도체인 게르마늄(Ge)의 금지대 폭은 약 0.67[eV]이고 규소(Si)는 약 1.1[eV]이지만 절연체인 염화칼륨(KCl) 결정의 금지대는 무려 10[eV] 정도로 알려져 있다. 전기가 잘 통하지 않는 절연체의 금지대 폭이 큰 것은 궤도전자에 대한 원자핵의 구속력(쿨롱의 인력)이 매우 강해 외부에서 에너지를 인가하여도 쉽게 전리(이온화)되지 않고 물질 내에서 자유전자가 생성되기 어렵다는 뜻이다.

이러한 대 구조의 차이 때문에 금속은 전기전도가 쉬운 도체가 되며, 아무리 작은 전압을 인가하여도 이에 상응하는 전류가 발생하지만 절연체는 금지대 폭에 상응하는 큰 에너지를 인가하지 않으면 전자는 이동하지 않고 전기전도현상도 나타나지 않는다.

SECTION
4.3
반도체

진성 반도체와 불순물 반도체를 간단히 소개하고 반도체의 전기전도현상을 개략한다. 반도체의 경우 전자와 정공에 의해 전기전도가 이루어진다.

Keywords | 반도체 | 전기전도현상 | 진성 반도체 | 불순물 반도체 |

1 진성 반도체

도체에서 자유전자를 내보낸 원자는 서로 정해진 위치에서 결합되어 움직일 수 없으며, 외부에서 에너지를 얻어도 자신의 위치를 중심으로 얻은 에너지에 상응하는 크기의 진동을 일으킬 뿐이다. 따라서 금속의 경우 전기전도현상의 주체는 전자였다. 그러나 Si 나 Ge 로 대표되는 원소 반도체에는 전자와 정공, 두 종류의 하전입자가 있다. 서로 공유 결합을 하고 있는 Ge 에 외부에서 공유 결합 에너지 이상의 에너지를 인가하면 전자는 결합에서 이탈한다. 이는 대이론에서 설명한 금지대 폭 이상의 에너지를 인가한 경우로, 이때 충만대의 전자는 금지대를 넘어 또다른 허용대로 이동하며, 충만대에는 전자의 이동에 의해 정공(hole)이 발생한다. 이때 기존의 충만대를 가전자대(valance band)라고 하고 전자가 이동한 허용대는 전도대가 된다.

Si 나 Ge 의 경우 이러한 전자와 정공의 발생을 가능하게 하는 에너지는 각각 금지대 폭인 1.1 [eV] 와 0.67 [eV] 정도이다. 비록 정공은 전자가 빠져나간 빈자리에 불과하지만 전자와 크기가 같고 반대 극성의 전하량을 가진 하전입자로 인정함으로써 반도체의 전기전도현상을 설명할 수 있다. 전계를 인가하면 정공은 전계 방향으로, 전자는 전계와 반대 방향으로 이동하게 된다. 불순물이 첨가(doping)되지 않은 **진성 반도체**(intrinsic semicondictor)**의 경우 발생한 전자의 수만큼 정공**(hole)**이 발생한다**. 전자와 정공의 체적전하밀도와 이동도를 각각 ρ_e 와 μ_e, ρ_h 와 μ_h 라고 하면 도전율은 다음과 같다.

$$\sigma = -\rho_e \mu_e + \rho_h \mu_h \tag{4.21}$$

앞서 도체는 온도가 상승하면 전자의 산란작용이 증가하여 저항이 커진다고 배웠다. 즉 금속 도체의 저항의 온도계수는 양(+)이다. 그러나 반도체는 온도가 상승하면 전자와 결정 격자가 충돌할 가능성이 높아져 이동도는 감소하지만 온도가 증가함에 따라 공유 결합에서 이탈하는 전자의 개수가 급격히 증가한다. 이에 따라 정공도 증가하게 되어 저항이 감소한다. 예를 들어 Si 의 경우 온도가 300 [K] 에서 330 [K] 가 됨에 따라 도전율은 약 10 배 정도 증가한다. 즉 저항률이 1/10 로 감소한다는 뜻이다. 절연체의 금지대 폭은 반도체에 비해 매우 크지만 저항의 온도계수는 반도체와 마찬가지로 음(−)이다.

2 불순물 반도체

게르마늄(Ge)과 같은 4가의 원소 반도체에 5가의 불순물인 비소(As)를 도핑(doping)하면 불순물의 최외각전자 다섯 개 중 네 개는 인접한 원자와 공유 결합을 하지만 한 개의 전자는 결합에 참여하지 못하고 남게 된다. 이를 과잉전자(excess electron)라고 한다. 이 과잉전자와 As 불순물 원자와의 결합력을 계산해보면 Ge 원자의 금지대 폭(0.67[eV])보다 매우 작은 약 0.03[eV] 정도가 된다. 만약 외부에서 약 0.03[eV] 정도의 에너지를 인가하면 이 정도의 에너지로는 전자와 정공을 발생시킬 수 없지만 도핑한 불순물 원자의 과잉전자는 전도대로 쉽게 천이할 수 있다. 즉 As 원자가 도핑된 Ge은 진성 반도체의 금지대 폭(0.67[eV])보다 매우 작은 0.03[eV] 정도의 에너지로 전도대에 전자를 집중적으로 공급하게 되어 정공에 비해 전자의 수가 극단적으로 증가한다. 이때 As 불순물 원자는 전도대에 전자를 공급하는 **도너**(donor)의 역할을 하게 된다. 이를 **n형 불순물 반도체**라고 한다.

반면에 인디움(In)과 같은 3가의 불순물을 첨가하면 불순물은 가전자대로부터 전자를 쉽게 받아들이는 **억셉터**(acceptor)의 역할을 하게 되며, 3가의 불순물에 전자를 내어준 가전자대에는 많은 정공이 발생하여 정공이 다수 캐리어가 되는 **p형 불순물 반도체**가 된다. 이러한 불순물 반도체의 도전율은 온도 및 불순물의 농도에 따라 다르지만 진성 반도체에 비해 10^5배 이상 증가하기도 한다.

예제 4-7

순수한 Ge 반도체의 전자와 정공의 이동도는 상온에서 각각 0.39[$m^2/V \cdot s$], 0.19[$m^2/V \cdot s$]이다. 전자와 정공의 전하밀도를 각각 -1.2[mC/m^3], 1.2[mC/m^3]라고 할 때 이 반도체의 도전율을 구하라.

풀이

진성 반도체의 도전율은 식 (4.21)을 이용하여 다음과 같이 계산한다.

$$\begin{aligned}\sigma &= -\rho_e\mu_e + \rho_h\mu_h \\ &= -(-1.2\times 10^{-3})\times 0.39 + (1.2\times 10^{-3})\times 0.19 \\ &= 6.96\times 10^{-4}[S/m]\end{aligned}$$

SECTION

4.4 유전체

이 절에서는 유전체에 발생하는 전기적 현상을 공부한다. 특히 유전분극현상이 전계와 전속밀도 사이의 관계에 미치는 영향은 매우 중요하다. 비유전율과 전기감수율 등의 물질상수도 이해해야 한다.

Keywords | 분극 | 분극의 세기 | 비유전율 | 전기감수율 | 전기쌍극자 |

전기가 통하지 않는 부도체는 도체와 도체 사이에 사용되어 전류의 흐름을 끊는 역할을 한다. 이러한 의미에서 부도체를 **절연체**(insulator)라고 한다. 또한 절연체에 전압을 인가하면 원자는 유전분극현상을 일으키는데, 이러한 관점에서 절연체를 **유전체**(dielectrics)라고 부르기도 한다. 지금부터는 필요에 따라 부도체를 유전체 및 절연체로 구분하여 사용하기로 한다.

절연체에는 전압을 인가하여도 전리현상이 쉽게 발생하지 않아 전도전류가 흐르지 않는다. 앞서 대이론에서 설명한 바와 같이 절연체는 금지대 폭이 매우 커서 하전입자가 발생하기 어렵기 때문이다.[8] 그러나 [그림 4-4(a)]와 같이 전자가 원자핵을 중심으로 대칭적 위치에서 궤도운동을 하는 절연체의 원자에 전계를 인가하면 [그림 4-4(b)]와 같이 전자의 궤도운동의 중심축이 전계와 반대 방향으로 약간의 변위를 일으킨다. 이와 같이 전계에 의한 하전입자의 변위 현상을 **분극**(polarization)이라고 한다. 원자가 분극하면 같은 크기의 양(+)전하와 음(−)전하가 매우 가까운 거리에 위치하는 **전기쌍극자**(electric dipole)의 전하분포를 하게 된다. 즉 유전체가 전압을 인가해도 전도전류는 흐르지 못하고 매우 많은 전기쌍극자에 의한 분극현상이 발생하게 되는데, 결국 유전체의 여러 가지 성질은 이러한 분극현상에 기초하게 된다. 이와 같이 유전체에서는 분극전하[9]의 존재로 인해 자유공간에서의 $\mathrm{D} = \epsilon_0 \mathrm{E}$와는 달리 전계와 전속밀도의 새로운 관계가 필요하다.

$d\,[\mathrm{m}]$의 거리만큼 떨어진 $+Q$와 $-Q\,[\mathrm{C}]$의 쌍극자에서 $-Q$에서 $+Q$로 향하는 선분벡터를 $\mathbf{d}$라고 하면 **쌍극자모멘트**(dipole moment) $\mathbf{p}$는 다음과 같이 정의한다. 단위는 $[\mathrm{C \cdot m}]$이다.

★ 쌍극자모멘트 ★

$$\mathbf{p} = Q\mathbf{d} \tag{4.22}$$

8 물론 절연체에 금지대 폭에 상응하는 큰 에너지를 인가하면 다수의 원자가 전자와 양(+)이온으로 전리되어 절연체에도 전도전류가 흐를 수 있다. 이를 절연파괴(electric breakdown)현상이라고 한다.

9 전극 사이에 유전체를 두고 전압을 인가하면 전극에는 $Q = CV$의 전하가 축적되고 유전체에는 분극이 발생한다. 이때 전극에 축적되는 전하와 분극전하의 극성은 반대가 되어 서로를 속박하게 되는데, 이를 속박전하(bounded charge)라고 한다.

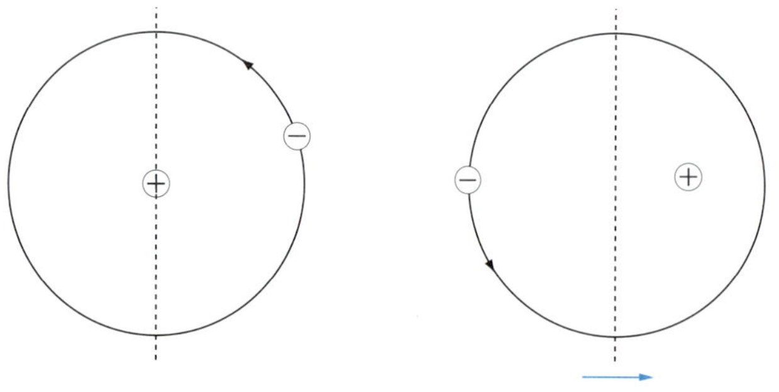

(a) $\mathbf{E}=0$ (b) $\mathbf{E}=\mathbf{E}$

[그림 4-4] 전자의 궤도운동

전계를 인가하면 전자의 궤도운동의 중심축이 전계와 반대 방향으로 변위한다.

만약 원자의 체적밀도가 $n\,[\text{개}/\mathrm{m}^3]$ 라면 미소체적 $\Delta v\,[\mathrm{m}^3]$ 에는 $n\Delta v\,[\text{개}]$ 의 원자가 있다. 이 원자들이 모두 분극을 일으킨다고 가정하면 Δv 내의 쌍극자모멘트의 합 $\mathbf{p}_{total}$ 은 다음과 같다.

$$\mathbf{p}_{total} = \sum_{i=1}^{n\Delta v} \mathbf{p}_i$$

한편 **단위체적당 쌍극자모멘트의 합은 분극의 세기 P로 정의한다.**[10] 분극의 세기는 벡터양으로 다음과 같이 표현하며, 단위는 $[\mathrm{C}/\mathrm{m}^2]$ 이다.

$$\mathbf{P} = \lim_{\Delta v \to 0} \frac{1}{\Delta v} \sum_{i=1}^{n\Delta v} \mathbf{p}_i \tag{4.23}$$

이제 자유공간에서의 전속밀도와 전계의 관계 $\mathbf{D} = \epsilon_0 \mathbf{E}$ 를 유전체에서 다시 생각해보자. 즉 **분극으로 생긴 속박전하가 유전체의 전속밀도와 전계의 관계에 미치는 영향**에 대해 알아볼 것이다.

유전체에 전계 $\mathbf{E}$ 를 인가하면 미소체적 Δv 내의 원자는 분극하여 $\mathbf{p} = Q\mathbf{d}$ 의 쌍극자모멘트를 형성함과 동시에 속박전하가 발생한다. 이때 속박전하는 전계의 힘에 의해 변위하여 어떤 면을 통과하게 되는데, 우선 이 면을 통과하는 속박전하량 ΔQ_b 에 대해 고찰해보자. 만약 [그림 4-5]와 같이 면벡터 $\Delta\mathbf{S}$ 에 대해 θ 의 방향으로 전계를 인가하면 속박전하는 면벡터 $\Delta\mathbf{S}$ 방향으로 $\frac{1}{2}d\cos\theta$ 만큼 이동하게 된다. 단위체적당 n 개의 원자가 있으므로 Δv[11] 내에서 분극하는 원자의 수는 $n\Delta v$ $(= nd\cos\theta\,\Delta S)\,[\text{개}]$ 이며, 분극에 의해 원자 내의 양(+)과 음(−)의 전하가 서로 반대 방향으로 이동한다.

---

10 일반적으로 부피가 큰 물체가 더 많은 원자를 가질 가능성이 있으므로 p보다 단위체적당 p로 정의되는 분극의 세기 P가 분극현상의 본질적 특성을 더 잘 나타낼 수 있다. 이는 작은 금속과 큰 솜뭉치의 무게를 직접 비교할 수 없어 단위체적당 무게, 즉 비중으로 두 물질의 무게에 대한 특성을 가늠하는 것과 같은 논리이다.

11 미소체적 $\Delta v = \Delta S \times$ (ΔS 에 수직인 방향으로의 거리)이다. 전계를 인가할 때 면 ΔS 를 통과하는 전하량은 (+)전하와 (−)전하가 면 ΔS 에 수직인 방향(면벡터 $\Delta\mathbf{S}$ 방향)으로 각각 $\frac{d}{2}\cos\theta$ 와 $-\frac{d}{2}\cos\theta$ 만큼 이동하므로 $\Delta v = \Delta S d\cos\theta$ 이다.

이 중 ΔS의 위쪽으로 이동하는 양(+) 전하량은 $\frac{1}{2}nQd\cos\theta\,\Delta S$이고 아래쪽으로 이동하는 음(−) 전하량은 $-\frac{1}{2}nQd\cos\theta\,\Delta S$이므로 ΔS를 통과하는 총 속박전하량 ΔQ_b는 다음과 같다.

$$\Delta Q_b = nQd\cos\theta\,\Delta S = nQ\mathbf{d}\cdot\Delta\mathbf{S}$$

이 식에서 $nQ\mathbf{d}$는 단위체적당 쌍극자모멘트의 합을 의미하므로 분극의 세기 $\mathbf{P}$가 되며, 총 속박전하량 ΔQ_b는 다음과 같이 나타낼 수 있다.

$$\Delta Q_b = \mathbf{P}\cdot\Delta\mathbf{S}$$

이는 분극에 의해 발생하는 분극전하량(속박전하량)으로, ΔQ_b만큼의 속박전하가 변위에 의해 어떤 면을 통과해 나간다. 따라서 유전체 내의 속박전하량의 증가량은 다음과 같이 주어진다.

$$\Delta Q_b = -\mathbf{P}\cdot\Delta\mathbf{S}$$

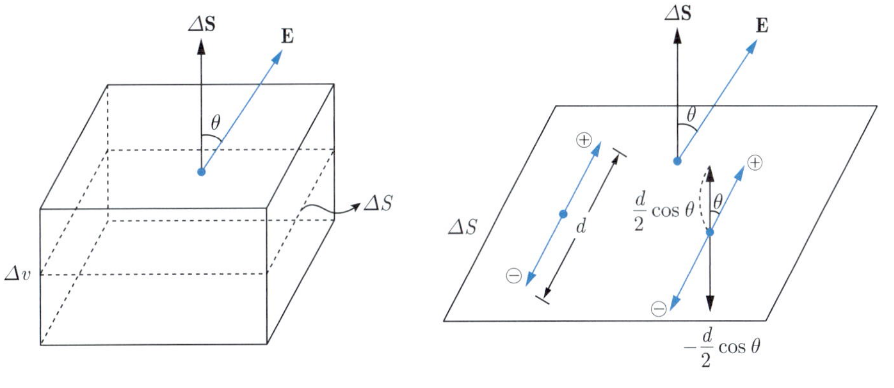

[그림 4-5] 전계에 의한 쌍극자모멘트의 형성

이제 이러한 개념을 미소체적 Δv에서 물질 전체로 확장하여 생각해보자. 체적 내에서 분극한 모든 분극전하가 어떤 면을 통과한다면 이 체적을 둘러싸고 있는 닫힌 면 내의 속박전하의 증가량은 다음과 같다.

$$Q_b = -\oint_S \mathbf{P}\cdot d\mathbf{S} \tag{4.24}$$

결국 유전체에서 발생한 분극현상으로 인해 전하에는 속박전하와 자유전하가 있을 수 있으며, 총 전하 Q_T는 다음과 같이 표시한다.

$$Q_T = Q_f + Q_b = Q + Q_b$$

앞선 식에서 자유전하 Q_f는 Q로 표시하였다. 여기에 가우스 법칙을 적용하면 임의의 유전체의 유전율을 ϵ이라고 할 때 유전체에서의 자유전하 Q는

$$Q = \oint \mathbf{D} \cdot d\mathbf{S}$$

이며, 이 식에서 전속밀도 $\mathbf{D} = \epsilon \mathbf{E}$이다. 한편 총 전하량 Q_T는

$$Q_T = \oint \epsilon_0 \mathbf{E} \cdot d\mathbf{S} \tag{4.25}$$

가 되므로 유전체에서의 자유전하는 분극을 고려하여 다음과 같이 주어진다.

$$Q = Q_T - Q_b = \oint_S (\epsilon_0 \mathbf{E} + \mathbf{P}) \cdot d\mathbf{S} \tag{4.26}$$

따라서 전속밀도와 전계 사이에 다음과 같은 관계를 얻을 수 있다.

★ 유전체의 전속밀도 ★

$$\mathbf{D} = \epsilon_0 \mathbf{E} + \mathbf{P} \tag{4.27}$$

한편 식 (4.27)에서 분극의 세기 $\mathbf{P}$는 $\epsilon_0 \mathbf{E}$에 비례한다. 만약 선형·등방성 유전체에서 비례상수를 χ_e라고 하면 다음과 같은 관계가 성립한다.

$$\mathbf{P} = \chi_e \epsilon_0 \mathbf{E} \tag{4.28}$$

이때 χ_e는 **전화율** 또는 **전기감수율**(electric susceptibility)이라고 부르는 상수로, $\chi_e = \dfrac{\mathbf{P}}{\epsilon_0 \mathbf{E}}$가 되어 자유전하밀도에 대한 분극전하밀도, 즉 자유전하밀도에 대한 속박전하밀도의 비율을 나타낸다. 또한 식 (4.27)과 식 (4.28)의 관계로부터 전속밀도 $\mathbf{D}$를 다음과 같이 쓸 수 있다.

$$\mathbf{D} = \epsilon_0 \mathbf{E} + \chi_e \epsilon_0 \mathbf{E} = (1 + \chi_e) \epsilon_0 \mathbf{E} = \epsilon \mathbf{E}$$

한편 자유공간의 유전율 ϵ_0에 대한 물질(유전체)의 유전율 ϵ의 비를 **비유전율**(relative permittivity) ϵ_R이라고 하고 다음과 같이 나타낸다.

★ 비유전율 ★

$$\epsilon_R = \frac{\epsilon}{\epsilon_0} \tag{4.29}$$

결국 어떤 유전체의 유전율 $\epsilon = \epsilon_0 \epsilon_R$이고 $\mathbf{D} = (1+\chi_e)\epsilon_0 \mathbf{E} = \epsilon \mathbf{E} = \epsilon_0 \epsilon_R \mathbf{E}$가 되므로 비유전율과 전화율 사이에는 다음의 관계가 성립한다.

$$\epsilon_R = 1 + \chi_e \tag{4.30}$$

유전체로 사용하는 물질의 비유전율 ϵ_R은 일반적으로 1보다 크다. 일반적인 범위의 온도와 주파수 영역에서는 비유전율이 물질 고유의 값이므로 전화율 χ_e도 고유상수로 생각할 수 있다. 즉 비유전율과 전화율은 그 물질의 유전적 성질을 결정하는 중요한 값이다.

Note 분극에 의한 전계와 분극의 세기

분극에 의한 전계와 전속밀도, 그리고 전하밀도의 관계를 [그림 4-6]을 통해 좀 더 간단히 고찰해보자. 우선 [그림 4-6(a)]와 같이 전극 사이의 매질이 유전율 ϵ_0의 자유공간이라면 자유공간에서는 원자가 없으므로 분극은 발생하지 않는다. 이때 전극에는 각각 다섯 개의 (+)전하와 (−)전하가 축적된다고 가정하자. 이를 면적 S로 나눈 것이 표면전하밀도 $+\rho_S$와 $-\rho_S$[C/m²]이다. 물론 전계는 다섯 개의 전하들에 의해 형성되며, 이 전하를 진전하(true charge)라고 한다. 자유공간에서의 전계를 E_0라고 하면 $E_0 = \dfrac{D}{\epsilon_0} = \dfrac{\rho_S}{\epsilon_0}\left(\rightarrow \dfrac{5}{\epsilon_0}\text{에 비례함}\right)$가 된다.

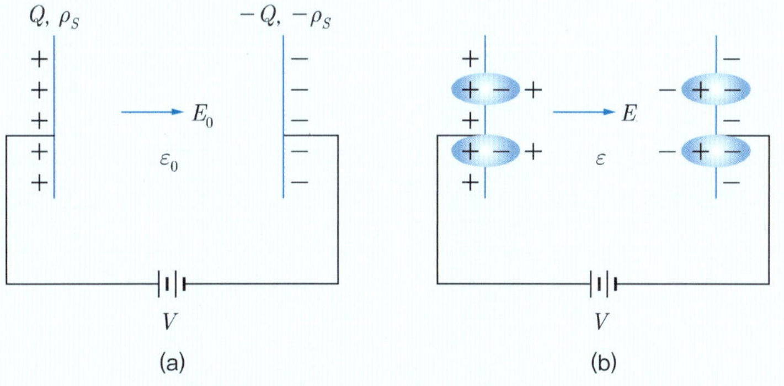

[그림 4-6] 분극에 의한 진전하와 속박전하밀도

(a) 다섯 개의 (+)전하와 (-)전하를 진전하라고 한다.

(b) 유전체에 두 개의 분극이 발생하면 두 개의 분극전하가 전극 표면의 진전하 두 개를 속박한다.

이번에는 [그림 4-6(b)]와 같이 유전율 ϵ의 유전체에 전계를 인가하여 두 개의 분극이 발생하였다고 가정하자. 유전체에서 발생한 두 개의 분극전하는 전극 표면의 전하를 속박하여(분극전하=속박전하), $5-2=3$개의 진전하가 전계를 형성하게 된다. 이때의 전속밀도와 분극의 세기를 각각 D와 P라고 하고 이에 대응하여 형성된 표면전하밀도 및 분극전하밀도를 각각 ρ_S와 ρ_S'라고 하면 분극현상을 고려한 유전율 ϵ의 유전체의 전계는 다음과 같다.

$$E = \frac{D-P}{\epsilon_0} = \frac{\rho_S - \rho_S'}{\epsilon_0} \tag{4.31}$$

즉 전계 $E = \frac{\rho_S - \rho_S'}{\epsilon_0}\left(\rightarrow \frac{5-2}{\epsilon_0} = \frac{3}{\epsilon_0} = \frac{5}{\epsilon} = \frac{5}{\epsilon_0 \epsilon_R}\text{에 비례함}\right)$으로, 자유공간의 전계 $E_0\left(\rightarrow \frac{5}{\epsilon_0}\right)$와 비교하면 유전체의 전계 E는 분극의 영향으로 다음과 같이 주어진다.

$$E = \frac{1}{\epsilon_R} E_0 \tag{4.32}$$

한편 식 (4.27)의 분극의 세기를 다시 고찰해보자. 분극이 발생할 때 유전체의 전계는 식 (4.31)의 $E = \frac{\rho_S}{\epsilon_0} - \frac{\rho_S'}{\epsilon_0} = \frac{\rho_S}{\epsilon}$이다. 이 식에서 $\frac{\rho_S'}{\epsilon_0} = \frac{\rho_S}{\epsilon_0} - \frac{\rho_S}{\epsilon} = \frac{\rho_S}{\epsilon_0}\left(1 - \frac{1}{\epsilon_R}\right)$이 되고 $\frac{\rho_S}{\epsilon_0}$는 자유공간에서의 전계, 즉 E_0이므로 분극에 의한 전계의 세기 $\frac{\rho_S'}{\epsilon_0}$와 분극의 세기 P는 각각 다음과 같이 표현될 수 있다.

$$\frac{\rho_S'}{\epsilon_0} = E_0\left(1 - \frac{1}{\epsilon_R}\right) \tag{4.33}$$

$$P = D\left(1 - \frac{1}{\epsilon_R}\right) \tag{4.34}$$

따라서 식 (4.34)에서 $P = D\left(1 - \frac{1}{\epsilon_R}\right) = D - \frac{D}{\epsilon_R} = D - \frac{\epsilon E}{\epsilon_R} = D - \epsilon_0 E$가 되므로 유전체에 형성되는 전속밀도 $D = \epsilon_0 E + P$가 되며, 식 (4.27)과 같은 결과를 얻을 수 있다.

예제 4-8

비유전율이 100인 유전체에 30[nC/m^2]의 전속밀도가 형성되었다. 다음을 구하라.

(a) 유전체의 전기감수율과 유전율

(b) 전계와 분극의 세기

풀이

(a) 전기감수율 χ_e와 유전율 ϵ은 식 (4.30)과 식 (4.29)를 이용하여 다음과 같이 계산한다.

$$\chi_e = \epsilon_R - 1 = 100 - 1 = 99$$

$$\epsilon = \epsilon_0 \epsilon_R = 8.854 \times 10^{-12} \times 100 = 8.854 \times 10^{-10}\,[\mathrm{F/m}]$$

(b) 전계 E는 $D = \epsilon E$로부터, 그리고 분극의 세기 P는 $P = \chi_e \epsilon_0 E$의 관계로부터 다음과 같이 구할 수 있다.

$$E = \frac{D}{\epsilon} = \frac{\rho_S}{\epsilon_0 \epsilon_R} = \frac{30 \times 10^{-9}}{8.854 \times 10^{-12} \times 100} = 33.9\,[\mathrm{V/m}]$$

$$P = \chi_e \epsilon_0 E = 99 \times 8.854 \times 10^{-12} \times 33.9 = 29.7\,[\mathrm{nC/m^2}]$$

예제 4-9

평행평판 전극 사이에 비유전율이 $\epsilon_R = 51$인 유전체가 있다. 도체 표면의 전계가 10^3[V/m]일 때 다음을 구하라.

(a) 유전체의 속박전하밀도

(b) 유전체의 표면전하밀도

풀이

(a) 속박전하밀도는 식 (4.28)의 분극의 세기와 같고 식 (4.30)의 $\epsilon_R = 1 + \chi_e$ 관계를 이용하면 다음과 같이 계산된다.

$$P = \chi_e \epsilon_0 E = \epsilon_0(\epsilon_R - 1)E$$
$$= 8.854 \times 10^{-12} \times (51 - 1) \times 10^3 = 442.7[\text{nC/m}^2]$$

한편 이 문제는 식 (4.34)의 $P = D\left(1 - \frac{1}{\epsilon_R}\right)$의 관계를 이용해도 같은 결과를 얻을 수 있다. 우선 이 유전체에서 전속밀도 D는

$$D = \epsilon E = \epsilon_0 \epsilon_R E = 8.854 \times 10^{-12} \times 51 \times 10^3 = 451.6 \times 10^{-9}[\text{C/m}^2]$$

이므로 분극의 세기는 다음과 같다.

$$P = D\left(1 - \frac{1}{\epsilon_R}\right) = 451.6 \times 10^{-9}\left(1 - \frac{1}{51}\right) = 442.7[\text{nC/m}^2]$$

(b) 표면전하밀도는 $E = \frac{\rho_S}{\epsilon} = \frac{\rho_S}{\epsilon_0 \epsilon_R}$의 관계로부터 다음과 같이 구할 수 있다.

$$\rho_S = \epsilon_0 \epsilon_R E = 8.854 \times 10^{-12} \times 51 \times 10^3 = 451.6[\text{nC/m}^2]$$

한편 이 결과를 이용하여 식 (4.31)에서의 전계를 구해보면

$$E = \frac{D - P}{\epsilon_0} = \frac{\rho_S - \rho_S'}{\epsilon_0} = \frac{(451.6 - 442.7) \times 10^{-9}}{8.854 \times 10^{-12}} = 10^3[\text{V/m}]$$

이므로 문제에서 주어진 전계의 결과와 일치함을 알 수 있다.

SECTION
4.5 경계조건

두 물질이 경계를 이루고 있는 특수한 상황에서 적분형 맥스웰 방정식을 이용하여 경계면에서의 전계 및 전속밀도를 구한다.

Keywords | 도체-자유공간의 경계조건 | 도체-유전체의 경계조건 | 유전체-유전체의 경계조건 | 접선성분 | 법선성분 |

1 도체-자유공간의 경계조건

정상상태의 금속 도체 내부에는 전하가 존재하지 않는다. 앞서 설명한 것처럼 금속 도체에서 전자들은 하전입자로 존재하지만 동극성의 전자들은 서로 반발하여 물질의 표면까지 이동하게 된다. 이때 이 도체가 전기적으로 절연체인 자유공간 중에 있다면 금속 도체의 표면까지 이동하여 온 전하는 더 이상 자유공간으로 가지 못하고 도체와 자유공간의 경계면에 머무르게 된다. 결국 도체 내부의 전하는 0으로 생각되며, 전하는 도체의 표면에 표면전하밀도의 형태로 존재한다. 따라서 정상상태의 도체 내부에는 전계가 없으며, 전계는 도체와 자유공간의 경계에 형성된다. **경계조건**(boundary condition)이란 이러한 두 매질의 경계에서의 전계 또는 전속밀도에 관한 조건으로, 적분형 맥스웰 방정식을 이용하여 해결한다.

[그림 4-7]과 같이 도체와 자유공간의 경계면에 임의의 방향으로 전계와 전속밀도가 형성되어 있다고 하자. 이때 전계와 전속밀도는 **경계면에 수직인 성분과 평행한 성분**으로 나눌 수 있다. 경계면에 수직인 **법선성분**을 각각 E_n, D_n이라고 하고 평행한 **접선성분**을 각각 E_t, D_t라고 하자.

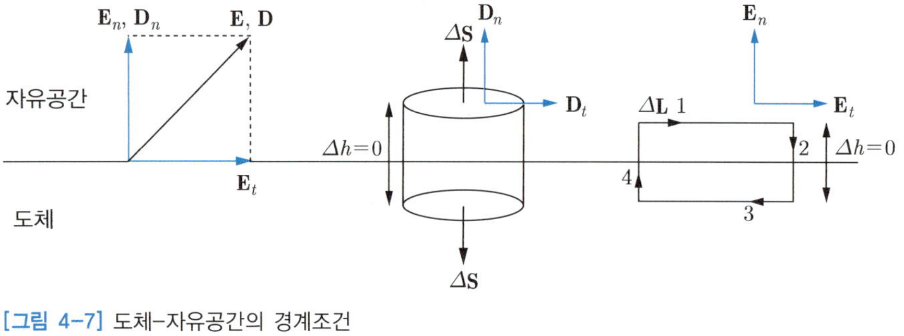

[그림 4-7] 도체-자유공간의 경계조건

우선 접선성분에 대한 정보를 얻기 위해 경계면을 중심으로 $\oint \mathbf{E} \cdot d\mathbf{L} = 0$을 적용해보자. 선적분은 닫힌 경로에 대한 적분이므로 [그림 4-7]과 같은 경로를 설정하여 적분하면 다음과 같다.

$$\oint \mathbf{E} \cdot d\mathbf{L} = \int_1 + \int_2 + \int_3 + \int_4 = 0$$

도체 내에는 전계와 전속밀도가 없으므로 $\int_3 = 0$이며, 도체와 자유공간의 경계에서의 문제이므로 $\Delta h = 0$임을 고려하면 앞선 식에서 $\int_2 = \int_4 = 0$이 된다. 이제 경로 1에서의 전계의 법선과 접선성분을 E_n, E_t라고 하면 계산 결과는 다음과 같다.

$$\int_1 \mathbf{E} \cdot d\mathbf{L} = \int_1 (\mathbf{E}_n + \mathbf{E}_t) \cdot \Delta\mathbf{L} = E_t \Delta L = 0$$

따라서 전계의 접선성분에 대한 경계조건으로 다음의 관계를 얻는다.

$$E_t = 0 \tag{4.35}$$

이러한 적분의 결과로 전계에는 접선성분이 존재하지 않고 전속밀도의 접선성분 $D_t = \epsilon_0 E_t = 0$이 되어 전계 및 전속밀도는 도체에 수직 방향으로만 발생한다는 사실을 알 수 있다. 이것은 이미 2장의 전위경도에서 충분히 논하여 우리가 잘 알고 있는 사실이다. 즉 도체의 표면은 등전위면이고 전계는 등전위면에 항상 수직이며, 특히 도체 표면의 두 점 사이에는 전위차가 없으므로 접선 방향의 전계는 존재할 수 없다. 만약 전계가 접선성분을 가지게 되면 도체의 표면에 정전하로 분포되어 있는 표면전하밀도의 정적상태가 깨어지는 모순이 발생하기도 한다.

한편 법선성분에 대한 정보는 가우스 법칙을 이용하여 구할 수 있다. 가우스 법칙도 닫힌 면에 대한 적분이므로 경계면을 중심으로 [그림 4-7]과 같은 원통을 가정하여 적분하면 가우스의 법칙은 다음의 세면에서 수행된다.

$$\oint \mathbf{D} \cdot d\mathbf{S} = \int_{\text{윗면}} + \int_{\text{아랫면}} + \int_{\text{측면}} = Q$$

이 경우에도 도체 내부에는 전계 및 전속밀도가 없으므로 아랫면의 적분은 0이 되며, 경계에서의 문제임을 생각하여 측면의 면적을 0이라고 생각하면 적분은 윗면에서만 행하면 된다. 윗면에서의 전속밀도의 법선과 접선성분을 각각 D_n, D_t라고 하면 적분은 다음과 같다.

$$\int_{\text{윗면}} \mathbf{D} \cdot d\mathbf{S} = \int (\mathbf{D}_n + \mathbf{D}_t) \cdot \Delta\mathbf{S} = D_n \Delta S = Q = \rho_S \Delta S$$

따라서 전속밀도의 법선성분에 대한 경계조건으로 다음의 관계를 얻을 수 있다.

$$D_n = \rho_S \tag{4.36}$$

즉 자유공간에 접해 있는 도체 표면에서 전속밀도와 표면전하밀도는 그 크기가 서로 같다. 또한 전속밀도와 표면전하밀도 모두 $[\mathrm{C/m^2}]$ 단위를 갖는다. 도체와 자유공간의 경계조건을 정리하면 다음과 같다.

★ 도체-자유공간의 경계조건 ★

$$D_t = E_t = 0$$

$$D_n = \epsilon_0 E_n = \rho_S$$

전계의 접선성분이 0이므로 전속밀도의 접선성분도 0이 된다. 따라서 전계와 전속밀도는 도체 표면에 반드시 수직이다. 이는 전계가 등전위면에 항상 수직([그림 3-6] 참조)이라는 사실과 쿨롱의 법칙에서 표면전하밀도에 의한 전계는 반드시 표면전하가 존재하는 면에 수직인 방향(식 (2.20))이라는 사실에 부합한다.

예제 4-10

전위 $V = x^2y + 2xy\,[\mathrm{kV}]$일 때 도체와 자유공간의 경계면에서의 한 점 $\mathrm{P}(1,\ 1,\ 3)\,[\mathrm{m}]$에서의 표면전하밀도 ρ_S를 구하라.

풀이

도체와 자유공간의 경계에서 $D_n = \rho_S$이며, 주어진 전위로부터 전계를 구하면 전속밀도를 쉽게 구할 수 있다. 전계는 $\mathbf{E} = -\nabla V$로부터 다음과 같다.

$$\mathbf{E} = -\nabla V = -\frac{\partial}{\partial x}(x^2y + 2xy)\mathbf{a}_x - \frac{\partial}{\partial y}(x^2y + 2xy)\mathbf{a}_y$$

$$= -(2xy + 2y)\,\mathbf{a}_x - (x^2 + 2x)\,\mathbf{a}_y\,[\mathrm{kV/m}]$$

이로부터 점 P에서의 전계와 전속밀도를 다음과 같이 구한다.

$$\mathbf{E}_P = -4\mathbf{a}_x - 3\mathbf{a}_y\,[\mathrm{kV/m}]$$

$$\mathbf{D}_P = \epsilon_0\mathbf{E}_P = -4\epsilon_0\mathbf{a}_x - 3\epsilon_0\mathbf{a}_y\,[\mathrm{kC/m^2}]$$

전속밀도는 경계면에서 법선과 접선성분으로 나눌 수 있다. 그러나 도체와 자유공간의 경계면에서 전속밀도는 법선성분만 존재하고 경계조건으로 $D = D_n = \rho_S$이므로 표면전하밀도는 다음과 같다.

$$\rho_S = D_n = \sqrt{(-4\epsilon_0 \times 10^3)^2 + (-3\epsilon_0 \times 10^3)^2} = 44.3\,[\mathrm{nC/m^2}]$$

2 도체-유전체의 경계조건

도체-유전체의 경계조건도 도체-자유공간의 경계조건에서와 같이 두 맥스웰 방정식의 적분형을 이용하여 구할 수 있다. 이 경우 도체-자유공간의 경계조건에서의 ϵ_0를 ϵ으로 대체함으로써 다음의 관계를 얻을 수 있다.

★ 도체-유전체의 경계조건 ★

$$E_t = 0 \tag{4.37}$$

$$D_n = \epsilon E_n = \rho_S \tag{4.38}$$

3 유전체-유전체의 경계조건

유전체는 전기가 통하지 않는 절연체이므로 외부 전계가 매우 강해 절연파괴가 발생하는 특별한 상황이 아니라면 유전체 내에서 하전입자는 발생하지 않는다. 따라서 경계면에 전하가 존재하지 않는다. 이번에는 [그림 4-8]과 같이 유전율이 각각 ϵ_1, ϵ_2인 두 유전체가 경계를 이룰 때 경계에서의 전계와 전속밀도를 구해보자.[12]

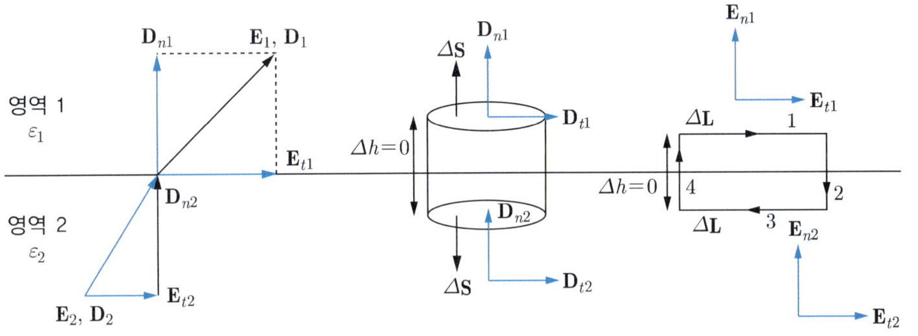

[그림 4-8] 유전체-유전체의 경계조건

우선 전계 및 전속밀도의 접선성분을 알기 위해 $\oint \mathbf{E} \cdot d\mathbf{L} = 0$을 적용하면 다음과 같다.

$$\oint \mathbf{E} \cdot d\mathbf{L} = \int_1 + \int_2 + \int_3 + \int_4 = 0$$

12 절연계는 전기적 특성과 기계적 특성이 우수한 두 유전체(ϵ_1, ϵ_2)를 성층하여 사용하거나 고체 절연물(ϵ_1)을 액체 절연물(ϵ_2) 속에 함침하여 사용하는 경우가 많다. 만약 액체 절연물이 전극(도체)과 고체 절연물 사이에 끼어든다면 유전율이 서로 다른 두 유전체가 경계를 이루게 된다. 즉 이 절연계는 도체(전극)-유전체, 유전체-유전체 등의 경계를 갖게 된다.

두 번째와 네 번째 항은 경계에서 $\Delta h = 0$으로 생각하여 $\int_2 = \int_4 = 0$이 된다. 이제 나머지 두 영역에서 경계면에 대한 전계의 접선성분을 각각 E_{t1}와 E_{t2}, 법선성분을 E_{n1}, E_{n2}라고 하자. 두 유전체에서 전계의 법선성분과 ΔL의 내적은 0이 되므로 앞선 식은 다음과 같이 쓸 수 있다.

$$\oint \mathbf{E} \cdot d\mathbf{L} = (\mathbf{E}_{n1} + \mathbf{E}_{t1}) \cdot \Delta\mathbf{L} + (\mathbf{E}_{n2} + \mathbf{E}_{t2}) \cdot \Delta\mathbf{L}$$
$$= E_{t1}\Delta L - E_{t2}\Delta L = 0$$

즉 전계 및 전속밀도의 접선성분에 대해 다음의 경계조건을 얻을 수 있다.

★ 접선성분에 대한 경계조건 ★

$$E_{t1} = E_{t2} \tag{4.39}$$

$$\frac{D_{t1}}{\epsilon_1} = \frac{D_{t2}}{\epsilon_2} \tag{4.40}$$

한편 영역 1과 영역 2의 전계와 전속밀도의 법선성분을 각각 E_{n1}, E_{n2} 또는 D_{n1}, D_{n2}라고 하고 [그림 4-8]의 가우스 원통에 가우스 법칙을 적용하면 다음과 같다.

$$\oint \mathbf{D} \cdot d\mathbf{S} = \int_{\text{윗면}} + \int_{\text{아랫면}} + \int_{\text{측면}} = Q$$

경계면에서 측면의 면적은 0이므로 가우스 법칙을 윗면과 아랫면에 적용하면 다음과 같다.

$$\oint \mathbf{D} \cdot d\mathbf{S} = (\mathbf{D}_{n1} + \mathbf{D}_{t1}) \cdot \Delta\mathbf{S} + (\mathbf{D}_{n2} + \mathbf{D}_{t2}) \cdot \Delta\mathbf{S}$$
$$= D_{n1}\Delta S - D_{n2}\Delta S = Q = \rho_S \Delta S$$

앞서 언급한 바와 같이 두 완전유전체의 경계면에 전하는 존재하지 않으므로 $\rho_S = 0$이라고 하면 앞선 식은

$$D_{n1}\Delta S - D_{n2}\Delta S = 0$$

이 되어 다음의 경계조건을 얻을 수 있다.

★ 법선성분에 대한 경계조건 ★

$$D_{n1} = D_{n2} \tag{4.41}$$

$$\epsilon_1 E_{n1} = \epsilon_2 E_{n2} \tag{4.42}$$

이 결과는 매우 중요한 실용적 의미를 갖는다. 즉 유전율이 다른 **두 유전체가 경계를 이룰 때 주어진 전압에 대해 유전율이 작은 유전체에 더 큰 전계가 형성된다.**[13]

이제 경계면에 대한 전계와 전속밀도의 각의 조건을 알아보자. [그림 4-9]와 같이 전속밀도 $\mathbf{D}_1$, $\mathbf{D}_2$가 경계면의 법선에 대해 각각 θ_1, θ_2의 각을 이루고 있을 때 법선성분에 대한 경계조건은 $D_{n1} = D_{n2}$이므로

$$D_1 \cos\theta_1 = D_2 \cos\theta_2 \tag{4.43}$$

이다. 전계의 접선성분에 대한 경계조건 $E_{t1} = E_{t2}$ 및 $\dfrac{D_{t1}}{\epsilon_1} = \dfrac{D_{t2}}{\epsilon_2}$를 이용하면

$$\frac{D_{t1}}{D_{t2}} = \frac{D_1 \sin\theta_1}{D_2 \sin\theta_2} = \frac{\epsilon_1}{\epsilon_2} \tag{4.44}$$

이 된다. 식 (4.44)를 다시 정리하면 $\epsilon_2 D_1 \sin\theta_1 = \epsilon_1 D_2 \sin\theta_2$이므로 이 식을 식 (4.43)으로 나누어 다음의 경계조건을 얻을 수 있다.

★ 각에 대한 경계조건 ★

$$\frac{\tan\theta_1}{\tan\theta_2} = \frac{\epsilon_1}{\epsilon_2} \tag{4.45}$$

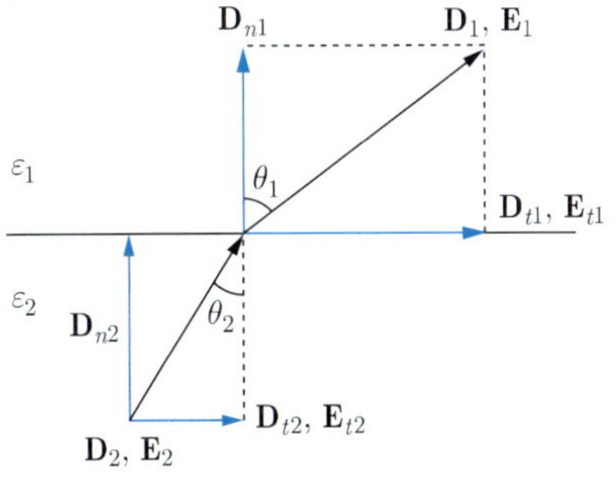

[그림 4-9] 전속밀도의 입사각에 대한 고찰
$\epsilon_1 > \epsilon_2$이면 $\theta_1 > \theta_2$이다.

즉 유전율 ϵ_1이 ϵ_2보다 크면 입사각 θ_1도 θ_2보다 크며, $0 < \theta < \dfrac{\pi}{2}$의 범위에서 입사각 θ가 커지면 $\cos\theta$는 작아지므로 $\cos\theta_1 < \cos\theta_2$가 된다. 따라서 식 (4.43)의 $D_1\cos\theta_1 = D_2\cos\theta_2$에서 $D_1 > D_2$의 관계가 성립한다. 반대로 접선성분의 경계조건 $E_{t1} = E_{t2}$에서 $E_1 \sin\theta_1 = E_2 \sin\theta_2$이고

13 두 유전체가 복합 절연계를 형성할 때 유전율이 상대적으로 작은 유전체에 더 큰 전계가 형성되어 보다 낮은 전압조건 하에서 절연파괴를 위한 전자의 증식작용이 시작되므로 주의를 요한다.

$\epsilon_1 > \epsilon_2(\theta_1 > \theta_2)$라면 $\sin\theta_1 > \sin\theta_2$가 되므로 $E_1 < E_2$가 된다. 즉 경계에 전하가 존재하지 않는 두 완전유전체가 경계를 이룰 때 유전율이 큰 유전체의 전속밀도가 더 크고 전계는 더 작아진다.

마지막으로 영역 1의 정보를 통해 영역 2의 전속밀도를 각으로 표현해보자. 영역 2의 전속밀도는

$$D_2 = \sqrt{D_{n2}^2 + D_{t2}^2} = \sqrt{(D_2\cos\theta_2)^2 + (D_2\sin\theta_2)^2}$$

이며, 식 (4.43)과 식 (4.44)를 이용하여 나타내면 다음과 같다.

$$D_2 = D_1\sqrt{\cos^2\theta_1 + \left(\frac{\epsilon_2}{\epsilon_1}\right)^2 \sin^2\theta_1} \tag{4.46}$$

$$E_2 = E_1\sqrt{\sin^2\theta_1 + \left(\frac{\epsilon_1}{\epsilon_2}\right)^2 \cos^2\theta_1} \tag{4.47}$$

예제 4-11

$x < 0$의 영역 1에는 $\epsilon_1 = 2$인 유전체가, $x > 0$의 영역 2에는 $\epsilon_2 = 5$인 유전체가 있다. 영역 1에서의 전속밀도 $\mathbf{D}_1 = -20\mathbf{a}_x + 50\mathbf{a}_y + 30\mathbf{a}_z\,[\mathrm{C/m^2}]$일 때 다음을 구하라.

(a) 영역 2에서의 전계 $\mathbf{E}_2$

(b) 영역 1, 2에서의 전계의 입사각의 비

풀이

(a) 두 유전체의 경계조건은 각각 $D_{n1} = D_{n2}$, $E_{t1} = E_{t2}$이고 경계면은 yz 평면이므로 영역 1의 전속밀도와 전계의 법선성분은 yz 평면에 수직인 $\mathbf{a}_x$ 방향이 되어 다음과 같다.

$$\mathbf{D}_{n1} = -20\mathbf{a}_x = \mathbf{D}_{n2}\,[\mathrm{C/m^2}] \quad \text{또는} \quad \mathbf{E}_{n2} = \frac{\mathbf{D}_{n2}}{\epsilon_2} = -4\mathbf{a}_x$$

영역 1에서 전속밀도와 전계의 접선성분은

$$\mathbf{D}_{t1} = \mathbf{D}_1 - \mathbf{D}_{n1} = 50\mathbf{a}_y + 30\mathbf{a}_z\,[\mathrm{C/m^2}]$$

$$\mathbf{E}_{t1} = \frac{\mathbf{D}_{t1}}{\epsilon_1} = 25\mathbf{a}_y + 15\mathbf{a}_z = \mathbf{E}_{t2}$$

이 되므로 영역 2의 전계는 다음과 같다.

$$\mathbf{E}_2 = \mathbf{E}_{n2} + \mathbf{E}_{t2} = -4\mathbf{a}_x + 25\mathbf{a}_y + 15\mathbf{a}_z\,[\mathrm{V/m}]$$

(b) 입사각의 비를 알기 위해 우선 영역 1과 2에서의 전계 $\mathbf{E}_1$, $\mathbf{E}_2$를 다음과 같이 구한다.

$$\mathbf{E}_1 = \frac{\mathbf{D}_1}{\epsilon_1} = -10\mathbf{a}_x + 25\mathbf{a}_y + 15\mathbf{a}_z\,[\mathrm{V/m}]$$

$$\mathbf{E}_2 = -4\mathbf{a}_x + 25\mathbf{a}_y + 15\mathbf{a}_z\,[\mathrm{V/m}]$$

이 식에서 $|E_{n1}| = 10$, $|E_{t1}| = \sqrt{25^2 + 15^2} = 29.2$이며, $|E_{n2}| = 4$, $|E_{t2}| = 29.2$이므로

$$\tan\theta_1 = \frac{E_{t1}}{E_{n1}} = 2.92, \quad \tan\theta_2 = \frac{E_{t2}}{E_{n2}} = 7.3$$

이다. 따라서 입사각의 비는 다음과 같다.

$$\frac{\tan\theta_1}{\tan\theta_2} = \frac{2.92}{7.3} = 0.4$$

이 결과는 입사각에 대한 경계조건을 나타내는 식 (4.45)의 $\dfrac{\tan\theta_1}{\tan\theta_2} = \dfrac{\epsilon_1}{\epsilon_2} = \dfrac{2}{5} = 0.4$의 결과와 일치한다.

예제 4-12

영역 $1(y < 0)$에는 $\epsilon_{R1} = 2.5$인 유전체가, 영역 $2(y > 0)$에는 $\epsilon_{R2} = 4$인 유전체가 경계를 이루고 있다. 영역 1에서의 전계 $\mathbf{E}_1 = 30\mathbf{a}_x + 20\mathbf{a}_y - 60\mathbf{a}_z\,[\mathrm{V/m}]$일 때 다음을 구하라.

(a) 영역 2에서의 전속밀도 $\mathbf{D}_2$

(b) 영역 2에서의 분극의 세기 $\mathbf{P}_2$

풀이

(a) 영역 2의 전속밀도 $\mathbf{D}_2 = \mathbf{D}_{n2} + \mathbf{D}_{t2}$이며, 법선성분에 대한 경계조건 $\mathbf{D}_{n1} = \mathbf{D}_{n2}$를 통해 $\mathbf{D}_{n2}$를 쉽게 구할 수 있다. 접선성분은 $E_{t1} = E_{t2}$이므로 E_{t2}를 구한 뒤 이를 D_{t2}로 바꾸면 된다. 우선 경계면이 $y = 0$인 zx 평면이므로 영역 1에서의 전계의 법선성분은 다음과 같다.

$$\mathbf{E}_{n1} = \mathbf{E}_{y1} = 20\mathbf{a}_y\,[\mathrm{V/m}]$$

두 유전체의 경계조건 $D_{n1} = D_{n2}$로부터 영역 2에서의 전속밀도의 법선성분은 다음과 같다.

$$\begin{aligned}\mathbf{D}_{n2} &= \mathbf{D}_{n1} = \epsilon_1\mathbf{E}_{n1} = \epsilon_0\epsilon_{R1}\mathbf{E}_{n1} \\ &= 8.854 \times 10^{-12} \times 2.5 \times 20\mathbf{a}_y = 0.44\mathbf{a}_y\,[\mathrm{nC/m^2}]\end{aligned}$$

SECTION
4.6 정전용량

이 절에서는 정전용량을 정의하고 정전에너지와 관련하여 정전용량의 의미를 이해하며, 각 도체계에서 정전용량을 구한다.

Keywords | 정전용량 | 정전에너지 | 평행평판 도체 | 동축케이블 | 평행한 왕복 도체 | 동심 구 도체 |

1 정전용량

[그림 4-11]과 같이 두 도체 사이에 유전율이 ϵ인 유전체가 있을 때 전위 V_0를 인가하면 도체 1에는 $Q = CV_0$의 전하가 축적되고 정전유도현상에 의해 도체 2에는 $-Q$의 전하가 유도된다. 이때 축적되는 전하량 Q는 인가전압 V_0에 비례하게 되는데, 비례상수 C를 이 도체계의 **정전용량** 또는 **커패시턴스**(capacitance)라고 한다. 커패시턴스 C는 다음과 같이 정의한다.

★ 정전용량 ★

$$C = \frac{Q}{V_0} \tag{4.48}$$

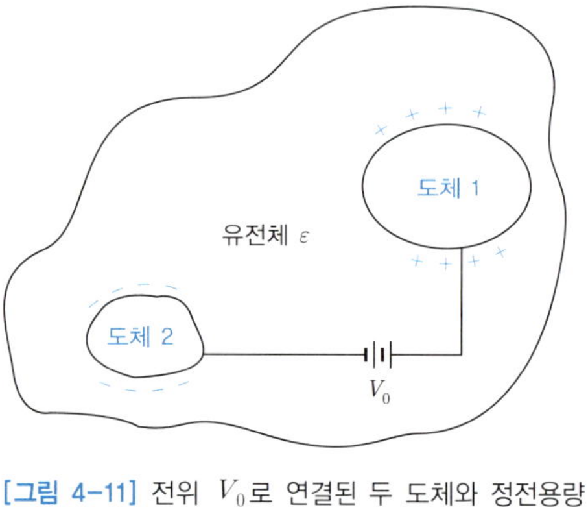

[그림 4-11] 전위 V_0로 연결된 두 도체와 정전용량

정전용량은 저항 R, 인덕턴스 L[15]과 함께 중요한 회로정수 중 하나이지만 물성적 관점에서 보면 단위전압을 인가할 때 축적되는 전하량이라고 할 수 있다. 즉 전하량을 전압으로 나누었으므로 1[V]

15 인덕턴스 L은 전류와 자속의 비이다. 즉 자속을 ϕ라 할 때 $L = \phi / I$이며, 자세한 내용은 6장에서 다룬다.

전압을 인가하였을 때 전극에 축적되는 전하량이 된다. 또한 정전용량[16]은 두 도체 사이의 유전체의 **유전율 ϵ과 그 도체계의 형상에 관련된 상수 K의 곱에 비례**하며, **전위차의 크기와는 무관하다.** 만약 전위차가 변화하면 전계 또는 전속밀도도 변화하며, 가우스 법칙에 의해 전하량도 전속밀도에 비례하여 변화한다. 따라서 전하량과 전위차의 비로 정의되는 정전용량에는 아무런 변화가 없다.

평행평판 도체에서 전극의 간격이 d이고 면적이 S라면 정전용량은 다음과 같이 주어진다.

$$C = \epsilon K = \epsilon \frac{S}{d} \tag{4.49}$$

한편 정전용량을 이용하여 평행평판 도체에 축적되는 정전에너지 W를 표현하면 다음과 같다.

★ 정전에너지 ★

$$W = \frac{1}{2}QV = \frac{1}{2}CV^2 \tag{4.50}$$

이를 정전용량에 대해 다시 쓰면 다음과 같다.

$$C = \frac{2W}{V} \tag{4.51}$$

정전용량은 정전용량의 정의에 따라 [C/V] (Coulomb/Volt, 쿨롱/볼트) 단위를 사용하며, 실용단위로 [F] (farad, 패럿)을 사용한다. 즉 1 [F]은 1 [C/V]이다.

예제 4-13

도체의 간격 $d = \frac{1}{\sqrt{\pi}}$ [mm]이고 비유전율 $\epsilon_R = 72$인 유전체로 된 평행평판 도체에 전압 $V = 100$ [V]를 인가하였다. 도체의 단위면적당 작용하는 힘을 구하라.

풀이

힘을 F, 도체의 면적을 S, 그리고 두 도체의 간격(유전체의 두께)을 d라고 할 때 식 (4.50)을 이용하여 유전체에 축적되는 에너지 W를 구하면

$$W = \frac{1}{2}CV^2 = \frac{1}{2}\epsilon\frac{S}{d}V^2 = \frac{1}{2}\epsilon\left(\frac{V}{d}\right)^2 Sd$$

가 되고, 에너지 W와 힘 F에는 $W = Fd$의 관계가 성립하므로 F는 다음과 같다.

16 정전용량은 에너지가 축적되는 공간, 즉 전위차와 전계가 발생한 공간에서만 정의될 수 있다.

$$F = \frac{1}{2}\epsilon\left(\frac{V}{d}\right)^2 S$$

따라서 단위면적당 작용하는 힘 f는 $\epsilon_0 = 8.854 \times 10^{-12} = \frac{1}{36\pi} \times 10^{-9}$[F/m]를 이용하여 다음과 같이 계산한다.

$$f = \frac{1}{2}\epsilon\left(\frac{V}{d}\right)^2 = \frac{1}{2}\epsilon_0\epsilon_R\left(\frac{V}{d}\right)^2$$

$$= \frac{1}{2} \times \frac{1}{36\pi} \times 10^{-9} \times 72 \times \left(\frac{10^2}{\frac{1}{\sqrt{\pi}} \times 10^{-3}}\right)^2 = 10\,[\mathrm{N/m^2}]$$

2 평행평판 도체의 정전용량

이제 [그림 4-12]와 같이 면적이 S이고 전극 간격이 d인 도체 사이에 유전율 ϵ의 유전체가 있는 평행평판 도체의 정전용량을 구해보자. 우선 전위 $V = V_0$를 인가하면 양 전극에는 각각 $+\rho_S$와 $-\rho_S$의 표면전하가 축적된다. 이때 표면전하밀도 ρ_S에 의한 전계는 다음과 같다.

$$\mathbf{E} = \frac{\rho_S}{\epsilon}\mathbf{a}_x$$

전계의 방향이 $\mathbf{a}_x$이므로 $x = 0$의 위치가 $x = d$의 위치에 비해 고전위이다. 따라서 두 도체 사이의 전위차는 다음과 같다.

$$V_0 = -\int \mathbf{E} \cdot d\mathbf{L} = -\int_d^0 \frac{\rho_S}{\epsilon}dx = \frac{\rho_S}{\epsilon}d$$

한편 전극의 면적을 S라고 할 때 전극에 축적되는 전하량은

$$Q = \int_0^S \rho_S dS = \rho_S S$$

이므로 정전용량은 다음과 같이 주어진다.

★ 평행평판 도체의 정전용량 ★

$$C = \frac{\epsilon S}{d} \tag{4.52}$$

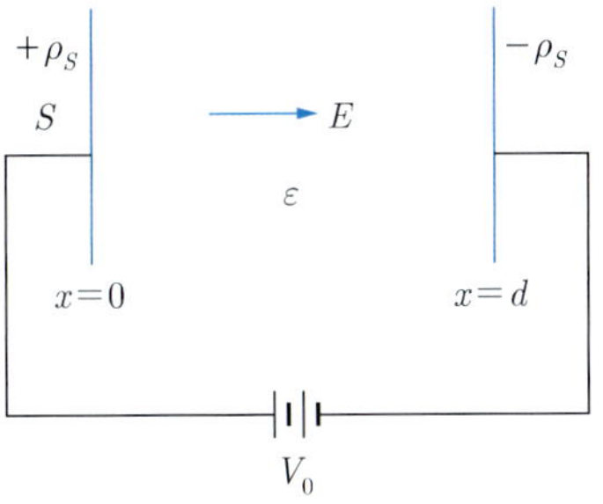

[그림 4-12] 평행평판 도체의 정전용량

전극 간 거리에 비해 전극의 면적이 매우 넓지만 일정한 크기임을 가정하여 정전용량을 구할 수 있다.

평행평판 도체에 축적되는 에너지는 체적적분의 체적을 전극의 면적 S와 전극 간 거리 d의 곱으로 생각하여 다음과 같이 계산할 수 있다.

$$W_E = \frac{1}{2}\int_v \epsilon E^2 dv = \frac{1}{2}\int_0^d \int_0^S \epsilon \frac{\rho_S^2}{\epsilon^2} dS dx = \frac{1}{2}\frac{\rho_S^2}{\epsilon} Sd$$

이 결과를 정전용량과 전위차로 나누어 생각하면 다음과 같이 쓸 수 있다.

$$W_E = \frac{1}{2}\frac{\epsilon S}{d}\frac{\rho_S^2 d^2}{\epsilon^2} = \frac{1}{2}CV_0^2 = \frac{1}{2}QV_0$$

이제 [그림 4-13]에서처럼 두께가 각각 d_1, d_2이고 유전율이 ϵ_1, ϵ_2인 두 유전체가 직렬로 배치된 평행평판 도체의 정전용량을 구해보자. 각 유전체의 전계를 E_1, E_2라고 하고 전위를 V_1, V_2라고 하면 전위 V는 $V = V_1 + V_2 = E_1 d_1 + E_2 d_2$로 주어진다. 또한 두 유전체가 경계를 이룰 때 전계의 접선성분이 $E_{t1} = E_{t2} = 0$이고 법선성분의 경계조건이 $\epsilon_1 E_{n1} = \epsilon_2 E_{n2}$라면 $\epsilon_1 E_1 = \epsilon_2 E_2$의 관계가 성립한다. 따라서 $V = E_1 d_1 + E_2 d_2$에 $E_2 = \left(\frac{\epsilon_1}{\epsilon_2}\right)E_1$을 대입하면 E_1은 다음과 같다.

$$E_1 = \frac{V}{d_1 + (\epsilon_1/\epsilon_2)d_2}$$

한편 전극에 축적되는 전하량을 알기 위해 우선 표면전하밀도를 계산하면

$$\rho_{S1} = D_1 = \epsilon_1 E_1 = \frac{V}{(d_1/\epsilon_1) + (d_2/\epsilon_2)} = D_2$$

이고 $Q = \rho_S S$이므로 정전용량은 다음과 같이 주어진다.

$$C = \frac{Q}{V} = \frac{\rho_S S}{V} = \frac{1}{\left(\frac{d_1}{\epsilon_1 S}\right) + \left(\frac{d_2}{\epsilon_2 S}\right)} \tag{4.53}$$

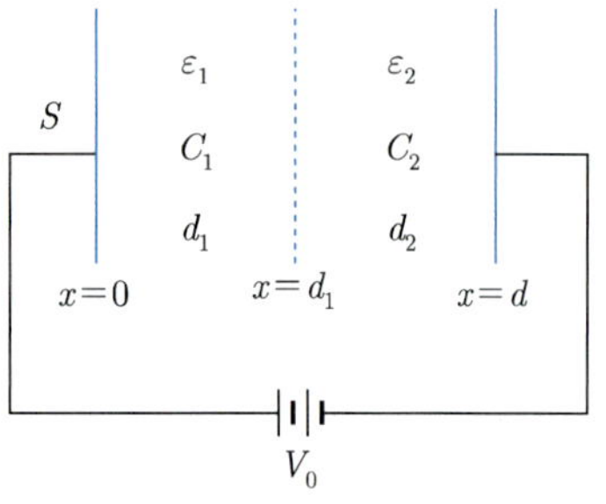

[그림 4-13] 직렬로 연결된 유전체의 정전용량
두 유전체를 직렬로 배치하면 두 유전체에 인가되는 전계가 달라진다.

이번에는 두께가 d로 같고 유전율이 ϵ_1, ϵ_2인 유전체가 [그림 4-14]와 같이 병렬로 배치된 평행평판 도체의 정전용량을 구해보자. 두 유전체의 면적을 각각 S_1, S_2라고 할 때 각 영역에서의 전속밀도는 다음과 같다.

$$D_1 = \frac{Q}{S_1} = \epsilon_1 E_1, \quad D_2 = \frac{Q}{S_2} = \epsilon_2 E_2$$

이 식에서 $Q = \epsilon_1 E_1 S_1 = \epsilon_2 E_2 S_2$이다. 이를 이용하여 각 유전체에서 정전용량을 구하면 다음과 같다.

$$C_1 = \frac{Q}{V} = \frac{\epsilon_1 E_1 S_1}{E_1 d} = \frac{\epsilon_1 S_1}{d}, \quad C_2 = \frac{\epsilon_2 E_2 S_2}{E_2 d} = \frac{\epsilon_2 S_2}{d}$$

따라서 두 유전체가 병렬로 배치될 때 합성 정전용량은 다음과 같다.

$$C = \frac{\epsilon_1 S_1}{d} + \frac{\epsilon_2 S_2}{d} \tag{4.54}$$

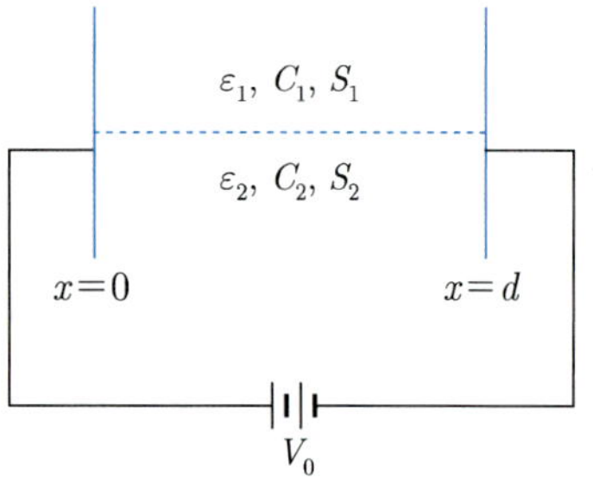

[그림 4-14] 병렬 연결된 유전체의 정전용량
두 유전체를 병렬로 배치하면 각 유전체가 점유하는 전극의 면적이 다르다.

Note 콘덴서의 직렬 연결과 병렬 연결

콘덴서의 직·병렬 연결은 실용적 측면에서 매우 중요하므로 여기에 간단히 정리해 두기로 한다. 콘덴서를 직렬 또는 병렬로 연결하고 전압을 인가하면 연결한 도선을 따라 전도전류가 흐른다. 이 전류는 전하의 흐름이므로 [그림 4-15(a)]와 같이 두 콘덴서를 직렬로 연결하면 C_1, C_2의 전극에는 같은 크기의 전하량 Q가 축적되고 인가전압 V는 C_1, C_2에 분배된다. C_1, C_2에 분배되는 전압을 각각 V_1, V_2라고 하면 $V = V_1 + V_2$이며, $V = \dfrac{Q}{C}$에서 $\dfrac{Q}{C} = \dfrac{Q_1}{C_1} + \dfrac{Q_2}{C_2}$이고 $Q = Q_1 = Q_2$이므로 다음의 관계가 성립한다.

$$\frac{1}{C} = \frac{1}{C_1} + \frac{1}{C_2} \quad \text{또는} \quad C = \frac{C_1 C_2}{C_1 + C_2} \tag{4.55}$$

식 (4.53)의 결과는 이러한 사실에 부합한다. 또한 C_1, C_2를 직렬 연결할 때 분배되는 전압은 $V_1 = \dfrac{Q}{C_1} = \dfrac{C}{C_1}V$, $V_2 = \dfrac{C}{C_2}V$이며, 여기에 식 (4.55)를 대입하여 V_1, V_2를 구하면 다음과 같다.

$$V_1 = \frac{C_2}{C_1 + C_2}V, \quad V_2 = \frac{C_1}{C_1 + C_2}V \tag{4.56}$$

따라서 만약 $C_1 < C_2$라면 $V_1 > V_2$가 되어 콘덴서를 직렬로 연결했을 때 정전용량이 작은 콘덴서에 더 큰 전압이 인가되고 합성 정전용량은 각 콘덴서의 정전용량보다 작아진다.

반면에 C_1, C_2를 병렬로 연결하여 전압 V를 인가하면 [그림 4-15(b)]와 같이 C_1, C_2를 흐르는 전하 Q가 각각 Q_1, Q_2로 분배되어 전 전하량 $Q = Q_1 + Q_2$가 되며, C_1, C_2에 인가되는 전압은 $V = V_1 = V_2$가 된다. 또한 $Q = Q_1 + Q_2$에서 $CV = C_1V_1 + C_2V_2$이며, 전압이 서로 같으므로 다음과 같은 관계가 성립한다.

$$C = C_1 + C_2 \tag{4.57}$$

이때 분배되는 전하량은 각각 다음과 같다.

$$Q_1 = C_1V_1 = C_1\frac{Q}{C} = \frac{C_1}{C_1 + C_2}Q, \quad Q_2 = \frac{C_2}{C_1 + C_2}Q \tag{4.58}$$

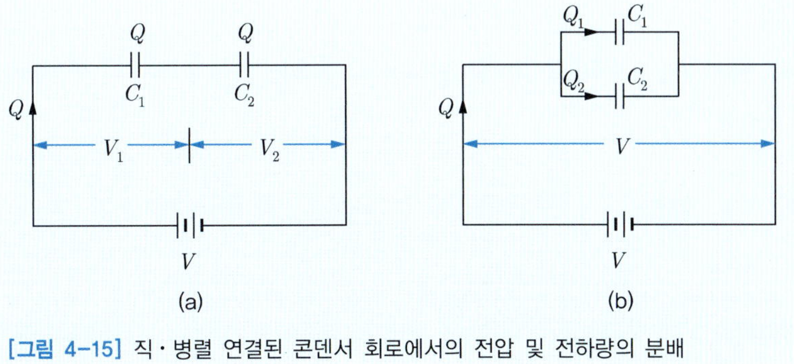

[그림 4-15] 직·병렬 연결된 콘덴서 회로에서의 전압 및 전하량의 분배

예제 4-14

전극의 면적이 S이고 전극의 간격은 d, 유전율은 ϵ_0인 공기 콘덴서에 V의 전압을 인가하였다. 이 콘덴서에 비유전율 $\epsilon_R = 3$의 고체 유전체를 $\frac{1}{2}d$만큼 직렬로 채울 때 고체 유전체 삽입 전후의 정전용량과 정전에너지의 비를 구하라.

풀이

공기 콘덴서의 정전용량을 C_0라고 하면 $C_0 = \epsilon_0 \frac{S}{d}$이다. 유전체 삽입 이후 공기 유전체의 정전용량을 C_1, 고체 유전체의 정전용량을 C_2라고 하면 C_1, C_2는 다음과 같다.

$$C_1 = \epsilon_0 \frac{S}{\frac{1}{2}d} = 2C_0, \quad C_2 = \epsilon \frac{S}{\frac{1}{2}d} = 2\epsilon_0 \epsilon_R \frac{S}{d} = 6C_0$$

따라서 합성 정전용량은 다음과 같다.

$$C = \frac{C_1 C_2}{C_1 + C_2} = \frac{12C_0^2}{8C_0} = \frac{3}{2}C_0$$

또한 같은 전압 V를 인가할 때 고체 유전체 삽입 전후의 정전에너지를 각각 W_0, W라고 하면

$$W_0 = \frac{1}{2}C_0 V^2, \quad W = \frac{1}{2}CV^2$$

이므로 정전에너지는 정전용량에 비례하여 다음과 같은 관계가 성립한다.

$$\frac{C}{C_0} = \frac{W}{W_0} = 1.5$$

예제 4-15

정전용량이 각각 $C_1 = 2\,[\mu\text{F}]$, $C_2 = 4\,[\mu\text{F}]$인 콘덴서의 전극에 각각 전하량 $Q_1 = 5\,[\mu\text{C}]$, $Q_2 = 1\,[\mu\text{C}]$이 분포되어 있다. 두 도체를 매우 가는 도선으로 접촉할 때 다음을 구하라.

(a) C_1과 C_2에 분배되는 전하량

(b) 이동하는 전하량

풀이

(a) 두 도체가 접촉하면 전하의 이동이 발생하므로 접촉하는 순간 C_1과 C_2는 병렬로 연결된다고 볼 수 있다. 즉 이는 병렬 연결에 의한 전하의 분배에 대한 문제이므로 접촉한 뒤 C_1과 C_2에 분배되는 전하량 Q_1'과 Q_2'는 다음과 같다.

$$Q_1' = \frac{C_1}{C_1+C_2}Q = \frac{C_1}{C_1+C_2}(Q_1+Q_2) = \frac{2}{2+4}(5+1) = 2[\mu\text{C}]$$

$$Q_2' = \frac{C_2}{C_1+C_2}Q = \frac{4}{6}\times 6 = 4[\mu\text{C}]$$

(b) 접촉 이전의 C_1에는 $Q_1 = 5[\mu\text{C}]$의 전하량이 있었으나 접촉 후 $Q_1' = 2[\mu\text{C}]$이 분배되므로 이동하는 전하량 ΔQ는 다음과 같다.

$$\Delta Q = 5 - 2 = 3[\mu\text{C}]$$

3 동축케이블의 정전용량

이번에는 내·외부 도체의 반지름이 각각 a, b이고 길이가 L인 동축케이블의 정전용량을 구해보자. $a < \rho < b$에서 전계는 $\mathbf{E} = \frac{a\rho_S}{\epsilon\rho}\mathbf{a}_\rho$이며, 이를 이용하여 전위차를 구하면 다음과 같다.

$$V_{ab} = -\int_b^a \frac{a\rho_S}{\epsilon\rho}d\rho = \frac{a\rho_S}{\epsilon}\ln\frac{b}{a}$$

또한 전하량 Q는 $\rho = a$의 내부 도체 표면에 분포하고 있으므로

$$Q = \int \rho_S\, dS = \int_0^{2\pi}\int_0^L \rho_S\, a d\phi dz = 2\pi a L \rho_S$$

가 된다. 따라서 정전용량은 다음과 같다.

★ 동축케이블의 정전용량 ★

$$C = \frac{Q}{V_{ab}} = \frac{2\pi\epsilon L}{\ln(b/a)} \qquad (4.59)$$

즉 동축케이블의 정전용량은 유전율 ϵ과 도체의 길이 L에 비례하고 두 도체의 반지름 a와 b의 거리에 반비례한다. 식 (4.59)에서 길이 L이 길수록 전하를 축적할 수 있는 전극의 면적이 커지므로 동축케이블의 정전용량 역시 면적에 비례하고 전극의 간격에 반비례하는 특성을 갖는다.

4 동심 구 도체의 정전용량

이제 내・외구의 반지름이 각각 a, b인 동심 구 도체의 정전용량을 구해보자. 두 도체 사이의 유전체의 유전율이 ϵ이고 내구에 전하 Q를 줄 때 $a < r < b$ 사이의 한 점 r에서 전계는 $\mathbf{E} = \dfrac{Q}{4\pi\epsilon r^2}\mathbf{a}_r$ 이므로 전위차는 다음과 같다.

$$V_{ab} = -\int_b^a \frac{Q}{4\pi\epsilon r^2} dr = \frac{Q}{4\pi\epsilon}\left(\frac{1}{a} - \frac{1}{b}\right)$$

따라서 정전용량은 다음과 같이 주어진다.

★ 동심 구 도체의 정전용량 ★

$$C = \frac{Q}{V_{ab}} = \frac{4\pi\epsilon}{\dfrac{1}{a} - \dfrac{1}{b}} \tag{4.60}$$

예제 4-16

자유공간에 있는, 반지름 $r = a$[m]인 구 도체에 전하 Q[C]가 균일하게 분포하고 있다. 이 도체계의 정전용량을 구하라.

풀이

전위는 '주어진 전계 내에서 무한원점에서 원하는 위치로 단위양전하를 가져오는 데 필요한 일'로 정의하므로 자유공간에 있는, 반지름이 a인 구 도체 표면에서의 전위 V_a는 다음과 같다.

$$V_a = -\int_\infty^a \mathbf{E} \cdot d\mathbf{L} = -\int_\infty^a \frac{Q}{4\pi\epsilon_0 r^2} dr = -\frac{Q}{4\pi\epsilon_0}\left[-\frac{1}{r}\right]_\infty^a$$
$$= \frac{Q}{4\pi\epsilon_0 a}$$

따라서 정전용량은 다음과 같다.

$$C = \frac{Q}{V_a} = 4\pi\epsilon_0 a$$

한편 이 문제에 식 (4.60)의 동심 구 도체의 정전용량을 구하는 식 $C = \dfrac{4\pi\epsilon_0}{(1/a) - (1/b)}$을 이용하면 반지름이 a인 구 도체가 자유공간에 독립적으로 존재한다는 것은 이 식에서 $b \to \infty$라는 것과 같다. 따라서 정전용량은 다음과 같으며, 이는 앞에서 구한 결과와 일치한다.

$$C = 4\pi\epsilon_0 a$$

5 평행한 왕복 도체의 정전용량

마지막으로 [그림 4-16]과 같이 매우 긴 평행한 왕복 도체에 각각 ρ_L, $-\rho_L$ [C/m]의 무한 선전하가 분포할 때 정전용량을 구해보자. 두 도체의 반지름은 a [m]이며, 거리는 $d(d \gg a)$ [m]만큼 떨어져 있다.

임의의 위치 ρ [m]에서 전계는 두 선전하에 의한 전계의 합으로, 다음과 같다.

$$\mathbf{E} = \frac{\rho_L}{2\pi\epsilon_0 \rho}\mathbf{a}_\rho + \frac{-\rho_L}{2\pi\epsilon_0(d-\rho)}(-\mathbf{a}_\rho) = \frac{\rho_L}{2\pi\epsilon}\left(\frac{1}{\rho} + \frac{1}{d-\rho}\right)\mathbf{a}_\rho$$

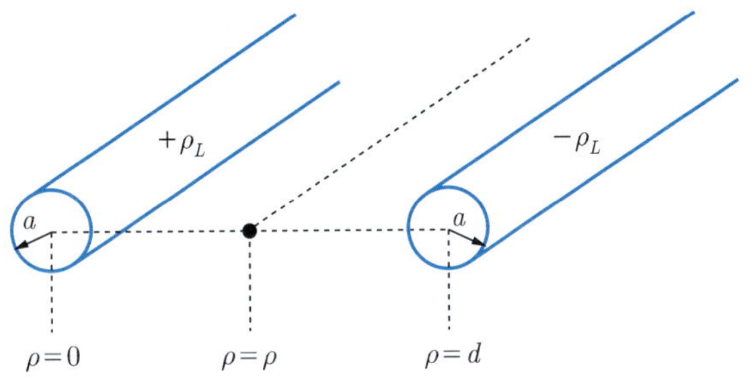

[그림 4-16] 평행한 왕복 도체의 정전용량
전력 전송을 위한 전송선로가 이에 해당한다.

$\rho = d - a$에 대한 $\rho = a$의 전위가 두 도체 사이의 최대 전위차이므로 전위는 다음과 같다.

$$V = -\int_{d-a}^{a} \frac{\rho_L}{2\pi\epsilon}\left(\frac{1}{\rho} + \frac{1}{d-\rho}\right)d\rho = \frac{\rho_L}{\pi\epsilon}\ln\frac{d-a}{a}$$

또한 $d \gg a$임을 고려하면 전위는 다음과 같이 표현할 수 있다.

$$V \doteq \frac{\rho_L}{\pi\epsilon}\ln\frac{d}{a}$$

한편 무한 길이의 선로이지만 편의상 그 길이를 L이라고 할 때 도선에 축적되는 전하량 $Q = \rho_L L$이므로 정전용량은 다음과 같다.

★ 평행한 왕복 도체의 정전용량 ★

$$C = \frac{Q}{V} = \frac{\pi\epsilon L}{\ln(d/a)} \tag{4.61}$$

지금까지 다룬 각종 도체계의 정전용량을 [표 4-1]에 정리하여 나타내었다.

[표 4-1] 각종 도체계의 정전용량

도체계	정전용량	도체계	정전용량
평행평판 도체	$\epsilon \dfrac{S}{d}$	동심 구 도체	$\dfrac{4\pi\epsilon}{\left(\dfrac{1}{a}\right)-\left(\dfrac{1}{b}\right)}$
평행평판 도체(직렬)	$\dfrac{1}{\left(\dfrac{d_1}{\epsilon_1 S}\right)+\left(\dfrac{d_2}{\epsilon_2 S}\right)}$	동축케이블	$\dfrac{2\pi\epsilon L}{\ln\left(\dfrac{b}{a}\right)}$
평행평판 도체(병렬)	$\dfrac{\epsilon_1 S_1}{d}+\dfrac{\epsilon_2 S_2}{d}$	평행한 왕복 도체	$\dfrac{\pi\epsilon L}{\ln\left(\dfrac{d}{a}\right)}$

SECTION
4.7

라플라스 방정식

이 절에서는 라플라스 및 푸아송 방정식을 소개하고 이를 이용하여 각 도체계에서의 전위의 공간적 분포와 전계 및 전속밀도, 그리고 정전용량을 구한다.

Keywords | 라플라스 방정식 | 푸아송 방정식 |

1 라플라스 방정식의 유도

지금까지 전위는 주어진 전하분포 또는 그 공간에 형성되어 있는 전계로부터 구할 수 있었다. 즉 다음의 두 식으로부터 어떤 한 점에서의 전위를 구하였다.

$$V = \int_{vol} \frac{\rho_v}{4\pi\epsilon_0 r} dv \quad \text{또는} \quad V = -\int \mathbf{E} \cdot d\mathbf{L}$$

또한 전위를 알고 있으면 이와는 반대의 과정으로 전계를 구하는 것도 가능하였다. 즉 전위경도와 전계 사이의 관계식 $\mathbf{E} = -\nabla V$로부터 전계를 구할 수 있었다.

이제 전위 및 전계 해석의 마지막 방법으로 **라플라스**(Laplace) 및 **푸아송**(Poisson) **방정식**을 소개한다. 이는 주어진 도체계에서 경계치 문제의 관점으로 접근하여 전위를 구하는 방법이다. 두 방정식의 해는 전위이며, 전하분포로부터 라플라스 및 푸아송 방정식을 세우고 그 해를 구함으로써 전위를 구할 수 있다.

우선 방정식을 도출해보면

$$\nabla \cdot \mathbf{D} = \nabla \cdot (\epsilon_0 \mathbf{E}) = \epsilon_0 \nabla \cdot (-\nabla V) = -\epsilon_0 \nabla \cdot \nabla V = \rho_v$$

의 관계로부터 다음과 같이 정리할 수 있다.

$$\nabla \cdot \nabla V = -\frac{\rho_v}{\epsilon_0} \tag{4.62}$$

이를 **푸아송 방정식**(Poisson's equation)이라고 한다. 이 식을 이용하기 위해 ∇의 이중 연산 $(\nabla \cdot \nabla)$을 직각좌표계에서 표현해보자. 임의의 벡터 $\mathbf{D}$의 발산 및 스칼라량 V의 경도는 다음과 같다.

$$\nabla \cdot \mathbf{D} = \frac{\partial D_x}{\partial x} + \frac{\partial D_y}{\partial y} + \frac{\partial D_z}{\partial z}$$

$$\nabla V = \frac{\partial V}{\partial x}\mathbf{a}_x + \frac{\partial V}{\partial y}\mathbf{a}_y + \frac{\partial V}{\partial z}\mathbf{a}_z$$

벡터 D의 발산을 나타내는 첫 번째 식의 D를 대신하여 벡터양인 ∇V를 대입하면 다음과 같은 식을 얻을 수 있다.

$$\begin{aligned} \nabla \cdot \nabla V &= \frac{\partial}{\partial x}\left(\frac{\partial V}{\partial x}\right) + \frac{\partial}{\partial y}\left(\frac{\partial V}{\partial y}\right) + \frac{\partial}{\partial z}\left(\frac{\partial V}{\partial z}\right) \\ &= \frac{\partial^2 V}{\partial x^2} + \frac{\partial^2 V}{\partial y^2} + \frac{\partial^2 V}{\partial z^2} \end{aligned} \tag{4.63}$$

식 (4.63)에서 $\nabla \cdot \nabla$은 ∇^2으로 표기한다. 직각좌표계에서의 푸아송 방정식은 다음과 같다.

★ 푸아송 방정식(직각좌표계) ★

$$\nabla^2 V = \frac{\partial^2 V}{\partial x^2} + \frac{\partial^2 V}{\partial y^2} + \frac{\partial^2 V}{\partial z^2} = -\frac{\rho_v}{\epsilon_0} \tag{4.64}$$

그러나 만약 우리가 주목하고 있는 공간에 전하가 존재하지 않는다면, 즉 $\rho_v = 0$이라면 푸아송 방정식은 다음과 같다. 이를 **라플라스 방정식**(Laplace's equation)이라고 한다.

★ 라플라스 방정식 ★

$$\nabla^2 V = 0 \tag{4.65}$$

직각좌표계 및 원통좌표계, 구좌표계에서의 라플라스 방정식은 다음과 같다.

★ 각 좌표계에서의 라플라스 방정식 ★

$$\nabla^2 V = \frac{\partial^2 V}{\partial x^2} + \frac{\partial^2 V}{\partial y^2} + \frac{\partial^2 V}{\partial z^2} = 0 \quad \text{(직각좌표계)} \tag{4.66}$$

$$\nabla^2 V = \frac{1}{\rho}\frac{\partial}{\partial \rho}\left(\rho \frac{\partial V}{\partial \rho}\right) + \frac{1}{\rho^2}\left(\frac{\partial^2 V}{\partial \phi^2}\right) + \frac{\partial^2 V}{\partial z^2} = 0 \quad \text{(원통좌표계)} \tag{4.67}$$

$$\nabla^2 V = \frac{1}{r^2}\frac{\partial}{\partial r}\left(r^2 \frac{\partial V}{\partial r}\right) + \frac{1}{r^2 \sin\theta}\frac{\partial}{\partial \theta}\left(\sin\theta \frac{\partial V}{\partial \theta}\right) + \frac{1}{r^2 \sin^2\theta}\frac{\partial^2 V}{\partial \phi^2} = 0 \quad \text{(구좌표계)} \tag{4.68}$$

라플라스 및 푸아송 방정식은 전위를 구하려는 공간에서 전하의 유무에 따라 다르게 적용된다. 예를 들어 방전이 발생한 플라즈마 공간이나 pn 접합 반도체의 공간전하층처럼 많은 전자와 양이온이 존재하는 공간에서의 전위는 푸아송 방정식을 이용하여 구한다. 반면에 각종 커패시터와 같이 전하가 존재하지 않는 절연공간에서의 전위분포에 대한 해석을 할 때는 라플라스 방정식을 이용한다. 지금까지 소개한 평행평판 도체를 비롯하여 동축케이블과 동심 구 도체는 전극(도체)-절연물(자유공간 또는 유전체)-전극으로 구성되어 있으므로 절연물 내부의 한 점에서 전위를 구할 때는 라플라스 방정식을 이용하면 된다.

예제 4-17

전위계 $V = 3xy^2z + kx^3z\,[\mathrm{V}]$가 라플라스 방정식을 만족할 때 상수 k를 구하라.

풀이

라플라스 방정식을 적용하면 $\nabla^2 V$는 다음과 같다.

$$\begin{aligned}\nabla^2 V &= \frac{\partial^2 V}{\partial x^2} + \frac{\partial^2 V}{\partial y^2} + \frac{\partial^2 V}{\partial z^2} \\ &= \frac{\partial}{\partial x}(3y^2z + 3kx^2z) + \frac{\partial}{\partial y}(6xyz) + \frac{\partial}{\partial z}(3xy^2 + kx^3) \\ &= 6kxz + 6xz = 0\end{aligned}$$

따라서 k는 다음과 같다.

$$k = -1$$

2 라플라스 방정식의 해법 예

$V(x)$의 경우

전위가 x만의 함수인 예로 [그림 4-17]과 같은 평행평판 콘덴서가 있다. 이때 라플라스 방정식은 다음과 같다.

$$\frac{\partial^2 V}{\partial x^2} = 0$$

이 식을 한번 적분하면 $\dfrac{dV}{dx} = A$가 되며, 다시 적분하여 다음의 해를 얻을 수 있다.

$$V = Ax + B \tag{4.69}$$

앞선 식의 A와 B는 적분상수이며, 전위는 주어진 위치에서 반드시 하나의 해를 가지므로 이 도체계의 경계조건으로부터 A, B를 쉽게 구할 수 있다. 즉 [그림 4-17]과 같이 전극의 간격이 d인 평행평판 콘덴서에 $V = V_0$의 전압을 인가하면 $x = 0$에서 $V = 0$이 되고 $x = d$에서 $V = V_0$가 되므로 적분상수는 각각 $A = V_0/d$, $B = 0$이 된다. 따라서 전위는 다음과 같다.

★ x만의 함수인 전위 ★

$$V = \frac{V_0}{d}x \tag{4.70}$$

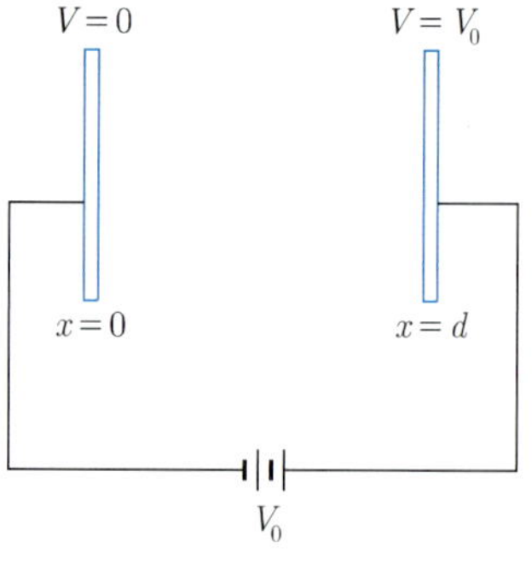

[그림 4-17] $V(x)$의 경우 라플라스 방정식의 적용 예

만약 전극 간격 $d = 10\,[\mathrm{cm}]$이고 전압 $V_0 = 100\,[\mathrm{V}]$라면 전위 $V = 1000x$가 된다. 이때 $x = 1\,[\mathrm{cm}]$에서 $V = 10\,[\mathrm{V}]$이며, $2\,[\mathrm{cm}]$에서는 $20\,[\mathrm{V}]$가 되므로 위치변화에 대한 전위의 변화율은 항상 일정하다. 이는 평행평판 콘덴서에서 전계는 위치함수가 아닌 평등전계라는 뜻이다. 물론 이러한 결과는 무한 평면전하에 의한 전계나 도체와 자유공간의 경계조건 등에서 이미 공부하였다.

이제 라플라스 방정식으로부터의 전위를 이용하여 다른 전기적 양들을 구해보자. 우선 $\mathbf{E} = -\nabla V$의 관계를 이용하여 전계 및 전속밀도를 구하면 다음과 같다.

$$\mathbf{E} = -\frac{V_0}{d}\mathbf{a}_x, \quad \mathbf{D} = -\epsilon\frac{V_0}{d}\mathbf{a}_x$$

따라서 $x = d$일 때 표면전하밀도 및 전하량은

$$D_n = \rho_S = \epsilon\frac{V_0}{d}$$

$$Q = \int \rho_S\, dS = \epsilon\frac{S}{d}V_0$$

가 되어 정전용량은 다음과 같이 주어진다.

$$C = \frac{\epsilon S}{d}$$

$V(\rho)$의 경우

동축케이블의 전계와 전위는 ρ만의 함수이다. 따라서 라플라스 방정식은 다음과 같다.

$$\frac{1}{\rho}\frac{\partial}{\partial \rho}\left(\rho \frac{\partial V}{\partial \rho}\right) = 0$$

이 식을 두 번 적분하면 다음의 해를 얻을 수 있다.

$$V = A \ln\rho + B \tag{4.71}$$

이를 통해 ρ가 일정한 면이 등전위면이 됨을 알 수 있다.

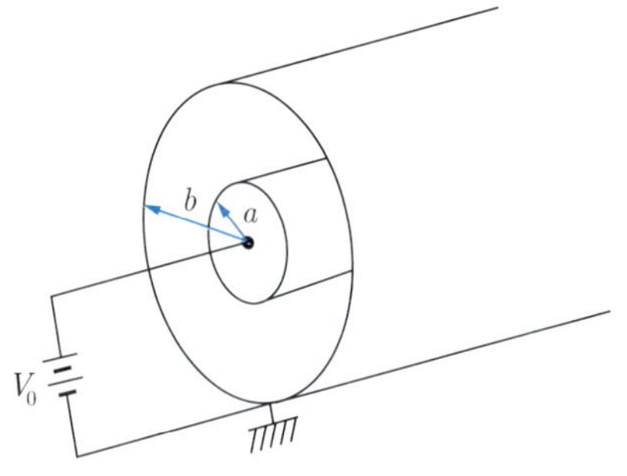

[그림 4-18] $V(\rho)$의 경우 라플라스 방정식의 적용 예

다시 경계조건을 설정하자. [그림 4-18]과 같이 반지름이 $\rho = a$인 내부 도체에 $V = V_0$의 전압을 인가하고 $\rho = b$의 외부 도체를 접지하여 $V = 0$이라고 하면 두 적분상수 A, B를 다음과 같이 얻을 수 있다.

$$A = \frac{V_0}{\ln(a/b)}, \quad B = -\frac{V_0}{\ln(a/b)}\ln b$$

앞선 관계를 식 (4.71)에 대입하여 정리하면 다음과 같다.

★ ρ만의 함수인 전위 ★

$$V = V_0 \frac{\ln(b/\rho)}{\ln(b/a)} \tag{4.72}$$

이를 이용하여 전계 및 전하량, 정전용량을 각각 다음과 같이 구할 수 있다.

$$\mathbf{E} = -\nabla V = -\frac{\partial V}{\partial \rho}\mathbf{a}_\rho = -\frac{\partial}{\partial \rho}\left[\frac{V_0}{\ln(b/a)}\right](\ln b - \ln\rho)\mathbf{a}_\rho = \frac{V_0}{\rho \ln(b/a)}\mathbf{a}_\rho$$

$$|\mathbf{D}| = \rho_S = \frac{\epsilon V_0}{a \ln(b/a)}$$

$$Q = \int_S \rho_S \, dS = \int_0^L \int_0^{2\pi} \frac{\epsilon V_0}{a \ln(b/a)} a d\phi dz = \frac{2\pi\epsilon L}{\ln(b/a)} V_0$$

$$C = \frac{Q}{V_0} = \frac{2\pi\epsilon L}{\ln(b/a)}$$

예제 4-18

$\rho = 1$[m]에서 $V = 100$[V]이고 $\rho = 5$[m]에서 $V = 0$[V]인 동축케이블이 있다. 점 P(1, 3, 0)[m]에서의 전위 V와 전계 $\mathbf{E}$를 라플라스 방정식을 이용하여 구하라.

풀이

동축케이블에서 전위는 ρ만의 함수이므로 라플라스 방정식 (4.67)은

$$\frac{1}{\rho}\frac{\partial}{\partial \rho}\left(\rho \frac{\partial V}{\partial \rho}\right) = 0$$

이 되며, 이 식의 양변을 적분하여 전위에 대한 해를 구하면 다음과 같다.

$$V = A \ln\rho + B$$

이 식에 경계조건으로 $\rho = 1$[m]에서 $V = 100$[V], $\rho = 5$[m]에서 $V = 0$[V]을 대입하면

$$100 = A\ln 1 + B, \quad 0 = A \ln 5 + B$$

가 되며, 이로부터 $A = -62$, $B = 100$을 얻을 수 있다. 따라서 점 P에서의 전위는 다음과 같다.

$$V = -62\ln\rho + 100 = -62\ln\sqrt{1^2 + 3^2} + 100 = 28.6\,[\text{V}]$$

또한 $\mathbf{E} = -\nabla V$를 이용하여 전계를 구하면 다음과 같다.

$$\mathbf{E} = -\nabla V = -\frac{\partial}{\partial \rho}(-62\ln\rho + 100)\mathbf{a}_\rho = \frac{62}{\rho}\mathbf{a}_\rho$$

$$= \frac{62}{\sqrt{1^2 + 3^2}}\mathbf{a}_\rho = 19.6\mathbf{a}_\rho\,[\text{V/m}]$$

$V(\phi)$의 경우

전위 V가 ϕ만의 함수인 경우로는 [그림 4-19]와 같이 매우 넓은 두 방사상의 면을 가진 도체계를 생각할 수 있다. 이때 두 도체는 $\rho = 0$의 위치에서 서로 떨어져 있으며, 등전위면은 변수 ϕ가 일정한 면이 된다.

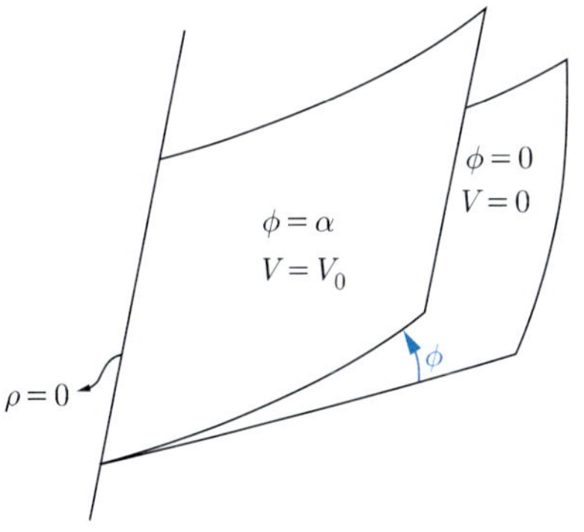

[그림 4-19] $V(\phi)$의 경우 라플라스 방정식의 적용 예

두 도체는 절연되어 있으며, $\rho=0$에서 절연된 두 방사면 사이의 전위분포는 전위를 ϕ만의 함수로 하여 구할 수 있다.

이때 식 (4.67)의 라플라스 방정식은 다음과 같다.

$$\frac{1}{\rho^2}\frac{\partial^2 V}{\partial \phi^2}=0$$

$\rho \neq 0$인 공간에서 두 번 적분하면 다음의 해를 얻는다.

$$V = A\phi + B \tag{4.73}$$

$\phi = 0$에서 $V = 0$이고, $\phi = \alpha$에서 $V = V_0$인 경계조건을 이용하면 적분상수는 $A = \dfrac{V_0}{\alpha}$, $B = 0$이 되므로 전위는 다음과 같다.

★ ϕ만의 함수인 전위 ★

$$V = \frac{V_0}{\alpha}\phi \tag{4.74}$$

식 (4.74)로부터 $\mathbf{E} = -\nabla V$의 관계식을 이용하여 전계를 구하면 다음과 같다.

$$\mathbf{E} = -\frac{V_0}{\alpha\rho}\mathbf{a}_\phi$$

$V(r)$의 경우

동심 구 도체는 전위 V가 r만의 함수인 전형적인 예이다. 내·외구의 반지름이 각각 a, b인 구 도체를 유전율 ϵ의 유전체로 절연하고 내부 도체에 전위 V_0를 인가할 때 $a < r < b$에서의 전위를 구해보자. 전위는 r만의 함수이므로 식 (4.68)의 구좌표계에서의 라플라스 방정식은 다음과 같다.

$$\frac{1}{r^2}\frac{\partial}{\partial r}\left(r^2\frac{\partial V}{\partial r}\right)=0$$

$r \neq 0$인 영역에서 이 식을 적분하여 해를 구하면 다음과 같다.

$$V=-\frac{1}{r}A+B \tag{4.75}$$

동심 구 도체에서는 $r=a$의 내구에 $V=V_0$를 인가하고 $r=b$의 외구를 접지하여 $V=0$의 상태로 사용하므로 이를 경계조건으로 이용하면 다음의 적분상수 A, B의 값을 얻을 수 있다.

$$A=\frac{V_0}{\frac{1}{b}-\frac{1}{a}},\quad B=\frac{1}{b}\frac{V_0}{\frac{1}{b}-\frac{1}{a}}$$

이를 식 (4.75)에 대입하면 전위는 다음과 같다.

★ r만의 함수인 전위 ★

$$V=V_0\frac{\frac{1}{r}-\frac{1}{b}}{\frac{1}{a}-\frac{1}{b}} \tag{4.76}$$

식 (4.76)을 이용하여 전계 및 전속밀도를 구하면

$$\mathbf{E}=-\frac{dV}{dr}\mathbf{a}_r=\frac{V_0}{r^2\left(\frac{1}{a}-\frac{1}{b}\right)}\mathbf{a}_r,\quad \mathbf{D}=\epsilon\frac{V_0}{r^2\left(\frac{1}{a}-\frac{1}{b}\right)}\mathbf{a}_r$$

이 되며, 내부 도체 표면에서의 표면전하밀도와 전하량은 다음과 같다.

$$|\mathbf{D}|=D_n=\rho_S=\epsilon\frac{V_0}{a^2\left(\frac{1}{a}-\frac{1}{b}\right)}$$

$$Q=\int\rho_S\,dS=\int_0^{2\pi}\int_0^{\pi}\rho_S\,r^2\sin\theta\,d\theta d\phi=\frac{4\pi\epsilon}{\frac{1}{a}-\frac{1}{b}}V_0$$

따라서 정전용량은 다음과 같이 주어진다.

$$C=\frac{4\pi\epsilon}{\frac{1}{a}-\frac{1}{b}}$$

예제 4-19

$r=1$[m]에서 $V=100$[V]이고 $r=3$[m]에서 $V=0$[V]인 동심 구 도체가 있다. 라플라스 방정식을 이용하여 점 P(1, 1, 0)[m]에서의 전위를 구하라.

풀이

동심 구 도체에서의 전위는 r만의 함수이므로 라플라스 방정식인 식 (4.68)은 다음과 같다.

$$\frac{1}{r^2}\frac{\partial}{\partial r}\left(r^2\frac{\partial V}{\partial r}\right)=0$$

이 식을 두 번 적분하면 다음의 해를 얻을 수 있다.

$$V=-\frac{1}{r}A+B$$

이 식에 경계조건으로 $r=1$[m]에서 $V=100$[V], $r=3$[m]에서 $V=0$[V]를 대입하면

$$100=-A+B,\quad 0=-\frac{1}{3}A+B$$

가 되어 $A=-150$, $B=-50$이 된다. 이를 대입하여 전위를 구하면 다음과 같다.

$$V=\frac{150}{r}-50$$

따라서 $r=\sqrt{1^2+1^2}=\sqrt{2}$ 이므로 점 P(1, 1, 0)[m]에서의 전위는 다음과 같다.

$$V=56\,[\text{V}]$$

$V(\theta)$의 경우

전위가 θ만의 함수인 전형적인 예로는 [그림 4-20]과 같은 원추형 도체를 생각할 수 있다. 이때 평면과 부채꼴 모양의 도체가 서로 절연되어 있고 $\theta=\alpha$와 $\theta=\frac{\pi}{2}$에서 전위가 각각 V_0, 0이라고 하자. 전위가 θ만의 함수이므로 라플라스 방정식은 다음과 같다.

$$\frac{1}{r^2\sin\theta}\frac{d}{d\theta}\left(\sin\theta\frac{dV}{d\theta}\right)=0$$

이 라플라스 방정식을 $r\neq 0$, $\theta\neq 0$, $\theta\neq\pi$인 곳에서 적분하여 전위에 대한 해를 구하면 다음과 같다.

$$V=A\ln\left(\tan\frac{\theta}{2}\right)+B \tag{4.77}$$

앞선 식에 $\theta = \alpha$에서 $V = V_0$, $\theta = \dfrac{\pi}{2}$에서 $V = 0$의 경계조건을 이용하면 적분상수 값을 다음과 같이 구할 수 있다.

$$A = \frac{V_0}{\ln\left(\tan\dfrac{\theta}{2}\right)}, \quad B = -V_0 \frac{\ln\left(\tan\dfrac{\pi}{4}\right)}{\ln\left(\tan\dfrac{\alpha}{2}\right)}$$

이를 식 (4.77)에 대입하면 다음과 같이 전위를 구할 수 있다.

★ θ만의 함수인 전위 ★

$$V = V_0 \frac{\ln\left(\tan\dfrac{\theta}{2}\right)}{\ln\left(\tan\dfrac{\alpha}{2}\right)} \tag{4.78}$$

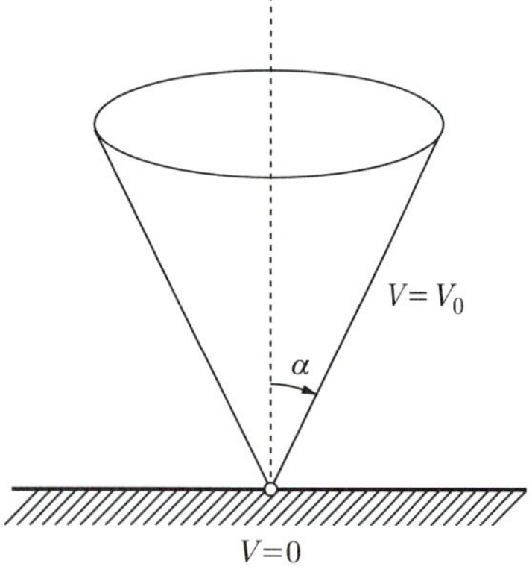

[그림 4-20] $V(\theta)$의 경우 라플라스 방정식의 적용 예

3 전위가 2변수 함수인 경우 라플라스 방정식의 해법 예

라플라스 방정식을 이용하여 전위를 구하는 것은 전하가 존재하지 않는 절연체에서의 문제로, 지금까지 공간적으로 매우 균일한 전하분포에 의한 전위를 다루었다. 그러나 통상적으로 많이 이용되는 전극계에서의 전하분포는 항상 균일한 것은 아니다. 예를 들어 송전선로, 즉 평행한 왕복 도선을 오랜 기간 사용하면 전극의 표면은 높은 에너지를 가진 하전입자들의 충돌로 거칠어지고 도체 표면의 전하분포와 전계분포는 공간적으로 매우 불평등해진다. 이때의 전위분포를 구하기는 쉽지 않으며, 전위도 다변수의 함수인 경우가 많다. 만약 전위계가 두 개 이상의 변수에 의한 함수라면 라플라스 방정식의 해는 구하려는 함수가 각각 단일변수인 함수의 곱으로 나타난다고 가정한 변수분리법 등을 이용하여 풀 수 있다. 보다 정확한 해를 얻기 위해 수치해석법을 이용하기도 한다.

지금부터는 비교적 간단한 전극 구조의 경우에 적용할 수 있는 반복법을 간단히 소개해 두기로 한다. 전위 $V(x, y)$를 2차원의 문제로 가정하고 [그림 4-21]과 같은 전위분포를 나타내는 공간을 한 변의 길이가 l인 정방형 격자로 분할해보자. 그림에서 중앙의 한 점 0의 전위를 V_0라고 하고 인접한 위치의 전위들을 각각 V_1, V_2, V_3, V_4라고 하면 라플라스 방정식은 다음과 같다.

$$\frac{\partial^2 V}{\partial x^2} + \frac{\partial^2 V}{\partial y^2} = 0$$

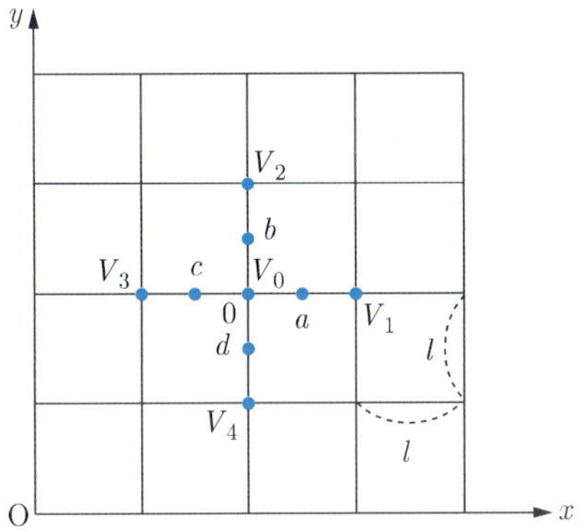

[그림 4-21] 한 변의 길이가 l인 격자점에서의 전위분포 해석

한편 [그림 4-21]의 점 a, b, c, d가 각각 길이 l인 정방형 격자의 중간 지점의 점이라면 $x = a$와 $x = c$에서 변수 x의 변화에 대한 전위 V의 변화율은 다음과 같다.

$$\left.\frac{\partial V}{\partial x}\right|_{x=a} \doteq \frac{V_1 - V_0}{l}, \quad \left.\frac{\partial V}{\partial x}\right|_{x=c} \doteq \frac{V_0 - V_3}{l}$$

따라서 $x = a$와 $x = c$ 사이의 2차 편미분은

$$\left.\frac{\partial^2 V}{\partial x^2}\right|_{x=0} \doteq \frac{(\partial V/\partial x)_{x=a} - (\partial V/\partial x)_{x=c}}{l} \doteq \frac{V_1 - V_0 - V_0 + V_3}{l^2}$$

이 되며, 같은 방법으로 y 방향으로의 변화율을 구하면 다음과 같이 주어진다.

$$\left.\frac{\partial^2 V}{\partial y^2}\right|_{y=0} \doteq \frac{(\partial V/\partial y)_{y=b} - (\partial V/\partial y)_{y=d}}{l} \doteq \frac{V_2 - V_0 - V_0 + V_4}{l^2}$$

앞선 두 식에서 라플라스 방정식은

$$\frac{\partial^2 V}{\partial x^2} + \frac{\partial^2 V}{\partial y^2} \doteq \frac{V_1 + V_2 + V_3 + V_4 - 4V_0}{l^2} = 0$$

이 되므로 그림 중앙의 한 점 V_0는 다음과 같이 표현할 수 있다.

$$V_0 \doteq \frac{1}{4}\left(V_1 + V_2 + V_3 + V_4\right) \tag{4.79}$$

이러한 해석 방법은 경계조건이 명확할 때 주어진 영역을 적절한 크기의 격자로 나누고 각 격자의 위치에서 전위의 값을 추정해 가는 방법이다. 이때 인위적으로 구분한 격자의 크기 l 이 작을수록 정확한 값을 얻을 수 있으며, 한 점의 전위가 인접한 네 개 점의 전위의 평균값과 같음을 의미한다. 이를 반복법(iterative method)이라고 한다.

예제 4-20

[그림 4-22]에서 전위가 100[V]인 왼쪽 면을 제외한 나머지 세 면의 전위는 0이고, 왼쪽 면은 점 2와 8에서 나머지 면과 절연되어 있다. 이때 점 $a \sim f$의 전위의 값을 추정하라.

풀이

우선 중앙 점 0의 전위는 식 (4.79)에 의해 다음과 같다.

$$V_0 = \frac{1}{4}(100 + 0 + 0 + 0) = 25\,[\mathrm{V}]$$

또한 두 공극점 2와 8은 100[V]인 면과 0[V]인 면의 중간 점이므로 $V_2 = V_8 = 50\,[\mathrm{V}]$로 생각할 수 있다. 나머지 각 점의 전위는 다음과 같다.

$$V_b = V_h = \frac{1}{4}(V_1 + V_2 + V_3 + V_0) = \frac{1}{4}(100 + 50 + 0 + 25) = 43.8\,[\mathrm{V}]$$

$$V_a = \frac{1}{4}\left(V_1 + V_b + V_0 + V_h\right) = \frac{1}{4}(100 + 43.8 + 25 + 43.8) = 53.2\,[\mathrm{V}]$$

$$V_d = V_f = \frac{1}{4}(V_0 + V_3 + V_4 + V_5) = \frac{1}{4}(25 + 0 + 0 + 0) = 6.3\,[\mathrm{V}]$$

$$V_c = V_g = \frac{1}{4}(V_b + V_3 + V_d + V_0) = \frac{1}{4}(43.8 + 0 + 6.3 + 25) = 18.8\,[\mathrm{V}]$$

$$V_e = \frac{1}{4}(V_0 + V_d + V_5 + V_f) = \frac{1}{4}(25 + 6.3 + 0 + 6.3) = 9.4\,[\mathrm{V}]$$

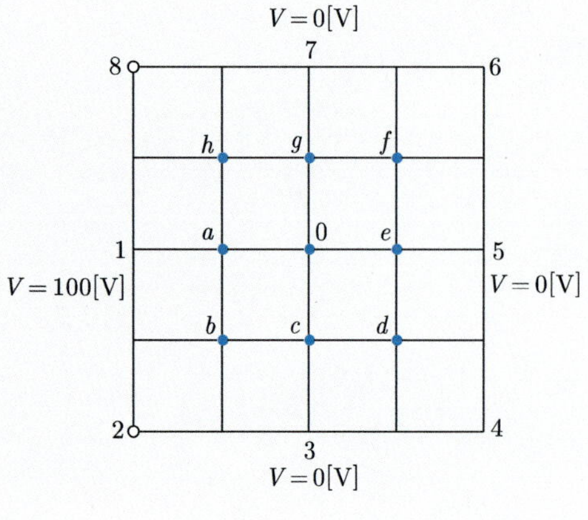

[그림 4-22] 같은 크기의 격자로 분할된 공간에서의 전위분포

SECTION
4.8 영상법

이 절에서는 영상법을 이해하고 도체와 하전입자 사이에 작용하는 힘과 영상법을 이용하여 전계 및 전위를 해석하는 방법을 공부한다.

Keywords | 영상전하 | 영상법 |

1 영상법

자유공간에서는 쿨롱의 법칙을 이용하면 점전하 Q에 의한 전계를 쉽게 구할 수 있다. 그러나 **점전하 근처에 접지된 도체가 존재하면** 자유공간과는 문제가 다르다. 도체와 주변의 전하 사이에도 힘이 작용하기 때문이다. 이는 도체 근처의 전하는 자유공간에서처럼 자유롭지 못하고 접지된 도체로부터 속박된다는 의미로, 방전공간의 음극에서 방출된 전자의 에너지 상태 등을 이해하는 데 매우 중요하다.

이제 전하 앞에 도체가 존재할 때의 전계에 대해 알아보자. 우선 [그림 4-23(a)]와 같이 접지된 도체 근처에 점전하 Q가 있으면 전계는 도체에 수직인 방향으로 발생한다. 한편 [그림 4-23(b)]와 같이 전기쌍극자의 중간에 무한히 넓은 평면을 가정하면 평면에서의 전위는 전하 $+Q$와 $-Q$에 의한 전위의 합으로 0이 된다. 즉 전기쌍극자의 중앙에는 전위가 0인 등전위면이 존재하며, 전계는 이 등전위면에 항상 수직이다. 따라서 전기쌍극자에 의한 전계와 무한히 넓은 도체 앞의 전계는 동일하다. 결국 도체 근처의 $+Q$에 의한 전계는 도체를 제거하는 대신 도체를 기준으로 $+Q$와 대칭된 곳에 $-Q$의 전하가 있다고 가정할 때 두 전하가 만드는 전계와 같다. 이때 가상적인 전하 $-Q$를 **영상전하**(image charge) 혹은 경상전하라 하며, 이러한 전계의 해석법을 전기 **영상법**(image method)이라고 한다.

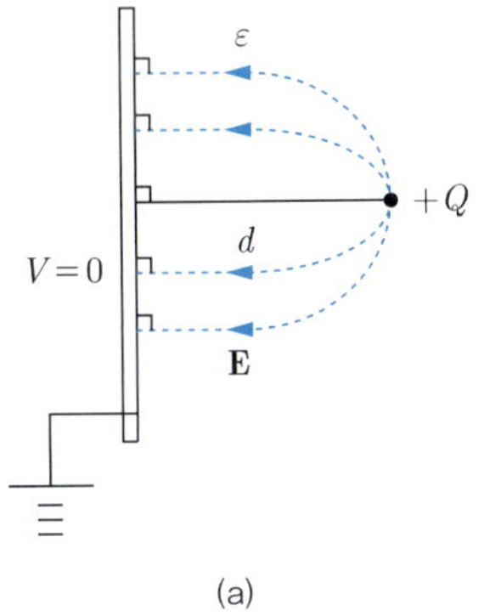

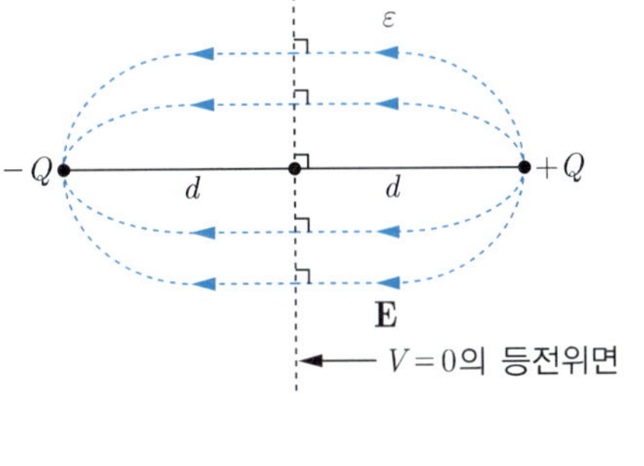

[그림 4-23] 쌍극자에 의한 전계와 영상법의 개념
전하 근처에 접지된 도체가 있으면 도체를 제거하고 전하와 대칭되는 곳에 영상전하를 가정하여 전계를 구할 수 있다.

2 전기 영상법에 의한 전계 해석

전기 영상법에 의한 전계 해석의 한 예로 $x=0$, $y=3$[m]를 통과하고 z축에 평행한 $\rho_L=20$ [nC/m]의 무한 선전하가 있을 때 $y=0$의 무한히 넓은 도체 평면에 있는 점 P(2, 0, 4)[m]에서의 전계를 구해보자. 영상법을 적용하면 도체를 제거하는 대신 $x=0$, $y=-3$[m]의 위치에 영상전하 -20[nC/m]가 있다고 가정하여 이 두 선전하에 의한 전계를 구하면 된다. 우선 전계점이 점 P(2, 0, 4)이고 선전하는 z축에 평행하므로 양(+)과 음(−)의 두 선전하의 원천전하점은 각각 점 $P_1(0, 3, 4)$와 점 $P_2(0, -3, 4)$이다. 따라서 전하점에서 전계점으로의 수직거리가 각각 $\mathbf{R}_1 = 2\mathbf{a}_x - 3\mathbf{a}_y$, $\mathbf{R}_2 = 2\mathbf{a}_x + 3\mathbf{a}_y$이므로 각 전하에 의한 전계 $\mathbf{E}_1$ 및 $\mathbf{E}_2$는 다음과 같다.

$$\mathbf{E}_1 = \frac{20\times 10^{-9}}{2\pi\epsilon_0\sqrt{13}}\cdot\frac{2\mathbf{a}_x - 3\mathbf{a}_y}{\sqrt{13}} = 55.4\mathbf{a}_x - 83.1\mathbf{a}_y$$

$$\mathbf{E}_2 = \frac{-20\times 10^{-9}}{2\pi\epsilon_0\sqrt{13}}\cdot\frac{2\mathbf{a}_x + 3\mathbf{a}_y}{\sqrt{13}} = -55.4\mathbf{a}_x - 83.1\mathbf{a}_y$$

이때 구하고자 하는 전계는 두 전계의 합으로, 다음과 같다.

$$\mathbf{E} = \mathbf{E}_1 + \mathbf{E}_2 = -166.2\mathbf{a}_y\,[\mathrm{V/m}]$$

이 결과로부터 도체는 $y=0$의 면에 있으므로 전계는 도체에 수직 방향임을 알 수 있다.

전기 영상법을 이용하는 또 하나의 예로 반지름이 a[m]인 접지된 구 도체의 중심에서 $x=d$[m]인 곳에 Q[C]의 점전하가 있을 때 구 도체와 점전하 사이에 작용하는 힘을 구해보자. 구 도체가 접지되어 있으므로 도체 표면의 전위는 0[V]가 된다. 구 도체 표면의 전위가 항상 0[V]이기 위한 상황으로 [그림 4-25]와 같이 우선 영상전하 Q'이 원점과 점전하 Q를 잇는 직선에 위치하며, 영상전하는 구 도체 내부의 한 점에 있다고 가정하자. 이때 영상전하 Q'은 구의 표면을 기준으로 볼 때 점전하 Q와 대칭적인 위치에 있는 것이 아니므로 전하량의 크기가 다를 수 있다.

우선 전기 영상법을 이용하기 위한 영상전하 Q'과 영상전하의 위치를 구해보자. [그림 4-24]의 도체 표면의 점 A와 점 B에서 $V_A = V_B = 0$이므로

$$V_A = \frac{Q}{4\pi\epsilon_0(d-a)} + \frac{Q'}{4\pi\epsilon_0(a-x)} = 0$$

$$V_B = \frac{Q}{4\pi\epsilon_0(d+a)} + \frac{Q'}{4\pi\epsilon_0(a+x)} = 0$$

이 되며, 이 식으로부터

$$-\frac{Q'}{Q} = \frac{a-x}{d-a} = \frac{a+x}{d+a}$$

의 관계가 성립한다. 이 식을 정리하면 영상전하 Q'의 위치와 크기는 다음과 같이 구해진다.

$$x = \frac{a^2}{d}, \quad Q' = -\frac{a}{d}Q$$

따라서 접지된 구 도체와 점전하 사이에 작용하는 힘은 다음과 같다.

$$F = \frac{QQ'}{4\pi\epsilon_0 r^2} = \frac{Q\left(-\frac{a}{d}Q\right)}{4\pi\epsilon_0 (d-x)^2} = -\frac{a}{d}\frac{Q^2}{4\pi\epsilon_0\left(d-\frac{a^2}{d}\right)^2}$$

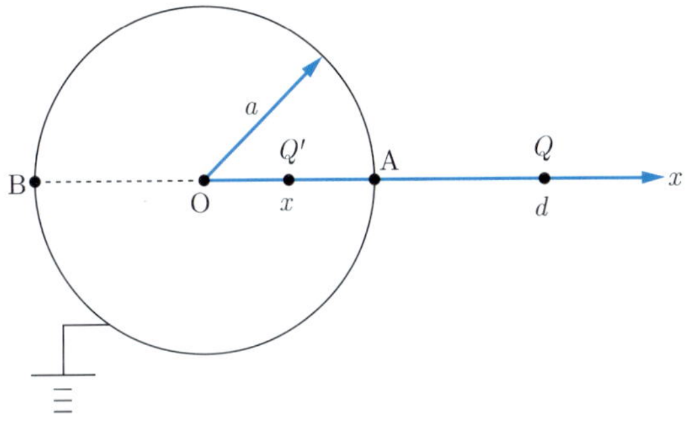

[그림 4-24] 접지된 구 도체의 영상전하

마지막으로 [그림 4-25]와 같이 $z=0$의 위치에 접지된 무한히 넓은 평면 도체가 있고 이 도체로부터 수직한 방향으로 $z=a$[m]인 점에 Q[C]의 점전하가 있을 때 전기 영상법을 이용하여 도체의 한 점 x에서의 전계 및 영상전하밀도를 구해보자. 영상전하로 접지된 무한히 넓은 도체를 대신해 $z=-a$[m]에 $-Q$[C]의 전하를 가정하자. 두 전하에 의한 $z=a$[m]에서의 전계 $\mathbf{E}=\mathbf{E}_1+\mathbf{E}_2$이고 [그림 4-25]에서 $E=2E_1\cos\theta$의 관계가 성립하므로 전계는 다음과 같다.

$$E = 2E_1\cos\theta = \frac{2Q}{4\pi\epsilon_0 R^2}\cos\theta = \frac{Qa}{2\pi\epsilon_0(a^2+x^2)^{3/2}}$$

이를 이용하여 표면전하밀도를 구해보면 표면전하밀도는 전속밀도의 크기와 같으므로 다음과 같다.

$$\rho_S = D = \epsilon_0 E = \frac{Qa}{2\pi(a^2+x^2)^{3/2}}$$

따라서 최대전하밀도는 $x=0$에서 $\rho_{Smax} = \frac{Qa}{2\pi a^3} = \frac{Q}{2\pi a^2}$이며, 최대 영상전하밀도는 다음과 같이 주어진다.

$$\rho_{Smax} = -\frac{Q}{2\pi a^2}$$

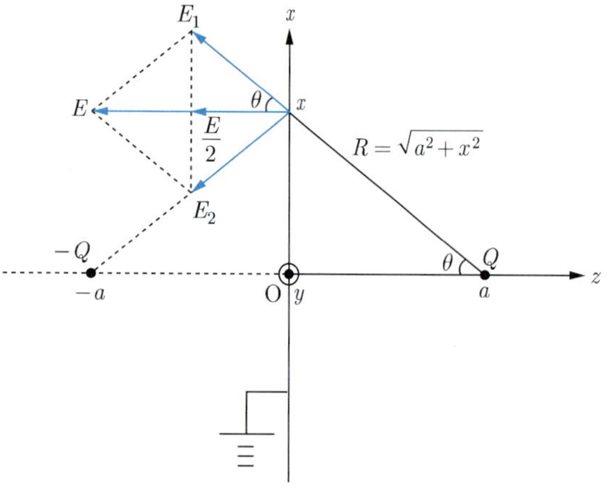

[그림 4-25] 접지된 무한히 넓은 평면 도체의 영상전하

예제 4-21

$x=2$, $y=0$[m]인 점을 통과하며, z축에 평행한 $\rho_L=8\pi\epsilon_0$[C/m]의 무한 선전하가 있다. $x=0$인 평면에 무한히 넓은 평면 도체가 있을 때 점 P(0, 2, 4)[m]에서의 전계를 구하라.

풀이

$x=0$인 yz 평면에 도체가 있으므로 영상전하로 $x=-2$, $y=0$인 점을 통과하고 z축에 평행한 $-\rho_L=-8\pi\epsilon_0$[C/m]를 가정하자. 이때 두 전하에 의한 전계 $\mathbf{E}_1$와 $\mathbf{E}_2$는 각각 다음과 같다.

$$\mathbf{E}_1=\frac{\rho_L}{2\pi\epsilon_0\rho_1}\mathbf{a}_{\rho_1},\quad \mathbf{E}_2=\frac{-\rho_L}{2\pi\epsilon_0\rho_2}\mathbf{a}_{\rho_2}$$

이러한 두 식에서 ρ_1, ρ_2는 전하점에서 전계점으로 향하는 수직거리이므로 이를 각각 $\mathbf{R}_1$, $\mathbf{R}_2$라고 하자. 수직거리가 되기 위한 ρ_L의 전원점은 $\mathrm{P}_1(2, 0, 4)$이고 영상전하 $-\rho_L$의 전원점은 $\mathrm{P}_2(-2, 0, 4)$이므로 $\mathbf{R}_1=-2\mathbf{a}_x+2\mathbf{a}_y$이고, $\mathbf{R}_2=2\mathbf{a}_x+2\mathbf{a}_y$이다. 따라서 전계를 구하면 다음과 같다.

$$\begin{aligned}\mathbf{E}=\mathbf{E}_+ + \mathbf{E}_- &= \frac{8\pi\epsilon_0}{2\pi\epsilon_0 R_1}\mathbf{a}_{R1}+\frac{-8\pi\epsilon_0}{2\pi\epsilon_0 R_2}\mathbf{a}_{R2}\\ &=\frac{4}{\sqrt{8}}\frac{-2\mathbf{a}_x+2\mathbf{a}_y}{\sqrt{8}}+\frac{-4}{\sqrt{8}}\frac{2\mathbf{a}_x+2\mathbf{a}_y}{\sqrt{8}}\\ &=-2\mathbf{a}_x\,[\mathrm{V/m}]\end{aligned}$$

예제 4-22

형광등의 음극에서 방출된 $-e$ [C]의 전자가 가지는 위치에너지를 구하라.

풀이

접지된 금속 도체인 음극에서 전자가 방출되면 그 전자는 음극으로부터 힘을 받는다. 음극 표면에서 x 만큼 떨어진 $-e$ [C]의 전자가 받는 힘 F는 음극을 대신하여 $-x$의 위치에 영상전하 $+e$ [C]가 있다고 가정하여 다음과 같이 두 전하 사이에 작용하는 힘을 구하면 된다.

$$F = \frac{-e^2}{4\pi\epsilon_0(2x)^2} = -\frac{e^2}{16\pi\epsilon_0 x^2}$$

따라서 위치에너지는 이 힘을 무한원점으로부터 임의의 x까지 적분한 결과와 같으므로 다음과 같이 구할 수 있다.

$$W = -\int_{\infty}^{x} F dx = -\frac{e^2}{16\pi\epsilon_0 x}$$

CHAPTER

04 연습문제

4.1 길이가 2[cm]이고 반지름이 0.2[mm]인 도체에 1[A]의 전류가 흐를 때 전자가 이 도체를 통과하는데 걸리는 평균시간을 구하라. 단, 도체의 전자밀도는 2×10^{27}[개/m^3]이다.

4.2 길이가 0.8[cm]이고 반지름이 2[mm]인 원주형 도선을 $n=3.2\times 10^{25}$[개/m^3]의 하전입자가 통과하는데 1.6[sec]가 소요되었다. 이 도선의 수직 단면을 흐르는 전류를 구하라. 단, 하전입자의 전하량은 1.6×10^{-19}[C]이다.

4.3 단면적 $S=0.5\times 10^{-4}[\text{m}^2]$이고 길이 $d=6.4\times 10^2[\text{m}]$인 도체의 저항이 2[Ω]이었다. 이 도체의 전자밀도가 2×10^{21}[개/m^3]일 때 체적전하밀도 ρ_v와 이동도 μ_e를 구하라.

4.4 어떤 도체의 도전율 $\sigma=0.5\times 10^5[\text{S/m}]$인 도체 내의 전자의 이동도와 드리프트 속도가 각각 $\mu_e=2.5[\text{m}^2/\text{V}\cdot\text{sec}]$, $v_d=0.2\times 10^3[\text{m/sec}]$일 때 이 도체의 전류밀도를 구하라.

4.5 한 변의 길이가 2[m]인 정육면체가 있다. 전류밀도 $\mathbf{J}=x^2yz\,\mathbf{a}_x[\text{A/m}^2]$일 때 정육면체의 $x=2[\text{m}]$인 면을 수직으로 통과하는 전류를 구하라.

4.6 반지름이 1[mm]이고 길이가 $15\times 10^2[\text{m}]$인 도체의 도전율이 $4.8\times 10^6[\text{S/m}]$이다. 이 도체의 저항을 구하라.

4.7 $\mathbf{J}=\sigma\mathbf{E}$와 옴의 법칙의 관계를 설명하라.

4.8 내・외부 도체의 반지름이 각각 a, $b\,(a<b)$인 동축케이블에 유전율이 ϵ, 도전율이 σ, 저항률이 ρ인 유전체를 채웠다. 옴의 법칙을 이용하여 저항을 구하라.

4.9 순수한 Si 반도체의 전자 및 정공의 이동도는 상온에서 각각 $0.12[\text{m}^2/\text{V}\cdot\text{s}]$, $0.025[\text{m}^2/\text{V}\cdot\text{s}]$이다. 전자와 정공의 전하밀도를 각각 $-2.9[\text{mC/m}^3]$, $2.9[\text{mC/m}^3]$라고 할 때 이 반도체의 도전율을 구하라.

4.10 유전율이 ϵ_0인 공기 콘덴서에 전압 V를 인가했을 때 전계는 E_0이다. 이 콘덴서에 공기 대신 비유전율 ϵ_R의 유전체를 삽입했을 때의 전계를 E라고 할 때 $\epsilon_0(E_0 - E)$의 의미를 설명하라.

4.11 비유전율 $\epsilon_R = 3.4$인 유전체의 전속밀도 $D = 30 \times 10^{-9}$[C/m^2]일 때 다음을 구하라.

(a) 전기감수율 χ_e와 유전율 ϵ

(b) 전계 E와 분극 P

4.12 자유공간에서 전계 $E_0 = 100$[V/m]인 평행평판 콘덴서에 비유전율 $\epsilon_R = 20$의 유전체를 채웠다. 이 콘덴서에서 분극이 발생할 때의 전계의 세기와 분극의 세기를 구하라.

4.13 전위 $V = 2x^2 - 3xy$[V]일 때 도체와 자유공간의 경계의 한 점 P(1, 2, 0)[m]에서의 표면전하밀도 ρ_S[C/m^2]를 구하라.

4.14 자유공간과 도체의 표면에서 전계의 세기 $\mathbf{E} = \frac{1}{\epsilon_0}(3\mathbf{a}_x + 2\sqrt{2}\,\mathbf{a}_y - 2\sqrt{2}\,\mathbf{a}_z)$[V/m]일 때 도체 표면에서의 면전하밀도 ρ_S[C/m^2]를 구하라.

4.15 영역 1($z < 0$)에는 비유전율 $\epsilon_{R1} = 2$인 유전체가, 영역 2($z > 0$)에는 $\epsilon_{R2} = 4$인 유전체가 있다. 영역 1에서의 전계가 $\mathbf{E}_1 = 30\mathbf{a}_x - 20\mathbf{a}_y + 40\mathbf{a}_z$[V/m]일 때 영역 2에서의 전계 $\mathbf{E}_2$를 구하라.

4.16 영역 1($y < 0$)에 유전율 $\epsilon_1 = 4$인 유전체와 영역 2($y > 0$)에 $\epsilon_2 = 2.5$인 유전체가 경계를 이루고 있다. 영역 1의 전속밀도 $\mathbf{D}_1 = 80\mathbf{a}_x + 40\mathbf{a}_y - 60\mathbf{a}_z$[C/m^2]일 때 영역 2에서의 전속밀도 $\mathbf{D}_2$를 구하라.

4.17 [연습문제 4.16]에서 전속밀도 $\mathbf{D}_1$, $\mathbf{D}_2$가 경계면에 수직인 축과 이루는 각 θ_1, θ_2를 구하고 각에 대한 경계조건 $\frac{\tan\theta_1}{\tan\theta_2} = \frac{\epsilon_1}{\epsilon_2}$이 성립함을 보여라.

4.18 $x < 0$의 영역 1에 있는 $\epsilon_1 = 2.5$의 유전체와 $x > 0$의 영역 2에 $\epsilon_2 = 3$인 유전체가 경계를 이루고 있다. 영역 1의 전계 $\mathbf{E}_1 = 3\mathbf{a}_x + 5\mathbf{a}_y + 4\mathbf{a}_z$[V/m]일 때 영역 2의 전속밀도 $\mathbf{D}_2$를 구하라.

4.19 유전율 ϵ_1의 유전체로 채워진, 매우 넓은 면적을 가진 평행평판 콘덴서가 있다. 전극 간격을 두 배로 할 때 정전용량이 같아지기 위한 유전체의 유전율을 구하라. 단, 콘덴서의 면적은 동일하다.

4.20 유전율 ϵ[F/m], 도전율 σ[S/m]의 유전체를 갖는 평행평판 콘덴서의 정전용량이 C[F]이다. V[V]의 전압을 가했을 때 전류가 C와 V, σ에 비례하고 ϵ에 반비례함을 보여라.

4.21 유전율이 ϵ_0인 평행평판 공기 콘덴서에 $\epsilon_R = 10$의 유전체를 전극 간격의 $\frac{2}{3}$만큼 채울 때 정전용량과 정전에너지의 변화를 논하라.

4.22 정전용량이 10[F]인 공기 콘덴서가 있다. 이 콘덴서의 절반의 면적에 비유전율 $\epsilon_R = 3$인 유전체를 병렬로 삽입하였다. 이 콘덴서의 합성 정전용량을 구하라.

4.23 내구의 반지름 $a = \pi$[m]이고 외구의 반지름 $b = 5\pi$[m]인 동심 구 도체 사이를 도전율 σ $\frac{1}{\pi^2} \times 10^{-2}$[S/m]의 물질로 채울 때 내・외구 사이의 합성저항을 구하라.

4.24 도전율 $\sigma = \frac{1}{2\pi}$[S/m]인 매질 중 각각 1.5[C], −1.5[C]의 전하가 분포되어 있는, 반지름이 2[cm]인 두 개의 구형 전극이 중심 거리 $r = 4$[cm]만큼 떨어져 있다. 이 매질의 저항을 구하라.

4.25 정전용량이 각각 $C_1 = 2[\mu\text{F}]$, $C_2 = 3[\mu\text{F}]$인 도체에 전하 $Q_1 = Q_2 = 5[\mu\text{C}]$의 전하량을 주고 두 도체를 매우 가는 도선으로 접촉하는 순간 C_1에서 C_2로 이동하는 전하량을 구하라.

4.26 면적이 0.04[m^2]이고 전극 간격이 2[mm]인 평행평판 전극 사이에 유전율 $\epsilon = 2[\mu\text{F/m}]$인 유전체가 있다. 전극에 $Q = 4$[mC]의 전하가 분포할 때 두 전극 사이에 작용하는 힘의 크기를 구하라.

4.27 전위 $V = 5x^2yz + ky^3z$가 라플라스 방정식을 만족할 때 상수 k를 구하라.

4.28 무한히 넓고 전위가 $V = 0$인 접지된 평판 도체의 표면에서 a[m]의 거리에 점전하 Q[C]가 있을 때 이 전하를 무한원점으로 옮기는 데 필요한 일을 구하라.

4.29 $z=0$의 위치에 접지된 무한히 넓은 평면 도체가 있다. 이 도체로부터 수직 방향으로 $z=a$[m]가 되는 점에 Q[C]이 있을 때 도체의 한 점 x에서의 전계 및 표면전하밀도를 구하라.

4.30 yz 평면에 평행하며, $x=2$[m]에 접지된 평면 도체가 있다. 자유공간에서 $x=4$, $y=2$[m]인 점을 통과하고 z축에 평행한 5[nC/m]의 무한 선전하가 있을 때 점 P(5, 4, 3)[m]에서의 전계를 구하라.

4.31 무한히 넓고 접지된 평면 도체에서 ρ[m]의 위치에 ρ_L[C/m]의 무한 선전하가 있다. 평면 도체로부터 무한 선전하가 받는 힘을 구하라.

CHAPTER

05

정자계

이 장에서는 자유공간에서, 그리고 시간에 대해 크기가 일정한 직류전류에 의해 발생하는 정자계를 다룬다. 즉 자계의 정성적·정량적 성질을 비오-사바르 법칙을 통해 이해하고 각 도체를 흐르는 전류에 의한 자계의 세기를 앙페르의 주회법칙을 이용하여 구한다. 또한 자속밀도와 자계와의 관계를 정립하며, 벡터 회전의 개념을 도입하여 맥스웰 방정식을 유도하고 회전하는 자계의 특성을 명확하게 이해한다. 마지막으로 자계의 기본적 성질을 자위라는 위치에너지의 관점에서 조명한다. 필요시 자계의 중요한 원천 중 하나인 영구자석에 의한 자기적 현상도 함께 다룬다.

CONTENTS

SECTION
5.1 비오-사바르 법칙

이 절에서는 정자계[1]에서 직류전류에 의해 발생하는 자계의 세기와 방향 등의 기본 성질을 비오-사바르 법칙을 통해 이해하고 이를 이용하여 각종 전류분포에서 자계를 구한다.

Keywords | 자계의 세기 | 비오-사바르 법칙 | 선전류 | 표면전류밀도 | 체적전류밀도 |

1 비오-사바르 법칙

어떤 도체에 전류 I가 흐르면 도체 주위에 자계가 발생한다. 이때 **자계의 세기**(magnetic field intensity)**와 방향은 비오-사바르 법칙**(Biot-Savart Law)**에 의해 실험적으로 규명되었다.** 이 법칙에 의하면 자계의 세기는 전류의 크기 I와 전류가 흐르는 도선의 길이 dL에 비례하고 전류가 흐르는 점(전류점)과 자계를 구하려는 점(자계점) 사이의 거리 R의 제곱에 반비례한다. 또한 자계의 세기는 이 거리를 나타내는 선분 R과 전류 방향의 사이각의 사인(sine)값에 비례한다.

[그림 5-1]과 같이 점 P_1에 흐르는 미소전류 $I_1 d\mathbf{L}_1$에 의한 점 P_2에서의 미소자계를 $d\mathbf{H}_2$라 하면 $d\mathbf{H}_2$는 다음과 같다.[2]

$$d\mathbf{H}_2 = \frac{I_1 d\mathbf{L}_1 \times \mathbf{a}_{R12}}{4\pi R_{12}^2} \tag{5.1}$$

이때 자계의 방향은 미소전류에서 선분벡터 $\mathbf{R}_{12}$(전류점에서 자계점으로 향하는 거리 벡터)로 오른나사를 돌릴 때 나사가 진행하는 방향이며, 자계의 세기는 [A/m] 단위를 사용한다.

한편 쿨롱의 법칙에서 설명한 것처럼 전하점에서 전계점으로 향하는 거리벡터를 $\mathbf{R}_{12}$라고 할 때 미소전하 dQ_1에 의한 미소전계 $d\mathbf{E}_2$는 다음과 같다.

$$d\mathbf{E}_2 = \frac{dQ_1}{4\pi\epsilon_0 R_{12}^2}\mathbf{a}_{R12}$$

1 정자계(magnetostatic field)는 그 원천이 시간에 따라 변화하지 않는 직류전류 또는 영구자석에 의한 자계를 말하며, 정상자계(steady-state magnetic field)는 과도상태가 아닌 정상상태의 자계를 의미한다. 이 책에서는 전자계의 과도현상을 논의에서 제외할 것이고 시간에 따라 변화하는 전자계는 7장에서 공부할 것이다.

2 미소전류에 의한 미소자계로부터 논의를 시작하였으나 사실 전류는 닫힌 경로를 흐르기 때문에 미소전류란 있을 수 없다. 따라서 식 (5.1)은 논의를 위한 과정으로 생각하면 된다.

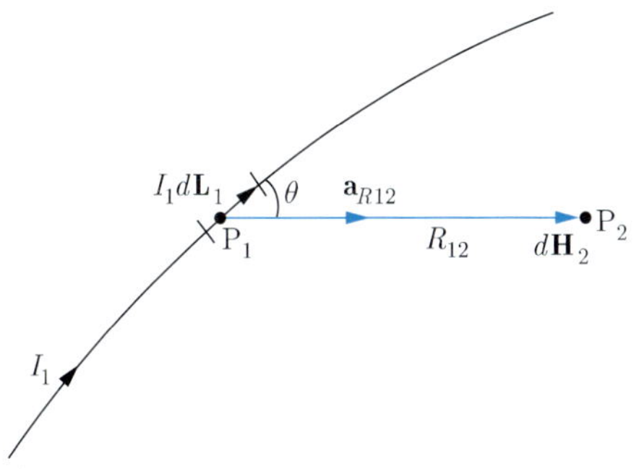

[그림 5-1] 미소전류에 의한 미소자계
자계는 전류가 흐르는 도선을 중심으로 오른나사의 법칙에 따라 회전한다.

앞선 두 식을 비교해보면 자계와 전계는 모두 원인이 되는 전류와 전하량에 비례하고 떨어진 거리의 제곱에 반비례한다는 유사성이 있지만 방향에서는 중요한 차이가 있다. 즉 **전계의 방향은 전하점과 전계점을 잇는 연장선상에 존재**하지만 **자계의 방향은 전류점과 자계점을 포함하는 면에 수직**이다. 전 전류에 의한 자계는 다음과 같다.

★ 비오-사바르 법칙 ★

$$\mathbf{H} = \oint \frac{I d\mathbf{L} \times \mathbf{a}_R}{4\pi R^2} \tag{5.2}$$

- 자계의 세기는 전류의 크기와 전류가 흐르는 도선의 길이에 비례하고 전류점과 자계점 사이의 거리 R의 제곱에 반비례한다.
- 자계의 방향은 오른나사의 법칙에 의해 전류의 방향에서 선분벡터 R의 방향으로 오른나사를 돌릴 때 나사가 진행하는 방향이다.

정전계에서는 점전하를 비롯하여 전하가 축적된 도체의 형상에 따라 선전하밀도, 면전하밀도, 체적전하밀도를 정의해 전계를 구하였다. 자계의 원인이 되는 전류 역시 흐르는 도체의 형상에 따라 다양한 전류분포를 생각할 수 있다.

즉 [그림 5-2(a)]와 같이 매우 가늘고 긴 필라멘트처럼, 전류가 흐르는 수직 단면적이 무한히 작은 도선은 하나의 가는 선으로 간주하여 **선전류**(line current) I[A]로 취급한다. 또한 [그림 5-2(b)]처럼 면적이 넓고 두께가 무한히 얇은 표면을 따라 흐르는 전류는 **표면전류밀도**(surface current density) $\mathbf{K}$[A/m]로 다룰 수 있으며, [그림 5-2(c)]처럼 표면전류가 약간의 층을 흐르는 경우에는 **체적전류밀도**(volume current density) $\mathbf{J}$[A/m^2]로 간주할 수 있다.

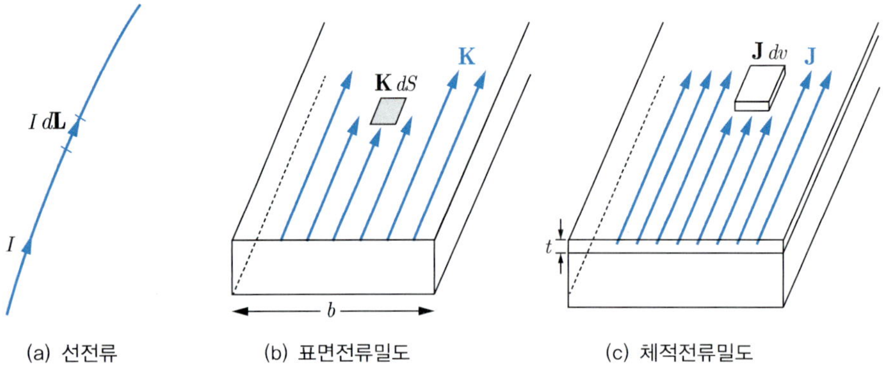

[그림 5-2] 도체의 형상에 따른 각종 전류분포

도체의 형상에 따라 선전류, 표면전류밀도, 체적전류밀도로 나눌 수 있으며, $IdL = KdS = Jdv$의 관계가 성립한다.

도체의 무한히 얇은 표면을 표면전류밀도 $\mathbf{K}\,[\mathrm{A/m}]$가 흐를 때 전류의 방향에 수직인 임의의 폭 $\Delta b\,[\mathrm{m}]$를 흐르는 전류 $\Delta I\,[\mathrm{A}]$는 다음과 같다.

$$\Delta I = K \Delta b$$

따라서 표면전류밀도 $\mathbf{K}\,[\mathrm{A/m}]$가 도체 전체의 폭 b를 균일하게 흐를 때 전류는 다음과 같다.

$$I = \int_0^b K\,dN \tag{5.3}$$

여기서 dN은 전류 방향에 수직인 미소길이이다. 또한 이 전류들 사이에는 다음의 관계가 성립한다.

$$Id\mathbf{L} = \mathbf{K}\,dS = \mathbf{J}\,dv \tag{5.4}$$[3]

비오-사바르 법칙에 의해 표면전류밀도 및 체적전류밀도에 의한 자계는 다음과 같이 표현된다.

★ 각종 전류분포에 의한 자계 ★

$$\mathbf{H} = \int \frac{\mathbf{K} \times \mathbf{a}_R}{4\pi R^2}\,dS \tag{5.5}$$

$$\mathbf{H} = \int \frac{\mathbf{J} \times \mathbf{a}_R}{4\pi R^2}\,dv \tag{5.6}$$

3 선전류는 전류 I와 흐르는 전류의 길이를 나타내는 $d\mathbf{L}$의 방향이 같으므로 일반적으로 전류의 방향을 $Id\mathbf{L}$로 표현한다.

Note 자계의 쿨롱의 법칙

이 책은 전류를 자계에 대한 원천으로 다루고 있지만 필요에 따라 영구자석에 의한 자계도 언급하기로 한다. 영구자석들 사이에도 밀고 당기는 힘이 발생하여 자석 주위에 철분이 끌려오는 현상이 발생하기도 하는데, 이 힘은 다음과 같이 정의하고 **자계의 쿨롱의 법칙**이라고 한다.

$$\mathbf{F} = \frac{Q_{m1} Q_{m2}}{4\pi\mu_0 R^2}\mathbf{a}_R$$

이 식에서 Q_{m1}, Q_{m2}는 정전계의 전하에 대응한 자하(magnetic charge)이며, R은 두 자석 사이의 거리, μ_0는 자유공간의 투자율이다. 같은 극성의 자석은 서로 밀치는 방향으로, 다른 극성의 자석 사이에는 당기는 방향으로 힘이 작용한다. 자하는 나중에 배우게 될 자속의 원천이 되는 양으로, 영구자석에서 자속은 자하만큼 발생하게 된다. 이는 2장에서 정전유도현상에 의해 발생하는 전속 Ψ[C]이 전하량 Q[C]과 같다는 가우스 법칙을 전제한 현상에 비견된다. 단위는 전속과 전하가 모두 [C]을 사용하였듯 자하와 자속도 같은 단위인 [Wb](Weber, 웨버)를 사용한다.

2 무한 선전류에 의한 자계의 세기

[그림 5-3]과 같이 z축의 양(+)의 방향으로 **무한히 긴 직선 도체에 전류** I[A]**가 흐를 때 점** P$(\rho, \pi/2, 0)$**에서의 자계의 세기**를 비오-사바르 법칙을 이용하여 구해보자. 이 법칙에 의한 자계 해석은 2장에서 배운, 쿨롱의 법칙을 이용한 전계 해석과 접근 방법 및 과정이 매우 유사하다.

우선 비오-사바르 법칙을 적용하기 위해 좌표계를 선정한다. 무한히 긴 선전류가 z축에 분포하고 있고 자계를 구하고자 하는 점 P를 원통 표면의 한 점으로 생각하면 원통좌표계를 이용하는 것이 편리하다. 다음으로 전류가 z축에 위치한 무한히 긴 도선을 따라 흐르므로 무한 선전류에 의한 자계의 세기도 무한대의 크기가 될 것으로 생각할 수 있다. 즉 원인이 무한대이므로 결과도 무한대라고 생각하기 쉽다. 그러나 이 문제는 대칭성의 관계를 고찰해보면 매우 흥미로운 결과를 얻을 수 있다. 우선 이 선전류를 매우 작고 많은 미소전류들로 분할해 [그림 5-3]의 $Id\mathbf{L} = Idz\mathbf{a}_z$에 의한 점 P에서 미소자계 $d\mathbf{H}$를 구한 뒤 자계의 세기에 대한 전 전류의 기여를 고려해 적분하기로 한다. 문제를 풀기 전에 다음의 두 가지 사항을 고려해보자.

❶ **자계는 어느 방향으로 발생하는가?**
❷ **이 자계는 어떤 변수의 함수인가?**

첫 번째 질문에 대해 비오-사바르 법칙의 $Id\mathbf{L} \times \mathbf{a}_R$에서 자계의 방향은 전류에 수직이므로 z 방향은 될 수 없다. 또한 [그림 5-3(b)]와 같이 단위벡터 $\mathbf{a}_R$을 전류가 흐르는 z축에 대해 수직성분 $\mathbf{A}_{R1}$과 수평성분 $\mathbf{A}_{R2}$로 나누어 생각해보면 자계의 방향은 $Id\mathbf{L} \times \mathbf{a}_R$에서 $\mathbf{a}_z \times (\mathbf{a}_\rho - \mathbf{a}_z) = \mathbf{a}_\phi$로, $\mathbf{a}_\phi$ 방향이 됨을 알 수 있다.

한편, 두 번째 질문에 대해 **비오-사바르 법칙에서 자계의 크기는 전류점에서 자계점까지의 거리에 의존한다.** 즉 변수 ρ와 z가 일정하면 ϕ를 변화시켜도 점 P까지의 거리는 변하지 않고, z축에 미소 전류가 무한대로 많이 존재하므로 변수 z의 위치를 변화시켜도 자계의 세기는 일정하다. 즉 자계의 세기에는 방위각 ϕ와 변수 z에 대한 대칭성이 성립한다. 그러나 ϕ와 z를 일정한 위치에 두고 ρ를 변화시키면 전류점과 자계점 사이의 거리가 변하게 되어 자계의 세기가 달라진다. 따라서 자계는 변수 ρ만의 함수임을 알 수 있다.

이제 비오-사바르 법칙을 이용하여 미소전류 $Id\mathbf{L}$에 의한 점 P에서의 미소자계 $d\mathbf{H}$를 구해보자. 식 (5.1)의 $d\mathbf{H} = \dfrac{Id\mathbf{L}\times\mathbf{a}_R}{4\pi R^2}$에서 벡터 $\mathbf{R}$과 단위벡터 $\mathbf{a}_R$은 [그림 5-3]으로부터

$$\mathbf{R} = \rho\mathbf{a}_\rho - z\mathbf{a}_z\,, \quad \mathbf{a}_R = \frac{\rho\mathbf{a}_\rho - z\mathbf{a}_z}{\sqrt{\rho^2+z^2}}$$

이며, $Id\mathbf{L} = Idz\,\mathbf{a}_z$이므로 미소자계는 다음과 같다.

$$d\mathbf{H} = \frac{Idz\mathbf{a}_z\times(\rho\mathbf{a}_\rho - z\mathbf{a}_z)}{4\pi(\rho^2+z^2)^{3/2}} = \frac{I\rho\,\mathbf{a}_\phi}{4\pi(\rho^2+z^2)^{3/2}}dz$$

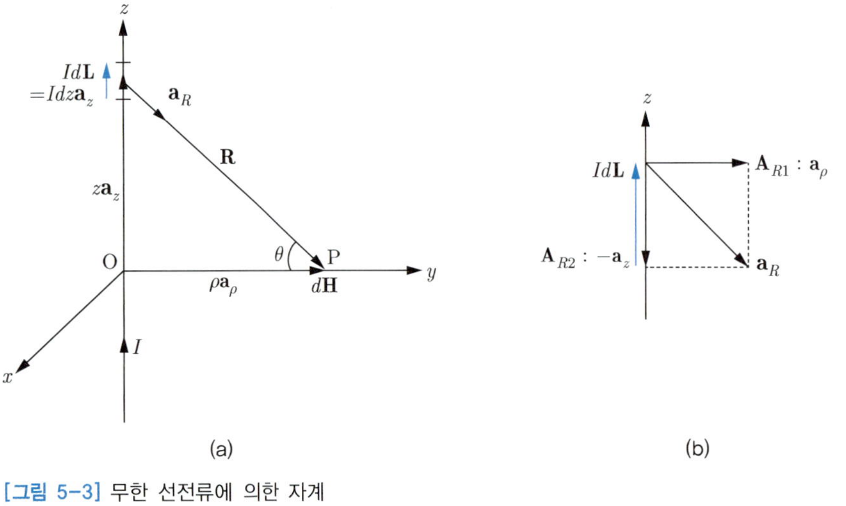

[그림 5-3] 무한 선전류에 의한 자계

비오-사바르 법칙으로 자계의 방향과 변수 의존성을 우선 고찰해보면 자계는 $\mathbf{a}_\phi$ 방향이고 ρ만의 함수가 된다.

이제 모든 전류에 의한 자계를 구하기 위해 z축의 $-\infty$에서 $+\infty$까지 적분하면

$$\mathbf{H} = \frac{I\rho}{4\pi}\mathbf{a}_\phi\int_{-\infty}^{+\infty}\frac{1}{(\rho^2+z^2)^{3/2}}dz$$

이다. 적분을 위해 z를 변수 ϕ로 바꾸면 [그림 5-3]에서 $z = \rho\tan\theta$이므로 앞선 식의 dz와 분모는 다음과 같이 계산된다.

$$dz = \rho \sec^2\theta d\theta = \frac{\rho}{\cos^2\theta} d\theta$$

$$(\rho^2 + z^2)^{3/2} = (\rho^2 + \rho^2 \tan^2\theta)^{3/2} = [\rho^2(1 + \tan^2\theta)]^{3/2}$$

$$= (\rho^2 \sec^2\theta)^{3/2} = \rho^3 \sec^3\theta = \frac{\rho^3}{\cos^3\theta}$$ [4]

이를 이용하여 자계를 구하면 다음과 같다.

$$\mathbf{H} = \frac{I\rho}{4\pi}\mathbf{a}_\phi \int_{-\infty}^{+\infty} \frac{1}{(\rho^2 + z^2)^{3/2}} dz = \frac{I\rho}{2\pi}\mathbf{a}_\phi \int_0^{\infty} \frac{1}{(\rho^2 + z^2)^{3/2}} dz$$

$$= \frac{I\rho}{2\pi}\mathbf{a}_\phi \int \frac{\cos^3\theta}{\rho^3} \frac{\rho}{\cos^2\theta} d\theta = \frac{I}{2\pi\rho}\mathbf{a}_\phi \int \cos\theta \, d\theta$$

한편 $z = \rho\tan\theta$에서 변수 z의 적분 범위가 $0 < z < \infty$일 때 θ는 $0 < \theta < \frac{\pi}{2}$가 됨을 고려하여 앞선 식을 적분하면 무한히 긴 선전류에 의한 자계의 세기는 다음과 같다.

★ 무한 선전류에 의한 자계 ★

$$\mathbf{H} = \frac{\mathrm{I}}{2\pi\rho}\mathbf{a}_\phi \int_0^{\pi/2} \cos\theta d\theta = \frac{I}{2\pi\rho}\mathbf{a}_\phi \tag{5.7}$$

이 결과로 자계는 ρ만의 함수이고 전류원으로부터 떨어진 수직거리 ρ에 반비례하여 약해지며, 전류를 중심으로 $\mathbf{a}_\phi$ 방향의 동심원을 형성함을 알 수 있다. 따라서 자기력선은 [그림 5-4]와 같이 전류 주위의 원들로 이루어진다.

만약 오른손으로 엄지손가락을 세운 상태에서 주먹을 쥘 때 엄지손가락이 전류가 흐르는 $\mathbf{a}_z$ 방향을 가리키게 하면 나머지 손가락이 향하는 방향이 자계의 방향이 된다. 또한 전류는 반드시 닫힌 경로를 따라 흐르므로 무한히 긴 선전류는 사실상 존재하지 않으며, 앞선 결과는 흐르는 전류 부근에서 성립하는 결과로 생각해야 한다.

한편 이 결과를 정전계의 무한 선전하에 의한 전계와 비교해보면 매우 흥미로운 사실을 알 수 있다. 무한 선전하에 의한 전계 $\mathbf{E}$와 무한 선전류에 의한 자계 $\mathbf{H}$를 다시 쓰면 다음과 같다.

$$\mathbf{E} = \frac{\rho_L}{2\pi\epsilon_0\rho}\mathbf{a}_\rho, \quad \mathbf{H} = \frac{I}{2\pi\rho}\mathbf{a}_\phi$$

---

4 풀이 과정에 $1 + \tan^2\theta = \sec^2\theta$와 $\sec\theta = \frac{1}{\cos\theta}$의 관계를 이용하였다.

전계와 자계는 각각 원인이 되는 선전하밀도 ρ_L과 선전류 I에 비례하며, 떨어진 수직거리 ρ에 반비례한다. 그러나 방향은 $\mathbf{a}_\rho$와 $\mathbf{a}_\phi$로 서로 다르다. 즉 [그림 5-4]와 같이 동심원상의 자기력선은 등전위면과 일치하며, 전기력선과는 모든 위치에서 서로 수직이다. 전기력선은 5.5절에서 배우게 될 등자위면과 일치하게 될 것이다.

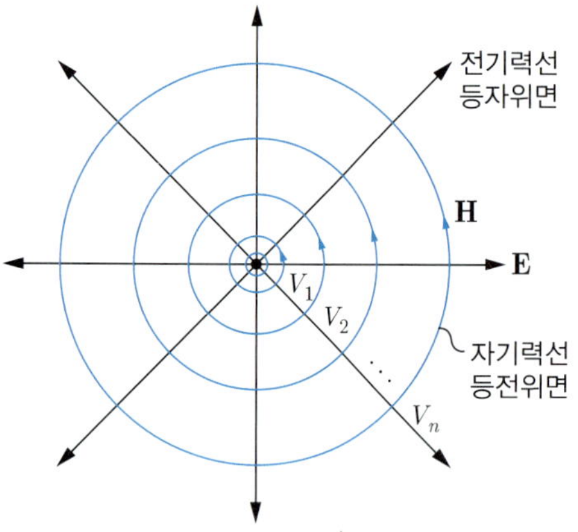

[그림 5-4] 무한 선전류 및 선전하에 의한 자계와 전계의 방향
⊙는 지면에서 나오는 방향의 전류를 나타내며, 자기력선은 V_1, V_2, ⋯, V_n의 등전위면과 일치한다.

예제 5-1

z축에 무한 선전류 $I = 8\pi$[A]가 z의 양(+)의 방향으로 흐르고 있다. 점 P(1, 1, 1)[m]에서의 자계의 세기를 구하라.

풀이

무한 선전류에 의한 자계는 식 (5.7)의 $\mathbf{H} = \dfrac{I}{2\pi\rho}\mathbf{a}_\phi$이다. 이 식에서 ρ는 전류점인 z축의 한 점에서 자계점 P(1, 1, 1)[m]로 향하는 수직거리를 나타내므로 전류점은 P′(0, 0, 1)이 된다. 수직거리를 벡터 $\mathbf{R}$이라고 하면 $\mathbf{R}$과 $\mathbf{a}_R$은 다음과 같다.

$$\mathbf{R} = \mathbf{a}_x + \mathbf{a}_y, \quad \mathbf{a}_R = \frac{1}{\sqrt{2}}\mathbf{a}_x + \frac{1}{\sqrt{2}}\mathbf{a}_y$$

따라서 자계의 세기는 다음과 같다.

$$\mathbf{H} = \frac{I}{2\pi R}\mathbf{a}_\phi = \frac{8\pi}{2\pi \times \sqrt{2}}\mathbf{a}_\phi = 2\sqrt{2}\,\mathbf{a}_\phi \text{ [A/m]}$$

이를 직각좌표계로 표현하면 자계의 방향은 비오-사바르 법칙인 식 (5.2)에서 $Id\mathbf{L} \times \mathbf{a}_R$이 결정하므로 $\mathbf{a}_z \times \left(\dfrac{1}{\sqrt{2}}\mathbf{a}_x + \dfrac{1}{\sqrt{2}}\mathbf{a}_y\right) = -\dfrac{1}{\sqrt{2}}\mathbf{a}_x + \dfrac{1}{\sqrt{2}}\mathbf{a}_y$가 된다. 따라서 자계를 직각좌표계로 표현하면 다음과 같다.

$$\mathbf{H} = 2\sqrt{2}\,\mathbf{a}_\phi = 2\sqrt{2}\left(-\frac{1}{\sqrt{2}}\mathbf{a}_x + \frac{1}{\sqrt{2}}\mathbf{a}_y\right) = -2\mathbf{a}_x + 2\mathbf{a}_y\ [\mathrm{A/m}]$$

예제 5-2

$x = -1$, $y = 3$[m]를 통과하며, z축에 평행한 무한 선전류 $I = 5\pi$[A]가 흐르고 있다. 이때 점 P(3, 0, 3) [m]에서의 자계의 세기를 구하라.

풀이

전류가 z축에 평행한 위치에 무한대로 존재하지만 자계점 P(3, 0, 3)으로 향하는 수직거리를 고려하면 z의 위치가 같아야 하므로 전류점은 P′(−1, 3, 3)이 된다. 식 (5.7)의 $\mathbf{H} = \frac{I}{2\pi\rho}\mathbf{a}_\phi$에서 수직거리 ρ를 $\mathbf{R}$이라고 하면 다음과 같다.

$$\mathbf{R} = [3-(-1)]\mathbf{a}_x + (0-3)\mathbf{a}_y = 4\mathbf{a}_x - 3\mathbf{a}_y$$

전류의 방향이 $\mathbf{a}_z$이고 단위벡터 $\mathbf{a}_R = \frac{4}{5}\mathbf{a}_x - \frac{3}{5}\mathbf{a}_y$이므로 자계의 방향은 다음과 같다.

$$Id\mathbf{L} \times \mathbf{a}_R : \mathbf{a}_z \times \left(\frac{4}{5}\mathbf{a}_x - \frac{3}{5}\mathbf{a}_y\right) = \frac{3}{5}\mathbf{a}_x + \frac{4}{5}\mathbf{a}_y$$

따라서 자계의 세기는 다음과 같이 계산한다.

$$\mathbf{H} = \frac{I}{2\pi R}\mathbf{a}_\phi = \frac{5\pi}{2\pi \times 5}\left(\frac{3}{5}\mathbf{a}_x + \frac{4}{5}\mathbf{a}_y\right) = 0.3\mathbf{a}_x + 0.4\mathbf{a}_y\ [\mathrm{A/m}]$$

예제 5-3

[그림 5-5]의 반지름이 a인 무한 길이의 원통 도체의 표면에 $\mathbf{K} = K_\phi \mathbf{a}_\phi$ [A/m]의 표면전류가 흐르고 있다. 도체 내부의 한 점 P(0, 0, z) [m]에서의 자계의 세기를 비오-사바르 법칙을 통해 구하라.

풀이

무한 길이의 도체에 표면전류가 흐르고 있으므로 미소면적 dS에 흐르는 미소표면전류 $\mathbf{K}dS$에 의한 자계 $d\mathbf{H}$를 구한 뒤 식 (5.5)를 이용하여 전 전류에 의한 자계를 구하기로 한다. 우선 [그림 5-5]와 같이 미소면적 $d\mathbf{S} = ad\phi dz\,\mathbf{a}_\rho$이고 점 $z = z$까지의 거리 $\mathbf{R} = z\mathbf{a}_z - a\mathbf{a}_\rho$이므로 미소자계는 다음과 같다.

$$d\mathbf{H} = \frac{Id\mathbf{L} \times \mathbf{a}_R}{4\pi R^2} = \frac{\mathbf{K} \times \mathbf{a}_R}{4\pi R^2}dS$$

$$= \frac{K_\phi \mathbf{a}_\phi \times (z\mathbf{a}_z - a\mathbf{a}_\rho)}{4\pi(z^2 + a^2)^{3/2}}ad\phi dz = \frac{K_\phi ad\phi dz}{4\pi(z^2 + a^2)^{3/2}}(z\mathbf{a}_\rho + a\mathbf{a}_z)$$

앞선 식에서 ρ 방향의 자계는 상대 위치의 미소표면전류가 만드는 자계에 의해 상쇄되므로 미소자계는

$$d\mathbf{H} = \frac{K_\phi a^2 d\phi dz}{4\pi\left(z^2 + a^2\right)^{3/2}}\mathbf{a}_z$$

가 된다. 따라서 자계는 다음과 같이 계산된다.

$$\mathbf{H} = \int_{-\infty}^{\infty}\int_0^{2\pi} d\mathbf{H} = \int_{-\infty}^{\infty}\frac{K_\phi a^2 dz}{2\left(z^2 + a^2\right)^{3/2}}\mathbf{a}_z = \int_0^{\infty}\frac{K_\phi a^2 \mathbf{a}_z}{\left(z^2 + a^2\right)^{3/2}}dz$$

이 식의 적분변수 z를 θ로 바꾸어보면 [그림 5-5]에서 $z = a\tan\theta$이므로 분모와 dz는

$$\begin{aligned}\left(a^2 + z^2\right)^{3/2} &= \left(a^2 + a^2\tan^2\theta\right)^{3/2} = \left[a^2\left(1 + \tan^2\theta\right)\right]^{3/2} \\ &= \left(a^2\sec^2\theta\right)^{3/2} = a^3\sec^3\theta = \frac{a^3}{\cos^3\theta}\end{aligned}$$

$$dz = a\sec^2\theta d\theta = \frac{a}{\cos^2\theta}d\theta$$

이 된다. 따라서 구하고자 하는 자계는 다음과 같다.

$$\mathbf{H} = K_\phi \mathbf{a}_z \int_0^{\pi/2}\cos\theta d\theta = K_\phi \mathbf{a}_z \left[\sin\theta\right]_0^{\pi/2} = K_\phi \mathbf{a}_z$$

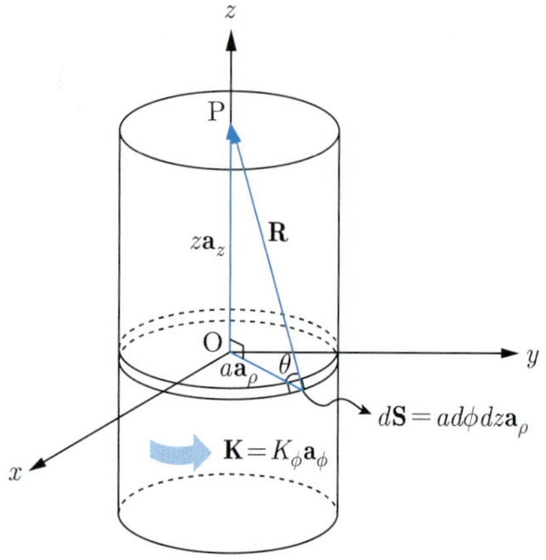

[그림 5-5] 표면전류밀도 $\mathbf{K} = K_\phi \mathbf{a}_\phi$ [A/m]에 의한 자계의 세기
원통은 z축 방향으로 무한히 길다.

3 유한 선전류에 의한 자계의 세기

[그림 5-6]과 같이 z 축을 따라 z_1 에서 z_2 까지 흐르는 유한 길이의 선전류 I 에 의한 자계를 구해보자. 전류점 O 에서 자계점 P 로의 직각거리를 a 라고 할 때

$$\sin\theta = \cos\beta = \frac{a}{R} \quad \text{또는} \quad \sec\beta = \frac{1}{\cos\beta} = \frac{R}{a}$$

이며, $R = a\sec\beta$ 이다. 또한 $L = a\tan\beta$ 이므로 $dL = a\sec^2\beta\, d\beta$ 이다. 이를 이용하여 식 (5.1)의 미소전류 $I d\mathbf{L}$ 에 의한 미소자계 $d\mathbf{H}$ 의 크기 $|d\mathbf{H}| = \left|\frac{Id\mathbf{L} \times \mathbf{a}_R}{4\pi R^2}\right| = \frac{IdL\sin\theta}{4\pi R^2}$ 를 정리하면 다음과 같다.

$$dH = \frac{IdL\sin\theta}{4\pi R^2} = \frac{I a\sec^2\beta\, d\beta \cos\beta}{4\pi a^2 \sec^2\beta} = \frac{I}{4\pi a}\cos\beta\, d\beta$$

이를 적분해 전 전류에 의한 자계를 구하면 다음과 같다.

$$H = \frac{I}{4\pi a}\int_{-\beta_1}^{\beta_2} \cos\beta\, d\beta = \frac{I}{4\pi a}\left(\sin\beta_1 + \sin\beta_2\right)$$

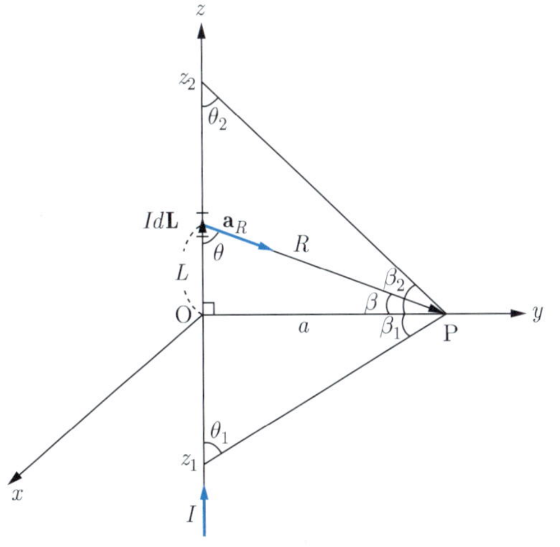

[그림 5-6] 유한 선전류에 의한 점 P의 자계

한편 $\sin\theta = \cos\beta$ 또는 $\sin\beta = \cos\theta$ 이므로 앞선 식은 다음과 같이 나타낼 수도 있다.

$$H = \frac{I}{4\pi a}\left(\cos\theta_1 + \cos\theta_2\right)$$

또한 전류가 z 의 양(+)의 방향으로 흐르므로 자계의 방향은 $I d\mathbf{L} \times \mathbf{a}_R$ 에서 $\mathbf{a}_z \times \mathbf{a}_\rho = \mathbf{a}_\phi$ 방향이 되므로 자계는 다음과 같이 표현된다.

★ 유한 선전류에 의한 자계 ★

$$\mathbf{H} = \frac{I}{4\pi a}(\cos\theta_1 + \cos\theta_2)\mathbf{a}_\phi = \frac{I}{4\pi a}(\sin\beta_1 + \sin\beta_2)\mathbf{a}_\phi \quad (5.8)$$

식 (5.8)을 무한 선전류에 의한 자계를 구하는 데 적용해보자. 무한 선전류는 [그림 5-6]의 점 z_1이 $-\infty$, 점 z_2가 $+\infty$에 해당하므로 $\theta_1 = \theta_2 = 0$ 또는 $\beta_1 = \beta_2 = \frac{\pi}{2}$가 되며, 전류원에서의 수직거리는 ρ이다. 이를 식 (5.8)에 대입하면 무한 선전류에 의한 자계는 다음과 같다.

$$\mathbf{H} = \frac{I}{4\pi\rho}(\cos 0 + \cos 0)\mathbf{a}_\phi = \frac{I}{4\pi\rho}\left(\sin\frac{\pi}{2} + \sin\frac{\pi}{2}\right)\mathbf{a}_\phi = \frac{I}{2\pi\rho}\mathbf{a}_\phi$$

전류가 반드시 닫힌 경로를 흘러 사실상 무한 선전류는 존재할 수 없으므로 **유한 선전류에 의한 자계 해석은 매우 중요한 실용적 의미를 가진다.** 이제 다음의 예제들을 통해 유한 선전류에 의한 자계를 구해보자.

예제 5-4

[그림 5-7]과 같이 한 변의 길이가 l인 정사각형 도선에 시계 방향으로 I의 전류가 흐르고 있다. 도선 중앙에서의 자계의 크기를 구하라.

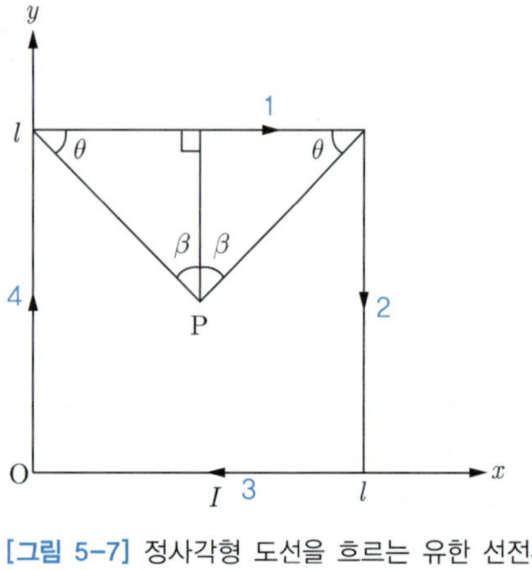

[그림 5-7] 정사각형 도선을 흐르는 유한 선전류에 의한 자계

풀이

우선 정사각형의 한 변을 흐르는 전류에 의한 자계 H'을 구하고 각 변의 전류에 의한 자계의 방향을 확인한 뒤 방향이 동일하다면 각 변의 전류에 의한 자계의 합을 구하면 된다. H'은 식 (5.8)에 의해 다음과 같이 계산할 수 있다.

$$H' = \frac{I}{4\pi a}(\cos\theta_1 + \cos\theta_2) = \frac{I}{4\pi \times \dfrac{l}{2}}(\cos 45° + \cos 45°) = \frac{\sqrt{2}}{2\pi l} I$$

다음으로 자계의 방향은 비오-사바르 법칙의 $Id\mathbf{L} \times \mathbf{a}_R$에 의해 결정되므로 이를 이용하여 각 변을 흐르는 전류에 의한 자계의 방향을 구하면 다음과 같다.

$$\text{변 } 1 : \mathbf{a}_x \times (-\mathbf{a}_y) = -\mathbf{a}_z, \qquad \text{변 } 2 : (-\mathbf{a}_y) \times (-\mathbf{a}_x) = -\mathbf{a}_z$$

$$\text{변 } 3 : (-\mathbf{a}_x) \times \mathbf{a}_y = -\mathbf{a}_z, \qquad \text{변 } 4 : \mathbf{a}_y \times \mathbf{a}_x = -\mathbf{a}_z$$

모든 변에서 동일한 방향으로 자계가 형성됨을 알 수 있다. 따라서 네 변에 의한 자계의 크기는 다음과 같다.

$$H = 4 \times \frac{\sqrt{2}}{2\pi l} I = \frac{2\sqrt{2}}{\pi l} I$$

예제 5-5

[그림 5-8]과 같이 한 변의 길이가 l인 정삼각형 도선에 시계 방향으로 I의 전류가 흐르고 있다. 도선 중앙에서의 자계의 크기를 구하라.

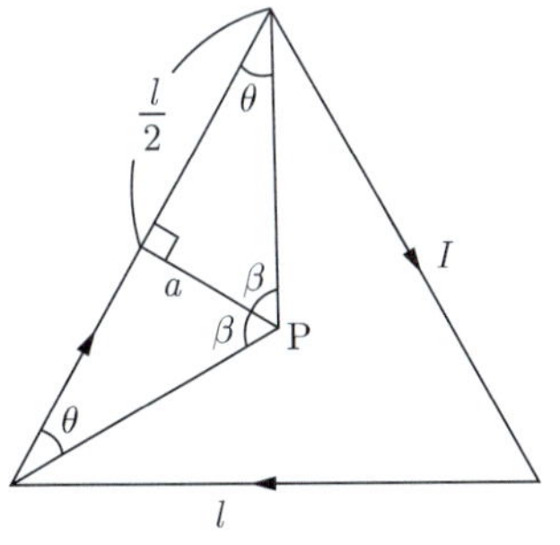

[그림 5-8] 정삼각형 도선을 흐르는 유한 선전류에 의한 자계

풀이

[그림 5-8]은 정삼각형이므로 $\theta_1 = \theta_2 = 30°$, $\beta_1 = \beta_2 = 60°$이며, 전류에 대한 직각거리 a는 다음과 같이 구할 수 있다.

$$\tan\beta = \tan 60° = \sqrt{3} = \frac{l/2}{a}, \quad a = \frac{l}{2\sqrt{3}}$$

따라서 중심점에서의 자계는 한 변을 흐르는 전류에 의한 자계의 세 배이므로 다음과 같이 구한다.

$$H = 3 \times \frac{I}{4\pi a}(\sin\beta_1 + \sin\beta_2) = 3 \times \frac{I}{4\pi \times \dfrac{l}{2\sqrt{3}}}(\sin 60° + \sin 60°) = \frac{9}{2\pi l} I$$

4 원형 전류에 의한 자계의 세기

마지막으로 [그림 5-9]와 같이 xy 평면에 반지름이 a인 원형 코일에 전류 I[A]가 흐를 때 z축의 한 점 P$(0, 0, z)$에서의 자계의 세기를 구해보자.

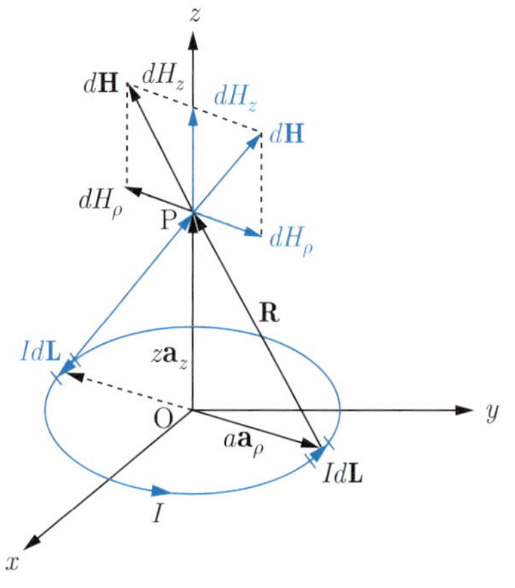

[그림 5-9] 원형 전류에 의한 자계

미소전류에 의한 자계는 dH_ρ와 dH_z의 합이지만 서로 대칭 위치에 있는 다른 미소전류에 의한 자계를 생각하면 dH_ρ는 상쇄되고 dH_z만 남게 된다.

우선 원형 전류를 매우 작은 미소전류 $Id\mathbf{L}$로 나누고 $Id\mathbf{L}$에 의한 미소자계 $d\mathbf{H}$를 구한 뒤 $d\mathbf{H}$를 적분하여 전 전류에 의한 자계를 구하기로 한다. 비오-사바르 법칙에서 벡터 $\mathbf{R}$과 단위벡터 $\mathbf{a}_R$은

$$\mathbf{R} = z\mathbf{a}_z - a\mathbf{a}_\rho \quad \text{또는} \quad \mathbf{a}_R = \frac{z\,\mathbf{a}_z - a\,\mathbf{a}_\rho}{\sqrt{z^2 + a^2}}$$

이며, $d\mathbf{L} = \rho d\phi \mathbf{a}_\phi = a d\phi \mathbf{a}_\phi$이므로 미소자계는 다음과 같다.

$$d\mathbf{H} = \frac{Id\mathbf{L} \times \mathbf{a}_R}{4\pi R^2} = \frac{I}{4\pi}\frac{ad\phi\mathbf{a}_\phi}{z^2 + a^2} \times \frac{z\mathbf{a}_z - a\mathbf{a}_\rho}{\sqrt{z^2 + a^2}}$$

$$= \frac{I}{4\pi}\frac{ad\phi}{(z^2 + a^2)^{3/2}}(z\mathbf{a}_\rho + a\mathbf{a}_z)$$

이 식에서 미소자계는 ρ 방향과 z 방향의 합으로 주어져 있으나 [그림 5-9]와 같이 고려하고 있는 미소전류와 대칭되는 위치에 존재하는 또 하나의 미소전류에 의한 자계를 생각하면 ρ 방향의 성분은 서로 상쇄됨을 알 수 있다. 따라서 미소자계는 z 성분만 존재하며, 다음과 같이 주어진다.

$$d\mathbf{H} = \frac{I}{4\pi}\mathbf{a}_z\frac{a^2}{(z^2 + a^2)^{3/2}}d\phi$$

이를 전 전류에 대해 적분하면 원형 전류에 의한 자계는 다음과 같다.

★ 원형 전류에 의한 자계 ★

$$\mathbf{H} = \frac{a^2 I}{4\pi\left(z^2 + a^2\right)^{3/2}}\mathbf{a}_z \int_0^{2\pi} d\phi = \frac{a^2 I}{2\left(z^2 + a^2\right)^{3/2}}\mathbf{a}_z \tag{5.9}$$

만약 원형 코일의 중심점에서 자계[5]를 구하면 식 (5.9)에 $z = 0$을 대입하여 다음의 결과를 얻는다.

$$\mathbf{H} = \frac{I}{2a}\mathbf{a}_z \tag{5.10}$$

이 결과는 원형 전류에 의한 도선의 중심점에서는 자계의 크기가 일정하며, 자계의 방향은 $\mathbf{a}_z$ 임을 나타낸다. 전류 주변에서의 자계의 방향은 $\mathbf{a}_z$ 로, 원형 도선을 수직으로 통과하지만 자기력선은 항상 닫힌 경로를 형성하는 성질이 있다. 이는 자계에 대한 맥스웰 방정식에서 다시 설명할 것이다.

5 원형 전류가 만드는 자계는 솔레노이드(solenoid) 코일과 헬름홀츠(Helmholtz) 코일에서의 자계에 응용되는 매우 중요한 예이다.

SECTION 5.2

앙페르의 주회법칙

이 절에서는 앙페르의 주회법칙을 이용하여 다양한 전류분포에 의한 자계를 구한다. 앙페르의 주회법칙은 자계를 해석하는 데 매우 유용한 법칙이므로 반드시 숙지해야 한다.

Keywords | 앙페르의 주회법칙 | 동축케이블 | 무한 평면 도체 | 솔레노이드 | 토로이드 |

1 앙페르의 주회법칙

비오-사바르 법칙을 이용한 자계의 해석은 결과의 도출을 위한 수학적 해석 과정이 매우 복잡하고 어려웠으며, 이는 정전계에서 쿨롱의 법칙에 의한 전계를 도출하는 과정에서의 어려움과 매우 흡사했다. 그러나 전하분포가 공간적으로 균일하여 전하분포와 전계 사이에 대칭성이 성립하면 **가우스 법칙**으로 전계를 쉽게 구할 수 있었던 것처럼 정자계에서도 전류분포가 균일할 때 비오-사바르 법칙을 대신하여 **앙페르의 주회법칙**(Ampere's Circuital Law)을 이용하면 자계 문제를 쉽게 해석할 수 있다. 지금부터는 앙페르의 주회법칙을 알아보고 이를 이용하여 각 도체를 흐르는 전류에 의한 자계를 해석해 보기로 한다. 앙페르의 주회법칙은 다음과 같다.

★ 앙페르의 주회법칙 ★

$$\oint \mathbf{H} \cdot d\mathbf{L} = I \tag{5.11}$$

- 주어진 닫힌 경로를 따라 자계 $\mathbf{H}$를 선적분하면 그 결과는 경로 내의 전류와 같다.

앙페르의 주회법칙은 자계 $\mathbf{H}$가 주어질 때 자계의 원인이 되는 전류를 구하는 데 활용될 수 있다. 예를 들어 z축에서 수직거리로 ρ인 점의 자계 $\mathbf{H} = \dfrac{I}{2\pi\rho}\mathbf{a}_\phi$일 때 자계의 원인이 되는 전류를 구하는 데 앙페르의 주회법칙을 이용해보자. 반지름 ρ의 닫힌 경로에서 미소거리 $d\mathbf{L} = \rho d\phi \mathbf{a}_\phi$이므로[6] 앙페르의 주회법칙은

$$\oint \mathbf{H} \cdot d\mathbf{L} = \oint \frac{I}{2\pi\rho}\mathbf{a}_\phi \cdot \rho d\phi \mathbf{a}_\phi = \frac{I}{2\pi}\int_0^{2\pi} d\phi = I$$

로 계산되어 자계점으로부터 ρ인 지점, 즉 z축에 전류 $I\,[\mathrm{A}]$가 있음을 알 수 있다.

6 가우스 법칙에서는 닫힌 면에 대한 면적분을 하였으나 앙페르의 주회법칙에서는 닫힌 경로에 대한 선적분의 연산이 수행된다.

예제 5-6

z축에서 수직거리 ρ인 점의 자계 $\mathbf{H} = \dfrac{I}{4\pi\rho}\mathbf{a}_\phi$일 때 반지름이 ρ인 닫힌 경로 내부의 전류를 구하라.

풀이

반지름 ρ의 닫힌 경로에서 미소길이 $d\mathbf{L} = \rho d\phi \mathbf{a}_\phi$이므로 앙페르의 주회법칙은 다음과 같다.

$$\oint \mathbf{H} \cdot d\mathbf{L} = \oint \frac{I}{4\pi\rho}\mathbf{a}_\phi \cdot \rho d\phi \mathbf{a}_\phi = \frac{I}{4\pi}\int_0^{2\pi} d\phi = \frac{I}{2}\,[\mathrm{A}]$$

즉 z축에서 수직거리 $\rho = \rho$의 위치에 $\mathbf{H} = \dfrac{I}{4\pi\rho}\mathbf{a}_\phi$의 자계를 위한 전류 $\dfrac{I}{2}$[A]가 z축을 흐르고 있다.

이제 주어진 전류분포에 의한 자계를 구하는 데 앙페르의 주회법칙을 활용해보자. 즉 앙페르의 주회법칙을 이용하여 미지수 $\mathbf{H}$를 구해보자. 이 문제는 미지수 $\mathbf{H}$가 적분기호 내에 있고 $\mathbf{H}$가 $d\mathbf{L}$과 내적의 형태를 취하고 있어 어려워 보이지만 적절한 $d\mathbf{L}$을 선택하여 해결할 수 있다. 우선 앙페르의 주회법칙을 정리하면

$$\oint \mathbf{H} \cdot d\mathbf{L} = \oint H dL \cos\theta = I$$

가 되는데, 이 식에서 $\cos\theta = 1$ 또는 0이 되도록 $d\mathbf{L}$을 선택하면 된다.[7] 만약 $\cos\theta = 0$이라면 그 항은 0으로 처리하면 되고 $\cos\theta = 1$이라면 앞선 식은 다음과 같이 나타낼 수 있다.

$$\oint \mathbf{H} \cdot d\mathbf{L} = \oint H dL = I$$

또한 선택한 $d\mathbf{L}$ 상에서 $\mathbf{H}$가 항상 일정하다면, 즉 $\mathbf{H}$가 항상 일정한 $d\mathbf{L}$을 선택했다면 앞선 식은 다음과 같이 다시 쓸 수 있다.

$$\oint \mathbf{H} \cdot d\mathbf{L} = H\oint dL = I$$

이를 바탕으로 다음과 같이 자계 $\mathbf{H}$를 구할 수 있다.[8]

$$H = \frac{I}{\oint dL}$$

---

7 앙페르의 주회법칙에서 적분은 반드시 닫힌 경로에서 수행되어야 한다. 만약 선택한 경로가 원의 경로가 아니라면 닫힌 경로가 되기 위해 예상되는 자계의 방향과 같은 방향 또는 수직인 방향의 경로가 같이 존재할 수 있다.

8 만약 $\cos\theta = 1$, 즉 $\theta = 0°$라면 예상되는 자계의 방향과 같은 방향의 $d\mathbf{L}$을 선택했음을 의미하며, $\cos\theta = 0$, 즉 $\theta = \frac{\pi}{2}$라면 예상되는 자계의 방향에 수직인 $d\mathbf{L}$을 선택했음을 의미한다.

결국 이 문제는 '**어떻게 미지수 H에 대해 $\cos\theta = 1$ 또는 0이 될 수 있는 dL을 선택하느냐**'가 중요하다. 이는 주어진 전류분포에 의한 **H**의 방향과 변수 의존성을 비오-사바르 법칙으로부터 예상함으로써 해결할 수 있다.

이러한 논의 과정은 2장에서 공부하였던 가우스의 법칙을 이용한 전계 해석의 과정과 매우 비슷하다. 다만 가우스의 법칙에서는 닫힌 면에 대한 면적분을, 앙페르의 주회법칙에서는 닫힌 경로에 대한 선적분을 하게 된다. 이제 앙페르의 주회법칙을 이용하여 각종 전류분포에 대한 자계를 구해보자.

2 무한 선전류에 의한 자계의 세기

이번에는 z축에 무한 선전류가 있을 때 z축으로부터 ρ만큼 떨어진 점에서의 자계의 세기를 구해보자. 우선 앙페르의 주회법칙을 이용하기 전에 비오-사바르 법칙으로 자계의 방향과 변수 의존성에 대해 생각해보자. 자계의 방향은 비오-사바르 법칙의 $Id\mathbf{L} \times \mathbf{a}_R$에 의해 $\mathbf{a}_z \times \mathbf{a}_\rho = \mathbf{a}_\phi$이므로 적분을 위한 닫힌 경로도 $\mathbf{a}_\phi$ 방향이면 된다. 또한 자계의 세기는 전류로부터 떨어진 거리에 의존하므로 자계 H_ϕ는 오로지 전류로부터 떨어진 거리에만 의존하는, ρ만의 함수임을 예상할 수 있다.

따라서 적분을 위한 경로 $d\mathbf{L}$은 [그림 5-10(a)]처럼 ρ가 일정한 원 경로를 선택하면 된다. 이 경로에서는 ρ만의 함수인 자계는 적분변수인 $d\phi$와는 무관한 상수가 된다. 그러나 [그림 5-10(b)]와 같이 경로에서 ρ가 일정하지 않으면 경로의 ϕ_1에서는 ρ_1이 되고 ϕ_2에서는 ρ_2가 되므로 ρ의 함수인 자계의 세기는 ϕ의 위치에 따라 변하게 되어 미지수 H_ϕ를 적분변수인 $d\phi$와 무관한 양으로 취급할 수 없다. 결국 적분경로는 반드시 ρ가 일정한 원 경로를 선택해야 한다. 이때 반지름이 ρ인 경로에서 미소길이 $d\mathbf{L} = \rho d\phi \mathbf{a}_\phi$이고 $\mathbf{H} = H_\phi \mathbf{a}_\phi$이므로 앙페르의 주회법칙을 적용하면 다음과 같이 계산된다.

$$\oint \mathbf{H} \cdot d\mathbf{L} = \oint H_\phi \mathbf{a}_\phi \cdot \rho d\phi \mathbf{a}_\phi = H_\phi \int_0^{2\pi} \rho d\phi$$

$$= 2\pi\rho H_\phi = I$$

따라서 무한 선전류에 의한 자계의 세기는 다음과 같다.

★ 무한 선전류에 의한 자계의 세기 ★

$$\mathbf{H} = \frac{I}{2\pi\rho}\mathbf{a}_\phi$$

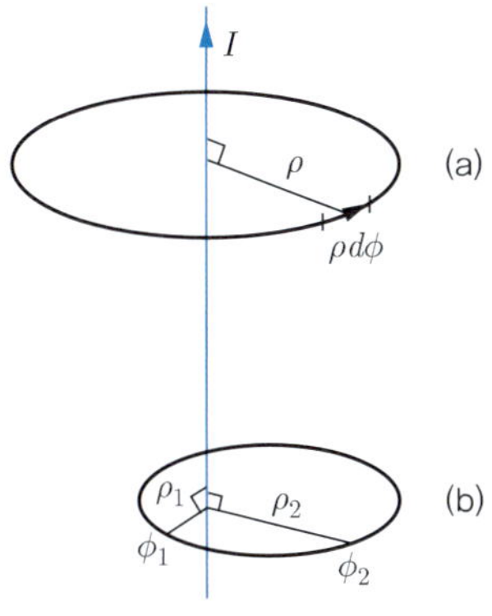

[그림 5-10] 무한 선전류일 때 앙페르의 주회법칙을 적용하기 위해 선택된 닫힌 경로

(a) 만약 $\rho=\rho$로 일정한 경로를 선택하면 ρ만의 함수인 자계의 세기도 경로의 모든 위치에서 일정하다.

(b) 그러나 경로에서 ρ의 값이 일정하지 않으면 ϕ의 위치에 따라 자계의 세기가 달라진다.

이처럼 앙페르의 주회법칙을 이용하면 매우 간단한 수학적 과정을 통해 자계를 구할 수 있다. 이는 주어진 전류로부터 자계의 방향 및 변수 의존성을 예측할 수 있어야 얻을 수 있는 결과이다. 또한 이 결과는 비오-사바르 법칙을 적용한 결과와 같다.

3 동축케이블에서의 자계의 세기

동축케이블은 [그림 5-11]과 같이 반지름이 a인 내부 도체를 통해 전류가 흘러가서 부하를 거친 뒤 외부 도체로 흘러나오는 구조이다. 이번에는 외부 도체의 안쪽과 바깥쪽의 반지름을 각각 b, c라고 할 때 각 위치에서의 자계를 구해보자. 동축케이블의 구조는 다소 복잡해 보이지만 중심축을 원통좌표계의 z축이라 하고 내부 도체의 반지름 a가 매우 작다고 가정하면 사실상 z축을 흐르는 무한 선전류에 의한 자계의 문제로 생각할 수 있다. 따라서 자계의 방향은 $\mathbf{a}_\phi$이다. 자계는 H_ϕ 성분만 존재하며, 자계의 세기 H_ϕ는 ρ만의 함수이다.

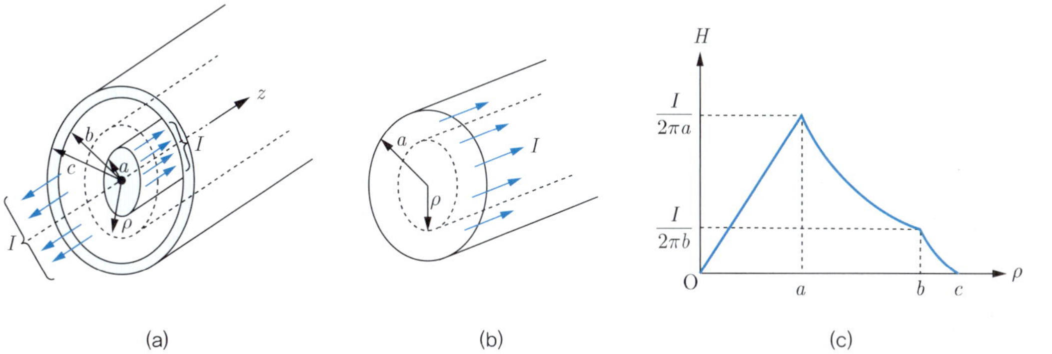

[그림 5-11] 동축케이블의 구조 및 자계분포

전류는 내부 도체를 통해 흘러가 부하를 거친 뒤 외부 도체를 통해 나온다. (a)에서는 $a<\rho<b$에서 자계를 구할 때 선택한 닫힌 경로를 점선으로 나타내었다.

내부 도체와 외부 도체 사이($a < \rho < b$)

내부 도체와 외부 도체 사이($a < \rho < b$)에서 자계의 방향은 $\mathbf{a}_\phi$ 이며, H_ϕ 는 ρ 만의 함수이므로 [그림 5-11(a)]처럼 z 축을 중심으로 ρ 가 일정한 원 경로를 닫힌 경로로 선택하면 된다. 앙페르의 주회법칙을 적용하면

$$\oint \mathbf{H} \cdot d\mathbf{L} = \oint H_\phi \mathbf{a}_\phi \cdot \rho d\phi \mathbf{a}_\phi = H_\phi \int_0^{2\pi} \rho d\phi = 2\pi\rho H_\phi$$

이며, 이 결과는 선택한 경로 내부의 총 전류와 같다. 경로 내부에는 $\rho = a$ 인 내부 도체를 흐르는 전류 I 만이 존재하므로 $2\pi\rho H_\phi = I$ 로부터 자계는 다음과 같이 구해진다.

★ 동축케이블의 자계($a < \rho < b$) ★

$$\mathbf{H} = \frac{I}{2\pi\rho}\mathbf{a}_\phi \tag{5.12}$$

내부 도체의 내부($0 < \rho < a$)

내부 도체의 내부의 한 점($0 < \rho < a$)에서는 전류가 z 방향으로 내부 도체의 전체 면적에 대해 균일하게 흐른다고 가정하면 자계는 $\mathbf{a}_\phi$ 방향이므로 적분을 위한 닫힌 경로는 [그림 5-11(b)]처럼 $\rho = \rho(\rho < a)$로 일정하면 된다. 이 경로에서 미소길이 $d\mathbf{L} = \rho d\phi \mathbf{a}_\phi$ 이므로 앙페르의 주회법칙을 적용하면 $\oint \mathbf{H} \cdot d\mathbf{L} = \oint_0^{2\pi} H_\phi \mathbf{a}_\phi \cdot \rho d\phi \mathbf{a}_\phi = 2\pi\rho H_\phi$ 가 되며, 이 결과는 선택한 경로 내의 총 전류와 같다. 전류는 내부 도체의 전체 면적 πa^2 에 대해 I[A]가 균일하게 흐르므로 선택한 경로 내의 전류는 전류 I 에 대한 면적비로 주어진다. 따라서 앙페르의 주회법칙은

$$\oint \mathbf{H} \cdot d\mathbf{L} = 2\pi\rho H_\phi = I\frac{\pi\rho^2}{\pi a^2}$$

이 되고 구하고자 하는 자계는 다음과 같다.[9] 이는 반지름이 a 이고 길이가 무한히 긴 원주형 도체에 전류가 균일하게 흐를 때 도체 내부의 한 점에서의 자계의 세기와 같다.

★ 동축케이블의 자계($0 < \rho < a$) ★

$$\mathbf{H} = \frac{I\rho}{2\pi a^2}\mathbf{a}_\phi \tag{5.13}$$

---

9 정전계에서는 동축케이블의 내부 도체의 내부에는 전계가 존재하지 않지만 정자계에서는 내부 도체에 전류가 흐르므로 내부 도체 내부의 한 점에는 자계가 존재한다.

외부 도체 밖$(\rho > c)$

외부 도체 바깥의 한 점$(\rho > c)$에서는 z축을 중심으로 $\rho = \rho(\rho > c)$의 일정한 원 경로를 적분경로로 선택하여 앙페르의 주회법칙을 적용하면 다음과 같이 구할 수 있다.

$$\oint \mathbf{H} \cdot d\mathbf{L} = 2\pi\rho H_\phi$$

이때 닫힌 경로 내의 총 전류는 내부 도체의 전류 I와 외부 도체를 흐르는 전류 $-I$의 합으로,

$$\oint \mathbf{H} \cdot d\mathbf{L} = 2\pi\rho H_\phi = I + (-I) = 0$$

이 되며, 자계 $\mathbf{H} = 0$이 된다.

★ 동축케이블의 자계$(\rho > c)$ ★

$$\mathbf{H} = 0$$

외부 도체 사이$(b < \rho < c)$

외부 도체 사이의 한 점$(b < \rho < c)$에서 앙페르의 주회법칙을 적용하면 다음과 같다.[10]

$$\oint \mathbf{H} \cdot d\mathbf{L} = 2\pi\rho H_\phi = I + (-I)\frac{\rho^2 - b^2}{c^2 - b^2}$$

따라서 자계의 세기는 다음과 같다.

★ 동축케이블의 자계$(b < \rho < c)$ ★

$$\mathbf{H} = \frac{I}{2\pi\rho}\frac{c^2 - \rho^2}{c^2 - b^2}\mathbf{a}_\phi \tag{5.14}$$

동축케이블의 위치별 자계의 세기는 [그림 5-11(c)]에 나타내었다.

10 외부 도체에서는 전류가 외부 도체를 균일하게 흐른다고 가정하면 $\pi(c^2 - b^2)$에 대한 $\pi(\rho^2 - b^2)$의 면적비가 된다.

4 무한 평면 도체에서의 자계의 세기

이번에는 [그림 5-12(a)]와 같이 무한히 넓은 xy 평면에 y의 양(+)의 방향으로 흐르는 표면전류밀도 $\mathbf{K} = K_y \mathbf{a}_y$ [A/m]에 의한 자계를 구해보자.

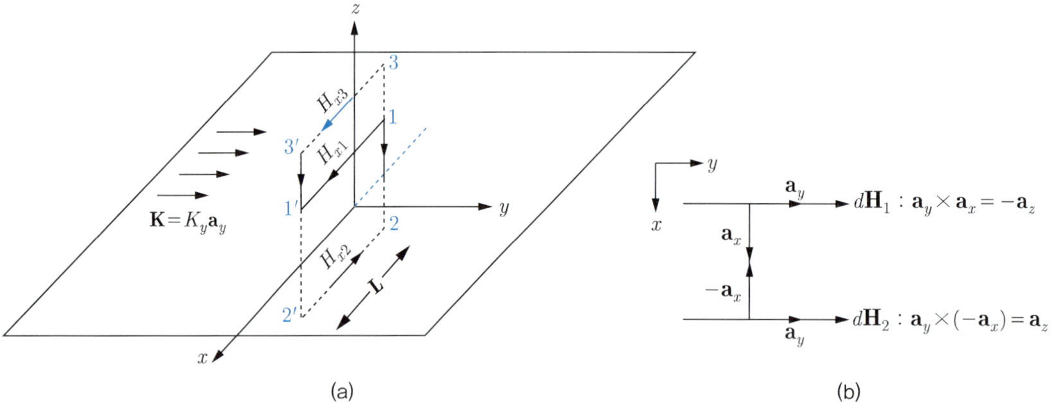

[그림 5-12] 무한 표면전류에 의한 자계
경로 $1-1'$과 $3-3'$은 xy 평면 위에 있고 경로 $2'-2$는 xy 평면 아래에 위치한다. 자계는 전류와 같은 방향으로 발생할 수 없고 표면전류를 두 선전류로 나누어 자계의 방향을 고찰해보면 H_z 성분도 상쇄되어 없어진다.

우선 자계 $\mathbf{H} = H_x\mathbf{a}_x + H_y\mathbf{a}_y + H_z\mathbf{a}_z$라고 하고 적분을 위한 경로를 정하기 위해 자계의 방향에 대해 생각해보자. 비오-사바르 법칙에서 자계는 전류에 수직이므로 전류 방향으로의 자계, 즉 H_y 성분은 없다. 또한 무한 표면전류를 매우 많은 무한히 긴 선전류로 분할하고 두 선전류 사이의 중간 지점에서 자계를 생각해보면 [그림 5-12(b)]와 같이 H_z 성분도 서로 상쇄되어 0이 된다. 결국 자계에는 H_x 성분만 존재한다.

따라서 적분을 위한 경로를 [그림 5-12(a)]와 같이 $1-1'-2'-2-1$의 경로로 정하면 된다. 적분경로와 자계의 방향은 $1-1'$과 $2'-2$에서는 평행 또는 반 평행이 되며, $1'-2'$과 $2-1$에서는 서로 수직이 된다. 즉 적분경로 $1-1'$과 $2'-2$에서는 $\oint \mathbf{H} \cdot d\mathbf{L} = \oint H dL \cos\theta = I$에서 $\cos\theta = 1$ 또는 -1이 되며, 적분경로 $1'-2'$과 $2-1$에서는 $\cos\theta = 0$이 된다. 한편 자계의 세기는 일반적으로 위치에 따라 크기가 다르므로 $1-1'$에서의 자계를 H_{x1}, $2'-2$에서는 H_{x2}라고 하고 $1-1'-2'-2-1$의 경로에 대해 앙페르의 주회법칙을 적용하면 다음과 같다.

$$\oint \mathbf{H} \cdot d\mathbf{L} = H_{x1}\mathbf{a}_x \cdot L\mathbf{a}_x + H_{x2}\mathbf{a}_x \cdot L(-\mathbf{a}_x)$$

$$= H_{x1}L - H_{x2}L = I = K_y L$$

앞선 식으로부터 다음의 관계를 얻을 수 있다.

$$H_{x1} - H_{x2} = K_y$$

만약 경로 $3-3'$을 설정하여 이 구간에서의 자계를 H_{x3}라고 한 다음 경로 $3-3'-2'-2-3$에 대해 적분하면 경로 내의 전류는 동일하므로 다음과 같이 쓸 수 있다.

$$H_{x3} - H_{x2} = K_y$$

따라서 앞선 두 식으로부터 다음과 같은 관계가 성립한다.

$$H_{x1} = H_{x3}$$

즉 무한 표면전류에 의한 자계는 위치와 관계없이 어디에서나 크기가 같다. 또한 자계는 전류를 감싸고 회전하는 특성이 있으므로 $z>0$ 영역에서 자계가 H_{x1}이면 $z<0$ 영역에서는 크기는 같지만 방향이 반대인 자계가 형성된다. 즉 5.4절에서 자세히 논의하겠지만 발산하는 전계에 대해 자계는 회전하는 양으로, 자계를 구성하는 자속은 항상 닫힌 경로를 형성하므로 전류원의 위·아래에서 자계 $H_{x1} = -H_{x2}$가 된다. 따라서 앞서 구한 식 $H_{x1} - H_{x2} = K_y$에서 $H_{x1} - (-H_{x1}) = K_y$이므로 자계의 세기는 다음과 같다.

$$H_x = \frac{1}{2}K_y \ (z>0), \qquad H_x = -\frac{1}{2}K_y \ (z<0)$$

한편 **단위벡터 $\mathbf{a}_N$을 표면전류가 흐르는 도체에 수직인 법선 단위벡터로 정의**하면 자계는 다음과 같이 표현할 수 있다.

★ 무한 평면 도체에서의 자계 ★

$$\mathbf{H} = \frac{1}{2}\mathbf{K} \times \mathbf{a}_N \tag{5.15}$$

이제 이 결과에 대한 응용의 예로 $z=0$인 무한 평면에 $\mathbf{K} = K_y\mathbf{a}_y$ [A/m], 그리고 $z=h\,(h>0)$인 무한 평면에 $\mathbf{K} = -K_y\mathbf{a}_y$ [A/m]의 표면전류가 존재할 때 자계를 구해보자. 이때 자계는 두 표면전류에 의한 자계의 합이므로 두 표면전류의 사이$(0<z<h)$와 바깥$(z<0,\ z>h)$에서는 다음과 같다.

★ 두 표면전류에 의한 각 영역에서의 자계 ★

- $z>h$: $\mathbf{H} = \frac{1}{2}K_y\mathbf{a}_y \times \mathbf{a}_z + \frac{1}{2}K_y(-\mathbf{a}_y) \times \mathbf{a}_z = 0$
- $z<0$: $\mathbf{H} = \frac{1}{2}K_y\mathbf{a}_y \times (-\mathbf{a}_z) + \frac{1}{2}K_y(-\mathbf{a}_y) \times (-\mathbf{a}_z) = 0$
- $0<z<h$: $\mathbf{H} = \frac{1}{2}K_y\mathbf{a}_y \times \mathbf{a}_z + \frac{1}{2}K_y(-\mathbf{a}_y) \times (-\mathbf{a}_z) = K_y\mathbf{a}_x$

앞선 결과를 표면전하밀도 ρ_S [C/m^2]에 의한 전계의 세기 $\mathbf{E} = \dfrac{\rho_S}{\epsilon_0}\mathbf{a}_N$과 비교해보면 전계와 자계의 세기는 모두 위치함수가 아니며, 어디에서나 크기가 같다는 것을 알 수 있다. 또한 2장의 [그림 2-8]을 통해 전계는 $+\rho_S$, $-\rho_S$[C/m^2]가 분포하는 두 도체 사이에만 존재함을 배웠는데, 이는 표면전류밀도가 흐르는 두 도체 사이에만 자계가 형성된다는 사실과 매우 유사하다.

예제 5-7

$x=3$과 $x=-3$[m]에 위치하며, yz 평면에 평행한 무한 평면 도체에 각각 $\mathbf{K}=5\mathbf{a}_y$와 $-5\mathbf{a}_y$[A/m]의 표면전류가 흐른다. 다음을 구하라.

(a) 점 $P_1(5,\ 0,\ 0)$[m]에서의 자계의 세기

(b) 점 $P_2(1,\ 2,\ 3)$[m]에서의 자계의 세기

풀이

무한한 넓이의 표면전류밀도에 의한 자계는 식 (5.15)의 $\mathbf{H}=\dfrac{1}{2}\mathbf{K}\times\mathbf{a}_N$을 이용하여 계산하며, 두 전류밀도에 의한 자계의 합이다. 이때 $\mathbf{a}_N$은 전류원에 수직인 법선 단위벡터이다.

(a) 점 $P_1(5,\ 0,\ 0)$[m]에서 자계점 $x=5$이므로 전류원에 수직인 단위벡터는 모두 x가 증가하는 $\mathbf{a}_x$ 방향이다. 따라서 자계는 다음과 같다.

$$\begin{aligned}\mathbf{H} &= \mathbf{H}_{x=3}+\mathbf{H}_{x=-3}\\ &= \frac{1}{2}\times 5\mathbf{a}_y\times\mathbf{a}_x+\frac{1}{2}\times(-5\mathbf{a}_y)\times\mathbf{a}_x = 0\,[\mathrm{A/m}]\end{aligned}$$

(b) 점 $P_2(1,\ 2,\ 3)$[m]은 자계점이 $x=1$이므로 두 평면 사이의 한 점이 된다. 따라서 $\mathbf{a}_N$의 방향에 유의하여 계산하면 자계는 다음과 같다.

$$\begin{aligned}\mathbf{H} &= \mathbf{H}_{x=3}+\mathbf{H}_{x=-3}\\ &= \frac{1}{2}\times 5\mathbf{a}_y\times(-\mathbf{a}_x)+\frac{1}{2}\times(-5\mathbf{a}_y)\times\mathbf{a}_x = 5\mathbf{a}_z\,[\mathrm{A/m}]\end{aligned}$$

5 솔레노이드에서의 자계의 세기

솔레노이드(solenoid)는 [그림 5-13(a)]와 같이 원통형 도체의 표면에 N[회]의 코일을 감고 이 코일에 전류 I[A]가 흐르게 한 도체이다. 이는 비오-사바르 법칙에서 공부하였던 [그림 5-9]의 원형 전류가 N번 반복해서 흐른다고 생각하면 된다. 솔레노이드는 일반적으로 코일을 매우 촘촘히 감아

사용하므로 표면전류밀도 K_a[A/m]가 원통의 표면을 흐른다고 생각해도 무방하다. 이제 N[회]의 코일이 감긴 무한 길이의 솔레노이드에서 자계를 구해보자.

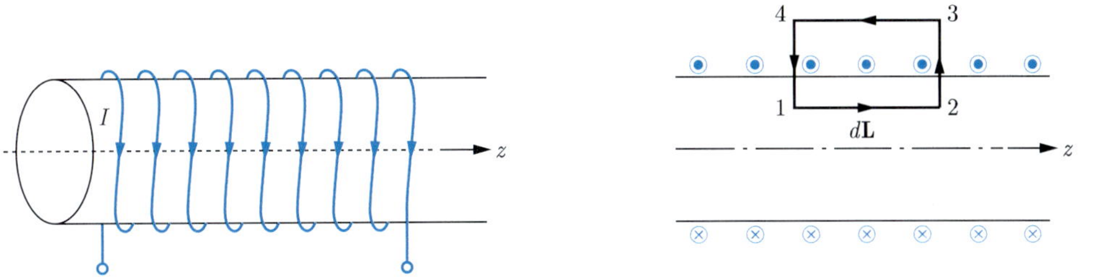

(a) 솔레노이드 (b) 단면도

[그림 5-13] 무한한 길이의 솔레노이드와 단면도

전류의 방향이 $\mathbf{a}_\phi$ 일 때 자계의 방향은 $\mathbf{a}_z$ 이므로 적분을 위한 닫힌 경로를 [그림 5-13(b)]와 같이 설정하여 앙페르의 주회법칙을 적용할 수 있다. 이때 솔레노이드 바깥에는 자계가 없으며, 자계와 수직인 방향의 경로 $2-3$과 $4-1$에서 자계의 선적분은 $\mathbf{H} \cdot d\mathbf{L} = 0$이다. 이때 솔레노이드의 z축 방향으로의 길이를 d라고 하고 앙페르의 주회법칙을 경로 $1-2$에 적용하면 다음과 같다.

$$\oint \mathbf{H} \cdot d\mathbf{L} = \int_0^d H_z \mathbf{a}_z \cdot dz\, \mathbf{a}_z = H_z d = NI$$

따라서 자계의 세기는 다음과 같다.

$$\mathbf{H} = \frac{NI}{d} \mathbf{a}_z \tag{5.16}$$

또한 단위길이당 권수가 n[회/m]라면 $n = N/d$ 이므로 자계는 다음과 같이 표현된다.

$$\mathbf{H} = nI\, \mathbf{a}_z \tag{5.17}$$

즉 솔레노이드의 자계의 세기는 전류와 권선 수에 비례하므로 강한 자계를 얻기 위해서는 코일을 촘촘히 감아 사용해야 한다. 이때 전류는 원통의 표면을 균일하게 흐르므로 이를 표면전류밀도 K_a [A/m]로 표현하고 앙페르의 주회법칙을 적용하면

$$\oint \mathbf{H} \cdot d\mathbf{L} = H_z d = I = K_a d$$

가 되어 자계는 다음과 같이 주어진다.

$$\mathbf{H} = K_a \mathbf{a}_z \tag{5.18}$$

6 토로이드에서의 자계의 세기

토로이드(toroid)는 [그림 5-14(a)]와 같이 도넛 또는 사각 형태의 도체에 코일을 여러 번 감아 사용하는 도체로, 자계는 도체 내부에 형성된다. 이번에는 코일을 매우 촘촘히 N[회] 감은 도체 내부의 한 점에서의 자계를 구해보자. 토로이드 역시 한 가닥의 원형 전류에 의해 발생한 자계가 원형 코일의 수직 단면을 지속적으로 통과하게 되므로 자계는 N[회]의 코일을 흐르는 전류에 의해 토로이드 내부에 연속적으로 형성된다. 이 자계의 방향을 $\mathbf{a}_\phi$라고 하면 앙페르의 주회법칙을 적용하기 위한 닫힌 경로 $d\mathbf{L}$은 [그림 5-14(b)]와 같이 $\mathbf{a}_\phi$ 방향인 ρ가 일정한 원 형태의 경로를 선택하면 된다. 이제 앙페르의 주회법칙을 적용하면

$$\oint \mathbf{H} \cdot d\mathbf{L} = \int_0^{2\pi} H_\phi \mathbf{a}_\phi \cdot \rho d\phi \mathbf{a}_\phi = 2\pi\rho H_\phi = NI$$

가 되며, 이로부터 자계를 구하면 다음과 같다.

$$\mathbf{H} = \frac{NI}{2\pi\rho}\mathbf{a}_\phi \tag{5.19}$$

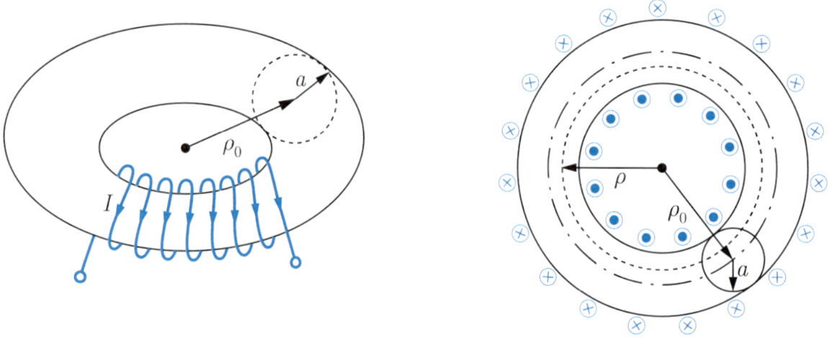

(a) 토로이드　　(b) 단면도

[그림 5-14] 토로이드와 단면도
전류가 흐르는 코일이 매우 촘촘히 감겨 있으므로 균일한 표면전류밀도로 생각할 수 있다.

만약 표면에 표면전류밀도 K_a[A/m]가 흐르고 [그림 5-14(b)]와 같이 토로이드의 중심점에서 도체 내부의 중앙점까지의 거리를 ρ_0, 도체 내부에서 자속의 경로, 즉 자로의 수직 단면적의 반지름을 a라고 하면 앙페르의 주회법칙은 다음과 같이 나타낼 수 있다.

$$\oint \mathbf{H} \cdot d\mathbf{L} = 2\pi\rho H_\phi = I = 2\pi(\rho_0 - a)K_a$$

따라서 자계는 다음과 같다.

$$\mathbf{H} = K_a \frac{\rho_0 - a}{\rho}\mathbf{a}_\phi \tag{5.20}$$

SECTION
5.3 벡터의 회전과 스토크스의 정리

이 절에서는 벡터의 회전 연산과 스토크스의 정리를 도출하고 맥스웰의 제3방정식을 얻는다. 또한 이를 이용하여 자계와 전류밀도에 대한 문제를 해결한다.

Keywords | 벡터의 회전 | 맥스웰의 제3방정식 | 스토크스의 정리 |

1 벡터의 회전과 맥스웰 방정식

지금까지 공간적으로 균일한 전류분포에 의한 자계를 비오-사바르 법칙과 앙페르의 주회법칙을 이용하여 구했다. 이때 앙페르의 주회법칙을 이용하면 자계 해석이 매우 간편하였지만 자계의 방향과 변수 의존성 등 자계에 대한 기본적인 개념은 여전히 비오-사바르 법칙에 의존하였다. 전류분포가 공간적으로 불균일할 때에는 자계의 방향과 변수 의존성을 유추할 수 없기 때문에 앙페르의 주회법칙을 적용하여 자계를 구하는 것은 불가능하다. 그러나 지금부터 전류분포가 불균일할 때 앙페르의 주회법칙을 적용하여 벡터의 회전이라는 새로운 물리적 개념을 도출할 것이다. 이는 자계에 대한 중요하고 새로운 개념을 제공하게 된다.

[그림 5-15]와 같이 yz 평면에 각 변의 길이가 Δy, Δz로 매우 작은 사각형의 닫힌 경로에 앙페르의 주회법칙을 적용해보자. 이미 공부하였듯 무한히 넓은 표면전류밀도에 의한 자계 등 특별한 경우를 제외하면 자계의 세기는 위치함수로, 주어진 경로의 네 변에서 자계의 세기는 서로 다를 수 있다. 다만 전류분포가 일정하지 않아 각 변에서 자계의 세기를 예측할 수 없을 뿐이다. 따라서 비교를 위해 경로의 정중앙점인 P_0에서의 자계를 다음과 같이 두고 각 변에서의 자계와 비교하기로 한다.

$$\mathbf{H}_0 = H_{0x}\mathbf{a}_x + H_{0y}\mathbf{a}_y + H_{0z}\mathbf{a}_z$$

이때 앙페르의 주회법칙의 적분은 닫힌 경로에 대해 수행되어야 하므로 다음과 같이 네 변에서의 적분의 합이다.

$$\oint \mathbf{H} \cdot d\mathbf{L} = \int_1 + \int_2 + \int_3 + \int_4$$

우선 변 1에서의 자계와 경로를 각각 $\mathbf{H}_1 = H_{1x}\mathbf{a}_x + H_{1y}\mathbf{a}_y + H_{1z}\mathbf{a}_z$와 $\Delta\mathbf{L}_1 = \Delta z\mathbf{a}_z$라고 하면 변 1에서의 적분은 다음과 같다.

$$\int_1 = \mathbf{H}_1 \cdot \Delta\mathbf{L}_1 = (H_{1x}\mathbf{a}_x + H_{1y}\mathbf{a}_y + H_{1z}\mathbf{a}_z) \cdot \Delta z\,\mathbf{a}_z = H_{1z}\Delta z$$

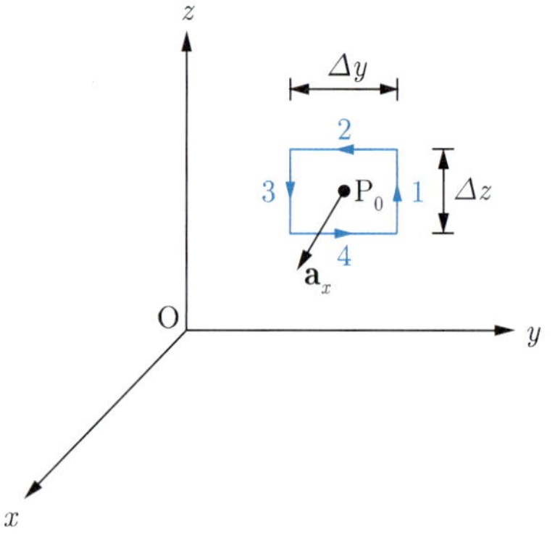

[그림 5-15] 회전 연산을 위한 미소면적소와 폐경로

앞선 식에서 H_{1z}는 H_z의 변 1에서의 크기이다. 즉 점 P_0에서는 $H_z = H_{0z}$이고 변 1에서는 $H_z = H_{1z}$가 되지만 불균일한 전류분포 때문에 변 1에서의 자계의 세기 H_{1z}의 크기를 알 수 없다. 다만 H_{1z}는 점 P_0에서 변 1로 변수 y의 변화에 따라 일정한 비율로 H_z가 변화한 결과이며, 이때의 변화율은 $\dfrac{\partial H_z}{\partial y}$이다. 따라서 H_{1z}가 점 P_0의 H_{0z}에 비해 $\dfrac{\partial H_z}{\partial y}$의 변화율로 $\dfrac{\Delta y}{2}$만큼 이동하여 크기가 증가한다고 가정하면 변 1에서의 적분은 다음과 같다.

$$\int_1 = H_{1z}\Delta z \doteq \left(H_{0z} + \frac{\partial H_z}{\partial y}\frac{\Delta y}{2}\right)\Delta z$$

이 식에서 근사치는 변 1이 매우 작은 경로라고 해도 변 1에서의 위치에 따라 자계의 세기가 다를 수 있음을 의미한다. 한편 변 3에서의 자계는 중심점에서 변 3으로 갈수록 $\dfrac{\partial H_z}{\partial y}$의 변화율로 자계의 크기가 감소한다고 가정하면 다음과 같이 주어진다.

$$\int_3 = \mathbf{H}_3 \cdot \Delta\mathbf{L}_3 = (H_{3x}\mathbf{a}_x + H_{3y}\mathbf{a}_y + H_{3z}\mathbf{a}_z) \cdot \Delta z(-\mathbf{a}_z) = -H_{3z}\Delta z$$

$$\doteq -\left(H_{0z} - \frac{\partial H_z}{\partial y}\frac{\Delta y}{2}\right)\Delta z$$

이렇게 구한 변 1과 변 3에서의 결과를 더하면 다음과 같다.

$$\int_1 + \int_3 \doteq \frac{\partial H_z}{\partial y}\Delta y \Delta z$$

같은 방법으로 변 2와 변 4의 결과를 구하여 더하면 다음과 같이 계산된다.

$$\int_2 + \int_4 \doteq -\frac{\partial H_y}{\partial z}\Delta y \Delta z$$

따라서 [그림 5-15]의 닫힌 경로에 앙페르의 주회법칙을 적용하면 다음의 결과를 얻을 수 있다.

$$\oint \mathbf{H}\cdot d\mathbf{L} \doteq \left(\frac{\partial H_z}{\partial y}-\frac{\partial H_y}{\partial z}\right)\Delta y \Delta z$$

한편 이 결과는 닫힌 경로를 통과하는 전류와 같으며, [그림 5-15]에서 전류는 $\Delta I = J_x\,\Delta y \Delta z$[11] 이므로 앞선 식은 다음과 같이 표현된다.

$$\oint \mathbf{H}\cdot d\mathbf{L} \doteq \left(\frac{\partial H_z}{\partial y}-\frac{\partial H_y}{\partial z}\right)\Delta y \Delta z \doteq J_x\,\Delta y \Delta z$$

이제 이 식의 양변을 $\Delta y \Delta z$로 나눈 뒤 미소면적을 무한히 작게 극한을 취하면 다음과 같다.

$$\lim_{\Delta y \Delta z \to 0}\frac{\oint \mathbf{H}\cdot d\mathbf{L}}{\Delta y \Delta z} = \frac{\partial H_z}{\partial y}-\frac{\partial H_y}{\partial z} = J_x \tag{5.21}$$

같은 방법으로 zx 및 xy 평면에 닫힌 경로를 설정하여 앙페르의 주회법칙을 적용하면 다음의 결과를 얻을 수 있다.

$$\lim_{\Delta z \Delta x \to 0}\frac{\oint \mathbf{H}\cdot d\mathbf{L}}{\Delta z \Delta x} = \frac{\partial H_x}{\partial z}-\frac{\partial H_z}{\partial x} = J_y \tag{5.22}$$

$$\lim_{\Delta x \Delta y \to 0}\frac{\oint \mathbf{H}\cdot d\mathbf{L}}{\Delta x \Delta y} = \frac{\partial H_y}{\partial x}-\frac{\partial H_x}{\partial y} = J_z \tag{5.23}$$

이제 벡터의 회전을 소개하고 우리의 논의에 대해 물리적 의미를 부여해보자. 어떤 벡터 **A**의 닫힌 경로에 대한 선적분 $\oint \mathbf{A}\cdot d\mathbf{L}$을 **벡터 A의 순환**(Circulation of **A**)이라고 한다. **벡터 A의 회전은 단위면적당 벡터 A의 최대 순환치와 크기가 같고 방향은 주어진 면적에 수직이다.** 이 방향의 단위벡터를 $\mathbf{a}_N$이라고 하면 벡터 **A**의 회전 $Curl\,\mathbf{A}$는 다음과 같이 정의한다.

★ 벡터의 회전 ★

$$Curl\,\mathbf{A} = \lim_{\Delta S \to 0}\frac{1}{\Delta S}\left[\mathbf{a}_N \oint \mathbf{A}\cdot d\mathbf{L}\right]_{max} \tag{5.24}$$

따라서 벡터 **A**의 회전은 벡터양이며, 이는 2장에서 논의한, 어떤 벡터의 발산의 결과가 스칼라양이라는 사실과 구별되어야 한다. 식 (5.24)의 벡터의 회전에 대한 정의에 의하면 식 (5.21)은 벡터 **H**의 회전의 x 성분을 나타낸다. 즉 벡터양인 $Curl\,\mathbf{H}$의 x 방향의 성분 스칼라인 $(Curl\,\mathbf{H})_x$이며, $Curl\,\mathbf{H}$의 $\Delta y \Delta z$ 면에 수직 방향인 성분으로 다음과 같이 표현할 수 있다.

---

11 $\mathbf{J} = J_x\mathbf{a}_x + J_y\mathbf{a}_y + J_z\mathbf{a}_z$와 $\Delta\mathbf{S} = \Delta y \Delta z\,\mathbf{a}_x$로부터 ΔS를 통과하는 전류는 $\Delta I = \mathbf{J}\cdot\Delta\mathbf{S} = J_x \Delta y \Delta z$가 된다.

$$(Curl\,\mathbf{H})_x = \lim_{\Delta S_x \to 0} \frac{\oint \mathbf{H} \cdot d\mathbf{L}}{\Delta S_x}$$

이제 $Curl\,\mathbf{H}$의 x, y, z 성분인 식 (5.21), 식 (5.22), 식 (5.23)을 모두 합하면 $Curl\,\mathbf{H}$는 다음과 같이 나타낼 수 있다.

$$Curl\,\mathbf{H} = \left(\frac{\partial H_z}{\partial y} - \frac{\partial H_y}{\partial z}\right)\mathbf{a}_x + \left(\frac{\partial H_x}{\partial z} - \frac{\partial H_z}{\partial x}\right)\mathbf{a}_y + \left(\frac{\partial H_y}{\partial x} - \frac{\partial H_x}{\partial y}\right)\mathbf{a}_z = \mathbf{J} \tag{5.25}$$

이를 행렬식으로 다시 표현하면 다음과 같다.

$$Curl\,\mathbf{H} = \begin{vmatrix} \mathbf{a}_x & \mathbf{a}_y & \mathbf{a}_z \\ \frac{\partial}{\partial x} & \frac{\partial}{\partial y} & \frac{\partial}{\partial z} \\ H_x & H_y & H_z \end{vmatrix} \tag{5.26}$$

이는 벡터 미분 연산자 ∇을 이용한 $\nabla \times \mathbf{H}$와 같은 결과이므로 다음의 관계가 성립한다.

$$Curl\,\mathbf{H} = \nabla \times \mathbf{H} \tag{5.27}$$

한편 각 좌표계에서 $Curl\,\mathbf{H}$는 다음과 같이 표현된다.

★ 자계의 회전 ★

$$\nabla \times \mathbf{H} = \left(\frac{\partial H_z}{\partial y} - \frac{\partial H_y}{\partial z}\right)\mathbf{a}_x + \left(\frac{\partial H_x}{\partial z} - \frac{\partial H_z}{\partial x}\right)\mathbf{a}_y + \left(\frac{\partial H_y}{\partial x} - \frac{\partial H_x}{\partial y}\right)\mathbf{a}_z \quad \text{(직각좌표계)} \tag{5.28}$$

$$\nabla \times \mathbf{H} = \left[\frac{1}{\rho}\frac{\partial H_z}{\partial \phi} - \frac{\partial H_\phi}{\partial z}\right]\mathbf{a}_\rho + \left[\frac{\partial H_\rho}{\partial z} - \frac{\partial H_z}{\partial \rho}\right]\mathbf{a}_\phi + \left[\frac{1}{\rho}\frac{\partial(\rho H_\phi)}{\partial \rho} - \frac{1}{\rho}\frac{\partial H_\rho}{\partial \phi}\right]\mathbf{a}_z \quad \text{(원통좌표계)} \tag{5.29}$$

$$\nabla \times \mathbf{H} = \frac{1}{r\sin\theta}\left[\frac{\partial(\sin\theta H_\phi)}{\partial \theta} - \frac{\partial H_\theta}{\partial \phi}\right]\mathbf{a}_r + \frac{1}{r}\left[\frac{1}{\sin\theta}\frac{\partial H_r}{\partial \phi} - \frac{\partial(rH_\phi)}{\partial r}\right]\mathbf{a}_\theta + \frac{1}{r}\left[\frac{\partial(rH_\theta)}{\partial r} - \frac{\partial H_r}{\partial \theta}\right]\mathbf{a}_\phi \quad \text{(구좌표계)} \tag{5.30}$$

결국 벡터 $\mathbf{H}$의 회전은 그 크기가 단위면적당 벡터 $\mathbf{H}$의 선적분과 같으며, 면적을 무한히 작게 할 때 한 점의 전류밀도와 같다. 이를 **맥스웰의 제3방정식**(Maxwell's the 3rd equation)이라고 하며, 다음과 같이 정의한다.

★ 맥스웰의 제3방정식 ★

$$\nabla \times \mathbf{H} = \mathbf{J} \tag{5.31}$$

이 관계는 앙페르의 주회법칙으로부터 비롯된 것이다. 즉 앙페르의 주회법칙의 양변을 미소면적으로 나누고 이 미소면적을 무한히 작게 하면 다음과 같이 쓸 수 있다.

$$\lim_{\Delta y \Delta z \to 0} \frac{\oint \mathbf{H} \cdot d\mathbf{L}}{\Delta y \Delta z} = \lim_{\Delta y \Delta z \to 0} \frac{I}{\Delta y \Delta z}$$

이 식에서 좌변은 자계의 회전의 x 성분을, 그리고 우변은 임의의 한 점에서 x 방향으로의 전류밀도를 나타낸다. 따라서 앙페르의 주회법칙과 식 (5.31)은 사실상 같은 의미를 가지며, 앙페르의 주회법칙 $\oint \mathbf{H} \cdot d\mathbf{L} = I$를 적분형 맥스웰의 제3방정식, 그리고 $\nabla \times \mathbf{H} = \mathbf{J}$를 미분형 맥스웰의 제3방정식이라고 한다. 다시 말해 **맥스웰의 제3방정식은 자계는 회전하는 물리량이고 전류밀도는 자계의 원천**(source)**이 됨**을 의미한다.

2장의 전속밀도의 발산에서는 z축에 무한 선전하가 있을 때 ρ만큼 떨어진 곳에는 전속밀도가 형성되지만 전속밀도의 발산은 0임을 배웠다. 자계의 회전에서도 이와 유사한 한 가지 중요한 사실을 지적해두고자 한다. 어떤 점에 전류가 흐르면 그 점에서 일정한 거리만큼 떨어진 곳에는 분명 자계가 발생하지만 그 점에서 자계의 회전은 0이 된다. 자계를 발생시키는 원천은 그 점에 존재하지 않고 반드시 전류점에 존재하기 때문이다. 이를 확인하기 위해 z축에 무한 선전류가 흐를 때 z축에서 ρ만큼 떨어진 점의 자계의 회전을 계산해보자. 이 점의 자계는 $\mathbf{H} = \dfrac{I}{2\pi\rho}\mathbf{a}_\phi$이고 자계는 ρ만의 함수이므로 z축에서 ρ만큼 떨어진 곳에서 $\nabla \times \mathbf{H}$를 계산하면 다음과 같다.

$$\nabla \times \mathbf{H} = \frac{1}{\rho}\begin{vmatrix} \mathbf{a}_\rho & \rho\mathbf{a}_\phi & \mathbf{a}_z \\ \dfrac{\partial}{\partial \rho} & \dfrac{\partial}{\partial \phi} & \dfrac{\partial}{\partial z} \\ H_\rho & \rho H_\phi & H_z \end{vmatrix} = \frac{1}{\rho}\frac{\partial(\rho H_\phi)}{\partial \rho}\mathbf{a}_z = \frac{1}{\rho}\frac{\partial}{\partial \rho}\left(\rho\frac{\mathrm{I}}{2\pi\rho}\right)\mathbf{a}_z = 0$$

즉 전류로부터 ρ만큼 떨어진 곳에 자계는 존재하지만 자계의 원천은 존재하지 않음을 알 수 있다.

이번에는 [그림 5-16]과 같이 반지름이 a인 원주형 도체 또는 반지름이 a인 동축케이블의 내부 도체에 전류 I가 균일하게 흐를 때 $\rho < a$의 한 점에서의 자계의 회전을 구해보자. 이때 이 점에는 전류가 분명 흐르고 있으므로 자계의 회전은 임의의 값을 가질 것이며, 그 값은 반드시 회전하는 자계의 원천, 즉 전류밀도가 될 것이다. 우선 원주형 도체 내부의 한 점 $\rho = \rho$에서의 자계는 식 (5.13)에서 공부했듯이 $\mathbf{H} = \dfrac{I\rho}{2\pi a^2}\mathbf{a}_\phi$이다. 즉 자계는 H_ϕ 성분만 가지며, ρ만의 함수이므로 $\nabla \times \mathbf{H}$를 연산하면

$$\nabla \times \mathbf{H} = \frac{1}{\rho}\frac{\partial(\rho H_\phi)}{\partial \rho}\mathbf{a}_z = \frac{1}{\rho}\frac{\partial}{\partial \rho}\left(\rho\frac{I\rho}{2\pi a^2}\right)\mathbf{a}_z = \frac{I}{\pi a^2}\mathbf{a}_z$$

가 된다. 이는 전류가 흐르는 도체의 수직 단면적이 πa^2이므로 그 점의 전류밀도 $\mathbf{J}$가 된다.

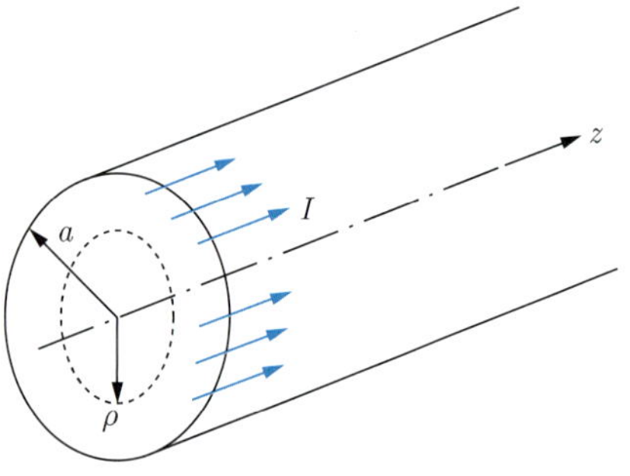

[그림 5-16] 반지름 a의 원주형 도체

반지름 a가 매우 작으므로 전류는 도체의 수직 단면의 전 면적 πa^2을 균일하게 흐른다.

2장에서는 가우스 법칙을 미소체적에 적용하며 벡터의 발산을 구하였다. 그 결과 전계 및 전속밀도는 발산하고 전속밀도의 발산은 한 점에서의 체적전하밀도를 나타내며, 체적전하밀도는 발산하는 전속밀도의 원천임을 공부하였다. 이 절에서 배운 자계의 회전에 대한 논의는 이와 매우 유사한 결과를 제공한다. 즉 앙페르의 주회법칙을 미소면적에 적용하여 자계의 회전을 구하였으며, 그 결과 자계 및 자속밀도는 회전하고 자계의 회전은 한 점의 전류밀도임을 알게 되었다.

즉 전류밀도는 회전하는 자계의 원천이며, 전속밀도와 자계의 발산과 회전으로 맥스웰의 제1방정식과 제3방정식을 얻었다.

예제 5-8

어떤 공간에 자계 $\mathbf{H} = 4xy^2\mathbf{a}_x - 3z^2\mathbf{a}_z$ [A/m]가 분포하고 있다. 점 P(1, −2, 3) [m]에서의 전류밀도 $\mathbf{J}$를 구하라.

풀이

자계의 원인이 되는 전류밀도를 구하는 문제로, 식 (5.31)의 $\nabla \times \mathbf{H} = \mathbf{J}$를 이용하여 전류밀도를 다음과 같이 구할 수 있다.

$$\nabla \times \mathbf{H} = \begin{vmatrix} \mathbf{a}_x & \mathbf{a}_y & \mathbf{a}_z \\ \frac{\partial}{\partial x} & \frac{\partial}{\partial y} & \frac{\partial}{\partial z} \\ 4xy^2 & 0 & -3z^2 \end{vmatrix} = -\frac{\partial}{\partial y}(4xy^2)\,\mathbf{a}_z = -8xy\,\mathbf{a}_z$$

따라서 점 P(1, −2, 3)에서의 전류밀도는 다음과 같다.

$$\mathbf{J}_p = 16\mathbf{a}_z\,[\mathrm{A/m^2}]$$

예제 5-9

전류밀도 $\mathbf{J} = 20\mathbf{a}_z\,[\mathrm{A/m^2}]$일 때 점 P(3, π, 0)[m]에서의 자계의 세기 $\mathbf{H}$를 구하라.

풀이

전류밀도 $\mathbf{J}$가 z 방향이므로 $(\nabla\times\mathbf{H})_z$의 연산만 하면 된다. 따라서 $\mathbf{J} = \nabla\times\mathbf{H}$의 연산은 다음과 같다.

$$\mathbf{J} = \nabla\times\mathbf{H} = \frac{1}{\rho}\begin{vmatrix} \mathbf{a}_\rho & \rho\mathbf{a}_\phi & \mathbf{a}_z \\ \dfrac{\partial}{\partial\rho} & \dfrac{\partial}{\partial\phi} & \dfrac{\partial}{\partial z} \\ H_\rho & \rho H_\phi & H_z \end{vmatrix} = \frac{1}{\rho}\left[\frac{\partial}{\partial\rho}(\rho H_\phi) - \frac{\partial H_\rho}{\partial\phi}\right]\mathbf{a}_z = 20\mathbf{a}_z$$

또한 전류밀도의 방향이 $\mathbf{a}_z$이면 자계의 방향은 $\mathbf{a}_\phi$이므로 앞선 식은 다음과 같이 정리할 수 있다.

$$\frac{1}{\rho}\frac{\partial}{\partial\rho}(\rho H_\phi) = 20$$

따라서 양변을 적분하면 자계 $\mathbf{H} = 10\rho\mathbf{a}_\phi\,[\mathrm{A/m}]$가 되므로 점 P(3, π, 0)에서 자계의 세기는 다음과 같다.

$$\mathbf{H}_p = 30\mathbf{a}_\phi\,[\mathrm{A/m}]$$

2 스토크스의 정리

어떤 벡터의 회전 연산을 나타내는 식 (5.24)를 통해 자계 $\mathbf{H}$의 회전을 다음과 같이 정의할 수 있다.

$$Curl\,\mathbf{H} = \lim_{\Delta S\to 0}\frac{1}{\Delta S}\left[\mathbf{a}_N\oint\mathbf{H}\cdot d\mathbf{L}\right]_{max}$$

즉 벡터 $\mathbf{H}$의 회전은 단위면적당 벡터 $\mathbf{H}$의 순환의 최댓값으로, 벡터양이며, $Curl\,\mathbf{H}$의 방향은 최댓값이 발생하는 방향임을 알았다.

이제 어떤 면적 S를 [그림 5-17]과 같이 여러 개의 작은 미소면적 ΔS로 나누고 이 중 하나의 미소면적 ΔS에 벡터 $\mathbf{H}$의 회전의 정의를 적용해보자. 이때 선적분은 반시계 방향으로 수행하기로 한다. 첨자 N은 표면에 수직인 방향으로 선적분의 경로에 대해 오른나사가 진행하는 방향을 나타내며, 미소면적 ΔS에 수직한 방향의 단위벡터를 $\mathbf{a}_N$이라고 하면 앞선 식은 다음과 같이 쓸 수 있다.

$$\oint \mathbf{H} \cdot d\mathbf{L}_{\Delta S} \doteq (\nabla \times \mathbf{H})_N \cdot \Delta S = (\nabla \times \mathbf{H}) \cdot \mathbf{a}_N \Delta S = (\nabla \times \mathbf{H}) \cdot \Delta \mathbf{S}$$

ΔS에 대한 자계의 선적분을 전체 면적 S로 확장하여 생각해보면 면적 S 내의 모든 미소면적 ΔS에서의 선적분은 [그림 5-17]과 같이 면적 S 내부의 작은 경로에서 서로 상쇄되어 바깥의 선분에 대한 적분만 남게 된다. 따라서 전체의 면적 S에 대해 다음 관계가 성립하며, 이를 **스토크스의 정리**(Stokes's theorem)라고 한다.

★ 스토크스의 정리 ★

$$\oint \mathbf{H} \cdot d\mathbf{L} = \int (\nabla \times \mathbf{H}) \cdot d\mathbf{S} \qquad (5.32)$$

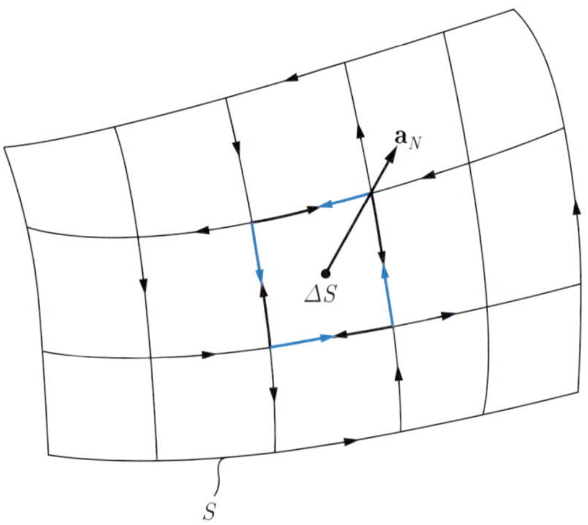

[그림 5-17] 스토크스의 정리

미소면적을 둘러싸고 있는 닫힌 경로를 반시계 방향으로 선적분한 뒤 적분을 전체 면적에 대해 확대하여 스토크스의 정리를 얻는다.

스토크스의 정리에서 좌변의 $d\mathbf{L}$은 우변의 미소면적 $d\mathbf{S}$를 둘러싸고 있는 바깥의 경로를 나타낸다. 이때 어떤 벡터계에 스토크스의 정리를 적용할 때는 $d\mathbf{L}$과 $d\mathbf{S}$의 방향에 주의해야 한다. 즉 오른손을 감싸 쥘 때 엄지손가락은 면적 $d\mathbf{S}$의 방향을, 나머지 네 손가락은 선적분 $d\mathbf{L}$의 방향을 나타냄을 유의해야 한다. 한편 스토크스의 정리는 맥스웰의 제 3방정식인 식 (5.31)을 이용해도 다음과 같이 쉽게 구할 수 있다.

$$\oint \mathbf{H} \cdot d\mathbf{L} = I = \int \mathbf{J} \cdot d\mathbf{S} = \int (\nabla \times \mathbf{H}) \cdot d\mathbf{S}$$

스토크스의 정리는 '**어떤 닫힌 경로에 대한 벡터계의 선적분은 그 닫힌 경로 내의 면적에 대한 벡터의 회전의 면적적분과 같음**'을 의미한다. 이러한 스토크스의 정리를 2장에서 배운 발산의 정리, 즉 $\oint \mathbf{D} \cdot d\mathbf{S} = \int \nabla \cdot \mathbf{D}\, dv$와 비교해보면 두 식은 매우 닮아 있다. 발산의 정리는 면적적분과 체적적분의 관계에 대한 것으로, 발산하는 물리량에 적용하고 그 계산 결과는 전속밀도의 원천이 되는 전하량이 된다. 반면 스토크스의 정리는 선적분과 면적적분과의 관계이며, 회전하는 벡터계에 유용하게 적용할 수 있다. 만약 벡터계가 자계라면 회전 연산의 결과는 자계의 원천인 전류가 된다. 스토크스의 정리는 앞으로 많은 전기 및 자기적 현상을 이해하기 위한 논법의 전개에도 유용하게 사용된다.

한편 2장의 선적분과 전계의 보존적 성질에서 단위전하를 어떤 닫힌 경로를 따라 일주시키는 데 필요한 일은 0이라는 중요한 사실을 배웠다. 이를 $\oint \mathbf{E} \cdot d\mathbf{L} = 0$으로 나타내었는데, 이 식에 스토크스의 정리를 적용하면 $\oint \mathbf{E} \cdot d\mathbf{L} = \int (\nabla \times \mathbf{E}) \cdot d\mathbf{S} = 0$이 되어 다음의 관계가 성립한다. 이를 **맥스웰의 제2방정식**이라고 한다.

★ 맥스웰의 제2방정식 ★

$$\nabla \times \mathbf{E} = 0 \tag{5.33}$$

예제 5-10

[그림 5-18]과 같이 yz 평면의 원점을 중심으로 한 변의 길이가 4[m]인 정사각형의 공간에서 어떤 벡터 $\mathbf{A} = 2y\mathbf{a}_z$일 때 스토크스의 정리가 성립함을 증명하라.

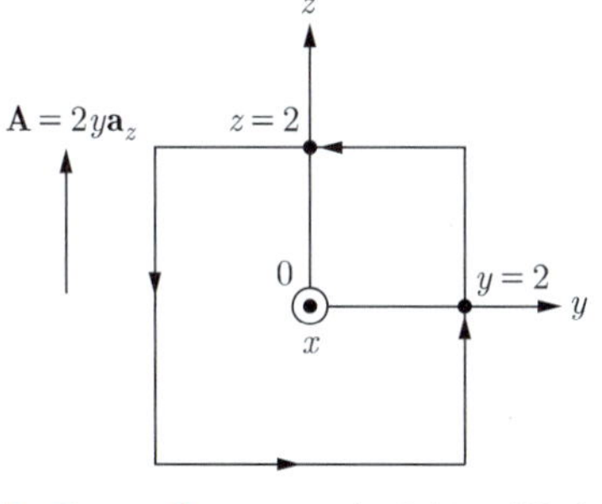

[그림 5-18] 스토크스의 정리를 적용하기 위한 정사각형의 적분 경로

풀이

식 (5.32)의 스토크스의 정리 $\oint \mathbf{A} \cdot d\mathbf{L} = \int_S (\nabla \times \mathbf{A}) \cdot d\mathbf{S}$에서 좌변의 벡터 $\mathbf{A}$는 $\mathbf{a}_z$ 방향이고 경로의 위·아래 두 변에서의 $d\mathbf{L}$은 각각 $-\mathbf{a}_y$와 $+\mathbf{a}_y$ 방향이므로 $\oint \mathbf{A} \cdot d\mathbf{L} = 0$이 된다. 따라서 좌변을 계산하면 다음과 같다.

$$\oint \mathbf{A} \cdot d\mathbf{L} = \int_{-2}^{2} (2y)_{y=2}\, \mathbf{a}_z \cdot dz\, \mathbf{a}_z + \int_{-2}^{2} (2y)_{y=-2}\, \mathbf{a}_z \cdot dz\, (-\mathbf{a}_z)$$

$$= 4[z]_{-2}^{2} - (-4)[z]_{-2}^{2} = 32$$

이제 우변을 계산해보자. 우선 $\mathbf{A}$의 회전을 계산하면 다음과 같다.

$$\nabla \times \mathbf{A} = \begin{vmatrix} \mathbf{a}_x & \mathbf{a}_y & \mathbf{a}_z \\ \dfrac{\partial}{\partial x} & \dfrac{\partial}{\partial y} & \dfrac{\partial}{\partial z} \\ 0 & 0 & 2y \end{vmatrix} = \frac{\partial}{\partial y}(2y)\, \mathbf{a}_x = 2\mathbf{a}_x$$

이를 주어진 면적에 대해 적분하면 다음과 같다.

$$\int (\nabla \times \mathbf{A}) \cdot d\mathbf{S} = \int_{-2}^{2} \int_{-2}^{2} 2\mathbf{a}_x \cdot dydz\, \mathbf{a}_x = 32$$

따라서 이 벡터계에서 스토크스의 정리가 성립함을 알 수 있다.

예제 5-11

자계 $\mathbf{H} = -2\rho^3 \mathbf{a}_z\,[\mathrm{A/m}]$일 때 $\phi = \dfrac{\pi}{2}$, $0 \le \rho \le 2$, $0 \le z \le 4\,[\mathrm{m}]$인 단면을 수직으로 통과하는 총 전류를 구하라.

풀이

총 전류는 맥스웰 방정식 $\nabla \times \mathbf{H} = \mathbf{J}$를 이용하여 전류밀도를 구한 뒤 $I = \int \mathbf{J} \cdot d\mathbf{S}$의 관계를 이용하여 구하면 된다. 우선 자계는 H_z 성분을 가지며, ρ만의 함수이므로 식 (5.29)에서

$$\nabla \times \mathbf{H} = -\frac{\partial H_z}{\partial \rho} \mathbf{a}_\phi = -\frac{\partial}{\partial \rho}(-2\rho^3)\mathbf{a}_\phi = 6\rho^2 \mathbf{a}_\phi$$

이며, 이 단면에 수직한 미소면적 $d\mathbf{S} = d\rho dz\, \mathbf{a}_\phi$이므로 전류 I는 다음과 같다.

$$I = \int \mathbf{J} \cdot d\mathbf{S} = \int\!\!\int 6\rho^2 \mathbf{a}_\phi \cdot d\rho dz\, \mathbf{a}_\phi = \int_0^4 \int_0^2 6\rho^2 d\rho dz = 64\,[\mathrm{A}]$$

한편 이 결과는 스토크스의 정리의 좌변을 연산하여 구할 수도 있다. [그림 5-19]와 같이 벡터 $\mathbf{H}$는 $\mathbf{a}_z$ 방향이고 경로의 위·아래의 두 변에서는 $d\mathbf{L}$이 각각 $\pm \mathbf{a}_\rho$ 방향으로 $\oint \mathbf{H} \cdot d\mathbf{L} = 0$이 되므로 $\phi = \dfrac{\pi}{2}$, $0 \le \rho \le 2$, $0 \le z \le 4\,[\mathrm{m}]$의 공간을 시계 방향으로 선적분하면

$$
\begin{aligned}
I &= \oint \mathbf{H} \cdot d\mathbf{L} \\
&= \int_0^4 (-2\rho^3)_{\rho=0}\mathbf{a}_z \cdot dz\,\mathbf{a}_z + \int_0^4 (-2\rho^3)_{\rho=2}\mathbf{a}_z \cdot dz(-\mathbf{a}_z) \\
&= \int_0^4 16dz = 64[\mathrm{A}]
\end{aligned}
$$

가 되어 앞선 방법과 같은 결과를 얻을 수 있다.

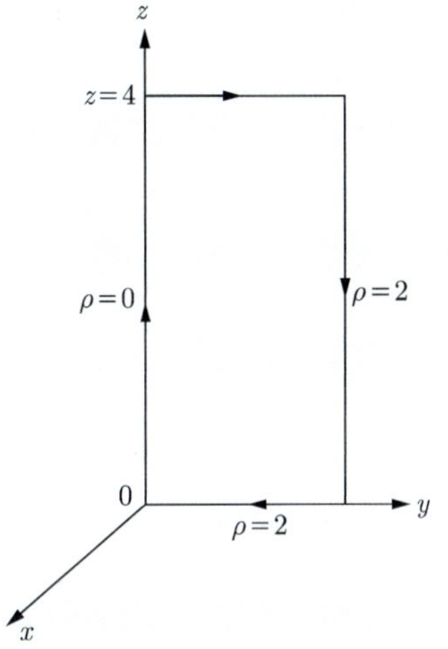

[그림 5-19] $\phi = \frac{\pi}{2}$, $0 \le \rho \le 2$, $0 \le z \le 4$[m]의 적분 경로

SECTION 5.4

자속과 자속밀도

이 절에서는 정자기에너지 및 인덕턴스와 관련하여 매우 중요한 자속과 자속밀도를 소개하고 자계와의 관계를 이해한다. 또한 자속밀도에 대한 맥스웰 방정식을 유도한다.

Keywords | 자속 | 자속밀도 | 투자율 | 맥스웰의 제4방정식 |

2장에서 공부하였던 전속이 전계를 구성하는 선의 집합으로, 어떤 닫힌 면 내에 존재하는 총 전하량에 비례하여 발생한다면 **자속**(magnetic flux)[12]은 자기력선을 구성하는 속선으로, 자계가 발생하는 공간에는 반드시 어떤 면적을 통과하는 자속이 존재한다. 자속의 면적밀도로 정의되는 **자속밀도**(magnetic flux density)는 벡터양으로 취급하며, 자속밀도의 방향은 자계와 동일하지만 자속은 일반적으로 크기 또는 자속의 양에 관심을 두고 스칼라양으로 취급한다. 자유공간의 투자율을 μ_0 라고 할 때 자속밀도 B와 자계 H 사이에는 다음 관계가 성립한다.

★ 자속밀도와 자계의 관계 ★

$$\mathrm{B} = \mu_0 \mathrm{H} \tag{5.34}$$

이는 자유공간에서 전속밀도와 전계 사이에 성립하였던 $\mathrm{D} = \epsilon_0 \mathrm{E}$ 의 관계와 비교해보면 B와 D, 그리고 H와 E가 서로 대응하는 전형적인 예라고 할 수 있다.[13]

자속밀도 B는 단위면적당 웨버(Weber, Wb)를 의미하며, 그 단위는 $[\mathrm{Wb/m^2}]$ 이다. 단위로 [T](Tesla, 테슬라)와 [G](Gauss, 가우스)를 사용하기도 하며, 이 단위들 사이에는 $1\,[\mathrm{Wb/m^2}] = 1\,[\mathrm{T}] = 10{,}000\,[\mathrm{G}]$ 의 관계가 있다. 자유공간의 **투자율**(permeability) μ_0 의 단위는 [H/m](Henry/meter)이다. 단위길이당 인덕턴스인 상수 μ_0 의 값은 다음과 같다.

★ 자유공간의 투자율 ★

$$\mu_0 = 4\pi \times 10^{-7}\,[\mathrm{H/m}] \tag{5.35}$$

12 자속(磁束)의 '속'은 다발 모양을 뜻한다.

13 가우스 법칙 $\oint_S \mathrm{D} \cdot d\mathrm{S} = Q$ 와 앙페르의 주회법칙 $\oint \mathrm{H} \cdot d\mathrm{L} = I$ 에서는 전계 E와 자계 H가 아닌 전속밀도 D와 자계 H가 서로 대응관계에 있음을 볼 수 있었다.

식 (5.34)에서 자속밀도 $\mathbf{B}$의 단위는 [Wb/m^2], 자계 $\mathbf{H}$의 단위는 [A/m]이며, 투자율 μ의 단위는 [H/m]이므로 [Weber] = [Henry] × [Ampere]의 관계가 성립한다.[14]

한편 어떤 미소 면적 ΔS를 통과하는 자속을 $\Delta\Phi$라고 하면 $\Delta\Phi = B\Delta S$로, 면 S를 통과하는 전자속 Φ는 다음과 같이 주어진다.

★ 자속과 자속밀도의 관계 ★

$$\Phi = \int_S \mathbf{B} \cdot d\mathbf{S} \tag{5.36}$$

이 식은 어떤 공간에 자속밀도가 발생할 때 그 공간 내의 어떤 면을 통과하는 자속을 나타낸다. 앞에서 정전계의 가우스 법칙 $\Psi = \oint \mathbf{D} \cdot d\mathbf{S} = Q$는 어떤 닫힌 면에 대한 전속밀도의 면적적분이 그 면을 통해 나오는 전속과 같음을 의미하며, 가우스 법칙으로부터 전계는 양전하에서 시작하여 음전하에서 끝난다는 사실을 공부하였다. 또한 이를 **맥스웰의 제1방정식** $\nabla \cdot \mathbf{D} = \rho_v$로 나타내며, 체적전하밀도 ρ_v를 발산하는 전속밀도의 원천이라고 하였다. 그러나 정자계에서 자속과 자속밀도의 관계는 가우스 법칙과 비교했을 때 매우 중요한 차이점이 있다. 즉 자계에서는 발산의 원천이 존재하지 않는다. 자속은 전류분포의 종류에 상관없이 시작점에서 원래의 위치로 되돌아오는 닫힌 경로를 형성한다. 원천이 존재하지 않으므로 자계에 대한 가우스의 법칙은 다음과 같이 나타낸다.

★ 자계에 대한 가우스 법칙 ★

$$\oint \mathbf{B} \cdot d\mathbf{S} = 0 \tag{5.37}$$

이 식에 발산의 정리를 적용하면 $\oint \mathbf{B} \cdot d\mathbf{S} = \int (\nabla \cdot \mathbf{B})\,dv = 0$으로부터 다음 관계가 성립한다. 이를 **맥스웰의 제4방정식**이라고 한다.

★ 맥스웰의 제4방정식 ★

$$\nabla \cdot \mathbf{B} = 0 \tag{5.38}$$

이제 자속밀도의 면적적분에 대한 식 (5.36)과 식 (5.37)의 차이에 주목해보자. [그림 5-20(a)]와 같이 열린 면에 대한 자속밀도의 면적적분은 그 면을 통과하는 자속이 되며, 자계가 발생하면 어떤 단면을 통과하는 자속은 반드시 존재한다. 그러나 닫힌 면에 대한 자속밀도의 면적적분은 0이 된다.

---

14 H는 자계를 나타내는 기호이지만 대괄호 속의 [H]는 단위를 나타낸다.

닫힌 면이란 [그림 5-20(b)]와 같이 어떤 공간을 둘러싸고 있는 육면체를 구성하는 여섯 개의 면의 합을 말한다. (+)전하에서 시작하여 (-)전하에 종착하는 전계와 달리 자계는 반드시 닫힌 경로를 형성하므로 [그림 5-20(b)]의 왼쪽 면에서 유입된 자속은 반드시 오른쪽 면을 통과해 나가게 되며, 닫힌 면 속에 남아 있는 순 자속(net flux)은 0이 된다. 이는 자속이 닫힌 경로를 형성함으로써 발생하는 현상으로, 이러한 현상을 설명하는 것이 맥스웰의 제4방정식 $\nabla \cdot \mathbf{B} = 0$이다. 즉 **맥스웰의 제4 방정식은 자속밀도에 대한 발산의 원천은 존재하지 않으며, 자속과 자속밀도는 닫힌 경로를 형성함**을 의미한다.

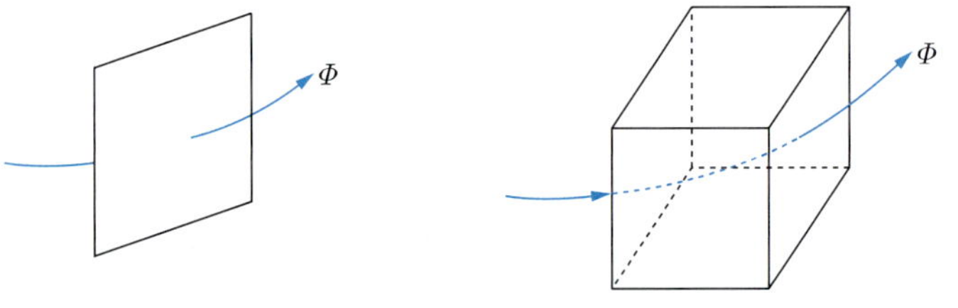

(a) 열린 면 (b) 닫힌 면

[그림 5-20] 열린 면과 닫힌 면

발생된 자속은 반드시 열린 면을 통과하지만 닫힌 면 내부에서의 순 자속은 0이다.

이제 정전계와 정자계에서의 맥스웰의 네 가지 방정식을 모두 구하였다. 맥스웰 방정식은 전계와 자계의 기본적인 특성을 나타내는 방정식으로, **미분형 맥스웰 방정식**을 정리하면 다음과 같다.

★ 미분형 맥스웰 방정식 ★

$$\begin{aligned} \nabla \cdot \mathbf{D} &= \rho_v \\ \nabla \times \mathbf{E} &= 0 \\ \nabla \times \mathbf{H} &= \mathbf{J} \\ \nabla \cdot \mathbf{B} &= 0 \end{aligned} \tag{5.39}$$

정전계와 정자계의 맥스웰 방정식을 정리하면 $\nabla \cdot \mathbf{D} = \rho_v$ 또는 $\nabla \cdot \mathbf{E} = \rho_v / \epsilon_0$로부터 전계와 전속밀도는 발산하는 양이다. 그 원천은 체적전하밀도이지만 자계 및 자속밀도는 회전하는 양으로, 자속의 경로는 반드시 닫혀 있다. 즉 자속밀도의 발산의 원천은 존재하지 않으므로 $\nabla \cdot \mathbf{B} = 0$ 이다. 또한 전계의 회전은 0이 되므로 회전하는 전계의 원천은 존재하지 않는 반면 $\nabla \times \mathbf{H} = \mathbf{J}$와 같이 자계는 회전의 원천이 존재하는 물리량으로, 회전의 결과는 그 점의 전류밀도임을 나타낸다.

한편 **적분형 맥스웰 방정식**은 다음과 같다.

★ 적분형 맥스웰 방정식 ★

$$\oint \mathbf{D} \cdot d\mathbf{S} = Q$$

$$\oint \mathbf{E} \cdot d\mathbf{L} = 0$$

$$\oint \mathbf{H} \cdot d\mathbf{L} = I \qquad (5.40)$$

$$\oint \mathbf{B} \cdot d\mathbf{S} = 0$$

이제 내·외부 도체의 반지름이 각각 a, b이고 길이가 $d(d \gg a, b)$인 동축케이블에서 내·외부 도체 사이의 단위길이당 자속을 구해보자. 동축케이블에서의 자계의 세기와 자속밀도는 다음과 같다.

$$\mathbf{H} = \frac{I}{2\pi\rho}\mathbf{a}_\phi, \quad \mathbf{B} = \mu_0\mathbf{H} = \frac{\mu_0 I}{2\pi\rho}\mathbf{a}_\phi$$

식 (5.36)을 이용하면 $a < \rho < b$ 사이의 면을 통과하는 자속 Φ를 다음과 같이 구할 수 있다.

$$\Phi = \int \mathbf{B} \cdot d\mathbf{S} = \int_0^d \int_a^b \frac{\mu_0 I}{2\pi\rho}\mathbf{a}_\phi \cdot d\rho dz \mathbf{a}_\phi$$

$$= \frac{\mu_0 I d}{2\pi}\ln\frac{b}{a}$$

따라서 동축케이블의 단위길이당 자속은 다음과 같다.

$$\Phi = \frac{\mu_0 I}{2\pi}\ln\frac{b}{a}$$

예제 5-12

권선 수가 N이고 자속이 통과하는 수직 단면적이 S인 공심 토로이드에 전류 I가 흐를 때 자속을 구하라.

풀이

공심 토로이드는 토로이드의 내부가 공기이며, 공기의 투자율 $\mu \simeq \mu_0$이다. 따라서 토로이드 내부의 자계 $\mathbf{H}$와 자속밀도 $\mathbf{B}$는 다음과 같다.

$$\mathbf{H} = \frac{NI}{2\pi\rho}\mathbf{a}_\phi, \quad \mathbf{B} = \mu_0\mathbf{H} = \frac{\mu_0 NI}{2\pi\rho}\mathbf{a}_\phi$$

따라서 자속은 식 (5.40)의 $\Phi = \int \mathbf{B} \cdot d\mathbf{S}$ 를 이용하여 다음과 같이 구할 수 있다.

$$\Phi = \int \mathbf{B} \cdot d\mathbf{S} = \int_0^S \frac{\mu_0 NI}{2\pi\rho} \mathbf{a}_\phi \cdot dS\mathbf{a}_\phi$$

$$= \frac{\mu_0 NIS}{2\pi\rho}$$

SECTION
5.5
스칼라 자위와 벡터 자위

이 절에서는 스칼라 자위와 벡터 자위를 정의하여 정자계에서 발생하는 자기적 현상을 위치에너지의 개념으로 설명한다. 또한 비보존계로서의 자계의 특성을 공부한다.

Keywords | 스칼라 자위 | 비보존계 | 벡터 자위 |

1 스칼라 자위

두 점 사이에 전위차가 있으면 전계가 발생하며, 이때 전계는 두 점 사이의 전위차의 크기에 비례한다. 즉 전계 $\mathbf{E} = -\nabla V$로, 이 과정에서 전계를 전기적 위치에너지의 차이로 설명할 수 있다. 이는 쿨롱의 실험적 사실에 의존했던 전계를 두 점 사이의 위치에너지의 차이가 전계를 형성하는 현상으로 해석한 것으로, 물리적인 의미를 가진다. 이와 마찬가지로 비오-사바르 법칙으로 정의하였던 자계의 발생도 두 점 사이의 자기적 위치에너지의 차이로 새롭게 설명할 수 있다.

정자계에서의 자위에는 스칼라 자위와 벡터 자위가 있다. 여기에서는 우선 스칼라 자위에 대해 알아보자. **스칼라 자위**(scalar magnetic potential)를 V_m이라고 하면 전계와 전위와의 관계 $\mathbf{E} = -\nabla V$에 대응하여 자계와 스칼라 자위 사이에 다음 관계가 성립한다.

★ 자계와 스칼라 자위의 관계 ★

$$\mathbf{H} = -\nabla V_m \tag{5.41}$$

이 식은 **자계는 두 점 사이의 스칼라 자위의 차에 의해 발생하며, 그 방향은 거리의 변화에 대해 스칼라 자위가 가장 급격하게 감소하는 방향**임을 나타낸다. 이로부터 스칼라 자위 V_m은 다음과 같이 표현할 수 있다.

★ 스칼라 자위 ★

$$V_m = -\int \mathbf{H} \cdot d\mathbf{L} \tag{5.42}$$

스칼라 자위 V_m은 자계를 거리에 대해 적분한 결과이므로 단위는 [A]이다.

한편 맥스웰 방정식 $\nabla \times \mathbf{H} = \mathbf{J}$에 $\mathbf{H} = -\nabla V_m$을 대입하면 $\nabla \times \mathbf{H} = \mathbf{J} = \nabla \times (-\nabla V_m)$이 되며, 이 식에서 $\nabla \times (-\nabla V_m) = 0$[15]이므로 스칼라 자위는 반드시 $\mathbf{J} = 0$인 공간에서만 정의될 수 있다. 즉 자계가 발생하는 닫힌 경로의 두 점 사이에 스칼라 자위가 정의될 수 있다. 한편 자위에 대한 라플라스 방정식은

$$\nabla \cdot \mathbf{B} = \mu_0 \nabla \cdot \mathbf{H} = \mu_0 \nabla \cdot (-\nabla V_m) = 0$$

의 연산에 의해 다음과 같이 주어진다.

$$\nabla^2 V_m = 0 \tag{5.43}$$

비보존계인 자계의 성질

이제 [그림 5-21]처럼 z축을 흐르는 무한 선전류 I에 의한 점 $\mathrm{P}\left(\rho, \frac{\pi}{3}, 0\right)$에서 스칼라 자위를 구해보자. z축에서 ρ만큼 떨어진 곳에서는 $\mathbf{J} = 0$이므로 자위를 정의할 수 있다. 식 (5.41)의 관계를 이용하여 자계를 표현하면 다음과 같다.

$$\mathbf{H} = -\nabla V_m = -\frac{\partial V_m}{\partial \rho}\mathbf{a}_\rho - \frac{1}{\rho}\frac{\partial V_m}{\partial \phi}\mathbf{a}_\phi - \frac{\partial V_m}{\partial z}\mathbf{a}_z$$

z축의 양(+)의 방향으로 흐르는 전류 I에 의한 점 P의 자계 $\mathbf{H} = \frac{I}{2\pi\rho}\mathbf{a}_\phi$이므로

$$\frac{I}{2\pi\rho} = -\frac{1}{\rho}\frac{\partial V_m}{\partial \phi}$$

의 관계가 성립하며, 이로부터 스칼라 자위를 구하면 다음과 같다.

$$V_m = -\frac{I}{2\pi}\phi + C$$

이 식에서 C는 적분상수이며, 초기조건으로 $\phi = 0$일 때 $V_m = 0\,[\mathrm{A}]$라고 하면 적분상수 $C = 0$이 되어 $V_m = -\frac{I}{2\pi}\phi$의 해를 얻는다. 따라서 점 $\mathrm{P}\left(\rho, \frac{\pi}{3}, 0\right)$에서 스칼라 자위는 $V_m = -\frac{I}{6}\,[\mathrm{A}]$가 된다. 즉 $\phi = 0$이면 $V_m = 0\,[\mathrm{A}]$이고 ϕ가 $\frac{\pi}{3}$, π이면 V_m은 각각 $-\frac{I}{6}\,[\mathrm{A}]$, $-\frac{I}{2}\,[\mathrm{A}]$가 된다. 그 결과 자위가 높은 $\phi = 0$에서 자위가 낮은 $\phi = \frac{\pi}{3}$, 그리고 π로 향하는 $\mathbf{a}_\phi$ 방향의 자계가 발생한다. 이는 [그림 5-21]에서 전류의 방향을 지면에서 나오는 방향이라고 할 때 자계는 $\mathbf{a}_\phi$ 방향이 되는 기존의 결과에 부합한다.

15 직각좌표계에서 $\nabla \times (-\nabla V_m)$의 연산을 하면 $\nabla \times (-\nabla V_m) = 0$이 된다.

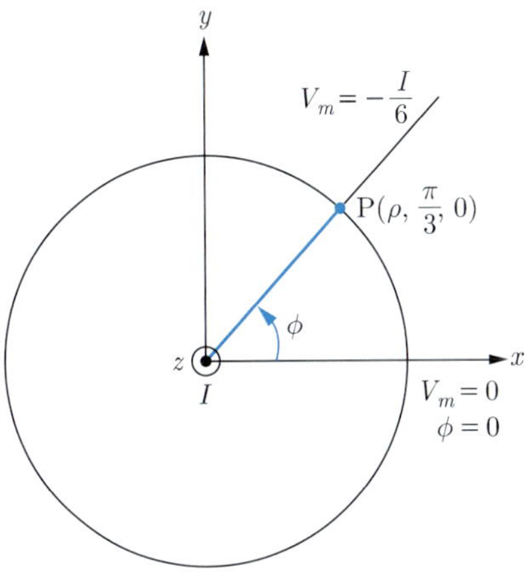

[그림 5-21] 무한 선전류에 의한 스칼라 자위 V_m
전위와는 달리 자위는 임의의 한 점에서 여러 값을 가질 수 있다.

한편 변수 ϕ는 $\pi/3$, $7\pi/3$, $13\pi/3$, $\cdots$ 또는 $-5\pi/3$, $-11\pi/3$, $-17\pi/3$, $\cdots$으로 변화하여도 같은 점 P를 나타내지만 점 P에서의 자위의 값은 변수 ϕ의 값에 따라 달라진다. 즉 자위는 동일한 점 P에서 $-I/6$, $-7I/6$, $-13I/6$, $\cdots$ 등 여러 가지 V_m 값을 가질 수 있다. 이는 한 점이 지정되면 반드시 하나의 값만을 갖는 정전계에서의 전위와 다른 특성이다.

정전계와 정자계의 이러한 특성의 차이를 고찰해보자. 우선 정전계에서 성립하는 $\oint \mathbf{E} \cdot d\mathbf{L} = 0$ 및 $V_{ab} = -\int_b^a \mathbf{E} \cdot d\mathbf{L}$에서 두 점 a, b 사이의 전위는 전계의 세기와 이동하는 거리에 의존하지만 적분경로와는 무관하다. 따라서 정전계에서 닫힌 경로를 일주하여 적분할 때 필요한 일의 양은 0이며, 이러한 계를 보존계라고 하였다. 반면 정자계에서 닫힌 경로에 대한 자계의 선적분은

$$\oint \mathbf{H} \cdot d\mathbf{L} = I$$

가 되어 흐르는 전류 주위의 경로를 한 번씩 회전할 때마다 적분의 결과는 I만큼 증가한다. 따라서 닫힌 경로에 대한 선적분의 결과는 적분경로와 무관하지 않으며, **전위와는 달리 자위는 보존계가 아니다.** 따라서 비보존계인 자계의 경우 한 점에서 하나의 자위의 값을 가지려면 적분경로를 반드시 지정해야 한다. 즉 지정된 적분경로에 대해 다음과 같은 결과가 성립한다.

$$V_{m,\ ab} = -\int_b^a \mathbf{H} \cdot d\mathbf{L} \tag{5.44}$$

예를 들어 [그림 5-21]과 같은 상황에서 적분경로를 $-\pi < \phi < \pi$로 지정하면 이 범위에서 ϕ는 $\pi/3$의 값만을 가지게 되므로 그 결과는

$$V_{m,\ ab} = -\int_b^a \mathbf{H} \cdot d\mathbf{L} = -\int_0^{\frac{\pi}{3}} \frac{I}{2\pi\rho}\mathbf{a}_\phi \cdot \rho d\rho \mathbf{a}_\phi = -\frac{I}{6}\,[\mathrm{A}]$$

가 되어 점 P$(\rho,\ \pi/3,\ 0)$에서 하나의 해를 갖게 된다.

예제 5-13

자계 $\mathbf{H} = \dfrac{3I}{2\pi\rho}\mathbf{a}_\phi$ [A/m]일 때 $\phi = 30°$에서의 스칼라 자위를 구하라. 단, $\phi = 0$에서 $V_m = 0$이며, ϕ의 범위는 $0 \le \phi \le 180°$이다.

풀이

우선 자계와 스칼라 자위의 관계에 대한 식 (5.41)의 $\mathbf{H} = -\nabla V_m$을 이용하면 자계는

$$\mathbf{H} = -\nabla V_m = -\frac{1}{\rho}\frac{\partial V_m}{\partial \phi}\mathbf{a}_\phi = \frac{3I}{2\pi\rho}\mathbf{a}_\phi$$

가 되므로 자위를 구하면 다음과 같다.

$$V_m = -\frac{3I}{2\pi}\phi + A$$

한편 초기조건으로 $\phi = 0$이면 $V_m = 0$이므로 이를 앞선 식에 대입하면 $A = 0$이 된다. 따라서 V_m은 다음과 같다.

$$V_m = -\frac{3I}{2\pi}\phi = -\frac{3I}{2\pi} \times \frac{30}{180}\pi = -\frac{I}{4} \text{ [A]}$$

2 벡터 자위

마지막으로 **벡터 자위**(vector magnetic potential)에 대해 알아보자. 정자계에서 맥스웰 방정식

$$\nabla \cdot \mathbf{B} = 0$$

이 성립하며, 벡터 항등식으로 어떤 벡터의 회전의 발산은

$$\nabla \cdot \nabla \times \mathbf{A} = 0$$

이므로 앞선 두 식에서 자속밀도 $\mathbf{B}$는 벡터 $\mathbf{A}$의 회전 연산으로 다음과 같이 표현할 수 있다.

★ 벡터 자위 ★

$$\mathbf{B} = \nabla \times \mathbf{A} \tag{5.45}$$

이 관계를 만족하는 벡터 $\mathbf{A}$를 벡터 자위라고 한다. 식 (5.45)에서 자속밀도의 단위가 $[\mathrm{Wb/m^2}]$이고 ∇이 거리에 대한 미분 연산자이므로 벡터 자위의 단위는 [Wb/m]가 된다. 전류 I[A]에 의한

벡터 자위는 다음과 같이 정의한다.

$$\mathbf{A} = \int \frac{\mu_0 I d\mathbf{L}}{4\pi R} \tag{5.46}$$

이 식을 미소전하에 의한 전위의 식 $V = \int \frac{dQ}{4\pi\epsilon_0 R}$와 비교하면 μ_0와 $\frac{1}{\epsilon_0}$, $Id\mathbf{L}$과 dQ가 서로 대응하고 있음을 알 수 있다. 표면전류밀도와 체적전류밀도에 의한 벡터 자위 역시 식 (5.46)에 대응하여 다음과 같이 정의할 수 있다.

$$\mathbf{A} = \int \frac{\mu_0 \mathbf{K}\, dS}{4\pi R} \tag{5.47}$$

$$\mathbf{A} = \int \frac{\mu_0 \mathbf{J}\, dv}{4\pi R} \tag{5.48}$$

한편 $\mathbf{B} = \nabla \times \mathbf{A}$의 관계를 이용하면 자속 Φ를 다음과 같이 벡터 자위로 표현할 수 있다.

$$\Phi = \int_S \mathbf{B} \cdot d\mathbf{S} = \int_S (\nabla \times \mathbf{A}) \cdot d\mathbf{S}$$

이 식의 마지막 항에 스토크스의 정리를 이용하면 다음과 같다.

$$\Phi = \int_S (\nabla \times \mathbf{A}) \cdot d\mathbf{S} = \oint \mathbf{A} \cdot d\mathbf{L}$$

즉 자속은 벡터 자위를 이용하여 다음과 같이 나타낼 수 있다.

★ 벡터 자위와 자속의 관계 ★

$$\Phi = \oint \mathbf{A} \cdot d\mathbf{L} \tag{5.49}$$

예제 5-14

벡터 자위 $\mathbf{A} = \rho\sin\phi\mathbf{a}_\rho + \rho\cos\phi\mathbf{a}_\phi$ [Wb/m]일 때 $z=0$, $0 \le \rho \le 3$, $0 \le \phi \le \frac{\pi}{2}$의 원통 단면을 통과하는 자속을 구하라.

풀이

[방법 1]

자속밀도와 벡터 자위의 관계인 $\mathbf{B} = \nabla \times \mathbf{A}$를 이용하여 자속밀도 $\mathbf{B}$를 구하면 자속은 $\Phi = \oint \mathbf{B} \cdot d\mathbf{S}$를 이용하여 계산할 수 있다. 우선 자속밀도 $\mathbf{B}$는 다음과 같다.

$$\mathbf{B} = \nabla \times \mathbf{A} = \frac{1}{\rho}\begin{vmatrix} \mathbf{a}_\rho & \rho\mathbf{a}_\phi & \mathbf{a}_z \\ \frac{\partial}{\partial\rho} & \frac{\partial}{\partial\phi} & \frac{\partial}{\partial z} \\ \rho\sin\phi & \rho^2\cos\phi & 0 \end{vmatrix} = \frac{1}{\rho}\left[\frac{\partial}{\partial\rho}(\rho^2\cos\phi) - \frac{\partial}{\partial\phi}(\rho\sin\phi)\right]\mathbf{a}_z$$

$$= \cos\phi\mathbf{a}_z$$

따라서 자속은 식 (5.36)을 이용하여 다음과 같이 계산한다.

$$\Phi = \int \mathbf{B} \cdot d\mathbf{S} = \int \cos\phi\mathbf{a}_z \cdot \rho d\rho d\phi\mathbf{a}_z = \int_0^{\pi/2}\int_0^3 \rho\cos\phi d\rho d\phi$$

$$= \left[\frac{\rho^2}{2}\right]_0^3 [\sin\phi]_0^{\pi/2} = 4.5\,[\mathrm{Wb}]$$

[방법 2]

자속은 벡터 자위의 닫힌 경로에 대한 선적분으로, $\Phi = \oint \mathbf{A} \cdot d\mathbf{L}$ 이다. 원통좌표계에서 $d\mathbf{L} = d\rho\mathbf{a}_\rho + \rho d\phi\mathbf{a}_\phi + dz\mathbf{a}_z$ 이므로 자속은

$$\Phi = \oint \mathbf{A} \cdot d\mathbf{L} = \int (\rho\sin\phi d\rho + \rho^2\cos\phi d\phi)$$

가 된다. 선적분의 닫힌 경로가 $z = 0,\ 0 \le \rho \le 3,\ 0 \le \phi \le \frac{\pi}{2}$ 의 원통 단면이므로 [그림 5-22]처럼 변 1에서는 $\phi = 0,\ d\phi = 0$이 되어 $\int = 0$이 되며, 변 2와 3에서 Φ는 다음과 같이 구해진다.

$$\Phi = \int_0^{\frac{\pi}{2}} 9\cos\phi d\phi + \int_3^0 \rho d\rho = 9\,[\sin\phi]_0^{\frac{\pi}{2}} + \left[\frac{\rho^2}{2}\right]_3^0 = 4.5\,[\mathrm{Wb}]$$

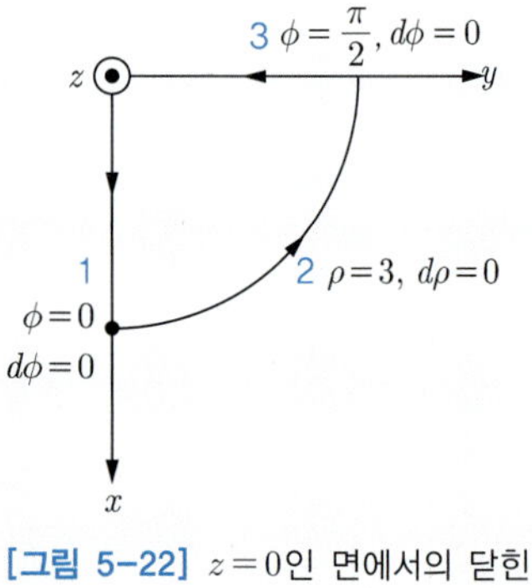

[그림 5-22] $z = 0$인 면에서의 닫힌 적분경로

CHAPTER
05 연습문제

5.1 z축의 양(+)의 방향으로 무한 선전류 I[A]가 흐르고 있다. 점 $P(\rho_1, \frac{\pi}{2}, 0)$에서의 자계의 세기 $\mathbf{H}$를 비오-사바르 법칙을 이용하여 구하라.

5.2 중심이 z_1과 $-z_1$에 있고 반지름이 a인 두 원형 코일이 있다. 두 원형 코일에 같은 방향으로 전류 I가 흐를 때 $z=0$인 점에서의 자계의 세기를 비오-사바르 법칙을 이용하여 구하라.

5.3 Q[C]의 점전하가 자유공간에서 v[m/s]의 속도로 운동하고 있다. 비오-사바르 법칙을 이용하여 이 점전하로부터 R[m] 떨어진 점의 자계를 $H = \dfrac{Qv\sin\theta}{4\pi R^2}$와 같이 표현할 수 있음을 보여라. 단, θ는 운동 방향과 거리를 나타내는 벡터 사이의 각이다.

5.4 무한 선전류 $I = 10\pi$[A]가 z축의 양(+)의 방향으로 흐르고 있다. 점 $P(3, -4, 4)$[m]에서의 자계의 세기를 구해 직각좌표계로 표현하라.

5.5 $x = 1$, $z = 2$[m]를 통과하고 y축에 평행한 $I = 4\pi$[A]의 무한 선전류가 y축의 양(+)의 방향으로 흐르고 있다. 점 $P(3, 1, 4)$[m]에서의 자계의 세기를 구해 직각좌표계로 표현하라.

5.6 한 변의 길이가 l[m]인 정육면체의 도선에 시계 방향으로 I[A]의 전류가 흐르고 있다. 정육면체 중심에서의 자계의 세기 $|\mathbf{H}|$를 구하라.

5.7 한 변의 길이가 $\frac{2}{\pi}$[m]인 정사각형 도선에 시계 방향으로 전류 $\sqrt{2}$[A]가 흐르고 있다. 정사각형 중심에서의 자계 $|\mathbf{H}|$를 구하라.

5.8 한 변의 길이가 4[m]인 정삼각형 도선에 시계 방향으로 전류 2[A]가 흐르고 있다. 정삼각형 중심에서의 자계 $|\mathbf{H}|$를 구하라.

5.9 한 변의 길이가 3[m]인 정육면체의 도선에 시계 방향으로 $\sqrt{3}$ [A]의 전류가 흐르고 있다. 정육면체 중심에서의 자계 $|\mathbf{H}|$를 구하라.

5.10 원점에서 x 축을 따라 길이가 $\sqrt{3}$ [m]인 도선이 있다. 이 도선에 x 축의 양(+)의 방향으로 8[A]의 전류가 흐를 때 점 P(0, 0, 1)[m]에서의 자계 $|\mathbf{H}|$를 구하라.

5.11 8[A]의 전류가 $-\infty$에서 x 축을 따라 원점으로 흘러 들어오고 다시 y 축을 따라 $+\infty$ 로 흘러 나간다. 점 P(2, 4, 0)[m]에서의 자계의 세기 $\mathbf{H}$ 를 직각좌표계로 표시하라.

5.12 무한 선전류 I[A]가 z축의 양(+)의 방향으로 흐를 때 전류로부터 수직 방향으로 ρ[m]만큼 떨어진 곳에서 자계 $\mathbf{H} = \dfrac{I}{2\pi\rho}\mathbf{a}_\phi$[A/m]임을 식 $\mathbf{H} = \dfrac{I}{4\pi a}(\cos\theta_1 + \cos\theta_2)\mathbf{a}_\phi$를 이용하여 구하라.

5.13 반지름이 3[cm]인 원형 코일에 5[mA]의 전류가 흐를 때 코일의 중심에서 코일 면에 수직으로 4[cm] 떨어진 점에서의 자계 $|\mathbf{H}|$를 구하라.

5.14 [연습문제 5.13]의 원형 코일의 중심에서의 자계 $|\mathbf{H}|$를 구하라.

5.15 같은 크기의 선전류 I[A]가 각각 y 축을 따라 흐를 때와 z 축을 따라 흐를 때 각 전류에 의한 점 P(0, 2, 2)[m]에서의 자계의 비를 구하라.

5.16 yz 평면에 평행하고 $x = 2$[m]인 점을 통과하는 무한 넓이의 면과 $x = -2$[m]의 무한 넓이의 면에 각각 $\mathbf{K} = 5\mathbf{a}_y$[A/m] 및 $\mathbf{K} = -5\mathbf{a}_y$[A/m]의 표면전류가 흐를 때 다음을 구하라,

(a) 원점에서의 자계의 세기

(b) 점 P(−3, 2, 5)[m]에서의 자계의 세기

5.17 무한히 넓은 xy 평면에 평행하며, $z = 0$의 면과 $z = a(a > 0)$의 면에 각각 $\mathbf{K} = K_a\mathbf{a}_x$ 및 $\mathbf{K} = -K_a\mathbf{a}_x$[A/m]의 표면전류가 흐르고 있다. 다음 위치에서의 자계의 세기를 구하라.

(a) $z < 0$

(b) $z > a$

(c) $0 < z < a$

5.18 $y=0$의 무한 평면에 $\mathbf{K}=8\mathbf{a}_x$[A/m]의 표면전류가 흐르며, $y=2$, $z=1$[m]인 점을 통과하고 x축에 평행한 무한 선전류 I[A]가 $+x$ 방향으로 흐를 때 점 P(1, 3, 1)[m]에서 자계가 0이 되기 위한 전류 I[A]를 구하라.

5.19 반지름이 $a=1$[cm]이고 길이가 $d=5$[m]로 매우 긴 솔레노이드에 $N=300$[회]의 코일을 감았다. 이 도체에 $I=1.5$[A]의 전류를 흘릴 때 도체 내부의 한 점에서의 자계의 세기를 구하라.

5.20 평균 반지름이 $\rho_0=\frac{2}{\pi}$[m]이고 $N=150$[회]의 코일이 감겨 있는 공심 토로이드에 $I=0.4$[A]의 전류가 흐를 때 $\rho=\rho_0$[m]에서의 자계의 세기를 구하라.

5.21 반지름이 a[m]이고 길이가 L[m]로 매우 긴 원주형 도체에 전류 I[A]가 균일하게 흐르고 있다. 도체 내부의 한 점에서 자계의 회전을 구하라.

5.22 자계 $\mathbf{H}=xy\mathbf{a}_y-zx\mathbf{a}_z$[A/m]를 위한 점 P(1, 1, 1)[m]에서의 전류밀도 $\mathbf{J}$[A/m^2]를 구하라.

5.23 어떤 공간에 자계 $\mathbf{H}=3\rho\sin\phi\mathbf{a}_\rho+5\cos\phi\mathbf{a}_\phi-2\rho^2\mathbf{a}_z$[A/m]일 때 점 P$(3, \frac{\pi}{2}, 0)$에서의 전류밀도 $\mathbf{J}$[A/m^2]를 구하라.

5.24 평균 반지름이 ρ_0[m]이고 권수가 N[회]인 토로이드 내부의 한 점에서 전류밀도가 0[A/m^2]임을 보여라.

5.25 전류밀도 $\mathbf{J}=3\rho\mathbf{a}_z$[A/m^2]일 때 $\rho=2$[cm]에서의 자계의 세기 $\mathbf{H}$[A/m]를 구하라.

5.26 자계 $\mathbf{H}=4x^2\mathbf{a}_x-3xy\mathbf{a}_y$[A/m]일 때 $0\le x\le 2$, $0\le y\le 2$, 그리고 $z=0$인 공간에서 스토크스 정리가 성립함을 보여라.

5.27 어떤 벡터 $\mathbf{H}=\rho\cos\phi\mathbf{a}_\rho$에 대해 $0\le\rho\le 2$, $0\le\phi\le\frac{\pi}{2}$, 그리고 $z=5$인 영역에서 스토크스 정리의 양변을 계산하라.

5.28 z 축을 따라 무한히 긴 선전류 $I = 2.5$[A]가 흐르고 있다. yz 평면상의 점 P(0, 3, 1)[m]에 중심이 있고 한 변의 길이가 2[m]인 정사각형 단면을 통과하는 자속을 구하라.

5.29 z 축에 무한 선전류 I[A]가 흐를 때 점 $P_1(\rho, \frac{\pi}{3}, 0)$에서의 스칼라 자위를 구하라. 단, $\phi = 0$에서 $V_m = 0$[A]이며, $-\pi < \phi < \pi$이다.

5.30 [연습문제 5.29]에서 점 $P_2(\rho, \frac{\pi}{6}, 0)$에서의 스칼라 자위를 구하고 두 점 사이의 스칼라 자위의 차와 자계의 방향을 논하라.

5.31 벡터 자위 $\mathbf{A} = x^2y\mathbf{a}_x + 2xyz\mathbf{a}_z$[Wb/m]이다. 다음을 구하라.

(a) 점 P(2, 0, 3)[m]에서의 자속밀도

(b) $x = 2$, $0 \le y \le 2$, $0 \le z \le 3$[m]인 면을 통과하는 자속

5.32 벡터 자위 $\mathbf{A} = -\frac{\rho}{2}\mathbf{a}_z$[Wb/m]이다. $\phi = \frac{\pi}{2}$, $0 \le \rho \le 2$, $0 \le z \le 2$[m]의 단면을 통과하는 총 자속을 구하라.

5.33 발산의 정리와 스토크스의 정리를 이용하여 임의의 벡터 $\mathbf{A}$에 대해 $\nabla \cdot (\nabla \times \mathbf{A}) = 0$임을 보여라.

5.34 어떤 스칼라량 V_m에 대해 $\nabla \times \nabla V_m = 0$임을 보여라.

5.35 어떤 닫힌 경로에 대한 벡터 자위 $\mathbf{A}$의 선적분이 그 경로를 통과하는 전속과 같음을 증명하라.

CHAPTER

06

자기력, 자성체 및 인덕턴스

전계와 마찬가지로 자계의 본질은 하전입자에 미치는 힘이다. 이 장에서는 자계가 운동하는 전하 및 전류에 미치는 힘, 그리고 전류 사이에 작용하는 자기력을 공부하여 자계의 중요한 공학적 의미를 이해한다. 또한 회전력과 쌍극자모멘트를 정의하여 자성체에 자계를 인가할 때 발생하는 자화현상을 공부하고 자성체가 가지는 자성의 본질을 파악한다. 한편 두 자성체의 경계면에서의 경계조건과 자속의 흐름을 모의한 자기회로에 대한 학습을 통해 자계 해석의 방법을 제안하고 각종 전류분포 조건에서 자기에너지와 인덕턴스를 구한다.

CONTENTS

SECTION 6.1

자기력

자계가 운동하는 하전입자에 미치는 힘(로렌츠의 힘)의 성질을 이해하고 자계가 전류에 작용하는 힘과 자계 내에서 전류와 전류 사이에 발생하는 힘을 구한다.

Keywords | 운동하는 하전입자에 작용하는 힘 | 로렌츠의 힘 | 전류에 작용하는 힘 | 전류 사이에 작용하는 힘 |

1 운동하는 하전입자에 작용하는 힘

우리는 2장에서 전계를 단위양전하에 미치는 힘으로 정의하고 이 힘을 쿨롱의 힘이라고 하였다. 즉 전계 내의 하전입자는 전계로부터 $\mathbf{F} = Q\mathbf{E}$의 쿨롱의 힘을 받는다. 자계와 자속밀도 역시 전계와 마찬가지로 그 본질은 힘이다. 자계도 운동하는 하전입자에 힘을 작용하며, 이를 **로렌츠의 힘**(Lorentz force)이라고 한다. 따라서 전계와 자계 모두 그 본질은 '하전입자에 작용하는 힘'이라고 할 수 있다. 자속밀도를 $\mathbf{B}$, 하전입자의 운동속도를 $\mathbf{v}$라고 할 때 로렌츠의 힘은 자속밀도와 속도의 크기에 비례하며, 다음과 같이 주어진다.[1]

★ 로렌츠의 힘 ★

$$\mathbf{F} = Q\mathbf{v} \times \mathbf{B} \tag{6.1}$$

식 (6.1)에서 자속밀도가 아무리 커도 하전입자가 정지하고 있다면 로렌츠의 힘은 0이다. 이때 하전입자에 작용하는 힘은 **속도 $\mathbf{v}$와 자속밀도 $\mathbf{B}$에 수직**이며, 오른손법칙에 따라 $\mathbf{v}$에서 $\mathbf{B}$로 오른나사를 돌릴 때 나사가 진행하는 방향이 된다.

전계와 자속밀도 모두 하전입자에 힘을 작용하지만 그 힘의 성질은 다르다. 쿨롱의 힘은 전하의 부호에 따라 전계와 같은 방향이거나 반대 방향으로 작용한다. 즉 **전계에 의한 힘은 전계와의 연장선상**에 놓여 있다. 이러한 힘의 방향 때문에 쿨롱의 힘은 시간이 경과함에 따라 하전입자의 운동속도와 운동에너지를 지속적으로 증가시킬 수 있다. 반면에 **자속밀도는 운동 방향에 수직인 방향으로 힘을 작용하게 되는데, 운동속도 및 운동에너지에 영향을 주지 않고** 하전입자를 회전시켜 원운동을 하게 한다. 즉 전하의 부호가 음(−)인 전자의 운동속도 $\mathbf{v}$의 방향이 $\mathbf{a}_\rho$이고 자속밀도 $\mathbf{B}$의 방향이 $\mathbf{a}_z$라면 $\mathbf{F} = Q\mathbf{v} \times \mathbf{B}$에서 힘 $\mathbf{F}$는 $\mathbf{a}_\phi$ 방향으로 하전입자를 회전시킨다. 양(+)이온의 경우 회전 방향은

1 쿨롱의 힘 $\mathbf{F} = Q\mathbf{E}$와 로렌츠의 힘 $\mathbf{F} = Q\mathbf{v} \times \mathbf{B}$에서 처음으로 $\mathbf{E}$와 $\mathbf{B}$가 대응되는 예를 볼 수 있다.

반대가 된다. 두 힘이 같이 존재할 때 힘은 다음과 같이 표현한다.

★ 전계와 자계에 의한 힘 ★

$$\mathbf{F} = Q(\mathbf{E} + \mathbf{v} \times \mathbf{B}) \qquad (6.2)$$

예제 6-1

전계 $\mathbf{E} = 3\mathbf{a}_x - \mathbf{a}_y + 4\mathbf{a}_z$ [mV/m]이고 자속밀도 $\mathbf{B} = 2\mathbf{a}_x + 2\mathbf{a}_z$ [mWb/m^2]인 공간에서 $Q = 10$ [mC]의 전하가 속도 $\mathbf{v} = \mathbf{a}_x + 2\mathbf{a}_y - 3\mathbf{a}_z$ [m/sec]로 운동할 때 전하에 작용하는 힘을 구하라.

풀이

전하가 전계와 자계로부터 받는 힘은 식 (6.2)의 $\mathbf{F} = Q(\mathbf{E} + \mathbf{v} \times \mathbf{B})$를 이용하여 구한다. 먼저 $\mathbf{v} \times \mathbf{B}$ 의 연산을 하면 다음과 같다.

$$\mathbf{v} \times \mathbf{B} = \begin{vmatrix} \mathbf{a}_x & \mathbf{a}_y & \mathbf{a}_z \\ 1 & 2 & -3 \\ 2 & 0 & 2 \end{vmatrix} = (4-0)\mathbf{a}_x + (-6-2)\mathbf{a}_y + (0-4)\mathbf{a}_z = 4\mathbf{a}_x - 8\mathbf{a}_y - 4\mathbf{a}_z$$

따라서 구하고자 하는 힘은 다음과 같다.

$$\mathbf{F} = 10 \times 10^{-3}[(3\mathbf{a}_x - \mathbf{a}_y + 4\mathbf{a}_z) + (4\mathbf{a}_x - 8\mathbf{a}_y - 4\mathbf{a}_z)] \times 10^{-3} = 70\mathbf{a}_x - 90\mathbf{a}_y \ [\mu\mathrm{N}]$$

예제 6-2

$Q = 5$ [C]의 하전입자가 속도 $\mathbf{v} = 2\mathbf{a}_x$ [m/s]로 운동하고 있다. 이 하전입자에 전계 $\mathbf{E} = E_0\mathbf{a}_y$ [V/m]와 자속밀도 $\mathbf{B} = 4\mathbf{a}_z$ [Wb/m^2]를 인가할 때 하전입자가 일정한 방향과 속도를 유지하기 위한 전계 E_0를 구하라.

풀이

하전입자가 전계와 자계의 영향을 받지 않고 일정한 방향과 속도를 유지하려면 하전입자에 작용하는 전계와 자계에 의한 힘의 합, 즉 $\mathbf{F} = Q(\mathbf{E} + \mathbf{v} \times \mathbf{B}) = 0$이 되어야 한다. 따라서

$$5[E_0\mathbf{a}_y + (2\mathbf{a}_x \times 4\mathbf{a}_z)] = 0$$

으로부터 전계는 $E_0 = 8$ [V/m]이 된다.

Note 하전입자의 운동에 미치는 전계와 자계의 차이

전계와 자계는 하전입자에 각각 쿨롱의 힘 $\mathbf{F} = Q\mathbf{E}$와 로렌츠의 힘 $\mathbf{F} = Q\mathbf{v} \times \mathbf{B}$를 작용한다. 그러나 같은 힘이라도 전계와 자계가 하전입자에 미치는 힘의 성질은 다르다. 두 힘의 가장 본질적인 차이를 알기 위해 전계와 자계를 인가할 때 하전입자의 운동방정식으로 두 힘의 차이를 고찰해보자. 우선 전계로부터 하전입자가 $\mathbf{F} = m\mathbf{a}$($\mathbf{a}$는 운동가속도)의 힘을 얻어 운동할 때 운동방정식은 다음과 같다.

$$m\mathbf{a}\left(= m\frac{d\mathbf{v}}{dt}\right) = Q\mathbf{E}$$

이 식에서 인가전압을 V, 전극 사이의 거리를 d라고 할 때 전계 $E = V/d$이며, 양변을 시간에 대해 적분하면 운동속도는 다음과 같다.

$$v = \frac{QV}{md}t$$

이 식에서 전하량 Q와 하전입자의 질량 m, 인가전압 V, 그리고 거리 d는 모두 상수이며, 이를 $k = QV/md$로 두면 입자의 운동속도 $v = kt$는 시간에 따라 일정한 비율(k)로 변화하는 등가속도 운동을 한다. 즉 어떤 시간 t_1에서 속도 v_1의 하전입자가 t_2에서는 v_2가 되어 t_1에서 t_2 사이에 $\Delta W = \frac{1}{2}m_2 v_2^2 - \frac{1}{2}m_1 v_1^2$의 운동에너지의 증분이 발생한다. 결국 전계에 의해 하전입자는 등가속도 운동을 하며, 시간의 경과에 따라 하전입자의 운동에너지는 증가한다.

반면 자계에서의 운동방정식은 다음과 같다.

$$m\frac{d\mathbf{v}}{dt} = Q\mathbf{v} \times \mathbf{B}$$

이 식의 양변에 $\mathbf{v}$의 내적을 취하면

$$m\mathbf{v} \cdot \frac{d\mathbf{v}}{dt} = Q\mathbf{v} \cdot (\mathbf{v} \times \mathbf{B})$$

가 된다. 이 식의 우변은 속도 $\mathbf{v}$와 $\mathbf{v}$에 수직인 벡터 $\mathbf{v} \times \mathbf{B}$의 내적이므로 결과는 0이 되고 좌변은 시간의 변화에 대한 운동에너지의 변화율과 같다. 따라서 다음과 같이 쓸 수 있다.

$$m\mathbf{v} \cdot \frac{d\mathbf{v}}{dt} = \frac{d}{dt}\left(\frac{1}{2}mv^2\right) = 0$$

즉 자속밀도를 인가하여도 하전입자의 운동에너지는 항상 일정하다. 다시 말해 자계는 하전입자의 운동에너지의 변화에 영향을 주지 않는다. 이를 통해 두 힘은 모두 하전입자의 운동에 힘을 작용하지만 운동에너지의 관점에서 보면 힘의 성질이 서로 다르므로 공학적 응용에서 차이가 있다.

Note 홀 효과

전계와 자속밀도가 하전입자의 운동에 미치는 힘을 이용한 예로 **홀 효과**(Hall effect)가 있다. 홀 효과는 [그림 6-1]과 같이 속도 $\mathbf{v} = v_0\mathbf{a}_x$로 이동하는 하전입자에 수직 방향으로 $\mathbf{B} = B_0\mathbf{a}_z$를 인가하면 $\mathbf{v}$와 $\mathbf{B}$에 수직인 방향으로 전계와 전압이 발생하는 현상이다. 이때 발생하는 전압을 **홀 전압**(Hall voltage)이라 하고 이에 대응한 전계를 **홀 전계**라고 한다. 홀 효과는 금속 도체 및 반도체 등의 물질에

자계를 인가했을 때 자계가 원자 내의 운동하는 전하에 로렌츠의 힘을 작용하여 하전입자의 위치변화를 초래하기 때문에 발생한다.

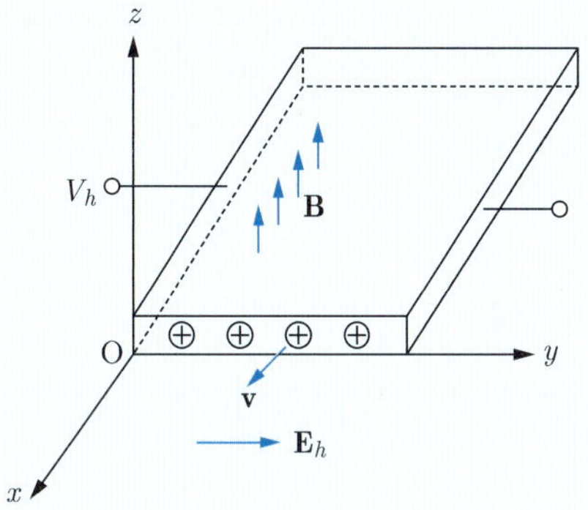

[그림 6-1] 홀 효과

운동하는 하전입자에 자계를 가하면 자계에 수직인 방향의 전계와 홀 전압이 발생한다.

만약 [그림 6-1]과 같이 운동하는 하전입자에 자속밀도 $\mathbf{B}$에 의한 로렌츠의 힘과 홀 전계 $\mathbf{E}_h$가 동시에 발생하였다면 두 힘이 중첩되어 하전입자에는 $\mathbf{F} = Q(\mathbf{E}_h + \mathbf{v} \times \mathbf{B})$의 힘이 작용한다. 이 힘이 0이 되는 평형상태를 생각해보면

$$\mathbf{E}_h + \mathbf{v} \times \mathbf{B} = 0$$

으로부터 발생하는 홀 전계는 다음과 같다.

$$\mathbf{E}_h = -\mathbf{v} \times \mathbf{B} = -v_0 \mathbf{a}_x \times B_0 \mathbf{a}_z = v_0 B_0 \mathbf{a}_y$$

따라서 홀 전압은 다음과 같이 구할 수 있다.

$$V_h = -\int_d^0 v_0 B_0 \mathbf{a}_y \cdot dy \, \mathbf{a}_y = v_0 B_0 d$$

또한 운동하는 하전입자에 로렌츠의 힘을 가하면 하전입자의 경로 d가 변화하여 저항 $R = \rho \dfrac{d}{S}$의 관계에서 저항이 변하게 되는데, 이를 자기저항 효과(Magnetoresistance Effect)라고 한다. 이처럼 로렌츠의 힘에 의해 전압이 발생하거나 저항 및 전류가 변화하는 현상을 이용하여 다양한 센서가 개발되기도 한다.

2 전류에 작용하는 힘

운동하는 전하는 전류를 형성하므로 자속밀도는 전류에도 힘을 미친다. 이제 자계가 전류에 작용하는 힘을 구해보자. 먼저 운동하는 하전입자가 받는 힘 $\mathbf{F} = Q\mathbf{v} \times \mathbf{B}$로부터 미소전하 dQ가 받는 힘을 $d\mathbf{F}$라고 하면 다음과 같이 표현할 수 있다.

$$d\mathbf{F} = dQ\mathbf{v} \times \mathbf{B}$$

앞선 식에 전하량 Q와 체적전하밀도 ρ_v 사이의 관계식 $Q = \int \rho_v \, dv$ 또는 $dQ = \rho_v \, dv$를 대입하면 $d\mathbf{F}$는 다음과 같이 주어진다.

$$d\mathbf{F} = \rho_v \mathbf{v} \times \mathbf{B} \, dv$$

또한 대류전류밀도 $\mathbf{J} = \rho_v \mathbf{v}$임을 고려하면 이 식은

$$d\mathbf{F} = \mathbf{J} \times \mathbf{B} \, dv$$

가 되며, 체적전류밀도에 작용하는 로렌츠의 힘은 식 (6.3)과 같다. 선전류와 표면전류밀도 및 체적전류밀도 사이에는 $I d\mathbf{L} = \mathbf{K} dS = \mathbf{J} \, dv$의 관계가 성립하므로 각 전류밀도에 작용하는 로렌츠의 힘은 다음과 같이 표현할 수 있다.

★ 각 전류밀도에 작용하는 로렌츠의 힘 ★

$$\mathbf{F} = \int \mathbf{J} \times \mathbf{B} \, dv \tag{6.3}$$

$$\mathbf{F} = \int \mathbf{K} \times \mathbf{B} \, dS \tag{6.4}$$

$$\mathbf{F} = \oint I d\mathbf{L} \times \mathbf{B} = -\mathrm{I} \oint \mathbf{B} \times d\mathbf{L} \tag{6.5}$$

만약 자속밀도가 적분경로에서 균일하고 경로의 길이를 L, 즉 $\oint_0^L d\mathbf{L} = L$이라고 하면 식 (6.5)는 다음과 같이 주어진다.

$$\mathbf{F} = I\mathbf{L} \times \mathbf{B} \tag{6.6}$$

이때 앞선 식에서 전류와 자속밀도 사이의 각이 θ라면 다음과 같이 표현할 수 있다. 이는 **플레밍의 왼손법칙**(Fleming's left hand rule)으로 알려져 있다.

$$F = BIL\sin\theta \tag{6.7}$$

예제 6-3

다음의 조건에서 도선을 흐르는 전류가 받는 힘을 구하라.

(a) 자속밀도가 6 [m Wb/m^2]이고 4 [A]의 전류가 흐르는 길이 5 [m]의 도선을 자계에 대해 30°로 놓은 경우

(b) 자속밀도 $\mathbf{B} = 3\mathbf{a}_x - 5\mathbf{a}_y + \mathbf{a}_z$ [Wb/m^2]인 공간에서 길이 4 [cm]의 도선에 y의 양(+)의 방향으로 5 [A]의 전류가 흐르는 경우

풀이

(a) 균일한 자속밀도 내의 전류에 작용하는 힘은 식 (6.7)을 이용하여 다음과 같이 구할 수 있다.

$$F = BIL\sin\theta = 6 \times 10^{-3} \times 4 \times 5 \times \sin 30° = 60\,[\text{mN}]$$

(b) 균일한 자속밀도 내의 전류에 작용하는 힘은 식 (6.6)을 이용하여 다음과 같이 구할 수 있다.

$$\begin{aligned}\mathbf{F} &= I\mathbf{L} \times \mathbf{B} = 5 \times 0.04\,\mathbf{a}_y \times (3\mathbf{a}_x - 5\mathbf{a}_y + \mathbf{a}_z)\\ &= 0.2\mathbf{a}_x - 0.6\mathbf{a}_z\,[\text{N}]\end{aligned}$$

예제 6-4

[그림 6-2]와 같이 y축을 따라 전류 $I_0 = 3\,[\text{A}]$가 $-\infty$에서 $+\infty$로 흐르고 있다. 이때 [그림 6-2]와 같이 xy 평면상에 놓인 길이 $1\,[\text{m}]$의 정사각형 도선에 전류 $I = 2\,[\text{mA}]$가 반시계 방향으로 흐르고 있다. 이때 $I = 2\,[\text{mA}]$의 전류가 받는 로렌츠의 힘을 구하라.

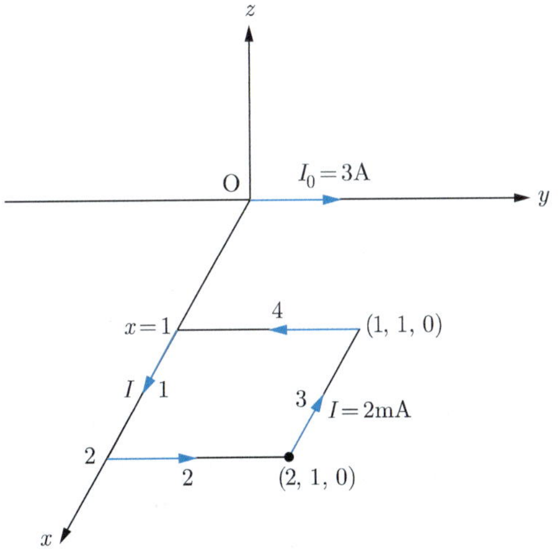

[그림 6-2] 미소전류루프에 작용하는 자기력

풀이

y축을 흐르는 $I_0 = 3\,[\text{A}]$의 무한 선전류에 의한 자속밀도 $\mathbf{B} = \dfrac{\mu_0 I_0}{2\pi\rho}\mathbf{a}_\phi$이고 자계의 방향은 $Id\mathbf{L} \times \mathbf{a}_R$에서 $\mathbf{a}_y \times \mathbf{a}_x = -\mathbf{a}_z$이다. 따라서 자속밀도는 다음과 같이 쓸 수 있다.

$$\mathbf{B} = \frac{\mu_0 I_0}{2\pi x}(-\mathbf{a}_z)$$

자속밀도에 의한 자기력은 식 (6.5)와 같이 $\mathbf{F} = \oint Id\mathbf{L} \times \mathbf{B}$로 계산하면 된다. 한편 [그림 6-2]의 변 1과 3에서는 전류 I_0로부터 떨어진 거리 x가 같아 x의 함수인 자속밀도가 같고 적분경로가 반대 방향이므로 힘 $\mathbf{F}_1$, $\mathbf{F}_3$는 서로 상쇄된다. 변 2와 변 4에서의 힘 $\mathbf{F}_2$, $\mathbf{F}_4$는 다음과 같이 계산된다.

$$\mathbf{F}_2 = \int I dy \mathbf{a}_y \times \frac{\mu_0 I_0}{2\pi x}(-\mathbf{a}_z) = \frac{\mu_0 I_0 I}{2\pi x}\int_0^1 dy(-\mathbf{a}_x)$$

$$= \frac{4\pi\times 10^{-7}\times 3\times 2\times 10^{-3}}{2\pi\times 2}(-\mathbf{a}_x) = -6\times 10^{-10}\mathbf{a}_x\,[\mathrm{N}]$$

$$\mathbf{F}_4 = \int I dy(-\mathbf{a}_y)\times \frac{\mu_0 I_0}{2\pi x}(-\mathbf{a}_z) = \frac{\mu_0 I_0 I}{2\pi x}\int_0^1 dy\,\mathbf{a}_x$$

$$= \frac{4\pi\times 10^{-7}\times 3\times 2\times 10^{-3}}{2\pi\times 1}\mathbf{a}_x = 12\times 10^{-10}\mathbf{a}_x\,[\mathrm{N}]$$

따라서 사각형의 루프를 흐르는 전류가 받는 힘은 $\mathbf{F}_2$와 $\mathbf{F}_4$의 합으로, 다음과 같이 계산한다.

$$\mathbf{F} = \mathbf{F}_2 + \mathbf{F}_4 = 6\times 10^{-10}\mathbf{a}_x\,[\mathrm{N}]$$

3 전류 사이에 작용하는 힘

어떤 공간의 점 P_1과 P_2에 각각 전류 I_1과 I_2가 흐를 때 전류 I_1에 의해 점 P_2에 자속밀도 $\mathbf{B}_2$가 형성되면 점 P_2의 전류 I_2는 자속밀도 $\mathbf{B}_2$로부터 힘 $\mathbf{F}_2$를 받는다. 마찬가지로 전류 I_2도 점 P_1에 자속밀도 $\mathbf{B}_1$을 형성하므로 전류 I_1은 그 점의 자속밀도 $\mathbf{B}_1$으로부터 힘 $\mathbf{F}_1$을 받게 된다. 이는 한 공간에 두 전류원이 존재하면 두 전류 사이에 힘이 발생함을 의미하는 것으로, 두 전하 사이에 쿨롱의 힘이 발생하는 것과 유사한 현상으로 볼 수 있다.

이제 두 전류 사이에 작용하는 힘을 구하기 위해 [그림 6-3]과 같이 점 P_1과 P_2에 각각 점전하에 대응하는 매우 작은 미소전류 $I_1 d\mathbf{L}_1$과 $I_2 d\mathbf{L}_2$가 있다고 하자. 먼저 미소전류 $I_1 d\mathbf{L}_1$에 의한 점 P_2의 미소자속밀도를 $d\mathbf{B}_2$라고 하면 $d\mathbf{B}_2$는 비오-사바르 법칙에 의해 다음과 같이 주어진다.

$$d\mathbf{B}_2 = \frac{\mu_0 I_1 d\mathbf{L}_1 \times \mathbf{a}_{R12}}{4\pi R_{12}^2}$$

미소자속밀도 $d\mathbf{B}_2$가 점 P_2의 미소전류 $I_2 d\mathbf{L}_2$에 작용하는 힘 $d(d\mathbf{F}_2)$는 $d(d\mathbf{F}_2) = I_2 d\mathbf{L}_2 \times d\mathbf{B}_2$로부터

$$d(d\mathbf{F}_2) = I_2 d\mathbf{L}_2 \times \frac{\mu_0}{4\pi R_{12}^2}(I_1 d\mathbf{L}_1 \times \mathbf{a}_{R12}) \qquad (6.8)$$

로 주어진다. 같은 방법으로 $d(d\mathbf{F}_1)$을 다음과 같이 구한다.

$$d(d\mathbf{F}_1) = I_1 d\mathbf{L}_1 \times \frac{\mu_0}{4\pi R_{21}^2}(I_2 d\mathbf{L}_2 \times \mathbf{a}_{R21}) \quad (6.9)$$

결국 총 전류 I_1에 의해 점 P_2에 발생하는 자속밀도를 $\mathbf{B}_2$라고 하고 $\mathbf{B}_2$에 의해 총 전류 I_2가 받는 힘을 $\mathbf{F}_2$라고 하면 $\mathbf{F}_2$는 식 (6.8)을 두 번 적분하여 다음과 같이 구할 수 있다.

$$\mathbf{F}_2 = \frac{\mu_0 I_1 I_2}{4\pi} \oint \left[d\mathbf{L}_2 \times \oint \frac{d\mathbf{L}_1 \times \mathbf{a}_{R12}}{R_{12}^2} \right] \quad (6.10)$$

같은 방법으로 총 전류 I_2에 의해 점 P_1에서의 총 전류 I_1이 받는 힘 $\mathbf{F}_1$을 구하면 다음과 같다.

$$\mathbf{F}_1 = \frac{\mu_0 I_1 I_2}{4\pi} \oint \left[d\mathbf{L}_1 \times \oint \frac{d\mathbf{L}_2 \times \mathbf{a}_{R21}}{R_{21}^2} \right] \quad (6.11)$$

즉 식 (6.10)과 식 (6.11)을 통해 $\mathbf{F}_1$과 $\mathbf{F}_2$는 서로 크기가 같고 방향이 반대임을 알 수 있다.

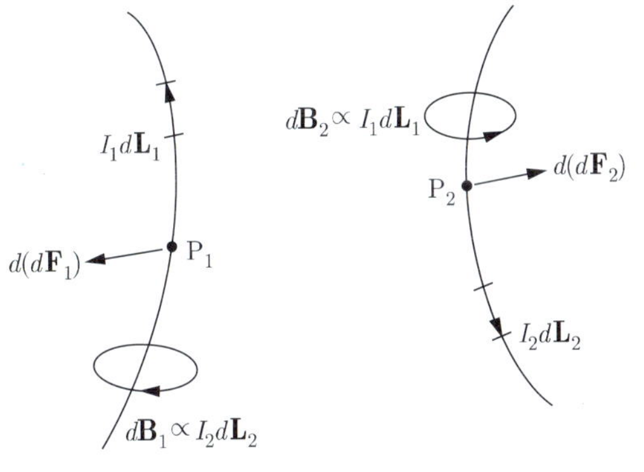

[그림 6-3] 전류 사이에 작용하는 힘
미소전류 $I_1 d\mathbf{L}_1$은 점 P_2에 자속밀도 $d\mathbf{B}_2$를 발생시키므로 점 P_2의 미소전류 $I_2 d\mathbf{L}_2$는 힘 $d(d\mathbf{F}_2)$를 받는다.

예제 6-5

자유공간에서 z의 양(+)의 방향으로 흐르는 무한 선전류 I_1[A]과 음(−)의 방향으로 흐르는 무한 선전류 I_2[A]가 거리 d[m]만큼 떨어져 있을 때 다음을 구하라.

(a) I_1에 의해 I_2에 작용하는 단위길이당 힘 $\mathbf{F}_2$

(b) I_2에 의해 I_1에 작용하는 단위길이당 힘 $\mathbf{F}_1$

풀이

(a) [그림 6-4]와 같이 무한 선전류 I_1이 z의 양(+)의 방향으로 흐르면 $\rho = \rho$만큼 떨어진 점 P_2의 자속밀도 $\mathbf{B}_2 = \frac{\mu_0 I_1}{2\pi\rho}\mathbf{a}_\phi$이며, 이를 직각좌표계로 나타내면 $Id\mathbf{L} \times \mathbf{a}_R$에서 $\mathbf{a}_z \times \mathbf{a}_y = -\mathbf{a}_x$이다.

따라서 $\rho = d$에서의 자속밀도 $\mathbf{B}_2$는 다음과 같이 쓸 수 있다.

$$\mathbf{B}_2 = \frac{\mu_0 I_1}{2\pi\rho}\mathbf{a}_\phi = \frac{\mu_0 I_1}{2\pi d}(-\mathbf{a}_x)$$

전류 I_2가 흐르는 도선의 길이를 L_2라고 하면 이 자속밀도로부터 전류 I_2가 받는 힘 $\mathbf{F}_2{}'$는 식 (6.6)을 이용하여 다음과 같이 계산한다.

$$\mathbf{F}_2{}' = I_2\mathbf{L}_2 \times \mathbf{B}_2 = I_2 L_2(-\mathbf{a}_z) \times \frac{\mu_0 I_1}{2\pi d}(-\mathbf{a}_x) = \frac{\mu_0 I_1 I_2}{2\pi d} L_2 \mathbf{a}_y$$

따라서 단위길이당 힘 $\mathbf{F}_2$는 이 식을 L_2로 나누어 다음과 같이 주어진다.

$$\mathbf{F}_2 = \frac{\mu_0 I_1 I_2}{2\pi d}\mathbf{a}_y$$

(b) 한편 무한 선전류 I_2에 의해 점 P_1에 발생하는 자속밀도 $\mathbf{B}_1$의 방향은 $Id\mathbf{L} \times \mathbf{a}_R$에서 $-\mathbf{a}_z \times (-\mathbf{a}_y) = -\mathbf{a}_x$이므로 자속밀도 $\mathbf{B}_1$을 직각좌표계로 표현하면 다음과 같다.

$$\mathbf{B}_1 = \frac{\mu_0 I_2}{2\pi\rho}\mathbf{a}_\phi = \frac{\mu_0 I_2}{2\pi d}(-\mathbf{a}_x)$$

이를 이용하여 전류 I_1이 받는 단위길이당 힘은 L_1의 크기를 1로 두고 다음과 같이 구한다.

$$\mathbf{F}_1 = I_1\mathbf{L}_1 \times \mathbf{B}_1 = I_1\mathbf{a}_z \times \frac{\mu_0 I_2}{2\pi d}(-\mathbf{a}_x) = -\frac{\mu_0 I_1 I_2}{2\pi d}\mathbf{a}_y$$

따라서 힘 $\mathbf{F}_2$와 $\mathbf{F}_1$은 서로 반대 방향으로 작용한다.

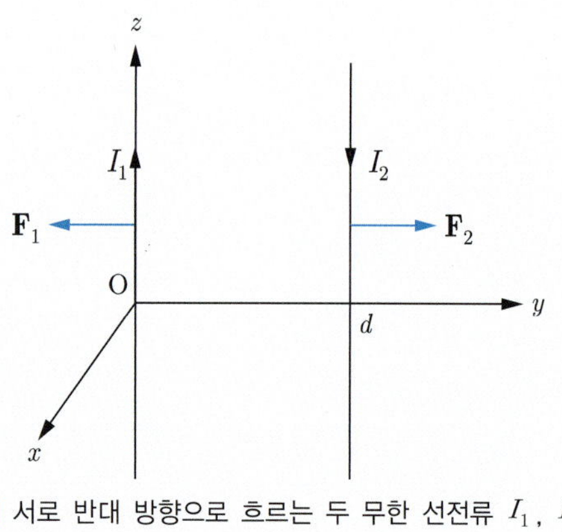

[그림 6-4] 서로 반대 방향으로 흐르는 두 무한 선전류 I_1, I_2 사이에 작용하는 힘

SECTION
6.2 회전력과 자기쌍극자모멘트

이 절에서는 자계에 의해 발생하는 회전력(토크)을 소개하고 자기쌍극자모멘트를 정의한다. 이들은 물질의 자화현상을 이해하기 위해 매우 중요한 물리량이다.

Keywords | 회전력 | 전류루프에 발생하는 토크 | 자기쌍극자모멘트 |

1 회전력

물체의 운동에는 병진운동(translational motion)과 회전운동(rotational motion)이 있다. 병진운동에서는 $v\,[\mathrm{m/s}]$의 속도로 $t\,[\mathrm{s}]$의 시간 동안 이동하면 이동한 거리를 S라고 하면 $S = vt\,[\mathrm{m}]$가 된다. 반면 회전운동에서는 운동속도를 각속도 $\omega\,[\mathrm{rad/s}]$로 정의하고 각속도 ω로 시간 $t\,[\mathrm{s}]$ 동안 운동할 때 물체의 위치를 θ라고 하면 $\theta = \omega t$가 된다.

회전운동에서 특히 중요한 물리량은 **토크**(torque)이다. 토크는 어떤 축에 대해 힘이 물체를 회전시키고자 하는 경향을 나타내며, 일반적으로 **회전력** 또는 **힘의 능률**(moment)이라고 한다. 예를 들어 [그림 6-5(a)]와 같이 원점 O에서 R만큼 떨어진 점 P에 힘 F를 인가했다고 했을 때 회전력, 즉 토크 T는 다음과 같다.

$$\mathrm{T} = \mathrm{R} \times \mathrm{F} \tag{6.12}$$

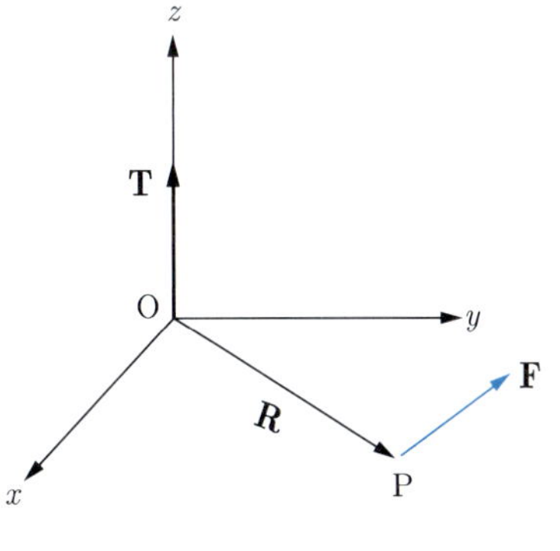

(a)

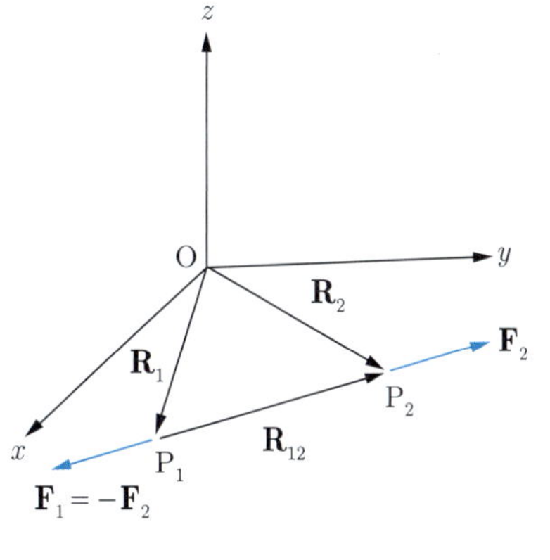

(b)

[그림 6-5] 회전력의 발생

계에 작용하는 힘이 $\mathrm{F}_1 + \mathrm{F}_2 = 0$이 되어도 회전력은 발생할 수 있다.

토크는 벡터양으로, 토크의 방향은 R과 F를 포함하는 면에 수직이자 R에서 F로 오른나사를 돌릴 때 나사가 진행하는 방향이다. 한편 [그림 6-5(b)]와 같이 원점에서 $\mathbf{R}_1$만큼 떨어진 점 P_1과 $\mathbf{R}_2$만큼 떨어진 점 P_2에 크기가 같고 방향이 반대인 힘 $\mathbf{F}_1$과 $\mathbf{F}_2$를 인가할 때 원점에 작용하는 토크는 다음과 같다.

$$\mathbf{T} = \mathbf{R}_1 \times \mathbf{F}_1 + \mathbf{R}_2 \times \mathbf{F}_2$$

이 식에서 $\mathbf{F}_1 = -\mathbf{F}_2$이므로 토크는

$$\mathbf{T} = (\mathbf{R}_2 - \mathbf{R}_1) \times \mathbf{F}_2 = \mathbf{R}_{12} \times \mathbf{F}_2$$

가 된다. 이때 $\mathbf{F}_1 + \mathbf{F}_2 = 0$으로 **계에 작용하는 힘이 0이어도 토크는 0이 아닐 수 있다**. 또한 $\mathbf{R}_{12}$는 두 점 사이의 거리를 나타내는 선분벡터로 원점과 무관하다. 이는 **토크는 모든 위치에서 크기가 일정하다**는 사실을 의미한다.

만약 자속밀도 B가 공간적으로 균일하다면 B는 $d\mathbf{L}$의 함수가 아니므로 어떤 닫힌 경로를 흐르는 전류가 자속밀도로부터 받는 힘 F는 식 (6.5)에서

$$\mathbf{F} = -I\oint \mathbf{B} \times d\mathbf{L} = -I\mathbf{B} \times \oint d\mathbf{L}$$

이 되며, 닫힌 경로에 대한 선적분 $\oint d\mathbf{L} = 0$이므로 닫힌 경로를 흐르는 전류에 작용하는 힘은 $\mathbf{F} = 0$이 된다. 그러나 앞서 설명한 것처럼 계에 작용하는 힘이 0이라는 것이 토크가 0이 됨을 의미하는 것은 아니다. 공간적으로 크기가 일정한 자속밀도 내의 미소전류루프에 작용하는 힘과 토크를 구해 이를 확인해보자.

전류루프에 작용하는 회전력

[그림 6-6]과 같이 xy 평면에 각 변의 길이가 매우 작은 dx와 dy로 이루어진 닫힌 경로를 전류 I가 반시계 방향으로 흐르고 있다고 하자. 이 미소전류루프에 공간적으로 크기가 일정한 자속밀도 $\mathbf{B}_0 = B_{0x}\mathbf{a}_x + B_{0y}\mathbf{a}_y + B_{0z}\mathbf{a}_z$를 인가할 때 이 미소전류루프에 발생하는 토크를 구해보자. 토크 $\mathbf{T} = \mathbf{R} \times \mathbf{F}$이므로 각 경로에 작용하는 힘을 구한 뒤 토크를 구하면 된다.

먼저 변 1과 변 3에 작용하는 힘 $d\mathbf{F}_1$과 $d\mathbf{F}_3$를 식 (6.6)의 $\mathbf{F} = I\mathbf{L} \times \mathbf{B}$를 이용하여 구한다.

$$d\mathbf{F}_1 = Idx\,\mathbf{a}_x \times \mathbf{B}_0 = Idx(B_{0y}\mathbf{a}_z - B_{0z}\mathbf{a}_y)$$

$$d\mathbf{F}_3 = -Idx\,\mathbf{a}_x \times \mathbf{B}_0 = -Idx(B_{0y}\mathbf{a}_z - B_{0z}\mathbf{a}_y)$$

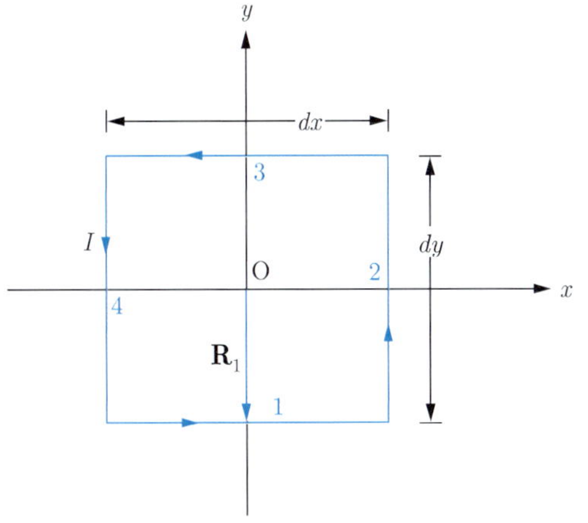

[그림 6-6] 자속밀도 내의 미소전류루프
균일한 자속밀도 내의 미소전류루프에 작용하는 힘은 0이지만 회전력은 존재한다.

따라서 마주 보는 두 변에 작용하는 힘은 0이 된다. 마찬가지로 변 2와 변 4에 작용하는 힘도 크기가 같고 방향이 반대이므로 힘의 합은 0이 됨을 알 수 있다. 즉 어디에서나 자속밀도의 크기가 같으므로 마주 보는 두 경로를 흐르는 전류에 작용하는 힘의 합은 0이 된다. 이제 변 1과 변 3에 작용하는 힘에 의한 중심점 O에서의 토크 $d\mathbf{T}_1$과 $d\mathbf{T}_3$를 구해보자. 중심점 O에서 변 1과 변 3까지의 거리벡터를 각각 $\mathbf{R}_1$과 $\mathbf{R}_3$라고 할 때 $d\mathbf{T}_1$과 $d\mathbf{T}_3$는 다음과 같이 구해진다.

$$\begin{aligned} d\mathbf{T}_1 &= \mathbf{R}_1 \times d\mathbf{F}_1 = -\frac{1}{2}dy\mathbf{a}_y \times Idx(B_{0y}\mathbf{a}_z - B_{0z}\mathbf{a}_y) \\ &= -\frac{1}{2}IdxdyB_{0y}\mathbf{a}_x \end{aligned}$$

$$\begin{aligned} d\mathbf{T}_3 &= \mathbf{R}_3 \times d\mathbf{F}_3 = \frac{1}{2}dy\mathbf{a}_y \times [-Idx(B_{0y}\mathbf{a}_z - B_{0z}\mathbf{a}_y)] \\ &= -\frac{1}{2}IdxdyB_{0y}\mathbf{a}_x \end{aligned}$$

따라서 변 1과 변 3에 작용하는 힘에 의한 회전력의 합은 다음과 같다.

$$d\mathbf{T}_1 + d\mathbf{T}_3 = -IdxdyB_{0y}\mathbf{a}_x$$

이제 같은 방법으로 변 2와 변 4에 작용하는 힘에 의한 회전력을 다음과 같이 구한다.

$$d\mathbf{T}_2 + d\mathbf{T}_4 = IdxdyB_{0x}\mathbf{a}_y$$

따라서 미소전류루프에 작용하는 회전력의 합은 다음과 같다.

$$d\mathbf{T} = Idxdy(B_{0x}\mathbf{a}_y - B_{0y}\mathbf{a}_x) = Idxdy\,\mathbf{a}_z \times \mathbf{B}_0$$

이 식에서 미소전류루프의 미소면적은 $d\mathbf{S} = dxdy\,\mathbf{a}_z$이므로 다음과 같이 표현할 수 있다.

$$dT = Id\mathbf{S} \times \mathbf{B}_0 \tag{6.13}$$

앞선 논의를 총 전류에 적용하면 자속밀도에 의한 회전력은 다음과 같다.

★ 전류루프에 작용하는 회전력 ★

$$\mathbf{T} = I\mathbf{S} \times \mathbf{B} \tag{6.14}$$

예제 6-6

자속밀도 $\mathbf{B} = 2\mathbf{a}_x + \mathbf{a}_y$[T]인 공간의 원점에서 $x = 2$[m]와 점 P(2, 2, 3)[m]를 통과하여 원점으로 돌아오는 닫힌 경로에 $I = 1$[mA]의 전류가 반시계 방향으로 흐르고 있다. 다음을 구하라.

(a) x축의 전류에 작용하는 힘

(b) 전류루프 전체에 작용하는 힘

(c) 원점에서의 회전력

(d) 점 P(2, 2, 3)[m]에서의 회전력

풀이

(a) x축의 전류에 작용하는 힘은 식 (6.6)을 이용하여 다음과 같이 계산할 수 있다.

$$\mathbf{F} = I\mathbf{L} \times \mathbf{B} = 10^{-3} \times 2\mathbf{a}_x \times (2\mathbf{a}_x + \mathbf{a}_y) = 2\mathbf{a}_z \,[\text{mN}]$$

(b) 자속밀도는 위치에 관계없이 크기가 일정하므로 식 (6.5)의 관계로부터 전류루프 전체에 작용하는 힘을 계산하면 다음과 같다.

$$\mathbf{F} = -I\oint \mathbf{B} \times d\mathbf{L} = -I\mathbf{B} \times \oint d\mathbf{L} = 0$$

(c) 원점에서의 회전력은 식 (6.14)를 이용하여 구할 수 있다. 원점에서 $x = 2$로 향하는 선분벡터를 $\mathbf{R}_1$, $x = 2$에서 점 P(2, 2, 3)으로 향하는 선분벡터를 $\mathbf{R}_2$라고 할 때 면적 $S = \frac{1}{2}|\mathbf{R}_1 \times \mathbf{R}_2|$가 된다. 따라서 원점에서의 회전력을 계산하면 다음과 같다.

$$\begin{aligned}\mathbf{T} &= I\mathbf{S} \times \mathbf{B} = 10^{-3} \times \frac{1}{2} \times [2\mathbf{a}_x \times (2\mathbf{a}_y + 3\mathbf{a}_z)] \times (2\mathbf{a}_x + \mathbf{a}_y) \\ &= -2\mathbf{a}_x + 4\mathbf{a}_y + 6\mathbf{a}_z \,[\text{mN}\cdot\text{m}]\end{aligned}$$

(d) 회전력은 위치에 관계없이 일정하므로 점 P(2, 2, 3)에서의 회전력은 원점에서의 회전력과 같다.

$$\mathbf{T} = -2\mathbf{a}_x + 4\mathbf{a}_y + 6\mathbf{a}_z \,[\text{mN}\cdot\text{m}]$$

2 자기쌍극자모멘트

[그림 6-6]의 논의를 통해 닫힌 경로를 흐르는 전류루프에 발생하는 토크는 다음과 같이 주어졌다.

$$\mathbf{T} = I\mathbf{S} \times \mathbf{B}$$

또한 **자기쌍극자모멘트**(magnetic dipole moment) $\mathbf{m}$을 전류와 전류가 흐르는 경로로 둘러싸인 면적의 곱으로 다음과 같이 정의할 수 있다.[2]

★ 자기쌍극자모멘트 ★

$$\mathbf{m} = I\mathbf{S} \tag{6.15}$$

이때 자기쌍극자모멘트의 단위는 $[\mathrm{A} \cdot \mathrm{m}^2]$가 된다. 따라서 회전력은 자기쌍극자모멘트를 이용하여 다음과 같이 나타낼 수 있다.

★ 회전력 ★

$$\mathbf{T} = \mathbf{m} \times \mathbf{B} \tag{6.16}$$

한편 막대자석에 자계를 인가할 때 발생하는 회전력에 대해 간단히 살펴보자. [그림 6-7(a)]와 같이 길이가 L인 막대자석의 N극에 Q_m, S극에 $-Q_m$의 자하(magnetic charge)가 분포한다고 하자. 자하는 자속을 발생시키는 원천으로, 정전계에서 전속이 전하만큼 발생하는 것처럼 자속은 자하만큼 발생한다. 따라서 자하의 단위는 자속과 같은 [Wb](Weber, 웨버)이다. 여기에 [그림 6-7(b)]와 같이 외부 자계 $\mathbf{H}$를 인가할 때 발생하는 회전력은 다음과 같이 정의한다.

$$\mathbf{T} = \mathbf{m} \times \mathbf{H} = Q_m \mathbf{L} \times \mathbf{H} \tag{6.17}$$

3장에서 전기쌍극자모멘트 $\mathbf{p} = Q\mathbf{d}\,[\mathrm{C} \cdot \mathrm{m}]$로 정의한 것처럼 막대자석에서의 자기쌍극자모멘트 $\mathbf{m}$은 다음과 같이 정의한다.

$$\mathbf{m} = Q_m \mathbf{L} \tag{6.18}$$

막대자석에서 자극의 세기 Q_m의 단위는 [Wb]이므로 $\mathbf{T} = \mathbf{m} \times \mathbf{H} = Q_m\mathbf{L} \times \mathbf{H}$에서 토크의 단위는 $[\mathrm{Wb} \cdot \mathrm{m}] \times [\mathrm{A/m}] = [\mathrm{Wb} \cdot \mathrm{A}]$가 된다. 이는 전류루프에 작용하는 토크 $\mathbf{T} = \mathbf{m} \times \mathbf{B} = I\mathbf{S} \times \mathbf{B}$에서의 $[\mathrm{A} \cdot \mathrm{m}^2] \times [\mathrm{Wb/m}^2] = [\mathrm{Wb} \cdot \mathrm{A}]$와 같은 단위이다.

2 쌍극자모멘트에 자계를 인가하면 쌍극자모멘트는 자계로부터 회전력(토크)을 받아 특정한 방향으로 배향하게 된다. 이 과정에서 자성체의 성질이 결정되므로 자기쌍극자모멘트는 자성체의 자기적 특성을 이해하기 위해 매우 중요하다.

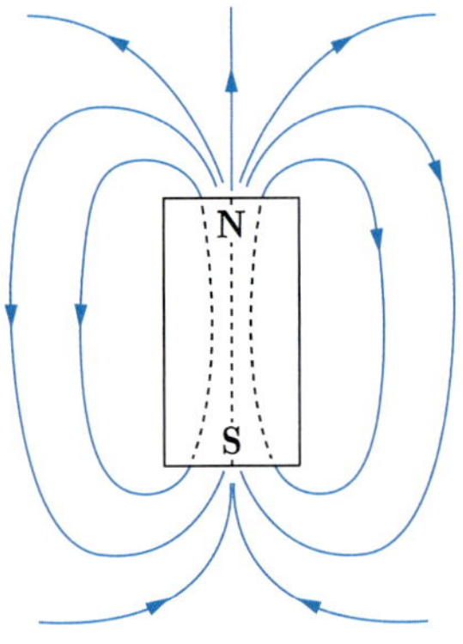

(a) 막대자석의 자계분포

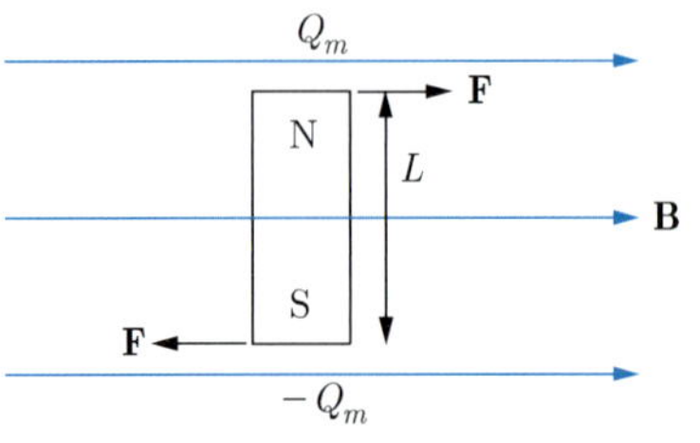

(b) 막대자석에서의 회전력

[그림 6-7] 막대자석의 자계분포와 막대자석에 작용하는 회전력

예제 6-7

[그림 6-8]처럼 공간적으로 크기가 일정한 자속밀도 $\mathbf{B} = -0.2\mathbf{a}_y + 0.3\mathbf{a}_z$[T] 내에서 xy 평면의 점 $P_0(1,\ 1,\ 0)$[m]에 중심이 있고 한 변의 길이가 2[m]인 정사각형 전류루프에 전류 $I = 2$[mA]가 반시계 방향으로 흐르고 있다. 이때 전류루프의 중앙에서의 자기쌍극자모멘트와 토크를 구하라.

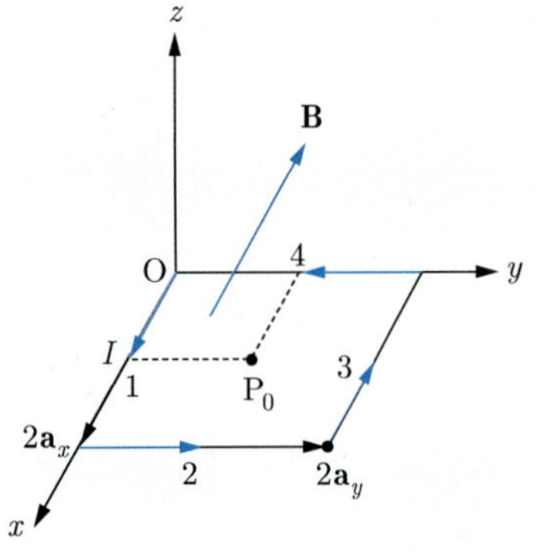

[그림 6-8] [예제 6-8]의 전류루프

풀이

[방법 1]

자기쌍극자모멘트는 식 (6.15)를 이용하여 구할 수 있다.

$$\mathbf{m} = I\mathbf{S} = 2 \times 10^{-3}(2\mathbf{a}_x \times 2\mathbf{a}_y) = 8\mathbf{a}_z \,[\text{mA} \cdot \text{m}^2]$$

토크는 식 (6.16)의 자기쌍극자모멘트를 이용하여 구하면 다음과 같다.

$$\mathbf{T} = \mathbf{m} \times \mathbf{B} = 8\mathbf{a}_z \times (-0.2\mathbf{a}_y + 0.3\mathbf{a}_z) \times 10^{-3} = 1.6\mathbf{a}_x \,[\text{mN} \cdot \text{m}]$$

[**방법 2**]

토크는 식 (6.12)를 이용하여 구할 수도 있다. 먼저 [그림 6-8]의 변 1에 작용하는 힘 $\mathbf{F}_1$은 다음과 같이 구할 수 있다.

$$\begin{aligned}\mathbf{F}_1 &= I\mathbf{L}_1 \times \mathbf{B}\\ &= 2\times10^{-3}\times 2\mathbf{a}_x \times(-0.2\mathbf{a}_y+0.3\mathbf{a}_z) = -1.2\mathbf{a}_y - 0.8\mathbf{a}_z\,[\mathrm{mN}]\end{aligned}$$

변 3에 작용하는 힘 $\mathbf{F}_3$는 힘 $\mathbf{F}_1$과 크기는 같고 방향이 반대이므로 다음과 같이 $\mathbf{F}_3 = -\mathbf{F}_1$이 된다.

$$\mathbf{F}_3 = 1.2\mathbf{a}_y + 0.8\mathbf{a}_z\,[\mathrm{mN}]$$

같은 방법으로 변 2와 변 4에 작용하는 힘 $\mathbf{F}_2$와 힘 $\mathbf{F}_4$를 구하면 다음과 같다.

$$\begin{aligned}&\mathbf{F}_2 = I\mathbf{L}_2\times\mathbf{B} = 2\times10^{-3}(2\mathbf{a}_y)\times(-0.2\mathbf{a}_y+0.3\mathbf{a}_z) = 1.2\mathbf{a}_x\,[\mathrm{mN}]\\ &\mathbf{F}_4 = -1.2\mathbf{a}_x\,[\mathrm{mN}]\end{aligned}$$

따라서 토크 $\mathbf{T}=\mathbf{R}\times\mathbf{F}$ 에 의해 다음과 같이 계산된다.

$$\begin{aligned}\mathbf{T} &= (-\mathbf{a}_y)\times(-1.2\mathbf{a}_y-0.8\mathbf{a}_z)+(\mathbf{a}_x)\times(1.2\mathbf{a}_x)\\ &\quad+\mathbf{a}_y\times(1.2\mathbf{a}_y+0.8\mathbf{a}_z)+(-\mathbf{a}_x)\times(-1.2\mathbf{a}_x)\\ &= 1.6\mathbf{a}_x\,[\mathrm{mN\cdot m}]\end{aligned}$$

SECTION
6.3 물질의 자화와 자성체

이 절에서는 물질의 자화현상을 공부한다. 자화현상이 물질의 자속밀도와 자계의 관계에 미치는 영향을 고찰하고 자성체를 분류하며, 특히 공학적 응용에서 매우 중요한 강자성체의 특성을 파악한다.

Keywords | 자화현상 | 속박전류 | 자화의 세기 | 비투자율 | 자화율 | 강자성체 |

1 자화

어떤 물체에 자계를 인가할 때 그 물체에 자기적 성질이 나타나는 현상을 **자화**(magnetization)라고 하고 이런 현상이 나타나는 일부 금속 물질을 자성체(magnetic substance)라고 한다. 자화현상은 일반적으로 자화의 세기로 표현하는데, **자화의 세기는 자기쌍극자모멘트의 체적밀도인 벡터**로, 유전체에 전계를 인가할 때 발생하는 분극의 세기에 상응하는 물리량으로 생각하면 된다. 물체가 자화하는 것은 외부 자계에 의해 물체 내부에 자기쌍극자모멘트가 발생하거나 그 물체를 구성하는 원자들의 자기쌍극자모멘트가 특정한 방향으로 배열하기 때문이다. 즉 어떤 물질의 자기적 성질의 기원은 자기쌍극자모멘트의 배열에 있으며, 모든 전기적 현상의 원인이 전하(electric charge)인 것처럼 자성체의 자기적 성질은 자기쌍극자모멘트에서 비롯된다고 할 수 있다.

6.2절에서 정의한 바와 같이 자기쌍극자모멘트 $\mathrm{m} = I\mathrm{S}$이다. 이 식에서 전류 I는 원자 내의 **전자의 궤도운동 및 스핀운동에 따른 속박전류**(bounded current)[3]로, 전자의 회전주파수를 f라고 할 때 전류와의 관계는 $I = ef$로 주어진다. 면 S는 전자가 궤도운동 및 스핀운동을 할 때 형성되는 면이다. 물론 원자의 자기쌍극자모멘트는 전자의 궤도운동과 스핀운동 외에 핵의 스핀운동에 의한 것도 있지만 원자 질량의 대부분을 차지하는 핵은 전자에 비해 스핀운동의 속도가 느리기 때문에 핵의 스핀에 의한 전류는 매우 작다. 따라서 핵의 스핀운동으로 인한 자기모멘트는 무시할 수 있을 정도이다. 결국 원자의 자기쌍극자모멘트는 전자의 스핀운동과 궤도운동에 의한 것으로 생각하면 된다.

자화현상

이제 **자화가 발생할 때 자성체의 자속밀도와 자계의 관계에 대해 고찰해보자.** 원자 내의 전자운동에 의한 속박전류를 I_b, 전자운동에 의해 형성되는 면적을 ΔS라고 할 때 자기모멘트 m은 다음과 같다.

3 속박전류는 원자 내의 전자가 원자핵의 인력에 의해 속박되어 운동할 때 형성되는 전류이다. 즉 속박전류는 원자핵 주변의 전자의 궤도운동이나 스핀운동에 의한 전류를 말하며, 자유공간이나 물질 내를 자유롭게 움직이는 전자에 의한 전류는 자유전류라고 한다.

$$\mathbf{m} = I_b \Delta \mathbf{S}$$

만약 그 물체에 단위체적당 n[개/m^3]의 원자가 있다면 미소체적 $\Delta v[\mathrm{m}^3]$ 내에는 $n\Delta v$[개]의 원자가 존재하며, 이들 원자가 외부 자계에 의해 모두 자기모멘트를 가지면 Δv 내의 총 자기모멘트의 합은 다음과 같이 주어진다.

$$\mathbf{m} = \sum_{i=1}^{n\Delta v} \mathbf{m}_i$$

이때 자화의 정도를 나타내는 **자화벡터를 자화의 세기 M**이라고 한다. 자화의 세기는 단위체적당 총 자기모멘트의 합으로, 다음과 같이 정의한다.[4]

$$\mathbf{M} = \lim_{\Delta v \to 0} \frac{1}{\Delta v} \sum_{i=1}^{n\Delta v} \mathbf{m}_i \tag{6.19}$$

이제 [그림 6-9]와 같이 $d\mathbf{L}$의 선상에 놓여 있는 원자를 생각해보자. 이때 전자의 궤도운동에 의한 미소면적 $d\mathbf{S}$와 $d\mathbf{L}$이 θ의 각을 이루고 있다고 하자. Δv 내에 $n\Delta v$[개]의 원자가 존재하고 이 원자들이 모두 자기쌍극자모멘트를 가진다면 Δv 내의 속박전류 I_b의 증분 dI_b는

$$dI_b = n\Delta v\, I_b = nI_b d\mathbf{S} \cdot d\mathbf{L}$$

로 나타낼 수 있다.[5] 이 식에서 $\mathbf{m} = I_b d\mathbf{S}$이고 $nI_b d\mathbf{S}$는 모든 원자가 만드는 단위체적당 모멘트의 합이므로 이는 자화의 세기 $\mathbf{M}$이 된다. 따라서 dI_b는 다음과 같이 주어진다.

$$dI_b = nI_b d\mathbf{S} \cdot d\mathbf{L} = \mathbf{M} \cdot d\mathbf{L} \tag{6.20}$$

이를 물체 전체로 확장하여 생각하면 다음과 같다.

$$I_b = \oint \mathbf{M} \cdot d\mathbf{L} \tag{6.21}$$

결국 자유공간과 달리 어떤 물체에 자계를 인가하여 자화가 발생하면 속박전류 I_b의 존재를 고려하여 총 전류 I_T는 다음과 같이 표현한다. 이때 자유전류 I_f는 I로 표현한다.

$$I_T = I_f + I_b = I + I_b \quad \text{또는} \quad I = I_T - I_b \tag{6.22}$$

4 일반적으로 부피가 큰 물질에는 더 많은 원자가 포함될 수 있으므로 $\mathbf{m}_i$보다 단위체적당 $\mathbf{m}$으로 정의되는 $\mathbf{M}$이 물질의 자화 특성의 본질적인 차이를 나타낼 수 있다.

5 이 식에서 $\Delta v = d\mathbf{S} \cdot d\mathbf{L} = dSdL\cos\theta$이므로 $n\Delta v = nd\mathbf{S} \cdot d\mathbf{L} = ndSdL\cos\theta$[개]는 미소체적 Δv 내의 원자의 개수이다. 즉 $n\Delta v = nd\mathbf{S} \cdot d\mathbf{L}$[개]의 원자가 자기쌍극자모멘트를 가지며, 각각의 원자는 I_b만큼의 속박전류를 가진다.

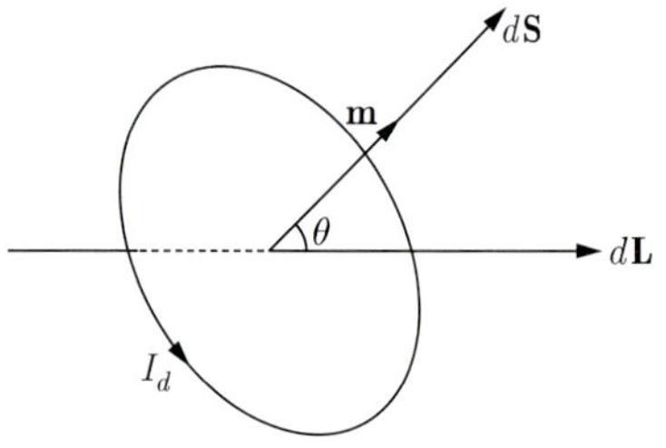

[그림 6-9] $d\mathbf{L}$ 선상에 놓여 있는 원자의 쌍극자모멘트
단위체적당 n[개]의 원자가 존재하는 미소체적 Δv 내에는 $dI_b = nI_b d\mathbf{S} \cdot d\mathbf{L} = \mathbf{M} \cdot d\mathbf{L}$ 만큼의 속박전류의 증분이 발생한다.

투자율이 μ인 자성체에서 앙페르의 주회법칙 $\oint \mathbf{H} \cdot d\mathbf{L} = I$의 전류 I는 자성체에서의 자유전류를 의미한다. 즉 전류 I는 자화로 인한 속박전류를 포함한 전류이며, 자유공간이 아닌 투자율 μ인 자성체에서의 주회법칙이므로 자속밀도 $\mathbf{B}$와 자계 $\mathbf{H}$ 사이에는 $\mathbf{B} = \mu\mathbf{H}$ 관계가 성립한다. 한편 총 전류 I_T는

$$I_T = \oint \frac{\mathbf{B}}{\mu_0} \cdot d\mathbf{L} \tag{6.23}$$

이므로 자성체에서 앙페르의 주회법칙은 다음과 같다.

$$I = I_T - I_b = \oint \left(\frac{\mathbf{B}}{\mu_0} - \mathbf{M} \right) \cdot d\mathbf{L} = \oint \mathbf{H} \cdot d\mathbf{L} \tag{6.24}$$

이 된다. 이 식을 정리하면 다음의 결과를 얻을 수 있다.

★ 자화를 고려한 자속밀도 ★

$$\mathbf{B} = \mu_0(\mathbf{H} + \mathbf{M}) \tag{6.25}$$

물론 자유공간이라면 자화가 발생하지 않으므로 식 (6.25)에서 $\mathbf{M} = 0$이 되어 자속밀도와 자계 사이에는 $\mathbf{B} = \mu_0\mathbf{H}$의 관계가 성립한다. 즉 자유공간에서는 자계에 투자율 μ_0를 곱한 만큼 자속밀도가 형성되지만 자성체에서는 자화현상으로 인해 그 물질 내에 형성되는 자속밀도의 양이 달라지는데, 식 (6.25)는 이 관계를 나타낸 것이다.[6]

한편 자유공간의 투자율에 대한 물질의 투자율의 비를 **비투자율**(relative permeability) μ_R이라고 하고 다음과 같이 나타낸다. 자성체의 비투자율은 일반적으로 1보다 크다.

6 이는 자유공간에서의 전계와 전속밀도의 관계가 $\mathbf{D} = \epsilon_0\mathbf{E}$이었지만 유전체라는 물질에서는 자유공간과 달리 유전분극현상이 발생하여 $\mathbf{D} = \epsilon_0\mathbf{E} + \mathbf{P}$가 된다는 사실과 유사한 현상으로 생각할 수 있다.

★ 비투자율 ★

$$\mu_R = \frac{\mu}{\mu_0} \tag{6.26}$$

선형 등방성의 자성체에서 자화의 세기는 외부 자계에 비례하므로 비례상수를 χ_m이라고 하면 다음과 같은 관계가 성립한다.

$$\mathbf{M} = \chi_m \mathbf{H} \tag{6.27}$$

이때 비례상수 χ_m은 **자화율**(magnetic susceptibility)이라고 하며, 단위자계를 인가할 때 자화의 세기를 나타낸다. 식 (6.27)을 이용하면 식 (6.25)는 다음과 같이 쓸 수 있다.

$$\mathbf{B} = \mu_0(\mathbf{H} + \mathbf{M}) = \mu_0(\mathbf{H} + \chi_m \mathbf{H}) = \mu_0(1 + \chi_m)\mathbf{H} = \mu\mathbf{H} = \mu_0\mu_R\mathbf{H}$$

따라서 이 식으로부터 비투자율과 자화율 사이에는 다음의 관계가 성립한다.

$$\mu_R = 1 + \chi_m \tag{6.28}$$

한편 식 (6.21)에 스토크스의 정리를 적용하고 속박전류밀도를 $\mathbf{J}_b$라고 하면 속박전류 I_b는

$$I_b = \oint \mathbf{M} \cdot d\mathbf{L} = \int (\nabla \times \mathbf{M}) \cdot d\mathbf{S} = \int \mathbf{J}_b \cdot d\mathbf{S}$$

가 되어 다음의 관계가 성립한다.

$$\nabla \times \mathbf{M} = \mathbf{J}_b \tag{6.29}$$

예제 6-8

비투자율 $\mu_R = 11$인 자성체가 있다. 다음의 조건에서 자화의 세기 M을 구하라.

(a) $H = 12\,[\mathrm{A/m}]$

(b) $n = 2.5 \times 10^{23}\,[\text{개}/\mathrm{m}^3]$ 및 $m = 1.2 \times 10^{-22}\,[\mathrm{A \cdot m^2}]$

(c) $B = 200\,[\mu\mathrm{T}]$

풀이

(a) 자화의 세기 $M = \chi_m H$이고 자화율 $\chi_m = \mu_R - 1$이다. 따라서 자화의 세기는 다음과 같다.

$$M = \chi_m H = (\mu_R - 1)H = 10 \times 12 = 120\,[\mathrm{A/m}]$$

(b) 자화의 세기는 단위체적당 쌍극자모멘트의 합이므로 다음과 같이 계산한다.

$$M = 2.5 \times 10^{23}[\text{개}/\text{m}^3] \times 1.2 \times 10^{-22}[\text{A} \cdot \text{m}^2] = 30[\text{A/m}]$$

(c) 자속밀도로부터 자계의 세기를 알 수 있고 $\chi_m = \mu_R - 1 = 10$이므로 자계를 구하면 $M = \chi_m H$의 관계에 의해 자화의 세기를 다음과 같이 계산할 수 있다.

$$H = \frac{B}{\mu} = \frac{B}{\mu_0 \mu_R} = \frac{200 \times 10^{-6}}{4\pi \times 10^{-7} \times 11} = 14.5$$

$$M = \chi_m H = 10 \times 14.5 = 145[\text{A/m}]$$

예제 6-9

자화율 $\chi_m = 3$인 자성체에 자속밀도 $\mathbf{B} = 80\pi y^2 \mathbf{a}_x [\mu\text{T}]$가 분포하고 있을 때 $y = 4[\text{cm}]$에서의 전류밀도 $\mathbf{J}$와 속박전류밀도 $\mathbf{J}_b$를 구하라.

풀이

자성체에서 자속밀도 $\mathbf{B} = \mu\mathbf{H} = \mu_0 \mu_R \mathbf{H}$이고 비투자율 $\mu_R = 1 + \chi_m$이므로 자계는 다음과 같다.

$$\mathbf{H} = \frac{\mathbf{B}}{\mu_0 \mu_R} = \frac{\mathbf{B}}{\mu_0(1 + \chi_m)} = \frac{80\pi y^2 \times 10^{-6}}{4\pi \times 10^{-7} \times 4} \mathbf{a}_x = 50 y^2 \mathbf{a}_x [\text{A/m}]$$

자계는 x 성분만 가지고 y만의 함수이므로 $\mathbf{J} = \nabla \times \mathbf{H}$에서 전류밀도를 다음과 같이 구할 수 있다.

$$\mathbf{J} = \nabla \times \mathbf{H} = -\frac{\partial H_x}{\partial y} \mathbf{a}_z = -100 y \mathbf{a}_z [\text{A/m}^2]$$

따라서 $y = 4[\text{cm}]$에서의 전류밀도는 다음과 같다.

$$\mathbf{J} = -4\mathbf{a}_z [\text{A/m}^2]$$

한편 속박전류밀도는 식 (6.29)의 $\nabla \times \mathbf{M} = \mathbf{J}_b$를 이용하여 구할 수 있다. 먼저 자화의 세기 $\mathbf{M}$은 식 (6.27)에 의해 $\mathbf{M} = \chi_m \mathbf{H} = 150 y^2 \mathbf{a}_x [\text{A/m}]$가 되므로 $\mathbf{J}_b$는 다음과 같이 계산된다.

$$\mathbf{J}_b = \nabla \times \mathbf{M} = -\frac{\partial M_x}{\partial y} \mathbf{a}_z = -300 y \mathbf{a}_z [\text{A/m}^2]$$

따라서 $y = 4[\text{cm}]$에서의 속박전류밀도는 다음과 같다.

$$\mathbf{J}_b = -300 \times 0.04 \mathbf{a}_z = -12 \mathbf{a}_z [\text{A/m}^2]$$

감자현상

자유공간에서 자계의 세기가 $\mathbf{H}_0$이고 자속밀도가 $\mathbf{B}_0$이면 자계의 세기에 대한 식은 $\mathbf{H}_0 = \mathbf{B}_0/\mu_0$이다. 만약 투자율이 μ인 자성체를 자계의 세기 $\mathbf{H}_0$ 중에 두면 [그림 6-10]과 같이 자기유도현상에 의해 자하 Q_m과 $-Q_m$이 유도되어 자성체 내부에는 $\mathbf{H}_0$와 반대 방향의 자계가 발생한다. 따라서 자성체 내의 자계의 세기 $\mathbf{H}$는 $\mathbf{H}_0$보다 감소하는데, 이러한 현상을 **감자현상**이라고 한다. 이때 자유공간과 자성체에서의 자계의 세기의 차이 $\mathbf{H}_d$를 **감자력**(demagnetizing force)이라고 한다. 즉 감자력은 외부 자속을 감소시키는 힘으로, 다음과 같다.

$$\mathbf{H}_d = \mathbf{H}_0 - \mathbf{H} \tag{6.30}$$

즉 자성체의 자계 $\mathbf{H} = \mathbf{H}_0 - \mathbf{H}_d$이며, 자유공간의 자계의 세기에 비해 감자력만큼 감소한다. 감자현상은 자계 중에 물질을 놓았을 때 물질이 자화하는 데에서 비롯된 것으로, 만약 자화가 없으면 감자현상도 발생하지 않는다. 따라서 감자력은 자화의 세기 $\mathbf{M}$에 비례하여 다음과 같이 정의한다.

$$\mathbf{H}_d = N\frac{\mathbf{M}}{\mu_0} \tag{6.31}$$

비례상수 N은 물체의 형상에 의존하는 정수로, **감자율**이라고 한다. 감자율은 물체의 형상이 짧고 굵을수록 큰데, 예를 들어 구 자성체의 감자율 $N = \frac{1}{3}$ 정도이다. 또한 자화의 세기 $\mathbf{M} = \chi_m \mathbf{H}$이므로 $\mathbf{H}_d = \mathbf{H}_0 - \mathbf{H} = N\frac{\chi_m}{\mu_0}\mathbf{H}$가 되며, 향후 논의할 강자성체에서의 비투자율 $\mu_R = 1 + \frac{\chi_m}{\mu_0}$ (식 (6.35) 참조)이므로 다음의 관계가 성립한다.

$$\mathbf{H} = \frac{\mathbf{H}_0}{1 + N\dfrac{\chi_m}{\mu_0}} = \frac{\mathbf{H}_0}{1 + N(\mu_R - 1)} \tag{6.32}$$

$$\mathbf{H}_d = \frac{N(\mu_R - 1)}{1 + N(\mu_R - 1)}\mathbf{H}_0 \tag{6.33}$$

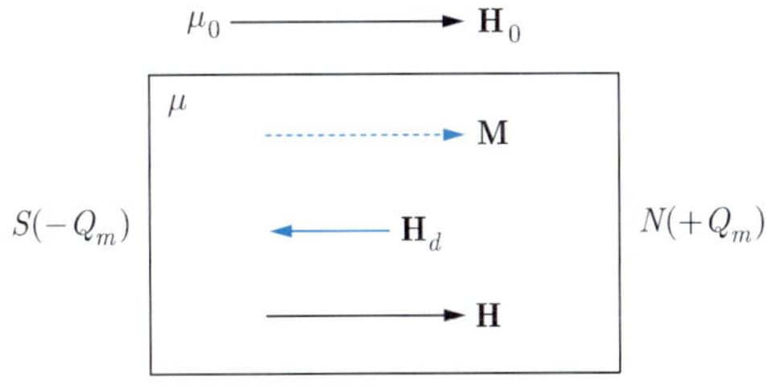

[그림 6-10] 자계 $\mathbf{H}_0$ 중에 투자율 μ의 자성체를 놓을 때의 자속분포

2 자성체

자성의 기원

자성체의 자성은 원자의 자기쌍극자모멘트에서 비롯된다. 이 절에서는 전자의 궤도운동과 스핀운동에 의한 쌍극자모멘트를 고려하여 자성을 논해보기로 한다.

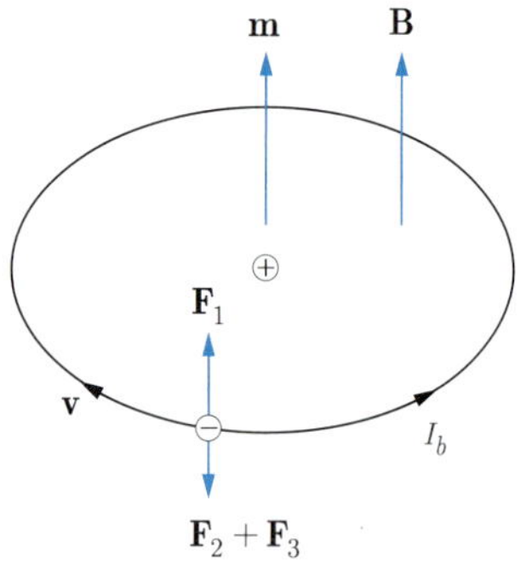

[그림 6-11] 전자의 궤도운동에 의한 힘의 작용

먼저 전자의 궤도운동에 의한 쌍극자모멘트를 생각해보자. [그림 6-11]에서 전자가 궤도를 $\mathbf{v} = v_0(-\mathbf{a}_\phi)$의 속도로 운동하면 속박전류는 $\mathbf{a}_\phi$ 방향으로 흐르게 되므로 오른손법칙에 의해 쌍극자모멘트 $\mathbf{m}$은 [그림 6-11]과 같은 방향을 향하게 된다. 이때 전자에는 원자핵과의 쿨롱의 인력 $\mathbf{F}_1$과 원심력 $\mathbf{F}_2$가 작용하고 있으며, $\mathbf{F}_1 = \mathbf{F}_2$의 조건 하에 전자는 안정된 궤도운동을 하고 있다. 그러나 만약 외부에서 자속밀도 $\mathbf{B} = B_0\mathbf{a}_z$를 인가하면 운동하는 하전입자는 자속밀도에 의해 로렌츠의 힘 $\mathbf{F}_3$를 받게 되므로 힘의 역학관계는 $\mathbf{F}_1 = \mathbf{F}_2 + \mathbf{F}_3$가 되어[7] 다음과 같은 관계가 성립한다.

$$\frac{e^2}{4\pi\epsilon_0 r^2} = \frac{mv^2}{r} + evB$$

이 식에서 좌변은 외부에서 자계를 인가해도 변하지 않는 상수이므로 전자가 안정된 궤도운동을 하려면 외부 자계에 의한 로렌츠의 힘만큼 원심력 $\mathbf{F}_2$가 감소해야 한다. 그런데 원심력 $\frac{mv^2}{r}$에서 궤도의 반경 r과 전자의 질량 m은 외부 자계와 무관하게 항상 일정하므로 자계를 인가하면 전자의 궤도운동속도 v가 감소하게 된다. 즉 외부 자계에 의해 전자의 운동속도가 감소하면 전자의 회전주파수 $f\,[\mathrm{sec}^{-1}]$가 감소하며, 이는 속박전류 $I_b(=ef)$의 감소를 초래하여 자기쌍극자모멘트 $\mathbf{m} = I_b\mathbf{S}$도 감소하게 된다. 결국 물체에 자계를 인가할 때 전자의 궤도운동에 의해 내부 자계는 외부 자계보다 작아지게 된다. 이러한 성질을 **반자성**(diamagnetism)이라고 한다.

---

7 자속밀도 $\mathbf{B}$를 인가하면 $\mathbf{F} = Q\mathbf{v}\times\mathbf{B}$의 로렌츠의 힘이 발생하는데, 이 힘의 방향은 전자의 전하량을 $(-e)$라고 할 때 $\mathbf{F}_3 = Q\mathbf{v}\times\mathbf{B} = (-e)v_0(-\mathbf{a}_\phi)\times B_0\mathbf{a}_z = ev_0B_0\mathbf{a}_\rho$가 되므로 원심력 $\mathbf{F}_2$와 같은 방향이 된다.

이처럼 전자의 궤도운동에 의한 자기쌍극자모멘트는 반자성의 특성을 가지고 있으므로 원자의 자기쌍극자모멘트는 궤도운동과 스핀운동에 의한 자기쌍극자모멘트의 합이 0이 되는 경우와 0이 되지 않은 경우로 나눌 수 있다. 모멘트의 합이 0이 아닌 경우는 외부에서 자계를 인가하지 않아도 자기쌍극자모멘트를 가지게 되는데, 이를 영구 자기쌍극자모멘트라고 한다. 자성체는 영구 자기쌍극자모멘트의 유무와 대소의 차이 등에 의해 다음과 같이 다섯 가지로 구분한다.

자성체의 종류

■ 반자성체

반자성체(diamagnetic substance)는 영구 자기쌍극자모멘트를 가지지 않는다. 즉 전자의 스핀운동에 의해 모멘트가 발생하지만 궤도운동에 의한 모멘트와 상쇄되어 외부 자계가 없으면 자화하지 않으며, 자계를 인가해도 외부 자계와 반대 방향으로 매우 약하게 자화하는 물질이다. 반자성체의 자화율이 $\chi_m = -10^{-(4\sim6)}$ 정도이며, 대표적인 물질로는 구리(Cu), 은(Ag), 납(Pb), 비스무트(Bi) 등이 있다.

■ 상자성체

상자성체(paramagnetic material)는 매우 약한 영구 자기쌍극자모멘트를 가진다. 즉 원자들은 외부 자계가 없어도 약한 쌍극자모멘트를 가진다. 그러나 외부 자계가 없는 상태에서 쌍극자모멘트는 방향이 불규칙한 열운동을 하므로 물질 전체의 쌍극자모멘트는 0이 된다. 따라서 영구 쌍극자모멘트가 있어도 외부 자계 없이는 자발적으로 자화하지 않는다. 여기에 자계를 인가하면 쌍극자모멘트는 토크를 받아 회전하여 같은 방향으로 배열하게 되므로 외부에서 인가한 자속밀도보다 조금 더 큰 내부 자속밀도를 가질 수 있으며, 자화율이 $\chi_m = 10^{4\sim6}$ 정도로 매우 작다. 칼륨, 텅스텐, 희토류원소, 산화이트륨 등이 상자성물질이다.

반자성체와 상자성체의 경우 $\mu_R = 1 + \chi_m$에서 자화율 χ_m이 매우 작으므로 $\mu_R = 1$로 생각해도 무방하다. 즉 $\mathbf{M} = \chi_m \mathbf{H}$의 관계로부터 외부 자계에 의한 자화는 크게 발생하지 않는다고 생각할 수 있다.

■ 강자성체

강자성체(ferromagnetic material)는 전자의 스핀운동에 의한 모멘트가 궤도운동에 의한 모멘트에 비해 매우 크다. 따라서 궤도운동에 의한 반자성의 작용에도 불구하고 큰 영구 자기쌍극자모멘트를 가진다. 강자성체는 외부 자계를 인가하면 외부 자계와 같은 방향으로 강하게 자화하며, 자화율도 $\chi_m = 10^6$ 정도로 매우 크다. 강자성체의 이러한 특성은 강자성체의 자구 구조 때문에 존재한다.

강자성체는 [그림 6-12]와 같이 자구(magnetic domain)라고 하는, 크기가 약 1 [μm] ~ 수 [cm] 정도의 매우 많은 영역으로 나누어져 있다. 하나의 자구 내에서 자기쌍극자모멘트는 같은 방향으로 정렬되어 있다. 물론 강자성체에서 하나의 자구 내의 원자들의 모멘트의 방향은 서로 같지만 외부 자계가 없을 때 자구들의 쌍극자모멘트의 방향은 서로 다르다. 따라서 비록 매우 큰 영구 자기쌍극자모멘트를 가진다고 해도 외부 자계가 없으면 물질 전체로의 자화는 0이다. 그러나 이 강자성체에 자계를 인가하면 외부 자계와 같은 방향의 쌍극자모멘트를 갖는 자구가 자구 사이의 경계면인 자벽(domain wall)을 주변으로 이동시켜 영역을 확장한다. 따라서 외부 자계의 크기가 커지면 자화 및 내부의 자속밀도도 증가한다. 이처럼 외부 자계에 의해 자속밀도가 증가하여 최대치 B_m 에 도달하면 강자성체는 하나의 같은 방향의 쌍극자모멘트를 갖는 자구로 통일되며, 더 큰 자계를 인가하여도 더 이상의 자화가 진행되지 않고 결국 자속밀도도 포화하게 된다.

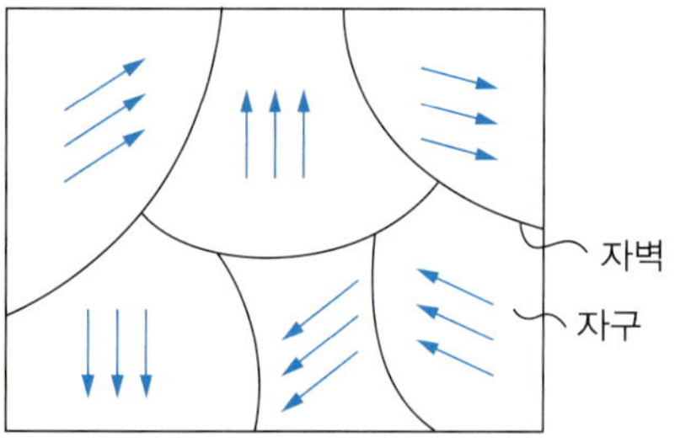

[그림 6-12] 강자성체의 자구 구조
자계를 가하면 $\mathbf{T} = \mathbf{m} \times \mathbf{B}$에 의해 결정되는 방향으로 자구 구조가 통일된다.

만약 자계를 다시 감소시키면 자구는 원래의 상태로 되돌아가야 하지만 자벽의 이동에 대한 저항이 작용하여 자벽의 이동이 용이하지 않게 되며, 자계를 감소시켜 $\mathbf{H} = 0$이 되어도 자화가 남는다. 이를 **잔류자화**(remanent magnetism) 또는 잔류 자속밀도 B_r 이라고 한다. 잔류자화가 0이 되기 위해서는 반대 방향의 $-H_c$ 를 인가해야 하는데, 이 $-H_c$ 를 항자계 또는 **보자력**(coercive force)이라고 한다. 따라서 강자성체는 맨 처음 자계를 인가할 때의 $B-H$ 특성과 다시 자계가 감소할 때의 $B-H$ 특성이 서로 다른 히스테리시스[8] 현상을 나타낸다.

[그림 6-13]은 강자성체의 **자기이력곡선**(hysteresis loop)의 예를 나타낸 것으로, 곡선 내의 점선의 부분을 초기자화곡선이라고 한다. 한편 자벽은 외부 자계에 대해 선형적으로 이동하지 않으므로 자속밀도와 자계 사이의 비례상수인 투자율도 자계의 크기에 따라 다른 값을 가지며, 강자성체의 투자율은 초투자율, 최대투자율 및 미분투자율로 구분하여 사용한다. 강자성체는 산업 분야에서 활발하게 응용되므로 공학적으로 매우 중요한 재료이며, 대표적으로 철(Fe), 니켈(Ni), 코발트(Co) 등의 원소가 강자성체에 속한다.

8 히스테리시스(hysteresis, 이력)란 어떤 물리량이 일의적으로 결정되지 않고 한 개의 입력에 대해 두 개의 출력상태가 존재하는 현상이다. 즉 [그림 6-13]의 H_c 의 자계에서 자속밀도가 아래쪽 곡선과 위쪽 곡선에 있는 두 개의 자속밀도 값을 가지게 되는 현상을 말한다.

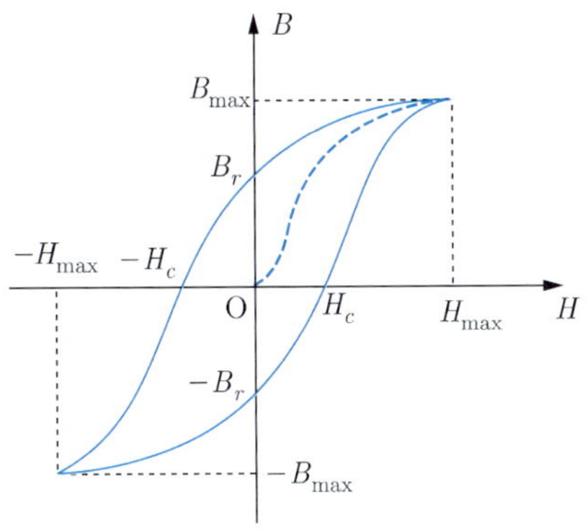

[그림 6-13] 강자성체의 전형적인 자기이력곡선(히스테리시스 곡선)

■ 페리자성체

페리자성체(ferrimagnetic material)에서는 인접한 두 원자의 자기쌍극자모멘트의 방향은 반대이지만 모멘트의 크기가 달라 외부 자계가 없어도 자기쌍극자모멘트는 서로 상쇄되지 않는다. 이러한 자기쌍극자모멘트는 강자성체에 비하면 그 영향이 작지만 외부 자계에 대응하여 큰 내부 자속밀도를 형성한다. 페라이트(ferrite)로 대표되는 페리자성체에는 자철광($Fe3O_4$), 니켈 페라이트($NiFe_2O_4$) 등이 있다. 만약 주변 온도가 증가하여 퀴리 온도[9] 이상이 되면 쌍극자모멘트의 열운동이 커져 강자성과 페리자성은 사라진다.

■ 반강자성체

반강자성체(antiferromagnetic material)에서는 한 원자의 쌍극자모멘트가 인접 원자의 모멘트와 크기가 같고 방향이 반대이므로 자기쌍극자모멘트는 0이 되고 외부 자계의 영향을 거의 받지 않는다.

[그림 6-14]에 지금까지 분류한 자성체의 쌍극자모멘트 배열을 나타내었다.

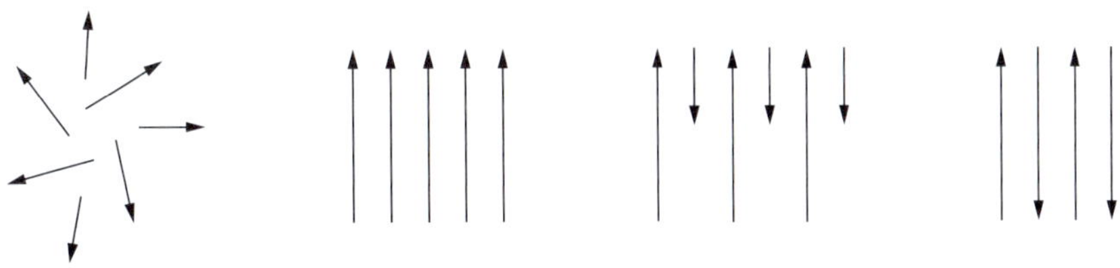

(a) 상자성체 (b) 강자성체 (c) 페리자성체 (d) 반강자성체

[그림 6-14] 자성체의 쌍극자모멘트 배열

9 퀴리 온도(Curie temperature)란 강자성체가 상자성체로 상전이할 때의 온도를 말한다. 강자성체는 외부 자계에 의해 무질서한 방향으로 배열된 쌍극자모멘트를 가진 자구들이 한 방향으로 배열하여 강자성이 나타나게 되는데, 만약 온도가 증가하면 자구들의 쌍극자모멘트가 강한 열운동을 하게 되어 특정 방향으로의 배열이 어려워져 강자성을 상실하게 된다. 이때의 온도를 퀴리 온도라고 한다.

Note 막대자석의 $B-H$ 관계

앞서 전자의 자기쌍극자모멘트가 외부 자계에 의해 배향되어 물질이 자화되는 과정을 고찰하였으며, 이를 통해 자속밀도와 자계 사이에 $B=\mu_0(H+M)$의 관계를 얻었다. 이 식에서 자화의 세기 M은 자계 H와 같은 차원의 양이며, 단위도 서로 일치한다. 즉 자기쌍극자모멘트 $m=IS[\mathrm{A}\cdot\mathrm{m}^2]$일 때 단위체적당 쌍극자모멘트로 정의되는 자화의 세기 $M=\dfrac{m_{total}}{\Delta v}\left[\dfrac{\mathrm{A}\cdot\mathrm{m}^2}{\mathrm{m}^3}\right]$으로, 자계의 세기와 같은 $[\mathrm{A/m}]$ 단위를 사용한다.

이제 막대자석과 같이 자화된 물체에서 B와 H 사이의 관계를 고찰해보자. 막대자석의 N, S극에 각각 Q_m과 $-Q_m$[Wb]의 자하가 분포할 때 자기쌍극자모멘트 $m=Q_mL\,[\mathrm{Wb}\cdot\mathrm{m}]$로 정의하였다. 이때 L은 $-Q_m$에서 Q_m으로 향하는 선분벡터의 크기이며, 비록 자하의 정체를 정확히 설명하기는 어렵지만 막대자석의 자극에서 자속을 발생시키는 물리량이라고 생각하면 된다. 즉 존재하는 자하만큼 자속이 발생하므로 자하의 단위는 자속과 같은 [Wb]를 사용하게 된다. 이때 쌍극자모멘트의 단위가 $[\mathrm{Wb}\cdot\mathrm{m}]$이므로 자화의 세기 $M=\dfrac{m_{total}}{\Delta v}$에서 단위가 $\left[\dfrac{\mathrm{W}\cdot\mathrm{m}}{\mathrm{m}^3}\right]=[\mathrm{Wb/m^2}]$가 되어 자화의 세기 M과 자속밀도 B의 단위가 서로 일치함을 알 수 있다. 즉 막대자석에서 자화의 세기는 자속밀도와 같은 차원을 가지는 양으로, B와 H 사이에는 다음의 관계가 성립한다.

$$B=\mu_0H+M \tag{6.34}$$

식 (6.34)에서 자화의 세기 $M=\chi_mH$라고 하면

$$B=\mu_0H+M=(\mu_0+\chi_m)H=\mu H=\mu_0\mu_RH$$

가 되어 다음의 관계가 성립한다.

$$\mu=\mu_0+\chi_m \quad \text{또는} \quad \mu_R=1+\frac{\chi_m}{\mu_0} \tag{6.35}$$

또한 식 (6.34)로부터 자화의 세기 M은 자속밀도 B와 병립할 수 있으므로 $B-H$ 곡선을 $M-H$ 곡선으로 해석해도 무방하다. 다만 식 (6.34)에서 $M=B-\mu_0H$가 되고 μ_0가 약 10^{-7} 정도의 매우 작은 값이므로 주어진 외부 자계조건에서 자화의 세기 M은 자속밀도 B보다 약간 작은 값을 취하게 된다.

예제 6-10

길이 $L=12$[cm]이고 반지름 $r=2$[cm]의 원형의 단면을 갖는 자성체를 길이의 방향으로 자화의 세기 $M=0.5[\mathrm{Wb/m^2}]$로 균일하게 자화하였다. 자극의 세기 Q_m[Wb]를 구하라.

풀이

자기쌍극자모멘트 $m=Q_m[\mathrm{Wb}\cdot\mathrm{m}]$이고 자성체의 체적을 V라고 할 때 자화의 세기 $M=\dfrac{m_{total}}{V}=\dfrac{Q_mL}{S\cdot L}=\dfrac{Q_m}{S}$이므로 Q_m은 다음과 같다.

$$Q_m=M\cdot\pi r^2=0.5\times3.14\times(2\times10^{-2})^2=6.3\times10^{-4}[\mathrm{Wb}]$$

히스테리시스 손실

자화는 자계를 인가할 때 물체 내의 자기쌍극자모멘트가 외부 자계 방향으로 정렬함으로써 발생한다. 따라서 자화에는 반드시 일이 필요하다. 이때 수반되는 일의 양은 [그림 6-13]의 히스테리시스 곡선의 면적에 해당하며, 외부 자계를 $\mathbf{H}$, 물체 내에 형성되는 자속밀도를 $\mathbf{B}$ 라고 하면 다음과 같이 표현된다.

$$W = \int \mathbf{H} \cdot d\mathbf{B} \qquad (6.36)$$

이때 수행된 일은 자성체 내에서 열로 소비되어 히스테리시스 손실이 된다. 즉 강자성체를 교류회로에 사용하면 히스테리시스 손실(hysteresis loss)과 와전류 손실(eddy current loss)이 발생한다. 교류전압에 의한 시가변계에서의 전자계 현상은 7장에서 다루겠지만 여기에서는 히스테리시스 손실을 강자성체의 중요한 현상으로 간단히 다루기로 한다.

히스테리시스 손실은 $B-H$ 곡선의 면적으로 구한다. 먼저 [그림 6-15]와 같은 $B-H$ 곡선에서 자속밀도와 자계의 곱의 단위를 계산해보면 다음과 같다. 이때 7장의 시가변계에서 배울 패러데이 법칙의 기전력 $e = -d\phi/dt$ 의 관계에서 $[\mathrm{V}] = [\mathrm{Wb/sec}]$ 이므로 $[\mathrm{Wb}] = [\mathrm{V \cdot sec}]$ 의 관계를 이용하였다.

$$BH\left[\frac{\mathrm{Wb}}{\mathrm{m}^2} \cdot \frac{\mathrm{A}}{\mathrm{m}}\right] = \left[\frac{\mathrm{V \cdot A \cdot sec}}{\mathrm{m}^3}\right] = \left[\frac{\mathrm{W \cdot sec}}{\mathrm{m}^3}\right] = \left[\frac{\mathrm{J}}{\mathrm{m}^3}\right]$$

이 식에서 [J]은 에너지의 단위이므로 B와 H의 곱은 단위체적당 에너지가 된다. 이를 W_h 라고 하면 강자성체에서 발생하는 단위체적당 에너지는 다음과 같이 표현된다.

$$W_h = \oint H dB \ [\mathrm{J/m^3}] \qquad (6.37)$$

또한 $[\mathrm{J}] = [\mathrm{W \cdot sec}]$ 이므로 주파수 $f\,[\mathrm{Hz}]$ 에서 단위체적당 히스테리시스 손실을 P_h 라고 하면

$$P_h = f W_h = f \oint H dB \ [\mathrm{W/m^3}] \qquad (6.38)$$

가 된다. 이제 자성체의 전 체적 $v\,[\mathrm{m^3}]$, 그리고 주파수 $f\,[\mathrm{Hz}]$ 에서 발생하는 히스테리시스 손실을 표현하면 다음과 같다.

$$P_h = f v W_h = f v \oint H dB \ [\mathrm{W}] \qquad (6.39)$$

즉 BH 가 단위체적당 에너지이므로 히스테리시스 손실 $P_h\,[\mathrm{W}]$ 는 히스테리시스 루프의 전체 면적 $BH\left[\frac{\mathrm{W \cdot sec}}{\mathrm{m}^3}\right]$ 에 자성체의 체적 $v\,[\mathrm{m^3}]$ 와 주파수 $f\left[\frac{1}{\mathrm{sec}}\right]$ 을 곱해 구하면 된다.

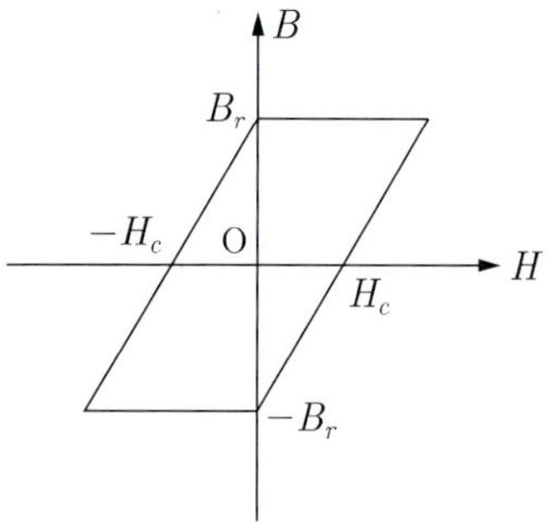

[그림 6-15] 이상적인 모양의 $B-H$ 곡선

한편 주파수 f [Hz] 에서 단위체적당 히스테리시스 손실은 다음과 같은 스타인메츠(Steinmetz)의 실험식이 잘 알려져 있다.

$$W_h = f\eta B_m^{1.6}\,[\mathrm{W/m^3}] \tag{6.40}$$

이 식에서 η는 특정 재료가 가지는 상수이며, B_m은 최대자속밀도이다. 주파수 f가 높을수록 상수 η가 작은 재료가 필요하며, 퍼멀로이(permalloy)나 페라이트(ferrite) 등이 주로 사용되고 있다.

예제 6-11

[그림 6-15]와 같이 이상적인 히스테리시스 곡선을 갖는 강자성체에서 자계 $H_c = 3\,[\mathrm{A/m}]$일 때 포화자속밀도 $B_r = 40\,[\mathrm{Wb/m^2}]$이다. 이 강자성체가 주파수 1 [kHz]의 교류전류에 의해 자화할 때 히스테리시스 손실 [W]을 구하라. 단, 이 자성체의 체적은 20 [cm^3]이다.

풀이

[그림 6-15]와 같은 히스테리시스 루프의 전 면적은 BH의 4배이므로 면적 S는 다음과 같다.

$$S = 4\times 40\times 3 = 480\left[\frac{\mathrm{W\cdot sec}}{\mathrm{m^3}}\right]$$

따라서 히스테리시스 손실 P_h [W]는 다음과 같다.

$$P_h = 480\left[\frac{\mathrm{W\cdot sec}}{\mathrm{m^3}}\right]\times(20\times 10^{-6})\,[\mathrm{m^3}]\times(1\times 10^3)\left[\frac{1}{\mathrm{sec}}\right] = 9.6\,[\mathrm{W}]$$

SECTION
6.4 경계조건

이 장에서는 투자율이 다른 두 자성체가 경계를 이루는 특수한 상황에서 적분형의 맥스웰 방정식을 이용하여 자계와 자속밀도를 해석하고 자계와 자속밀도의 입사각에 대한 정보를 구한다.

Keywords | 법선성분에 대한 경계조건 | 접선성분에 대한 경계조건 | 입사각에 대한 경계조건 |

1 법선성분에 대한 경계조건

정전계에서 적분형의 두 맥스웰 방정식 $\oint \mathbf{D} \cdot d\mathbf{S} = Q$ 및 $\oint \mathbf{E} \cdot d\mathbf{L} = 0$을 이용하여 전계와 전속밀도의 경계조건을 해석하였다. 그 결과 경계면에 전하가 존재하지 않을 때 $D_{n1} = D_{n2}$ 및 $E_{t1} = E_{t2}$라는 경계조건을 구할 수 있었다. 특히 가우스 법칙으로부터 전계와 전속밀도의 법선성분에 대한 정보를 얻었고 식 $\oint \mathbf{E} \cdot d\mathbf{L} = 0$을 통해 전계와 전속밀도의 접선성분에 대한 정보를 얻었다.

이제 두 자성체가 경계를 이룰 때 경계에서 자계와 자속밀도에 대해 고찰해보자. 자계 및 자속밀도에 대한 경계조건은 적분형 맥스웰 방정식 $\oint \mathbf{B} \cdot d\mathbf{S} = 0$ 및 $\oint \mathbf{H} \cdot d\mathbf{L} = I$를 이용하여 구할 수 있다. 먼저 [그림 6-16]와 같이 투자율이 μ_1과 μ_2인 두 자성체가 접해 있고 경계면에는 표면전류밀도 $\mathbf{K}$ [A/m]가 지면으로 들어가는 방향으로 흐를 때 $\oint \mathbf{B} \cdot d\mathbf{S} = 0$을 적용하기 위한 가우스 원통을 선택하여 자속밀도의 법선성분을 구해보자. 적분은 원통의 닫힌 면에서 수행되므로

$$\oint \mathbf{B} \cdot d\mathbf{S} = \int_{\text{윗면}} + \int_{\text{아랫면}} + \int_{\text{측면}} = 0$$

이다. 경계면에서 $\Delta h = 0$이 되고 이에 따라 원통의 측면의 면적은 0이 되므로 적분은 원통의 윗면과 아랫면에서 수행하면 된다. 영역 1과 영역 2에서 자속밀도의 경계면에 있는 법선성분과 접선성분을 각각 $\mathbf{B}_{n1}$, $\mathbf{B}_{n2}$ 및 $\mathbf{B}_{t1}$, $\mathbf{B}_{t2}$라고 하면 $\oint \mathbf{B} \cdot d\mathbf{S} = 0$의 연산은 다음과 같다.

$$(\mathbf{B}_{n1} + \mathbf{B}_{t1}) \cdot \Delta\mathbf{S} + (\mathbf{B}_{n2} + \mathbf{B}_{t2}) \cdot \Delta\mathbf{S} = 0$$

경계면에서 자속밀도의 접선성분과 미소면적은 서로 수직이므로 내적은 0이다. 따라서 이 식은

$$B_{n1}\Delta S - B_{n2}\Delta S = 0$$

이 되어 다음의 경계조건을 얻을 수 있다.

★ 법선성분에 대한 경계조건 ★

$$\mathbf{B}_{n1} = \mathbf{B}_{n2} \tag{6.41}$$

$$\mu_1 \mathbf{H}_{n1} = \mu_2 \mathbf{H}_{n2} \tag{6.42}$$

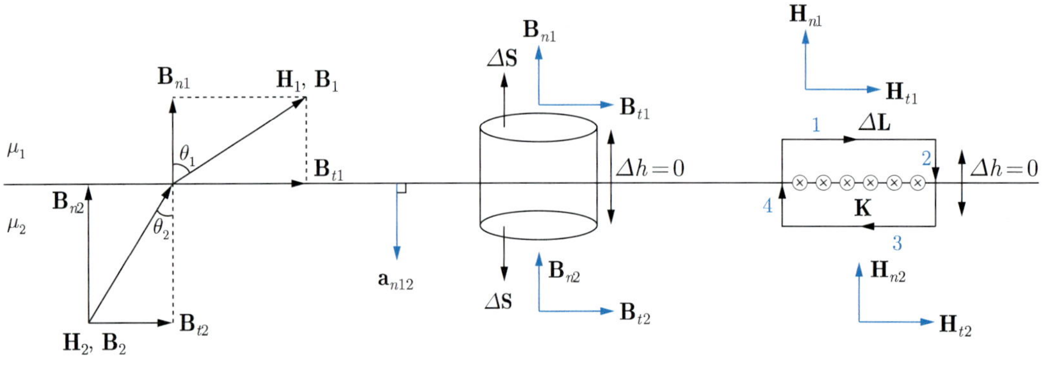

[그림 6-16] 투자율이 다른 두 자성체에서의 경계조건
⊗는 전류가 지면에 수직으로 들어가는 방향을 의미한다.

이 결과로부터 **두 자성체의 경계면에 형성되는 자속밀도의 법선성분은 자성체의 투자율에 관계없이 연속**이며, 같은 전류원에 의해 발생한 자계라도 **투자율이 큰 영역에 비해 투자율이 작은 영역에 더 큰 자계가 형성됨**을 알 수 있다. 또한 $\mathbf{M} = \chi_m \mathbf{H}$ 이므로 식 (6.42)에서 다음과 같이 자화의 법선성분에 대한 경계조건을 얻을 수 있다.

$$\frac{M_{n2}}{\chi_{m2}} = \frac{\mu_1}{\mu_2}\frac{M_{n1}}{\chi_{m1}} \quad \text{또는} \quad M_{n2} = \frac{\mu_1}{\mu_2}\frac{\chi_{m2}}{\chi_{m1}} M_{n1} \tag{6.43}$$

2 접선성분에 대한 경계조건

한편 경계면에 대한 자계의 접선성분을 알기 위해 [그림 6-16]과 같이 적분을 위한 닫힌 경로를 설정하여 $\oint \mathbf{H} \cdot d\mathbf{L} = I$를 적용하면 다음과 같다.

$$\oint \mathbf{H} \cdot d\mathbf{L} = \int_1 + \int_2 + \int_3 + \int_4 = I$$

경계면에서 $\Delta h = 0$ 이므로 $\int_2 = \int_4 = 0$ 이다. 따라서 적분은 경로 1과 경로 3에서만 수행하면 되며, 영역 1과 영역 2에서 자계의 경계면에 대한 접선성분과 법선성분을 각각 H_{t1}과 H_{t2}, H_{n1}과 H_{n2} 라고 하면 앙페르의 주회법칙은 다음과 같다.

$$(\mathbf{H}_{n1}+\mathbf{H}_{t1})\cdot \Delta\mathbf{L}+(\mathbf{H}_{n2}+\mathbf{H}_{t2})\cdot \Delta\mathbf{L}=I$$

이 식에서 자계의 법선성분과 적분경로 ΔL 은 서로 수직하여 연산의 결과가 0이 되므로

$$H_{t1}\Delta L-H_{t2}\Delta L=I=K\Delta L$$

이 되어 다음의 결과를 얻는다.

$$H_{t1}-H_{t2}=K \tag{6.44}$$

접선성분의 경계조건에 방향을 고려하여 영역 1에서 영역 2로 향하는 법선 단위벡터를 $\mathbf{a}_{n12}$ 라고 할 때 다음 관계가 성립한다.

★ 접선성분에 대한 경계조건 ★

$$(\mathbf{H}_{t1}-\mathbf{H}_{t2})\times\mathbf{a}_{n12}=\mathbf{K} \tag{6.45}$$

따라서 두 영역에서 **자계의 접선성분은 불연속**이며, 표면전류밀도 $\mathbf{K}$ 에 의해 자계의 접선성분의 크기가 결정됨을 알 수 있다. 또한 $\mathbf{H}=\mathbf{H}_n+\mathbf{H}_t$ 이고 앞선 식의 단위벡터 $\mathbf{a}_{n12}$ 와 자계의 법선성분 $\mathbf{H}_n$ 은 같은 방향이므로 이들의 외적은 0이 된다. 따라서 접선성분에 대한 경계조건은 다음과 같이 표현할 수 있다.

$$(\mathbf{H}_1-\mathbf{H}_2)\times\mathbf{a}_{n12}=\mathbf{K} \tag{6.46}$$ [10]

한편 자속밀도와 자화의 세기에 대한 경계조건도 식 (6.45)를 이용하여 정리하면 다음과 같다.

$$\left(\frac{\mathbf{B}_{t1}}{\mu_1}-\frac{\mathbf{B}_{t2}}{\mu_2}\right)\times\mathbf{a}_{n12}=\mathbf{K} \tag{6.47}$$

$$\frac{M_{t1}}{\chi_{m1}}-\frac{M_{t2}}{\chi_{m2}}=K \quad \text{또는} \quad M_{t2}=\frac{\chi_{m2}}{\chi_{m1}}M_{t1}-\chi_{m2}K \tag{6.48}$$

만약 경계면에 별도의 전류원이 없으면 경계면에서 $\mathbf{K}=0$ 이 되므로 경계조건은 다음과 같다.

★ 접선성분에 대한 경계조건($\mathbf{K}=0$ 인 경우) ★

$$\mathbf{H}_{t1}=\mathbf{H}_{t2} \tag{6.49}$$

$$\frac{\mathbf{B}_{t1}}{\mu_1}=\frac{\mathbf{B}_{t2}}{\mu_2} \tag{6.50}$$

---

10 $(\mathbf{H}_1-\mathbf{H}_2)\times\mathbf{a}_{n12}=[(\mathbf{H}_{n1}+\mathbf{H}_{t1})-(\mathbf{H}_{n2}+\mathbf{H}_{t2})]\times\mathbf{a}_{n12}$ 에서 $\mathbf{a}_{n12}$ 와 $\mathbf{H}_{n1}$, $\mathbf{H}_{n2}$ 는 같은 방향이므로 이들의 외적은 0이다. 따라서 $(\mathbf{H}_1-\mathbf{H}_2)\times\mathbf{a}_{n12}=(\mathbf{H}_{t1}-\mathbf{H}_{t2})\times\mathbf{a}_{n12}$ 가 된다.

이때 경계면에서 자계 $\mathbf{H}$의 접선성분은 서로 같고 연속이다. 반면에 자속밀도 $\mathbf{B}$의 접선성분은 두 매질의 투자율에 따라 달라진다.

예제 6-12

영역 $1(z>0)$에는 투자율 $\mu_1 = 2[\mu\text{H/m}]$인 자성체가, 영역 $2(z<0)$에는 $\mu_2 = 4[\mu\text{H/m}]$인 자성체가 경계를 이루고 있다. 영역 1의 자속밀도 $\mathbf{B}_1 = 5\mathbf{a}_x - 2\mathbf{a}_y + 3\mathbf{a}_z[\text{mT}]$이고 $z=0$인 경계면에 표면전류밀도 $\mathbf{K} = 500\mathbf{a}_x[\text{A/m}]$가 흐를 때 영역 2에서의 자속밀도 $\mathbf{B}_2$를 구하라.

풀이

이 문제는 구하고자 하는 영역 2의 자속밀도 $\mathbf{B}_2 = \mathbf{B}_{n2} + \mathbf{B}_{t2}$라고 할 때

❶ 법선성분은 $\mathbf{B}_{n1} = \mathbf{B}_{n2}$의 경계조건으로 쉽게 구할 수 있으며,

❷ 접선성분 $\mathbf{B}_{t2}$는 영역 2의 $\mathbf{H}_{t2}$를 구한 뒤 이를 $\mathbf{B}_{t2}$로 바꾸면 된다. 이때 자계의 접선성분에 대한 경계조건으로 $(\mathbf{H}_{t1} - \mathbf{H}_{t2}) \times \mathbf{a}_{n12} = \mathbf{K}$를 이용한다.

먼저 경계면은 xy 평면이고 경계조건에서 $\mathbf{B}_{n1} = \mathbf{B}_{n2}$이므로 영역 1에서의 자속밀도의 법선성분과 접선성분은 각각 다음과 같다.

$$\mathbf{B}_{n1} = \mathbf{B}_{n2} = 3\mathbf{a}_z, \quad \mathbf{B}_{t1} = 5\mathbf{a}_x - 2\mathbf{a}_y$$

따라서 $\mathbf{B}_{n2} = 3\mathbf{a}_z$이다. 다음으로 영역 1에서의 자계의 접선성분 $\mathbf{H}_{t1}$을 구하면 다음과 같다.

$$\mathbf{H}_{t1} = \frac{\mathbf{B}_{t1}}{\mu_1} = \frac{(5\mathbf{a}_x - 2\mathbf{a}_y) \times 10^{-3}}{2 \times 10^{-6}} = 2500\mathbf{a}_x - 1000\mathbf{a}_y[\text{A/m}]$$

자계의 접선성분에 대한 경계조건 $(\mathbf{H}_{t1} - \mathbf{H}_{t2}) \times \mathbf{a}_{n12} = \mathbf{K}$에서 영역 1에서 영역 2로 향하는 단위벡터 $\mathbf{a}_{n12}$는 $\mathbf{a}_{n12} = -\mathbf{a}_z$가 되므로 $\mathbf{H}_{t2}$는 다음과 같이 구할 수 있다.

$$\begin{aligned}\mathbf{H}_{t2} &= \mathbf{H}_{t1} - \mathbf{a}_{n12} \times \mathbf{K} = 2500\mathbf{a}_x - 1000\mathbf{a}_y - (-\mathbf{a}_z) \times 500\mathbf{a}_x \\ &= 2500\mathbf{a}_x - 500\mathbf{a}_y\end{aligned}$$

이를 영역 2에서의 자속밀도의 접선성분 $\mathbf{B}_{t2}$로 바꾸면 다음과 같다.

$$\mathbf{B}_{t2} = \mu_2 \mathbf{H}_{t2} = 4 \times 10^{-6} \times (2500\mathbf{a}_x - 500\mathbf{a}_y) = 10\mathbf{a}_x - 2\mathbf{a}_y[\text{mT}]$$

따라서 구하고자 하는 $\mathbf{B}_2$는 다음과 같다.

$$\mathbf{B}_2 = \mathbf{B}_{n2} + \mathbf{B}_{t2} = 10\mathbf{a}_x - 2\mathbf{a}_y + 3\mathbf{a}_z[\text{mT}]$$

예제 6-13

영역 $1(y<0)$에는 비투자율 $\mu_{R1}=2$인 자성체가, 영역 $2(y>0)$에는 $\mu_{R2}=4$인 자성체가 있다. 영역 1의 자계 $\mathbf{H}_1=40\mathbf{a}_x+30\mathbf{a}_y-20\mathbf{a}_z$ [A/m]이고 $y=0$인 평면에 표면전류밀도 $\mathbf{K}=60\mathbf{a}_z$ [A/m]가 흐를 때 영역 2의 자계 $\mathbf{H}_2$를 구하라.

풀이

영역 2에서의 자계 $\mathbf{H}_2=H_{x2}\mathbf{a}_x+H_{y2}\mathbf{a}_y+H_{z2}\mathbf{a}_z$라고 하자. 영역 1에서 영역 2로 향하는 법선 단위 벡터 $\mathbf{a}_{n12}=+\mathbf{a}_y$이므로 접선성분에 대한 경계조건인 식 (6.46)의 $(\mathbf{H}_1-\mathbf{H}_2)\times\mathbf{a}_{n12}=\mathbf{K}$를 이용하면 다음과 같다.

$$[(40-H_{x2})\mathbf{a}_x+(30-H_{y2})\mathbf{a}_y+(-20-H_{z2})\mathbf{a}_z]\times\mathbf{a}_y=60\mathbf{a}_z$$

이 식을 계산하면

$$(40-H_{x2})\mathbf{a}_z+(-20-H_{z2})(-\mathbf{a}_x)=60\mathbf{a}_z$$

가 되므로 자계의 접선성분인 H_{x2}와 H_{z2}는 다음과 같이 구할 수 있다.

$$H_{x2}=-20,\quad H_{z2}=-20$$

한편 식 (6.41)의 법선성분에 대한 경계조건은 $B_{n1}=B_{n2}$ 또는 $\mu_1H_{n1}=\mu_2H_{n2}$이므로

$$H_{n2}(=H_{y2})=\frac{\mu_1}{\mu_2}H_{n1}=\frac{\mu_0\mu_{R1}}{\mu_0\mu_{R2}}H_{y1}=\frac{2}{4}\times 30=15$$

가 된다. 따라서 영역 2에서의 자계 $\mathbf{H}_2$는 다음과 같다.

$$\mathbf{H}_2=-20\mathbf{a}_x+15\mathbf{a}_y-20\mathbf{a}_z\ [\text{A/m}]$$

3 입사각에 대한 경계조건

이제 경계면에서 표면전류밀도가 $\mathbf{K}=0$일 때 입사각에 대한 정보를 구해보자. [그림 6-16]에서 자속밀도 $\mathbf{B}_1$과 $\mathbf{B}_2$가 경계면의 법선에 대해 각각 θ_1과 θ_2의 각을 이루고 있다고 하자. 접선성분에 대한 경계조건은 $\mathbf{H}_{t1}=\mathbf{H}_{t2}$ 또는 $B_{t1}/\mu_1=B_{t2}/\mu_2$이므로

$$\frac{B_1\sin\theta_1}{\mu_1}=\frac{B_2\sin\theta_2}{\mu_2}$$

가 되며, 법선성분에 대한 경계조건은 $B_{n1}=B_{n2}$이므로 다음과 같이 나타낸다.

$$B_1 \cos\theta_1 = B_2 \cos\theta_2$$

앞선 두 식으로부터 다음과 같은 관계를 얻을 수 있다.

★ 각에 대한 경계조건 ★

$$\frac{\tan\theta_1}{\tan\theta_2} = \frac{\mu_1}{\mu_2} \qquad (6.51)$$

즉 경계면에서 자계의 굴절각의 크기는 매질의 투자율 차이에 의존하며, $\mu_1 > \mu_2$라면 $\theta_1 > \theta_2$가 된다. 또한 이러한 각의 관계로부터 영역 2에 대한 자계도 구할 수 있다. 즉

$$H_2 = \sqrt{H_{n2}^2 + H_{t2}^2} = \sqrt{(H_2 \cos\theta_2)^2 + (H_2 \sin\theta_2)^2}$$

이며, 경계조건 $H_{t1} = H_{t2}$ 및 $\mu_1 H_{n1} = \mu_2 H_{n2}$로부터

$$H_1 \sin\theta_1 = H_2 \sin\theta_2$$

$$\mu_1 H_1 \cos\theta_1 = \mu_2 H_2 \cos\theta_2$$

가 된다. 이를 이용하면 H_2를 다음과 같이 나타낼 수 있다.

$$H_2 = \sqrt{(H_2 \cos\theta_2)^2 + (H_2 \sin\theta_2)^2} = H_1 \left[\sin^2\theta_1 + \left(\frac{\mu_1}{\mu_2} \cos\theta_1 \right)^2 \right]^{\frac{1}{2}} \qquad (6.52)$$

예제 6-14

[예제 6-13]의 조건에서 자성체 1과 2의 자계 $\mathbf{H}_1$과 $\mathbf{H}_2$가 경계에 수직인 면에 대해 각각 θ_1 및 θ_2의 각을 이루고 있다. $\theta_1 = 45°$일 때 θ_2를 구하라. 단, 경계면의 표면전류밀도는 0이다.

풀이

경계면에 대한 자속밀도의 각의 관계는 식 (6.51)의 경계조건에서 $\frac{\tan\theta_1}{\tan\theta_2} = \frac{\mu_1}{\mu_2}$이므로 $\tan\theta_2$는 다음과 같다.

$$\tan\theta_2 = \frac{\mu_2}{\mu_1} \tan\theta_1 = \frac{\mu_{R2}}{\mu_{R1}} \tan\theta_1 = 2 \tan 45° = 2$$

따라서 θ_2는 다음과 같다.

$$\theta_2 = \tan^{-1}(2) \doteq 63.43°$$

SECTION
6.5 자기회로

이 절에서는 자속의 흐름을 모의한 자기회로를 이해하고 전기회로와의 비교를 통해 자기회로의 구성요소를 공부한다. 또한 자기회로를 이용하여 자계를 해석한다.

Keywords | 기자력 | 자속 | 자기저항 |

전기회로(electric circuit)는 전류의 흐름을 모의한 것으로, 기전력(electro-motive force, emf) V와 부하인 저항소자 R로 구성된다. 기전력에 의해 부하(저항)에 전계 $\mathbf{E} = -\nabla V$가 발생하면 전계는 하전입자를 가속시켜 전류 I가 흐르고 이 전류에 의해 부하에는 $V = RI$의 전압강하가 발생한다. 반면 **자기회로**(magnetic circuit)는 자속 Φ의 흐름을 모의한 것이다. 즉 자기회로는 **기자력**(magnetomotive force, mmf) V_m[A · t]와 부하인 **자기저항**(reluctance, 릴럭턴스) R_m[A · t/Wb]로 구성된다. 지금까지는 전류에 의해 자계가 발생하고 이 자계에 대응하여 자속의 흐름이 생기는 것으로 공부해 왔지만 자기회로에서는 기자력 $V_m = R_m \Phi$에 의해 자속이 발생한다고 생각하면 된다.

자기회로를 이용한 자계 해석은 강자성체에서 자속밀도와 자계와의 관계를 얻기 위해 중요하다. 이미 공부한 바와 같이 실용적으로 중요한 강자성체에서 자속밀도와 자계 사이의 관계는 비선형적이다. 즉 자계의 범위에 따라 투자율이 달라지므로 원하는 자속밀도를 얻기 위한 자계의 세기, 즉 흘려야 할 전류의 크기를 결정하기가 쉽지 않다. 이때 자기회로를 이용한 자계 해석이 효과적이다.

자기회로에서 부하의 특성을 나타내는 자기저항은 선형 등방성 자성체에서 자속이 통과하는 수직 단면적이 S이고 자속의 길이, 즉 자로를 d라고 하면 다음과 같이 정의한다.

★ 자기저항 ★

$$R_m = \frac{d}{\mu S} \tag{6.53}$$

자기저항은 자속이 흐르는 자성체의 특성을 반영하여 자로에 비례하고 투자율과 단면적에 반비례한다. 단면적과 자로가 일정한 회로에서의 자기저항은 자성체의 투자율 μ에 의해 결정된다. 자기회로에 대한 이해와 이용을 위해 전기회로와의 대응관계를 정리하여 [표 6-1]에 나타내었다.

[표 6-1] 전기회로와 자기회로 구성 요소의 대응관계

전기회로	자기회로	비고
$\mathbf{E} = -\nabla V [\mathrm{V/m}]$	$\mathbf{H} = -\nabla V_m [\mathrm{A \cdot t/m}]$	전계와 자계
$V_{AB} = -\int_B^A \mathbf{E} \cdot d\mathbf{L} [\mathrm{V}]$	$V_{mAB} = -\int_B^A \mathbf{H} \cdot d\mathbf{L} [\mathrm{A \cdot t}]$	기전력과 기자력
$I = \int \mathbf{J} \cdot d\mathbf{S} [\mathrm{A}]$	$\Phi = \int \mathbf{B} \cdot d\mathbf{S} [\mathrm{Wb}]$	전류와 자속
$\mathbf{J} = \sigma \mathbf{E} [\mathrm{A/m^2}]$	$\mathbf{B} = \mu \mathbf{H} [\mathrm{Wb/m^2}]$	전류밀도와 자속밀도(도전율과 투자율)
$V = RI [\mathrm{V}]$	$V_m = R_m \Phi [\mathrm{A \cdot t}]$	전기저항과 자기저항
$R = \frac{d}{\sigma S} [\Omega]$	$R_m = \frac{d}{\mu S} [\mathrm{A \cdot t/Wb}]$	전기저항과 자기저항(도전율과 투자율)
$\oint \mathbf{E} \cdot d\mathbf{L} = 0$	$\oint \mathbf{H} \cdot d\mathbf{L} = NI$	보존계와 비보존계

자기회로와 전기회로를 비교해보면 기자력과 기전력이 각각 자계 및 전계를 발생하여 자속과 전류가 회로를 흐르게 되며, 자속과 전류에 대해 자속밀도 $\mathbf{B} = \mu \mathbf{H}$와 전류밀도 $\mathbf{J} = \sigma \mathbf{E}$가 서로 대응하여 형성된다. 즉 전류밀도와 전계의 비례상수로 작용하는 도전율 σ에 대응하여 투자율 μ는 자속밀도와 자계 사이의 비례상수로 사용된다. 따라서 전기저항 $R = \frac{d}{\sigma S}$에 대해 자기저항 $R_m = \frac{d}{\mu S}$로 표현한다. 또한 자속의 흐름을 발생시키는 기자력은 자성체에 공급되는 외부 에너지원에 의한 것으로, 코일의 권수를 N이라고 하면 다음과 같이 표현한다.

★ 기자력 ★

$$V_m = Hd = R_m \Phi = NI \tag{6.54}$$

전기회로에서 기전력이 교류일 때 인덕턴스와 커패시턴스가 전기저항으로 동작하여 전압과 전류의 관계는 비선형적이 되며, 전압과 전류 사이에 위상차가 발생하여 회로 해석이 어려워진다. 마찬가지로 자기회로에서도 자기저항은 자속이 흐르는 자성체의 성질에 민감하게 영향을 받는다. 특히 히스테리시스 현상과 자기포화현상을 나타내는 강자성체에서는 자계의 값에 따라 자기저항의 크기를 결정하는 투자율이 달라지며, 따라서 부하에서 발생하는 기자력도 달라진다.

이제 [그림 6-17(a)]와 같이 단면적이 S, 평균반경이 ρ_0인 공심 토로이드에 N[회]의 코일을 감고 전류 I를 인가한 경우와 [그림 6-17(b)]와 같이 같은 크기의 토로이드에 길이가 d_g인 공극 부분을 제외한 나머지 부분이 투자율 μ인 강자성체로 채워진 경우의 자기회로를 비교해보자.

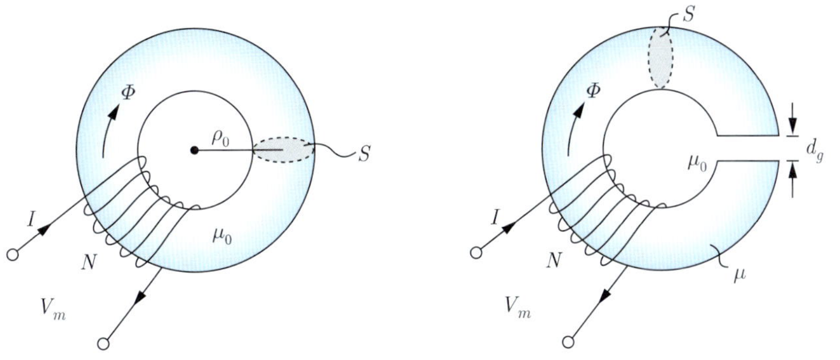

(a) 공심 토로이드 (b) 공극이 있는 강자성체 토로이드

[그림 6-17] 공심 토로이드와 공극이 있는 강자성체 토로이드

[그림 6-17(a)]는 공심 토로이드이므로 $R_g = d/(\mu_0 S)$의 단일 부하를 갖는 자기회로이고 [그림 6-17(b)]는 $R_g = d_g/(\mu_0 S)$와 $R_s = d_s/(\mu S)$의 직렬 자기저항을 가지는 자기회로이다. 즉 기자력 $V_m = NI$에 의해 자속이 강자성체와 공극 부분을 직렬로 통과하므로 두 개의 직렬 부하를 가지는 자기회로가 된다. 이때 등가회로는 각각 [그림 6-18(a)], [그림 6-18(b)]로 나타낼 수 있다. 자기회로의 회로방정식은 각각 다음과 같다.

$$V_m = NI = \frac{d}{\mu_0 S}\Phi$$

$$V_m = NI = \left(\frac{d_g}{\mu_0 S} + \frac{d_s}{\mu S}\right)\Phi$$

한편 자기저항의 식 $R_m = d/(\mu S)$에서 d는 자속이 흐르는 회로의 길이, 즉 자로를 의미한다. 토로이드의 평균반경을 ρ_0라고 할 때 [그림 6-17(a)]의 평균자로 $d = 2\pi\rho_0$이며, [그림 6-17(b)]에서 자성체 부분의 평균자로 $d_s = (2\pi\rho_0 - d_g)$가 된다.

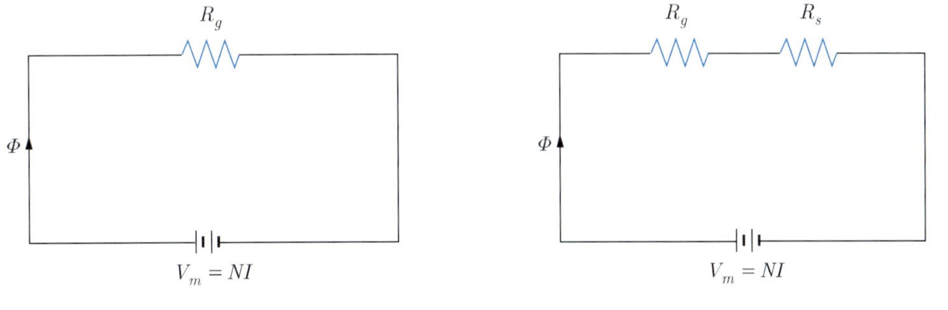

(a) 공심 토로이드의 자기회로 (b) 공극이 있는 강자성체 토로이드의 자기회로

[그림 6-18] 공심 토로이드와 공극이 있는 강자성체 토로이드의 자기회로

예제 6-15

권선 수 $N = 1000$[회]이고, 단면적 $S = 2$[cm^2], 평균반지름 $\rho_0 = 16$[cm]인 공심 토로이드에 전류 $I = 2.4$[A]를 흘렸다. 자기회로를 이용하여 토로이드 내의 자계를 구하라.

풀이

자속과 자속밀도를 구하면 자계는 쉽게 구해지므로 자속부터 구하기로 한다. 공심 토로이드의 투자율은 μ_0이며, 평균자로의 길이 $d = 2\pi\rho_0$이므로 식 (6.53)을 이용한 자기저항은 다음과 같다.

$$R_m = \frac{d}{\mu_0 S} = \frac{2\pi \times 16 \times 10^{-2}}{4\pi \times 10^{-7} \times 2 \times 10^{-4}} = 4 \times 10^9 [\text{A} \cdot \text{t/Wb}]$$

이를 이용하여 식 (6.54)를 통해 기자력과 자속을 구하면 다음과 같다.

$$V_m = N \times I = 1000 \times 2.4 = 2400 [\text{A} \cdot \text{t}]$$

$$\Phi = \frac{V_m}{R_m} = \frac{2400}{4 \times 10^9} = 0.6 \times 10^{-6} [\text{Wb}]$$

한편 자계를 구하기 위해 먼저 자속밀도를 구하면 다음과 같이 계산할 수 있다.

$$B = \frac{\Phi}{S} = \frac{0.6 \times 10^{-6}}{2 \times 10^{-4}} = 0.3 \times 10^{-2} [\text{T}]$$

따라서 구하고자 하는 토로이드 내의 자계는 다음과 같다.

$$H = \frac{B}{\mu_0} = \frac{0.3 \times 10^{-2}}{4\pi \times 10^{-7}} \doteqdot 2389 [\text{A} \cdot \text{t/m}]$$

예제 6-16

권선 수가 1000[회], 단면적이 3[cm^2], 평균자로가 100[cm]인 토로이드가 2π[mm]의 공극을 제외한 나머지 부분이 모두 강자성체로 되어 있다. 이 토로이드 내부의 자속밀도를 0.8[T]로 하기 위한 전류를 구하라. 단, 이 강자성체에서 자속밀도 0.8[T]를 위한 자계는 120[A · t/m]이다.

풀이

이 토로이드는 공극 부분과 강자성체 부분의 두 개의 자기저항을 가지는 직렬 자기회로이며, 기자력은 두 부하에서 발생하는 기자력(전기회로의 전압강하)의 합이다. 직렬회로이므로 자속은 두 부하에서 일정하다. 먼저 자속을 구하고 식 (6.53)을 이용하여 공극에서의 자기저항 R_g를 구하면 다음과 같다.

$$\Phi = BS = 0.8 \times 3 \times 10^{-4} = 2.4 \times 10^{-4}[\text{Wb}]$$

$$R_g = \frac{d_g}{\mu_0 S} = \frac{2\pi \times 10^{-3}}{4\pi \times 10^{-7} \times 3 \times 10^{-4}} = \frac{1}{6} \times 10^8 [\text{A} \cdot \text{t/Wb}]$$

이를 이용하여 공극에서의 기자력을 다음과 같이 구할 수 있다.

$$V_{mg} = R_g \Phi = \frac{1}{6} \times 10^8 \times 2.4 \times 10^{-4} = 4000[\text{A} \cdot \text{t}]$$

한편 강자성체에서 0.8[T]의 자속밀도를 위한 자계는 120[A · t/m]이므로 식 (6.54)를 이용하여 강자성체에서의 기자력을 구하면 다음과 같다.

$$V_{ms} = Hd_s = 120 \times (100 \times 10^{-2} - 2\pi \times 10^{-3}) \doteqdot 120[\text{A} \cdot \text{t}]$$

따라서 기자력의 합 $V_m = V_{mg} + V_{ms} = 4120[\text{A} \cdot \text{t}]$이 되므로 식 (6.54)의 $V_m = NI$로부터 전류를 구하면 다음과 같다.

$$I = \frac{V_m}{N} = \frac{4120}{1000} = 4.12[\text{A}]$$

SECTION
6.6 자기에너지

이 절에서는 자기에너지를 정의하고 표현식을 제안하며, 자기에너지와 관련하여 자기력을 표현한다. 또한 각 도체계에 축적되는 자기에너지를 구한다.

Keywords | 자기에너지 | 자기력 |

1 자기에너지

3장에서 정전에너지는 점전하계를 무한원점에서 전계 내의 한 공간으로 옮기는 데 필요한 일로 정의하였다. 이때 소모된 일은 그 전하들이 자신의 위치에 존재하기 위해 필요한 위치에너지로 보존됨을 알았다. 이는 전하를 옮겨온 공간에서 전위 및 전계가 만들어지는 데 소요되는 에너지로, 정전에너지를 다시 식으로 나타내면 다음과 같다.

$$W_E = \frac{1}{2}\int \mathbf{D} \cdot \mathbf{E}\, dv$$

이와 마찬가지로 정자계에서도 자계가 발생하면 주어진 공간에 에너지가 축적된다. 즉 자계도 에너지를 보유하고자 하는 성질을 가지며, 자계를 형성하는 데에는 에너지가 필요하다. 정전에너지가 전하를 옮기는 데 필요한 일이라면 **자기에너지는 전류가 흐르는 도선을 옮겨오는 데 필요한 일**로 생각할 수 있다. 즉 어떤 공간에 전류가 흐르는 도체를 옮겨와 그 공간에 자계를 발생시키기 위해 필요한 일을 자기에너지라고 할 수 있다.

그러나 무한원점에서 다른 전류가 흐르는 도체를 이미 자계가 발생되어 있는 어떤 공간으로 옮겨오면 도체와 기존의 자계가 서로 쇄교(linkage)하여 7장에서 논의할 패러데이 법칙에 의해 유도전압이 유기되는 결과가 발생한다. 즉 새로운 유도전압과 이 전압에 의해 발생하는 전류 및 자계를 무시하고서는 자기에너지를 논의할 수 없다. 따라서 엄밀한 자기에너지에 대한 논의는 시간에 따라 변화하는 전자계를 공부한 뒤에 가능하다. 여기에서는 정전에너지에 대응하여 자기에너지를 정의하고 패러데이 법칙 등 시가변계를 공부한 뒤 정의의 유효성을 다시 논의하기로 한다.

먼저 임의의 한 점에 형성된 자계에 의해 그 공간에 축적되는 자기에너지를 다음과 같이 정의한다.

$$W_H = \frac{1}{2}\int \mathbf{B} \cdot \mathbf{H}\, dv \tag{6.55}$$

$\mathbf{B} = \mu\mathbf{H}$의 관계로부터 자기에너지를 다음과 같이 나타낼 수 있다.

$$W_H = \frac{1}{2}\int \mu\mathbf{H}^2 dv = \frac{1}{2}\int \frac{\mathbf{B}^2}{\mu} dv$$

한편 에너지는 힘과 거리의 곱이며, 논의의 편의를 위해 이 식에서 미소체적을 미소면적과 미소길이의 곱으로 표현하면 다음과 같다.

$$W_H = \frac{1}{2}\int \frac{B^2}{\mu} dv = \frac{1}{2}\int_0^S \int_0^L \frac{B^2}{\mu} dSdL = \frac{1}{2}\frac{B^2}{\mu} SL = FL$$

따라서 힘 F는 다음과 같이 나타낼 수 있다.

$$F = \frac{B^2 S}{2\mu} \tag{6.56}$$

이 힘은 자계공간 내에 어떤 철편 등이 느끼는 힘이거나 전자석의 N, S극 사이에 작용하는 힘으로 생각할 수 있다.

2 동축케이블에서의 자기에너지

이제 동축케이블에서의 자기에너지를 구해보자. 동축케이블은 외부 도체의 바깥에 자계가 없으므로 자기에너지는 내부 도체의 내부와 내·외부 도체 사이에 축적된다.[11] 내·외부 도체의 반지름을 각각 a, b라고 할 때 내부 도체의 내부의 한 점$(\rho < a)$에서 자계와 자속밀도는

$$\mathbf{H} = \frac{I\rho}{2\pi a^2}\mathbf{a}_\phi, \quad \mathbf{B} = \frac{\mu_0 I\rho}{2\pi a^2}\mathbf{a}_\phi$$

이며, 이를 이용하여 내부 도체의 단위길이당 자기에너지를 구하면 다음과 같다.

$$\begin{aligned} W_H &= \frac{1}{2}\int \mathbf{B}\cdot\mathbf{H}\, dv \\ &= \frac{1}{2}\int_0^1 \int_0^{2\pi} \int_0^a \frac{\mu_0 I^2 \rho^2}{4\pi^2 a^4} \rho d\rho d\phi dz = \frac{\mu_0 I^2}{16\pi} \end{aligned}$$

다음으로 내·외부 도체 사이$(a < \rho < b)$에서는 자계와 자속밀도가

$$\mathbf{H} = \frac{I}{2\pi\rho}\mathbf{a}_\phi, \quad \mathbf{B} = \frac{\mu_0 I}{2\pi\rho}\mathbf{a}_\phi$$

11 정전에너지가 전계가 존재하는 공간에서만 정의되었듯이 자기에너지도 반드시 자계가 존재하는 공간에서 정의된다.

이므로 단위길이당 자기에너지를 구하면 다음과 같다.

$$W_H = \frac{1}{2}\int \mathbf{B} \cdot \mathbf{H}\, dv$$

$$= \frac{1}{2}\int_0^1 \int_0^{2\pi} \int_a^b \frac{\mu_0 I^2}{4\pi^2 \rho^2} \rho d\rho d\phi dz = \frac{\mu_0 I^2}{4\pi} \ln\frac{b}{a}$$

예제 6-17

단면적 $S = 12\,[\mathrm{cm}^2]$의 전자석 내에 같은 단면적을 가진 철편을 놓을 때 철편에 작용하는 인력을 구하라. 단, 전자석의 자속 $\Phi = 4.8 \times 10^{-4}\,[\mathrm{Wb}]$이다.

풀이

자속 $\Phi = 4.8 \times 10^{-4}\,[\mathrm{Wb}]$이므로 자속밀도는 다음과 같이 구할 수 있다.

$$B = \frac{\Phi}{S} = \frac{4.8 \times 10^{-4}}{12 \times 10^{-4}} = 0.4\,[\mathrm{Wb/m^2}]$$

이 전자석을 F의 힘으로 ΔL 만큼 움직였을 때 식 (6.55)를 이용하여 자기에너지의 변화 ΔW_H를 구하면 다음과 같다.

$$\Delta W_H = \frac{1}{2}\frac{B^2}{\mu_0} dv = \frac{1}{2}\frac{B^2}{\mu_0} S\Delta L = F\Delta L$$

즉 L 방향으로 작용하는 힘, 즉 인력은 다음과 같다.

$$F = \frac{B^2 S}{2\mu_0} = \frac{(0.4)^2 \times 12 \times 10^{-4}}{2 \times 4\pi \times 10^{-7}} = 76.4\,[\mathrm{N}]$$

예제 6-18

반지름이 a인 단면을 갖는 길이 d의 매우 긴 원주형 도체에 전류 I가 균일하게 흐를 때 도체에 축적되는 자기에너지를 구하라.

풀이

우선 원주형 도체의 한 점 ρ에서 앙페르의 주회법칙을 적용하면

$$\oint \mathbf{H} \cdot d\mathbf{L} = \oint H_\phi \mathbf{a}_\phi \cdot \rho d\phi \mathbf{a}_\phi = H_\phi \int_0^{2\pi} \rho d\phi = 2\pi\rho H_\phi = I \times \frac{\pi\rho^2}{\pi a^2}$$

이 된다. 이 식에서 자계와 자속밀도는 다음과 같다.

$$\mathbf{H} = \frac{I\rho}{2\pi a^2}\mathbf{a}_\phi, \quad \mathbf{B} = \frac{\mu I\rho}{2\pi a^2}\mathbf{a}_\phi$$

따라서 도체에 축적되는 자기에너지는 다음과 같다.

$$\begin{aligned} W_H &= \frac{1}{2}\int \mathbf{B} \cdot \mathbf{H}\, dv \\ &= \frac{1}{2}\int_0^d \int_0^{2\pi} \int_0^a \frac{\mu I^2 \rho^2}{4\pi^2 a^4} \rho d\rho d\phi dz = \frac{\mu I^2 d}{16\pi} \end{aligned}$$

SECTION

6.7 인덕턴스

이 절에서는 전류와 자속의 쇄교 개념을 이해하여 자기인덕턴스와 상호인덕턴스를 정의한다. 또한 각 도체에서 인덕턴스와 자기에너지를 구한다.

Keywords | 쇄교 자속 | 자기인덕턴스 | 상호인덕턴스 |

1 인덕턴스의 개념

정전계에서 콘덴서의 전극에 전압을 인가하면 전극에는 전하가 축적된다. 축적되는 전하량은 $Q = CV$로 나타내며, 전압에 비례한다. 이때 비례상수를 커패시턴스(Capacitance) 또는 정전용량 C[F]이라고 한다. 정자계에서는 회로에 전류가 흐르면 그 회로에 $\Phi = LI$의 자속이 발생하며, 발생하는 자속의 양은 전류에 비례하는데, 이때 그 비례상수를 **인덕턴스**(Inductance) L[H]라고 한다. 따라서 인덕턴스는 정전용량과 함께 교류회로에서 동작하는 저항소자이지만 물리적 의미는 단위전류를 인가할 때 발생하는 자속의 양으로 생각할 수 있다. 자속에 대한 전류의 비인 인덕턴스를 표현하면 다음과 같다.

$$L = \frac{\Phi}{I} \tag{6.57}$$

인덕턴스를 이해하는 데 가장 중요한 것은 자속과 전류의 쇄교 개념이다. 전류에 의해 발생된 자속이 전류가 흐르는 도체를 감쌀 때 전류와 자속은 서로 쇄교(linkage)한다고 한다. 만약 권선 수가 N인 코일에 전류 I가 흐르면 자속 Φ가 발생하는데, 발생된 전 자속 Φ가 어떤 권선과 쇄교하면 쇄교하는 자속은 $\lambda = N\Phi$로 정의할 수 있다. 즉 쇄교 자속은 전류가 흐르는 N[회]의 권선과 각 권선을 쇄교하는 자속 Φ의 곱으로 정의한다. 이때 인덕턴스는 다음과 같이 주어진다.

★ 인덕턴스 ★

$$L = \frac{N\Phi}{I} \tag{6.58}$$

원주형 도체와 동축케이블과 같이 권선 수가 1회인 도체에서 발생하는 자속 Φ는 모두 전류 I와 쇄교하므로 쇄교하는 자속의 양은 Φ가 되지만 솔레노이드나 토로이드와 같이 권선을 여러 번 감아 사용하는 도체의 경우 쇄교 자속 $\lambda = N\Phi$가 됨에 유의해야 한다.

이제 [그림 6-19]와 같이 각각 전류 I_1과 I_2가 흐르고 있는 두 개의 코일에 대해 생각해보자. 전류 I_1에 의해 발생하는 자속 Φ_1에는 전류 I_1과 쇄교하는 자속성분 Φ_{11}과 인접한 전류 I_2와 쇄교하는 자속성분 Φ_{12}가 있다. 이와 마찬가지로 전류 I_2에 의해 발생하는 자속 Φ_2에서 전류 I_2와 쇄교하는 자속을 Φ_{22}라고 하고 전류 I_1과 쇄교하는 자속을 Φ_{21}이라고 하면 자속 Φ_{11} 및 Φ_{12}는 전류 I_1이 만드는 자속이므로 전류 I_1에 비례하며, 자속 Φ_{21} 및 Φ_{22}는 전류 I_2에 비례한다. 따라서 각 자속은 다음과 같이 표현할 수 있다.

$$\Phi_{11} = L_1 I_1 \qquad \text{또는} \qquad \Phi_{22} = L_2 I_2$$

$$\Phi_{12} = M_{12} I_1 \qquad \text{또는} \qquad \Phi_{21} = M_{21} I_2$$

이러한 식에서 L_1, L_2를 **자기인덕턴스**(self-inductance)라고 하고 M_{12}, M_{21}을 **상호인덕턴스**(mutual inductance)라고 한다. 코일 1, 2의 권선 수를 직각 N_1, N_2라고 할 때 상호인덕턴스는 쇄교 자속의 상호 부분을 고려하여 다음과 같이 정의한다.

$$M_{12} = \frac{\lambda_{12}}{I_1} = \frac{N_2 \Phi_{12}}{I_1} \tag{6.59}$$

$$M_{21} = \frac{\lambda_{21}}{I_2} = \frac{N_1 \Phi_{21}}{I_2} \tag{6.60}$$

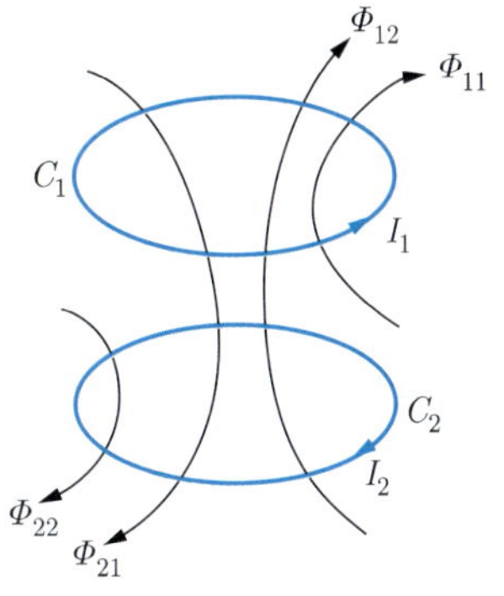

[그림 6-19] 두 회로에서 발생하는 자속과 전류의 쇄교
Φ_{12}는 전류 I_1에 의해 발생된 자속이지만 I_2와 쇄교하는 자속성분이다.

결국 쇄교 자속이란 [그림 6-19]와 같이 자신의 전류에 의한 자속과 인접한 다른 전류에 의해 발생한 자속을 포함한다. 즉 한 도체에 다른 도체에서 발생한 자속이 같이 쇄교하기 때문에 자속의 방향에 따라 인덕턴스는 증가할 수도 있고 감소할 수도 있으며, 이러한 증가 또는 감소의 부분을 상호인덕턴스라고 한다. 따라서 총 인덕턴스 L_T는 다음과 같이 나타낼 수 있다.

$$L_T = L \pm M \tag{6.61}$$

인덕턴스는 자계가 있는 공간에서만 정의될 수 있다. 자계가 있는 공간에는 자기에너지도 함께 축적되므로 인덕턴스를 자기에너지로도 표현할 수 있다. 이제 인덕턴스를 에너지의 관점에서 고찰해보자. 앞서 배웠던 정자기에너지를 구하는 식 $W_H = \frac{1}{2}\int \mathbf{B}\cdot\mathbf{H}\,dv$에서 미소체적 dv를 미소면적 dS와 미소길이 dL의 곱으로 나타내면 다음과 같다.

$$W_H = \frac{1}{2}\left[\int \mathbf{B}\cdot d\mathbf{S}\right]\left[\oint \mathbf{H}\cdot d\mathbf{L}\right] = \frac{1}{2}\Phi I \tag{6.62}$$

식 (6.62)에 $\Phi = LI$의 관계를 적용하면 자기에너지는 다음과 같이 표현할 수 있다.

★ 자기에너지 ★

$$W_H = \frac{1}{2}LI^2 \tag{6.63}$$

따라서 인덕턴스를 자기에너지로 나타내면 다음과 같이 주어진다.[12]

$$L = \frac{2W_H}{I^2} \tag{6.64}$$

또한 전류 I_1과 쇄교하는 자속 Φ_1에 의한 자기에너지를 W_{11}이라고 하면

$$W_{11} = \frac{1}{2}\int \mathbf{B}_1\cdot\mathbf{H}_1\,dv = \frac{1}{2}L_1 I_1^2 \tag{6.65}$$

이 되며, 자기인덕턴스는

$$L_1 = \frac{1}{I_1^2}\int \mathbf{B}_1\cdot\mathbf{H}_1\,dv_1 \tag{6.66}$$

이 된다. 같은 방법으로 자기인덕턴스 L_2와 상호인덕턴스 M_{12}, M_{21}은 각각 다음과 같다.

$$L_2 = \frac{1}{I_2^2}\int \mathbf{B}_2\cdot\mathbf{H}_2\,dv_2 \tag{6.67}$$

$$M_{12} = \frac{1}{I_1 I_2}\int \mathbf{B}_1\cdot\mathbf{H}_2\,dv \tag{6.68}$$

$$M_{21} = \frac{1}{I_1 I_2}\int \mathbf{B}_2\cdot\mathbf{H}_1\,dv \tag{6.69}$$

12 이것은 정전계의 정전용량을 표현하는 식과 매우 닮아 있다. 정전용량을 정전에너지로 나타내면 $C = 2W_E/V^2 = Q/V$였다.

한편 식 (6.68)에서 $\mathbf{B}_1$과 $\mathbf{H}_2$를 같은 공간에서 각각 전류 I_1과 I_2에 의해 발생되는 물리량이라고 생각하면 $\mathbf{B}_1 \cdot \mathbf{H}_2 = \mu\mathbf{H}_1 \cdot \mathbf{H}_2 = \mathbf{H}_1 \cdot \mu\mathbf{H}_2 = \mathbf{H}_1 \cdot \mathbf{B}_2$가 되므로 $M_{12} = M_{21}$이 된다.

마지막으로 벡터 자위를 이용하여 인덕턴스를 표현해보자. 자속 $\Phi = \int_S \mathbf{B} \cdot d\mathbf{S}$이며, 식 (5.45)의 $\mathbf{B} = \nabla \times \mathbf{A}$와 식 (5.32)의 스토크스의 정리를 이용하면 다음과 같이 나타낼 수 있다.

$$\Phi = \int \mathbf{B} \cdot d\mathbf{S} = \int (\nabla \times \mathbf{A}) \cdot d\mathbf{S} = \oint \mathbf{A} \cdot d\mathbf{L} \tag{6.70}$$

식 (6.70)을 자기에너지를 나타내는 식 (6.62)에 대입하고 $Id\mathbf{L} = \mathbf{J}dv$의 관계를 이용하면 자기에너지 W_H는 벡터 자위를 이용하여 다음과 같이 쓸 수 있다.

$$W_H = \frac{1}{2}\Phi I = \frac{1}{2}\left(\oint \mathbf{A} \cdot d\mathbf{L}\right) I = \frac{1}{2}\int \mathbf{A} \cdot \mathbf{J}\, dv \tag{6.71}$$

또한 자기에너지와 인덕턴스 사이의 관계는

$$W_H = \frac{1}{2}LI^2 \quad \text{또는} \quad W_H = \frac{1}{2}M_{12}I_1I_2$$

와 같으므로 코일 1과 코일 2의 자기인덕턴스와 상호인덕턴스를 벡터 자위로 나타내면 각각 다음과 같다.

$$L_1 = \frac{1}{I_1^2}\int \mathbf{A}_1 \cdot \mathbf{J}_1\, dv_1 \tag{6.72}$$

$$L_2 = \frac{1}{I_2^2}\int \mathbf{A}_2 \cdot \mathbf{J}_2\, dv_2 \tag{6.73}$$

$$M_{12} = \frac{1}{I_1I_2}\int \mathbf{A}_1 \cdot \mathbf{J}_2\, dv \tag{6.74}$$

$$M_{21} = \frac{1}{I_1I_2}\int \mathbf{A}_2 \cdot \mathbf{J}_1\, dv \tag{6.75}$$

예제 6-19

두 도체의 권선수가 각각 N_1, N_2이고 도체 1의 자기인덕턴스가 L_1일 때 다음을 구하라.

(a) 상호인덕턴스가 $M_{12} = L_1\dfrac{N_2}{N_1}$로 표현될 수 있음을 보여라.

(b) $N_1 = 20$[회], $N_2 = 80$[회]인 두 도체에서 $L_1 = 5$[mH]일 때 상호인덕턴스 M_{12}를 구하라.

풀이

(a) 자기회로에서 기자력 $V_m = NI = R_m \Phi$이다. 이때 자속 $\Phi = \dfrac{V_m}{R_m} = \dfrac{NI}{R_m}$이므로 이를 식 (6.58)에 대입하면 인덕턴스는 다음과 같이 표현할 수 있다.

$$L = \frac{N\Phi}{I} = \frac{N}{I} \cdot \frac{NI}{R_m} = \frac{N^2}{R_m}$$

이 식에 준해 L_1, L_2는 각각 $L_1 = \dfrac{N_1 N_1}{R_m}$, $L_2 = \dfrac{N_2 N_2}{R_m}$로 나타낼 수 있으며, 상호인덕턴스 M_{12}는 다음과 같이 표현할 수 있다.

$$M_{12} = \frac{N_1 N_2}{R_m} = \frac{N_1 N_1}{R_m} \cdot \frac{N_2}{N_1} = L_1 \frac{N_2}{N_1}$$

$$M_{12} = \frac{N_1 N_2}{R_m} = \frac{N_2 N_2}{R_m} \cdot \frac{N_1}{N_2} = L_2 \frac{N_1}{N_2}$$

(b) 자기인덕턴스 $L_1 = 5\,[\mathrm{mH}]$이므로 상호인덕턴스는 다음과 같이 계산할 수 있다.

$$M_{12} = L_1 \frac{N_2}{N_1} = 5 \times 10^{-3} \times \frac{80}{20} = 20\,[\mathrm{mH}]$$

예제 6-20

인덕턴스의 네 가지 단위를 설명하라.

풀이

인덕턴스의 단위는 다음과 같다.

❶ 인덕턴스는 자속에 대한 전류의 비, 즉 $L = \dfrac{\Phi}{I}$이므로 단위는 $\left[\dfrac{\mathrm{Wb}}{\mathrm{A}}\right]$이다.

❷ 자속밀도와 자계의 관계 $B = \mu H \left(\left[\dfrac{\mathrm{Wb}}{\mathrm{m}^2}\right] = \left[\dfrac{\mathrm{H}}{\mathrm{m}}\right] \times \left[\dfrac{\mathrm{A}}{\mathrm{m}}\right] \right)$에서 $[\mathrm{Wb}] = [\mathrm{H}] \times [\mathrm{A}]$이므로 단위는 $\left[\dfrac{\mathrm{Wb}}{\mathrm{A}}\right] = \left[\dfrac{\mathrm{H} \cdot \mathrm{A}}{\mathrm{A}}\right] = [\mathrm{H}]$가 된다.

❸ 에너지 관계식 $W_H = \dfrac{1}{2} L I^2$으로부터 $L = \dfrac{2W}{I^2}$가 되므로 $\left[\dfrac{\mathrm{J}}{\mathrm{A}}\right]$ 단위를 사용하기도 한다.

❹ 7장의 시가변계에서 소개할 패러데이 법칙에서 유도기전력 $e = -\dfrac{d\Phi}{dt} = -L\dfrac{dI}{dt}$로 주어진다. 따라서 (−)를 생략하면 $L = e\dfrac{dt}{dI}$가 되므로 $\left[\dfrac{\mathrm{V} \cdot \mathrm{sec}}{\mathrm{A}}\right]$ 또는 $[\Omega \cdot \mathrm{sec}]$도 인덕턴스의 단위가 된다.

2 각 도체계에서의 인덕턴스

이제 전류가 흐르는 각 도체계에서의 인덕턴스를 구해보자.

토로이드

권선이 매우 촘촘히 N[회] 감긴 토로이드에서 자계는 식 (5.19)의 $\mathbf{H} = \dfrac{NI}{2\pi\rho}\mathbf{a}_\phi$ 이므로 자속밀도 $\mathbf{B} = \dfrac{\mu_0 NI}{2\pi\rho}\mathbf{a}_\phi$ 이다. 토로이드 내에서 자속이 통과하는 수직 단면적을 S라고 하면 S를 통과하는 자속은 다음과 같이 주어진다.

$$\Phi = \int \mathbf{B} \cdot d\mathbf{S} = \int_0^S \frac{\mu_0 NI}{2\pi\rho}\mathbf{a}_\phi \cdot dS\,\mathbf{a}_\phi = \frac{\mu_0 NIS}{2\pi\rho}$$

만약 발생한 자속이 모든 권선과 쇄교하면 전류와 쇄교하는 총 자속 $N\Phi$는 $N\Phi = \dfrac{\mu_0 N^2 IS}{2\pi\rho}$ 이다. 따라서 인덕턴스는 다음과 같다.

$$L = \frac{N\Phi}{I} = \frac{\mu_0 N^2 S}{2\pi\rho} \tag{6.76}$$

원주형 도체

다음으로 반지름이 a인 원주형 도체의 인덕턴스를 구해보자. 이 도체의 길이 방향에 수직인 전 면적 (πa^2)에 대해 전류가 균일하게 흐를 때 도체 내부의 한 점에서 자속밀도 $\mathbf{B} = \dfrac{\mu_0 I\rho}{2\pi a^2}\mathbf{a}_\phi$ 이다. 이때 자속밀도는 ρ의 함수이고 도체 내부의 ρ의 위치에 따라 달라지므로 전류와 쇄교하는 자속의 양도 ρ의 위치에 따라 달라짐에 유의해야 한다. 먼저 $\Phi = \int \mathbf{B} \cdot d\mathbf{S}$에서 $d\Phi$는 다음과 같이 주어진다.

$$d\Phi = \mathbf{B} \cdot d\mathbf{S} = \frac{\mu_0 I\rho}{2\pi a^2}d\rho dz$$

[그림 6-20]과 같이 $\rho = \rho$에서 쇄교 자속을 $d\Phi'$[13]이라고 하면 $d\Phi'$을 발생시키는 전류는 총 전류 I에 대한 면적비, 즉 $\left(\dfrac{\pi\rho^2}{\pi a^2}\right)I$가 되므로 $d\Phi'$은 다음과 같다.

$$d\Phi' = \frac{\mu_0\,\rho}{2\pi a^2}\left(I\frac{\pi\rho^2}{\pi a^2}\right)d\rho dz$$

이제 쇄교하는 전 자속을 계산하여 $\Phi = LI$의 관계를 적용하면 다음과 같다.

13 $\rho = \rho$의 위치에서 쇄교 자속 $d\Phi'$을 발생시키는 전류는 총 전류 I가 아니라 전류 I의 전체 면적 πa^2에 대한 $\pi\rho^2$의 면적비에 해당한다.

$$\Phi = \int_0^d \int_0^a \frac{\mu_0 I}{2\pi a^4} \rho^3 d\rho dz = \frac{\mu_0 Id}{8\pi} = LI$$

따라서 단위길이당 인덕턴스는 다음과 같이 계산한다. 이를 원주형 도체의 내부인덕턴스라고 한다.

$$L_{in} = \frac{\mu_0}{8\pi} \tag{6.77}$$

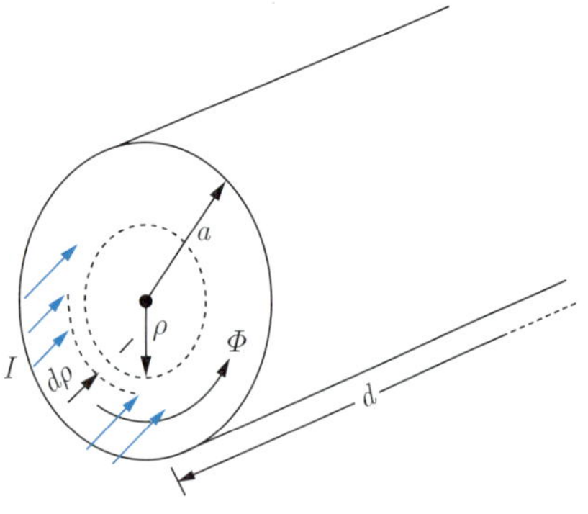

[그림 6-20] 길이 방향에 수직인 단면을 균일한 전류가 흐르는 원주형 도체

원주형 도체의 인덕턴스를 식 (6.64)의 $L = \dfrac{2W_H}{I^2}$를 이용하여 구해보자. 원주형 도체 내부의 한 점 ρ에서의 자속밀도 $\mathrm{B} = \dfrac{\mu_0 I\rho}{2\pi a^2}\mathbf{a}_\phi$이며, 이를 이용하여 도체에 축적되는 단위길이당 자기에너지를 구하면 다음과 같다.

$$\begin{aligned} W_H &= \frac{1}{2}\int \mathrm{B} \cdot \mathrm{H}\, dv \\ &= \frac{1}{2}\int_0^1 \int_0^{2\pi} \int_0^a \frac{\mu_0 I^2 \rho^2}{4\pi^2 a^4} \rho d\rho d\phi dz = \frac{\mu_0 I^2}{16\pi} = \frac{1}{2} LI^2 \end{aligned}$$

따라서 단위길이당 인덕턴스 $L_{in} = \dfrac{\mu_0}{8\pi}$가 된다. 이는 앞서 구한 식 (6.77)의 결과와 같다.

동축케이블

동축케이블의 내부 도체($\rho < a$)에서 인덕턴스는 반지름이 a인 원주형 도체의 내부인덕턴스와 같다. 따라서 인덕턴스는 식 (6.77)과 같이 $L_{in} = \dfrac{\mu_0}{8\pi}$이다. 또한 내・외부 도체 사이($a < \rho < b$)에서 자속밀도 B와 총 자속 Φ를 구하면 다음과 같다.

$$\mathrm{B} = \frac{\mu_0 I}{2\pi\rho}\mathbf{a}_\phi$$

$$\Phi = \int_0^d \int_a^b \frac{\mu_0 I}{2\pi\rho} \mathbf{a}_\phi \cdot d\rho dz \mathbf{a}_\phi = \frac{\mu_0 I d}{2\pi} \ln\frac{b}{a} = LI$$

이 식에서 단위길이당 인덕턴스는 $d = 1$이 되므로 외부인덕턴스는 다음과 같이 주어진다.

$$L_{ex} = \frac{\mu_0}{2\pi} \ln\frac{b}{a} \tag{6.78}$$

따라서 동축케이블의 단위길이당 인덕턴스는 식 (6.78)에 식 (6.77)의 내부인덕턴스를 합한 값으로, 다음과 같다.

$$L = \frac{\mu_0}{2\pi}\left(\frac{1}{4} + \ln\frac{b}{a}\right) \tag{6.79}$$

평행 왕복 도체

[그림 6-21]과 같이 도체의 단면이 원형이고 반지름이 a이며, 도체 중심 간의 거리가 $d(d \gg a)$인 평행한 왕복 도체의 단위길이당 인덕턴스를 구해보자.

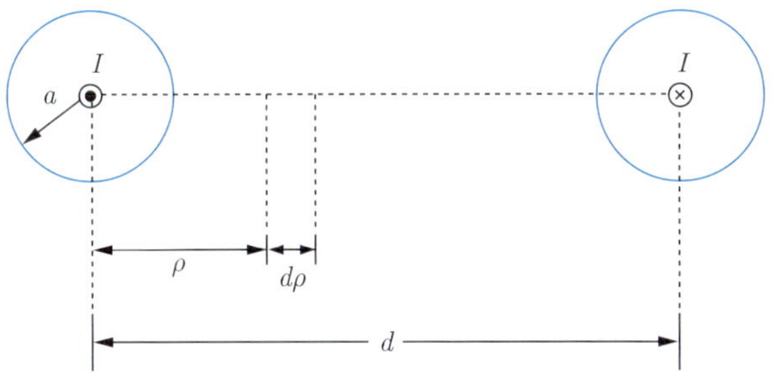

[그림 6-21] 평행 왕복 도체

평행 왕복 도체에서 전류의 방향은 서로 반대이며, 내부인덕턴스는 원주형 도체의 내부인덕턴스의 두 배가 된다.

평행한 왕복 도체의 인덕턴스는 도체 내부($\rho < a$)의 내부인덕턴스 L_{in}과 두 도체 사이($a < \rho < b$)의 외부인덕턴스 L_{ex}의 합으로 주어진다. 도체 하나의 내부인덕턴스는 원주형 도체와 같이 $L = \frac{\mu_0}{8\pi}$가 되며, 인덕턴스는 방향이 없으므로 도체가 두 개이면 인덕턴스도 두 배가 된다. 즉 평행 왕복 도체의 내부인덕턴스는 다음과 같다.

$$L_{in} = \frac{\mu_0}{4\pi} \tag{6.80}$$

다음으로 두 도체 사이의 인덕턴스를 구하기 위해 먼저 두 도체 사이의 임의의 한 점 ρ에서 자속밀도를 구하면 다음과 같다.

$$\mathrm{B} = \frac{\mu_0 I}{2\pi\rho} \mathbf{a}_\phi + \frac{\mu_0(-I)}{2\pi(d-\rho)}(-\mathbf{a}_\phi)$$

[그림 6-21]의 $d\rho$층에서의 자속을 $d\Phi$라고 하면 $d\Phi = \mathbf{B} \cdot d\mathbf{S} = B_\phi \mathbf{a}_\phi \cdot d\rho dz\, \mathbf{a}_\phi = B_\phi d\rho dz$가 된다. 따라서 두 도체 사이의 전 자속은 도체의 길이를 l이라고 할 때 다음과 같이 계산된다.

$$\Phi = \frac{\mu_0 I}{2\pi} \int_a^{d-a} \int_0^l \left(\frac{1}{\rho} + \frac{1}{d-\rho} \right) d\rho dz = \frac{\mu_0 I l}{\pi} \ln \frac{d-a}{a}$$

$$\doteq \frac{\mu_0 I l}{\pi} \ln \frac{d}{a} = LI$$ [14]

도체의 단위길이당 인덕턴스는 이 식에서 $l = 1$이라고 할 때 다음과 같이 주어진다.

$$L_{ex} = \frac{\mu_0}{\pi} \ln \frac{d}{a} \tag{6.81}$$

따라서 평행 왕복 도체의 인덕턴스는 내부인덕턴스와 외부인덕턴스를 더해 다음과 같이 정의한다.

$$L = \frac{\mu_0}{\pi} \ln \frac{d}{a} + \frac{\mu_0}{4\pi} \tag{6.82}$$

솔레노이드

권선 수가 N[회]인 무한히 긴 솔레노이드의 내부 한 점에서 자속밀도 $\mathbf{B} = \frac{\mu N I}{d} \mathbf{a}_z$이고 솔레노이드의 수직 단면적을 S라고 할 때 자속과 쇄교 자속은 다음과 같다.

$$\Phi = \frac{\mu N I S}{d} \quad \text{또는} \quad N\Phi = \frac{\mu N^2 I S}{d}$$

$N\Phi = LI$이므로 솔레노이드의 인덕턴스는 다음과 같다.

$$L = \frac{\mu N^2 S}{d} \tag{6.83}$$

예제 6-21

권선 수 $N = 2000$[회]이고 반지름이 2[cm]인 원형 단면을 가지는 매우 긴 솔레노이드 내부는 비투자율 $\mu_R = 500$인 자성체로 채워져 있다. 이 솔레노이드에 전류 200[mA]를 흘릴 때 다음을 구하라.

(a) 단위길이당 자기인덕턴스

(b) 단위길이당 자기에너지

14 $d\rho$에 대한 적분구간은 $d \gg a$이므로 자속을 양(+)의 값으로 취하기 위해 a에서 $d-a$로 설정하였다.

풀이

(a) 솔레노이드의 단위길이당 자기인덕턴스는 식 (6.83)에서 $d=1$이므로 다음과 같이 구한다.

$$L=\frac{\mu N^2 S}{d}=\frac{\mu_0\mu_R N^2 S}{d}$$

$$=\frac{4\pi\times 10^{-7}\times 500\times(2\times 10^3)^2\times\pi(2\times 10^{-2})^2}{1}=3.16\,[\mathrm{H/m}]$$

(b) 단위길이당 자기에너지는 식 (6.63)을 이용하여 다음과 같이 구한다.

$$W_H=\frac{1}{2}LI^2=\frac{1}{2}\times 3.16\times(200\times 10^{-3})^2=63\,[\mathrm{mJ/m}]$$

예제 6-22

권선수 $N=1000$[회]이고 평균자로의 길이 $l=10$[cm], 자속의 수직 단면적 $S=10\,[\mathrm{cm}^2]$, 비투자율 $\mu_R=1000$인 토로이드에 $I=10$[A]의 전류를 흘렸다. 자기에너지와 인덕턴스를 구하라.

풀이

[방법 1]

토로이드의 자계 및 자속밀도는 각각 $H=\frac{NI}{2\pi\rho_0}=\frac{NI}{l}$ 및 $B=\frac{\mu NI}{l}$이므로 자기에너지는 다음과 같다.

$$W_H=\frac{1}{2}\int \mathbf{B}\cdot\mathbf{H}dv=\frac{1}{2}\int_0^l\int_0^S\frac{\mu N^2 I^2}{l^2}dSdL=\frac{\mu_0\mu_R N^2 I^2 S}{2l}$$

$$=\frac{4\pi\times 10^{-7}\times 10^3\times 10^6\times 10^2\times 10\times 10^{-4}}{2\times 10\times 10^{-2}}=200\pi\,[\mathrm{J}]$$

또한 식 (6.63)의 $W=\frac{1}{2}LI^2$으로부터 $L=\frac{2W}{I^2}$이므로 인덕턴스는 다음과 같다.

$$L=\frac{2\times 200\pi}{10^2}=4\pi\,[\mathrm{H}]$$

[방법 2]

토로이드의 $\rho=\rho_0$에서 자속밀도 $B=\frac{\mu NI}{2\pi\rho_0}$이고 자속 $\Phi=\frac{\mu NIS}{2\pi\rho_0}=\frac{\mu NIS}{l}$이므로 쇄교 자속 $N\Phi=\frac{\mu N^2 IS}{l}=LI$이다. 따라서 인덕턴스와 자기에너지는 다음과 같다.

$$L = \frac{\mu_0 \mu_R N^2 S}{l} = \frac{4\pi \times 10^{-7} \times 10^3 \times 10^6 \times 10 \times 10^{-4}}{10 \times 10^{-2}} = 4\pi\,[\mathrm{H}]$$

$$W_H = \frac{1}{2} L I^2 = \frac{1}{2} \times 4\pi \times 10^2 = 200\pi\,[\mathrm{J}]$$

예제 6-23

비투자율 $\mu_R = 100$인 토로이드형 변압기의 내·외부 반지름이 각각 14[mm], 18[mm]이고 자로의 수직 단면적 $S = 50\,[\mathrm{mm}^2]$이다. 1차 및 2차 코일의 권수가 각각 $N_1 = 100$[회], $N_2 = 200$[회]이고 1차 코일에 전류 $I_1 = 0.8\,[\mathrm{A}]$가 흐를 때 1차 코일의 자기인덕턴스와 상호인덕턴스를 구하라.

풀이

이 토로이드의 평균반지름 $\rho_0 = 16\,[\mathrm{mm}]$라고 할 때 1차 코일에서 자계를 구한 다음 이를 이용하여 자속밀도와 자속을 구하면 각각 다음과 같다.

$$H = \frac{N_1 I_1}{2\pi \rho_0} = \frac{100 \times 0.8}{2\pi \times 16 \times 10^{-3}} \doteq 796\,[\mathrm{A/m}]$$

$$B = \mu_0 \mu_R H = 4\pi \times 10^{-7} \times 100 \times 796 = 0.1\,[\mathrm{T}]$$

$$\Phi = BS = 0.1 \times 50 \times 10^{-6} = 5 \times 10^{-6}\,[\mathrm{Wb}]$$

자속 Φ는 1차와 2차 코일을 같이 통과하므로 $\Phi_1 = \Phi_{12}$이다. 따라서 자기인덕턴스와 상호인덕턴스를 구하면 각각 다음과 같다.

$$L_1 = \frac{N_1 \Phi_1}{I_1} = \frac{100 \times 5 \times 10^{-6}}{0.8} = 0.63\,[\mathrm{mH}]$$

$$M_{12} = \frac{N_2 \Phi_{12}}{I_1} = \frac{200 \times 5 \times 10^{-6}}{0.8} = 1.3\,[\mathrm{mH}]$$

$$\left(= L_1 \frac{N_2}{N_1} = 0.63 \times \frac{200}{100} = 1.3\,[\mathrm{mH}] \right)$$

CHAPTER

06 연습문제

6.1 자속밀도 $\mathbf{B} = 3\mathbf{a}_x + 2\mathbf{a}_y - 4\mathbf{a}_z\,[\mathrm{Wb/m^2}]$ 내에서 $\mathbf{v} = -2\mathbf{a}_x + 2\mathbf{a}_y\,[\mathrm{m/s}]$의 속도로 운동하는 점전하 $Q = -2\,[\mu\mathrm{C}]$이 있다. 이 전하에 작용하는 로렌츠의 힘을 구하라.

6.2 전계 $\mathbf{E} = 2\mathbf{a}_x - 3\mathbf{a}_y + 2\mathbf{a}_z\,[\mathrm{mV/m}]$이고 자속밀도 $\mathbf{B} = \mathbf{a}_x + 2\mathbf{a}_y\,[\mathrm{mWb/m^2}]$인 공간에서 $Q = 4\,[\mathrm{mC}]$의 전하가 $\mathbf{v} = 2\mathbf{a}_x + \mathbf{a}_y - 3\mathbf{a}_z\,[\mathrm{m/sec}]$의 속도로 운동할 때 전하에 작용하는 힘을 구하라.

6.3 $\mathbf{v} = v_0\mathbf{a}_z\,[\mathrm{m/s}]$의 속도로 운동하는 $Q = 5\,[\mathrm{C}]$의 점전하에 전계 $\mathbf{E} = 4\mathbf{a}_y\,[\mathrm{V/m}]$와 자속밀도 $\mathbf{B} = -3\mathbf{a}_x + 4\mathbf{a}_z\,[\mathrm{Wb/m^2}]$를 인가할 때 원래의 속도와 방향을 유지하기 위한 v_0를 구하라.

6.4 자속밀도 $\mathbf{B} = 5\mathbf{a}_y - 4\mathbf{a}_z\,[\mathrm{Wb/m^2}]$인 평등자계 내에서 어떤 도체를 따라 $I = 2\,[\mathrm{A}]$의 전류가 x의 양(+)의 방향으로 흐르고 있다. 이 도체에 작용하는 단위길이당 힘을 구하라.

6.5 z축을 따라 무한 선전류 $I_1\,[\mathrm{A}]$가 흐르고 있다. yz 평면상에 z축으로부터 수직거리 $b\,[\mathrm{m}]$ 떨어진 곳에 놓인, 한 변의 길이가 $a\,[\mathrm{m}]$인 정사각형 전류루프에 전류 $I_2\,[\mathrm{A}]$가 시계 방향으로 흐르고 있다. 이 전류루프가 받는 자기력을 구하라.

6.6 점 $\mathrm{P}_1(1,\ 0,\ 0)\,[\mathrm{m}]$에 미소전류 $I_1 d\mathbf{L}_1 = 2\mathbf{a}_x\,[\mathrm{A \cdot m}]$가 있고 점 $\mathrm{P}_2(5,\ 3,\ 0)\,[\mathrm{m}]$에는 미소전류 $I_2 d\mathbf{L}_2 = -3\mathbf{a}_y\,[\mathrm{A \cdot m}]$가 있다. 두 미소전류 사이에 발생하는 힘을 구하라.

6.7 자유공간에서 z의 양(+)의 방향으로 흐르는 무한히 긴 두 직선전류 I_1, $I_2\,[\mathrm{A}]$가 $d\,[\mathrm{m}]$ 떨어져 있다. 두 전류 사이에 발생하는 힘을 구하라.

6.8 $d\,[\mathrm{m}]$만큼 떨어진 평행한 두 도선에 같은 크기의 전류 $I\,[\mathrm{A}]$가 흐르고 있다. 전류가 각각 두 배가 되고 떨어진 거리가 두 배가 될 때 두 도선 사이에 작용하는 힘의 비를 구하라.

6.9 자속밀도 $\mathbf{B} = 3\mathbf{a}_x + 2\mathbf{a}_y$ [mWb/m^2]인 yz 평면의 점 $P_0(0,\ 1,\ 1)$ [m]에 중심이 있고 한 변의 길이가 2[m]인 정사각형 루프가 있다. 이 루프에 $I = 0.3$ [mA]의 전류가 반시계 방향으로 흐를 때 점 P_0 에서의 자기쌍극자 모멘트 $\mathbf{m}$과 토크 $\mathbf{T}$를 구하라.

6.10 [연습문제 6.9]에서 전류루프의 변 y에 작용하는 힘과 원점에서의 토크를 구하라.

6.11 자극의 세기 $Q_m = \sqrt{3} \times 10^{-5}$[Wb]이고 길이 $L = 5$[cm]인 막대자석이 자계 $H = 80$[A/m]의 자력선과 $60°$의 각을 이루고 있다. 막대자석에 작용하는 회전력을 구하라.

6.12 다음의 자성체에서 자계 H[A/m]를 구하라.

(a) $\mu_R = 21$인 자성체의 단위체적당 원자 수는 2.5×10^{25}[개/m^3]이며, 각 원자의 쌍극자모멘트는 4×10^{-24}[A · m^2]이다.

(b) 투자율과 자화의 세기가 각각 $8\pi \times 10^{-6}$[H/m], 570[A/m]이다.

(c) 자속밀도는 320[mT]이고 비투자율은 $\dfrac{2}{\pi} \times 10^4$이다.

6.13 비투자율 $\mu_R = 21$인 자성체가 있다. 다음 조건에서의 자화의 세기를 구하라.

(a) 자계 $H = 210$[A/m]를 인가한 경우

(b) 자속밀도 $B = 480$[μT]인 경우

6.14 자화율 $\chi_m = 2$인 자성체에 자속밀도 $\mathbf{B} = 60\pi x^2 \mathbf{a}_z$[$\mu$T]를 인가할 때 $y = 2$[cm]에서의 자유전류밀도 $\mathbf{J}$를 구하라.

6.15 [연습문제 6.14]의 조건에서 속박전류밀도 $\mathbf{J}_b$를 구하라.

6.16 자화의 단위를 구하라.

6.17 자계 $H = 400$[AT/m] 내에 비투자율 $\mu_R = 1000$인 자성체가 있다. 이 자성체의 자화의 세기를 구하라.

6.18 60[Hz]의 상용주파수에서 [그림 6-13]과 같이 각형의 히스테리시스 루프를 가진 강자성체가 $H_c = 3$[A/m] 및 $B_r = 40$[Wb/m^2]의 특성을 가진다. 단위체적당 히스테리시스 손실[W/m^3]를 구하라.

6.19 영역 1($x < 0$)에는 투자율 $\mu_1 = 3$[H/m]인 자성체가, 영역 2($x > 0$)에는 $\mu_2 = 1.5$[H/m]인 자성체가 경계를 이루고 있다. 영역 1에서의 자속밀도 $\mathbf{B}_1 = 20\mathbf{a}_x - 30\mathbf{a}_y + 45\mathbf{a}_z$[T]일 때 영역 2에서의 자계 $\mathbf{H}_2$를 구하라. 단, 경계면에 표면전류밀도 $\mathbf{K} = 25\mathbf{a}_z$[A/m]가 흐르고 있다.

6.20 영역 1($x < 0$)에는 투자율 $\mu_1 = 3$[H/m]인 자성체가, 영역 2($x > 0$)에는 $\mu_2 = 1.5$[H/m]인 자성체가 있다. 영역 1에서의 자계 $\mathbf{H}_1 = 20\mathbf{a}_x - 30\mathbf{a}_y + 45\mathbf{a}_z$[A/m]일 때 영역 2에서의 자속밀도 $\mathbf{B}_2$를 구하라. 단, $x = 0$의 평면에 표면전류밀도 $\mathbf{K} = 25\mathbf{a}_y$[A/m]가 흐르고 있다.

6.21 비투자율이 $\mu_{R2} = 4$인 자성체와 자유공간이 경계를 이루고 있다. 자유공간과 자성체의 자속밀도 $\mathbf{B}_1$과 $\mathbf{B}_2$가 경계에 수직인 면과 각각 θ_1, θ_2의 각을 이룰 때 θ_1과 θ_2의 크기를 비교하라. 또 $\theta_2 = 30°$일 때 θ_1을 구하라. 단, 경계면의 표면전류밀도는 0이다.

6.22 비투자율 $\mu_R = 2000$이며, 평균자로의 길이 $d_s = 1$[m]인 토로이드에 $d_g = 1$[mm]의 공극이 생겼을 때 전체의 자기저항은 공극이 없을 때의 몇 배가 되는지 구하라. 단, $d_s \gg d_g$이다.

6.23 코일의 권선 수와 단면적이 각각 $N = 250$[회] 및 $S = 5$[cm^2]이고 평균자로의 길이 $d = 0.5$[m]인 공심 토로이드에 $I = 0.3$[A]의 전류를 흘릴 때 기자력[A · t]을 구하라.

6.24 [연습문제 6.23]에서 자기회로를 이용하여 자계를 구하라.

6.25 강자성체 토로이드의 평균자로와 권선 수, 단면적이 각각 $d = 160$[cm], $N = 2000$[회], $S =$ 4[cm^2]이다. 이 토로이드에 4π[mm]의 공극이 생겼을 때 토로이드 내부의 자속밀도가 0.8[T]가 되기 위한 전류를 구하라. 단, 이 강자성체에서 자속밀도가 0.8[T]가 되기 위한 자계의 세기는 150[A · t/m]이다.

6.26 사각형 토로이드의 우측 철심 중앙에 0.5[cm]의 공극을 제외한 나머지 부분은 강자성체로 되어 있다. 좌측 철심의 단면적은 4[cm^2]이고 나머지 부분은 3[cm^2]이며, 좌측 철심의 평균자로는 8[cm], 공극 부분을 제외한 나머지 부분의 자로는 14[cm]이다. 좌측 철심에서 자속밀도가 1[T]일 때 다음을 구하라. 단, 이 자성체에서 자속밀도가 1[T]가 되기 위한 자계는 200[A·t/m]이다.

(a) 공극 부분의 기자력

(b) 강자성체에서의 기자력

(c) 좌측 철심의 권선 수 $N = 1500$[회]일 때의 전류

6.27 내·외부 도체의 반지름이 각각 $a = 1$[cm], $b = 10$[cm]인 매우 긴 동축케이블이 있다. 두 도체 사이와 내부 도체의 내부가 공기로 채워져 있을 때 단위길이당 인덕턴스를 구하라.

6.28 비투자율 $\mu_R = 5 \times 10^3$인 자성체 토로이드의 단면적과 평균반지름, 권선 수가 각각 $S = 5$[cm^2], $\rho_0 = 5$[cm] 및 $N = 800$[회]이다. 이 코일에 $I = 4$[A]의 전류를 흘릴 때 자기에너지와 인덕턴스를 구하라.

6.29 평균반지름 $\rho_0 = 15$[cm]이고 자로의 수직 단면적 $S = 3$[cm^2]인 토로이드의 인덕턴스 $L = 3.6$[mH]이다. 철심의 비투자율 $\mu_R = 10000$일 때 권선 수를 구하라.

6.30 반지름이 a이고 길이가 매우 긴 L의 원통 도체의 단면에 전류 I가 균일하게 흐르고 있다. 임의의 위치 $\rho(\rho < a)$에서의 쇄교 자속 및 도체의 내부인덕턴스를 구하라.

6.31 토로이드의 1차 코일에 $N_1 = 500$[회], 2차 코일에 $N_2 = 800$[회]의 권선이 감겨 있다. 1차 코일의 자기인덕턴스 $L_1 = 100$[mH]일 때 두 코일 사이의 상호인덕턴스를 구하라.

6.32 반지름이 $\rho = a$이고 $b(b > a)$인 두 원형 전류루프의 중심이 각각 $z = 0$와 $z = h(h \gg a, b)$에 있다. 상호인덕턴스를 구하라.

CHAPTER

07

시가변 전자계와 맥스웰 방정식

이 장에서는 시간에 따라 변화하는 전계와 자계현상을 다룬다. 시가변 전자계에서 발생하는 각종 현상은 패러데이 법칙과 변위전류의 개념을 활용하면 쉽게 이해할 수 있다. 즉 패러데이 법칙을 통해 운동유도전계 및 유도기전력의 발생과 응용을 공부하고 변위전류의 개념을 도입하여 유전체를 가진 커패시터 회로에서 전류의 흐름을 이해한다. 또한 패러데이 법칙과 변위전류를 이해함으로써 시가변 전자계에서 달라진 맥스웰 방정식을 도출한다.

CONTENTS

SECTION
7.1 패러데이 법칙

이 절에서는 전자유도현상을 이해하고 패러데이 법칙을 공부하여 시가변 자계에 의해 발생하는 유도기전력 및 유도전계를 구한다.

Keywords | 전자유도현상 | 패러데이 법칙 | 렌츠의 법칙 | 유도기전력 | 운동유도전계 |

1 패러데이 법칙과 유도기전력

패러데이 법칙

[그림 7-1(a)]와 같이 검류계가 연결된 회로 C 속으로 막대자석을 가져가면 회로에는 전류가 흐른다. 그러나 자석을 회로에 넣은 뒤 일정 시간이 경과하면 검류계 G의 눈금은 0이 된다. 이때 다시 자석을 코일 바깥으로 빼내면 반대 방향으로 전류가 흐르는데, 코일에서 자석을 제거한 뒤 일정 시간이 지나면 전류는 다시 0이 된다. 코일에 전류가 흐르는 것은 전압이 발생함을 의미하며, 자석을 코일 C에 가까이하거나 멀리할 때만 전류가 흐르는 것은 코일에 **자속의 변화가 있을 때에만 전압이 발생**하는 것으로 생각할 수 있다.

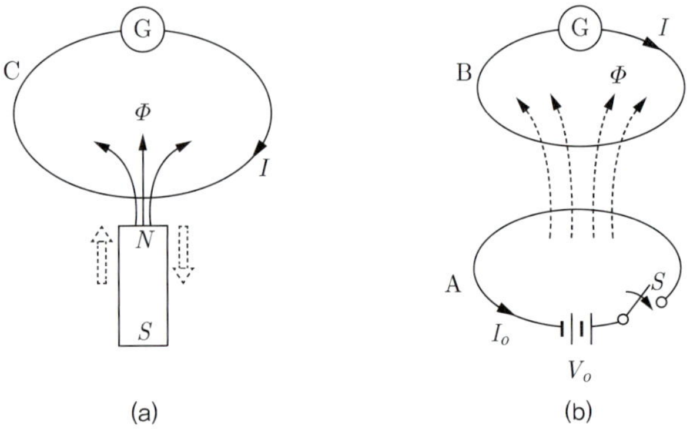

[그림 7-1] 시가변 자속에 의한 유도기전력의 발생

이와 유사한 실험을 위해 [그림 7-1(b)]와 같이 가까이 위치한 두 코일 중 회로 A에 스위치 S와 전압원을 두고 회로 B에는 검류계를 연결해보자. 회로 A의 스위치 S를 닫고 전류를 흘리는 순간 회로 B의 검류계의 눈금은 움직이지만 스위치를 닫은 뒤 일정 시간이 경과하면 검류계의 눈금은 0이 된다. 만약 스위치를 열어 회로 A의 전류를 차단하면 이전과는 반대 방향으로 검류계의 눈금이 잠시 움직였다가 다시 0이 된다. 이는 회로 A의 스위치를 열거나 닫을 때 흐르는 전류에 의해 회로 B에 자속이 발생하고 이 자속의 시간적 변화에 의해 회로 B에 기전력이 발생한 것으로 생각할 수 있다. 이처럼 **어떤 회로와 쇄교하는 자속의 변화에 의해 주변 회로에 기전력이 유도되는 현상을 전자유도(electromagnetic induction)현상이라고 한다.**

전자유도현상에 대해 패러데이는 '**어떤 회로에서 자속이 변화함에 따라 발생하는 유도기전력(electromotive force, emf)은 이 회로와 쇄교하는 자속의 시간적 변화율에 비례한다**'고 정의하였다. 이를 **패러데이 법칙**(Faraday's Law)이라고 하며, 이때 유도되는 기전력 e는 다음과 같다.

★ 패러데이 법칙 ★

$$e = -\frac{d\Phi}{dt}\,[\mathrm{V}] \tag{7.1}$$

- 자속이 시간에 따라 변화하면 유도기전력이 발생한다.
- 유도기전력은 자속의 시간적 변화율에 비례한다.
- 유도기전력은 자속의 증가를 억제하는 전류를 생성하는 방향으로 발생한다.

식 (7.1)에서 **(−)는 유도기전력에 의해 발생하는 자속이 기존 자속의 증가를 억제하는 방향으로 발생됨**을 의미한다. 결국 전자유도현상에 의한 유도기전력은 [그림 7-2]에서와 같이 기존의 자속과 반대 방향의 자속을 발생하는 방향으로 전류 및 전계를 생성한다.[1]

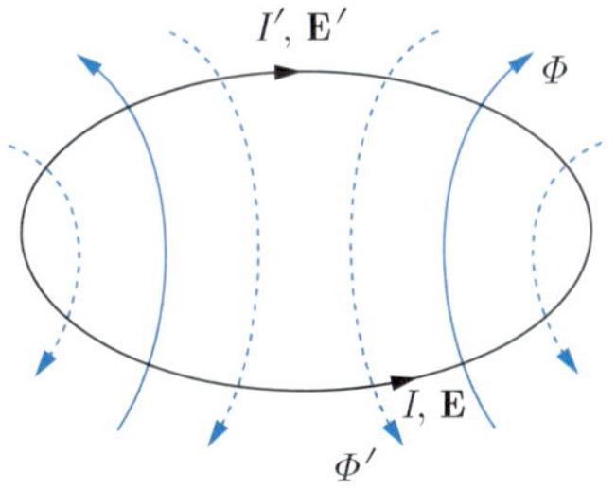

[그림 7-2] 시간에 따라 변화하는 자속과 유도전계의 방향
시간에 따라 변화하는 전류 I와 자속 Φ에 의해 전류 I'과 자속 Φ'이 유도된다.

이를 **렌츠의 법칙**(Lenz's law)이라고 한다. 만약 N[회]의 코일에서 전자유도현상이 발생한다면 유도기전력은 다음과 같이 정의한다.

$$e = -N\frac{d\Phi}{dt}\,[\mathrm{V}] \tag{7.2}$$

1 전자유도현상에 의해 발생하는 유도기전력은 기존 회로의 전압과 전류에 의해 발생한 자속과 반대 방향의 자속을 발생하는 방향으로 전류를 생성하므로 역기전력의 개념으로 생각할 수 있다.

2 시가변 자속에 의한 유도기전력

이제 전자유도현상을 시간에 따라 자속이 변화하여 발생하는 유도기전력과 자속 내를 도체가 운동하여 발생하는 유도기전력으로 나누어 고찰해보자. 먼저 **시간에 따라 변화하는 자속에 의한 유도기전력**에 대해 살펴보자. 이 현상은 중요한 전기기기 중 하나인 변압기의 원리가 된다.

정전계의 전압과 전계 사이의 관계 $V = -\int \mathbf{E} \cdot d\mathbf{L}$에서 닫힌 경로에 대한 전계의 선적분은 $\oint \mathbf{E} \cdot d\mathbf{L} = 0$이 되며, 이러한 계를 보존계라고 하였다. 그러나 시간에 따라 변화하는 계에서는 닫힌 경로라고 하더라도 자속의 변화에 의해 유도기전력이 발생할 수 있는데, 이때 유도기전력 e는 역기전력의 개념으로 다음과 같이 쓸 수 있다.

$$e = \oint \mathbf{E} \cdot d\mathbf{L} \tag{7.3}$$
[2]

식 (7.1)에 자속 $\Phi = \int \mathbf{B} \cdot d\mathbf{S}$의 관계를 대입하면 유도기전력은 다음과 같다.

$$e = \oint \mathbf{E} \cdot d\mathbf{L} = -\frac{d\Phi}{dt} = -\frac{d}{dt}\int \mathbf{B} \cdot d\mathbf{S} \tag{7.4}$$

식 (7.4)의 전계의 선적분에 스토크스의 정리를 적용하면 다음과 같다.

$$\int (\nabla \times \mathbf{E}) \cdot d\mathbf{S} = -\int \frac{\partial \mathbf{B}}{\partial t} \cdot d\mathbf{S} \tag{7.5}$$

따라서 다음의 관계가 성립한다.

★ 유도전계 ★

$$\nabla \times \mathbf{E} = -\frac{\partial \mathbf{B}}{\partial t} \tag{7.6}$$

식 (7.6)은 시가변 전자계에서의 네 개의 맥스웰 방정식 중 하나로, **시간에 따라 변화하는 자속밀도는 회전하는 전계를 발생**시킴을 의미한다. 이 전계를 **유도전계**라고 한다.

정전계에서 전계와 전위의 원천은 전하분포였다. 물론 두 점 사이의 전위경도로부터 전계를 구할 수도 있었다. 이에 대해 시가변 전자계에서는 전위(유도기전력)와 전계가 식 (7.1)과 식 (7.6)에서처럼 시간에 따라 변화하는 자속과 자속밀도로부터도 발생할 수 있음을 알 수 있다.

---

2 전위는 전계의 선적분 $e = -\int \mathbf{E} \cdot d\mathbf{L}$에서 렌츠의 법칙에 의해 역기전력의 의미로 (−)를 생략하였다.

즉 정전계 및 정자계에서는 전계와 자계는 서로 독립적인 양으로, 전계는 전하로부터 발생하고 자계는 전류와 자하로부터 발생한다. 또한 자계는 회전하는 양으로, 그리고 전계는 발산하는 양으로 해석해 왔다. 그러나 시가변계에서 전계와 자계는 서로 의존적인 관계로, 자계가 전계의 형성에 관여하고 이를 통해 회전하는 전계가 발생할 수도 있다. 이러한 사실은 시가변계의 맥스웰 방정식에 반영되어 식 (7.6)을 시가변계의 **맥스웰 제2방정식**이라고 한다.

한편 식 (7.6)에 $\mathbf{J} = \sigma\mathbf{E}$의 관계를 대입하면 식 (7.6)은 다음과 같이 주어진다.

$$\nabla \times \mathbf{J} = -\sigma \frac{\partial \mathbf{B}}{\partial t} \tag{7.7}$$

즉 시가변 자속밀도는 회전하는 전계와 전류밀도를 발생시키는데, 이때의 전류밀도를 **와전류밀도**(eddy current density)라고 한다. 와전류밀도는 맴돌이 전류라고도 하며, 자기회로가 교류에서 동작할 때 발생하는 중요한 손실 중 하나이다. 한편 정전계에서는 닫힌 경로에 대한 전계의 선적분이 0이고 여기에 스토크스의 정리를 적용하면 $\oint \mathbf{E} \cdot d\mathbf{L} = \int (\nabla \times \mathbf{E}) \cdot d\mathbf{S} = 0$이 되므로 $\nabla \times \mathbf{E} = 0$의 맥스웰 방정식을 얻었으나 시가변계의 맥스웰 방정식은 식 (7.6)과 같이 수정된다.

Note 변압기의 원리

자속이 시간에 따라 변할 때 유도기전력이 발생하는 현상은 변압기의 기본 원리로 이용될 수 있다. [그림 7-3]과 같이 토로이드의 왼쪽과 오른쪽 도체에 각각 권수 N_1과 N_2의 코일을 감고 N_1 코일에 시간에 따라 정현적으로 변화하는 교류전압 $v_1 = V_m \sin \omega t$를 인가하면 $\Phi = \Phi_m \sin \omega t$의 자속이 발생한다. 이때 패러데이 법칙에 의해 다음과 같은 유도기전력이 발생한다.

$$e_1 = -N_1 \frac{d\Phi}{dt} = -N_1 \frac{d}{dt}(\Phi_m \sin \omega t) = -N_1 \omega \Phi_m \cos \omega t$$

그런데 이 자속이 N_2 코일과 쇄교하면 N_2 코일에도 전압이 유기된다. 이때의 유도기전력을 e_2라고 하면 다음과 같다.

$$e_2 = -N_2 \frac{d\Phi}{dt} = -N_2 \frac{d}{dt}(\Phi_m \sin \omega t) = -N_2 \omega \Phi_m \cos \omega t$$

따라서 시간에 따라 변화하는 자속에 의해 N_1, N_2 코일에는 크기가 다른 두 기전력이 유도되며, 이때 유도기전력의 비는 다음과 같다.

$$\frac{e_1}{e_2} = \frac{N_1}{N_2} = a \tag{7.8}$$

즉 토로이드의 왼쪽과 오른쪽 도체에 감은 권선 수의 차이에 의해 원하는 크기의 전압을 얻을 수 있다.

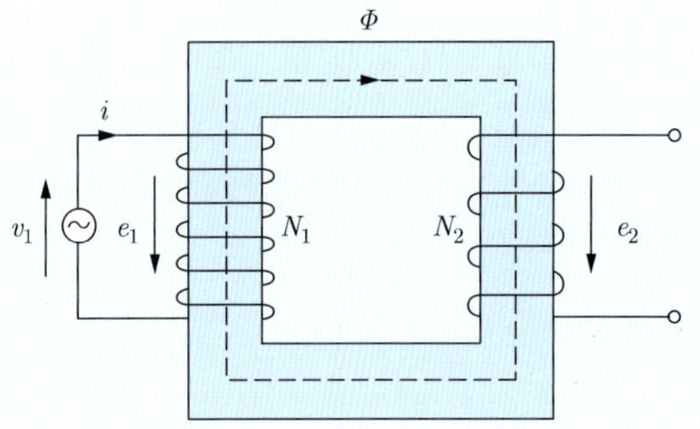

[그림 7-3] 전자유도현상에 의한 변압기의 원리

예제 7-1

다음의 경우에 발생하는 유도기전력을 구하라.

(a) 권선 수 $N = 30$[회]인 도체와 쇄교하는 자속이 0.3[sec] 동안 2[Wb]에서 5[Wb]로 증가한 경우

(b) 권선 수 $N = 50$[회]이고 단면적 $S = 0.03\,[\mathrm{m}^2]$의 도체와 쇄교하는 자속밀도의 변화가 -5×10^{-2} $[\mathrm{Wb/m^2 \cdot s}]$인 경우

(c) 인덕턴스 $L = 0.5$[H]의 도체에 1[sec] 동안 전류가 20[A]에서 15[A]로 감소한 경우

풀이

(a) 시간에 따라 쇄교하는 자속이 변화하여 발생하는 유도기전력은 식 (7.2)에 의해 다음과 같다.

$$e = -N\frac{d\Phi}{dt} = -30\times\frac{5-2}{0.3} = -300\,[\mathrm{V}]$$

(b) 자속밀도의 변화인 $-5\times 10^{-2}\,[\mathrm{Wb/m^2 \cdot s}]$는 시간당 자속밀도의 변화율을 나타내므로 dB/dt와 같다. 또한 자속 $\Phi = BS$이므로 유도기전력은 다음과 같이 주어진다.

$$e = -N\frac{d\Phi}{dt} = -N\frac{dB}{dt}S = -50\times(-5\times 10^{-2})\times 0.03 = 75\,[\mathrm{mV}]$$

(c) 식 (7.1)에서 유도기전력 $e = -\dfrac{d\Phi}{dt}$이고 자속 Φ와 전류 I 사이에 $\Phi = LI$의 관계가 성립하므로 유도기전력을 다음과 같이 구할 수 있다.

$$e = -\frac{d\Phi}{dt} = -L\frac{dI}{dt} = -0.5\times\frac{15-20}{1} = 2.5\,[\mathrm{V}]$$

예제 7-2

반지름이 a[m]이고 길이가 L[m]인 원통도체에 자속밀도 $\mathbf{B} = B_0 \sin \omega t \mathbf{a}_z$[Wb/m^2]를 인가할 때 발생하는 유도전계 $\mathbf{E}$[V/m]를 구하라.

풀이

[방법 1]

시가변 자속에 의한 유도전계는 식 (7.6)의 $\nabla \times \mathbf{E} = -\frac{\partial \mathbf{B}}{\partial t}$를 이용하여 구할 수 있다. 이때 $\nabla \times \mathbf{E}$와 $\mathbf{B}$는 같은 $\mathbf{a}_z$ 방향이므로 $\nabla \times \mathbf{E}$의 연산에서는 $(\nabla \times \mathbf{E})_z$ 성분만 계산하면 된다. 또한 자속밀도의 방향이 $\mathbf{a}_z$이면 이 자속밀도의 원천전류의 방향은 $\mathbf{a}_\phi$이고 유도전계는 $-\mathbf{a}_\phi$ 방향으로 발생함을 예상할 수 있다. 따라서 유도전계로 E_ϕ 성분만 고려하면 식 (7.6)은 다음과 같다.

$$(\nabla \times \mathbf{E})_z = \frac{1}{\rho}\frac{\partial(\rho E_\phi)}{\partial \rho} = -\frac{\partial}{\partial t}(B_0 \sin \omega t) = -\omega B_0 \cos \omega t$$

이를 적분하면

$$\rho E_\phi = -\int_0^\rho \rho \omega B_0 \cos \omega t d\rho = -\frac{\rho^2}{2}\omega B_0 \cos \omega t$$

가 되므로 $\rho = a$에서 유도전계는 다음과 같다.

$$E_\phi = -\frac{1}{2}\rho \omega B_0 \cos \omega t = -\frac{1}{2} a \omega B_0 \cos \omega t$$

[방법 2]

시가변 자속에 의한 유도전계는 식 (7.4)에서 $\oint \mathbf{E} \cdot d\mathbf{L} = \int -\frac{\partial \mathbf{B}}{\partial t} \cdot d\mathbf{S}$를 이용하여 구할 수도 있다. 먼저 유도전계는 E_ϕ 성분이므로 원통의 한 점 $\rho = \rho$에서 앞선 식의 좌변과 우변을 계산하면 다음과 같다.

$$\oint \mathbf{E} \cdot d\mathbf{L} = \int_0^{2\pi} E_\phi \mathbf{a}_\phi \cdot \rho d\phi \mathbf{a}_\phi = 2\pi \rho E_\phi$$

$$\int -\frac{\partial \mathbf{B}}{\partial t} \cdot d\mathbf{S} = -\int_0^{2\pi}\int_0^\rho \omega B_0 \cos \omega t \mathbf{a}_z \cdot \rho d\rho d\phi \mathbf{a}_z$$

$$= -\omega B_0 \cos \omega t \left[\frac{\rho^2}{2}\right]_0^\rho [\phi]_0^{2\pi} = -\pi \rho^2 \omega B_0 \cos \omega t$$

앞선 두 식으로부터 $\rho = a$에서의 유도전계는 다음과 같이 구할 수 있다.

$$E_\phi = -\frac{1}{2}\rho \omega B_0 \cos \omega t = -\frac{1}{2} a \omega B_0 \cos \omega t$$

3 도체의 운동에 의한 유도기전력

지금까지는 시간에 따라 변화하는 자속, 즉 $d\Phi/dt$에 의해 발생하는 유도기전력을 공부하였다. 이제 **시간에 대해 일정한 자속 내를 도체가 운동할 때 발생하는 유도기전력**에 대해 알아보자. 자속이 일정해도 도체가 자계 내를 움직이면 도체와 쇄교하는 자속의 양이 시간에 따라 변하므로 기전력이 유도되는데, 이를 운동유도기전력이라고 한다. 이 원리는 발전기의 동작에 기본적인 개념을 제공한다.

[그림 7-4]와 같이 균일한 자속밀도 $\mathbf{B}$가 z 방향으로 발생하며, x축에 평행하고 유효 길이가 l인 막대도체가 속도 $\mathbf{v}$로 운동하는 경우에 대해 생각해보자. 어떤 시간에 운동하는 도체의 위치를 $y = y_0$라고 하면 회로를 통과하는 자속은 다음과 같다.

$$\Phi = BS = By_0 l$$

이 식에서 자속밀도 B와 도체의 길이 l은 시간에 대해 일정하며, 위치 y는 시간에 따라 변화하므로 $t = t$에서 막대 도체의 위치를 $y = y$라고 할 때 도체 양단에 발생하는 유도기전력은 다음과 같다.

$$e = -\frac{d\Phi}{dt} = -B\frac{dy}{dt}l = -Bvl$$

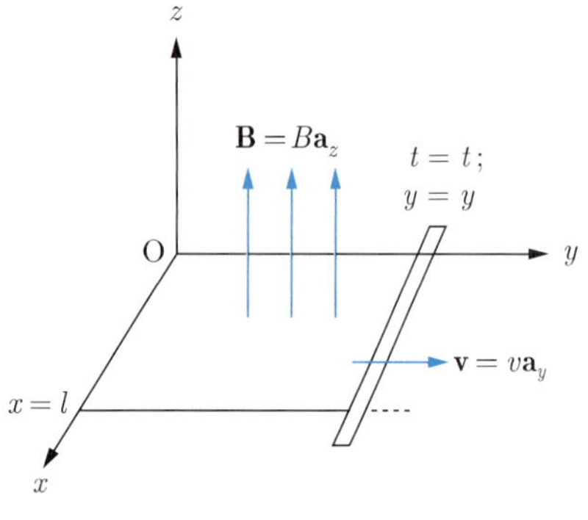

[그림 7-4] 시간과 위치에 대해 균일한 자속밀도 내에 도체가 운동할 때 발생하는 유도기전력

이제 [그림 7-4]에서 발생하는 유도기전력을 운동유도전계의 개념을 도입하여 설명해보자. 운동하는 전하에 작용하는 로렌츠의 힘은 다음과 같다.

$$\mathbf{F} = Q\mathbf{v} \times \mathbf{B}$$

이 식의 양변을 Q로 나누면 힘은 단위양전하에 작용하는 힘이 된다. 이를 **운동유도전계**(motional electric field intensity)라고 하고 다음과 같이 정의한다.

★ 운동유도전계 ★

$$\mathbf{E}_m = \frac{\mathbf{F}}{Q} = \mathbf{v} \times \mathbf{B} \tag{7.9}$$

운동유도전계를 이용하여 유도기전력을 표현하면 다음과 같다.

$$e = \oint \mathbf{E}_m \cdot d\mathbf{L} = \int (\mathbf{v} \times \mathbf{B}) \cdot d\mathbf{L} \tag{7.10}$$

이제 운동유도전계의 개념을 이용하여 [그림 7-4]의 유도기전력을 다시 생각해보자. 먼저 운동유도전계 $\mathbf{E}_m = v\mathbf{a}_y \times B\mathbf{a}_z = vB\mathbf{a}_x$로, 방향은 $\mathbf{a}_x$이다. 이 전계를 선적분하여 전위를 구할 때 적분은 전위가 낮은 곳에서 높은 곳으로 수행되므로 도체 양단에 발생하는 유도기전력은 다음과 같다.

$$e = \int_l^0 vB\mathbf{a}_x \cdot dx\mathbf{a}_x = -Bvl$$

즉 앞선 논의와 같은 유도기전력을 얻을 수 있다. 만약 자속밀도가 적분경로에서 일정하고 자속밀도에 대해 θ의 방향으로 운동하는 도체의 길이를 l이라고 하면 유도기전력은 다음과 같이 주어진다.

$$e = \int_0^l (\mathbf{v} \times \mathbf{B}) \cdot d\mathbf{L} = Bvl\sin\theta \tag{7.11}$$

이는 **플레밍의 오른손법칙**으로 알려져 있다. 한편 시간에 따라 변화하는 자속 내를 운동하는 도체에 의해 발생하는 유도기전력은 다음과 같다.

$$e = \oint \mathbf{E}_m \cdot d\mathbf{L} = -\int \frac{\partial \mathbf{B}}{\partial t} \cdot d\mathbf{S} + \oint (\mathbf{v} \times \mathbf{B}) \cdot d\mathbf{L} \tag{7.12}$$

예제 7-3

다음의 경우에 대해 발생하는 유도기전력을 구하라.

(a) y축에 평행하고 길이가 5[cm]인 도체가 $4\mathbf{a}_x$[Wb/m^2]의 자속밀도 내에서 $8\mathbf{a}_z$[m/s]의 속도로 운동하는 경우

(b) 자속밀도가 4[Wb/m^2]일 때 길이 4[cm]의 도체가 3[m/s]의 속도로 자계와 30°의 방향으로 운동하는 경우

풀이

(a) 먼저 운동유도전계를 구하고 이를 선적분하여 유도기전력을 구하면 된다. 운동유도전계는

$$\mathbf{E}_m = \mathbf{v} \times \mathbf{B} = 8\mathbf{a}_z \times 4\mathbf{a}_x = 32\mathbf{a}_y \,[\mathrm{m/s}]$$

로, $\mathbf{a}_y$ 방향이므로 유도기전력은 전위가 낮은 $y=5$[cm]에서 $y=0$까지 적분하면 된다.

$$e=\int \mathbf{E}_m \cdot d\mathbf{L}=\int 32\mathbf{a}_y \cdot dy\,\mathbf{a}_y=\int_{0.05}^{0} 32dy=-1.6[\mathrm{V}]$$

(b) 유도기전력은 플레밍의 오른손법칙인 식 (7.11)에 의해 다음과 같이 구할 수 있다.

$$e=\int \mathbf{E}_m \cdot d\mathbf{L}=\int_0^l (\mathbf{v}\times\mathbf{B})\cdot d\mathbf{L}=Bvl\sin\theta$$
$$=4\times 3\times 0.04\times \sin 30°=0.24[\mathrm{V}]$$

예제 7-4

z의 양(+)의 방향으로 발생되어 있는 자속밀도 B 내에서 x축에 평행한 길이 $l=5$[cm]인 도체가 y의 양(+)의 방향으로 운동할 때 다음의 조건에서 발생하는 유도기전력을 구하라.

(a) $B=100[\mathrm{Wb/m^2}]$, $v=2[\mathrm{m/s}]$

(b) $B=100t[\mathrm{Wb/m^2}]$, $v=2[\mathrm{m/s}]$

풀이

(a) 시간에 대해 크기가 일정한 자속밀도 내에서 길이 l인 도체가 v의 속도로 운동하여 시간 $t=t$에서 위치 $y=y$에 있다면 $y=vt$이므로 발생하는 유도기전력은 다음과 같다.

$$e=-\frac{d}{dt}\int \mathbf{B}\cdot d\mathbf{S}=-\frac{d}{dt}(Byl)=-\frac{d}{dt}(Bvlt)=-Bvl$$

따라서 유도기전력은 다음과 같이 계산된다.

$$e=-Bvl=-100\times 2\times 0.05=-10[\mathrm{V}]$$

(b) 자속밀도가 시간에 따라 변화하고 도체가 일정한 속도로 운동하는 경우이다. 임의의 시간 t에서 도체의 위치를 y라고 할 때 $y=vt$이므로 유도기전력은 다음과 같이 구할 수 있다.

$$e=-\frac{d}{dt}\int \mathbf{B}\cdot d\mathbf{S}=-\frac{d}{dt}(Byl)=-\frac{d}{dt}(Bvlt)$$
$$=-\frac{d}{dt}(100t\times 2\times 0.05\times t)=-20t[\mathrm{V}]$$

참고로 이 결과는 식 (7.12)의 시가변 자속에 의한 유도기전력과 도체의 운동에 의한 유도기전력의 합인 $e=-\int \frac{\partial \mathbf{B}}{\partial t}\cdot d\mathbf{S}+\oint(\mathbf{v}\times\mathbf{B})\cdot d\mathbf{L}$의 계산 결과와 일치해야 한다. 즉 두 기전력을 e_1, e_2라고 하면

$$e_1 = -\int \frac{\partial \mathbf{B}}{\partial t} \cdot d\mathbf{S} = -\int \frac{\partial}{\partial t}(100t)\, l\, y = -100 \times 0.05 \times 2t = -10t$$

$$e_2 = \int (\mathbf{v} \times \mathbf{B}) \cdot d\mathbf{L} = -Bl\,v = -100t \times 0.05 \times 2 = -10t$$

가 되어 $e = e_1 + e_2 = -20t$ 라는 동일한 결과를 얻을 수 있다.

Note 발전기의 원리

운동유도기전력의 개념을 이용하면 발전기의 원리, 즉 교류전압의 발생 원리를 이해할 수 있다. [그림 7-5]와 같이 영구자석에 의한 자속 내에 길이가 d인 막대 도체가 회전운동을 하는 경우에 대해 생각해보자.

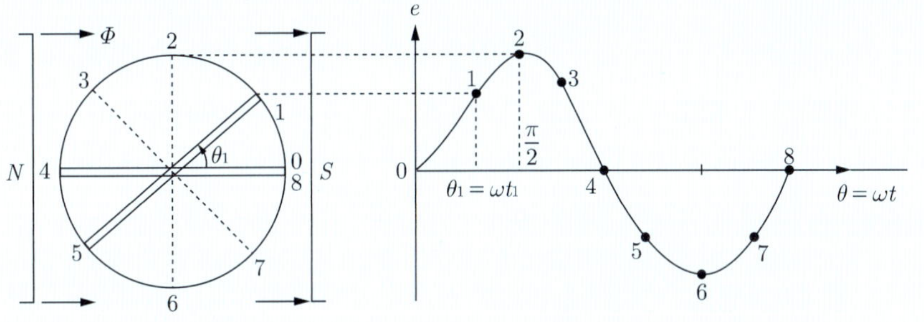

[그림 7-5] 발전기의 원리
균일한 자속 내를 막대 도체가 운동하면 쇄교 자속에 비례하는 정현파전압이 발생한다.

막대 도체가 시간 $t = 0$ 및 위치 $\theta = 0$에서 ω의 각속도로 운동을 시작하여 시간이 경과함에 따라 점 1, 점 2를 거쳐 점 7, 점 8에 도달할 때 막대 도체와 쇄교하는 자속의 양은 위치에 따라 달라진다. 점 2에서 막대 도체와 쇄교하는 자속의 양은 최대가 되며, 이후 쇄교 자속은 감소하여 점 4의 위치에서 0이 된다. 이때 발생하는 유도기전력의 크기는 패러데이 법칙에 따라 쇄교 자속에 비례하고 [그림 7-5]에서처럼 정현적으로 변화한다. 만약 시간 t_1에 막대 도체가 θ_1의 위치에 있다면 $\theta_1 = \omega t_1$이 되며, 이때 발생하는 전압 e_1은 다음과 같다.

$$e_1 = E_m \sin\theta_1 = E_m \sin\omega t_1 \,[\mathrm{V}]$$

SECTION
7.2 변위전류

이 절에서는 변위전류와 변위전류밀도의 개념을 도입하여 시가변 전자계에서 앙페르의 주회법칙과 수정된 맥스웰 방정식을 구한다.

Keywords | 변위전류 | 변위전류밀도 |

4장에서 전하 보존의 법칙 $\oint \mathbf{J} \cdot d\mathbf{S} = \int -\frac{\partial \rho_v}{\partial t} dv$를 고찰하였다. 이 식의 좌변은 닫힌 면적을 통해 바깥으로 흘러나오는 전류의 선속(flux)을 나타내며, 우변은 그 면적으로 둘러싸인 체적에서 발생하는 시간에 대한 전하의 감소율을 나타낸다. 한편 이 식의 좌변에 발산의 정리를 적용하면 $\oint \mathbf{J} \cdot d\mathbf{S} = \int \nabla \cdot \mathbf{J}\, dv$가 되어 $\nabla \cdot \mathbf{J} = -\frac{\partial \rho_v}{\partial t}$와 같은 전류의 연속식을 얻을 수 있다. 즉 전류밀도의 발산은 그 점의 체적전하밀도의 시간에 대한 감소율과 같다. 물론 정전계에서 전하의 이동은 존재하지만 시간에 대해 이동하는 전하(밀도)의 변화량은 항상 일정하므로 $\partial \rho_v / \partial t = 0$이며, $\nabla \cdot \mathbf{J} = 0$을 만족하는 전류를 정자계의 원천으로 생각하였다.

그러나 시가변계에서는 체적전하밀도도 시간함수이므로 전류와 자계와의 관계를 나타내는 기본법칙인 앙페르의 주회법칙도 다시 고찰되어야 한다. 앙페르의 주회법칙의 미분형을 생각해보자.

$$\nabla \times \mathbf{H} = \mathbf{J}$$

이 식의 양변에 발산을 취하면 $\nabla \cdot (\nabla \times \mathbf{H}) = \nabla \cdot \mathbf{J}$가 된다. 이 식의 좌변은 벡터 $\mathbf{H}$의 회전의 발산으로, 그 결과는 항상 0이 되지만 우변은 앞서 설명한 바와 같이 $-\partial \rho_v / \partial t$의 값을 가지게 되므로 시가변계에서 앙페르의 주회법칙은 수정되어야 한다. 수정된 형태를

$$\nabla \times \mathbf{H} = \mathbf{J} + \mathbf{J}_d$$

라고 하고 양변에 대해 다시 발산을 취하면 다음과 같다.

$$\nabla \cdot (\nabla \times \mathbf{H}) = 0 = \nabla \cdot \mathbf{J} + \nabla \cdot \mathbf{J}_d$$

이 식으로부터 $\mathbf{J}_d$를 구하면 $\nabla \cdot \mathbf{J}_d = -\nabla \cdot \mathbf{J}$이며, $\nabla \cdot \mathbf{J} = -\partial \rho_v / \partial t$와 $\nabla \cdot \mathbf{D} = \rho_v$의 관계를 이용하면 $\nabla \cdot \mathbf{J}_d$는 다음과 같이 주어진다.

$$\nabla \cdot \mathbf{J}_d = \frac{\partial \rho_v}{\partial t} = \frac{\partial}{\partial t}(\nabla \cdot \mathbf{D}) = \nabla \cdot \frac{\partial \mathbf{D}}{\partial t}$$

결국 $\mathbf{J}_d$는 다음과 같고 이를 **변위전류밀도**(displacement current density)[3]라고 한다.

★ 변위전류밀도 ★

$$\mathbf{J}_d = \frac{\partial \mathbf{D}}{\partial t} \tag{7.13}$$

따라서 시가변계에서의 앙페르의 주회법칙은 다음과 같다.

★ 시가변계에서의 앙페르의 주회법칙 ★

$$\nabla \times \mathbf{H} = \mathbf{J} + \frac{\partial \mathbf{D}}{\partial t} \tag{7.14}$$

이제 **변위전류밀도의 물리적 의미**를 생각해보자. [그림 7-6]과 같은 커패시터 회로에 시간에 따라 변화하는 교류전압을 인가하면 전하는 도선을 따라 이동하여 도선에서 전도전류를 형성함과 동시에 전극의 한 면에 $Q = CV$ 만큼 축적된다. 즉 도선을 따라 이동하는 전하의 흐름은 전극에서 끝나게 된다.

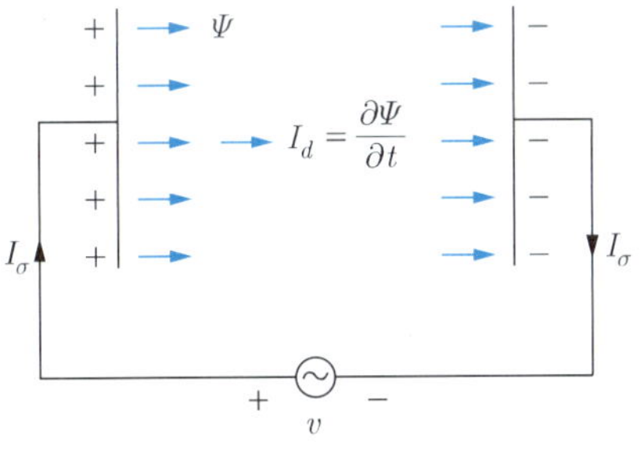

[그림 7-6] 커패시터 회로에서 전도전류와 변위전류의 흐름

한편 커패시터의 두 전극 사이는 전기가 통하지 않는 유전체(절연체)로 채워져 있으며, 절연파괴가 발생하지 않는 전압의 조건에서 유전체에는 전하가 발생하지 않으므로 전도전류는 흐를 수 없다. 그러나 유전체가 전도전류의 흐름을 막고 있음에도 상대 전극으로부터 도선을 따라 전도전류는 다시 흘러나온다. 이는 유전체에서 전류의 흐름을 연속시키는 어떤 전류의 작용이 있음을 의미하는 것으로 해석할 수 있다. 이때 유전체에서 연속되는 전류를 변위전류(밀도)라고 한다. 즉 전극에 $Q = CV$의 전하가 축적됨과 동시에 이 전하량에 비례하는 전속이 발생한다. 이 전속과 전속밀도의 시간적 변화율 $\partial\Psi/\partial t = \partial Q/\partial t$와 $\partial \mathbf{D}/\partial t$를 각각 **변위전류**(displacement current) 및 **변위전류밀도**라고 한다.

3 변위전류밀도 $\partial \mathbf{D}/\partial t$의 단위를 생각해보면 전속밀도 $\mathbf{D}$의 단위인 $[\mathrm{C/m^2}]$를 시간으로 미분하였으므로 $\partial \mathbf{D}/\partial t$의 단위는 $[\mathrm{C/m^2 \cdot sec}]$가 되며, 전류의 단위는 $[\mathrm{C/sec = A}]$이므로 $[\mathrm{A/m^2}]$, 즉 전류밀도와 같은 차원을 갖는다.

따라서 시가변 전자계의 커패시터 회로에서는 먼저 도선을 따라 전도전류가 흐르며, 전극에는 전하가 축적되어 전도전류의 흐름이 멈추게 되지만 정전유도작용에 의해 상대 전극에 반대 극성의 전하가 유도되므로 다시 전도전류가 형성되어 전원으로 되돌아온다. 이때 전극 사이의 유전체에서는 변위전류의 형태로 전류의 흐름이 연속된다. 물론 변위전류는 하전입자의 발생 및 이동에 의한 것이 아니고 유전체에서 정전유도현상에 의한 전속의 시간적 변화에 따른 것이며, 직류전원의 경우 $\partial Q/\partial t = 0$이므로 $\partial \Psi/\partial t = 0$이 되어 변위전류를 정의할 수 없다.

변위전류밀도를 적분하여 변위전류 I_d를 구하면 다음과 같다.

$$I_d = \int \mathbf{J}_d \cdot d\mathbf{S} = \int \frac{\partial \mathbf{D}}{\partial t} \cdot d\mathbf{S} \tag{7.15}$$

또한 시가변 전자계의 앙페르의 주회법칙 $\nabla \times \mathbf{H} = \mathbf{J} + \dfrac{\partial \mathbf{D}}{\partial t}$의 양변을 면적 S에 대해 적분하면

$$\int_S (\nabla \times \mathbf{H}) \cdot d\mathbf{S} = \int_S \mathbf{J} \cdot d\mathbf{S} + \int_S \frac{\partial \mathbf{D}}{\partial t} \cdot d\mathbf{S}$$

가 된다. 이 식의 좌변에 스토크스의 정리를 적용하면 다음과 같은 적분형 맥스웰 제4방정식을 얻을 수 있다.

$$\oint \mathbf{H} \cdot d\mathbf{L} = \int \mathbf{J} \cdot d\mathbf{S} + \int \frac{\partial \mathbf{D}}{\partial t} \cdot d\mathbf{S} = I + I_d \tag{7.16}$$

이제 전류밀도에는 물리적 의미를 달리하는 세 가지의 전류밀도가 있음을 알게 되었다. 먼저 전자 등 하전입자의 이동에 의해 형성되는 전도전류밀도는 도체에 전압을 인가할 때 발생하고 그 크기는 전계의 세기에 비례한다. 즉 $\mathbf{J} = \sigma \mathbf{E}$이며, 이때의 비례상수를 도전율 σ라고 한다. 다음으로 도체가 아닌 공간에 하전입자가 발생할 때의 체적전하밀도를 ρ_v라고 하고 ρ_v가 일정한 속도 $\mathbf{v}$로 움직이면 $\mathbf{J} = \rho_v \mathbf{v}$로 주어지는 대류전류밀도가 발생한다. 마지막 한 가지는 변위전류밀도로, 하전입자의 이동에 의해 발생하는 것이 아니고 시간에 대한 전속밀도의 변화율에 의해 결정되며, $\mathbf{J}_d = \partial \mathbf{D}/\partial t$로 표현된다.

예제 7-5

유전체의 유전율이 ϵ, 전극 간격이 d, 극판의 면적은 S인 커패시터 회로에 교류전압 $v = V_m \cos \omega t$를 인가할 때 변위전류와 변위전류밀도를 구하라.

풀이

전극의 간격과 전압이 d와 V일 때 전계 $E = v/d$이며, 전속밀도는 다음과 같다.

$$D = \epsilon E = \epsilon \frac{V_m}{d} \cos \omega t$$

따라서 변위전류 I_d는 식 (7.15)로부터 다음과 같이 구한다. 이때 C는 정전용량이다.

$$\begin{aligned} I_d &= \int \frac{\partial \mathbf{D}}{\partial t} \cdot d\mathbf{S} = -\omega \frac{\epsilon S}{d} V_m \sin \omega t \\ &= -\omega C V_m \sin \omega t \end{aligned}$$

한편 변위전류밀도는 변위전류를 면적 S로 나누어 다음과 같이 구한다.

$$J_d = -\frac{\omega \epsilon}{d} V_m \sin \omega t$$

예제 7-6

전속밀도 $D = 5 \times 10^{-6}\,[\mathrm{C/m^2}]$이고 전계 $E = 25\pi\,[\mathrm{V/m}]$인 유전체에서 전도전류밀도와 변위전류밀도가 서로 같아지는 주파수를 구하라. 단, 이 유전체의 도전율 $\sigma = 2\,[\mathrm{S/m}]$이다.

풀이

시간에 따라 변하는 전계 $E = E_0 e^{j\omega t}$라고 하자. 이 전계에 의한 전도전류밀도 J_σ와 변위전류밀도 J_d는 다음과 같이 표현할 수 있다.

$$J_\sigma = \sigma E = \sigma E_0 e^{j\omega t}$$

$$J_d = \frac{\partial D}{\partial t} = \epsilon \frac{\partial E}{\partial t} = j\omega\epsilon E_0 e^{j\omega t}$$

앞선 두 식으로부터 두 전류밀도가 같아지는 주파수는 $\sigma = \omega\epsilon = 2\pi f \epsilon$이므로 다음과 같다.

$$f = \frac{\sigma}{2\pi\epsilon}$$

한편 $D = \epsilon E$에서 유전율 $\epsilon = \dfrac{D}{E} = \dfrac{5 \times 10^{-6}}{25\pi}\,[\mathrm{F/m}]$이므로 주파수를 계산하면 다음과 같다.

$$f = \frac{\sigma}{2\pi\epsilon} = \frac{2}{2\pi \times \dfrac{5 \times 10^{-6}}{25\pi}} = 5\,[\mathrm{MHz}]$$

SECTION
7.3 시가변 전자계의 맥스웰 방정식

이 절에서는 패러데이 법칙과 변위전류의 개념으로 시가변 전자계에서 맥스웰 방정식을 완성하고 시가변계에서의 전자기 현상을 정리한다.

Keywords | 미분형 맥스웰 방정식 | 적분형 맥스웰 방정식 |

지금까지 시가변 전자계에서 패러데이 법칙으로 전자유도현상을 설명하였으며, 변위전류의 개념을 도입하여 앙페르의 주회법칙을 수정했고 그 결과로 시가변 전자계에서의 미분형 맥스웰 방정식을 도출하였다. 수정된 맥스웰 방정식인 식 (7.6)과 식 (7.14)는 벡터 회전에 대한 식으로, 다음과 같다.

$$\nabla \times \mathbf{E} = -\frac{\partial \mathbf{B}}{\partial t}$$

$$\nabla \times \mathbf{H} = \mathbf{J} + \frac{\partial \mathbf{D}}{\partial t}$$

식 (7.6)은 패러데이 법칙으로, 시간에 따라 변하는 자속밀도가 회전하는 전계를 발생시키는데, 이는 시가변 자속이 유도기전력을 발생시키는 것과 같은 현상이다. 식 (7.14)는 앙페르의 주회법칙을 수정한 식으로, 시가변계에서 시간에 대한 전속밀도의 변화가 자계의 원천이 될 수 있음을 의미하며, 이 식으로부터 변위전류밀도의 물리적 의미를 공부할 수 있다. 앞선 두 식으로부터 전기적, 그리고 자기적 현상이 각각 독립적으로 설명되어 왔던 정전계 및 정자계와는 달리 시가변계에서는 전계와 자속밀도, 그리고 자계와 전속밀도가 서로에게 영향을 미칠 수 있다는 새로운 사실을 발견하였다. 즉 전속밀도와 자속밀도의 시간적 변화율로부터 회전하는 자계와 전계를 구할 수 있었으며, 앞선 두 식으로부터 변압기와 발전기의 원리 및 유전체로 구성된 커패시터 회로에서 전류의 흐름을 설명할 수 있었다.

한편 시가변계에서 나머지 두 미분형 맥스웰 방정식은 다음과 같다. 이는 정전계와 정자계에서의 맥스웰 방정식과 같다.

$$\nabla \cdot \mathbf{D} = \rho_v$$

$$\nabla \cdot \mathbf{B} = 0$$

벡터의 발산으로 표현되는 두 맥스웰 방정식은 시가변계에서도 전속밀도가 발산하는 양이며, 그 원천은 체적전하밀도라는 사실과 자속밀도의 발산의 원천은 0이라는 사실을 나타낸다. 즉 전속밀도는 한 점에서 시작하여 다른 점에서 종착하며, 자속밀도는 항상 닫힌 경로를 형성한다는 두 물리량의 본질적 특성을 나타낸다. 따라서 우리는 **벡터 발산에 대한 두 맥스웰 방정식으로부터 전계와 자계의 본질을, 그리고 벡터 회전에 대한 두 식으로부터 시가변계에서의 새로운 현상**을 이해할 수 있다.

시가변계에서의 적분형 맥스웰 방정식을 정리하면 다음과 같다.

$$\oint \mathbf{D} \cdot d\mathbf{S} = Q$$

$$\oint \mathbf{E} \cdot d\mathbf{L} = -\int \frac{\partial \mathbf{B}}{\partial t} \cdot d\mathbf{S}$$

$$\oint \mathbf{H} \cdot d\mathbf{L} = I + \int \frac{\partial \mathbf{D}}{\partial t} \cdot d\mathbf{S}$$

$$\oint \mathbf{B} \cdot d\mathbf{S} = 0$$

이상의 시가변계에서의 미분형과 적분형 맥스웰 방정식에서 전속밀도와 자속밀도의 시간적 변화율, 즉 $\partial\mathbf{D}/\partial t$ 및 $\partial\mathbf{B}/\partial t$를 0이라고 하면 정전계와 정자계에서의 맥스웰 방정식과 일치한다. [표 7-1]에 정전계와 정자계, 그리고 시가변계에서의 맥스웰 방정식을 정리하였다.

[표 7-1] 정전계 및 정자계와 시가변 전자계에서의 맥스웰 방정식

정전계 및 정자계		시가변 전자계	
미분형	적분형	미분형	적분형
$\nabla \cdot \mathbf{D} = \rho_v$	$\oint \mathbf{D} \cdot d\mathbf{S} = Q$	$\nabla \cdot \mathbf{D} = \rho_v$	$\oint \mathbf{D} \cdot d\mathbf{S} = Q$
$\nabla \times \mathbf{E} = 0$	$\oint \mathbf{E} \cdot d\mathbf{L} = 0$	$\nabla \times \mathbf{E} = -\frac{\partial \mathbf{B}}{\partial t}$	$\oint \mathbf{E} \cdot d\mathbf{L} = -\int \frac{\partial \mathbf{B}}{\partial t} \cdot d\mathbf{S}$
$\nabla \times \mathbf{H} = \mathbf{J}$	$\oint \mathbf{H} \cdot d\mathbf{L} = I$	$\nabla \times \mathbf{H} = \mathbf{J} + \frac{\partial \mathbf{D}}{\partial t}$	$\oint \mathbf{H} \cdot d\mathbf{L} = I + \int \frac{\partial \mathbf{D}}{\partial t} \cdot d\mathbf{S}$
$\nabla \cdot \mathbf{B} = 0$	$\oint \mathbf{B} \cdot d\mathbf{S} = 0$	$\nabla \cdot \mathbf{B} = 0$	$\oint \mathbf{B} \cdot d\mathbf{S} = 0$

예제 7-7

유전율 $\epsilon = 2\times 10^{-6}$[F/m], 투자율 $\mu = 10^{-4}$[H/m], 도전율 $\sigma = 0$, 체적전하밀도 $\rho_v = 0$[C/m^3]인 비전도성 매질에서 맥스웰 방정식이 성립한다. 다음의 조건에 대해 상수 k를 구하라.

(a) $\mathbf{D} = 3\mathbf{a}_x + 4y\mathbf{a}_y - 4z\mathbf{a}_z$[nC/m^2], $\mathbf{H} = kx\,\mathbf{a}_x + 5y\mathbf{a}_y - 12z\mathbf{a}_z$[A/m]

(b) $\mathbf{E} = (10y - kt)\mathbf{a}_x$[V/m], $\mathbf{H} = (y + 10^6 t)\mathbf{a}_z$[A/m]

풀이

(a) 주어진 자계에 대해 자속밀도 $\mathbf{B} = \mu\mathbf{H} = (kx\mathbf{a}_x + 5y\mathbf{a}_y - 12z\mathbf{a}_z)\times 10^{-4}$가 되며, $\nabla \cdot \mathbf{B} = 0$의 연산은 다음과 같다.

$$\nabla \cdot \mathbf{B} = \frac{\partial}{\partial x}(kx \times 10^{-4}) + \frac{\partial}{\partial y}(5y \times 10^{-4}) + \frac{\partial}{\partial z}(-12z \times 10^{-4})$$

$$= (k + 5 - 12) \times 10^{-4} = 0$$

따라서 $k = 7$이 된다.

(b) 주어진 전계 및 자계가 시간에 따라 변화하는 계이고 도전율이 0인 비전도성 매질이므로 전도전류 $\mathbf{J} = 0$이다. 따라서 맥스웰 방정식 $\nabla \times \mathbf{H} = \mathbf{J} + \frac{\partial \mathbf{D}}{\partial t}$에서 좌변과 우변의 연산은 다음과 같다.

$$\nabla \times \mathbf{H} = \begin{vmatrix} \mathbf{a}_x & \mathbf{a}_y & \mathbf{a}_z \\ \frac{\partial}{\partial x} & \frac{\partial}{\partial y} & \frac{\partial}{\partial z} \\ 0 & 0 & y + 10^6 t \end{vmatrix} = \mathbf{a}_x$$

$$\mathbf{J} + \frac{\partial \mathbf{D}}{\partial t} = 0 + \epsilon \frac{\partial \mathbf{E}}{\partial t} = \frac{\partial}{\partial t}(10y - kt) \times 2 \times 10^{-6} \mathbf{a}_x = -k \times 2 \times 10^{-6} \mathbf{a}_x$$

앞선 두 연산의 결과로부터 k는 다음과 같다.

$$k = -5 \times 10^5$$

CHAPTER

07 연습문제

7.1 권선 수가 100[회]인 코일에 전류가 흐를 때 0.2[sec] 동안 쇄교 자속이 1.2[Wb] 감소하였다. 이때 발생하는 유도기전력을 구하라.

7.2 자속밀도가 8[Wb/m^2]일 때 자속밀도와 직각으로 놓인 길이 5[cm]의 도체를 0.2[sec] 동안 1[m] 씩 이동시켰다. 이때 발생하는 기전력을 구하라.

7.3 단면적이 5[cm^2], 권선 수가 150[회]인 도체가 자속밀도와 2×10^{-2}[Wb/m$^2\cdot$s]의 비율로 쇄교할 때 발생하는 유도기전력을 구하라.

7.4 인덕턴스가 0.4[H]인 코일에 0.01[sec] 동안 전류가 35[A]에서 30[A]로 변화하였다. 이때 발생하는 유도기전력을 구하라.

7.5 코일의 저항이 20[Ω]인 회로에 $0.2\cos 500t$ [Wb]의 자속이 발생하였다. 이 코일에 흐르는 전류의 최댓값을 구하라.

7.6 서로 평행한 두 선로가 가까이 있다. 한 선로에서 전류가 1[sec] 동안 20[kA]만큼 변할 때 다른 선로에 유도되는 전압의 크기를 구하라. 단, 두 선로 사이의 상호인덕턴스는 0.4[mH]이다.

7.7 자계와 직각으로 놓인 도체에 전류 I를 흘릴 때 힘 F가 발생하였다. 이 도체를 v의 속도로 자계와 θ의 방향으로 운동할 때 발생하는 기전력 e가 $Fv\sin\theta/I$가 됨을 보여라.

7.8 자유공간에서 시가변 전계 $\mathbf{E}=E_{x0}\cos(\omega t-\beta z)\mathbf{a}_x$로 주어질 때 자속밀도를 구하라.

7.9 자유공간에서 시가변 자계 $\mathbf{H}=H_{y0}\cos(\omega t-\beta z)\mathbf{a}_y$로 주어질 때 전계를 구하라.

7.10 반지름 $a = 10\,[\mathrm{cm}]$이고 길이 $d = 10\,[\mathrm{m}]$인 원주 도체에 자속밀도 $\mathbf{B} = 10e^{50t}\,\mathbf{a}_z\,[\mathrm{Wb/m^2}]$가 형성되어 있다. 이때 $\rho = 2\,[\mathrm{cm}]$에서 발생하는 유도전계를 시가변계의 맥스웰 방정식 $\nabla \times \mathbf{E} = -\dfrac{\partial \mathbf{B}}{\partial t}$를 이용하여 구하라.

7.11 [연습문제 7.10]의 해를 시가변계의 적분형 맥스웰 방정식 $\oint \mathbf{E} \cdot d\mathbf{L} = \int -\dfrac{\partial \mathbf{B}}{\partial t} \cdot d\mathbf{S}$를 이용하여 구하라.

7.12 반지름이 $a\,[\mathrm{m}]$, 길이가 $d\,[\mathrm{m}]$이고 단위길이당 권선 수가 $n\,$[회/m]인 솔레노이드에 전류 $I = I_m \sin \omega t\,[\mathrm{A}]$를 흘렸다. 자성체 내의 단위길이당 와전류밀도를 구하라.

7.13 균일한 자속밀도 $\mathbf{B} = 20\mathbf{a}_z\,[\mathrm{Wb/m^2}]$ 내에 x축과 평행하게 놓여 있는 길이 $4\,[\mathrm{cm}]$의 도체가 $\mathbf{v} = 6\mathbf{a}_y\,[\mathrm{m/s}]$의 속도로 운동하고 있다. 운동유도전계와 유기기전력을 구하라.

7.14 자속밀도 $\mathbf{B} = 8\mathbf{a}_x\,[\mathrm{mWb/m^2}]$인 공간 내를 길이 $6\,[\mathrm{cm}]$의 막대 도체가 $\mathbf{v} = -20\mathbf{a}_z\,[\mathrm{m/s}]$의 속도로 운동하고 있다. 도체 양단에 발생하는 운동유도전계와 전압을 구하라.

7.15 위치 y에 따라 선형적으로 변화하는 자속밀도 $\mathbf{B} = B_0 y \mathbf{a}_z$ 내를 길이가 l인 도체가 $\mathbf{v} = v\mathbf{a}_y$의 속도로 운동할 때 발생하는 유도기전력을 구하라.

7.16 유전율과 전극 간격이 각각 $\epsilon\,[\mathrm{F/m}]$, $d\,[\mathrm{m}]$이고 단면적이 $S\,[\mathrm{m^2}]$인 평행평판 커패시터가 있다. 이 커패시터에 교류전압 $v = V_0 \cos \omega t\,[\mathrm{V}]$를 인가할 때의 변위전류를 구하라,

7.17 자유공간에서 자속밀도 $\mathbf{B} = 25.12 \cos(6.28 \times 10^6 t - 15 \times 10^{-9} z)\mathbf{a}_y$일 때 변위전류밀도를 구하라.

7.18 전도전류밀도 $\mathbf{J} = 320 \sin(2 \times 10^4 t - 20z)\mathbf{a}_y\,[\mathrm{kA/m^2}]$인 매질의 변위전류밀도를 구하라. 단, 이 매질의 유전율과 투자율은 각각 ϵ_0, μ_0이고 도전율 $\sigma = 0.32 \times 10^7\,[\mathrm{S/m}]$이다.

7.19 어떤 매질의 도전율과 비유전율을 각각 $\sigma = 10\,[\mathrm{S/m}]$와 $\epsilon_R = 80$이라고 할 때 전도전류와 변위전류가 같아지는 주파수를 구하라.

7.20 자유공간에서 4[V/m]의 전계에 의해 4[A/m^2]의 변위전류밀도가 형성될 때 전계의 주파수를 구하라.

7.21 전속밀도 $|D| = 2 \times 10^{-9}$ [C/m^2]이고 전계 $|E| = 12\pi$[V/m]인 매질에서 전도전류와 변위전류가 같아지는 주파수를 구하라. 단, 이 매질의 도전율은 3[S/m]이다.

7.22 자유공간에서 전계 $\mathbf{E} = 100\sin(\omega t + 25z)\mathbf{a}_y$ [V/m]일 때 변위전류밀도와 자계 H_x를 구하라.

7.23 유전율 $\epsilon = 10^{-6}$[F/m], 투자율 $\mu = 2 \times 10^{-4}$[H/m], 도전율 $\sigma = 0$, 체적전하밀도 $\rho_v = 0$[C/m^3]인 비전도성 매질에서 맥스웰 방정식이 성립한다. 다음의 조건에 대해 상수 k를 구하라.

(a) $\mathbf{D} = 6\mathbf{a}_x - 4y\mathbf{a}_y + 4z\mathbf{a}_z$[nC/m^2], $\mathbf{H} = 3x\mathbf{a}_x + ky\mathbf{a}_y - 12z\mathbf{a}_z$[A/m]

(b) $\mathbf{E} = (20y - kt)\mathbf{a}_x$[V/m], $\mathbf{H} = (y + 2 \times 10^6 t)\mathbf{a}_z$[A/m]

7.24 [연습문제 7.23]의 조건 (b)에서 맥스웰 방정식 $\nabla \times \mathbf{E} = -\dfrac{\partial \mathbf{B}}{\partial t}$가 성립함을 보여라.

CHAPTER

08

균일평면파

이 장에서는 전자파의 파동현상을 공부한다. 맥스웰 방정식을 이용하여 파동방정식을 만들고 전계 및 자계에 대한 파동함수를 구한다. 또한 전계와 자계파의 위상속도, 주파수, 파장, 고유 임피던스 등 진행파에 대한 기본적인 파라미터를 배운다. 자유공간과 유전체, 그리고 도체에서 매질 특성의 차이를 고려하여 파동현상을 이해하며, 포인팅벡터의 개념을 도입하여 전력에너지 전송의 파동적 현상을 설명한다. 마지막으로 두 매질의 경계에서 발생하는 파동의 반사 및 투과현상과 정재파의 특성을 공부한다.

CONTENTS

SECTION

8.1 전자계의 페이저 해석

이 절에서는 전계와 자계의 파동현상을 이해하기 위해 페이저를 정의하고 파동을 진폭과 위상을 갖는 물리량으로 표현한다.

Keywords | 페이저함수 | 시간함수 |

파동(wave)이란 어떤 공간에서 평형상태로부터 진동이 전달되는 현상을 말한다. 파동의 크기가 시간과 위치에 따라 주기적으로 변하면 파동은 주기와 파장, 그리고 주파수 등을 이용하여 표현한다. 지금까지는 전계와 자계를 방향이나 크기의 변수 의존성 등에 역점을 두고 공부해 왔으나 사실 이들은 파동의 형태로 전파된다. 즉 전계와 자계는 일정한 위상속도로 한 점에서 다른 한 점으로 이동하며, 이러한 이동에 의해 전기에너지가 전달된다. 즉 전파의 공학적 의미는 에너지의 전달에 있다. 지금부터는 파동의 형태로 전파하는 전계와 자계를 이해하는 데 필요한 기초적 사항을 공부한다.

시간과 공간에 대해 주기성을 갖는 전자기파의 파동함수는 파동방정식을 이용하여 표현하며, 그 해는 일반적으로 사인(sine)함수와 코사인(cosine)함수 또는 지수함수로 나타난다. 이때 필요한 해석을 위해 시간과 위치함수인 파동함수를 미분하는 등 그 과정이 복잡한 경우가 많다. 그러나 전계와 자계가 시간에 대해 정상상태에 있다고 가정하면 페이저(phasor)를 이용하여 필요한 연산을 비교적 간단하게 할 수 있다. 즉 **페이저로 전자기파를 표현하면 진폭과 위상정보만으로 그 신호를 특정할 수 있어 전계와 자계에 대한 수식적 계산이 단순해진다.** 이 절에서는 페이저를 전계와 자계에 적용하기 전에 페이저의 개념에 대해 간단하게 설명하기로 한다.

지수함수는 오일러(Euler) 공식에 의해 다음과 같이 복소수로 나타낼 수 있다.

$$e^{j\omega t} = \cos \omega t + j \sin \omega t \tag{8.1}$$

어떤 함수가 $\Psi = \Psi_m \cos(\omega t + \theta)$로 주어질 때 오일러의 공식을 이용하면 다음과 같이 표현할 수 있다.

$$\begin{aligned}\Psi &= \Psi_m \cos(\omega t + \theta) = Re\{\Psi_m [\cos(\omega t + \theta) + j\sin(\omega t + \theta)]\} \\ &= Re\left[\Psi_m e^{j(\omega t + \theta)}\right] = Re(\Psi_m e^{j\omega t} e^{j\theta})\end{aligned}$$

이 식에서 $e^{j\omega t}$는 함수의 주파수에 대한 표현을 담고 있고 $e^{j\theta}$는 위상에 대한 정보를 가지고 있다. 만약 함수 Ψ가 정상상태에 도달하여 주파수에 대한 표현이 필요하지 않다면 Ψ는 진폭 Ψ_m과 위상 정보 $e^{j\theta}$만으로 정의할 수 있다. 이때 $\Psi_s = \Psi_m e^{j\theta}$를 파동 Ψ의 **페이저**(phasor)라고 한다. 따라서 어떤 파동 $\Psi = \Psi_m \cos(\omega t + \theta)$의 페이저 $\Psi_s = \Psi_m e^{j\theta}$로 표현할 수 있다.

이제 페이저로 표현된 함수를 시간함수로 되돌리는 과정을 생각해보자. 시간함수로써의 Ψ는 페이저 함수 $\Psi_s = \Psi_m e^{j\phi}$에 $e^{j\omega t}$를 곱한 뒤 실수(Re) 부분만 취하면 되며, 그 과정은 다음과 같다.

$$\begin{aligned}\Psi &= Re(\Psi_s)e^{j\omega t} = Re(\Psi_m e^{j\phi} e^{j\omega t}) = Re\left[\Psi_m e^{j(\omega t + \phi)}\right] \\ &= \Psi_m Re[\cos(\omega t + \phi) + j\sin(\omega t + \phi)] \\ &= \Psi_m \cos(\omega t + \phi)\end{aligned}$$

어떤 시간함수를 페이저로 나타내는 방법과 페이저를 시간함수로 나타내는 방법을 정리하면 다음과 같다.

★ 시간함수 → 페이저함수 ★

오일러의 공식을 이용하여 시간함수를 지수함수로 나타낸 뒤 $e^{j\omega t}$와 실수 기호 Re를 제외한 나머지 부분을 취한다.

$$\begin{aligned}&A\cos(\omega t + \beta z) \to Re A[\cos(\omega t + \beta z) + j\sin(\cos\omega t + \beta z)] \to Re\left[A e^{j(\omega t + \beta z)}\right] \\ &\qquad \to Re\left[Ae^{j\omega t}e^{j\beta z}\right] \to Ae^{j\beta z}\end{aligned}$$

★ 페이저함수 → 시간함수 ★

페이저함수에 $e^{j\omega t}$를 곱한 뒤 삼각함수로 변환하고 실수부인 Re 부분만 취한다.

$$\begin{aligned}&Ae^{j\beta z} \to Re(Ae^{j\beta z}e^{j\omega t}) \to Re Ae^{j(\omega t + \beta z)} \\ &\qquad \to Re A[\cos(\omega t + \beta z) + j\sin(\omega t + \beta z)] \to A\cos(\omega t + \beta z)\end{aligned}$$

마지막으로 전자계를 시간으로 편미분한 결과에 대해 고찰해보자. 어떤 전계의 x 성분이 $E_x = E_{x0}\cos(\omega t + \phi)$와 같이 주어질 때 이를 페이저함수로 변환하면 다음과 같다.

$$\begin{aligned}E_x &= E_{x0}\cos(\omega t + \phi) = Re E_{x0} e^{j(\omega t + \phi)} = Re E_{x0} e^{j\omega t} e^{j\phi} \\ &= Re E_{xs} e^{j\omega t}\end{aligned}$$

이 식에서 $E_{xs} = E_{x0}e^{j\phi}$이다. 따라서 전계를 시간에 대해 미분하면 다음과 같다.

$$\frac{\partial E_x}{\partial t} = Re(j\omega)E_{xs}e^{j\omega t}$$

즉 전자계를 시간으로 미분하면 자신의 페이저 E_{xs}에 $j\omega$를 곱한 결과와 같다. 예를 들어 전자계의 방정식 $\frac{\partial E_x}{\partial z} = -\mu_0 \frac{\partial H_y}{\partial t}$를 페이저로 표현하면 다음과 같다.

$$\frac{\partial E_{xs}}{\partial z} = -j\omega\mu_0 H_{ys}$$

이 식에서 E_{xs}와 H_{ys}는 각각 전계 E_x와 자계 H_y의 페이저이다.

예제 8-1

시간함수로 표현된 다음의 파동함수를 페이저함수로 표현하라.

(a) $E_y(z, t) = 50\cos(\omega t - 0.6z)$

(b) $H_x(y, t) = 50\cos(\omega t - 0.6y + 45°)$

풀이

(a) 먼저 위치 z와 시간 t의 함수인 $E_y(z, t)$를 지수함수로 표현하면

$$E_y(z, t) = 50\cos(\omega t - 0.6z) = Re\left[50e^{j(\omega t - 0.6z)}\right] = Re\left[50e^{j\omega t} \cdot e^{-j0.6z}\right]$$

가 되며, 이 식에서 Re와 시간 항인 $e^{j\omega t}$를 생략하면 E_{ys}는 다음과 같다.

$$E_{ys} = 50e^{-j0.6z}$$

(b) 자계를 지수함수로 바꾼 뒤 시간과 위치 항을 구분하면 다음과 같다.

$$\begin{aligned} H_x(y, t) &= 50\cos(\omega t - 0.6y + 45°) = Re\left[50e^{j(\omega t - 0.6y + 45°)}\right] \\ &= Re\left[50e^{j\omega t} \cdot e^{-j0.6y} \cdot e^{j45°}\right] \end{aligned}$$

이 식에서 시간 항인 $e^{j\omega t}$와 Re를 생략하면 H_{xs}는 다음과 같이 표현된다.

$$H_{xs} = 50e^{-j0.6y}e^{j45°}$$

예제 8-2

어떤 함수 H_x의 페이저 $H_{xs} = 200e^{j30z}$이다. 이를 시간함수로 표현하라.

풀이

페이저함수를 시간함수로 바꾸는 문제이므로 페이저에 $e^{j\omega t}$를 곱한 뒤 오일러 공식을 이용하여 삼각함수로 바꾸고 실수 부분만 취하면 된다.

$$H_x = Re H_{xs} e^{j\omega t} = Re\left[200e^{j30z} \cdot e^{j\omega t}\right] = Re\left[200e^{j(\omega t + 30z)}\right]$$

$$= Re\, 200\left[\cos(\omega t + 30z) + j\sin(\omega t + 30z)\right]$$

$$= 200\cos(\omega t + 30z)$$

예제 8-3

다음의 방정식을 페이저로 표현하라.

(a) $\nabla \times \mathbf{E} = -\mu_0 \dfrac{\partial \mathbf{H}}{\partial t}$

(b) $\nabla \times \mathbf{H} = \mathbf{J} + \epsilon_0 \dfrac{\partial \mathbf{E}}{\partial t}$

풀이

전자계를 시간으로 편미분하면 자신의 페이저에 $j\omega$를 곱한 결과와 같으므로 각각 다음과 같다.

(a) $\nabla \times \mathbf{E} = -\mu_0 \dfrac{\partial \mathbf{H}}{\partial t} \quad \rightarrow \quad \nabla \times \mathbf{E}_s = -j\omega\mu_0 \mathbf{H}_s$

(b) $\nabla \times \mathbf{H} = \mathbf{J} + \epsilon_0 \dfrac{\partial \mathbf{E}}{\partial t} \quad \rightarrow \quad \nabla \times \mathbf{H}_s = \mathbf{J}_s + j\omega\epsilon_0 \mathbf{E}_s$

SECTION

8.2 자유공간에서의 파동현상

이 절에서는 맥스웰 방정식을 이용하여 파동방정식을 도출하고 파동함수를 구한다. 또한 진행파로써의 전계와 자계의 위상속도와 파장, 그리고 고유 임피던스 등의 물질상수를 공부하여 자유공간에서의 전계와 자계의 전파현상을 이해한다.

Keywords | 파동방정식 | 파동함수 | 진행파 | 파장 | 위상속도 | 고유 임피던스 |

1 파동방정식 및 전계의 파동함수

자유공간은 유전율이 ϵ_0, 투자율은 μ_0인 공간으로, 전하가 존재하지 않는 비전도성 매질이다. 따라서 **자유공간에는 체적전하밀도가 없으므로 어떠한 전도성 전류도 흐르지 않으며, 도전율 $\sigma = 0$인 공간이다.** 따라서 시가변계의 맥스웰 방정식은 다음과 같다.

$$\nabla \cdot \mathbf{E} = 0 \tag{8.2a}$$

$$\nabla \times \mathbf{E} = -\mu_0 \frac{\partial \mathbf{H}}{\partial t} \tag{8.2b}$$

$$\nabla \times \mathbf{H} = \epsilon_0 \frac{\partial \mathbf{E}}{\partial t} \tag{8.2c}$$

$$\nabla \cdot \mathbf{H} = 0 \tag{8.2d}$$

이를 페이저방정식으로 바꾸면 다음과 같이 주어진다.

$$\nabla \cdot \mathbf{E}_s = 0 \tag{8.3a}$$

$$\nabla \times \mathbf{E}_s = -j\omega\mu_0 \mathbf{H}_s \tag{8.3b}$$

$$\nabla \times \mathbf{H}_s = j\omega\epsilon_0 \mathbf{E}_s \tag{8.3c}$$

$$\nabla \cdot \mathbf{H}_s = 0 \tag{8.3d}$$

앞선 식들을 이용하여 자유공간에서 파동방정식을 도출해보자. 다음과 같은 벡터항등식

$$\nabla \times \nabla \times \mathbf{E}_s = \nabla(\nabla \cdot \mathbf{E}_s) - \nabla^2 \mathbf{E}_s$$

에 식 (8.3a), 식 (8.3b), 식 (8.3c)를 대입하면 앞선 식은 다음과 같이 주어진다.

$$\nabla \times \nabla \times \mathbf{E}_s = -j\omega\mu_0 \nabla \times \mathbf{H}_s = \omega^2 \mu_0 \epsilon_0 \mathbf{E}_s = -\nabla^2 \mathbf{E}_s$$

따라서 자유공간에서의 파동방정식을 다음과 같이 구할 수 있다.

★ 자유공간에서의 파동방정식 ★

$$\nabla^2 \mathbf{E}_s = -\omega^2 \mu_0 \epsilon_0 \mathbf{E}_s \tag{8.4}$$

만약 전계 $\mathbf{E}_s$가 E_{xs}, E_{ys}, E_{zs}의 세 성분을 모두 가지며, 각각의 전계가 변수 x, y, z의 함수라면 식 (8.4)는 매우 복잡한 방정식이 된다.[1] 지금의 논의에서 전계가 x 성분만을 가진다고 가정하면 식 (8.4)는

$$\nabla^2 E_{xs} = -\omega^2 \mu_0 \epsilon_0 E_{xs} \tag{8.5}$$

로 주어진다. 또한 전계를 z만의 함수로 가정하면 식 (8.5)는 다음과 같이 전개된다.

$$\frac{\partial^2 E_{xs}}{\partial z^2} = -\omega^2 \mu_0 \epsilon_0 E_{xs} \tag{8.6}$$

이 방정식의 해는 다음과 같다.

$$E_{xs} = Ae^{-j\omega\sqrt{\mu_0\epsilon_0}\,z} + Be^{j\omega\sqrt{\mu_0\epsilon_0}\,z} \tag{8.7}$$

이를 시간함수로 변환하면 다음과 같이 주어진다.

$$\begin{aligned} E_x &= Re\left\{Ae^{-j\omega\sqrt{\mu_0\epsilon_0}\,z}e^{j\omega t}\right\} + Re\left\{Be^{j\omega\sqrt{\mu_0\epsilon_0}\,z}e^{j\omega t}\right\} \\ &= A\cos\left[\omega\left(t - z\sqrt{\mu_0\epsilon_0}\right)\right] + B\cos\left[\omega\left(t + z\sqrt{\mu_0\epsilon_0}\right)\right] \end{aligned} \tag{8.8}$$

식 (8.8)의 우변 첫째 항은 전계가 z의 양(+)의 방향으로 진행하는 파동을, 두 번째 항은 z의 음(−)의 방향으로 진행하는 파동을 나타낸다. 이제 이러한 파동의 기본적 특성을 알기 위해 z의 양(+)의 방향으로 진행하는 파동에 대해 고찰해보자. 즉 전계를

$$E_x = A\cos\left[\omega\left(t - z\sqrt{\mu_0\epsilon_0}\right)\right] \tag{8.9}$$

라고 하고 이 전계가 초기조건으로 $t=0$, $z=0$에서 $E = E_{x0}$라고 하면 $A = E_{x0}$가 되어 전계는 다음과 같이 표현된다.

$$E_x = E_{x0}\cos\left[\omega\left(t - z\sqrt{\mu_0\epsilon_0}\right)\right] \tag{8.10}$$

---

1 방정식 $\nabla^2\mathbf{E}_s = -\omega^2\mu_0\epsilon_0\mathbf{E}_s$에서 전계가 x, y, z 성분을 갖는다면 이 방정식은 $\nabla^2 E_{xs} = -\omega^2\mu_0\epsilon_0 E_{xs}$, $\nabla^2 E_{ys} = -\omega^2\mu_0\epsilon_0 E_{ys}$, $\nabla^2 E_{zs} = -\omega^2\mu_0\epsilon_0 E_{zs}$의 세 개의 방정식이 된다. 이 중 방정식 $\nabla^2 E_{xs} = -\omega^2\mu_0\epsilon_0 E_{xs}$는 전계가 x 성분만 가질 때의 방정식으로, 전개하면 $\frac{\partial^2 E_{xs}}{\partial x^2} + \frac{\partial^2 E_{xs}}{\partial y^2} + \frac{\partial^2 E_{xs}}{\partial z^2} = -\omega^2\mu_0\epsilon_0 E_{xs}$가 된다.

식 (8.10)에서 코사인 항의 $\omega(t - z\sqrt{\mu_0 \epsilon_0})$를 일정한 값으로 두고 양변을 미분하면

$$\omega(dt - dz\sqrt{\mu_0 \epsilon_0}) = 0$$

이 되며, 이로부터 다음과 같은 **위상속도**(phase velocity)를 얻을 수 있다.[2]

★ 위상속도 ★

$$v = \frac{dz}{dt} = \frac{1}{\sqrt{\mu_0 \epsilon_0}} \tag{8.11}$$

자유공간에서 $\mu_0 = 4\pi \times 10^{-7}\,[\mathrm{H/m}]$과 $\epsilon_0 = \frac{1}{36\pi} \times 10^{-9}\,[\mathrm{F/m}]$의 값을 대입하면 전계의 위상속도 $v = 3 \times 10^8\,[\mathrm{m/sec}]$이 되며, 이 값은 광속도로 알려져 있다. 자유공간에서의 위상속도 $v = c$를 이용하여 전계의 파동함수를 표현하면 다음과 같다.

★ 자유공간에서의 전계의 파동함수 ★

$$E_x = E_{x0} \cos\left[\omega\left(t - \frac{z}{c}\right)\right] \tag{8.12}$$

식 (8.12)로부터 전계는 시간 t와 위치 z의 함수임을 알 수 있다.

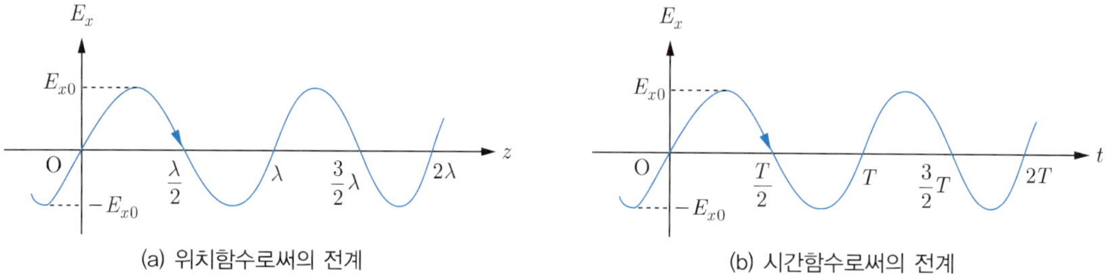

[그림 8-1] 시간 t와 위치 z의 함수인 전계

2 진행파로서의 전계의 파동현상

이제 전계의 파동현상을 고찰해보자. 만약 자유공간의 점 A에서 최댓값 $E_{x0} = 500\,[\mathrm{V/m}]$인 전계 E_x가 z 방향으로 $v = c$의 속도로 진행하여 200 [km] 떨어진 점 B에 도달한다면 점 B의 전계는

2 $E_x = E_{x0}\cos[\omega(t + z\sqrt{\mu_0\epsilon_0})]$로 표현되는 전계는 코사인 항의 $\omega(t + z\sqrt{\mu_0\epsilon_0})$를 일정 값으로 두고 양변을 미분하면 $\omega(dt + dz\sqrt{\mu_0\epsilon_0}) = 0$이 되며, 이로부터 $v = -dz/dt = -1/\sqrt{\mu_0\epsilon_0}$, 즉 z의 음(−)의 방향으로 전파하는 파동을 나타낸다.

다음과 같이 표현할 수 있다.

$$E_x = E_{x0}\cos\left[\omega\left(t-\frac{z}{c}\right)\right] = 500\cos\left[\omega\left(t-\frac{2\times 10^5}{3\times 10^8}\right)\right]$$
$$= 500\cos\left[\omega(t-0.00067)\right]$$

즉 점 B의 전계는 약 0.00067초 이전의 점 A의 전계와 같으며, 전계는 자유공간에서 약 0.00067초의 시간 동안 200 [km]의 거리를 진행하여 점 A에서 점 B로 에너지를 전달한다. 이와 같이 일정한 위상속도로 진행하는 파동을 **진행파**(travelling wave)라고 한다. 식 (8.12)에 제시된 전계는 x 방향으로 진동, 즉 x 성분을 가지고 z 방향으로 진행하므로 **진동과 진행 방향은 서로 수직**이다. 이러한 파동을 **횡파**(transverse wave)라고 한다.[3]

한편 식 (8.12)에서 시간 $t = 0$일 때의 전계의 파동함수는 다음과 같다.

$$E_x = E_{x0}\cos\left[\omega\left(t-\frac{z}{c}\right)\right] = E_{x0}\cos\frac{\omega}{c}z \tag{8.13}$$

전계는 위치 z에 따라 크기가 주기적으로 변하는데, 이때의 주파수를 f라고 하고 파장을 λ라고 하면 $\omega = 2\pi f$이므로 다음과 같은 관계가 성립한다.

$$f = \frac{c}{\lambda} = \frac{\omega}{2\pi} \tag{8.14}$$

만약 매질에 따라 전계가 진행하는 중에 진폭의 감쇠현상이 발생하면 전계의 파동함수는 식 (8.12)에 감쇠의 정도를 나타내는 $e^{-\alpha z}$ 항을 곱해 다음과 같이 표현한다.

$$E_x = E_{x0}e^{-\alpha z}\cos\left[\omega\left(t-\frac{z}{c}\right)\right]$$
$$= E_{x0}e^{-\alpha z}\cos(\omega t-\beta z) \tag{8.15}$$

식 (8.15)로부터 전계는 z의 양(+)의 방향으로 진행함에 따라 지수함수 항에 의해 감쇠하는데, 이때 이러한 감쇠의 정도를 나타내는 상수 α를 **감쇠상수**라고 한다. 물론 자유공간에서는 감쇠상수 $\alpha = 0$이 되어 전계는 식 (8.12)와 같아진다. 이러한 감쇠상수는 무차원의 네퍼(Neper)를 이용하여 나타내며, 단위는 [Np/m]이다. 만약 z의 양(+)의 방향으로 $1/\alpha$의 거리를 진행하면 전계의 크기는 $z = 0$에서 E_{x0}의 $e^{-1} = 0.368$배로 작아진다.

또한 식 (8.15)에서 $\beta = \omega/c$이고 $c = 1/\sqrt{\mu_0\epsilon_0}$이므로 $\beta = \omega\sqrt{\mu_0\epsilon_0}$가 된다. 이는 위상에 관련된 상수로 **위상상수**라고 하며, 파장을 결정하는 상수로 단위는 [rad/m]를 사용한다. 각주파수는

3 진행파에는 진동과 진행 방향이 서로 수직인 횡파와 진동과 진행 방향이 서로 같은 종파가 있다. 횡파에는 전자기파를 비롯하여 빛, 소리의 파동이 있고 종파에는 용수철의 전후 진동과 지진파의 P파 등이 있다.

$\omega = 2\pi f$ 이고 식 (8.14)에서 파장과 주파수 사이에는 $\lambda = c/f$ 의 관계가 있으므로 위상상수는 다음과 같이 정의된다.

★ 위상상수 ★

$$\beta = \frac{\omega}{c} = \frac{2\pi}{\lambda} = \omega\sqrt{\mu_0 \epsilon_0} \tag{8.16}$$

한편 식 (8.15)와 같이 표현된 전계는 시간과 위치 항으로 나누면 다음과 같이 표현된다.

$$E_x = E_{x0} e^{-\alpha z} \cos(\omega t - \beta z) = Re\, E_{x0} e^{-\alpha z} e^{j(\omega t - \beta z)}$$
$$= Re\, E_{x0} e^{-\alpha z} e^{-j\beta z} e^{j\omega t}$$

전계의 페이저는 앞선 식의 진폭 E_{x0}와 위상정보만을 취해 다음과 같이 쓸 수 있다.

$$E_{xs} = E_{x0} e^{-\alpha z} e^{-j\beta z} = E_{x0} e^{-\gamma z} \tag{8.17}$$

이 식으로부터 **복소전파상수** γ 를 다음과 같이 정의한다.

$$\gamma = \alpha + j\beta \tag{8.18}$$

이제 식 (8.17)을 식 (8.6)의 전계의 파동방정식 $\frac{\partial^2 E_{xs}}{\partial z^2} = -\omega^2 \mu_0 \epsilon_0 E_{xs}$ 에 대입하면

$$\frac{\partial^2 E_{xs}}{\partial z^2} = \gamma^2 E_{x0} e^{-\gamma z} = -\omega^2 \mu_0 \epsilon_0 E_{x0} e^{-\gamma z}$$

가 되어 복소전파상수 γ 는 다음과 같이 주어진다.

$$\gamma = \pm j\omega\sqrt{\mu_0 \epsilon_0} \tag{8.19}$$

즉 $\gamma = \pm j\omega\sqrt{\mu_0 \epsilon_0} = \alpha + j\beta$ 에서 자유공간에서는 감쇠상수 α 가 0이 되며, β 는 식 (8.16)과 같이 $\omega\sqrt{\mu_0 \epsilon_0}$ 가 됨을 알 수 있다.

3 자계의 파동현상

이제 자계를 구해보자. 전계가 x 성분을 가지고 z 만의 함수이므로 식 (8.3b)의 맥스웰 방정식 $\nabla \times \mathbf{E}_s = -j\omega\mu_0 \mathbf{H}_s$ 로부터 자계는 y 성분을 가지게 되어(352쪽의 Note(전계와 자계의 방향) 참조) 다음의 관계가 성립한다.

$$\frac{\partial E_{xs}}{\partial z} = -j\omega\mu_0 H_{ys} \tag{8.20}$$

전계에 대한 페이저 표현식은 식 (8.10)으로부터 $E_{xs} = E_{x0}e^{-j\omega\sqrt{\mu_0\epsilon_0}z}$가 되며,[4] $c = 1/\sqrt{\mu_0\epsilon_0}$이므로 이를 식 (8.20)에 대입하면 다음과 같다.

$$H_{ys} = -\frac{1}{j\omega\mu_0}\left(-j\omega\sqrt{\mu_0\epsilon_0}\right)E_{x0}e^{-j\omega\sqrt{\mu_0\epsilon_0}z} = E_{x0}\sqrt{\frac{\epsilon_0}{\mu_0}}\,e^{-j\omega\frac{z}{c}} \tag{8.21}$$

이를 실함수로 변환하면 다음과 같이 자계의 파동함수를 얻을 수 있다.

$$H_y = E_{x0}\sqrt{\frac{\epsilon_0}{\mu_0}}\cos\left[\omega\left(t - \frac{z}{c}\right)\right]^{5} \tag{8.22}$$

이상의 결과로부터 자유공간에서 전계가 x 방향이면 자계는 y 방향이 되므로 전계와 자계는 서로 수직이며, 전계와 자계 모두 z 방향으로 진행되는 진행파임을 알 수 있다.[6] 또한 **자계도 자신의 진동 방향인 y 방향에 대해 z 방향으로 진행하는 횡파임을 알 수 있다.** [그림 8-2]는 자유공간에서의 전계 E_x와 자계 H_y의 전파현상을 나타낸 것이다.

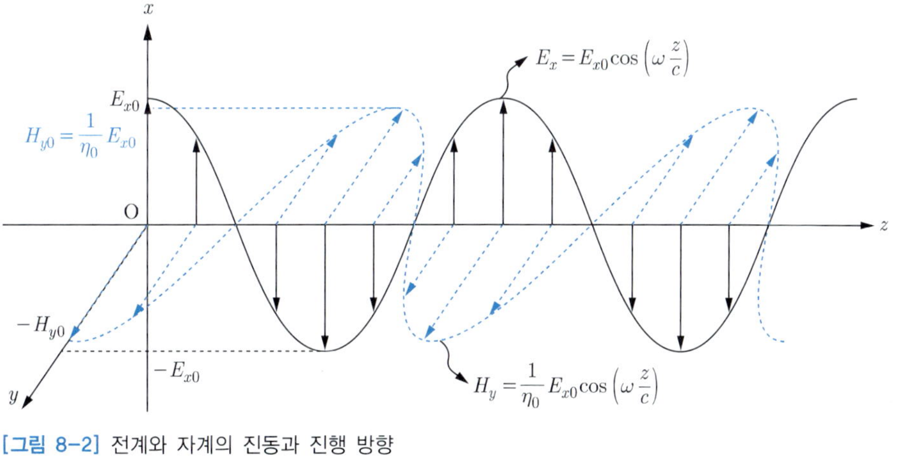

[그림 8-2] 전계와 자계의 진동과 진행 방향

전계와 자계는 각각 x 및 y 성분을 가지고 z 방향으로 진행한다. 실선은 전계이며, 파선은 자계를 나타낸다. 전계와 자계의 위상은 z의 모든 위치에서 일치하고 자유공간에서는 z 방향으로 진행해도 진폭의 감쇠가 없다.

---

4 $E_x = E_{x0}\cos\left[\omega\left(t - z\sqrt{\mu_0\epsilon_0}\right)\right] = Re\,E_{x0}e^{j\omega(t - z\sqrt{\mu_0\epsilon_0})} = Re\,E_{x0}e^{j\omega t}\cdot e^{-j\omega\sqrt{\mu_0\epsilon_0}z}$에서 $E_{xs} = E_{x0}e^{-j\omega\sqrt{\mu_0\epsilon_0}z}$가 된다.

5 $H_y = Re\,E_{x0}\sqrt{\frac{\epsilon_0}{\mu_0}}e^{j\omega\frac{z}{c}}\cdot e^{j\omega t} = Re\,E_{x0}\sqrt{\frac{\epsilon_0}{\mu_0}}e^{j\omega\left(t - \frac{z}{c}\right)} = E_{x0}\sqrt{\frac{\epsilon_0}{\mu_0}}\cos\left[\omega\left(t - \frac{z}{c}\right)\right]$가 된다.

6 전계와 자계의 진동 방향이 각각 x 와 y 방향이라는 것은 전계와 자계가 x 성분과 y 성분을 가짐을 의미한다. 그리고 전계와 자계가 z 만의 함수라는 것은 두 물리량 모두 z 방향으로 진행함을 의미한다.

한편 전계에 대한 자계의 비를 **고유 임피던스**(intrinsic impedance)라고 하고 다음과 같이 정의한다.

$$\eta = \frac{E_x}{H_y} = \sqrt{\frac{\mu}{\epsilon}} \tag{8.23}$$

전계와 자계의 단위가 각각 [V/m]와 [A/m]이므로 고유 임피던스의 단위는 [V/A]로, 옴[Ω]이다.[7] 자유공간에서의 고유 임피던스는 다음과 같이 주어진다.

★ 자유공간에서의 고유 임피던스 ★

$$\eta_0 = \sqrt{\frac{\mu_0}{\epsilon_0}} = 377 \doteq 120\pi\,[\Omega] \tag{8.24}$$

이를 이용하여 자유공간에서의 자계의 파동함수를 표현하면 다음과 같다.

★ 자유공간에서의 자계의 파동함수 ★

$$H_y = \frac{1}{\eta_0} E_{x0} \cos\left[\omega\left(t - \frac{z}{c}\right)\right] \tag{8.25}$$

이와 같이 자유공간에서 전계와 자계의 파동함수를 구하면 **전계와 자계는 서로 수직이고 위상차 없이 진행하는 진행파이며, 각각의 진동 방향과 진행 방향이 서로 수직인 횡전자기파**(transverse electromagnetic wave, TEM)임을 알 수 있다.

Note 전계와 자계의 방향

맥스웰 방정식 $\nabla \times \mathbf{E}_s = -j\omega\mu_0\mathbf{H}_s$에서 전계가 x 방향일 때 자계 $\mathbf{H}_s$는 $\nabla \times \mathbf{E}_s$의 방향과 같으므로 이를 전개하면 다음과 같다.

$$\nabla \times \mathbf{E}_s = \left(\frac{\partial E_{zs}}{\partial y} - \frac{\partial E_{ys}}{\partial z}\right)\mathbf{a}_x + \left(\frac{\partial E_{xs}}{\partial z} - \frac{\partial E_{zs}}{\partial x}\right)\mathbf{a}_y + \left(\frac{\partial E_{ys}}{\partial x} - \frac{\partial E_{xs}}{\partial y}\right)\mathbf{a}_z$$

이 식에서 전계가 x 성분을 가지고 z 만의 함수라 하였으므로 $\nabla \times \mathbf{E}_s = \frac{\partial E_{xs}}{\partial z}\mathbf{a}_y$가 된다. 따라서 전계가 x 성분을 가지면 자계는 반드시 y 성분을 갖는다. 즉 전계의 방향이 $\mathbf{a}_x$이면 자계의 방향은 $\mathbf{a}_y$이다. 이를 정리하면 전계와 자계의 진동 방향이 각각 $\mathbf{a}_E$와 $\mathbf{a}_H$이고 진행 방향이 $\mathbf{a}_N$일 때 다음 관계가 성립한다.

7 투자율과 유전율의 단위는 μ[H/m]와 ϵ[F/m]이고 유도기전력의 크기 $e = d\phi/dt = Ldi/dt$로부터 인덕턴스 L[H]의 단위는 [V·s/A]가 되며, $C = Q/V$와 $I = dQ/dt$로부터 정전용량 C[F]는 [A·s/V]의 단위를 갖는다. 따라서 $\eta = \sqrt{\mu/\epsilon}$로 주어지는 고유 임피던스의 단위는 $[\mathrm{H/m}]^{1/2}/[\mathrm{F/m}]^{1/2} = [\mathrm{H/F}]^{1/2} = [\mathrm{V \cdot s/A}]^{1/2}/[\mathrm{A \cdot s/V}]^{1/2} = [\mathrm{V/A}] = [\Omega]$이 된다.

$$\mathbf{a}_E \times \mathbf{a}_H = \mathbf{a}_N \tag{8.26}$$

만약 x 성분을 가지는 전계가 $\mathbf{a}_z$ 방향으로 진행한다면 $\mathbf{a}_x \times \mathbf{a}_H = \mathbf{a}_z$에 의해 자계의 방향은 $\mathbf{a}_y$가 된다. 예를 들어 다음과 같이 주어진 전계에 대해 자계를 표현해 보자.

$$E_x = E_{x0}\cos\left[\omega(t - z\sqrt{\mu_0\epsilon_0})\right] + E_{x0}'\cos\left[\omega(t + z\sqrt{\mu_0\epsilon_0})\right]$$

이 식의 우변 첫째 항은 전계가 z의 양(+)의 방향으로 진행하고 두 번째 항은 z의 음(−)의 방향으로 진행하므로 자계의 방향은 우변의 첫째 항에서 $\mathbf{a}_x \times \mathbf{a}_H = \mathbf{a}_z$에 의해 $\mathbf{a}_y$가 되지만 두 번째 항에서는 $\mathbf{a}_x \times \mathbf{a}_H = -\mathbf{a}_z$에 의해 $-\mathbf{a}_y$가 된다. 따라서 자유공간에서의 자계는 다음과 같이 표현할 수 있다.

$$H_y = \frac{1}{\eta_0}E_{x0}\cos\left[\omega(t - z\sqrt{\mu_0\epsilon_0})\right] - \frac{1}{\eta_0}E_{x0}'\cos\left[\omega(t + z\sqrt{\mu_0\epsilon_0})\right]$$

예제 8-4

전계 $\mathbf{E} = 240\pi\cos(30t - 40z)\mathbf{a}_y\,[\mathrm{V/m}]$가 자유공간을 진행하고 있다. 자계를 구하라.

풀이

자유공간에서 고유 임피던스 $\eta_0 = \sqrt{\dfrac{\mu_0}{\epsilon_0}} = 120\pi\,[\Omega]$이며, $\mathbf{a}_E \times \mathbf{a}_H = \mathbf{a}_N$에 의해 자계의 진동 방향을 구하면 $\mathbf{a}_y \times \mathbf{a}_H = \mathbf{a}_z$에서 $\mathbf{a}_H = -\mathbf{a}_x$이다. 따라서 자계는 다음과 같다.

$$\mathbf{H} = \frac{1}{\eta_0}\mathbf{E} = \frac{240\pi}{120\pi}\cos(30t - 40z)(-\mathbf{a}_x) = 2\cos(30t - 40z)(-\mathbf{a}_x)\,[\mathrm{A/m}]$$

또는 다음과 같이 표현할 수 있다.

$$H_x = -2\cos(30t - 40z)\,[\mathrm{A/m}]$$

예제 8-5

주파수 $f = 1\,[\mathrm{GHz}]$의 전계 $\mathbf{E} = 754 \times 10^3\cos(\omega t + \beta z)\mathbf{a}_x\,[\mathrm{V/m}]$가 자유공간의 z의 음(−)의 방향으로 진행하고 있다. 다음을 구하라.

(a) 파장

(b) 위상상수

(c) 자계

풀이

진행파인 전계가 $\mathbf{E} = E_{x0}e^{-\alpha z}\cos(\omega t - \beta z)\mathbf{a}_x$로 표현될 때 이 식은 다음과 같은 의미를 갖는다.

❶ 전계의 진동 방향은 $\mathbf{a}_x$ 이므로 전계는 E_x 성분을 갖는다.

❷ $\cos(\omega t - \beta z)$ 에서 z 의 양(+)의 방향으로 $v = \omega/\beta$ 의 속도로 전파한다.

❸ $e^{-\alpha z}$ 에서 전계는 z 의 양(+)의 방향으로 전파하는 중 α 의 비율로 진폭이 감쇠한다.

이 문제에서 $E_{x0} = 754 \times 10^3$[V/m], $\omega = 2\pi f = 6.28 \times 10^9$[Hz]이며, 자유공간이므로 감쇠상수 $\alpha = 0$이고 위상속도 $v = c = 3 \times 10^8$[m/s]이며, z 의 음(−)의 방향으로 진행하고 있다.

(a) 파장은 식 (8.14)의 $f = \dfrac{c}{\lambda}$ 관계로부터 다음과 같다.

$$\lambda = \frac{c}{f} = \frac{3 \times 10^8}{10^9} = 0.3\,[\text{m}]$$

(b) 위상상수는 식 (8.16)을 이용하면 다음과 같이 계산된다.

$$\beta = \omega\sqrt{\mu_0 \epsilon_0} = 6.28 \times 10^9 \times \frac{1}{3} \times 10^{-8} = 20.9\,[\text{rad/m}]$$

(c) 고유 임피던스 $\eta_0 = \sqrt{\dfrac{\mu_0}{\epsilon_0}} = 377\,[\Omega]$이고 $\mathbf{a}_x \times \mathbf{a}_H = -\mathbf{a}_z$에 의해 자계의 진동 방향은 $\mathbf{a}_H = -\mathbf{a}_y$ 이다. 따라서 자계는 다음과 같다.

$$\mathbf{H} = \frac{1}{\eta_0}\mathbf{E} = 2 \times 10^3 \cos(6.28 \times 10^9 t + 20.9z)(-\mathbf{a}_y)\,[\text{A/m}]$$

예제 8-6

자계 $H_z = -20\cos(13.56 \times 10^6 t + 8x)$[A/m]가 자유공간을 진행하고 있다. 전계를 구하라.

풀이

자계가 $\cos(\omega t + \beta x)$의 형태를 취할 때의 위상속도를 생각해보자. $\omega t + \beta x = \text{constant}$로 두고 양변을 미분하면 $\omega dt + \beta dx = 0$이 된다. 따라서 $v = \dfrac{dx}{dt} = -\dfrac{\omega}{\beta}$가 되어 자계는 x의 음(−)의 방향으로 전파한다. 한편 전계의 진동 방향은 $\mathbf{a}_E \times (-\mathbf{a}_z) = -\mathbf{a}_x$에서 $\mathbf{a}_E = \mathbf{a}_y$이다. 따라서 자유공간에서의 고유 임피던스 $\eta_0 = \sqrt{\dfrac{\mu_0}{\epsilon_0}} = 120\pi\,[\Omega]$을 이용하여 전계를 구하면 다음과 같다.

$$\mathbf{E} = \eta_0 \mathbf{H} = 2400\pi\cos(13.56 \times 10^6 t + 8x)\,\mathbf{a}_y\,[\text{V/m}]$$

또는 다음과 같이 표현할 수 있다.

$$E_y = \eta_0 H_z = 2400\pi\cos(13.56 \times 10^6 t + 8x)\,[\text{V/m}]$$

SECTION
8.3

유전체에서의 파동현상

이 절에서는 유전체를 완전유전체와 손실이 있는 유전체로 나누어 파동현상을 공부한다. 특히 복소량인 전파상수, 고유 임피던스 및 손실탄젠트 등의 물질상수를 공부하여 손실이 있는 유전체의 전파 특성을 이해한다.

Keywords | 완전유전체 | 손실이 있는 유전체 | 복소전파상수 | 손실탄젠트 |

이 절에서는 유전체에서 균일평면파의 파동현상을 생각해보자. 유전체의 파동현상은 예를 들어 동축케이블의 내부와 외부 도체 사이의 유전체에서 발생하는 전계와 자계의 전파현상을 의미하는데, 이때 유전체는 손실이 없는 **완전유전체**(perfect dielectric)와 **손실이 있는 유전체**(lossy dielectric)로 나누어 생각할 수 있다. 완전유전체의 전계와 자계의 파동현상은 자유공간에서와 매우 유사하며, 다만 매질이 유전체이므로 자유공간과는 다른 물질 특성만 반영하면 된다. 반면 손실이 있는 유전체에서는 유전체에 전압을 인가하면 내부에 약간의 전도전류 및 줄열(joule heat)에 의한 손실이 발생하는데, 이는 유전체의 도전율이 0은 아님을 의미한다.

1 완전유전체에서의 파동현상

완전유전체는 **도전율이 전혀 없는 공간**으로, 전도전류밀도를 0으로 생각할 수 있어 자유공간에서의 매질정수인 유전율 ϵ_0와 투자율 μ_0를 완전유전체의 유전율 ϵ과 투자율 μ로 대체하면 된다. 또한 완전유전체에서는 전계 및 자계가 진행함에 따른 감쇠현상이 없어 식 (8.15)에서 감쇠상수 $\alpha = 0$이 되므로 전계 및 자계의 파동함수는 다음과 같다.

★ 완전유전체에서 전계와 자계의 파동함수 ★

$$E_x = E_{x0} e^{-\alpha z} \cos(\omega t - \beta z) = E_{x0} \cos(\omega t - \beta z) \tag{8.27}$$

$$H_y = \frac{1}{\eta} E_{x0} \cos(\omega t - \beta z) \tag{8.28}$$

즉 전계와 자계는 동일한 위상이고 진동 방향이 서로 수직이며, 위상속도 $v = \omega/\beta$는 위상상수가 $\beta = \omega\sqrt{\mu\epsilon}$ 이므로 다음과 같다.

$$v = \frac{\omega}{\beta} = \frac{\omega}{\omega\sqrt{\mu\epsilon}} = \frac{1}{\sqrt{\mu_R\epsilon_R}\sqrt{\mu_0\epsilon_0}} = \frac{c}{\sqrt{\mu_R\epsilon_R}} \tag{8.29}$$

일반적으로 $\sqrt{\mu_R \epsilon_R} \gg 1$이므로 완전유전체에서 전자기파의 위상속도는 자유공간에서의 속도 c보다 느리다. 또한 자유공간에서 파장과 고유 임피던스를 각각 $\lambda_0 = c/f$와 $\eta_0 = \sqrt{\mu_0/\epsilon_0}$라고 할 때 완전유전체에서 파장과 임피던스는 다음과 같이 주어진다.

$$\lambda = \frac{v}{f} = \frac{c}{f\sqrt{\mu_R \epsilon_R}} = \frac{\lambda_0}{\sqrt{\mu_R \epsilon_R}} \tag{8.30}$$

$$\eta = \sqrt{\frac{\mu}{\epsilon}} = \sqrt{\frac{\mu_0}{\epsilon_0}}\sqrt{\frac{\mu_R}{\epsilon_R}} = \eta_0\sqrt{\frac{\mu_R}{\epsilon_R}} \tag{8.31}$$

즉 유전체의 비투자율 $\mu_R = 1$이고 비유전율 $\epsilon_R \gg 1$이므로 유전체에서의 파장과 고유 임피던스는 자유공간에 비해 작다.

예제 8-7

비유전율과 비투자율이 각각 $\epsilon_R = 9$, $\mu_R = 1$인 비전도성 매질을 전계 E_x가 z의 양(+)의 방향으로 전파하고 있다. 이 전계의 주파수 $f = 5\,[\text{MHz}]$이고 최댓값을 $3770\,[\text{V/m}]$라고 할 때 다음을 구하라.

(a) 위상속도, 위상상수, 파장

(b) 전계와 자계

풀이

(a) 위상속도와 파장은 식 (8.29)와 식 (8.30)을 이용하여 계산하고 위상상수는 식 $\beta = \omega\sqrt{\mu\epsilon}$을 이용하여 계산하면 다음과 같다.

$$v = \frac{c}{\sqrt{\mu_R \epsilon_R}} = \frac{3\times 10^8}{\sqrt{9}} = 10^8\,[\text{m/s}]$$

$$\lambda = \frac{v}{f} = \frac{10^8}{5\times 10^6} = 20\,[\text{m}]$$

$$\beta = \omega\sqrt{\mu\epsilon} = 2\pi \times 5\times 10^6 \times \sqrt{9\mu_0\epsilon_0} = 10\pi \times 10^{-2}\,[\text{rad/m}]$$

(b) 자계를 구하기 위해 식 (8.31)을 통해 고유 임피던스를 계산하면 다음과 같다.

$$\eta = \sqrt{\frac{\mu}{\epsilon}} = \eta_0\sqrt{\frac{\mu_R}{\epsilon_R}} = \frac{377}{\sqrt{9}} = 125.7\,[\Omega]$$

한편 전계의 진폭은 $3770\,[\text{V/m}]$이고 $\omega = 2\pi f = 10\pi \times 10^6$이므로 전계는 다음과 같다.

$$E_x = 3770\cos(10\pi\times 10^6 t - 10\pi \times 10^{-2} z)$$

또한 $\mathbf{a}_x \times \mathbf{a}_H = \mathbf{a}_z$에 의해 전계가 x 방향이면 자계는 y 방향이므로 자계는 다음과 같다.

$$H_y = \frac{1}{\eta}E_x = 30\cos\left(10\pi \times 10^6 t - 10\pi \times 10^{-2} z\right)$$

2 손실이 있는 유전체에서의 파동현상

이제 **손실을 고려한 유전체**에서 전자파의 파동현상에 대해 고찰해보자. 사실 모든 유전체는 약간의 도전율을 가진다. 이는 모든 유전체의 저항률이 무한대가 아니라는 의미이다. 손실이 있는 일반적인 유전체의 경우 맥스웰 방정식을 다시 쓰면 다음과 같다.

$$\nabla \cdot \mathbf{E} = 0 \tag{8.32a}$$

$$\nabla \times \mathbf{E} = -\mu\frac{\partial \mathbf{H}}{\partial t} \tag{8.32b}$$

$$\nabla \times \mathbf{H} = \sigma\mathbf{E} + \epsilon\frac{\partial \mathbf{E}}{\partial t} \tag{8.32c}$$

$$\nabla \cdot \mathbf{H} = 0 \tag{8.32d}$$

식 (8.32b)와 식 (8.32c)의 양변에 회전을 취하고 벡터항등식 $\nabla \times \nabla \times \mathbf{E} = \nabla(\nabla \cdot \mathbf{E}) - \nabla^2\mathbf{E}$를 이용하면 다음과 같이 주어진다.

$$\nabla \times \nabla \times \mathbf{E} = -\nabla^2\mathbf{E} = -\mu\sigma\frac{\partial \mathbf{E}}{\partial t} - \mu\epsilon\frac{\partial^2 \mathbf{E}}{\partial t^2}$$

$$\nabla \times \nabla \times \mathbf{H} = -\nabla^2\mathbf{H} = -\mu\sigma\frac{\partial \mathbf{H}}{\partial t} - \mu\epsilon\frac{\partial^2 \mathbf{H}}{\partial t^2}$$

따라서 손실이 있는 유전체에서의 파동방정식은 다음과 같다.

★ 손실이 있는 유전체에서의 파동방정식 ★

$$\nabla^2\mathbf{E} = \mu\sigma\frac{\partial \mathbf{E}}{\partial t} + \mu\epsilon\frac{\partial^2 \mathbf{E}}{\partial t^2} \tag{8.33}$$

$$\nabla^2\mathbf{H} = \mu\sigma\frac{\partial \mathbf{H}}{\partial t} + \mu\epsilon\frac{\partial^2 \mathbf{H}}{\partial t^2} \tag{8.34}$$

전계 및 자계의 시간에 대한 편미분은 전계 및 자계의 페이저 $\mathbf{E}_s$와 $\mathbf{H}_s$에 $j\omega$를 곱한 형태가 되므로 정상상태에서 전계 및 자계의 페이저방정식은 다음과 같다.

$$\nabla^2 \mathbf{E}_s = j\omega\mu(\sigma + j\omega\epsilon)\mathbf{E}_s \tag{8.35}$$

$$\nabla^2 \mathbf{H}_s = j\omega\mu(\sigma + j\omega\epsilon)\mathbf{H}_s \tag{8.36}$$

식 (8.33)에서 만약 전계가 x 성분이고 z만의 함수라면

$$\frac{\partial^2 E_{xs}}{\partial z^2} = j\omega\mu(\sigma + j\omega\epsilon)E_{xs} \tag{8.37}$$

이고 식 (8.17)의 $E_{xs} = E_{x0}e^{-\gamma z}$를 식 (8.37)에 대입하면

$$\frac{\partial^2 E_{xs}}{\partial z^2} = \gamma^2 E_{x0}e^{-\gamma z} = \gamma^2 E_{xs} = j\omega\mu(\sigma + j\omega\epsilon)E_{xs}$$

가 되어 전파상수는 다음과 같이 정의할 수 있다.

$$\gamma^2 = (\sigma + j\omega\epsilon)(j\omega\mu) \tag{8.38}$$

따라서 손실이 있는 유전체에서의 복소전파상수 및 고유 임피던스는 각각 다음과 같이 주어진다.

★ 손실이 있는 유전체에서의 복소전파상수와 고유 임피던스 ★

$$\gamma = \sqrt{(\sigma + j\omega\epsilon)(j\omega\mu)} = j\omega\sqrt{\mu\epsilon}\sqrt{1 - j\frac{\sigma}{\omega\epsilon}} \tag{8.39}$$

$$\eta = \sqrt{\frac{j\omega\mu}{\sigma + j\omega\epsilon}} = \sqrt{\frac{\mu}{\epsilon}}\frac{1}{\sqrt{1 - j\frac{\sigma}{\omega\epsilon}}} \tag{8.40}$$

손실이 있는 유전체에서 전파상수 $\gamma = \alpha + j\beta$는 복소량이며, 전계와 자계는 임의의 방향으로 전파함에 따라 감쇠상수 α의 정도로 감쇠한다. 또한 **고유 임피던스도 복소량이므로 손실이 있는 유전체의 전계와 자계 사이에는 위상차가 존재한다.** 만약 전계와 자계 사이에 θ의 위상차가 발생하고 고유 임피던스 $\eta = \eta_m \angle\theta$라고 하면 전계와 자계는 다음과 같이 표현할 수 있다.

$$E_x = E_{x0}e^{-\alpha z}\cos(\omega t - \beta z)$$

$$H_y = \frac{1}{\eta}E_x = \frac{1}{\eta_m}E_{x0}e^{-\alpha z}\cos(\omega t - \beta z - \theta)$$

[그림 8-3]은 전계가 z의 양(+)의 방향으로 진행함에 따라 $e^{-\alpha z}$에 비례하여 진폭이 감쇠하는 모습을 나타낸 것이다.

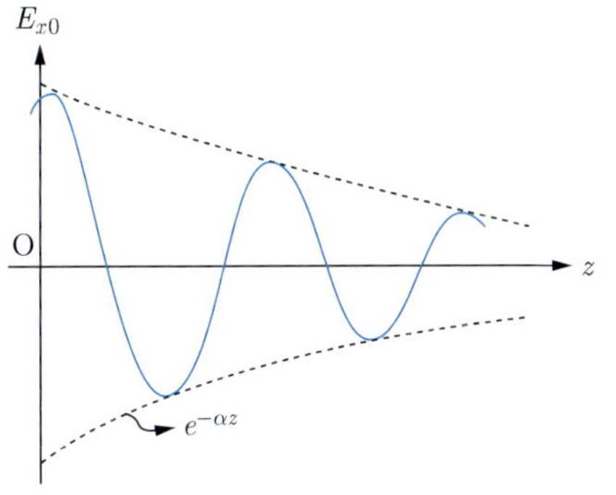

[그림 8-3] 손실이 있는 유전체에서의 전계의 진폭의 감쇠

손실이 있는 유전체에서 전계의 진폭은 z의 양(+)의 방향으로 진행함에 따라 지수함수에 의해 감쇠한다.

예제 8-8

완전유전체와 손실이 있는 유전체에서 전파상수와 고유 임피던스를 유도하고 비교하라.

풀이

완전유전체와 손실이 있는 유전체에서의 전파상수와 고유 임피던스는 두 매질의 맥스웰 방정식의 차이에서 비롯된다. 먼저 완전유전체에서의 맥스웰 방정식과 그 페이저는 다음과 같다.

$$\nabla \times \mathbf{H} = \epsilon \frac{\partial \mathbf{E}}{\partial t}, \qquad \nabla \times \mathbf{H}_s = j\omega\epsilon \mathbf{E}_s$$

$$\nabla \times \mathbf{E} = -\mu \frac{\partial \mathbf{H}}{\partial t}, \qquad \nabla \times \mathbf{E}_s = -j\omega\mu \mathbf{H}_s$$

이러한 식들로부터 복소전파상수와 고유 임피던스는 다음과 같이 구할 수 있다.

$$\gamma = \sqrt{(j\omega\epsilon)(j\omega\mu)} = \sqrt{(j\omega)^2\mu\epsilon} = j\omega\sqrt{\mu\epsilon}$$

$$\eta = \sqrt{\frac{j\omega\mu}{j\omega\epsilon}} = \sqrt{\frac{\mu}{\epsilon}}$$

반면 손실이 있는 유전체의 맥스웰 방정식은 다음과 같다.

$$\nabla \times \mathbf{H} = \mathbf{J} + \epsilon \frac{\partial \mathbf{E}}{\partial t}, \qquad \nabla \times \mathbf{H}_s = \mathbf{J}_s + j\omega\epsilon \mathbf{E}_s = (\sigma + j\omega\epsilon)\mathbf{E}_s$$

$$\nabla \times \mathbf{E} = -\mu \frac{\partial \mathbf{H}}{\partial t}, \qquad \nabla \times \mathbf{E}_s = -\mathrm{j}\omega\mu \mathbf{H}_s$$

이 방정식은 전도전류성분을 포함하고 있어 완전유전체와 구분된다. 따라서 복소전파상수와 고유 임피던스는 각각 다음과 같이 주어진다.

$$\gamma^2 = (\sigma + j\omega\epsilon)(j\omega\mu) = \sqrt{j\omega\mu\sigma + (j\omega)^2\mu\epsilon} = \sqrt{(j\omega)^2\left(\mu\epsilon + \frac{\mu\sigma}{j\omega}\right)}$$

$$= j\omega\sqrt{\mu\epsilon}\sqrt{1 - j\frac{\sigma}{\omega\epsilon}}$$

$$\eta = \sqrt{\frac{j\omega\mu}{\sigma + j\omega\epsilon}} = \sqrt{\frac{1}{\frac{\epsilon}{\mu} - j\frac{\sigma}{\omega\mu}}} = \frac{1}{\sqrt{\frac{\epsilon}{\mu}\left(1 - j\frac{\sigma}{\omega\epsilon}\right)}}$$

$$= \sqrt{\frac{\mu}{\epsilon}}\frac{1}{\sqrt{1 - j\frac{\sigma}{\omega\epsilon}}}$$

결국 완전유전체와는 달리 손실이 있는 유전체의 고유 임피던스와 전파상수는 전도전류성분에 의한 손실 때문에 복소량이 되고 전계와 자계 사이에 위상차가 발생한다. 또한 전계와 자계가 전파함에 따라 진폭의 감쇠가 발생한다고 볼 수 있다.

이제 손실이 있는 유전체에서 손실탄젠트를 정의하기 위해 앙페르의 주회법칙을 다시 한 번 살펴보자. 식 (8.32c)의 맥스웰 방정식의 페이저는 다음과 같다.

$$\nabla \times \mathbf{H}_s = \mathbf{J}_{\sigma s} + \mathbf{J}_{ds} = \sigma\mathbf{E}_s + j\omega\epsilon\mathbf{E}_s = (\sigma + j\omega\epsilon)\mathbf{E}_s \quad (8.41)$$

식 (8.41)에서 $\mathbf{J}_{\sigma s} = \sigma\mathbf{E}_s$는 전도전류밀도이고 유전체의 약간의 도전성을 고려한 성분으로, 전자파의 에너지 손실을 나타낸다. 전도전류밀도는 전계와 동 위상(inphase)이고 그 크기는 $|J_{\sigma s}| = \sigma E\angle 0°$이다. 반면에 변위전류밀도 $\mathbf{J}_{ds} = j\omega\epsilon\mathbf{E}_s$는 전계에 대해 $90°$의 위상차를 나타내며, 그 크기는 $|J_{ds}| = \omega\epsilon E\angle 90°$이다. 이러한 두 전류밀도의 비를 **손실탄젠트**(loss tangent)라고 하고 다음과 같이 정의한다.

★ 손실탄젠트 ★

$$\tan\theta = \frac{\sigma\mathbf{E}_s}{\omega\epsilon\mathbf{E}_s} = \frac{\sigma}{\omega\epsilon} \quad (8.42)$$

손실탄젠트는 손실이 있는 유전체에서 변위전류밀도에 대한 전도전류밀도의 크기, 즉 전자파에너지의 손실비를 나타내는 중요한 물리량이다. 일반적으로 유전체에서는 유전율에 비해 도전율은 매우 작으므로 $\frac{\sigma}{\omega\epsilon} \ll 1$이다. 손실탄젠트가 작다는 것은 변위전류밀도에 비해 전도전류밀도가 작고 전자파가 전파될 때의 손실이 작다는 의미이다. 반면 도전율이 큰 양도체(good conductor)에서는 손실탄젠트인 $\tan\theta$가 크다.

손실탄젠트는 파동이 진행하는 매질의 특성을 반영하는 값으로, 도전율 σ와 유전율 ϵ과 같은 물질 상수에 의존할 뿐만 아니라 주파수에도 의존한다. [그림 8-4]는 전계에 대한 전도전류밀도와 변위전류밀도의 위상의 관계를 나타낸 것이다. 손실이 있는 유전체에서 전류는 식 (8.41)과 같이 전도전류와 변위전류의 합으로 주어지며, 이때 전도전류밀도는 실수부를, 변위전류밀도는 허수부를 나타낸다.

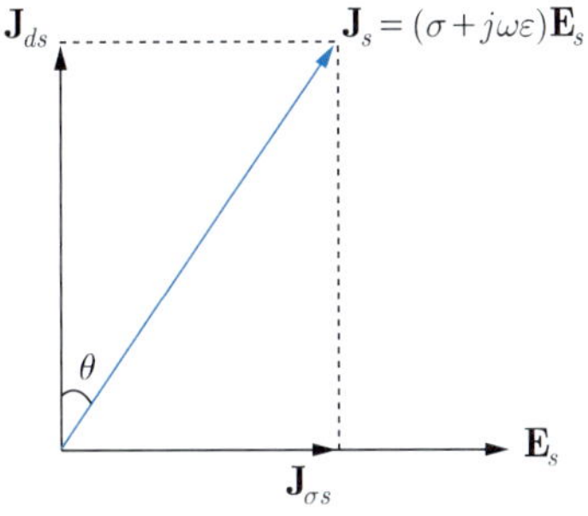

[그림 8-4] 전도전류밀도와 변위전류밀도의 관계 및 손실탄젠트

$R-C$ 직렬회로에서 변위전류밀도는 커패시터를 흐르는 충전전류에, 전도전류밀도는 저항을 흐르는 저항성 전류에 대응하여 생각하면 된다. 이때 충전전류의 위상은 저항성 전류보다 $90°$ 앞선다.

Note 손실이 있는 유전체의 전압-전류 특성

앞선 논의에서 손실이 있는 유전체에서 발생하는 손실은 유전체를 흐르는 전도전류와 줄열에 의한 것으로 생각하였다. 그러나 시가변 전계에 의한 쌍극자의 주기적인 회전 및 진동에 따른 손실도 중요한 손실 요인이 된다.

[그림 8-5]에서처럼 손실이 있는 유전체에 주파수 f의 교류전압 V를 인가하면 유전체에는 충전전류 I_C와 유전체의 고유 저항을 흐르는 누설전류 I_G, 그리고 쌍극자 배향에 의한 전도전류(흡수전류) I_R이 흐른다. 일반적으로 유전체의 저항은 매우 커서 누설전류 I_G를 무시하면 전 전류 I는 $I = I_C + I_R$이 된다. 이때 $I_C \gg I_R$이고 θ가 매우 작다고 가정하여 $\sin\theta \doteq \tan\theta$라고 하면 유전체에서 소비되는 유효전력은 다음과 같이 주어진다.

$$P_R = VI_R\cos\delta = VI_R\sin\theta \doteq VI_R\tan\theta$$

이 식에서 손실탄젠트인 $\tan\theta$를 유전정접(dielectric loss tangent), θ를 유전손실각(dielectric loss angle)이라고 한다. [그림 8-5]에서 $\tan\theta$는 전도전류에 대한 충전전류의 비로, 다음과 같이 계산된다. 이는 식 (8.42)의 손실탄젠트의 값과 같다.

$$\tan\theta = \frac{\frac{V}{R}}{\omega CV} = \frac{1}{\omega CR} = \frac{1}{\omega\epsilon\frac{S}{d}\cdot\frac{d}{\sigma S}} = \frac{\sigma}{\omega\epsilon}$$

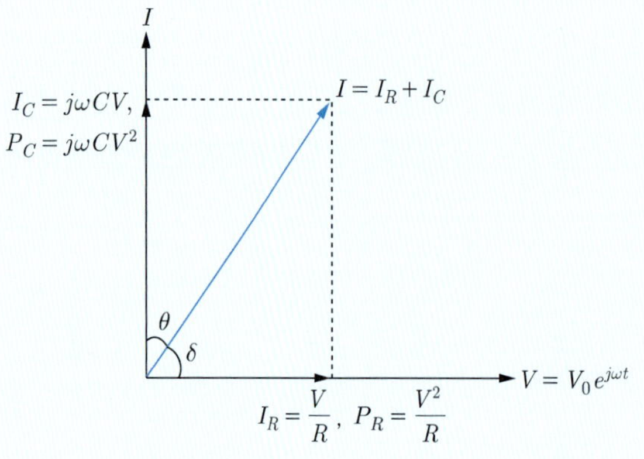

[그림 8-5] 충전전류와 전도전류와의 관계 및 손실탄젠트

한편 [그림 8-5]에서 $\tan\theta = P_R / P_C$이고 손실이 있는 유전체의 비유전율을 ϵ_R, 자유공간의 정전용량을 C_0라고 할 때 유전체의 정전용량 $C = \epsilon_R C_0$이므로 유전체에서 발생하는 손실은 다음과 같다.

$$P_R = P_C \tan\theta = \omega C V^2 \tan\theta = 2\pi f \epsilon_R C_0 V^2 \tan\theta$$

정전용량은 유전체의 비유전율과 도체의 형상 등에 의존하는 양으로, $1 \sim 7$ 정도의 값을 취하지만 $\tan\theta$는 유전체에 따라 $(1 \sim 7) \times 10^{-4}$정도의 광범위한 값을 가진다. 따라서 유전체의 손실에는 $\tan\theta$의 영향이 매우 크다고 할 수 있다.

예제 8-9

주파수 $f = 30\,[\mathrm{MHz}]$의 전계 $E_{xs} = 100 e^{-(4+j3)z}\,[\mathrm{V/m}]$가 어떤 매질을 진행하고 있을 때 다음을 구하라.

(a) 시간함수로의 전계

(b) 위상속도와 파장

(c) z의 양(+)의 방향으로 $0.5\,[\mathrm{m}]$ 진행할 때 전계의 최댓값

풀이

(a) 전계의 페이저 E_{xs}는 식 (8.17)에 의해 다음과 같이 표현된다.

$$E_{xs} = E_{x0} e^{-(\alpha + j\beta)z} = E_{x0} e^{-\gamma z}$$

이때 복소전파상수 $\gamma = 4 + j3$에서 $\alpha = 4$, $\beta = 3$이고 $f = 30\,[\mathrm{MHz}]$으로부터 $\omega = 2\pi f = 6\pi \times 10^7$이며, 진폭 $E_{x0} = 100\,[\mathrm{V/m}]$이다. 전계를 시간함수로 표현하기 위해 $e^{j\omega t}$를 곱하고 실수부를 취하면 E_x는 다음과 같다.

$$E_x = Re E_{x0} e^{-\alpha z} e^{-j\beta z} e^{j\omega t} = Re E_{x0} e^{-\alpha z} e^{j(\omega t - \beta z)}$$

$$= E_{x0} e^{-\alpha z} \cos(\omega t - \beta z) = 100 e^{-4z} \cos(6\pi \times 10^7 t - 3z)$$

(b) 식 (8.29)를 이용하여 위상속도를 계산하면 다음과 같다.

$$v = \frac{\omega}{\beta} = \frac{2\pi \times 30 \times 10^6}{3} = 6.28 \times 10^7 [\mathrm{m/s}]$$

또한 식 (8.16)의 $\beta = \dfrac{\omega}{v} = \dfrac{2\pi}{\lambda}$ 로부터 파장을 계산하면 다음과 같다.

$$\lambda = \frac{2\pi}{\beta} = \frac{2\pi}{3} = 2.09 [\mathrm{m}] \quad \text{또는} \quad \lambda = \frac{v}{f} = \frac{6.28 \times 10^7}{30 \times 10^6} = 2.09 [\mathrm{m}]$$

(c) 전계의 감쇠 항에서 $z = 0.5$면 $e^{-\alpha z} = e^{-4 \times 0.5} = e^{-2} = 0.135$이므로 z의 양(+)의 방향으로 $0.5[\mathrm{m}]$ 진행할 때 전계의 최댓값은 $100 \times 0.135 = 13.5 [\mathrm{V/m}]$가 된다.

예제 8-10

어떤 양도체와 물의 도전율은 각각 $6.5 \times 10^7 [\mathrm{S/m}]$과 $8 [\mathrm{S/m}]$이고 비유전율은 각각 $\epsilon_R = 1$과 $\epsilon_R = 80$이다. 주파수 $f = 100 [\mathrm{MHz}]$에서 (a) 양도체와 (b) 물의 손실탄젠트를 구해 비교하라.

풀이

(a) 양도체의 손실탄젠트를 구하면 다음과 같다.

$$\tan\theta = \frac{\sigma}{\omega\epsilon} = \frac{\sigma}{2\pi f \epsilon_0 \epsilon_R} = \frac{6.5 \times 10^7}{2\pi \times 10^8 \times \dfrac{1}{36\pi} \times 10^{-9} \times 1} \doteqdot 11.7 \times 10^9$$

(b) 양도체에 비해 도전율이 낮은 물의 손실탄젠트는 다음과 같이 계산된다.

$$\tan\theta = \frac{\sigma}{\omega\epsilon} = \frac{8}{2\pi \times 10^8 \times \dfrac{1}{36\pi} \times 10^{-9} \times 80} \doteqdot 18$$

이를 통해 양도체가 물에 비해 $\tan\theta$가 크고 동일한 주파수 조건에서 전도전류성분이 매우 크게 형성됨을 알 수 있다.

SECTION 8.4

전력의 이동과 포인팅벡터

이 절에서는 포인팅벡터의 의미를 공부하여 전자계에 축적되는 전자기에너지와 전력과의 관계를 명확히 하고 전력의 흐름을 이해한다.

Keywords | 포인팅벡터 | 전력밀도 | 평균전력 |

1 포인팅벡터

앞서 우리는 정전계와 정자계에서 정전에너지와 정자기에너지를 각각 다음과 같이 정의하였다.

$$W_E = \frac{1}{2}\int \mathbf{D}\cdot\mathbf{E}\,dv, \qquad W_H = \frac{1}{2}\int \mathbf{B}\cdot\mathbf{H}\,dv$$

정전에너지와 정자기에너지는 전계와 자계가 에너지를 보유하고자 하는 성질을 가지며, 어떤 공간에 전계와 자계를 형성하는 데에는 에너지가 필요하다는 사실을 나타낸다. 이 절에서는 포인팅벡터를 정의하여 전자기에너지와 전력과의 관계를 해석하고 전자기에너지의 전송현상에 대해 고찰하기로 한다.

전력은 전압 V와 전류 I, 그리고 $\cos\delta$(δ는 전압과 전류의 위상차)의 곱으로 나타낸다. 전력 $P = VI\cos\delta\,[\mathrm{W}]$의 단위는 와트로, $[\mathrm{W}] = [\mathrm{V}\cdot\mathrm{A}] = [\mathrm{J/s}]$의 관계로부터 에너지 단위 사이에는 $[\mathrm{J}] = [\mathrm{W}\cdot\mathrm{sec}]$의 관계가 성립한다. 전계와 자계의 단위가 각각 $[\mathrm{V/m}]$와 $[\mathrm{A/m}]$이므로 전계와 자계의 곱은 단위면적당 전력, 즉 전력밀도($[\mathrm{V}\cdot\mathrm{A/m^2}] = [\mathrm{W/m^2}]$)가 된다.

한편 전압과 전류는 주위에 각각 전계와 자계를 형성한다. 파동성을 갖는 전계와 자계가 전압과 전류에 의해 형성된다는 점을 생각하면 전력 역시 파동성을 가지며, 전계와 자계에 의해 결정되는 어떤 특정 방향으로 전송될 것임을 예상할 수 있다. **전계와 자계의 벡터곱**(cross product)**으로 나타낸 물리량은 전력밀도** 또는 **포인팅벡터**(Pointing vector, $\mathbf{S}$)라고 한다. 포인팅벡터는 **단위면적당 전력** 또는 **순시전력밀도로**, 포인팅벡터의 방향은 전력이 전달되는 방향을 나타낸다.

★ 포인팅벡터 ★

$$\mathbf{S} = \mathbf{E}\times\mathbf{H}\,[\mathrm{W/m^2}] \tag{8.43}$$

전자기파의 전파의 공학적 의미는 에너지의 전달에 있으며, 포인팅벡터는 전자계의 에너지(전력)의 전송현상을 표현한 것이다. 교류회로에서 전력은 전압과 전류, 그리고 이들의 위상차의 코사인 값의 곱으로 표현된다. 그러나 포인팅벡터를 공부함으로써 전압은 전계를, 그리고 전류는 자계를 형성하는 물리량에 불과할 뿐 전자계의 에너지(전력) 및 에너지의 수송은 전계와 자계의 외적, 즉 $\mathbf{E} \times \mathbf{H}$의 형태로 수행된다는 사실을 알아야 한다. 물론 전압과 전류의 위상차는 자유공간, 손실이 있는 유전체, 도체 등 전자기파가 진행하는 매질에 의해 결정된다.

2 포인팅벡터를 이용한 전자기에너지 해석

이제 포인팅벡터를 도출하고 포인팅벡터와 임의의 한 점에서의 순시전력밀도와의 관계를 알아보자. 우선 시가변계에서의 맥스웰 방정식 $\nabla \times \mathbf{H} = \mathbf{J} + \dfrac{\partial \mathbf{D}}{\partial t}$의 양변에 벡터 $\mathbf{E}$의 내적을 취하면 다음과 같다.

$$\mathbf{E} \cdot \nabla \times \mathbf{H} = \mathbf{E} \cdot \mathbf{J} + \mathbf{E} \cdot \frac{\partial \mathbf{D}}{\partial t} \tag{8.44}$$

여기에 두 벡터 $\mathbf{A}$와 $\mathbf{B}$ 사이에 성립하는 항등식 $\nabla \cdot (\mathbf{A} \times \mathbf{B}) = \mathbf{B} \cdot (\nabla \times \mathbf{A}) - \mathbf{A} \cdot (\nabla \times \mathbf{B})$에서 벡터 $\mathbf{A}$와 $\mathbf{B}$에 각각 $\mathbf{E}$와 $\mathbf{H}$를 대입하면 다음의 관계가 성립한다.

$$\nabla \cdot (\mathbf{E} \times \mathbf{H}) = \mathbf{H} \cdot (\nabla \times \mathbf{E}) - \mathbf{E} \cdot (\nabla \times \mathbf{H})$$

따라서 식 (8.44)의 좌변은 다음과 같이 주어진다.

$$\mathbf{E} \cdot (\nabla \times \mathbf{H}) = \mathbf{H} \cdot (\nabla \times \mathbf{E}) - \nabla \cdot (\mathbf{E} \times \mathbf{H})$$

이 식에 시가변 전자계의 맥스웰 방정식 $\nabla \times \mathbf{E} = -\dfrac{\partial \mathbf{B}}{\partial t}$ 및 $\nabla \times \mathbf{H} = \mathbf{J} + \dfrac{\partial \mathbf{D}}{\partial t}$를 대입하면

$$-\nabla \cdot (\mathbf{E} \times \mathbf{H}) = \mathbf{E} \cdot \mathbf{J} + \mathbf{E} \cdot \frac{\partial \mathbf{D}}{\partial t} - \mathbf{H} \cdot \frac{\partial \mathbf{B}}{\partial t} \tag{8.45a}$$

$$-\nabla \cdot (\mathbf{E} \times \mathbf{H}) = \mathbf{E} \cdot \mathbf{J} + \mathbf{E} \cdot \epsilon \frac{\partial \mathbf{E}}{\partial t} + \mathbf{H} \cdot \mu \frac{\partial \mathbf{H}}{\partial t} \tag{8.45b}$$

와 같은 관계를 얻을 수 있다. 한편 식 (8.45a)의 우변의 두 항은 다음과 같이 정리할 수 있다.

$$\epsilon \mathbf{E} \cdot \frac{\partial \mathbf{E}}{\partial t} = \frac{\partial}{\partial t}\left(\frac{1}{2}\mathbf{D} \cdot \mathbf{E}\right) \tag{8.46}$$

$$\mu \mathbf{H} \cdot \frac{\partial \mathbf{H}}{\partial t} = \frac{\partial}{\partial t}\left(\frac{1}{2}\mathbf{B} \cdot \mathbf{H}\right) \tag{8.47}$$

따라서 식 (8.45a)는

$$-\nabla \cdot (\mathbf{E} \times \mathbf{H}) = \mathbf{J} \cdot \mathbf{E} + \frac{\partial}{\partial t}\left(\frac{1}{2}\mathbf{D} \cdot \mathbf{E}\right) + \frac{\partial}{\partial t}\left(\frac{1}{2}\mathbf{B} \cdot \mathbf{H}\right) \tag{8.48}$$

가 된다. 양변을 체적적분하면 다음과 같이 정의된다.

$$\int -\nabla \cdot (\mathbf{E} \times \mathbf{H})\,dv = \int \mathbf{J} \cdot \mathbf{E}\,dv + \int \frac{\partial}{\partial t}\left(\frac{1}{2}\mathbf{D} \cdot \mathbf{E}\right)dv + \int \frac{\partial}{\partial t}\left(\frac{1}{2}\mathbf{B} \cdot \mathbf{H}\right)dv$$

마지막으로 앞선 식의 좌변에 발산의 정리를 적용하면 다음과 같이 쓸 수 있다. 이 식은 **포인팅 정리**라고 하며, 어떤 공간에서 전자기적 에너지 보존의 법칙을 나타낸다.

★ 포인팅 정리 ★

$$-\oint (\mathbf{E} \times \mathbf{H}) \cdot d\mathbf{S} = \int \mathbf{J} \cdot \mathbf{E}\,dv + \frac{\partial}{\partial t}\int\left(\frac{1}{2}\epsilon E^2 + \frac{1}{2}\mu H^2\right)dv \tag{8.49}$$

이제 식 (8.49)의 물리적 의미를 고찰해보자. 좌변의 면적적분은 체적을 둘러싸고 있는 닫힌 면에 대한 적분으로, 이를 **어떤 도체의 체적 속으로 흘러 들어오는 총 전력**이라고 할 때 이 도체에 인가해 준 총 전력은 우변의 두 항으로 구성된다. 우선 우변의 첫 번째 항은 주어진 **도체에서 소비되는 옴 손실**이다.[8] 즉

$$\int \mathbf{J} \cdot \mathbf{E}\,dv = \int \sigma E^2 dv = \left[\int \mathbf{J} \cdot d\mathbf{S}\right]\left[\oint \mathbf{E} \cdot d\mathbf{L}\right] = VI = RI^2$$

의 연산을 통해 우변의 첫 번째 항은 주어진 도체의 저항성분에 의해 소비되는 전력임을 알 수 있다. 다음으로 우변의 두 번째 항은 어떤 체적 내에서 전기에너지 W_E 와 자기에너지 W_H 의 합에 대한 시간증분, 즉 **전계 및 자계의 형태로 축적되는 에너지의 시간에 대한 증분 또는 순시전력**을 나타낸다. 따라서 식 (8.49)는 어떤 도체에 $-\oint (\mathbf{E} \times \mathbf{H}) \cdot d\mathbf{S}$ 의 에너지가 인가되면 그 에너지는 우변과 같이 전계 및 자계의 형태로 축적되거나 도체의 발열에 의해 소비됨을 나타낸다. 한편 이 식의 좌변을 어떤 체적으로 흘러들어오는 총 전력이라고 하면 이 체적에서 흘러나가는 총 전력은 다음과 같다.

$$\oint (\mathbf{E} \times \mathbf{H}) \cdot d\mathbf{S}\,[\mathrm{W}] \tag{8.50}$$

이때 식 (8.50)의 전계와 자계의 외적 $\mathbf{S} = \mathbf{E} \times \mathbf{H}\,[\mathrm{W/m^2}]$를 **포인팅벡터**(Pointing vector)라고 한다. 포인팅벡터는 단위면적당 전력, 즉 순시전력밀도를 나타낸 것으로, [그림 8-6]에 동축케이블에서의 포인팅벡터와 전자계에 축적되는 에너지의 개념을 나타내었다.

---

8 도체에는 전도전류에 의한 옴 손실에 대응하여 줄열이 발생하므로 단위체적당 줄열은 $\sigma E^2[\mathrm{W/m^3}]$ 이다.

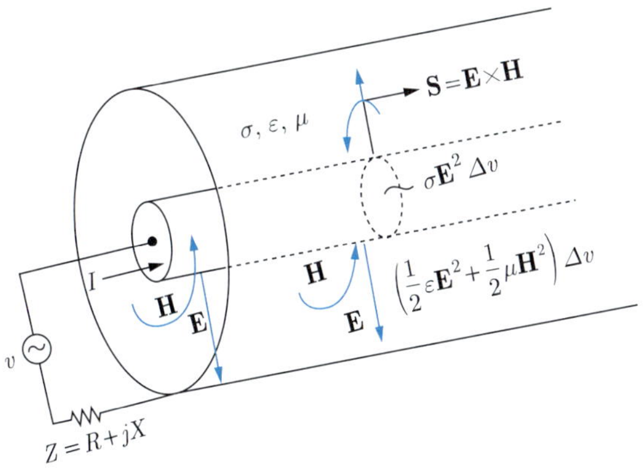

[그림 8-6] 포인팅벡터 및 전자계에 축적되는 에너지

3 자유공간과 유전체에서의 평균전력밀도

이제 자유공간과 완전유전체, 그리고 손실이 있는 유전체에서 포인팅벡터를 구해보자. 자유공간에서 고유 임피던스 $\eta_0 = \sqrt{\mu_0/\epsilon_0}$ 라고 할 때 전계와 자계를 다시 쓰면 다음과 같다.

$$E_x = E_{x0}\cos(\omega t - \beta z), \quad H_y = \frac{1}{\eta_0}E_{x0}\cos(\omega t - \beta z)$$

전력밀도는 $\mathbf{S} = \mathbf{E}\times\mathbf{H} = E_x\mathbf{a}_x \times H_y\mathbf{a}_y = E_x H_y \mathbf{a}_z$ 로부터 다음과 같이 주어진다.

$$S_z = \frac{1}{\eta_0}E_{x0}^2\cos^2(\omega t - \beta z) \tag{8.51}$$

이러한 전력밀도의 시간에 대한 평균전력은 다음과 같이 계산된다.

$$\begin{aligned} S_{zave} &= \frac{1}{2\pi}\int_0^{2\pi}\frac{1}{\eta_0}E_{x0}^2\cos^2(\omega t - \beta z)dt \\ &= \frac{1}{2\pi}\frac{E_{x0}^2}{\eta_0}\int_0^{2\pi}\frac{1}{2}[1+\cos 2(\omega t - \beta z)]dt = \frac{1}{2\eta_0}E_{x0}^2 \end{aligned} \tag{8.52}$$

이 결과로부터 자유공간에서의 전력은 손실 없이 z 방향으로 이동함을 알 수 있다. 또한 완전유전체에서도 손실이 없으므로 고유 임피던스 $\eta = \sqrt{\mu/\epsilon}$ 라고 하면 전력의 시간평균은 자유공간에서와 동일하게 다음과 같이 나타낼 수 있다.

$$S_{zave} = \frac{1}{2\eta}E_{x0}^2 \tag{8.53}$$

반면 손실이 있는 유전체에서는 진폭의 감쇠상수를 α 라고 하고 고유 임피던스가 $\eta = \eta_m \angle\theta$ 에서 자계가 전계에 비해 θ 만큼 위상이 뒤처진다고 할 때 전계와 자계를 각각 다음과 같이 쓸 수 있다.

$$E_x = E_{x0} e^{-\alpha z} \cos(\omega t - \beta z)$$

$$H_y = \frac{1}{\eta} E_x = \frac{1}{\eta_m} E_{x0} e^{-\alpha z} \cos(\omega t - \beta z - \theta)$$

따라서 포인팅벡터는 다음과 같이 계산된다.

$$S_z = \frac{1}{\eta_m} E_{x0}^2 e^{-2\alpha z} \cos(\omega t - \beta z) \cos(\omega t - \beta z - \theta)$$

$$= \frac{1}{2\eta_m} E_{x0}^2 e^{-2\alpha z} [\cos(2\omega t - 2\beta z - \theta) + \cos\theta] \quad (8.54)$$ [9]

이 식에서 θ 는 전계와 자계 사이의 위상차로, 유전체의 매질 특성에 의해 결정되는 상수이다. 전력밀도의 시간평균은 다음과 같으며, 전계와 자계가 $e^{-\alpha z}$ 에 비례하여 감쇠할 때 전력은 $e^{-2\alpha z}$ 의 비율로 감쇠함을 알 수 있다.

$$S_{zave} = \frac{1}{2\eta_m} E_{x0}^2 e^{-2\alpha z} \cos\theta \quad (8.55)$$

예제 8-11

자유공간을 진행하는 전계 $E_y = 100\cos(31.4 \times 10^6 t - 2.5x)$ 에 대해 자계와 순시전력밀도의 평균치를 구하라.

풀이

자유공간이므로 $\eta_0 = 120\pi\,[\Omega]$ 이고 자계의 진동 방향은 $\mathbf{a}_y \times \mathbf{a}_H = \mathbf{a}_x$ 에서 $\mathbf{a}_H = \mathbf{a}_z$ 이므로 자계는 다음과 같다.

$$H_z = \frac{100}{120\pi} \cos(31.4 \times 10^6 t - 2.5x)$$

따라서 포인팅벡터는 식 (8.51)을 이용하여 다음과 같이 구할 수 있다.

$$S_x = \frac{1}{\eta_0} E_{y0}^2 \cos^2(\omega t - \beta x) = \frac{(100)^2}{120\pi} \cos^2(31.4 \times 10^6 t - 2.5x)\,[\mathrm{W/m^2}]$$

따라서 시간에 대한 평균치는 다음과 같다.

$$S_{xave} = \frac{1}{2\eta_0} E_{y0}^2 = \frac{(100)^2}{2 \times 120\pi} \doteq 13.27\,[\mathrm{W/m^2}]$$

9 $\cos(2\omega t - 2\beta z - \theta)$ 의 시간평균은 0이며, $\cos\theta$ 는 상수이다.

예제 8-12

출력이 3[kW]인 어떤 신호가 자유공간의 모든 위치로 균일하게 전파될 때 신호 발생 지점으로부터 $r = 1$[km]만큼 떨어진 점에서의 전계의 실횻값을 구하라.

풀이

자유공간이므로 $\eta_0 = 120\pi[\Omega]$이고 $r = 1$[km]만큼 떨어진 한 점에서의 전력밀도는 다음과 같다.

$$\frac{P}{4\pi r^2} = \frac{3\times 10^3}{4\pi \times (1\times 10^3)^2} = \frac{3}{4\pi}\times 10^{-3}$$

이 값은 식 (8.52)의 전력밀도의 평균치 $S_{ave} = \frac{1}{2\eta_0}E_{x0}^2$와 같다. 전계의 실효치를 E_{eff}라고 하면 S_{ave}는 다음과 같이 쓸 수 있다.

$$S_{ave} = \frac{1}{2\eta_0}E_0^2 = \frac{1}{120\pi}\left(\frac{E_0}{\sqrt{2}}\right)^2 = \frac{1}{120\pi}E_{eff}^2 = \frac{3}{4\pi}\times 10^{-3}$$

따라서 구하고자 하는 전계의 실효치는 다음과 같다.

$$E_{eff} = 0.3[\text{V/m}]$$

SECTION
8.5 도체에서의 파동현상

이 절에서는 표피효과를 공부하여 도체에서의 전자파와 전도전류의 파동현상을 이해하며, 도체에서의 표피두께를 구한다.

Keywords | 표피효과 | 표피두께 |

도체에 전류가 흐를 때 나타나는 중요한 현상 중 하나로 표피효과가 있다. 이는 전류의 파동이 도체 내부로 전파함에 따라 그 크기가 감쇠하는 현상으로, 즉 전류밀도가 도체 내부로 들어갈수록 작아지고 도체의 표면에 집중되는 현상을 의미한다. [그림 8-7]과 같이 도체에 교류전류 i가 흐르면 도체 내부에 형성되는 시가변 자속 $\partial\Phi/\partial t$에 의해 유도기전력이 발생하고 교류전류 i와 반대 방향의 전류 i_r이 발생한다. 이러한 전류 i_r과 도체 중심부의 전류 i는 서로 상쇄되어 도체 내부에서의 전류의 흐름은 감소하고 전류는 도체의 표면에 집중되어 흐르는데, 이러한 현상을 **표피효과**(skin effect)라고 한다.

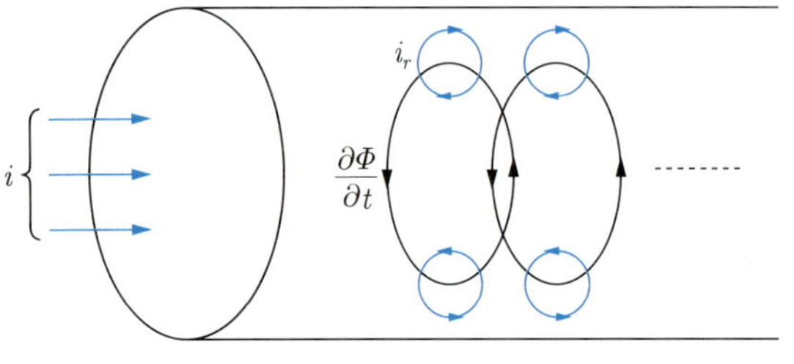

[그림 8-7] 시가변계에서 도체 내부에 발생하는 전류분포와 표피효과

주파수가 높을수록, 그리고 도체의 투자율이 클수록 자속의 변화는 더 커지므로 도체의 중심부와 도체 표면에 분포하는 자속밀도의 차이도 커져 표피효과는 더 강하게 나타난다. 특히 도전율 σ가 매우 큰 양도체에서 손실탄젠트는 $\sigma/\omega\epsilon \gg 1$이 되며, 변위전류밀도에 비해 매우 큰 전도전류밀도가 흐르게 되므로 **옴 손실이 발생하여 그 크기가 지속적으로 감쇠하게 된다**. 따라서 표피효과는 같은 도체에서 직류에 비해 교류에서 전기저항이 증가하는 현상으로 생각할 수도 있다.

지금 도체 내부를 전계 $E_x = E_{x0}e^{-\alpha z}\cos(\omega t - \beta z)$가 진폭의 감쇠를 겪으며 z 방향으로 진행하고 있다고 하자. 이 전계에 의해 도체에 흐르는 전도전류밀도는

$$J_x = \sigma E_{x0}e^{-\alpha z}\cos(\omega t - \beta z) \tag{8.56}$$

로 표현할 수 있다.

즉 도체 입구에서 내부로 들어갈수록 전류밀도는 표피효과에 의해 그 최댓값이 감소하는데, 이때 감쇠 정도는 손실이 있는 유전체의 복소전파상수를 나타내는 식 (8.39)의 $\gamma = j\omega\sqrt{\mu\epsilon}\sqrt{1-j\dfrac{\sigma}{\omega\epsilon}}$ 로부터 구할 수 있다. 양도체에서는 $\sigma/\omega\epsilon \gg 1$이므로 $\sqrt{1-j\dfrac{\sigma}{\omega\epsilon}} \doteq \sqrt{-j\dfrac{\sigma}{\omega\epsilon}}$ 라고 하면 전파상수는 다음과 같이 주어진다.

$$\begin{aligned}\gamma &= j\omega\sqrt{\mu\epsilon}\sqrt{-j\frac{\sigma}{\omega\epsilon}} = j\sqrt{-j\omega\mu\sigma}\\ &= (j1+1)\sqrt{\pi f\mu\sigma} = \alpha + j\beta\end{aligned} \tag{8.57}$$

[10]

이 식으로부터 감쇠상수 α와 위상상수 β를 구하면 다음과 같다.

$$\alpha = \beta = \sqrt{\pi f\mu\sigma} \tag{8.58}$$

따라서 양도체를 진행하는 전류밀도는 다음과 같이 표현할 수 있다.

$$J_x = \sigma E_{x0} e^{-\sqrt{\pi f\mu\sigma}\,z}\cos(\omega t - \sqrt{\pi f\mu\sigma}\,z) \tag{8.59}$$

즉 전류밀도는 z의 양(+)의 방향으로 진행함에 따라 $\alpha = \sqrt{\pi f\mu\sigma}$ 의 측도로 감쇠를 겪게 된다. 만약 $z = 1/\sqrt{\pi f\mu\sigma}$ 의 거리만큼 진행하면 전류밀도는 σE_{x0}의 e^{-1}배$(= 0.368)$로 감소하게 되는데, 이를 **표피두께**(skin depth) 또는 **침투깊이**(depth of penetration)라고 한다. 표피두께 δ는 다음과 같이 정의한다.

★ 표피두께 ★

$$\delta = \frac{1}{\sqrt{\pi f\mu\sigma}} = \frac{1}{\alpha} = \frac{1}{\beta} \tag{8.60}$$

표피두께는 주파수에 반비례하며, 도체의 도전율과 투자율이 클수록 짧아져 표피효과가 심해진다. 결국 전도전류밀도는 도체의 전 면적을 균일하게 흐를 수 없고 도체의 표면에 집중하여 흐르게 된다. 이때 전계는 다음과 같이 나타낼 수 있다.

$$E_x = E_{x0} e^{-\sqrt{\pi f\mu\sigma}\,z}\cos(\omega t - \sqrt{\pi f\mu\sigma}\,z) \tag{8.61}$$

한편 자계를 구하기 위해 식 (8.40)의 고유 임피던스 식 $\eta = \sqrt{\dfrac{j\omega\mu}{\sigma + j\omega\epsilon}}$ 를 생각해보자. 도전율이 매우 큰 양도체에서는 $\sigma \gg \omega\epsilon$이므로 분모 항의 $\omega\epsilon$을 무시하면 다음과 같이 표현할 수 있다.

---

10 이 식에서는 $\sqrt{-j} = \sqrt{1\angle -90°} = 1\angle -45° = \dfrac{1}{\sqrt{2}} - j\dfrac{1}{\sqrt{2}}$ 의 관계를 이용하였다.

$$\eta = \sqrt{\frac{j\omega\mu}{\sigma}} \tag{8.62}$$

이 식의 분자와 분모에 표피거리 δ를 곱해 정리하면

$$\eta = \sqrt{\frac{j\omega\mu}{\sigma}} = \frac{\sqrt{j2\pi f\mu \cdot \dfrac{1}{\pi f\mu\sigma}}}{\sqrt{\dfrac{\sigma}{\pi f\mu\sigma}}} = \frac{\sqrt{2}\,\sqrt{j}}{\sigma\delta} = \frac{1}{\sigma\delta} + j\frac{1}{\sigma\delta} \tag{8.63}$$

이 되어 전계와 자계 사이에는 $\pi/4$의 위상차가 발생한다.[11] 만약 자계가 전계에 비해 위상이 $\pi/4$ 늦다고 가정하면 전계와 자계는 각각 다음과 같이 표현할 수 있다.

$$E_x = E_{x0}e^{-z/\delta}\cos\left(\omega t - \frac{z}{\delta}\right) \tag{8.64}$$

$$H_y = \frac{1}{\eta}E_x = \frac{\sigma\delta}{\sqrt{2}}E_{x0}e^{-z/\delta}\cos\left(\omega t - \frac{z}{\delta} - \frac{\pi}{4}\right) \tag{8.65}$$

[12]

따라서 전력밀도는

$$\begin{aligned} S_z &= \frac{1}{\eta_m}E_{x0}^2\,e^{-2z/\delta}\cos\left(\omega t - \frac{z}{\delta}\right)\cos\left(\omega t - \frac{z}{\delta} - \frac{\pi}{4}\right) \\ &= \frac{1}{2\eta_m}E_{x0}^2\,e^{-2z/\delta}\left[\cos\left(2\omega t - \frac{2z}{\delta} - \frac{\pi}{4}\right) + \cos\frac{\pi}{4}\right] \end{aligned} \tag{8.66}$$

가 되며, 이 전력의 시간평균은 다음과 같다.

$$\begin{aligned} S_{zave} &= \frac{1}{2}\frac{\sigma\delta}{\sqrt{2}}E_{x0}^2\,e^{-2z/\delta}\cos\frac{\pi}{4} \\ &= \frac{1}{4}\sigma\delta E_{x0}^2\,e^{-2z/\delta} \end{aligned} \tag{8.67}$$

이 식으로부터 표면에서 표피두께만큼 떨어진 지점에서의 전력밀도는 도체 입구($z=0$)에서의 전력밀도의 $e^{-2}(=0.135)$배로 작아짐을 알 수 있다.

---

11 이 식에서 $\sqrt{j} = \sqrt{1\angle 90^\circ} = 1\angle 45^\circ = \frac{1}{\sqrt{2}} + j\frac{1}{\sqrt{2}}$ 이며, 전계와 자계 사이에는 $\frac{\pi}{4}$ 의 위상차가 발생한다.

12 $\eta = \eta_m\angle\theta$ 라고 할 때 $\eta = \frac{1}{\sigma\delta} + j\frac{1}{\sigma\delta}$ 에서 $\eta_m = \sqrt{\left(\frac{1}{\sigma\delta}\right)^2 + \left(\frac{1}{\sigma\delta}\right)^2} = \frac{\sqrt{2}}{\sigma\delta}$ 가 되어 $\eta = \frac{\sqrt{2}}{\sigma\delta}\angle\frac{\pi}{4}$ 이다.

예제 8-13

어떤 전자파가 도전율과 비투자율이 각각 $\sigma = 5$[S/m]와 $\mu_R = 1$이고 주파수 $f = 3$[MHz]에서 비유전율 $\epsilon_R = 81$인 매질을 전파하고 있다. 다음을 구하라.

(a) 손실탄젠트

(b) 표피두께

(c) 전자파의 위상속도와 파장

풀이

(a) 손실탄젠트는 식 (8.42)를 이용하여 다음과 같이 구할 수 있다.

$$\tan\theta = \frac{\sigma}{\omega\epsilon} = \frac{\sigma}{2\pi f\epsilon_0\epsilon_R} = \frac{5}{2\pi\times 3\times 10^6\times \dfrac{1}{36\pi}\times 10^{-9}\times 81} = 3.7\times 10^2$$

이 결과로부터 $\sigma \gg \omega\epsilon$이므로 매질은 양도체임을 알 수 있다.

(b) 표피두께는 식 (8.60)을 이용하여 다음과 같이 계산할 수 있다.

$$\delta = \frac{1}{\sqrt{\pi f\mu\sigma}} = \frac{1}{\sqrt{\pi\times 3\times 10^6\times 4\pi\times 10^{-7}\times 5}} = 0.13[\text{m}]$$

(c) 위상속도는 식 (8.29)의 $v = \dfrac{\omega}{\beta}$와 식 (8.60)의 $\delta = \dfrac{1}{\alpha} = \dfrac{1}{\beta}$의 관계로부터 다음과 같다.

$$v = \omega\delta = 2\pi\times 3\times 10^6\times 0.13 = 2.45\times 10^6[\text{m/s}]$$

파장은 식 (8.30)의 $\lambda = \dfrac{v}{f}$에서 $v = \omega\delta$이므로 다음과 같이 계산된다.

$$\lambda = \frac{v}{f} = \frac{\omega\delta}{f} = 2\pi\delta = 0.8[\text{m}]$$

예제 8-14

최댓값이 400[V/m]이고, 주파수 $f = 10$[kHz]인 전계 E_x가 도전율 $\sigma = 4\times 10^4$[S/m], 비투자율 $\mu_R = 1000$인 도체를 z의 양(+)의 방향으로 전파하고 있다. 다음을 구하라.

(a) 표피두께

(b) 전계

(c) 전계의 위상속도

풀이

(a) 전계의 각주파수 $\omega = 2\pi f = 2\pi \times 10^4$이다. 표피두께는 식 (8.60)을 이용하여 다음과 같이 구할 수 있다.

$$\delta = \frac{1}{\sqrt{\pi f \mu \sigma}} = \frac{1}{\sqrt{\pi \times 10 \times 10^3 \times 1000 \times 4\pi \times 10^{-7} \times 4 \times 10^4}} \doteq 8 \times 10^{-4}[\text{m}]$$

(b) 표피두께 $\delta = \dfrac{1}{\alpha} = \dfrac{1}{\beta} = 8 \times 10^{-4}[\text{m}]$이므로 감쇠상수 및 위상상수는 각각 다음과 같다.

$$\alpha = 1.25 \times 10^3 [\text{Np/m}], \quad \beta = 1.25 \times 10^3 [\text{rad/m}]$$

이를 이용하여 전계를 구하면 다음과 같다.

$$E_x = 400 e^{-1.25 \times 10^3 z} \cos(2\pi \times 10^4 t - 1.25 \times 10^3 z)$$

(c) 위상속도는 $v = \dfrac{\omega}{\beta} = \omega\delta$에서 다음과 같이 구할 수 있다.

$$v = \frac{\omega}{\beta} = \omega\delta = 2\pi \times 10 \times 10^3 \times 8 \times 10^{-4} = 50.2[\text{m/s}]$$

SECTION
8.6

전자파의 반사와 투과현상

이 절에서는 두 매질의 경계면에서 발생하는 반사와 투과현상을 고찰하며, 반사계수와 투과계수를 정의한다. 또한 경계면에서 진행파가 전반사할 때 형성되는 정재파를 공부한다.

Keywords | 진행파 | 반사계수 | 투과계수 | 정재파 |

1 반사와 투과현상

전자파는 진행하는 중 다른 매질을 만나면 투과하거나 반사된다. [그림 8-8(a)]와 같이 유전율과 투자율, 도전율이 각각 ϵ_1, μ_1, σ_1인 영역 1의 전계 $\mathbf{E}_i$와 자계 $\mathbf{H}_i$가 z의 양(+)의 방향으로 진행하여 ϵ_2, μ_2, σ_2의 영역 2의 매질로 수직 입사할 때의 전계와 자계의 입사파와 투과파, 반사파에 대해 생각해보자.

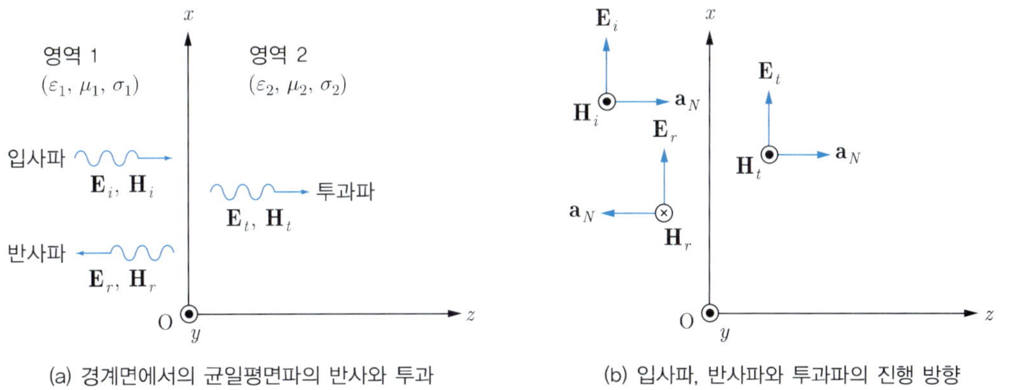

(a) 경계면에서의 균일평면파의 반사와 투과

(b) 입사파, 반사파와 투과파의 진행 방향

[그림 8-8] 경계면에서의 반사와 투과
입사파가 경계면을 만날 때 경계면에서의 입사파와 반사파의 합은 투과파의 크기와 같다.

영역 1의 전계 및 자계 중 반사되어 z의 음(−)의 방향으로 되돌아가는 전계와 자계를 $\mathbf{E}_r$, $\mathbf{H}_r$이라고 하고 영역 2로 투과하는 전계와 자계를 $\mathbf{E}_t$, $\mathbf{H}_t$라고 하자. 만약 z의 양(+)의 방향으로 진행하는 **입사파**(incident wave) $\mathbf{E}_i$가 x 성분을 가진다고 하면 $\mathbf{H}_i$는 y 성분을 가지게 되며, 전계와 자계의 입사파 E_{xi}와 H_{yi}는 다음과 같이 정의된다.

$$E_{xi} = E_{x0i} e^{-\alpha_1 z} \cos(\omega t - \beta_1 z)$$

$$H_{yi} = \frac{1}{\eta_1} E_{x0i} e^{-\alpha_1 z} \cos(\omega t - \beta_1 z)$$

각각의 식에서 영역 1에서의 복소전파상수와 고유 임피던스는 각각 $\gamma_1 = \alpha_1 + j\beta_1$, $\eta_1 = \sqrt{\frac{j\omega\mu_1}{\sigma_1 + j\omega\epsilon_1}}$ 이다. 한편 전계와 자계의 페이저 E_{xsi}와 H_{ysi}는 다음과 같이 표현된다.

$$E_{xsi} = E_{x0i} e^{-\alpha_1 z} e^{-j\beta_1 z} = E_{x0i} e^{-\gamma_1 z} \tag{8.68}$$

$$H_{ysi} = \frac{1}{\eta_1} E_{x0i} e^{-\gamma_1 z} \tag{8.69}$$

또한 영역 2에서의 전파상수와 임피던스를 각각 $\gamma_2 = \alpha_2 + j\beta_2$, $\eta_2 = \sqrt{\frac{j\omega\mu_2}{\sigma_2 + j\omega\epsilon_2}}$ 라고 할 때 영역 2에서 z의 양(+)의 방향으로 진행하는 **투과파**(transmitted wave) E_{xst}와 H_{yst}는 다음과 같다.

$$E_{xst} = E_{x0t} e^{-\gamma_2 z} \tag{8.70}$$

$$H_{yst} = \frac{1}{\eta_2} E_{x0t} e^{-\gamma_2 z} \tag{8.71}$$

마지막으로 반사파(reflected wave)는 영역 1에서 z의 음(−)의 방향으로 진행하게 되므로 전계의 반사파 E_{xsr}은 다음과 같이 주어진다.

$$E_{xsr} = E_{x0r} e^{\gamma_1 z} \tag{8.72}$$

[그림 8-8(b)]에서처럼 반사되는 전계는 x 성분을 가지고 $-\mathbf{a}_z$ 방향으로 진행하므로 자계는 $\mathbf{a}_x \times \mathbf{a}_H = (-\mathbf{a}_z)$에 의해 $-y$ 성분을 가진다. 즉 자계의 반사파 H_{ysr}는 $-\mathbf{a}_y$ 방향으로 진동하고 $-\mathbf{a}_z$ 방향으로 진행하므로 다음과 같이 표현할 수 있다.

$$H_{ysr} = -\frac{1}{\eta_1} E_{x0r} e^{\gamma_1 z} \tag{8.73}$$

앞선 반사파의 표현식에서 지수 항에 음(−)의 부호가 없는 것은 반사파가 z의 음(−)의 방향으로 진행함에 따라 진폭이 감쇠하기 때문이다.[13]

예제 8-15

전계의 반사파의 페이저를 구하라.

13 z의 음(−)의 방향으로 진행함에 따라 진폭이 감쇠하는 것은 양의 방향으로 진폭이 증가한다는 사실과 등가적인 표현이다.

풀이

전계의 반사파는 영역 1을 z의 음(−)의 방향으로 진행하는 중 감쇠상수 α에 의해 감쇠하므로

$$E_{xr} = E_{x0r} e^{-\alpha_1(-z)} \cos(\omega t + \beta_1 z)$$
$$= Re E_{x0r} e^{\alpha_1 z}\left[\cos(\omega t + \beta_1 z) + j\sin(\omega t + \beta_1 z)\right] = Re E_{x0r} e^{\alpha_1 z} e^{j(\omega t + \beta_1 z)}$$

가 된다. 따라서 페이저는 시간 항을 배제하여 다음과 같이 구할 수 있다.

$$E_{xsr} = E_{x0r} e^{\alpha_1 z} e^{j\beta_1 z} = E_{x0r} e^{(\alpha_1 + j\beta_1)z} = E_{x0r} e^{\gamma_1 z}$$

한편 경계면인 $z = 0$에서 전계와 자계는 연속이어야 하므로 $E_{xi} + E_{xr} = E_{xt}$이고 $H_{yi} + H_{yr} = H_{yt}$이다. 따라서 다음과 같은 관계가 성립한다.

$$E_{x0i} + E_{x0r} = E_{x0t} \tag{8.74}$$

$$\frac{1}{\eta_1}E_{x0i} - \frac{1}{\eta_1}E_{x0r} = \frac{1}{\eta_2}E_{x0t} \tag{8.75}$$

앞선 두 식에서 전계의 투과파는 $E_{x0t} = E_{x0i} + E_{x0r} = \frac{\eta_2}{\eta_1}E_{x0i} - \frac{\eta_2}{\eta_1}E_{x0r}$로 주어지므로 반사파는 입사파에 대해 다음의 관계가 성립한다.

$$E_{x0r} = \frac{\eta_2 - \eta_1}{\eta_2 + \eta_1}E_{x0i}$$

이 식에서 **입사파에 대한 반사파의 비**, 즉 **반사계수**(reflection coefficient)는 다음과 같다.

★ 반사계수 ★

$$\Gamma = \frac{E_{x0r}}{E_{x0i}} = \frac{\eta_2 - \eta_1}{\eta_2 + \eta_1} \tag{8.76}$$

한편 **입사파에 대한 투과파의 크기의 비를 투과계수**(transmission coefficient)라고 하며, 다음과 같이 표현할 수 있다.

★ 투과계수 ★

$$\tau = \frac{E_{x0t}}{E_{x0i}} = \frac{E_{x0i} + E_{x0r}}{E_{x0i}} = 1 + \Gamma = \frac{2\eta_2}{\eta_1 + \eta_2} \tag{8.77}$$

앞선 두 식으로부터 반사계수와 투과계수는 두 매질의 고유 임피던스의 크기에 의존하며, 고유 임피던스가 복소량이면 반사계수와 투과계수도 복소량이 된다. 다만 자유공간과 손실이 없는 완전유전체 등의 매질에서 고유 임피던스는 복소량이 아니므로 반사계수와 투과계수는 실수로 나타낼 수 있다. 경계면 주위에서의 전계와 자계를 [표 8-1]에 정리하였다.

[표 8-1] 경계면 주위에서의 전계와 자계

구분	입사파	반사파	투과파
전계	$\mathbf{E}_i = E_{0i}e^{-\gamma_1 z}\mathbf{a}_x$	$\mathbf{E}_r = \Gamma E_{0i}e^{\gamma_1 z}\mathbf{a}_x$	$\mathbf{E}_t = \tau E_{0i}e^{-\gamma_2 z}\mathbf{a}_x$
자계	$\mathbf{H}_i = \frac{1}{\eta_1}E_{0i}e^{-\gamma_1 z}\mathbf{a}_y$	$\mathbf{H}_r = -\frac{1}{\eta_1}\Gamma E_{0i}e^{\gamma_1 z}\mathbf{a}_y$	$\mathbf{H}_t = \frac{1}{\eta_2}\tau E_{0i}e^{-\gamma_2 z}\mathbf{a}_y$

예제 8-16

주파수가 600[MHz]인 전계 $E_x = 90\cos(\omega t - \beta_1 z)$ [V/m]가 자유공간(영역 1)에서 비유전율과 비투자율이 각각 $\epsilon_R = 8$, $\mu_R = 2$인 유전체(영역 2)로 수직 입사하고 있다. 경계면에서의 반사파와 투과파를 구하라.

풀이

영역 1은 자유공간이므로 영역 1에서의 고유 임피던스 $\eta_1 = \eta_0$이고 영역 2에서의 고유 임피던스 η_2는 식 (8.31)을 이용하여 계산하면 다음과 같다.

$$\eta_1 = \eta_0, \quad \eta_2 = \eta_0\sqrt{\frac{\mu_R}{\epsilon_R}} = \frac{1}{2}\eta_0$$

따라서 반사계수와 투과계수는 다음과 같이 구할 수 있다.

$$\Gamma = \frac{E_r}{E_i} = \frac{\eta_2 - \eta_0}{\eta_2 + \eta_0} = \frac{\frac{1}{2}\eta_0 - \eta_0}{\frac{1}{2}\eta_0 + \eta_0} = -\frac{1}{3}, \quad \tau = 1 + \Gamma = \frac{2}{3}$$

또한 $\omega = 2\pi f = 12\pi \times 10^8$[rad/s]이고 위상상수 $\beta = \omega\sqrt{\mu\epsilon}$이므로 자유공간과 영역 2에서의 위상상수 β_1과 β_2를 계산하면 각각 다음과 같다.

$$\beta_1 = \omega\sqrt{\mu_0\epsilon_0} = 12\pi \times 10^8 \times \frac{1}{3} \times 10^{-8} = 4\pi\,[\mathrm{rad/m}]$$

$$\beta_2 = \omega\sqrt{\mu\epsilon} = \beta_1\sqrt{\mu_R\epsilon_R} = 4\beta_1 = 16\pi\,[\mathrm{rad/m}]$$

따라서 반사파와 투과파를 계산하면 다음과 같다.

$$E_{xr} = -30\cos(12\pi \times 10^8 t + 4\pi z)\,[\mathrm{V/m}]$$

$$E_{xt} = 60\cos(12\pi \times 10^8 t - 16\pi z)\,[\mathrm{V/m}]$$

예제 8-17

자유공간을 전파하는, 최댓값이 100[V/m]이고 주파수가 1[MHz]인 전계가 $\epsilon_R = 81$, $\mu_R = 1$의 완전유전체를 만났다. 두 영역에서의 전계와 자계의 반사파와 투과파의 최댓값을 구하라.

풀이

자유공간과 완전유전체를 각각 영역 1과 영역 2라고 하자. 먼저 영역 1의 고유 임피던스 $\eta_1 = 377[\Omega]$이다. 따라서 전계와 자계의 입사파의 최댓값은 다음과 같다.

$$E_{0i} = 100\,[\mathrm{V/m}]$$

$$H_{0i} = \frac{E_{0i}}{\eta_1} = \frac{100}{377} \doteq 0.26\,[\mathrm{A/m}]$$

두 매질에서 고유 임피던스가 각각 $\eta_1 = \eta_0 = 377[\Omega]$, $\eta_2 = \eta_0\sqrt{\mu_R/\epsilon_R} \doteq 42[\Omega]$이므로 식 (8.76)을 이용하여 반사계수를 구하면 다음과 같다.

$$\Gamma = \frac{E_{0r}}{E_{0i}} = \frac{\eta_2 - \eta_1}{\eta_2 + \eta_1} = \frac{42 - 377}{42 + 377} \doteq -0.8$$

반사파를 계산할 때 식 (8.72)에서 전계의 반사파가 $E_{xsr} = E_{x0r}e^{\gamma_1 z}$이면 자계의 반사파는 식 (8.73)과 같이 $H_{ysr} = -\frac{1}{\eta_1}E_{x0r}e^{\gamma_1 z}$로 주어진다. 따라서 입사파의 최댓값 $E_{0i} = 100[\mathrm{V/m}]$로부터 전계와 자계의 반사파의 최댓값은 다음과 같이 계산할 수 있다.

$$E_{0r} = \Gamma E_{0i} = -0.8 \times 100 = -80\,[\mathrm{V/m}]$$

$$H_{0r} = \frac{E_{0r}}{\eta_1} = -\frac{-80}{377} \doteq 0.21\,[\mathrm{A/m}]$$

또한 식 (8.77)을 이용하여 투과계수를 구하면

$$\tau = \frac{E_{0t}}{E_{0i}} = 1 + \Gamma = \frac{2\eta_2}{\eta_1 + \eta_2} = 0.2$$

이므로 영역 2에서의 전계와 자계의 투과파의 최댓값은 다음과 같다.

$$E_{0t} = \tau E_{0i} = 0.2 \times 100 = 20\,[\mathrm{V/m}]$$

$$H_{0t} = \frac{E_{0t}}{\eta_2} = \frac{20}{42} \doteq 0.48\,[\mathrm{A/m}]$$

예제 8-18

[예제 8-17]의 조건에서 두 영역에서의 입사파와 반사파, 그리고 투과파의 시간에 대한 전력밀도의 평균치를 구하라.

풀이

자유공간과 완전유전체인 영역 1과 2는 무손실 매질이므로 전계와 자계의 위상차는 0이다. 또한 $H_0 = \dfrac{1}{\eta_m} E_0$이므로 식 (8.55)에 각각 $\alpha = 0$, $\cos\theta = 1$을 대입하여 전력밀도의 시간평균을 계산하면 다음과 같다.

$$S_{ave} = \frac{1}{2\eta_m} E_0^2 e^{-2\alpha z} \cos\theta = \frac{1}{2\eta_m} E_0^2 = \frac{1}{2} E_0 H_0$$

따라서 입사파, 반사파 및 투과파의 전력밀도 S_{iave}, S_{rave}, S_{tave}는 각각 다음과 같이 주어진다.

$$S_{iave} = \frac{1}{2} \times 100 \times 0.26 \doteq 13.2\,[\mathrm{W/m^2}]$$

$$S_{rave} = \frac{1}{2} \times (-80) \times 0.21 = -8.4\,[\mathrm{W/m^2}]$$

$$S_{tave} = \frac{1}{2} \times 20 \times 0.48 = 4.8\,[\mathrm{W/m^2}]$$

2 정재파

이 장에서의 마지막 논의로 **정재파**에 대해 알아보자. 정재파는 전자기파가 도전율이 매우 높은 완전도체를 만나는 특별한 경우에 발생한다.

영역 1의 완전유전체를 감쇠 없이 전파하던 전자기파가 영역 2의 완전도체를 만난다고 하자. 영역 2의 고유 임피던스 $\eta_2 = \sqrt{\dfrac{j\omega\mu_2}{\sigma_2 + j\omega\epsilon_2}}$ 에서 완전도체의 도전율을 $\sigma \to \infty$ 라고 가정하면 $\eta_2 = 0$이 된다. 따라서 식 (8.77)의 투과계수 $\tau = 2\eta_2 / (\eta_1 + \eta_2) = 0$이 되어 전자파는 완전도체를 투과하지 못하고 전반사되어 영역 1로 되돌아오게 된다. 따라서 영역 1에서는 입사파와 반사파가 중첩된다. 이는 $\tau = 1 + \Gamma = 0$에서 반사계수 $\Gamma = -1$이 되며, 식 (8.76)의 $\Gamma = E_{x0r} / E_{x0i} = -1$로부터 $E_{x0r} = -E_{x0i}$가 됨을 의미한다. 이를 통해 전계의 입사파와 반사파를 표현하면 다음과 같다.

$$E_{xsi} = E_{x0i} e^{-\gamma_1 z} = E_{x0i} e^{-\alpha_1 z} e^{-j\beta_1 z}$$

$$E_{xsr} = E_{x0r} e^{\gamma_1 z} = -E_{x0i} e^{\alpha_1 z} e^{j\beta_1 z}$$

또한 영역 1의 완전유전체에서는 감쇠가 없으므로 $\alpha_1 = 0$임을 고려하면 전반사로 인해 영역 1에 형성되는 합성전계 E_{xs1}은 다음과 같이 계산된다.

$$\begin{aligned} E_{xs1} &= E_{xsi} + E_{xsr} = E_{x0i}e^{-j\beta_1 z} - E_{x0i}e^{j\beta_1 z} \text{ [14]} \\ &= -j2\sin\beta_1 z E_{x0i} \end{aligned} \quad (8.78)$$

이를 시간함수로 변환하면 영역 1에서의 합성전계 E_{x1}은 다음과 같다.

★ 전계의 정재파 ★

$$E_{x1} = 2E_{x0i}\sin\omega t\sin\beta_1 z \text{ [15]} \quad (8.79)$$

이러한 전자파의 파동은 시간변수와 위상변수가 분리되어 지금까지 다루어 온 진행파 $E_x = E_{x0}\cos(\omega t - \beta z)$와는 다른 형태를 갖는다. 전계는 위치 z와 시간 t가 변화함에 따라 정현적으로 진동하지만 ωt가 0이거나 π의 정수배이면 $\beta_1 z$의 값에 무관하게 항상 0이 된다. 마찬가지로 $\beta_1 z$가 0이거나 π의 정수배이면 시간에 무관하게 전계는 항상 0이 된다. 전계는 주어진 시간과 위치에서 일정한 크기를 가지게 되므로 전자계의 파동을 시간의 관점에서 보면 파동은 진행하지 않고 그 위치에 머물러 있으며, 그 크기만 시간에 따라 변하는 것처럼 보인다. 이러한 형태의 파동을 **정재파**(standing wave)라고 한다.

식 (8.79)에 위상상수 $\beta_1 = 2\pi/\lambda_1$를 대입하면 다음과 같다.

$$E_{x1} = 2E_{x0i}\sin\omega t\sin\frac{2\pi}{\lambda_1}z \quad (8.80)$$

이 식에서 $\sin\omega t \neq 0$인 조건에서 경계면으로부터 $\lambda/2$의 정수배만큼 떨어진 위치 $z = 0, -\lambda_1/2, -\lambda_1, -3\lambda_1/2, \cdots$에서의 전계는 항상 0이고 $\lambda/4$의 홀수배만큼 떨어진 위치 $z = -\lambda_1/4, -3\lambda_1/4, -5\lambda_1/4, \cdots$에서는 최댓값인 $2E_{x0i}$가 된다. 이때 ωt의 값은 전계의 최댓값의 크기에 영향을 미칠 뿐 파동의 전파 특성과는 무관하다. ωt가 $\pi/2$와 $3\pi/2$일 때 위치 z의 변화에 대한 전계의 분포는 [그림 8-9(a)]와 같다.

---

14 식 (8.78)은 $E_{x0i}e^{-j\beta_1 z} - E_{x0i}e^{j\beta_1 z} = E_{x0i}(\cos\beta_1 z - j\sin\beta_1 z) - E_{x0i}(\cos\beta_1 z + j\sin\beta_1 z) = -j2\sin\beta_1 z E_{x0i}$의 계산 결과를 이용하였다.

15 합성전계의 실함수는 페이저에 $e^{j\omega t}$를 곱하고 그 결과의 실수부를 취하면 되므로 $E_{x1} = Re(-j2\sin\beta_1 z E_{x0i}e^{j\omega t}) = Re[-j2E_{x0i}\sin\beta_1 z(\cos\omega t + j\sin\omega t)] = 2E_{x0i}\sin\omega t\sin\beta_1 z$와 같이 계산하여 식 (8.79)를 얻을 수 있다.

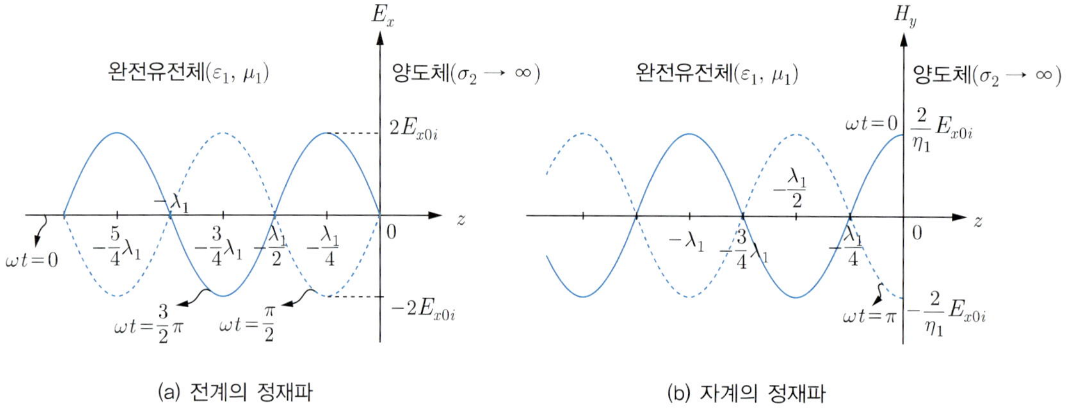

[그림 8-9] (a) $\omega t = 0$, $\pi/2$, $3\pi/2$일 때의 전계의 정재파와 (b) $\omega t = 0$, π일 때의 자계의 정재파
양도체에서 전반사되어 영역 1에 형성되는 전계와 자계에는 $\pi/2$의 위상차가 발생한다.

이제 자계의 정재파를 구해 전계와 비교해보자. 먼저 자계의 입사파와 반사파는 각각 다음과 같다.

$$H_{ysi} = \frac{1}{\eta_1} E_{x0i} e^{-j\beta_1 z}$$

$$H_{ysr} = -\frac{1}{\eta_1} E_{x0r} e^{j\beta_1 z}$$

경계면에서 전계는 전반사되므로 $E_{x0r} = -E_{x0i}$의 관계를 이용하면 영역 1에서의 합성자계 H_{ys1}은 다음과 같이 구할 수 있다.

$$H_{ys1} = H_{ysi} + H_{ysr} = \frac{1}{\eta_1} E_{x0i} e^{-j\beta_1 z} - \frac{1}{\eta_1} E_{x0r} e^{j\beta_1 z}$$

$$= \frac{1}{\eta_1} E_{x0i} (e^{-j\beta_1 z} + e^{j\beta_1 z}) = \frac{2}{\eta_1} \cos\beta_1 z E_{x0i} \tag{8.81}$$

따라서 시간함수는 다음과 같다.

★ 자계의 정재파 ★

$$H_{y1} = \frac{2}{\eta_1} E_{x0i} \cos\omega t \cos\beta_1 z \tag{8.82}$$ [16]

자계도 경계면에서의 전반사로 영역 1에서 정재파를 형성하며, 전계가 0이 되는 지점에서 최대가 되므로 전계와 90°의 위상차가 발생함을 알 수 있다. 따라서 이 경우 전력 전송은 일어나지 않는다.

16 합성자계의 실함수는 페이저에 $e^{j\omega t}$를 곱하고 그 결과의 실수부를 취하면 되므로 $H_{y1} = Re\left(\frac{2}{\eta_1} E_{x0i} \cos\beta_1 z\, e^{j\omega t}\right) = Re\left[\frac{2}{\eta_1} E_{x0i} \cos\beta_1 z (\cos\omega t + j\sin\omega t)\right] = \frac{2}{\eta_1} E_{x0i} \cos\omega t \cos\beta_1 z$에 의해 식 (8.82)를 얻을 수 있다.

CHAPTER

08 연습문제

8.1 어떤 파동함수가 $\psi(x, t) = \psi_m e^{-\alpha x} \cos(\omega t + \beta x)$일 때 이를 페이저로 표현하라.

8.2 어떤 파동함수의 페이저가 $\psi_s = 50 e^{j0.3z} e^{-j\pi}$로 주어져 있다. 이를 시간함수로 표현하라.

8.3 자유공간에서 전계 $\mathbf{E} = E_{m1} \cos(\omega t - \beta z)\,\mathbf{a}_x + E_{m2} \cos(\omega t + \beta z)\,\mathbf{a}_y$ [V/m]로 표현될 때 자계를 구하라.

8.4 자유공간을 전파하는 자계 $H_z = H_{z0} \cos(\omega t - \beta y)$일 때 전계를 구하라.

8.5 주파수 $f = 1$ [MHz]의 전계 $\mathbf{E} = 754 \times 10^3 \cos(\omega t + \beta y)\,\mathbf{a}_x$ [V/m]가 자유공간에서 y의 음(−)의 방향으로 전파할 때 다음을 구하라.

(a) 파장
(b) 위상상수
(c) 자계

8.6 평면파 $E_y = 40 \cos(5 \times 10^7 t - 2z)$ [V/m]의 위상속도 v [m/s]를 구하라.

8.7 어떤 파동함수 $E_{x1} = E_{x10} \cos(\omega t - \beta z)$와 $E_{x2} = E_{x20} \cos(\omega t + \beta z)$의 위상속도의 방향을 비교하라.

8.8 비유전율과 비투자율이 각각 $\epsilon_R = 5$, $\mu_R = 5$인 공간에서 전자파의 파장 $\lambda = 6$ [m]이다. 이 전자파의 위상속도와 주파수를 구하라.

8.9 자유공간에서 비유전율 및 비투자율이 각각 $\epsilon_R = 64$, $\mu_R = 1$인 매질에서 전자파의 위상속도와 파장, 그리고 고유 임피던스를 비교하라.

8.10 최댓값이 220[V]이고 주파수 $f = 80$[MHz]인 전계 E_x가 비유전율과 비투자율이 각각 $\epsilon_R = 81$, $\mu_R = 1$인 비손실유전체를 z의 음(−)의 방향으로 전파할 때 다음을 구하라.

(a) 위상속도
(b) 위상정수
(c) 파장
(d) 고유 임피던스

8.11 주파수 $f = 10$[MHz]의 전계 $E_{ys} = 500e^{-(0.1+j2)x}$[V/m]가 손실이 있는 유전체를 전파할 때 다음을 구하라.

(a) 전계의 시간함수
(b) x의 양(+)의 방향으로 10[m] 전파할 때의 전계의 최댓값

8.12 [연습문제 8.11]의 조건에서 위상속도와 파장을 구하라.

8.13 비유전율 및 도전율이 각각 $\epsilon_R = 72$, $\sigma = 4$[S/m]인 매질에서 전도전류밀도와 변위전류밀도가 같아지는 주파수를 구하고 주파수 $f = 30$[MHz]에서의 손실탄젠트를 구하라.

8.14 전계 $\mathbf{E} = 400e^{-\alpha x}\cos(120\pi t - 0.8x)\,\mathbf{a}_y$[V/m]가 고유 임피던스 $\eta = 20\angle 30°$[Ω]인 손실이 있는 유전체를 전파할 때 자계를 구하라.

8.15 손실이 있는 유전체의 고유 임피던스를 구하라.

8.16 전계 $E_x = 100\cos(1.8\times 10^8 t - 3z)$가 비투자율 $\mu_R = 1$인 매질을 전파할 때 다음을 구하라.

(a) 비유전율
(b) 고유 임피던스

8.17 자유공간을 전파하고 있는 전계 $E_x = 240\pi\cos(\omega t - \beta z)$일 때 전력밀도를 구하라.

8.18 [연습문제 8.17]의 조건에서 전력밀도의 시간에 대한 평균전력을 구하라.

8.19 출력이 W[W]인 어떤 신호가 비유전율 및 비투자율이 각각 $\epsilon_R = 4$, $\mu_R = 1$인 매질을 전파하고 있다. 신호 발생 지점으로부터 r[m] 떨어진 점에서 자계의 실효치[A/m]를 구하라.

8.20 출력이 W[W]인 어떤 신호가 비유전율 및 비투자율이 각각 $\epsilon_R = 9$, $\mu_R = 1$인 매질을 전파하고 있다. 신호 발생 지점으로부터 r[m] 떨어진 점에서 전계의 실효치[A/m]를 구하라.

8.21 어떤 도체의 비투자율과 도전율이 각각 $\mu_R = 1$, $\sigma = 9\times 10^8$[S/m]이다. 이 도체에 주파수 $f = 10$[MHz]의 전계를 인가할 때 표피두께를 구하라.

8.22 도전율이 매우 큰 양도체에 전계 $E_x = E_{x0}e^{-z/\delta}\cos\left(\omega t - \dfrac{z}{\delta}\right)$가 전파될 때 전계와 자계의 위상차를 구하라.

8.23 주파수 $f = 10$[MHz]의 전계 $E_x = 16e^{-z/\delta}\cos\left(\omega t - \dfrac{z}{\delta}\right)$가 비유전율과 비투자율이 각각 $\epsilon_R = 3$, $\mu_R = 32$이고 도전율이 $\sigma = 2$[S/m]인 매질을 통과할 때 다음을 구하라.

(a) 손실탄젠트
(b) 감쇠상수 α, 위상상수 β, 표피거리 δ
(c) 고유 임피던스 η
(d) 자계 H

8.24 주파수 $f = 80$[MHz]에서 비유전율 $\epsilon_R = 81$인 유전체를 통해 $\psi = \psi_m\cos(\omega t - \beta z)$의 파동이 전파할 때 이 파동의 최댓값이 ψ_m의 0.368배로 감소하는 거리를 구하라. 단, 이 유전체의 도전율과 투자율은 각각 $\sigma = 2$[S/m], $\mu = \mu_0$이다.

8.25 자유공간에서 주파수가 600[MHz]인 전계 $E_x = 50\cos(\omega t - \beta_1 z)$[V/m]가 비유전율과 비투자율이 각각 $\epsilon_R = 16$, $\mu_R = 1$인 유전체의 경계면을 수직으로 입사하고 있다. 투과파를 구하라.

8.26 [연습문제 8.25]의 조건에서 전계의 반사파를 구하라.

8.27 자유공간($z < 0$)에서 자계 $H_{xi} = 30\cos(10^9 t - \beta z)$[A/m]가 $\epsilon_R = 2$, $\mu_R = 8$인 매질에 수직 입사하고 있다. 전계와 자계의 반사파를 구하라.

8.28 [연습문제 8.27]의 조건에서 전계의 투과파를 구하라.

8.29 자유공간에서 주파수 $f=600$[MHz]인 전계의 입사파 $\mathbf{E}_{xsi}=90e^{-j\beta_1 z}\mathbf{a}_x$[V/m]가 전파하던 중 $\epsilon_R=16$, $\mu_R=1$의 매질을 만났다. 이때 반사파와 투과파를 구하라.

8.30 완전유전체(ϵ_1, μ_1, σ_1, η_1)를 진행해 온 전계 $E_{xsi}=E_{x0i}e^{-\gamma_1 z}$가 도전율이 ∞인 완전도체(ϵ_2, μ_2, σ_2, η_2)를 수직으로 입사할 때 완전유전체에서의 전계를 구하라.

8.31 [연습문제 8.30]의 영역 1에서의 자계를 구하라.

8.32 고유 임피던스가 각각 η_1, η_2인 두 매질의 경계면에 전자파가 수직으로 입사할 때 경계면에서 전계가 전혀 반사되지 않거나 전반사되기 위한 조건을 구하라.

8.33 벡터항등식 $\nabla\cdot(\mathrm{A}\times\mathrm{B})=\mathrm{B}\cdot(\nabla\times\mathrm{A})-\mathrm{A}\cdot(\nabla\times\mathrm{B})$를 증명하라.

CHAPTER

09

전송선로

이 장에서는 전기회로와 전송선로의 차이점에 주목하여 전송선로의 공학적 의미를 파악한다. 먼저 전송선로를 무손실선로와 손실이 있는 선로로 나누어 등가회로를 모의하고 전송선로 방정식을 유도하며, 특성 임피던스와 선로상수를 논의한다. 또한 전송선로의 특성을 반영하는 입력 임피던스를 정의하여 입력과 출력단자에서의 전압과 전류를 구한다. 마지막으로 전압 및 전류의 부하에서의 투과와 반사현상, 그리고 선로의 단락과 개방현상을 고찰하고 정재파비를 논의한다.

CONTENTS

SECTION
9.1 무손실 전송선로의 등가회로

이 절에서는 전송선로에 대한 해석의 필요성과 선로를 구성하는 선로상수를 파악한다. 또한 무손실 전송선로의 등가회로를 모의하여 전송선로 방정식을 도출한다.

Keywords | 전송선로 | 선로상수 | 전송선로의 등가회로 | 전송선로 방정식 |

1 전송선로 해석의 필요성

어떤 신호를 임의의 한 점에서 다른 한 점으로 이동하는 데에는 전송선로가 필요하다. 전송선로(transmission line)란 신호가 발생한 입력단자에서 부하가 존재하는 출력단자까지 그 신호를 유도하는 매개물이다. 이들 선로를 따라 TV 송신기로부터 안테나 사이, 전력을 생산하는 발전소에서 소비하는 가정 사이, 각종 전자기기의 모듈들 사이에 신호가 전달된다.

어떤 신호가 발신지에서 부하까지 전달되는 과정에는 저항(resistor)과 커패시터(capacitor), 그리고 인덕터(inductor)로 모의되는 여러 가지 부품들을 거치게 되며, 전원과 부하 사이, 그리고 부품과 부품 사이에는 반드시 일정한 거리가 존재한다. 이때 **전달되는 신호의 주파수 또는 파장은 전원과 부하 사이의 거리(신호를 전달하는 회로의 길이)와 관련하여 매우 중요하다.**

예를 들어 컴퓨터에서 어떤 고주파 아날로그 회로의 부품 사이를 전파하는 전자기파를 생각해보자. 부품 사이의 거리가 12[cm]이고 이들 사이에 비유전율과 비투자율이 각각 $\epsilon_R = 3$, $\mu_R = 1$인 매질이 있다면 전자기파의 위상속도 $v = c/\sqrt{\mu_R \epsilon_R} = 1.73 \times 10^8\,[\mathrm{m/s}]$이다. 전자기파가 이들 부품을 통과하는 데에는 약 $0.12/(1.73 \times 10^8) = 0.7\,[\mathrm{ns}]$의 **시간지연**(time-delay)이 생기는데, 이 정도의 시간지연은 컴퓨터의 특성에 좋지 않은 영향을 미칠 수 있다. 즉 신호를 전달하는 회로의 길이가 파장에 비해 매우 길면 임의의 시간에서 전압의 크기나 위상이 변화할 수 있으며, 회로의 입력단자의 전압에 대해 출력단자의 전압은 0이 될 수도 있다.

이와 같이 회로의 길이가 신호의 파장에 비해 충분히 길 때의 신호전달회로를 **전송선로**(transmission line)라고 한다. 따라서 전송선로의 해석은 회로이론에서 배웠던 옴의 법칙이나 키르히호프의 법칙만으로 해석할 수는 없으며, 신호의 파동적 특성이 반영된다.

전송선로를 통해 신호가 전달되는 모드는 도파관의 형태에 따라 몇 가지로 나눌 수 있으나 이 책에서는 파동의 진동 방향이 진행 방향과 서로 수직인 TEM 모드(transverse electromagnetic mode)로 한정한다. 동축케이블을 비롯해 평행한 왕복 도체, 평행평판 도체 등이 TEM 모드에 속한다.

[그림 9-1(a)]의 동축케이블에서는 두 도체 사이를 전기적으로 절연하고 있는 유전체를 통해 신호가 전달된다. 이상적인 동축케이블에서는 전계나 자계가 동축케이블의 외부에 존재할 수 없으므로 손실이 가장 작은 전송선로로 평가되며, 고주파 신호를 전송할 때 많이 사용된다. 다음으로 [그림 9-1(b)]의 평행한 왕복 도체는 두 개의 도선이 절연체인 공기로 분리되어 있는 형태로, 선로의 손실이 비교적 많아 고주파회로에서는 잘 사용되지 않는다. 마지막으로 [그림 9-1(c)]의 평행평판 도체는 PCB(Printed Circuit Board) 등과 같이 작은 신호전달에 사용되는 소형화된 선로로, 두 도체를 분리하는 절연체의 두께 d에 비해 전극의 면적 또는 면적에 비례하는 도체의 가로 길이 w를 매우 크게 설계하는 것이 일반적이다.

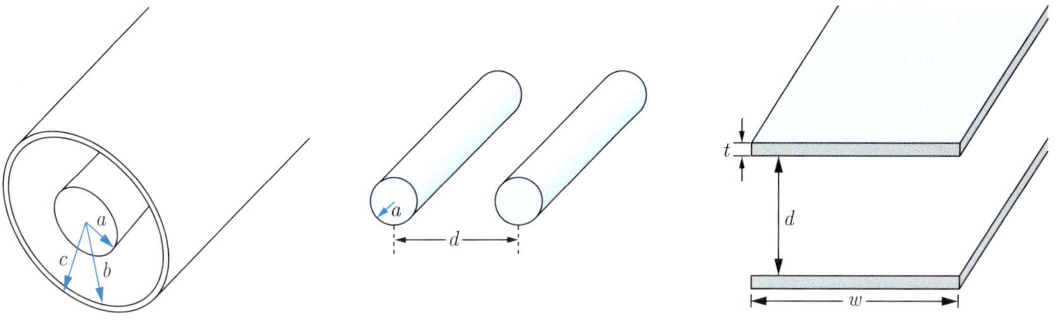

(a) 동축케이블 (b) 평행한 왕복 도체 (c) 평행평판 도체

[그림 9-1] 전송선로의 예

전송선로의 여러 가지 특성은 단위길이당 저항 $r\,[\Omega/\mathrm{m}]$, 단위길이당 인덕턴스 $l\,[\mathrm{H/m}]$, 단위길이당 컨덕턴스 $g\,[\mathrm{S/m}]$, 그리고 단위길이당 커패시턴스 $c\,[\mathrm{F/m}]$ 등의 선로상수를 이용하여 표현한다. 전송선로를 통한 신호의 전달은 부품 사이의 거리가 전달하고자 하는 신호의 파장에 비해 무시할 수 있을 정도로 짧을 경우 신호를 전달할 때 발생하는 시간지연 효과를 무시할 수 있다. 이때 회로는 저항, 커패시터, 인덕터 등의 집중(lumped) 요소로 구성되는데, 매우 긴 전송선로에서는 부품들 사이의 거리가 충분히 길기 때문에 시간지연 효과를 무시할 수 없는 분포(distributed) 요소로 생각해야 한다. 일반적으로 임피던스(impedance) 성분을 가지는 회로로 구분한다.

대표적인 전송선로인 동축케이블, 평행한 왕복 도체, 그리고 평행평판 도체에서의 분포선로상수를 [표 9-1]에 나타냈다. 이때 주목할 점은 단위길이당 컨덕턴스 g는 저항 r의 역수가 아니라는 것이다. r은 선로의 저항을 포함한 도체의 교류저항이지만 컨덕턴스는 도체 사이의 절연체의 특성을 반영한다. 또한 고주파수 영역에서 도체의 내부인덕턴스는 무시할 수 있으므로 [표 9-1]에서 인덕턴스는 외부인덕턴스만을 나타낸다.

[표 9-1] 대표적인 전송선로의 선로상수[1]

구분	동축케이블	평행한 왕복 도체	평행평판 도체
단위길이당 저항 $r[\Omega/\mathrm{m}]$	$\frac{1}{2\pi\sigma\delta}\left(\frac{1}{a}+\frac{1}{b}\right)$ $(\delta \ll a,\ \delta \ll c-b)$	$\frac{1}{\pi a\sigma\delta}$ $(\delta \ll a)$	$\frac{2}{w\sigma\delta}$ $(\delta \ll t)$
단위길이당 인덕턴스 $l[\mathrm{H/m}]$	$\frac{\mu}{2\pi}\ln\frac{b}{a}$	$\frac{\mu}{\pi}\ln\frac{d}{a}$ $(d \gg 2a)$	$\frac{\mu d}{w}$
단위길이당 컨덕턴스 $g[\mathrm{S/m}]$	$\frac{2\pi\sigma}{\ln\frac{b}{a}}$	$\frac{\pi\sigma}{\ln\frac{d}{a}}$ $(d \gg 2a)$	$\frac{\sigma w}{d}$
단위길이당 커패시턴스 $c[\mathrm{F/m}]$	$\frac{2\pi\epsilon}{\ln\frac{b}{a}}$	$\frac{\pi\epsilon}{\ln\frac{d}{a}}$ $(d \gg 2a)$	$\frac{\epsilon w}{d}$ $(w \gg d)$

일반적으로 **전송선로는 선로와 선로 사이의 매질에서 약간의 손실이 발생한다.** 이는 선로의 도체가 작지만 일정한 크기의 저항을 가지고 있으며, 도체를 분리하는 유전체에서도 손실이 발생할 수 있음을 의미한다. 기가헤르츠(GHz) 대역의 고주파수 영역에서는 표피효과나 도체의 저항으로 발생하는 손실이 중요하다. 그러나 대부분의 실용적인 전송선로에서는 이러한 손실은 매우 작은 편이므로 이러한 영향은 무시할 수 있다. 따라서 전송선로의 일반적인 이해를 위해 무손실 전송선로의 특성을 이해하는 것이 필요하다.

2 전송선로의 등가회로와 전송선로 방정식

이제 무손실 전송선로의 등가회로를 모의하여 전송선로 방정식을 구해보자. 전송선로에서 커패시턴스 C와 인덕턴스 L에 대해 단위길이당 커패시턴스와 인덕턴스를 각각 $c(=C/\Delta z)$, $l(=L/\Delta z)$이라고 하면 전송선로는 l, c를 이용하여 [그림 9-2]와 같은 등가회로로 나타낼 수 있다.

평행한 왕복 도체의 가장 일반적인 등가회로는 직렬로 연결된 하나의 L과 병렬로 연결된 하나의 C로 나타낼 수 있다. 그러나 전송선로에서 전압과 전류는 시간 t와 위치 z의 함수이므로 선로의 각 부분에서 전압과 전류는 다를 수 있다. 이를 고려하여 하나의 선로를 **충분히 작은 Δz의 길이를 갖는 선로 조각들의 모임**으로 생각하면 전송선로는 [그림 9-2(a)]와 같이 나타낼 수 있다.

1 δ는 도체의 표피거리로, $\delta = 1/\sqrt{\pi f\mu\sigma}$이다.

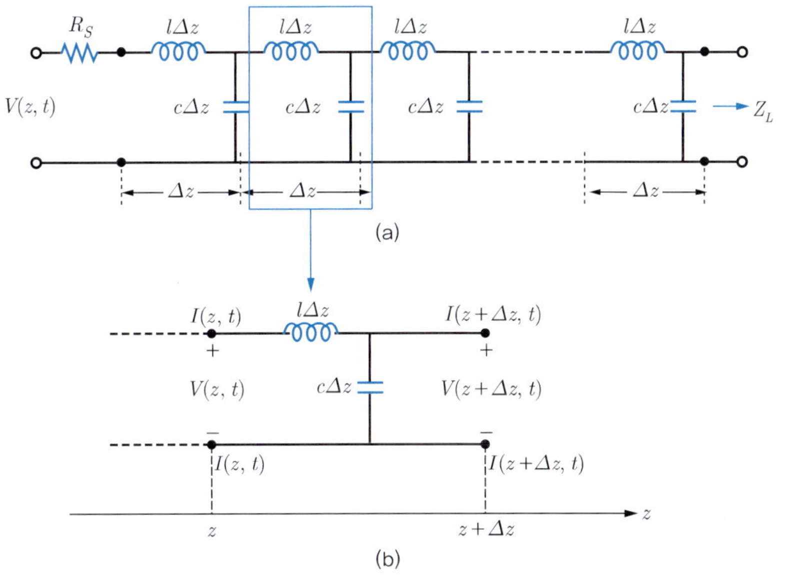

[그림 9-2] 무손실 전송선로의 등가회로

V_S는 신호원(전압원)전압을, R_S는 특성저항을, R_L은 부하저항을 나타낸다. (a)는 Δz가 충분히 작다고 가정할 때 많은 수의 $l\Delta z$와 $c\Delta z$가 직렬 및 병렬로 연결된 전송선로를 나타내며, (b)는 이 중 한 부분($z \sim z+\Delta z$)을 확대한 것이다.

즉 이 등가회로는 직렬로 연결된 인덕턴스 $L(=l\Delta z)$과 병렬로 연결된 커패시턴스 $C(=c\Delta z)$로 모의하였으며, 무손실 전송선로이므로 등가회로에는 손실을 나타내는 성분인 저항과 컨덕턴스는 없다. [그림 9-2(a)]의 회로의 한 조각에 키르히호프의 법칙을 적용하면 전압과 전류 사이에 다음의 관계가 성립한다.

★ 회로의 한 조각에서의 전압과 전류 ★

$$V(z+\Delta z, t) - V(z, t) = -l\Delta z \frac{\partial}{\partial t} I(z, t) \tag{9.1}$$

$$I(z+\Delta z, t) - I(z, t) = -c\Delta z \frac{\partial}{\partial t} V(z+\Delta z, t) \tag{9.2}$$

식 (9.1)의 양변을 Δz로 나누고 $\Delta z \rightarrow 0$의 극한을 취하면 식 (9.1)은 다음과 같이 주어진다.

$$\lim_{\Delta z \rightarrow 0} \frac{V(z+\Delta z, t) - V(z, t)}{\Delta z} = -l \frac{\partial I(z, t)}{\partial t} \tag{9.3}$$

식 (9.3)의 좌변은 Δz만큼의 위치변화에 대한 z와 $z+\Delta z$ 사이의 전압의 변화율을 나타내므로 다음과 같다.

$$\lim_{\Delta z \rightarrow 0} \frac{V(z+\Delta z, t) - V(z, t)}{\Delta z} = \frac{\partial V(z, t)}{\partial z}$$

따라서 앞선 두 식으로부터 다음과 같은 전압에 대한 **전송선로 방정식**(transmission-line equation)을 얻을 수 있다.

★ 무손실 전송선로의 전압에 대한 전송선로 방정식 ★

$$\frac{\partial V(z,t)}{\partial z} = -l\frac{\partial I(z,t)}{\partial t} \tag{9.4}$$

또한 식 (9.2)의 우변에 식 (9.1)을 대입하면 z와 $z+\Delta z$ 사이에서 변화하는 전류를 다음과 같이 구할 수 있다.

$$\begin{aligned} I(z+\Delta z,t) - I(z,t) &= -c\Delta z\frac{\partial}{\partial t}\left[V(z,t) - l\,\Delta z\frac{\partial}{\partial t}I(z,t)\right] \\ &= -c\Delta z\frac{\partial}{\partial t}V(z,t) + lc\Delta z^2\frac{\partial^2}{\partial t^2}I(z,t) \end{aligned} \tag{9.5}$$

식 (9.5)의 양변을 Δz로 나누고 $\Delta z \to 0$의 극한을 취하면 전류의 변화율은 다음과 같다.

$$\lim_{\Delta z \to 0}\frac{I(z+\Delta z,t) - I(z,t)}{\Delta z} = -c\frac{\partial}{\partial t}V(z,t) \tag{9.6}$$

식 (9.6)의 좌변도 Δz의 위치변화에 대한 z와 $z+\Delta z$ 사이의 전류의 변화율을 나타내므로 $\dfrac{\partial I(z,t)}{\partial z}$와 같다. 따라서 다음과 같은 전류에 대한 전송선로 방정식을 얻을 수 있다.

★ 무손실 전송선로의 전류에 대한 전송선로 방정식 ★

$$\frac{\partial I(z,t)}{\partial z} = -c\frac{\partial V(z,t)}{\partial t} \tag{9.7}$$

이제 전송선로의 임의의 위치에서 전압과 전류에 대한 효율적인 해석을 하기 위해 전압과 전류만으로 구성된 방정식을 구해보자. 먼저 식 (9.4)를 z에 대해 미분하고 식 (9.7)을 시간 t에 대해 미분하면 다음과 같은 관계식을 얻을 수 있다.

$$\frac{\partial^2 V(z,t)}{\partial z^2} = -l\frac{\partial^2 I(z,t)}{\partial z\,\partial t}$$

$$\frac{\partial^2 I(z,t)}{\partial z\,\partial t} = -c\frac{\partial^2 V(z,t)}{\partial t^2}$$

앞선 두 식으로부터 다음의 관계가 성립한다.

$$\frac{\partial^2 V(z,t)}{\partial z^2} = lc\frac{\partial^2 V(z,t)}{\partial t^2} \tag{9.8}$$

같은 방법으로 식 (9.4)를 t에 대해 미분하고 식 (9.7)을 z에 대해 미분하면 다음과 같다.

$$\frac{\partial^2 V(z,t)}{\partial z\,\partial t} = -\,l\,\frac{\partial^2 I(z,t)}{\partial t^2}, \qquad \frac{\partial^2 I(z,t)}{\partial z^2} = -\,c\,\frac{\partial^2 V(z,t)}{\partial z\,\partial t}$$

이로부터 다음의 관계를 얻을 수 있다.

$$\frac{\partial^2 I(z,t)}{\partial z^2} = lc\frac{\partial^2 I(z,t)}{\partial t^2} \tag{9.9}$$

식 (9.8)과 식 (9.9)의 좌변과 우변은 각각 전압과 전류의 위치와 시간에 대한 이차 미분을 나타내는 식으로, 전압과 전류에 대한 시·공간적인 변화를 함께 나타낸다. 이 방정식을 풀면 전송선로에서의 전압과 전류를 구할 수 있다.

한편 l과 c가 각각 단위길이당 인덕턴스와 커패시턴스이고 단위가 각각 [H/m]와 [F/m]임을 고려하면 전송선로를 전파하는 전파속도 $v = dz/dt$는 다음과 같이 나타낼 수 있다.

★ 전파속도 ★

$$v = \frac{1}{\sqrt{lc}}\ [\mathrm{m/s}] \tag{9.10}$$ [2]

2 l과 c는 각각 단위길이당 인덕턴스와 커패시턴스로, 단위는 l[H/m], c[F/m]이다. 이는 투자율과 유전율의 단위, 즉 μ[H/m], ϵ[F/m]와 같다. 따라서 균일평면파의 위상속도 $\frac{1}{\sqrt{\mu\epsilon}}$과 전송선로의 전파속도 $\frac{1}{\sqrt{lc}}$은 서로 같은 단위를 갖는 속도가 된다.

SECTION
9.2 무손실 전송선로의 주파수 영역 해석

이 절에서는 전송선로 방정식을 페이저로 나타내고 전송선로의 특성저항과 위상상수를 정의하여 전압과 전류의 관계를 나타낸다.

Keywords | 특성저항 | 위상상수 |

전송선로에 전압을 인가하면 정상상태에 도달하기 전에 과도상태를 거치게 되며, 이때 전압과 전류는 시간함수가 된다. 그러나 이 책에서는 정상상태의 전압과 전류에 대한 고찰을 목적으로 하므로 시간 영역에 대한 해석은 다루지 않기로 한다. 지금부터는 전송선로 방정식을 풀어 전압과 전류에 대한 해석을 해야 한다. 그러나 앞서 살펴본 식 (9.4)와 식 (9.7)의 전송선로 방정식은 시간과 공간에 대한 변수를 함께 가지고 있어 이를 해석하기가 쉽지 않은데, 만약 전송선로 방정식의 전압과 전류가 정상상태의 파동이라면 페이저[3]를 이용하여 다음과 같이 쉽게 표현할 수 있다.

$$\frac{d\mathbf{V}(z)}{dz} = -j\omega l\mathbf{I}(z) \tag{9.11a}$$

$$\frac{d\mathbf{I}(z)}{dz} = -j\omega c\mathbf{V}(z) \tag{9.11b}$$

식 (9.11a)와 식 (9.11b)를 z로 미분하면 페이저로 표현된 이차 전송선로 방정식을 다음과 같이 얻을 수 있다.

★ 페이저로 나타낸 이차 전송선로 방정식 ★

$$\frac{d^2\mathbf{V}(z)}{dz^2} = -j\omega l\frac{d\mathbf{I}(z)}{dz} = -\omega^2 lc\mathbf{V}(z) \tag{9.12a}$$

$$\frac{d^2\mathbf{I}(z)}{dz^2} = -j\omega c\frac{d\mathbf{V}(z)}{dz} = -\omega^2 lc\mathbf{I}(z) \tag{9.12b}$$

이때 이차 미분방정식의 해는 다음과 같다.

$$\mathbf{V}(z) = V_m^+ e^{-j\beta z} + V_m^- e^{j\beta z} \tag{9.13a}$$

3 8장에서 공부하였듯 전자계의 페이저를 시간으로 미분하면 자신의 페이저에 $j\omega$를 곱한 결과와 같다.

$$I(z) = \frac{V_m^+}{R_C} e^{-j\beta z} - \frac{V_m^-}{R_C} e^{j\beta z} \text{[4]} \quad (9.13b)$$

식 (9.13)에서 전압과 전류는 두 개의 항으로 구성되어 있으며, 첫 번째 항은 입사파로써 z의 양(+)의 방향으로, 두 번째 항은 반사파로써 z의 음(−)의 방향으로 진행하고 있음을 나타낸다. 이때 R_C는 **특성저항**(characteristic resistance)으로, 무손실 전송선로의 각 점에서의 전압과 전류의 비를 나타낸다. 특성저항 R_C는 손실이 있는 선로에서는 특성 임피던스 Z_C로 표현하며, 특성저항 및 특성 임피던스의 단위는 모두 [Ω]이 된다. 이를 정리하면 특성저항과 위상상수 β는 다음과 같다.[5]

★ 특성저항과 위상상수 ★

$$R_C = \sqrt{\frac{l}{c}}\ [\Omega] \quad (9.14)$$

$$\beta = \omega\sqrt{lc} = \frac{\omega}{v}\ [\text{rad/m}] \quad (9.15)$$

페이저로 표현된 전압과 전류를 실함수로 변환하려면 페이저에 $e^{j\omega t}$를 곱하고 실수 항을 선택하면 된다. 실함수로 변환한 전압과 전류는 다음과 같다.

$$V(z,t) = V_m^+ \cos(\omega t - \beta z) + V_m^- \cos(\omega t + \beta z) \quad (9.16a)$$

$$I(z,t) = \frac{V_m^+}{R_C} \cos(\omega t - \beta z) - \frac{V_m^-}{R_C} \cos(\omega t + \beta z) \quad (9.16b)$$

예제 9-1

주파수가 1[GHz]일 때 특성저항이 40[Ω]이고 위상상수는 4π[rad/m]인 무손실 전송선로가 있다. 이 전송선로의 단위길이당 커패시턴스와 인덕턴스를 구하라.

풀이

식 (9.14)와 식 (9.15)로 특성저항과 위상정수를 다시 쓰면 다음과 같다.

---

4 균일평면파에서 해석하였듯 식 (9.13a)와 식 (9.13b)에서 $\mathbf{a}_z$ 방향으로 진행하는 입사파에 대해 반사파의 진행 방향은 $-\mathbf{a}_z$이다. 따라서 전압파의 진동 방향이 $\mathbf{a}_x$이면 첫 번째 항의 반사파는 $\mathbf{a}_x \times \mathbf{a}_y = \mathbf{a}_z$에 의해 전류의 진동 방향이 $\mathbf{a}_y$가 되지만 두 번째 항의 반사파는 $\mathbf{a}_x \times (-\mathbf{a}_y) = (-\mathbf{a}_z)$에 의해 전류파의 진동 방향이 $-\mathbf{a}_y$가 된다.

5 무손실 전송선로에서 특성저항과 위상상수는 각각 $R_C = \sqrt{l/c}\,[\Omega]$와 $\beta = \omega\sqrt{lc}\,[\text{rad/m}]$로, 이는 무손실 매질을 전파하는 균일평면파의 고유 임피던스 $\eta = \sqrt{\mu/\epsilon}\,[\Omega]$과 위상정수 $\beta = \omega\sqrt{\mu\epsilon}\,[\text{rad/m}]$과 같다. 특성저항 R_C와 특성 임피던스 Z_C는 각각 무손실과 손실이 있는 선로의 임의의 위치에서의 전압파와 전류파의 비를 나타낸다.

$$R_C = \sqrt{\frac{l}{c}}\,[\Omega], \quad \beta = \omega\sqrt{lc}\,[\text{rad/m}]$$

두 식으로부터 다음과 같은 관계를 얻을 수 있다.

$$\frac{R_C}{\beta} = \frac{1}{\omega c}$$

따라서 단위길이당 커패시턴스와 인덕턴스는 다음과 같이 계산된다.

$$c = \frac{\beta}{\omega R_C} = \frac{4\pi}{2\pi\times 10^9\times 40} = 50\,[\text{pF/m}]$$

$$l = cR_C^2 = 50\times 10^{-12}\times 40^2 = 80\,[\text{nH/m}]$$

예제 9-2

주파수 900[MHz]의 신호전압으로 동작하는, 길이가 50[m]인 평행 왕복선로가 있다. 이 도체계의 인덕턴스와 커패시턴스가 각각 450[μH], 500[nF]일 때 특성저항과 위상상수, 전파속도를 구하라.

풀이

단위길이당 인덕턴스와 커패시턴스를 알면 특성저항과 위상상수를 쉽게 구할 수 있다. 먼저 단위길이당 인덕턴스와 커패시턴스는 다음과 같이 계산한다.

$$l = \frac{450\times 10^{-6}}{50} = 9\,[\mu\text{H/m}]$$

$$c = \frac{500\times 10^{-9}}{50} = 10\,[\text{nF/m}]$$

앞서 구한 값을 바탕으로 식 (9.14)를 이용하여 특성저항을 계산하면 다음과 같다.

$$R_C = \sqrt{\frac{l}{c}} = \sqrt{\frac{9\times 10^{-6}}{10\times 10^{-9}}} = 30\,[\Omega]$$

또한 식 (9.15)와 식 (9.10)을 이용하여 위상상수와 전파속도를 계산하면 다음과 같다.

$$\beta = \omega\sqrt{lc} = 2\pi\times 900\times 10^6\times \sqrt{9\times 10^{-6}\times 10\times 10^{-9}} = 540\pi\,[\text{rad/m}]$$

$$v = \frac{\omega}{\beta} = \frac{1}{\sqrt{lc}} = \frac{1}{\sqrt{9\times 10^{-6}\times 10\times 10^{-9}}} = 0.33\times 10^7\,[\text{m/s}]$$

예제 9-3

신호 전압의 주파수가 300[MHz]일 때 $\epsilon_R = 9$, $\mu_R = 1$의 무손실 매질을 가진 전송선로의 단위길이당 인덕턴스가 20[nH/m]이다. 다음을 구하라.

(a) 위상상수

(b) 단위길이당 커패시턴스

(c) 특성저항

풀이

(a) 위상상수 β는 식 (9.15)에서 $\beta = \omega\sqrt{lc}$ 또는 $\beta = \omega\sqrt{\mu\epsilon}$ 로, 다음과 같이 구할 수 있다.

$$\beta = \omega\sqrt{\mu\epsilon} = \omega\sqrt{\mu_0\epsilon_0}\sqrt{\mu_R\epsilon_R}$$

$$= 2\pi \times 300 \times 10^6 \times \frac{1}{3} \times 10^{-8} \times \sqrt{1 \times 9} = 6\pi\,[\text{rad/m}]$$

(b) 단위길이당 커패시턴스는 $c = \dfrac{\beta}{\omega R_C} = \dfrac{\beta}{\omega\sqrt{l/c}}$ 의 관계로부터 다음과 같이 계산할 수 있다.

$$c = \frac{\beta^2}{\omega^2 l} = \frac{(6\pi)^2}{(2\pi \times 300 \times 10^6)^2 \times 20 \times 10^{-9}} = 5\,[\text{nF/m}]$$

(c) 무손실 매질에서의 특성저항은 식 (9.14)를 이용하여 다음과 같이 구할 수 있다.

$$R_C = \sqrt{\frac{l}{c}} = \sqrt{\frac{20 \times 10^{-9}}{5 \times 10^{-9}}} = 2\,[\Omega]$$

SECTION
9.3 손실이 있는 전송선로의 전송선로 방정식

이 절에서는 전송선로의 저항과 선로 사이의 매질 특성에서 발생하는 손실현상을 이해하며, 손실이 있을 때의 등가회로와 전송선로 방정식을 도출하고 선로상수 r, l, g, c를 구한다. 또한 전송선로에서 발생하는 왜곡현상을 공부한다.

Keywords | 전파상수 | 특성 임피던스 | 선로상수 | 왜곡현상 |

1 전송선로의 등가회로와 전송선로 방정식

전송선로 방정식

일반적인 전송선로에서는 전류가 흐르는 도체의 저항과 선로 사이의 매질에서 손실이 발생한다. [그림 9-2]에서는 무손실 전송선로의 등가회로를 $l\Delta z$와 $c\Delta z$로 구성하였지만 손실이 존재하면 전송선로의 전류는 저항과 컨덕턴스를 흐르게 되며, 특성저항과 전파상수도 손실을 고려하여 수정되어야 한다. 즉 [그림 9-3]과 같이 전송선로는 **부하 임피던스 Z_L에 대해 직·병렬로 연결된 단위길이당 저항 $r\,[\Omega/\text{m}]$과 단위길이당 컨덕턴스 $g\,[\text{S/m}]$를 가질 수 있다.**

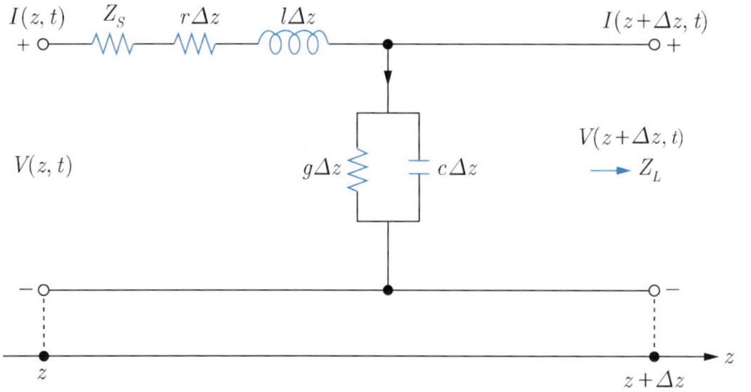

[그림 9-3] 손실이 있는 전송선로의 등가회로

이 회로에 키르히호프의 전압법칙과 전류법칙을 적용하면 다음과 같다.

$$V(z,t) = r\Delta z I(z,t) + l\Delta z \frac{\partial}{\partial t} I(z,t) + V(z+\Delta z, t) \tag{9.17a}$$

$$I(z,t) = g\Delta z V(z+\Delta z, t) + c\Delta z \frac{\partial}{\partial t} V(z+\Delta z, t) + I(z+\Delta z, t) \tag{9.17b}$$

식 (9.17a)의 양변을 Δz로 나누고 $\Delta z \to 0$의 극한을 취하면 다음과 같이 쓸 수 있다.

$$\lim_{\Delta z \to 0} \frac{V(z+\Delta z, t) - V(z,t)}{\Delta z} = -rI(z,t) - l\frac{\partial I(z,t)}{\partial t}$$

이 식의 좌변은 Δz의 변화에 대한 z와 $z+\Delta z$ 사이의 전압의 변화율을 나타내므로 $\frac{\partial V(z,t)}{\partial z}$와 같다. 전류에 대한 식 (9.17b)도 양변을 Δz로 나누고 $\Delta z \to 0$의 극한을 취하면 다음과 같다.

$$\lim_{\Delta z \to 0} \frac{I(z+\Delta z, t) - I(z,t)}{\Delta z} = -gV(z,t) - c\frac{\partial V(z,t)}{\partial t}$$

이 식의 좌변은 Δz의 변화에 대한 z와 $z+\Delta z$ 사이의 전류의 변화율을 나타내므로 $\frac{\partial I(z,t)}{\partial z}$와 같다. 이러한 두 식을 정리하면 다음과 같은 전송선로 방정식을 얻을 수 있다.

★ 손실이 있는 전송선로의 전송선로 방정식 ★

$$\frac{\partial V(z,t)}{\partial z} = -rI(z,t) - l\frac{\partial I(z,t)}{\partial t} \tag{9.18a}$$

$$\frac{\partial I(z,t)}{\partial z} = -gV(z,t) - c\frac{\partial V(z,t)}{\partial t} \tag{9.18b}$$

식 (9.18)에서 전압과 전류 $V(z,t)$, $I(z,t)$의 페이저를 각각 $\mathbf{V}(z)$, $\mathbf{I}(z)$라고 하면 다음과 같이 쓸 수 있다.

$$-\frac{d\mathbf{V}(z)}{dz} = (r + j\omega l)\mathbf{I}(z) \tag{9.19a}$$

$$-\frac{d\mathbf{I}(z)}{dz} = (g + j\omega c)\mathbf{V}(z) \tag{9.19b}$$

만약 식 (9.19a)를 z로 미분하고 식 (9.19b)를 대입하면 전압만으로 구성된 다음의 방정식을 얻을 수 있다.

$$\frac{d\mathbf{V}^2(z)}{dz^2} = (r + j\omega l)(g + j\omega c)\mathbf{V}(z) \tag{9.20}$$

이 식을 복소전파상수 γ를 이용하여

$$\frac{d\mathbf{V}^2(z)}{dz^2} - \gamma^2\mathbf{V}(z) = 0 \tag{9.21}$$

으로 두면 복소전파상수 γ는 식 (9.22)와 같이 주어진다.

★ 전파상수 ★

$$\gamma = \alpha + j\beta = \sqrt{(r + j\omega l)(g + j\omega c)} \tag{9.22}$$

같은 방법을 이용하여 식 (9.19b)로부터 전류만으로 구성된 방정식을 구하면 다음과 같다.

$$\frac{d\mathbf{I}^2(z)}{dz^2} - \gamma^2 \mathbf{I}(z) = 0 \tag{9.23}$$

이제 식 (9.21)과 식 (9.23)의 방정식을 풀어 전압과 전류에 대한 해를 다음과 같이 구한다.

$$\mathbf{V}(z) = V_m^+ e^{-\gamma z} + V_m^- e^{\gamma z} \tag{9.24a}$$

$$\mathbf{I}(z) = I_m^+ e^{-\gamma z} + I_m^- e^{\gamma z} = \frac{V_m^+}{Z_C} e^{-\gamma z} - \frac{V_m^-}{Z_C} e^{\gamma z} \tag{9.24b}$$

마지막으로 전압과 전류의 실함수를 다음과 같이 구할 수 있다.

$$\begin{aligned} V(z,t) &= Re\left[\mathbf{V}(z) e^{j\omega t}\right] \\ &= V_m^+ e^{-\alpha z} \cos(\omega t - \beta z) + V_m^- e^{\alpha z} \cos(\omega t + \beta z) \end{aligned} \tag{9.25a}$$

$$I(z,t) = \frac{V_m^+}{Z_C} e^{-\alpha z} \cos(\omega t - \beta z) - \frac{V_m^-}{Z_C} e^{\alpha z} \cos(\omega t + \beta z) \tag{9.25b}$$

특성 임피던스

식 (9.25b)의 Z_C는 **특성 임피던스**(characteristic impedance)로,[6] 선로의 각 위치에서의 전압과 전류의 비를 나타내며, 무손실 전송회로의 특성저항 R_C 및 전자기파의 고유 임피던스 η와 등가적인 양이다. 특성 임피던스 Z_C는 단위가 $[\Omega]$이고 다음과 같이 나타낸다.

★ 특성 임피던스 ★

$$Z_C = \frac{V_m^+}{I_m^+} = -\frac{V_m^-}{I_m^-} = \frac{r + j\omega l}{\gamma} = \frac{\gamma}{g + j\omega c} \tag{9.26a}$$

$$Z_C = \sqrt{\frac{r + j\omega l}{g + j\omega c}} = R_C + jX_C \tag{9.26b}$$

6 전송선로처럼 매우 긴 회로에서 전압과 전류는 전원에서 멀어질수록, 즉 부하로 전파할수록 진폭이 감소한다. 이때 선로의 한 점에서 전압과 전류의 진폭의 비를 특성 임피던스라고 한다. 특성 임피던스는 선로상수 r, l, g, c에 의존하는 값으로, 선로의 어디에서나 일정하다.

이상의 논의에서 전파상수 γ와 특성 임피던스 Z_C는 전원주파수 및 선로상수인 r, l, g, c 등에 의존하는 매우 중요한 상수이며, 이러한 특성 임피던스 Z_C의 역수를 **특성 어드미턴스**(characteristic admittance)라고 한다. 무손실 전송선로에서 특성 임피던스는 저항과 컨덕턴스가 0이므로 실수항만 존재한다. 또한 식 (9.26b)에서 $Z_C = R_C = \sqrt{l/c}$ 임을 알 수 있다.

예제 9-4

어떤 손실 매질에 RF 영역의 전원주파수 $f = 13.6\,[\text{MHz}]$의 신호전압을 인가할 때 매질의 특성 임피던스 $Z_C = 20\,[\Omega]$이고 감쇠상수 및 위상상수는 각각 $\alpha = 0.4\,[\text{Np/m}]$, $\beta = 50\,[\text{rad/m}]$이다. 이때 선로상수 r, l, g, c를 구하라.

풀이

복소전파상수 γ와 특성 임피던스 Z_C는 식 (9.22)와 식 (9.26a)와 같이 쓸 수 있다.

$$\gamma = \alpha + j\beta = \sqrt{(r + j\omega l)(g + j\omega c)}\,, \quad Z_C = \frac{\gamma}{g + j\omega c}$$

따라서 특성 임피던스를 이용하면 전파상수는 다음과 같이 주어진다.

$$\gamma = \alpha + j\beta = Z_C(g + j\omega c)$$

이 식에 $Z_C = 20\,[\Omega]$, $\alpha = 0.4\,[\text{Np/m}]$, $\beta = 50\,[\text{rad/m}]$을 대입하면 다음과 같다.

$$\gamma = 20(g + j\omega c) = 0.4 + j50$$

이 식으로부터 단위길이당 컨덕턴스와 커패시턴스는 다음과 같이 구할 수 있다.

$$g = 0.02\,[\text{S/m}], \quad c = 29.3\,[\text{nF/m}]$$

특성 임피던스 Z_C는 식 (9.26b)에 의해 다음과 같이 표현된다.

$$Z_C = \sqrt{\frac{r + j\omega l}{g + j\omega c}} \quad \text{또는} \quad Z_C^2(g + j\omega c) = r + j\omega l$$

이 식에 $Z_C = 20\,[\Omega]$, $g = 0.02\,[\text{S/m}]$, $c = 29.3\,[\text{nF/m}]$을 대입하면 다음과 같다.

$$20^2(0.02 + j\omega 29.3 \times 10^{-9}) = 8 + j\omega 11.7 \times 10^{-6} = r + j\omega l$$

이 식으로부터 단위길이당 저항과 인덕턴스를 다음과 같이 구할 수 있다.

$$r = 8\,[\Omega/\text{m}], \quad l = 11.7\,[\mu\text{H/m}]$$

2 전송선로의 왜곡현상

신호를 전송하는 전송선로에는 다양한 주파수 대역의 전기신호가 존재할 수 있다. 만약 감쇠상수 α 가 주파수에 의존하면 손실 매질에서는 주파수에 따라 감쇠의 정도가 달라져 일정 거리를 진행한 신호의 파형에 왜곡이 발생한다.

파형의 왜곡은 전송되는 신호의 품질에 좋지 않은 영향을 미치므로 가급적 손실이 없고 파형의 왜곡이 없는 전송선로가 바람직하다. 왜곡이 없는 선로를 구축하면 감쇠상수 α는 주파수에 의존하지 않게 되고 위상상수 β는 주파수에 선형적으로 의존하게 되므로 위상속도와 특성 임피던스도 무손실 전송선로와 같아진다.

한편 손실이 있는 선로에서도 다음의 조건이 만족되면 왜곡이 없어진다.

$$\frac{r}{l} = \frac{g}{c} \tag{9.27}$$

이때 복소전파상수 γ는 다음과 같이 계산된다.

$$\begin{aligned}\gamma = \alpha + j\beta &= \sqrt{(r + j\omega l)(g + j\omega c)} = \sqrt{rg}\sqrt{\left(1 + j\omega\frac{l}{r}\right)\left(1 + j\omega\frac{c}{g}\right)} \\ &= \sqrt{rg}\left(1 + j\omega\frac{l}{r}\right) = \sqrt{rg} + j\omega\sqrt{lc}\end{aligned}$$

이 결과로부터 감쇠상수와 위상상수는 다음과 같다.

$$\alpha = \sqrt{rg}\,, \quad \beta = \omega\sqrt{lc} \tag{9.28}$$

이를 통해 감쇠상수는 주파수와 무관하고 위상상수는 주파수에 따라 선형적으로 변화함을 알 수 있다. 식 (9.26b)의 특성 임피던스는 다음과 같이 주어진다.

$$\begin{aligned}Z_C &= \sqrt{\frac{r + j\omega l}{g + j\omega c}} = \sqrt{\frac{r(1 + j\omega l/r)}{g(1 + j\omega c/g)}} = \sqrt{\frac{r}{g}} = \sqrt{\frac{l}{c}} \\ &= R_C + jX_C\end{aligned}$$

이 식에서 특성저항과 리액턴스는 다음과 같다.

$$R_C = \sqrt{\frac{r}{g}} = \sqrt{\frac{l}{c}}\,, \quad X_C = 0 \tag{9.29}$$

이때 신호의 위상속도 $v = \dfrac{\omega}{\beta}$ 이지만 위상상수 $\beta = \omega\sqrt{lc}$ 로, 주파수에 선형적으로 의존하므로 위상속도 $v = \dfrac{1}{\sqrt{lc}}$ 가 되어 주파수와 무관해진다.

전송선로의 매질에 따른 선로특성을 정리하여 [표 9-2]에 나타내었다.

[표 9-2] 전송선로의 복소전파상수와 특성 임피던스

구분	복소전파상수 $(\gamma = \alpha + j\beta)$	특성 임피던스 $(Z_C = R_C + jX_C)$
손실 매질	$\sqrt{(r+j\omega l)(g+j\omega c)}$	$\sqrt{\dfrac{r+j\omega l}{g+j\omega c}}$
무손실 매질	$j\omega\sqrt{lc}$, $(\alpha = 0)$	$\sqrt{\dfrac{l}{c}}$, $(X_C = 0)$
무왜곡 매질	$\sqrt{rg} + j\omega\sqrt{lc}$	$\sqrt{\dfrac{l}{c}}$, $(X_C = 0)$

SECTION

9.4 무손실 전송선로의 반사계수와 입력 임피던스

이 절에서는 무손실 전송선로에서 신호의 반사현상을 이해하고 반사계수 및 입력 임피던스의 관계를 공부하며, 이를 이용하여 입력단자와 부하단자에서의 전압을 구한다.

Keywords | 신호의 반사 | 반사계수 | 입력 임피던스 |

8장에서 배운 균일평면파가 두 매질의 경계를 진행할 때 경계면에서 투과 및 반사현상이 발생하듯 전송선로의 입력신호가 선로를 진행하여 부하라는 다른 매질을 만나게 되면 입력신호는 부하에서 투과 및 반사현상을 일으키게 된다.

이때 신호가 부하에서 반사된다는 것은 원하는 신호가 부하로 전달되지 않는다는 의미이다. 만약 이 신호가 전력이라면 투과파는 부하로 전달되어 소비되는 유효전력 성분을 나타내고 반사파는 무효전력 성분을 나타낸다고 생각할 수 있다. 이러한 신호의 반사 및 투과현상은 전원과 선로의 매질, 그리고 부하 사이의 임피던스가 일치하지 않을 때 발생한다.

[그림 9-4]와 같이 내부임피던스가 Z_S인 전압원의 전압 $\mathbf{V}_S = V_S \angle 0°$를 복소임피던스 Z_L의 부하에 인가한 전송선로를 생각해보자.

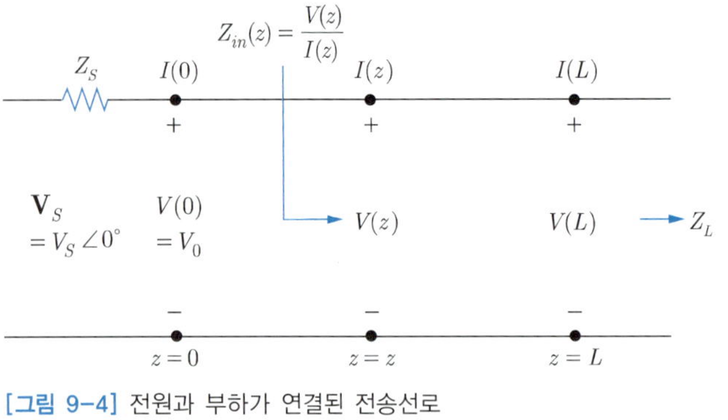

[그림 9-4] 전원과 부하가 연결된 전송선로

선로의 임의의 한 점 z에서 입사파인 신호전압 $\mathbf{V}(z) = V_m^+ e^{-j\beta z}$라면 반사파 전압은 $V_m^- e^{j\beta z}$가 된다. 이때 선로의 임의의 한 점 z에서 부하에 입사되는 전압과 부하에서 반사되는 전압의 비를 **반사계수**로 정의한다. 반사계수 $\Gamma(z)$는 다음과 같이 나타낸다.

★ 반사계수 ★

$$\Gamma(z) = \frac{V_m^- e^{j\beta z}}{V_m^+ e^{-j\beta z}} = \frac{V_m^-}{V_m^+} e^{j2\beta z} \tag{9.30}$$

식 (9.30)에서 $V_m^- e^{j\beta z} = \Gamma(z) V_m^+ e^{-j\beta z}$이므로 무손실 전송선로에서 전압과 전류를 나타내는 식 (9.13)은 반사계수를 이용하여 다음과 같이 표현할 수 있다.

★ 반사계수로 나타낸 전압과 전류 ★

$$\mathbf{V}(z) = V_m^+ e^{-j\beta z}[1 + \Gamma(z)] \tag{9.31a}$$

$$\mathbf{I}(z) = \frac{V_m^+}{R_C} e^{-j\beta z}[1 - \Gamma(z)] \tag{9.31b}$$

한편 [그림 9-4]의 전송선로의 임의의 한 점 z에서 부하 쪽으로 본 등가 임피던스 $Z_{in}(z)$는 선로의 총 전압과 총 전류의 비로 다음과 같이 나타낼 수 있다. 이를 **입력 임피던스**(input impedance)라고 한다.[7]

$$Z_{in}(z) = \frac{\mathbf{V}(z)}{\mathbf{I}(z)} \tag{9.32}$$

입력 임피던스를 이용하면 [그림 9-5(a)]에 표현된 전송선로의 등가회로를 [그림 9-5(b)]와 같이 간단히 나타낼 수 있다. 식 (9.32)에 식 (9.31)의 전압과 전류를 대입하면 입력 임피던스는 다음과 같이 정의된다.

★ 입력 임피던스 ★

$$Z_{in}(z) = R_C \frac{1 + \Gamma(z)}{1 - \Gamma(z)} \tag{9.33}$$

7 특성 임피던스는 전송선로가 가지는 고유의 임피던스로, 선로의 구조(도체의 거리 및 두께 등)와 유전율 등 선로 사이의 매질 특성을 반영한 값이다. 반면 입력 임피던스는 선로의 임의의 한 점에서 선로 전체의 전압과 전류의 비를 나타낸다.

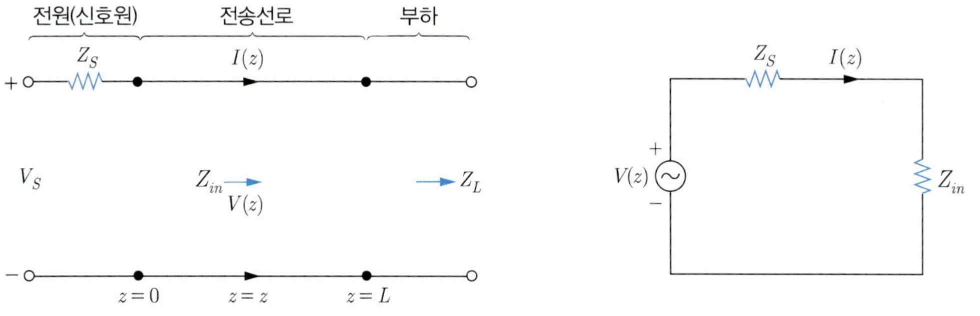

(a) 전송선로 (b) Z_{in}을 이용한 등가회로

[그림 9-5] 전송선로에서 임피던스 Z_{in}을 이용한 등가회로

한편 부하에서의 입력 임피던스는 식 (9.33)에 $z=L$을 대입하여

$$Z_{in}(z) = Z_L = R_C \frac{1+\Gamma(L)}{1-\Gamma(L)} \tag{9.34}$$

로 구할 수 있으며, 식 (9.30)에 $z=L$을 대입하여 부하에서 반사계수를 다음과 같이 구할 수 있다.

$$\Gamma(L) = \Gamma_L = \frac{V_m^-}{V_m^+} e^{j2\beta L} \tag{9.35}$$

한편 식 (9.34)에서 부하에서의 반사계수 $\Gamma(L) = \Gamma_L$을 특성저항 R_C와 부하 임피던스 Z_L로 나타내면 다음과 같다.

★ 반사계수 ★

$$\Gamma_L = \frac{Z_L - R_C}{Z_L + R_C} \tag{9.36}$$

식 (9.36)에서 특성저항과 부하 임피던스가 같은 값을 가지게 되면 부하에서의 반사계수는 0이 되며, 신호는 부하에서 반사되지 않고 투과된다. 이러한 경우를 **임피던스가 정합되었다**(impedance matching)고 한다. 만약 정합이 이루어지지 않아 부하 임피던스와 특성저항의 차이가 크면 반사계수도 커지며, 신호의 많은 부분이 반사되므로 신호를 부하에 효과적으로 전달할 수 없다. 즉 특성저항은 무손실선로에서 전원주파수 및 선로상수인 L과 C에 의존하는 상수이므로 고주파 전원을 사용한다면 선로에서의 손실을 최소화하기 위해 임피던스를 정합하여야 한다.

한편 전송선로의 반사계수는 부하에서의 반사계수에 비례하므로 식 (9.30)의 반사계수 $\Gamma(z) = \dfrac{V_m^-}{V_m^+}e^{j2\beta z}$는 부하단자의 반사계수 Γ_L을 이용하여 나타낼 수 있다. 즉 식 (9.35)에서 $\dfrac{V_m^-}{V_m^+} = \Gamma_L e^{-j2\beta L}$이므로 이를 식 (9.30)에 대입하면 다음과 같은 관계를 얻을 수 있다.

$$\Gamma(z) = \Gamma_L e^{j2\beta(z-L)} \tag{9.37}$$

예제 9-5

신호원의 임피던스와 부하 임피던스가 각각 $Z_S = 20 + j40[\Omega]$, $Z_L = 30 + j20[\Omega]$이고 길이 $L = 2[\mathrm{m}]$인 전송선로의 특성저항 $R_C = 10[\Omega]$일 때 입력 임피던스를 구하라. 단, 주파수 $f = 50[\mathrm{MHz}]$의 신호전압 $\mathbf{V}_S = 100\angle 30°$이고 위상속도 $v = 200[\mathrm{m}/\mu\mathrm{s}]$이다.

풀이

입력 임피던스는 식 (9.33)의 $Z_{in}(z) = R_C\dfrac{1+\Gamma(z)}{1-\Gamma(z)}$에서 입력단의 위치 $z = 0$이므로 $\Gamma(0)$을 구하면 된다. 이를 위해 식 (9.37)의 $\Gamma(z) = \Gamma_L e^{j2\beta(z-L)}$에 $z = 0$을 대입하면 $\Gamma(0) = \Gamma_L e^{-j2\beta L}$이 되며, 위상상수 $\beta = \omega/v$를 이용하여 지수항의 $-2\beta L$을 먼저 계산하면 다음과 같다.

$$-2\beta L = -2\frac{\omega}{v}L = -2\frac{2\pi f}{v}L = -2\times\frac{2\pi\times 50\times 10^6}{200\times 10^6}\times 2 = -2\pi[\mathrm{rad}]$$

따라서 $e^{-j2\beta L} = 1\angle -2\pi$이며, 식 (9.36)을 이용하여 부하에서의 반사계수 Γ_L을 구하면

$$\Gamma_L = \frac{Z_L - R_C}{Z_L + R_C} = \frac{(30+j20)-10}{(30+j20)+10} = \frac{20+j20}{40+j20}$$

$$= 0.6 + j0.2 = 0.63\angle 18.4°$$

이 된다. 이를 이용하여 $\Gamma(0)$을 구하면 다음과 같다.

$$\Gamma(0) = \Gamma_L e^{-j2\beta L} = 0.63\angle(-360° + 18.4°) = 0.63\angle -341.6° = 0.6 + j0.2$$

따라서 입력 임피던스는 다음과 같이 계산할 수 있다.

$$Z_{in} = R_C\frac{1+\Gamma(0)}{1-\Gamma(0)} = 10\times\frac{1+(0.6+j0.2)}{1-(0.6+j0.2)} = 30 + j20 = 36\angle 33.7°$$

예제 9-6

단위길이당 커패시턴스와 인덕턴스가 각각 100[pF/m], 0.25[μH/m]인 전송선로에 진폭이 250[V]인 전원전압을 인가하였다. 전압원의 저항이 200[Ω]이고 부하 임피던스 $Z_L = 0$일 때 다음을 구하라.

(a) 특성저항과 위상속도

(b) 전압원과 부하에서의 반사계수

풀이

(a) 먼저 식 (9.14)와 식 (9.10)을 이용하여 특성저항과 전파속도를 다음과 같이 구할 수 있다.

$$R_C = \sqrt{\frac{l}{c}} = \sqrt{\frac{0.25 \times 10^{-6}}{100 \times 10^{-12}}} = 50[\Omega]$$

$$v = \frac{1}{\sqrt{lc}} = \frac{1}{\sqrt{(100 \times 10^{-12}) \times (0.25 \times 10^{-6})}} = 0.2[\mathrm{m/ns}]$$

(b) 전압원의 저항 $R_S = 200[\Omega]$이고 선로의 특성저항 $R_C = 50[\Omega]$이므로 반사계수를 구하는 식 (9.36)의 $\Gamma_L = \dfrac{Z_L - R_C}{Z_L + R_C}$를 응용하여 전압원에서의 반사계수 Γ_S를 구하면 다음과 같다.

$$\Gamma_S = \frac{R_S - R_C}{R_S + R_C} = \frac{200 - 50}{200 + 50} = 0.6$$

한편 부하 임피던스 $Z_L = 0$이므로 식 (9.36)을 이용하여 부하에서 반사계수를 구하면 다음과 같이 주어진다.

$$\Gamma_L = \frac{Z_L - R_C}{Z_L + R_C} = \frac{0 - 50}{0 + 50} = -1$$

이를 통해 부하 임피던스 $Z_L = 0$이면 부하에서의 반사계수 $\Gamma_L = -1$이 되므로 파동은 부하에서 전반사됨을 알 수 있다.

SECTION
9.5

무손실 전송선로의 입·출력단자에서의 전압과 전류

이 절에서는 무손실 전송선로에서의 반사계수와 입력 임피던스를 구하고 이를 이용하여 입력단자와 출력단자, 선로에서의 전압과 전류를 구한다.

Keywords | 입력단자의 전압 | 선로의 전압 | 선로의 전류 | 등가 임피던스 |

전송선로는 입력단자(전원, 신호원)와 전송 매질, 그리고 출력단자(부하)로 구성된다. 전송선로가 정상상태라도 입력단자와 출력단자에서 신호의 반사현상이 존재할 수 있으며, 선로 사이의 매질의 종류 및 신호의 파장, 회로 길이의 차이 등에 따라 신호의 지연현상이 발생할 수도 있다. 따라서 **전압과 전류는 선로의 위치에 따라 크기가 달라질 수 있다.** 이 절에서는 입력 임피던스를 이용하여 선로에서의 전압과 전류를 구한다.

길이가 L인 무손실 전송선로에서 입력단자의 전압과 전류는 식 (9.31a)와 식 (9.31b)에 $z = 0$을 대입하면 다음과 같이 주어진다.

$$\mathbf{V}(0) = V_m^+[1+\Gamma(0)] \tag{9.38a}$$

$$\mathbf{I}(0) = \frac{V_m^+}{R_C}[1-\Gamma(0)] \tag{9.38b}$$

반면 출력단자에서의 전압과 전류는 식 (9.31a)와 식 (9.31b)에 $z = L$을 대입하면 다음과 같다.

$$\mathbf{V}(L) = V_m^+ e^{-j\beta L}[1+\Gamma(L)] \tag{9.39a}$$

$$\mathbf{I}(L) = \frac{V_m^+}{R_C} e^{-j\beta L}[1-\Gamma(L)] \tag{9.39b}$$

한편 식 (9.13a)와 식 (9.13b)의 이차 미분방정식의 해는 다음과 같이 주어진다.

$$\mathbf{V}(z) = V_m^+ e^{-j\beta z} + V_m^- e^{j\beta z}, \quad \mathbf{I}(z) = \frac{V_m^+}{R_C} e^{-j\beta z} - \frac{V_m^-}{R_C} e^{j\beta z}$$

각각의 식에서 미지수인 V_m^+와 V_m^-를 구하기 위해 먼저 $z = 0$에서 $\mathbf{V}(0) = V_0$이고 $\mathbf{I}(0) = I_0$라고 하면 V_0, I_0는 다음과 같이 표현할 수 있다.

$$V_0 = V_m^+ + V_m^- \tag{9.40a}$$

$$I_0 = \frac{V_m^+}{R_C} - \frac{V_m^-}{R_C} \tag{9.40b}$$

식 (9.40a)와 식 (9.40b)로부터 V_m^+, V_m^-를 구하면 다음과 같다.

$$V_m^+ = \frac{1}{2}(V_0 + R_C I_0) \tag{9.41a}$$

$$V_m^- = \frac{1}{2}(V_0 - R_C I_0) \tag{9.41b}$$

입력단자의 입력 임피던스를 Z_{in}이라고 할 때 [그림 8-4]로부터 입력전압 V_0와 전류 I_0는 다음과 같이 주어진다.

$$V_0 = \frac{Z_{in}}{Z_{in} + Z_S} V_S, \quad I_0 = \frac{V_S}{Z_{in} + Z_S} \tag{9.42}$$

또한 식 (9.13a)와 식 (9.13b)에 $z = L$을 대입한 결과를 $\mathbf{V}(L) = V_L$, $\mathbf{I}(L) = I_L$이라고 하고 $V_L = Z_L I_L$의 관계를 이용하면 V_m^+와 V_m^-를 다음과 같이 표현할 수 있다.

$$V_m^+ = \frac{1}{2}(V_L + R_C I_L)e^{j\beta L} = \frac{1}{2}I_L(Z_L + R_C)e^{j\beta L} \tag{9.43a}$$

$$V_m^- = \frac{1}{2}(V_L - R_C I_L)e^{-j\beta L} = \frac{1}{2}I_L(Z_L - R_C)e^{-j\beta L} \tag{9.43b}$$

이 결과를 다시 식 (9.13a)와 식 (9.13b)에 대입하면 다음과 같은 전압과 전류에 대한 표현식을 얻을 수 있다.[8]

$$\begin{aligned}\mathbf{V}(z) &= \frac{1}{2}I_L\left[(Z_L + R_C)e^{j\beta(L-z)} + (Z_L - R_C)e^{-j\beta(L-z)}\right] \\ &= I_L\left[Z_L\frac{e^{j\beta(L-z)} + e^{-j\beta(L-z)}}{2} + R_C\frac{e^{j\beta(L-z)} - e^{-j\beta(L-z)}}{2}\right] \\ &= I_L\left[Z_L \cosh j\beta(L-z) + R_C \sinh j\beta(L-z)\right]\end{aligned} \tag{9.44a}$$

$$\mathbf{I}(z) = \frac{I_L}{R_C}\left[Z_L \sinh j\beta(L-z) + R_C \cosh j\beta(L-z)\right] \tag{9.44b}$$

한편 식 (9.44a)와 식 (9.44b)를 $\cosh j\beta(L-z)$로 나누고 이를 입력 임피던스에 대한 식 (9.32)에

8 $\cosh j\beta z = \dfrac{e^{j\beta z} + e^{-j\beta z}}{2}$, $\sinh j\beta z = \dfrac{e^{j\beta z} - e^{-j\beta z}}{2}$의 관계를 이용하였다.

대입하면 선로의 임의의 한 점에서의 입력 임피던스를 다음과 같이 구할 수 있다.[9]

★ 무손실 전송선로에서의 입력 임피던스 ★

$$Z_{in}(z) = R_C \frac{Z_L + jR_C \tan\beta(L-z)}{R_C + jZ_L \tan\beta(L-z)} \tag{9.45}$$

또한 전원에서 부하단자를 들여다본 입력 임피던스 $Z_{in}(0)$은 다음과 같다. 입력 임피던스는 부하로부터의 거리 L에 따라 그 값이 주기적으로 변하는 특성을 가진다.

★ 전원단자에서 바라본 입력 임피던스 ★

$$Z_{in}(0) = R_C \frac{Z_L + jR_C \tan\beta L}{R_C + jZ_L \tan\beta L} \tag{9.46}$$

예제 9-7

200[MHz]의 주파수로 동작하는 길이 4[m]의 무손실 전송선로에 $Z_L = 100 + j50[\Omega]$의 부하가 연결되어 있다. 전송선로의 커패시턴스와 인덕턴스가 각각 20[pF], 20[μH]라고 할 때 특성 임피던스와 입력 임피던스를 구하라.

풀이

단위길이당 커패시턴스와 인덕턴스는 각각 $c = 5\times 10^{-12}[\text{F/m}]$, $l = 5\times 10^{-6}[\text{H/m}]$이므로 특성 임피던스는 다음과 같다.

$$Z_C = \sqrt{\frac{l}{c}} = \sqrt{\frac{5\times 10^{-6}}{5\times 10^{-12}}} = 10^3[\Omega]$$

다음으로 식 (9.47)의 입력 임피던스를 구하기 위해 $\tan\beta L$을 구해보자. 단위길이당 커패시턴스와 인덕턴스는 각각 5[pF/m], 5[μH/m]이므로 위상상수 β와 βL은 다음과 같다.

$$\beta = \frac{\omega}{v} = \omega\sqrt{lc} = 2\pi\times 200\times 10^6\sqrt{5\times 10^{-12}\times 5\times 10^{-6}} = 2\pi[\text{rad/m}]$$

$$\beta L = 2\pi\times 4 = 8\pi[\text{rad}]$$

따라서 $\tan\beta L = \tan 8\pi = 0$이므로 입력 임피던스는 다음과 같이 구할 수 있다.

$$Z_{in}(0) = Z_C \frac{Z_L + jZ_C \tan\beta L}{Z_C + jZ_L \tan\beta L} = Z_C \frac{Z_L}{Z_C} = 100 + j50[\Omega]$$

9 $\tanh j\beta z = \frac{\sinh j\beta z}{\cosh j\beta z}$이며, $\tanh j\beta z = j\tan\beta z$의 관계를 이용하였다.

예제 9-8

신호원 전압 $V_S = 240[\text{V}]$이고 내부 임피던스 $Z_S = 40[\Omega]$인 무손실 전송선로의 특성저항과 위상상수가 각각 $R_C = 40[\Omega]$, $\beta = \frac{\pi}{3}[\text{rad/m}]$이다. $z = 1.5[\text{m}]$의 위치에 $Z_L = 20[\Omega]$의 부하 임피던스를 연결할 때 다음을 구하라.

(a) 입력 임피던스 Z_{in}

(b) 전원단자에서의 전류 I_{in}

(c) 부하를 흐르는 전류 I_L

풀이

(a) 위상상수 $\beta = \frac{\pi}{3}[\text{rad/m}]$이고 선로의 길이 $L = 1.5[\text{m}]$이므로 $\tan\beta L = \tan\frac{\pi}{2} = \infty$이다. 식 (9.46)을 이용하여 입력 임피던스 $Z_{in}(0)$을 구하면 다음과 같다.

$$Z_{in}(0) = R_C \frac{Z_L + jR_C \tan\beta L}{R_C + jZ_L \tan\beta L} = R_C \frac{\frac{Z_L}{\tan\beta L} + jR_C}{\frac{R_C}{\tan\beta L} + jZ_L}$$

$$= R_C \frac{jR_C}{jZ_L} = \frac{R_C^2}{Z_L} = \frac{40^2}{20} = 80[\Omega]$$

(b) 이 선로는 전원전압 $V_S = 240[\text{V}]$일 때 전원의 내부저항 $Z_S = 40[\Omega]$과 입력 임피던스 $Z_{in} = 80[\Omega]$이 직렬로 연결되어 있다. 따라서 식 (9.42)를 이용하여 입력단자의 전류를 구하면 다음과 같다.

$$I_{in} = \frac{V_S}{Z_S + Z_{in}} = \frac{240}{40 + 80} = \frac{240}{120} = 2[\text{A}]$$

(c) 식 (9.13a)와 식 (9.13b)를 통해 회로의 임의의 한 점 z에서의 전압과 전류를 다음과 같이 구할 수 있다.

$$\mathbf{V}(z) = V_m^+ e^{-j\beta z} + V_m^- e^{j\beta z}, \quad \mathbf{I}(z) = \frac{V_m^+}{R_C} e^{-j\beta z} - \frac{V_m^-}{R_C} e^{j\beta z}$$

이 식들에서 V_m^+와 V_m^-를 구하기 위해 먼저 $z = 0$에서 전압과 전류의 값을 구하면 다음과 같다.

$$V(0) = V_{in} = V_m^+ + V_m^- = V_S - Z_S I_{in} = 240 - (40 \times 2) = 160[\text{V}]$$

$$I(0) = I_{in} = \frac{V_m^+}{R_C} - \frac{V_m^-}{R_C} = \frac{V_m^+}{40} - \frac{V_m^-}{40} = 2[\text{A}]$$

이 식들로부터 $V_m^+ = 120\,[\mathrm{V}]$, $V_m^- = 40\,[\mathrm{V}]$을 얻을 수 있다. 또한 위상상수 $\beta = \dfrac{\pi}{3}\,[\mathrm{rad/m}]$이고 부하가 $z = 1.5\,[\mathrm{m}]$에 있으므로 식 (9.13)의 지수 항은 $j\beta z = j\dfrac{\pi}{2}$가 된다. 따라서 부하를 흐르는 전류 I_L은 다음과 같다.

$$\begin{aligned} I_L = I_{z=1.5} &= \frac{120}{40}e^{-j\pi/2} - \frac{40}{40}e^{j\pi/2} \\ &= 3\left(\cos\frac{\pi}{2} - j\sin\frac{\pi}{2}\right) - \left(\cos\frac{\pi}{2} + j\sin\frac{\pi}{2}\right) = -j4\,[\mathrm{A}] \end{aligned}$$

예제 9-9

특성저항 $R_C = 100\,[\Omega]$이고 선로의 길이가 $\lambda/4$인 무손실 전송선로에 전압원의 임피던스 $Z_S = 50\,[\Omega]$인 전압 $v = 100\cos\left(\omega t + \dfrac{\pi}{4}\right)[\mathrm{V}]$를 인가하였다. 부하 임피던스 $Z_L = 50\,[\Omega]$일 때 부하의 반사계수와 입력 임피던스를 고려한 부하로의 입력전압을 구하라.

풀이

전압의 페이저는 $v = 100\cos\left(\omega t + \dfrac{\pi}{4}\right) = Re\,100\,e^{j\omega t}\cdot e^{j\pi/4}$로부터 다음과 같이 주어진다.

$$\mathbf{V}_S = 100\,e^{j\pi/4}\,[\mathrm{V}]$$

식 (9.36)을 이용하여 부하에서의 반사계수를 구하면 다음과 같다.

$$\Gamma_L = \frac{Z_L - R_C}{Z_L + R_C} = \frac{50 - 100}{50 + 100} = -\frac{1}{3}$$

또한 $\beta L = \dfrac{2\pi}{\lambda}\dfrac{\lambda}{4} = \dfrac{\pi}{2}$이므로 식 (9.46)의 입력 임피던스 $Z_{in} = R_C\dfrac{Z_L + jR_C\tan\beta L}{R_C + jZ_L\tan\beta L}$에서 $\tan\dfrac{\pi}{2} = \tan\beta L = \infty$가 되므로

$$Z_{in} = \frac{R_C^2}{Z_L} = 200\,[\Omega]$$

이다. 따라서 식 (9.42)에 주어진 바와 같이 부하로의 입력전압 $\mathbf{V}_{in}$은

$$\mathbf{V}_{in} = \frac{Z_{in}}{Z_S + Z_{in}}\mathbf{V}_S = \frac{200}{50 + 200} \times 100e^{j\frac{\pi}{4}} = 80e^{j\frac{\pi}{4}}$$

가 되며, 이 전압의 실함수를 다음과 같이 구할 수 있다.

$$V_{in}(t) = Re\,\mathbf{V}_{in}e^{j\omega t} = Re\left[80e^{j\left(\omega t + \frac{\pi}{4}\right)}\right] = 80\cos\left(\omega t + \frac{\pi}{4}\right)[\mathrm{V}]$$

SECTION 9.6

전송선로의 단락과 개방

이 절에서는 전송선로에서 부하의 단락과 개방의 의미를 이해하고 부하의 단락과 개방에 따른 반사계수 및 부하 임피던스와 입력 임피던스를 구한다.

Keywords | 단락 | 개방 | 입력 임피던스 | 반사계수 |

1 부하의 단락과 개방에 의한 전압과 전류 특성

전송선로에서 또 다른 중요한 현상으로 부하의 단락과 개방현상이 있다. 전송선로에서 부하의 단락과 개방은 부하 임피던스가 0 또는 ∞ 이 되는 매우 특수한 경우이지만 선로에서 전압과 전류의 관계 및 입력 임피던스의 기본적인 특성을 이해하는 데 많은 도움이 된다. **부하가 단락되면 부하 임피던스 $Z_L = 0$ 이므로 부하에서의 반사계수 $\Gamma_L = -1$ 이 된다. 반대로 부하가 개방되면 부하 임피던스 $Z_L = \infty$ 이므로 부하의 반사계수 $\Gamma_L = 1$ 이 된다.**

이제 부하가 단락 또는 개방될 때 선로의 한 점 z 에서의 전압과 전류에 관한 식 (9.31)을 이용하여 전압과 전류를 구해보자.

$$\mathbf{V}(z) = V_m^+ e^{-j\beta z}[1 + \Gamma(z)], \quad \mathbf{I}(z) = \frac{V_m^+}{R_C} e^{-j\beta z}[1 - \Gamma(z)]$$

앞선 두 식에서 $\Gamma(z)$ 를 식 (9.37)의 $\Gamma(z) = \Gamma_L e^{j2\beta(z-L)}$ 을 이용하여 표현하면 다음과 같다. 이때 Γ_L 은 부하에서의 반사계수이다.

$$\mathbf{V}(z) = V_m^+ e^{-j\beta z}\left[1 + \Gamma_L e^{j2\beta(z-L)}\right] \tag{9.47a}$$

$$\mathbf{I}(z) = \frac{V_m^+}{R_C} e^{-j\beta z}\left[1 - \Gamma_L e^{j2\beta(z-L)}\right] \tag{9.47b}$$

전송선로에서 부하로부터 떨어진 위치 $d = L - z$ 에서의 전압과 전류를 각각 $V(d)$, $I(d)$ 라고 하고 식 (9.47)에서 전압과 전류의 크기를 취하면 다음과 같이 구할 수 있다.

$$|V(d)| = |V_m^+||e^{-j\beta d}||1 + \Gamma_L e^{-j2\beta d}| \tag{9.48a}$$

$$|I(d)| = \frac{|V_m^+|}{R_C}|e^{-j\beta d}||1 - \Gamma_L e^{-j2\beta d}| \tag{9.48b}$$

만약 부하가 단락되면 부하에서의 반사계수 $\Gamma_L = -1$이 되며, $|e^{-j\beta d}| = 1$이므로 식 (9.48a)와 식 (9.48b)는 다음과 같아진다.

$$|V(d)| = |V_m^+||1 - e^{-j2\beta d}| = |V_m^+||e^{j\beta d} - e^{-j\beta d}|$$ [10] (9.49a)

$$|I(d)| = \frac{|V_m^+|}{R_C}|1 + e^{-j2\beta d}| = \frac{|V_m^+|}{R_C}|e^{j\beta d} + e^{-j\beta d}| \quad (9.49b)$$

식 (9.49)에서 $|e^{j\beta d} - e^{-j\beta d}| = |2j\sin(\beta d)|$와 $|e^{j\beta d} + e^{-j\beta d}| = |2\cos(\beta d)|$의 관계를 고려하면 전압과 전류는 각각 $\sin(\beta d)$, $\cos(\beta d)$에 비례하여 $d = L - z$에 따라 주기적으로 변하게 된다. 이때 V_d, I_d를 전압과 전류의 최댓값이라고 하면 그 크기는 다음과 같이 표현할 수 있다.

★ 부하가 단락될 때의 전압과 전류 특성 ★

$$|V(d)| = |V_d||\sin\beta d| = |V_d|\left|\sin\left(2\pi\frac{d}{\lambda}\right)\right| \quad (9.50a)$$

$$|I(d)| = |I_d||\cos\beta d| = |I_d|\left|\cos\left(2\pi\frac{d}{\lambda}\right)\right| \quad (9.50b)$$

이 결과는 [그림 9-6(a)]에 나타낸 것과 같다. [그림 9-6(a)]에서 부하가 단락될 때 전압은 부하와 부하로부터의 거리가 $\lambda/2$의 정수배가 되는 위치에서 0이 된다. 즉 0, $\frac{\lambda}{2}$, λ, $\frac{3\lambda}{2}$, ⋯의 위치에서 전압은 0이 된다. 전류는 부하에서 최댓값을 가지고 부하로부터의 거리가 $\lambda/4$의 홀수배가 될 때 0이 된다.

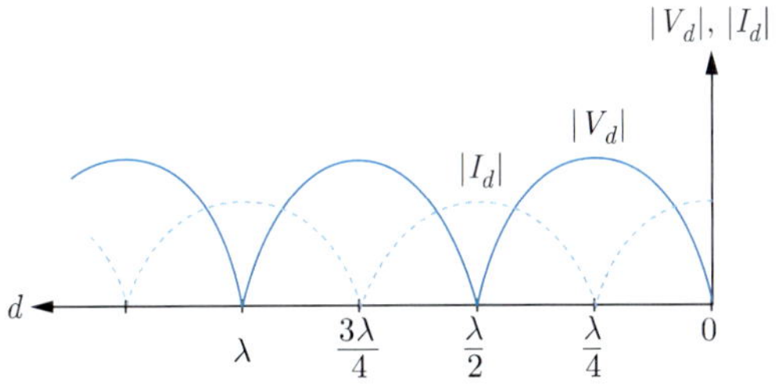

(a) 부하단자가 단락된 경우 $Z_L = 0$

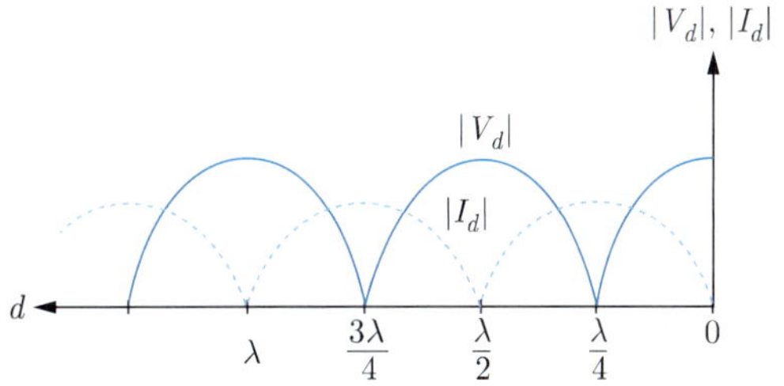

(b) 부하단자가 개방될 경우 $Z_L = \infty$

[그림 9-6] 부하단자의 단락과 개방에 대한 전압과 전류

만약 부하가 개방되면 부하 임피던스 및 반사계수가 각각 $Z_L = \infty$, $\Gamma_L = 1$이므로 전압과 전류는 다음과 같이 주어진다.

---

10 $|1 - e^{-j2\beta d}| = |e^{-j\beta d}||e^{j\beta d} - e^{-j\beta d}| = |e^{j\beta d} - e^{-j\beta d}|$ ($\because |e^{-j\beta d}| = 1$)의 연산 결과를 이용하였다.

★ 부하가 개방될 때의 전압과 전류 특성 ★

$$|V(d)| = |V_d||\cos\beta d| = |V_d|\left|\cos\left(2\pi\frac{d}{\lambda}\right)\right| \tag{9.51a}$$

$$|I(d)| = |I_d||\sin\beta d| = |I_d|\left|\sin\left(2\pi\frac{d}{\lambda}\right)\right| \tag{9.51b}$$

즉 부하가 개방되면 [그림 9-6(b)]와 같이 전류는 부하와 부하로부터 거리가 $\lambda/2$의 정수배가 될 때 0이 되며, 전압은 부하에서 최댓값을 가지고 부하로부터의 거리가 $\lambda/4$의 홀수배가 될 때 0이 됨을 알 수 있다.

2 부하의 단락과 개방에 의한 입력 임피던스 특성

마지막으로 부하가 단락 및 개방될 때의 입력 임피던스를 알아보자. 먼저 전송선로의 부하가 단락되면 입력(전원)단자에서 본 입력 임피던스는 식 (9.46)에 $Z_L = 0$을 대입하여 다음과 같이 구할 수 있다.

$$Z_{in}(0) = R_C\frac{0 + jR_C\tan\beta L}{R_C + j0\tan\beta L} = jR_C\tan\beta L \tag{9.52}$$

식 (9.52)에 위상상수 $\beta = \dfrac{\omega}{v} = \dfrac{2\pi}{\lambda}$의 관계를 대입하면 부하가 단락될 때의 입력 임피던스는 다음과 같이 표현된다.

★ 부하가 단락될 때의 입력 임피던스 ★

$$Z_{in}(0) = jR_C\tan\frac{2\pi L}{\lambda} \tag{9.53}$$

부하가 단락될 때의 입력 임피던스는 허수이다. 이는 부하에서 전반사가 일어나면 반사계수 $\Gamma_L = -1$이 되고 임피던스는 리액턴스 성분만을 가지게 된다는 의미이다. 식 (9.53)의 이러한 입력 임피던스를 선로의 길이 L의 변수로 나타내면 [그림 9-7]과 같다. 전송선로의 길이가 증가하면 입력 임피던스는 유도성 성분이 증가하여 $\lambda/4$에서 무한대가 되며, $\lambda/4 \sim \lambda/2$의 구간에서는 용량성 부하로서 선로를 진행함에 따라 감소한다.

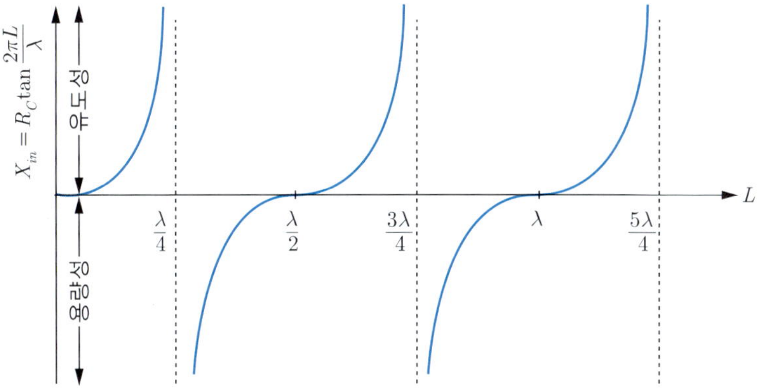

[그림 9-7] 무손실 전송선로에서 부하가 단락되었을 때의 입력 임피던스

부하가 단락되었을 때 전송선로의 길이가 $\lambda/4$보다 짧을 때는 유도성(inductive) 리액턴스를 나타내고 전송선로의 길이가 $\lambda/4 \sim \lambda/2$일 때는 용량성(capacitive) 리액턴스를 나타낸다.

이제 전송선로의 부하단자가 개방될 때 입력단자에서 본 임피던스를 구해보자. 이때의 입력 임피던스는 식 (9.46)에 $Z_L = \infty$을 대입하여 다음과 같이 구한다.

★ 부하단자가 개방될 때의 입력 임피던스 ★

$$Z_{in}(\infty) = \frac{R_C}{j\tan\beta L} = -j\frac{R_C}{\tan\frac{2\pi L}{\lambda}} \quad (9.54)$$

[11]

이처럼 부하가 개방될 때의 입력 임피던스를 선로의 길이 L의 변수로 나타내면 [그림 9-8]과 같다. 즉 입력 임피던스는 선로의 길이가 증가하면 용량성 성분이 증가하며, 선로의 길이가 $\lambda/4$일 때 0이 된다. 또한 $\lambda/4 \sim \lambda/2$의 구간에서 입력 임피던스는 유도성 부하로서 선로의 길이가 증가함에 따라 무한대로 커지고 있음을 알 수 있다. 결국 **전송선로의 전압과 전류의 크기는 $\lambda/2$마다 주기적으로 반복되며, 입력 임피던스는 $\lambda/2$의 정수배가 되는 위치에서 같은 값을 가지게 된다.**

한편 식 (9.53)과 식 (9.54)로부터 선로가 단락될 때와 개방될 때의 입력 임피던스를 이용하여 특성 저항을 나타내면 다음과 같다.

$$R_C = \sqrt{Z_{in}(0)\,Z_{in}(\infty)} \quad (9.55)$$

---

11 식 (9.46)에서 $Z_L = \infty$이면 분모와 분자를 Z_L로 나눈다. 따라서 $Z_{in}(0) = R_C\dfrac{1 + j\dfrac{R_C}{Z_L}\tan\beta L}{\dfrac{R_C}{Z_L} + j\tan\beta L} = \dfrac{R_C}{j\tan\beta L}$가 된다.

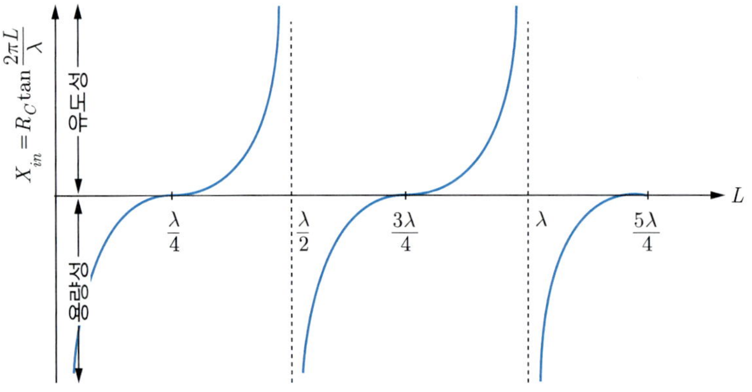

[그림 9-8] 무손실 전송선로에서 부하가 개방되었을 때의 입력 임피던스

부하가 개방되었을 때 전송선로의 길이가 $\lambda/4$보다 짧을 때는 용량성(capacitive) 리액턴스를 나타내고 전송선로의 길이가 $\lambda/4 \sim \lambda/2$일 때는 유도성(inductive) 리액턴스를 나타낸다.

예제 9-10

특성저항 $R_C = 80[\Omega]$과 부하 임피던스 $Z_L = 0[\Omega]$의 무손실 전송선로에 전압 $\mathbf{V}_S = V_m e^{j\omega t}$가 인가되어 있다. 선로에서의 반사를 무시할 때 다음을 구하라.

(a) 부하에서의 반사계수

(b) 선로에서 전압의 파동함수

풀이

(a) 부하 임피던스 $Z_L = 0[\Omega]$이므로 부하단자는 단락되어 있다. 식 (9.36)을 이용하여 부하에서의 반사계수를 계산하면 다음과 같다.

$$\Gamma_L = \frac{Z_L - R_C}{Z_L + R_C} = \frac{0-80}{0+80} = -1$$

(b) 부하에서 반사계수 $\Gamma_L = -1$이므로 부하단자는 단락되어 있고 전압의 파동은 부하에서 전반사된다. 따라서 선로에는 크기와 주파수가 같은 두 전압의 파동이 서로 반대 방향으로 전파되고 있으며, 합성전압의 파동은 식 (9.13a)의 $\mathbf{V}(z) = V_m^+ e^{-j\beta z} + V_m^- e^{j\beta z}$가 된다. 이 식에서 선로와 부하의 경계에서의 파동은 연속이므로 $V_m^+ = V_m^- = V_m$이라고 하면 전압의 합성파는 다음과 같다.

$$\begin{aligned}\mathbf{V}(z) &= V_m e^{-j\beta z} + V_m e^{j\beta z} \\ &= V_m(\cos\beta z - j\sin\beta z) + V_m(\cos\beta z + j\sin\beta z) \\ &= 2V_m \cos\beta z\end{aligned}$$

이를 시간함수로 표현하면 다음과 같다.

$$V(z,\ t) = Re\left[2V_m \cos\beta z\, e^{j\omega t}\right] = 2V_m \cos\beta z \cos\omega t$$

예제 9-11

전압원에서 부하까지의 길이가 4[m]인 전송선로에 저항이 200[Ω]이고 진폭이 800[V]인 전압을 인가하였다. 선로의 커패시턴스와 인덕턴스가 각각 800[pF], 5.12[μH]이고 부하단자가 단락되어 있을 때 다음을 구하라.

(a) 특성저항과 위상속도

(b) 전압원과 부하에서의 반사계수

풀이

(a) 단위길이당 커패시턴스와 인덕턴스는 각각 $c = 200\,[\mathrm{pF/m}]$, $l = 1.28\,[\mu\mathrm{H/m}]$이다. 식 (9.14)와 식 (9.10)을 이용하여 특성저항과 전파속도를 구하면 다음과 같다.

$$R_C = \sqrt{\frac{l}{c}} = \sqrt{\frac{1.28\times 10^{-6}}{200\times 10^{-12}}} = 80\,[\Omega]$$

$$v = \frac{1}{\sqrt{l\,c}} = \frac{1}{\sqrt{1.28\times 200\times 10^{-18}}} = 62.5\,[\mathrm{m}/\mu\mathrm{s}]$$

(b) 전압원에서의 반사계수는 저항 $R_S = 200\,[\Omega]$이고 선로의 특성저항 $R_C = 80\,[\Omega]$이므로 식 (9.36)을 이용하여 구하면 다음과 같다.

$$\Gamma_S = \frac{R_S - R_C}{R_S + R_C} = \frac{200-80}{200+80} = 0.43\,[\Omega]$$

이때 부하가 단락되어 있으므로 부하 임피던스 $Z_L = 0$이고 부하에서의 반사계수는 다음과 같다.

$$\Gamma_L = \frac{Z_L - R_C}{Z_L + R_C} = \frac{0-80}{0+80} = -1$$

따라서 단락회로일 때 부하에서 신호는 전반사된다.

SECTION 9.7

정재파비

이 절에서는 정재파비를 공부하고 이를 이용하여 반사계수와 부하 임피던스를 구한다. 또한 전송선로의 효율적 운영을 위한 임피던스의 정합 문제를 학습한다.

Keywords | 정재파비 | 부하의 정합과 부정합 |

전송선로를 통해 진행하는 신호는 부하에서 반사되기도 하고 부하를 투과하기도 한다. 앞서 설명하였듯 부하에서 입사파의 반사와 투과의 정도는 부하로 전달되는 신호의 정도를 결정한다. 선로의 신호는 손실 없이 부하에 전달되어야 하며, 이때 반사되는 신호를 줄이기 위해 선로의 특성 임피던스와 부하 임피던스를 정합시켜야 한다. 무손실선로에서 부하 임피던스 Z_L이 특성저항 R_C와 같다면 식 (9.36)에서 반사계수가 0이 되므로 반사파는 발생하지 않는다. 이 경우를 '**임피던스가 정합되었다**'고 한다.

임피던스의 정합은 선로를 따라 진행하는 신호를 부하에 잘 전달하기 위해 매우 중요하다. 만약 임피던스가 정합되지 않으면 부하에서 신호의 반사가 커지게 되어 신호의 전달이 어렵고 반사된 신호가 전원에 나쁜 영향을 미치기도 한다.

[그림 9-6]에서처럼 부하가 단락 또는 개방될 때 선로의 전압은 $\lambda/4$의 주기로 최댓값과 최솟값이 달라지지만 부하의 정합이 완전하게 이루어지면 전압은 [그림 9-9]에서처럼 선로의 모든 위치에서 일정해진다. 이는 전류도 마찬가지이며, 이때 전압과 전류는 특성저항에 의해 그 크기가 결정된다. 다만 전압과 전류의 파동은 식 (9.47a)와 식 (9.47b)의 $e^{-j\beta z}$ 항에 의해 z 방향으로 전파하던 중 위상정수 β에 의해 위상지연이 발생할 뿐이다. 따라서 신호를 효율적으로 전송하기 위해서는 부하의 정합이 필요하며, 만약 정합이 이루어지지 않는다면 부하의 부정합(mismatching)의 정도를 알아야 한다. 이러한 부정합의 정도는 정재파비(voltage standing wave ratio, $VSWR$)로 나타낸다. **정재파비는 전송선로에서 전압의 최솟값과 최댓값의 비로**, 신호의 이동현상을 파악하는 데 필요한 중요한 수치이다.

★ 정재파비 ★

$$VSWR = \frac{|V|_{max}}{|V|_{min}} \tag{9.56}$$

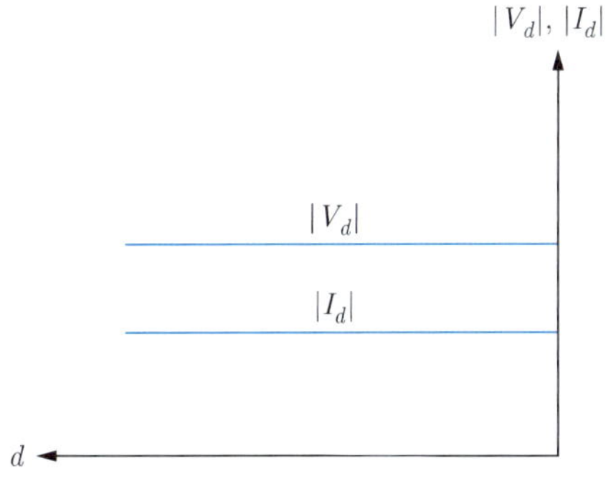

[그림 9-9] 부하의 정합이 이루어진 경우의 전압-전류 특성

부하가 정합되면 $Z_L = R_C$가 되어 반사파가 없으므로 $VSWR = 1$이 된다. 반면 부하가 단락되거나 개방되면 [그림 9-6]에서 보는 바와 같이 전압의 최솟값은 0이므로 $VSWR = \infty$이 된다. 따라서 정재파비는 $1 \leq VWSR \leq \infty$의 범위에 있으며, $VWSR$이 클수록 덜 정합된 회로가 된다. 일반적으로 $VWSR \leq 1.2$이면 정합된 전송선로로 간주한다.

한편 식 (9.57a)에서 전압의 최댓값 $|V|_{max}$는 입사전압과 반사전압의 진폭의 합이며, 식 (9.57b)에서 최솟값 $|V|_{min}$은 두 진폭값의 차이이므로 다음의 관계가 성립한다.

$$|V|_{max} = V_m(1 + |\Gamma|) \tag{9.57a}$$

$$|V|_{min} = V_m(1 - |\Gamma|) \tag{9.57b}$$

따라서 반사계수를 이용하여 정재파비를 나타내면 다음과 같다.

★ 반사계수를 이용하여 나타낸 정재파비 ★

$$VWSR = \frac{1 + |\Gamma|}{1 - |\Gamma|} \tag{9.58}$$

식 (9.58)로부터 정재파비를 이용하여 반사계수를 나타내면 다음과 같다.

★ 정재파비를 이용하여 나타낸 반사계수 ★

$$|\Gamma_L| = \frac{VWSR - 1}{VWSR + 1} \tag{9.59}$$

식 (9.59)를 통해 전송선로의 임의의 한 점에서 정재파비를 측정하면 부하에서의 반사계수를 구할 수 있다. 실제로 전송선로의 부하에서 반사계수를 측정하는 것은 쉽지 않지만 정재파비는 계측장비를 이용하여 쉽게 측정할 수 있다.

이제 부하에서의 반사현상이 고려된 선로의 임의의 한 점 z에서 전압과 전류를 해석해보자. 먼저 무손실 전송선로에서의 전압과 전류의 식 (9.31a)와 식 (9.31b)는 다음과 같다.

$$\mathbf{V}(z) = V_m^+ e^{-j\beta z}[1+\Gamma(z)], \quad \mathbf{I}(z) = \frac{V_m^+}{R_C} e^{-j\beta z}[1-\Gamma(z)]$$

앞선 두 식에 식 (9.37)의 $\Gamma(z) = \Gamma_L e^{j2\beta(z-L)}$ 및 식 (9.43a)의 $V_m^+ = \frac{1}{2} I_L(Z_L + R_C)e^{j\beta L}$을 대입하고 부하에서의 반사계수 $\Gamma_L = |\Gamma| e^{j\theta}$라고 하면 선로의 임의의 한 점 z에서 전압은 다음과 같이 주어진다.

$$\mathbf{V}(z) = \frac{1}{2} I_L(Z_L + R_C)e^{j\beta(L-z)}\left[1 + |\Gamma| e^{j\{\theta - 2\beta(L-z)\}}\right] \tag{9.60}$$

따라서 전압은 위치 z에 따라 크기가 변하며, n을 정수라고 할 때

$$|\mathbf{V}(z)|_{max} : L - z = \frac{\theta + 2n\pi}{2\beta} \tag{9.61a}$$

$$|\mathbf{V}(z)|_{min} : L - z = \frac{\theta + (2n-1)\pi}{2\beta} \tag{9.61b}$$

에서 최댓값과 최솟값이 발생한다. 같은 방법으로 전류를 구하면 다음과 같다.

$$\mathbf{I}(z) = \frac{1}{2}\frac{I_L}{R_C}(Z_L + R_C)e^{j\beta(L-z)}\left[1 - |\Gamma| e^{j\{\theta - 2\beta(L-z)\}}\right] \tag{9.62}$$

전압과 전류의 식을 비교하면 $|\mathbf{V}(z)|$의 최대와 최소 위치는 각각 $|\mathbf{I}(z)|$의 최솟값과 최댓값이 발생하는 위치와 일치한다. 만약 신호의 감쇠가 없고 무손실 전송선로가 되면 전압은 부하에서 전반사되고 입사파와 반사파의 합으로 정재파의 형태를 취할 수 있다. 따라서 정재파비와 반사계수, 그리고 전압과 전류의 최댓값과 최솟값이 발생하는 위치에 대한 해석은 전송선로의 해석에서 매우 중요하다.

Note **임피던스 정합을 위한 특성 임피던스 Z_C'**

전원에서 신호를 부하로 전달할 때 부하에서는 반사 없이 필요한 신호가 잘 전달되어야 한다. 즉 부하에서의 반사계수와 정재파비가 각각 $\Gamma = 0$, $VWSR = 1$이 되어야 하는데, 일반적으로 전송선로의 특성 임피던스 Z_C와 부하 임피던스 Z_L은 같지 않으므로 $\Gamma = 0$의 조건은 충족되지 않는다. 따라서 부하에서의 반사를 줄이기 위해 전송선로에 특성 임피던스가 Z_C'이고 길이가 $(1/4)\lambda$인 전송선을 덧붙여 임피던스의 정합을 인위적으로 도모하기도 한다. 이때 $L = \lambda/4$이므로 $\beta L = \frac{2\pi}{\lambda}\frac{\lambda}{4} = \frac{\pi}{2}$가 되어 두 전송선의 연결점에서 부하단자를 바라본 입력 임피던스는 다음과 같이 주어진다.

$$Z_{in} = Z_C' \frac{Z_L + jZ_C' \tan\frac{\pi}{2}}{Z_C' + jZ_L \tan\frac{\pi}{2}} = \frac{Z_C'^2}{Z_L}$$

입력 임피던스는 정합을 위해 붙인 선로의 부하 임피던스이므로 $Z_{in} = Z_C$가 되도록 Z_C'를 결정해야 한다. 이 식으로부터 임피던스 정합을 위한 Z_C'는 다음과 같다.

$$Z_C' = \sqrt{Z_C Z_L}$$

예제 9-12

특성저항이 100[Ω]인 전송선로의 정재파비 $VSWR = 4$이다. 전압의 크기가 최소가 되는 첫 번째 지점은 부하로부터 10[cm]이고 두 번째 지점은 부하로부터 50[cm]일 때 다음을 구하라.

(a) 위상상수

(b) 부하에서의 반사계수

(c) 부하 임피던스

풀이

(a) 전압이 최소가 되는 위치는 식 (9.61b)의 $L - z = \frac{\theta + (2n-1)\pi}{2\beta}$에서 발생하므로 최소가 되는 인접한 두 지점 사이의 거리 Δz는 $n = 1$ 및 $n = 2$를 대입하여 다음과 같이 구한다.

$$\Delta z = \frac{(\theta + 3\pi) - (\theta + \pi)}{2\beta} = \frac{\pi}{\beta} = 0.5 - 0.1 = 0.4[\mathrm{m}]$$

따라서 위상상수는 다음과 같다.

$$\beta = \frac{\pi}{\Delta z} = \frac{\pi}{0.4} = 2.5\pi[\mathrm{rad/m}]$$

(b) 먼저 식 (9.59)를 이용하여 부하에서 복소량인 반사계수의 크기를 다음과 같이 구한다.

$$|\Gamma_L| = \frac{VWSR - 1}{VWSR + 1} = \frac{4-1}{4+1} = 0.6$$

전압의 크기가 최초로 최소가 되는 지점은 부하로부터 10[cm]인 지점이므로 $L - z = \frac{\theta + (2n-1)\pi}{2\beta}$에 $n = 1$을 대입하면 $L - z = \frac{\theta + \pi}{2\beta} = 0.1[\mathrm{m}]$이 된다. 따라서 θ는 다음과 같다.

$$\theta = 2\beta(L - z) - \pi = 2 \times 2.5\pi \times 0.1 - \pi = -0.5\pi[\mathrm{rad}]$$

따라서 반사계수는 다음과 같다.

$$\Gamma_L = |\Gamma| e^{j\theta} = 0.6e^{-j0.5\pi} = 0.6\left(\cos\frac{\pi}{2} - j\sin\frac{\pi}{2}\right) = -j0.6$$

(c) 부하 임피던스 Z_L은 식 (9.36)의 $\Gamma_L = \dfrac{Z_L - Z_C}{Z_L + Z_C}$ 로부터 다음과 같이 구할 수 있다.

$$Z_L = Z_C \frac{1+\Gamma}{1-\Gamma} = 100 \frac{1-j0.6}{1+j0.6} = 47 - j88.2\,[\Omega]$$

예제 9-13

부하 임피던스가 20[Ω]인 전송선로의 반사계수가 $\Gamma = \dfrac{1}{\sqrt{2}} e^{j45°}$ 일 때 다음을 구하라.

(a) 정재파비

(b) 특성 임피던스

풀이

(a) 정재파비는 식 (9.58)을 이용하여 다음과 같이 구할 수 있다.

$$VWSR = \frac{1+|\Gamma|}{1-|\Gamma|} = \frac{1+\dfrac{1}{\sqrt{2}}}{1-\dfrac{1}{\sqrt{2}}} = 3 + 2\sqrt{2}$$

(b) $\Gamma = \dfrac{1}{\sqrt{2}} e^{j45°} = \dfrac{1}{\sqrt{2}}\left(\cos\dfrac{\pi}{4} + j\sin\dfrac{\pi}{4}\right) = \dfrac{1}{2} + j\dfrac{1}{2}$ 이며, 반사계수를 구하는 식 (9.36)을 응용하여 부하 임피던스를 구하면 다음과 같다.

$$Z_L = Z_C \frac{1+\Gamma}{1-\Gamma}$$

따라서 구하고자 하는 특성 임피던스는 다음과 같다.

$$Z_C = Z_L \frac{1-\Gamma}{1+\Gamma} = 20 \frac{\dfrac{1}{2} - j\dfrac{1}{2}}{\dfrac{3}{2} + j\dfrac{1}{2}} = 4 - j8\,[\Omega]$$

CHAPTER

09 연습문제

9.1 내·외부 도체의 반지름이 각각 a, b인 동축케이블의 두 도체 사이에 유전율, 투자율, 그리고 도전율이 각각 ϵ, μ, σ인 매질이 있다. 다음을 구하라.

(a) 단위길이당 인덕턴스

(b) 단위길이당 커패시턴스

(c) 단위길이당 컨덕턴스

9.2 도전율이 5.8×10^7[S/m]이고 반지름 $a=1$[mm]이며, 길이 $L=100$[m]인 원주형 도체의 직류저항을 구하라.

9.3 [연습문제 9.2]의 원주형 도체에서 주파수 $f=3$[MHz]에서의 표피두께 $\delta=0.04$[mm]일 때 단위길이당 저항을 구하라.

9.4 단위길이당 인덕턴스와 커패시턴스가 각각 $l=1.08$[μH/m], $c=300$[pF/m]인 무손실 전송선로의 길이가 1[m]이다. 주파수 2.45[GHz]에서 특성저항과 위상상수 및 위상속도를 구하라.

9.5 특성저항이 100[Ω]이고 길이가 20[m]인 전송선로가 비투자율이 1인 매질에 놓여 있다. 이 선로를 따라 어떤 신호가 2.7×10^8[m/s]의 위상속도로 전파될 때 선로의 총 인덕턴스와 커패시턴스를 구하라.

9.6 무손실 전송선로를 x 방향으로 진행하는 어떤 신호가 경계면에서 전반사될 때의 합성 파동을 시간함수로 표현하라.

9.7 내·외부 도체의 반지름이 각각 $a=3$[mm], $b=6$[mm]인 동축케이블의 두 도체 사이에 비유전율 $\epsilon_R=4$, 비투자율 $\mu_R=1$인 유전체가 놓여 있다. 선로의 단위길이당 커패시턴스와 인덕턴스를 구하라.

9.8 반지름 $a=2$[cm]이고 길이 $L=5$[m]인 평행한 왕복 도체의 전송선로가 공기 중에서 $d=80$[cm] 만큼 떨어져 있다. 단위길이당 커패시턴스와 인덕턴스를 구하라.

9.9 특성저항이 80[Ω]이고 위상상수가 16π[rad/m]인 무손실 전송선로에 주파수 800[MHz]의 신호전압을 인가하였다. 이 전송선로의 분포상수 c, l, g, r을 구하라.

9.10 400[MHz]의 주파수에서 특성 임피던스와 전파상수가 각각 $Z_C = 50$[Ω], $\gamma = 0.02 + j1.2$인 전송선로에서의 선로상수 r, l, g, c를 구하라.

9.11 단위길이당 인덕턴스가 2[μH/m]이고 내·외부 도체의 비유전율과 비투자율이 각각 $\epsilon_R = 4$, $\mu_R = 1$인 유전체로 분리된 무손실 동축형 전송선로가 주파수 300[MHz]의 신호전압으로 동작하고 있다. 다음을 구하라.

(a) 선로의 전파속도

(b) 위상상수

(c) 단위길이당 커패시턴스

(d) 특성저항

9.12 특성 임피던스가 30[Ω]인 무손실 평행평판 선로의 폭이 4π[mm]이고 기판을 구성하는 재료의 비유전율과 비투자율은 각각 $\epsilon_R = 4$와 $\mu_R = 1$이다. 기판의 두께를 구하라.

9.13 전송선로의 위상속도는 $v = \dfrac{1}{\sqrt{lc}}$ 또는 $v = \dfrac{1}{\sqrt{\mu\epsilon}}$로 표현된다. 이들의 단위를 구하라.

9.14 왜곡이 없는 매질의 선로상수 r, l, g, c에서 $rc = gl$의 관계가 성립할 때 감쇠상수와 특성 임피던스를 구하라.

9.15 신호원의 임피던스와 부하 임피던스가 각각 $Z_S = 3 + j4$[Ω], $Z_L = 10 + j10$[Ω]이고 길이가 2[m]인 전송선로의 특성저항 $R_C = 5$[Ω]일 때 입력 임피던스를 구하라. 단, 주파수 500[KHz]의 신호전압 $\mathbf{V}_S = 80\angle 30°$[V]이고 위상속도 $v = 2 \times 10^8$[m/s]이다.

9.16 단위길이당 인덕턴스, 커패시턴스, 저항이 각각 $l = 0.2$[μH/m], $c = 100$[pF/m], $r = 3$[Ω/m]이며, 컨덕턴스는 0인 전송선로에서 신호원의 주파수가 100[MHz]일 때 다음을 구하라.

(a) 감쇠상수

(b) 위상상수

(c) 특성 임피던스 및 전파속도

9.17 전압원에서 부하까지의 길이가 5[m]인 선로에 진폭이 220[V]이고 전압원의 저항이 200[Ω]인 전압을 인가하였다. 전송선로의 커패시턴스와 인덕턴스가 각각 500[pF/m], 3.2[μH/m]이고 부하단자가 개방되어 있을 때 다음을 구하라.

(a) 특성저항
(b) 전파속도
(c) 신호원
(d) 부하에서의 반사계수

9.18 [연습문제 9.17]의 조건에서 부하단자가 단락되어 있을 때 다음을 구하라.

(a) 특성저항
(b) 전파속도
(c) 신호원과 부하에서의 반사계수

9.19 임피던스 $Z_L = 10 + j15$[Ω]인 부하가 특성저항 $R_C = 5$[Ω]인 전송선로에 연결되어 있다. 부하에서의 반사계수를 구하라.

9.20 주파수 1[GHz]로 동작하는 길이 2[m]의 무손실 전송선로에 $Z_L = 100 + j50$[Ω]의 부하가 연결되어 있다. 전송선로의 커패시턴스와 인덕턴스가 각각 10[pF], 10[μH]이라고 할 때 입력 임피던스를 구하라.

9.21 선로의 특성 임피던스가 20[Ω]이며, 비유전율과 비투자율이 각각 $\epsilon_R = 9$, $\mu_R = 1$인 유전체로 채워진, 길이가 1[m]인 동축형 선로가 25[MHz]의 주파수로 동작할 때 입력 임피던스를 구하라. 단, 전송선로는 부하 임피던스 $Z_L = 2 + j2$[Ω]으로 종단되어 있다.

9.22 100[MHz]의 신호를 전달하는 길이가 2.7[m]인 전송선로의 특성저항 $R_C = 50$[Ω]이고 위상속도 $v = 200$[m/μs]일 때 입력단자의 전압과 부하전압을 구하라. 단, 입력단자의 전압 $\mathbf{V}_S = 10\angle 30°$[V]이고 신호원의 임피던스와 부하 임피던스는 각각 $Z_S = 100 - j50$[Ω], $Z_L = 100 + j200$[Ω]이다.

9.23 위상상수와 선로의 길이가 각각 $\beta = \frac{\pi}{4}$[rad/m] 및 $L = 2$[m]일 때 입력 임피던스가 $Z_{in} = \frac{R_C^2}{Z_L}$이 됨을 보여라.

9.24 위상상수 및 특성 어드미턴스가 β와 Y_C이고 길이가 L인 전송선로에서 부하단자를 들여다본 입력 어드미턴스 Y_{in}을 구하라.

9.25 선로의 길이가 $\lambda/4$인 무손실 전송선로에 전압 $\mathbf{V}_S = 43e^{j60°}$[V]가 인가되었다. 전송선로의 특성 저항 $R_C = 30[\Omega]$이고 전원의 임피던스와 부하 임피던스가 각각 $Z_S = 25[\Omega]$, $Z_L = 50[\Omega]$일 때 입력 임피던스를 고려한 부하에서의 입력전압을 구하라.

9.26 전원전압과 전원의 내부 임피던스가 각각 $V_S = 240[\mathrm{V}]$, $Z_S = 50[\Omega]$인 무손실 전송선로의 특성 저항과 위상상수는 각각 $R_C = 20[\Omega]$, $\beta = \frac{\pi}{6}[\mathrm{rad/m}]$이다. $z = 3[\mathrm{m}]$의 위치에 $Z_L = 40[\Omega]$의 부하 임피던스를 연결할 때 다음을 구하라.

(a) 입력 임피던스 Z_{in}

(b) 전원단자의 전류 I_{in}

(c) $z = 1.5[\mathrm{m}]$에서의 전류 $I_z = 1.5$

(d) 부하에 흐르는 전류 I_L

9.27 특성저항 $R_C = 50[\Omega]$인 무손실 전송선로의 정재파비 $VSWR = 3$이다. 전압의 크기가 최소가 되는 첫 번째 지점은 부하로부터 6.25[cm]이고 두 번째 지점은 부하로부터 31.25[cm]일 때 다음을 구하라.

(a) 위상상수

(b) 반사계수

(c) 부하 임피던스

9.28 특성 임피던스가 100[Ω]인 전송선로의 반사계수 $\Gamma = \frac{1}{\sqrt{2}}e^{j45°}$일 때 정재파비와 부하 임피던스를 구하라.

Index

Index